中等专业学校市政工程施工专业系列教材

城市桥梁工程

成 都 市 建 设 学 校　张明君　主编

成 都 市 建 设 学 校　张明君
上海市城市建设工程学校　谢铜华　　编
北京市市政专业设计院　胡达和　主审

中国建筑工业出版社

图书在版编目（CIP）数据

城市桥梁工程/张明君主编.-北京：中国建筑工业出版社，1997
中等专业学校市政工程施工专业系列教材
ISBN 7-112-03401-9

Ⅰ.城… Ⅱ.张… Ⅲ.城市桥-桥梁工程-专业学校-教材
Ⅳ.U448.15

中国版本图书馆 CIP 数据核字（97）第 26622 号

本书系根据建设部市政工程施工专业教学指导委员会审定的"城市桥梁工程"教学大纲编写的。

全书共十九章，第一章至第十章为城市桥梁设计，主要介绍桥梁设计的一般知识；中、小跨径简支梁（板）桥、圬工拱桥及墩台的构造、设计及内力计算，并简要介绍大跨径桥的构造特点。第十一章至第十九章介绍中、小跨径桥梁的施工方法，并简要介绍大跨径桥梁施工特点及桥梁养护和抗震的基本知识。

本书以现行的规范为编写依据，在满足学生基础理论知识要求的同时，注重实用性，大部分章节附有例题，章后附思考题及习题。

本书可作为市政工程施工专业、城市道路与桥梁专业的教材使用，也可供有关专业工程技术人员参考。

中等专业学校市政工程施工专业系列教材
城 市 桥 梁 工 程
成 都 市 建 设 学 校　张明君　主编
成 都 市 建 设 学 校　张明君
上海市城市建设工程学校　谢铜华　编
北京市市政专业设计院　胡达和　主审

*

中国建筑工业出版社出版（北京西郊百万庄）
新华书店总店科技发行所发行
北京密东印刷有限公司印刷

*

开本：787×1092毫米　1/16　印张：26½　字数：642千字
1998年6月第一版　　2005年6月第九次印刷
印数：24401—26400册　定价：**27.00**元
————————————————————
ISBN 7-112-03401-9
G·279（8560）

前　言

　　"城市桥梁工程"是市政工程施工、城市道路与桥梁专业的专业课。本教材根据建设部市政工程施工专业教学指导委员会审定的"城市桥梁工程"教学大纲编写。

　　本教材共十九章。第一章至第十章为城市桥梁设计，主要介绍桥梁设计的一般知识，中、小跨径简支梁（板）桥、圬工拱桥及墩台的构造、设计和内力计算，并简要介绍了大跨径桥的构造特点。

　　第十一章至第十九章主要介绍了中、小跨径桥梁的施工方法，并简要介绍了大跨径桥梁施工特点及桥梁养护和抗震的基本知识。

　　本教材以现行的规范为编写依据，在满足学生基本理论要求的同时，强调教材的适用性，大多数章节附有计算实例，并附有思考题及练习。

　　本教材由上海市城市建设工程学校谢铜华、成都市建设学校张明君共同编写。其中第一章～第十章由张明君编写、第十一章～第十九章由谢铜华编写。全书由张明君主编，由北京市市政专业设计院总工程师胡达和主审。

　　由于编者业务水平和教学水平有限，资料收集和整理不够，兼之编写时间仓促，错误之处在所难免，敬请读者批评指正，以便再版时修正。

编者

目　　录

第一章　绪　　论

　　桥梁是跨越障碍物（如河流、沟谷、其他道路、铁路等）的结构物，城市桥梁是城市道路的重要组成部分。随着城市建设的发展，大量的高等级道路及高架道路的修建，桥梁工程不仅在规模上十分巨大，而且技术要求高，施工难度大，往往成为道路能否早日建成的关键所在。从某种意义上讲，桥梁是城市道路的咽喉和枢纽。

　　城市是一定区域的政治、经济、文化科技中心。城市道路交通运输往往十分繁忙，为了保证交通运输畅通及城市大量人流出行的需要，桥梁的维修和养护也是十分重要的。

　　在公路、铁路、城市和农村道路建设及水利设施建设中都需要建造各种桥梁和涵洞。就经济而言，桥梁工程在其中所占比例比较大，仅在公路建设中就达 10%～20%。同时，桥梁设计和施工都比较困难和复杂，而正确地、合理地进行桥梁设计和施工，对于节约材料、加快施工进度，降低工程造价，都具有极其重要的意义。

一、国内外桥梁建筑发展概况

　　我国是世界文明古国之一。在古代，我国劳动人民在桥梁建筑上写下了光辉灿烂的篇章，我国山河众多，地质地形条件十分复杂，我国古代桥梁不但数量惊人，而且类型十分丰富。

　　早在距今三千多年前的周朝，我国已开始架设浮桥。汉唐后，随着战事需要而日趋普遍，仅在黄河、长江上架设浮桥就不下十余次。

　　秦汉时期，我国已开始广泛修建石拱桥。1053～1059 年修建的福建泉州万安桥，共 47 孔，总长达 800 多米，并开创了近代筏形基础先例，而长期以来一直驰名中外的河北赵州桥，它是我国古代拱桥的杰出代表。该桥为隋朝匠人李春创建，净跨 37.42m，宽 9m，矢高 7.23m 的世界上第一座空腹式圆弧形石拱桥。该桥结构新颖美观，既节约材料、减轻自重，又增加了泄洪面积。而欧洲到 19 世纪中期才出现空腹式拱桥，比我国晚了一千二百多年。其它著名的石拱桥如北京芦沟桥、颐和园十七孔桥、苏州枫桥等等。

　　汉朝时期，我国已开始修建梁桥，如陕西西安灞桥，长约 447m，而令人惊奇的福建漳州虎渡桥，是一座梁式石桥，其中某些梁长 23.7m，宽 1.7m，高 1.9m，重达 200 多吨，该桥一直保存完好，并首次利用潮水涨落浮运架梁，是我国古代高超架桥技术的具体体现。

　　另外，我国还是世界上最早有吊桥的国家，至少迄今有三千年左右的历史，其中著名的泸定铁索桥，长约 110m，宽约 2.8m，由 13 条锚固于两岸的铁链组成。四川灌县安澜索桥，其索用竹蔑编制而成，是世界上最著名的竹索桥。

　　由于西欧国家首先从封建贵族制度进入资本主义时代，促使生产力大幅度增长，桥梁建筑也得到空前发展。

　　1855 年，法国在桥梁建筑中开始使用水泥，并对拱圈砌筑方法等进行了研究和改进，促进了石拱桥技术发展；卢森堡在 1899～1903 年建成了跨度达 84m、行车部分宽 16m 的新型石拱桥。

钢筋混凝土结构的出现，由于其受力性能优越，使拱桥上部结构型式和截面形式均有很大的发展。拱桥跨度纪录不断被刷新，1930年为186m（法国建造），1940年为264m（瑞典桑独大桥）。1964年为305m（澳大利亚），1979年达到了390m（南斯拉夫克尔克大桥）。

长期以来，钢筋混凝土梁桥的发展却较为缓慢，1928年预应力混凝土技术的实际应用，使梁桥得到了异乎寻常的发展。各种新型结构体系和新的施工工艺不断涌现，如用悬臂施工、顶推施工建成了各种各样的连续梁桥、悬臂梁桥、T型刚构、刚架桥等等，而大跨度预应力混凝土斜拉桥的发展，成为大跨径桥梁中一种新型结构型式而迅速得到运用和推广。

1949年新中国诞生，我国的桥梁和其它社会主义事业一样，取得了很大成就。

1957年，武汉长江大桥建成，结束了万里长江无桥的历史。大桥正桥为三联3m×128m连续钢桁梁，公路、铁路两用，包括引桥在内全长1670.40m。武汉长江大桥为我国现代桥梁建筑开创了新路。

1969年，我国自行设计、制造、施工了南京长江大桥，使用我国国产高强钢材建成了现代化大型钢桥。大桥除北岸第一孔为128m简支钢桁梁外，其余为九孔三联，每联为3×160m的连续钢桁梁。全桥总长为4589m（公路）和6772m（铁路）。南京长江大桥桥址处水深流急、河床地质条件极为复杂。大桥下部结构施工十分困难。南京长江大桥的建成，标志着我国建桥技术已经达到世界先进水平，也是我国桥梁史上又一个重要标志。

与此同时，我国在圬工拱桥和钢筋混凝土拱桥方面也有很大发展，全国各地因地制宜、就地取材建造大跨度石拱桥，其中跨径百米以上就有7座，最长达116m（重庆市丰都九溪沟大桥）、钢筋混凝土拱桥已逐渐从支架施工发展到无支架施工，大跨径钢筋混凝土拱桥广泛采用薄壁箱形，已建成百米以上的箱形拱桥10多座。跨度最大达170m（四川攀枝花市7号桥）。

我国广大桥梁工作者和建桥职工，还广泛吸取各种拱桥的优越性，创造性地修建了很多结构轻巧，适合于软土地基的双曲拱桥、桁架拱桥以及两铰平板拱、扁壳拱、微弯板坦肋拱等。

在发展拱式结构同时，修建了大量的钢筋混凝土梁桥。近年来又大力发展预应力混凝土梁桥并修建了预应力T型刚架桥、连续梁桥，新型的预应力混凝土斜拉桥也得到了迅速的发展。

在上部结构取得重大成就同时，桥梁下部结构也取得了进展。我国创造的钻孔灌注桩的施工方法具有施工机械少、动力设备简单、操作方便等优点，得到迅速推广。

党的十一届三中全会以来，我国的现代化建设加速发展，桥梁建设更是日新月异，万里长江上已建和在建的长江大桥已达十余座。上海杨浦大桥、黄浦大桥，无论跨度、设计和施工技术均已达到世界先进水平。这一时期正是我国城市建设迅猛发展时期。各大城市，特别是北京、上海、广州等特大城市相继建造了大量气势恢宏、形式各异的立交桥、高架路和地下通道，大大地改善了城市交通。

二、桥梁建筑发展趋向

目前，国内外桥梁建筑总的趋向是采用钢筋混凝土和预应力混凝土桥梁，特别是预应力混凝土桥梁。在适宜的情况下修建圬工拱桥和钢桥。

今后桥梁建筑的发展趋势大致为：

（一）发展高强轻质建筑材料

目前世界各国均对建筑材料的发展十分重视。国外试用混凝土强度已达到100MPa，而其重力密度仅为16～20kN/m³。对于桥梁使用的钢筋，特别是预应力筋，逐渐向高强度、低松弛、耐腐蚀、强粘接发展。国外高强钢丝的抗拉强度达1600～2000MPa。国内已在大力发展高强建筑材料，已能生产桥梁用的高强钢丝等预应力钢材。

（二）结构体系方面

桥梁的结构体系有简支、悬臂、连续刚架、拱、悬索和斜拉等。目前斜拉桥发展较快，跨度在100m以上均可优先考虑斜拉桥。随着悬臂施工、顶推施工工艺的应用和发展，连续梁桥也得到广泛的应用。

（三）施工工艺方面

桥梁施工工艺的基本要求是：快速简便、工业化制造，采用大型的吊装、架设工具。当前的发展趋势是装配化，采用工业化生产装配式或半装配式桥梁已成为新的发展方向，随着装配式发展，已大力研制和应用环氧树脂等作为连接构件的粘接材料和工艺。

（四）设计理论方面

设计理论的发展一方面是从弹性理论过渡到塑性理论，从单一的安全系数过渡到多种安全系数的设计方法。从单一的强度极限状态过渡到挠度、裂缝、振动、疲劳的极限状态的计算理论；由于电子计算技术的应用和推广，对结构的受力分析逐渐从平面模型过渡到空间立体模型进行计算，它不但大大加快了计算速度，还能进行复杂结构的优化设计。

思 考 题

1. 桥梁工程在城市市政建设中的地位和作用是什么？
2. 桥梁工程的发展方向是什么？

第二章 桥梁设计基础知识

第一节 桥梁的组成和分类

桥梁是道路跨越障碍的人工构造物。桥梁一方面要保证桥上的车辆运行，同时也要保证桥下水流的宣泄、船只的通航或车辆运行。为了学习桥梁结构构造，首先应熟悉桥梁的基本组成部分和桥梁的分类。

一、桥梁的组成

图 2-1 和图 2-2 分别表示桥梁中常用的梁桥和拱桥的结构图式。从图中可见，桥梁一般由上部结构（桥跨结构）、下部结构和附属结构组成。

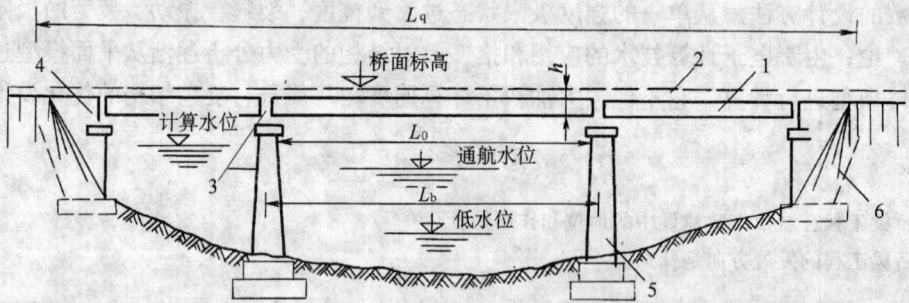

图 2-1 梁桥基本组成部分

1—主梁；2—桥面；3—支座；4—桥台；5—桥墩；6—锥坡

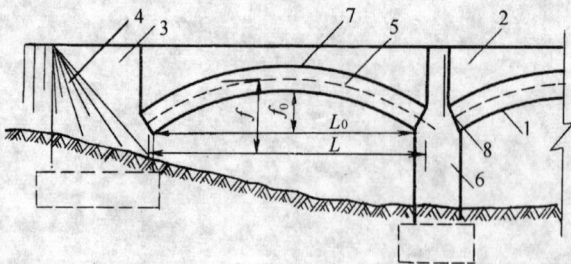

图 2-2 拱桥基本组成部分

1—拱圈；2—拱上结构；3—桥台；4—锥坡；
5—拱轴线；6—桥墩；7—拱顶；8—拱脚

（一）上部结构

上部结构又称桥跨结构。上部结构包括承重结构和桥面系，是在线路中断时跨越障碍的主要承重结构。它的作用是承受车辆等荷载，并通过支座传给墩台。

（二）下部结构

下部结构由桥墩、桥台组成（单孔桥没有桥墩）。下部结构的作用是支承上部结构，并将结构重力和车辆荷载等传给地基；桥台还与路堤连接并抵御路堤土压力。

（三）附属结构

附属结构包括桥头锥形护坡、护岸以及导流结构物等。它的作用是抵御水流的冲刷、防止路堤填土坍塌。

下面介绍与桥梁设计有关的主要名称和尺寸。

计算跨径 L——梁桥为桥跨结构两支承点之间的距离；拱桥为两拱脚截面形心点间的水平距离——即拱轴线两端点之间的水平距离。

净跨径 L_0——一般为设计洪水位时相邻两个桥墩（台）的净距离。通常把梁桥支承处内边缘之间的净距离，拱桥两拱脚截面最低点间的水平距离也称为净跨径。

标准跨径 L_b——梁桥为相邻桥墩中线之间的距离，或桥墩中线至桥台台背前缘之间的距离；对于拱桥则是指净跨径。目前公路桥梁标准跨径为 0.75、1.0、1.5、2.0、2.5、3.0、4.0、5.0、6.0、8.0、10、13、16、20、25、30、35、40、45、50、60m。在新建桥涵跨径在 60m 以下时，应尽量采用标准跨径。

桥梁全长 L_q——简称全长，是桥梁两端两个桥台两侧墙或八字墙后端点之间的距离。对于无桥台的梁桥为桥面系行车道的全长。

多孔跨径总长 L_d——梁桥为多孔标准跨径的总和；拱桥为两岸桥台内拱脚截面最低点（起拱线）间的距离，其他型式桥梁为桥面系车道长度。

桥梁高度 H——行车道顶面至低水位间的垂直距离；或行车道顶面至桥下路线的路面顶面的垂直距离。

桥梁建筑高度 h——行车道顶面至上部结构最低边缘的垂直距离。

桥下净空 H_0——上部结构最低边缘至设计洪水位或计算通航水位之间的垂直距离；对于跨线桥，则为上部结构最低点至桥下线路路面顶面之间的垂直距离。

拱桥矢高和矢跨比——拱桥拱顶截面最下缘至相邻两拱脚截面下缘最低点连线的垂直距离称为净矢高 f_0；拱桥拱顶截面形心至相邻两拱脚截面形心边线的垂直距离称为计算矢高 f，计算矢高 f 与计算跨径 L 之比（f/L）称为矢跨比，也称矢拱度。而净矢高 f_0 与净跨径 L_0 之比（f_0/L_0）则称为净矢跨比或净矢拱度。

二、桥梁的分类

（一）按结构受力体系划分

1. 梁式桥　包括梁桥和板桥，主要承重构件是梁（板），在竖向荷载作用下承受弯矩而无水平推力，墩台也仅承受竖向压力（图 2-3）。

2. 拱桥　拱桥的主要承重构件是拱圈或拱肋。在竖向荷载作用下，主要承受压力，同时也承受弯矩（但比同跨径梁桥小很多）。墩台则不仅要承受竖向压力和弯矩，还要承受很大的水平推力（图 2-4）。

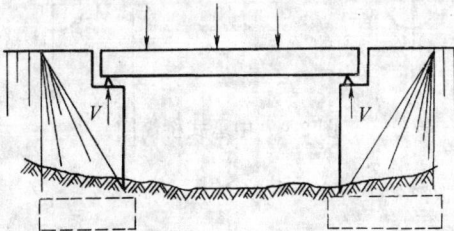

图 2-3　梁桥简图　　　　　　　　　　　图 2-4　拱桥简图

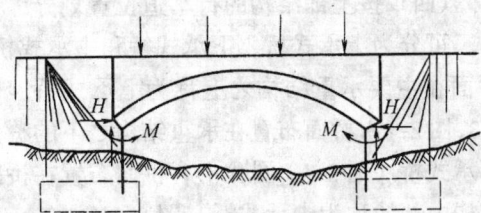

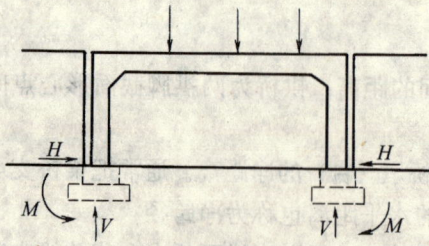

图 2-5　刚架桥简图

3. 刚架桥　上部结构与下部结构连成一个整体。其主要承重结构为梁、柱组成的刚架结构，梁柱连接处具有很大的刚性。在竖向荷载作用下，梁部主要受弯，柱脚则要承受弯矩、轴力和水平反力。这种桥的受力状态介于梁和拱之间（图2-5）。

4. 吊桥　吊桥的主要受重构件是悬挂在两边搭架、锚固在桥台后面的锚锭上的缆索。在竖向荷载下，通过吊杆使缆索承受拉力，而塔架则要承受竖向力的作用，同时承受很大的水平拉力和弯矩（图2-6）。

5. 组合体系桥　由上述不同体系的结构组合而成的桥梁。图2-7为梁和拱组合而成的系杆拱桥，其中梁和拱都是主要承重构件。图2-8为梁和拉索组成的斜拉桥（或称斜张桥）。

（二）按上部构造使用的材料划分

圬工桥（包括砖、石、混凝土桥）、钢筋混凝土桥、预应力混凝土桥、钢桥和木桥等。

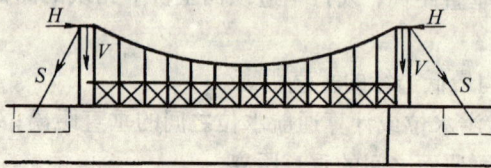

图 2-6　吊桥简图

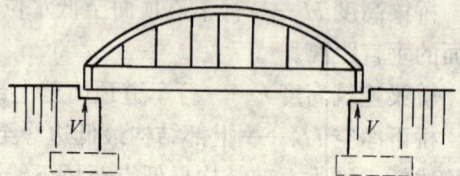

图 2-7　系杆拱桥简图

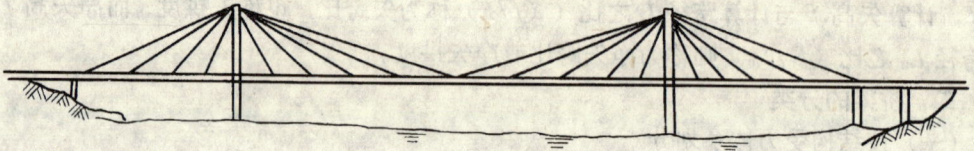

图 2-8　斜拉桥简图

（三）按跨越障碍的性质划分

分为跨河桥、跨线桥（立体交叉）、高架桥、地道桥等。

（四）按上部结构的行车道位置划分

可分为上承式桥、下承式桥和中承式桥。桥面在主要承重结构之上称为上承式桥（图2-3、图2-4），桥面布置在承重结构之下的称为下承式桥（图2-7、图2-8），桥面布置在桥跨结构中部的称为中承式桥（图2-9）。

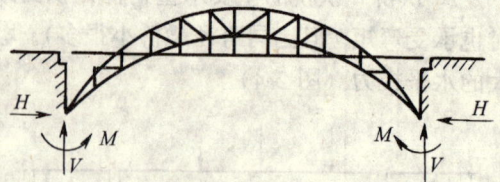

图 2-9　中承式桥简图

（五）按桥梁的长度和跨径大小划分分为特大桥、大桥、中桥、小桥和涵洞，划分标准见表2-1。

桥 梁 分 类	多 孔 跨 径 总 长 （m）	单 孔 跨 径 总 长 （m）
特 大 桥	$L_d \geqslant 500$	$L_b \geqslant 100$
大 桥	$500 > L_d \geqslant 100$	$100 > L_b \geqslant 40$
中 桥	$100 \geqslant L_d > 30$	$40 > L_b \geqslant 20$
小 桥	$30 \geqslant L_d \geqslant 8$	$20 > L_b \geqslant 5$

注：多孔跨径总长，仅作为划分特大、大、中、小桥的一个指标。

此外，还可按用途分为公路桥、铁路桥、公路铁路两用桥、人行桥等等。

第二节 桥 梁 的 总 体 设 计

城市桥梁特别是大、中桥梁是城市市政建设的重要组成部分，在桥梁设计中应根据桥梁的使用任务、性质及将来的发展需要，按照适用、安全、经济和美观的原则进行设计。设计中应积极采用新结构、新技术、新设备、新工艺、新材料。认真学习和引进先进科学成就，尽量采用标准化的装配式结构，在条件许可时，应采用机械化和工厂化施工。

一、桥梁设计基本要求

（一）使用上的要求

桥梁设计必须满足车辆和行人的安全畅通，并应满足将来交通量的增长要求。在通航河道上修建桥梁，要满足泄洪、通航要求；建成的桥梁要满足桥梁使用年限要求，并便于检查、维修和养护。

（二）经济上的要求

桥梁设计应体现经济上的合理性。桥梁设计时应进行全面的技术经济比较，使桥梁的总造价和材料等的消耗为最少。在技术经济比较中，应充分考虑桥梁使用期间的运营条件、养护维修费用及建设初期建桥投资等因素。而不能仅按建筑造价作为全面衡量桥梁的经济性。

（三）安全上的要求

整个桥梁结构及其各部分构件，在制造、运输、安装和使用过程中应具有足够的强度、刚度、稳定性和耐久性。

（四）施工上的要求

桥梁结构应便于制造、运输和安装。应尽量采用先进的工艺技术和施工机械，尽可能采用机械化和工厂化生产，以保证工程质量、加快施工进度和施工安全。

（五）美观上的要求

在满足上述要求基础上，应使桥梁具有优美的建筑外形、并与周围的景观相协调，特别是在城市桥梁设计中，应较多的考虑建筑艺术上的要求。美观要求主要是指合理的结构布局和合理的轮廓，而不应片面强调豪华的局部装饰。

二、桥梁的设计资料

桥梁总体设计涉及的因素很多。在桥位选定之后，应进行详细的资料调查，仔细分析建桥的具体情况，才能作出合理的设计方案，一般应进行以下的调查工作：

1. 根据桥梁的使用任务，调查桥上的交通种类、荷载等级、车辆、行人的往来密度等，以此确定桥梁荷载等级、行车道、人行道宽度，调查桥上是否设置各种管线（电力、煤气、水管等）以便设置专门的构造装置。

2. 测量桥位附近的地形，绘成地形图供设计和施工使用。

3. 地质资料　通过钻探调查桥位处的地质情况，绘成地质剖面图，它是桥梁基础设计的重要依据。

4. 河流的水文情况　包括调查河床的冲刷、淤积、变迁情况；测量河床断面，河床各部分的形态特征、糙率等。通过各种方法，收集和分析洪水资料，确定河床的特征水位值（最高洪水位、流冰水位、低水位、通航水位等）；了解河流上有关水利设施对河流新建桥梁的影响等。

5. 气象资料　包括气温、雨量、风速等。

6. 其它情况　包括建筑材料的供应情况、施工队伍技术水平。施工机械装备情况、施工现场水、电供应情况，地上、地下管网，建筑、电杆等情况。

三、设计程序

我国桥梁的设计程序，大桥和特大桥一般采用两阶段设计，中、小桥采用一阶段设计。

两阶段设计由初步设计和施工图设计组成，第一阶段为初步设计阶段。初步设计阶段应进行各种不同设计方案的分析比较，从中选定最优方案，并编制成推荐上报的初步设计。

初步设计除了着重解决桥梁总体规划设计（如桥位选择、分孔、桥型，纵横断面布置等）外，还应初步拟定桥梁结构的主要尺寸、估算工程数量，提供主要材料用量及设计概算，报上级单位审批。初步设计的概算应作为控制建设项目投资和第二阶段编制施工预算的依据。

桥梁设计的第二阶段是施工图设计，即编制施工图、施工组织设计和施工图预算，是根据批准的初步设计中所规定的修建原则、技术方案、总投资额等进行的具体化的技术设计。这一阶段应对桥梁的各部分构件进行详细的设计计算，绘制详细的结构构造等施工图。

对于技术简单的中、小桥一般可采用一阶段设计，即以扩大的初步设计来包含两阶段设计的主要内容。

四、桥型选择

桥梁结构型式的选择，应该力求满足适用、安全、经济、美观的原则要求。在具体的桥梁结构型式选择中，如何达到这一目的，必须具备丰富的桥梁建筑理论和实践知识。

选择桥型时，适用是第一要求，一般应进行深入细致的分析工作，在做出各种满足基本要求的设计方案后，通过技术经济等各方面的综合比较才能科学地得出满意的桥型选择。

首先应根据使用要求结合客观环境情况，拟出一系列各具特点而可能实现的桥梁图式，并对拟出的图式进行综合分析和判断，从中选择几个（通常2～4个）构思好、各具优点但一时难以制定孰优孰劣的图式作为比较方案。

其次，对初选的比较方案编制方案，即提供各个中选方案的技术经济指标，经过对初选方案进行评价和比较，全面地综合地进行分析和比较各中选方案的优缺点，最后确定一个符合各方面条件的最佳方案。

五、桥梁纵断面、横断面设计及平面布置

（一）桥梁的纵断面设计

桥梁的纵断面设计包括确定桥梁的总跨径、桥梁的分孔、桥梁的高度、基础埋置深度、桥面及桥头引道的纵坡等。

1. 桥梁的总跨径

对于跨河桥，桥梁的总跨径必须保证桥下有足够的泄洪面积，使河床不致遭受过大的冲刷；对于跨线桥（城市立交桥）应保证桥下车辆、行人的畅通和安全。

2. 桥梁的分孔

桥梁的分孔与许多因素有关，一般说来，孔数多，则桥跨结构跨径减小，但桥墩数量增多，下部结构造价增大，孔数少，则反之。因此，桥梁的分孔在考虑通航要求、地质条件、结构类型、施工难易等因素外，应尽可能使得分孔后上部结构和下部结构总造价趋于最低。

大、中桥梁分孔是一个相当复杂的问题，应通过技术经济等多方面的分析比较，才能得出比较完美的设计方案。

3. 桥梁的高度

桥梁高度应根据设计洪水位、桥下通航（通车）净高的需要，结合桥型、跨径等综合考虑。

（1）为了保证桥下流水面净空高度，对于梁式桥（图 2-10）梁底应高出设计洪水位不小于 50cm，或高出最高流冰水位 75cm；支座底面应高出设计洪水位不小于 25cm，高出最高流冰水位不小于 50cm。

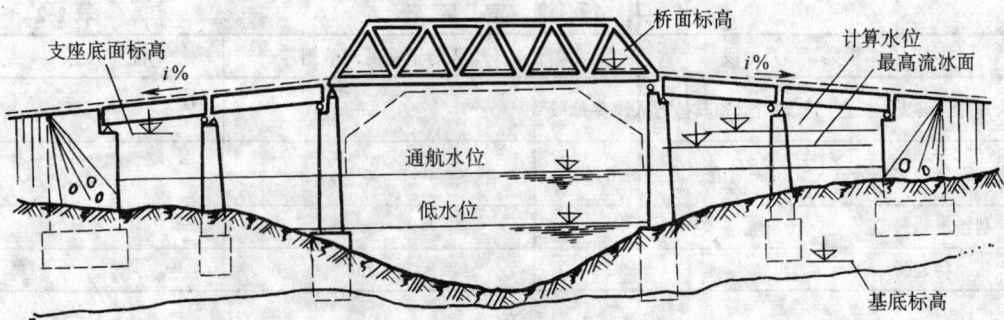

图 2-10 梁桥纵断面规划图

对于无铰拱桥（图 2-11），拱是容许被水淹没但淹没深度不超过拱圈净矢高 f_0 的 $2/3$，并且在任何情况下，拱顶底高应高出设计水位 $1.0m$，即 $\Delta f_0 \geq 1.0m$，拱脚的起拱线应高出最高流冰水位不小于 $0.25m$。

（2）在通航及通行木筏的河流上的跨河桥。立体交叉的跨线桥，应满足相应的净空高度要求，各种条件的净空高度要求，可查阅相关的桥梁设计规范。

4. 桥面纵坡

桥面纵坡由桥面排水及桥梁总体设计确定。为了利于排水和降低引道路堤高度，往往设置从中间向两端倾斜的双向纵坡。对于大、中桥梁，桥上纵坡不宜大于 4%，桥头引道纵

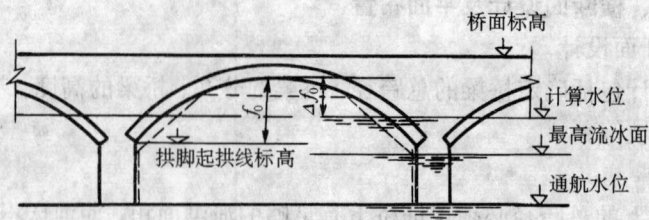

图 2-11　拱桥纵断面规划图

坡不宜大于 5%，城市桥梁桥上纵坡和引道纵坡均不宜大于 3%，且在桥上和引道纵坡变化处均应按规定设置竖曲线。多跨中、小桥，若采用预制梁时，则可用直折线代替竖曲线，但在纵坡变更的凸形交点处，其两坡之代数差，主干路不大于 0.5%，次干路和支路桥不大于 1%。

（二）桥梁横断面设计

桥梁横断面设计包括决定桥面横面布置和桥跨结构横截面布置。

城市桥梁桥面车道路幅宽度宜与所衔接道路的车道路幅布置一致。当两端道路设有较宽的分隔带或绿化带时可考虑修建分体式桥梁，车道路幅宽度一般由规划确定。机动车道宽度一般为每一车道 3.5～3.75m，专用非机动车道一般不应小于 3m。人行道宽度，除按人群流量设计外，还应考虑桥梁周围环境等因素参照表 2-2 执行。人行道两侧应设置栏杆，人行道应高出行车道至少 0.25～0.40m，以保证行人和行车的安全。一般情况下，非机动车与机动车道之间宜设置分隔带。

人 行 道 宽 度 表　　　　　　　　　　　　　　表 2-2

桥梁等级及地段	人行道宽度（单侧）	备　注
火车站、码头、长途汽车站附近和其他行人聚集地段	3～5m	
大型商店和大型公共文化机关附近、商业街市区	2.5～4.5m	
一般街道地段	1.5～3.0m	
大桥、特大桥	2～3m	

为利于排水、桥面应设置从中央倾向两侧的横坡，位于快速路和主干路的桥梁，横坡为 2%，在次干路和支路桥上横坡为 1.5%～2.0%；人行道应设置 1% 单向斜向车行道横坡，在路缘石旁须设置足够数量的泄水孔，为利于排水，排入泄水孔的纵坡必须不小于 0.3%～0.5%。

（三）桥梁的平面布置

桥梁的平面布置要求线型平顺，与路线顺利衔接，城市桥梁在平面上宜做成直桥，特殊情况时可做成弯桥，如采用曲线形时，应符合线路布设要求。

桥梁平面布置应尽量采用正交式，避免与河流或桥下路线斜交。若受条件限制时，跨线桥斜度不宜超过 45°，在通航河流上不宜超过 5°。

第三节　作用在桥梁上的荷载及荷载组合

一、作用在桥梁上的荷载

作用在桥梁上的荷载可分为：

永久荷载（恒载）——在设计使用期内，其值不随时间变化，或其变化与平均值相比可以忽略不计的荷载。

可变荷载——在设计使用期内，其值随时间变化，且其变化与平均值相比不可忽略的荷载。按其对桥涵结构的影响程度，又分为基本可变荷载和其他可变荷载。

偶然荷载——在设计使用期内，不一定出现，但一旦出现其值很大且持续时间较短的荷载。

荷载分类见表2-3。

荷　载　分　类　表 表2-3

编号	荷载分类		荷 载 名 称	编号	荷载分类		荷 载 名 称
1	永久荷载（恒载）		结构重力	12	荷载	其他可变荷载	平板挂车或履带车
2			预加应力	13			平板挂车或履带车引起土压力
3			土的重力及土的侧压力	14			风力
4			混凝土收缩及徐变影响力	15			汽车制动力
5			基础变位影响力	16			流水压力
6			水的浮力	17			冰压力
7	可变荷载	基本可变荷载	汽车	18			温度影响力
8			汽车冲击力	19			支座摩阻力
9			离心力	20	偶然荷载		地震力
10			汽车引起的土侧压力	21			船只或漂浮物撞击力
11			人群				

注：如结构物为承受其某种其他可变荷载而设置，则计算该构件时，所承受荷载作为基本可变荷载。

（一）永久荷载

永久荷载中结构重力可直接按结构的体积乘以材料的重力密度计算，桥梁建筑中常用材料重力密度见表2-4。

其他永久荷载可按相关课程或桥梁规范的规定计算。

常 用 材 料 重 力 密 度 表 表2-4

材 料 种 类		重力密度（kN/m³）	附　　注
钢、铸钢		78.5	含筋量（以体积计）小于2%的钢筋混凝土，其重力密度采用25.0kN/m³，大于2%的，采用26.0kN/m³
铸铁		72.5	
锌		70.5	
铅		114.0	
钢筋混凝土		25.0~26.0	
混凝土或片石混凝土		24.0	
砖 石 砌 体	浆砌块石或料石	24.0~25.0	
	浆砌片石	23.0	
	干砌块石或片石	21.0	
	砖砌体	18.0	

材 料 种 类		重力密度（kN/m³）	附 注
桥 面	沥青混凝土	23.0	包括水结碎石，级配碎（砾）石
	沥青碎石	22.0	
	泥结碎（砾）石	21.0	
填土		17.0~18.0	
填石		19.0~20.0	
石灰三合土		17.5	石灰、砂、砾石
石灰土		17.5	石灰30%，土70%
木 材	松 木 未防腐	6.0	
	松 木 防腐	7.5	
	橡木、落叶松 未防腐	7.5	
	橡木、落叶松 防腐	9.0	
	杉木、枫木 未防腐	5.0	
	杉木、枫木 防腐	7.0	

（二）可变荷载

1. 基本可变荷载

桥梁设计时，应根据桥梁的使用要求及将来的发展，选用适当的车辆荷载等级。表2-5为城市桥梁车辆荷载等级，城市桥梁设计可参照选用。

城市桥梁设计车辆荷载等级选用表 表 2-5

城市道路等级 荷载类别	快 速 路	主 干 路	次 干 路	支 路
计算荷载 和 验算荷载	汽车—20级 挂车—100	汽车—20级 挂车—100 或 汽车—超20级 挂车—120	汽车—15级 挂车—80 或 汽车—20级 挂车—100	汽车—15级 挂车—80

注：表列城市道路等级系按现行的《城市道路设计规范》的分类划分。小城市中小支路，根据具体情况也可考虑采用汽车—10级，履带—50。

桥梁基本可变荷载有汽车、平板挂车或履带车和人群荷载。对于汽车荷载尚应计及冲击力和离心力，所有车辆荷载都应计及由其引起的土侧压力。

（1）车辆荷载。桥梁上行驶的车辆具有不同的型号和等级，因此在设计中应拟定一个既能概括当前国内车辆实际状况，又适当照顾将来发展的全国统一车辆荷载标准，作为设计依据。

我国在进行了大量实地观测和调查研究基础上，制定了公路桥涵荷载标准。标准将大量经常出现的汽车荷载排列成车队形式，作为设计荷载，把偶然、个别出现的平板挂车或履带车作为验算荷载。城市桥梁考虑到具有大件运输的特点，所以增加了特种荷载，以备必要时参考使用。

1）汽车荷载

汽车荷载分为汽车—10级、汽车—15级、汽车—20级、汽车—超20级四个等级。各级车队的纵向排列,平面尺寸及横向布置如图2-12和图2-13所示,其主要技术指标见表2-6。

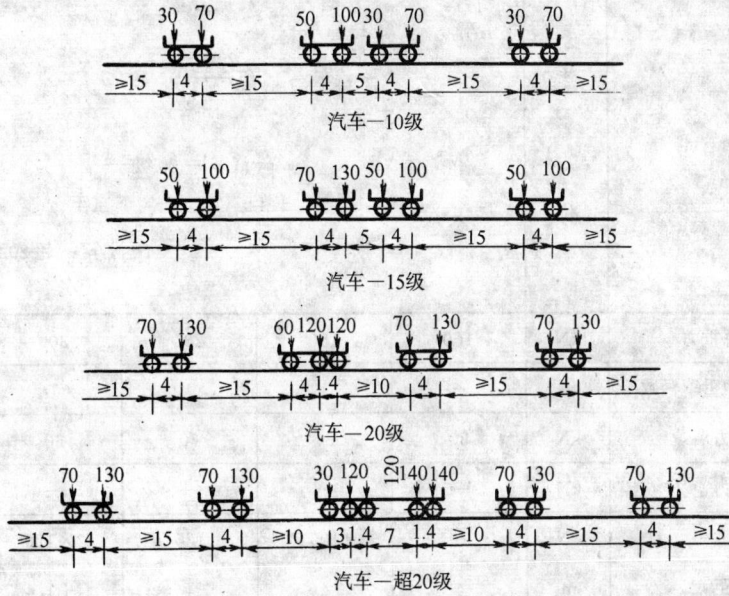

图 2-12 各级汽车车队的纵向排列

轴重力单位:kN;尺寸单位:m

100kN、150kN、200kN汽车平面尺寸　　汽车横向布置

300kN 汽车平面尺寸

550kN汽车平面尺寸

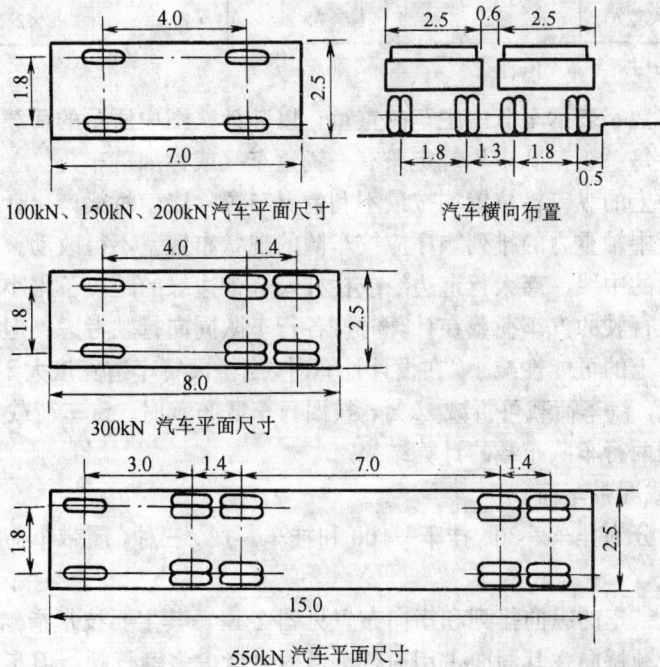

图 2-13 各级汽车的平面尺寸和横向布置

各级汽车荷载主要技术指标 表 2-6

主 要 指 标	单位	汽车 10 级 主车	重车	汽车－15 级 主车	重车	汽车－20 级 主车	重车	汽车－超 20 级 主车	重车
一辆汽车总重力	kN	100		150		200		300	550
一行汽车车队中重车辆数	辆	—		1		1		1	1
前轴重力	kN	30		50		70		60	30
中轴重力	kN								2×120
后轴重力	kN	70		100		130		2×120	2×140
轴 距	m	4		4		4		4+1.4	3+1.4+7+1.4
轮 距	m	1.8		1.8		1.8		1.8	1.8
前轮着地宽度和长度	m	0.25×0.20		0.25×0.2		0.3×0.2		0.3×0.2	0.3×0.2
中后轮着地宽度和长度	m	0.5×0.20		0.5×0.2		0.6×0.2		0.6×0.2	0.6×0.2
车辆外形尺寸（长×宽）	m	7×2.5		7×2.5		7×2.5		8×2.5	15×2.5

注：一行汽车车队中主车辆数不限。

荷载级别中的数字表示车队中主车的重量，以吨计，图中所示的荷载均为轴重，除了主车辆数不限外，每一级车队中均规定只有一辆重车（或称加重车）。

汽车车队在桥上的纵、横位置均按最不利情况布置，以使桥梁产生计算部位的最大内力。但是车辆布置中轴重力的排列顺序应按车队的现状布置，不得改动。

汽车外侧车轮的中线，离人行道边缘或栏杆安全带边缘的距离不得小于 0.5m。

多车道桥梁上行驶的汽车荷载在计算时按各行车队同向行驶考虑。但考虑到大于两行车队时并行在桥梁上的可能性减小，在设计计算时，当桥面行车道宽度大于 9m 且小于 12m 时，按三车道布载，汽车荷载可折减 20%，按四行车队布载时，汽车荷载可折减 30%，但折减后不得小于用两行车队布载的计算结果。

2）平板挂车或履带车荷载

平板挂车荷载分为挂车—80、挂车—100 和挂车—120 三种，履带车荷载只有履带—50 一种。

平板挂车和履带车的纵向排列和横向布置见图 2-14，其主要技术指标见表 2-7。

对于履带车、顺桥向在其同向占用通行车道内可考虑多辆行驶，但车与车之间净距不得小于 50m。

对于平板挂车，在其同向占用通行车道内均按全桥长度内通过一辆布载，前后均无其它车辆。

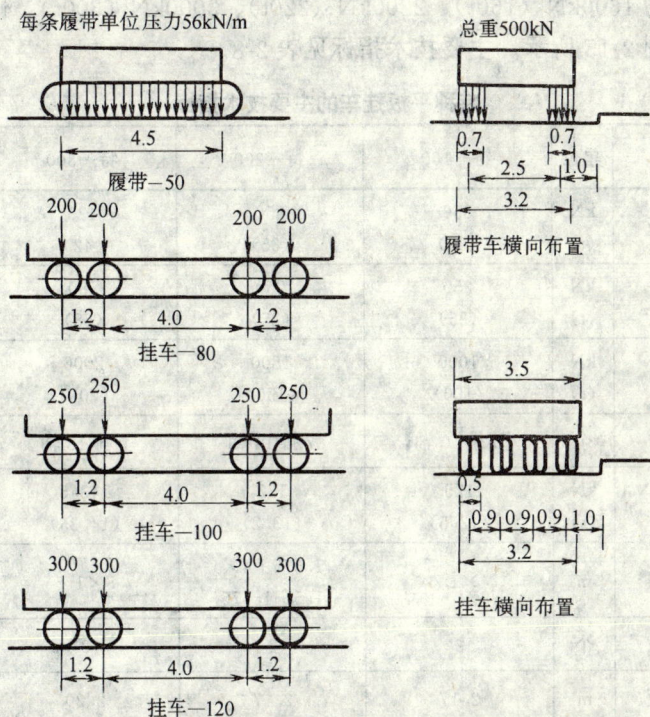

图 2-14 平板挂车和履带车纵向排列和横向布置

轴重力单位：kN 尺寸单位：m

履带车或平板挂车的外侧履带中线或平板挂车外侧车轮的中线，离人行道或安全带边缘的距离不得小于1m。

平板挂车和履带车主要技术指标 表2-7

主 要 技 术 指 标	单位	履带—50	挂车—80	挂车—100	挂车—120
车辆重力	kN	500	800	1000	1200
履带数或车轴数	个	2	4	4	4
各条履带压力或每个车轴重力	kN	56kN/m	200	250	300
履带着地长度或纵向轴距	m	4.5	1.2＋4.0＋1.2	1.2＋4.0＋1.2	1.2＋4.0＋1.2
每个车轴的车轮组数目	组	—	4	4	4
履带横向中距或车轮横向中距	m	2.5	3×0.9	3×0.9	3×0.9
履带宽度或每对车轮着地宽度和长度	m	0.7	0.5×0.2	0.5×0.2	0.5×0.2

履带车或平板挂车应慢速行驶，验算时，不考虑冲击力、人群荷载和其他不经常作用在桥梁上的各种外力。

3）特种荷载：当有大于挂车—120的平板挂车时，可按具体情况选用特种荷载。

特种荷载分为1600kN（160t）、2200kN（220t）、3000kN（300t）、4200kN（420t）四种。特种荷载如图2-15所示。主要技术指标见表2-8。

特种平板挂车的主要技术指标   表2-8

主要指标	单位	特—160	特—200	特—300	特—420
车头（牵引车）自重	kN (t)	350 (35)	350 (35)	420 (42)	420 (42)
平板（挂车）自重	kN (t)	250 (25)	250 (25)	580 (58)	780 (78)
装载重量	kN (t)	1000 (100)	1500 (150)	2000 (200)	3000 (300)
平板车车轴数	个	5排10轴	7排14轴	9排18轴	12排24轴
每个车轴压力	kN (t)	125 (12.5)	132 (13.2)	143.5 (14.35)	157.5 (15.75)
纵向轴距	m	4×1.6	1.575+4× 1.5+1.575	8×1.5	11×1.5
每个车轴的车轮组数	个	2	2	2	2
每组车轴的横向中距	m	2.17	2.17	2.20	2.20
每组车轮着地的 宽度和长度	m	0.5（宽）× 0.2（长）	0.5（宽）× 0.2（长）	0.5（宽）× 0.2（长）	0.5（宽）× 0.2（长）

注：① 设置中间分隔带的桥面，指桥面结构横向是整体相连的；
② 桥面车行道为单车道时（3.5～4.5m），验算荷载布载不作具体规定，设计时按实际情况确定。

特种平板挂车外侧车轮的中线，距人引道或栏杆（安全带）边缘的距离不得小于1m。

特种平板挂车在同向一个路幅的机动车道内，全桥长度内按行驶一辆计算，前后无其他车辆荷载。

特种平板挂车在桥梁上应慢速行驶，并只允许在城市指定路线行驶。计算时和普通平板挂车或履带车一样不计冲击。不同时计入非机动荷载和人群荷载及不经常作用在桥梁上的各种外力。

4）荷载的横向布置：当不设置中间分隔带时：

车行道为两车道或三车道时（每车道宽度按3.5～3.75m），其横向布置应满足图2-16要求。

车行道为四车道时，其荷载图式应满足图2-17，其中（a）和（b）为按需要分别计算，取其不利者。

车行道为六车道时，其荷载图式应符合图2-18，其中（a）和（b）为按需要分别计算，取其不利者。

当设置中间分隔带时：

中间分隔带两侧机动车道各为二车道时，其荷载图式应符合图2-19。

中间分隔带两侧机动车各为三车道或更宽时，荷载布置应满足图2-20要求。

当桥面上非机动车道与机动车道设有分隔带，验算荷载过桥时，非机动车道上非机动

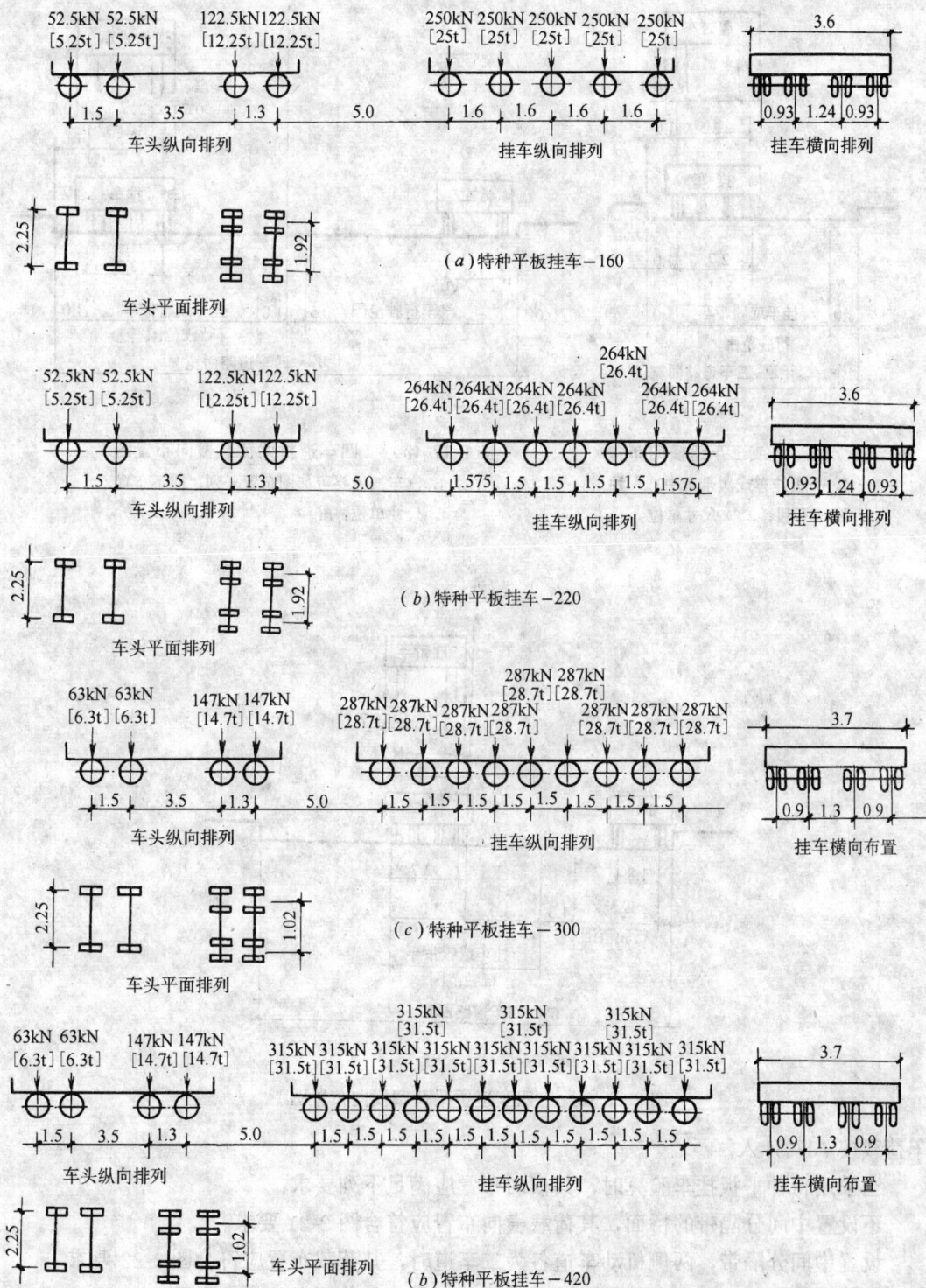

52.5kN 52.5kN 122.5kN122.5kN
[5.25t] [5.25t] [12.25t] [12.25t]

1.5 3.5 1.3 5.0
车头纵向排列

250kN 250kN 250kN 250kN 250kN
[25t] [25t] [25t] [25t] [25t]

1.6 1.6 1.6 1.6
挂车纵向排列

3.6
0.93 1.24 0.93
挂车横向排列

2.25 1.92
车头平面排列

（a）特种平板挂车—160

52.5kN 52.5kN 122.5kN122.5kN
[5.25t] [5.25t] [12.25t] [12.25t]

1.5 3.5 1.3 5.0
车头纵向排列

264kN
[26.4t]

264kN 264kN 264kN 264kN   264kN 264kN
[26.4t][26.4t][26.4t][26.4t] [26.4t][26.4t]

1.575 1.5 1.5 1.5 1.5 1.575
挂车纵向排列

3.6
0.93 1.24 0.93
挂车横向排列

2.25 1.92
车头平面排列

（b）特种平板挂车—220

63kN 63kN 147kN 147kN
[6.3t] [6.3t] [14.7t] [14.7t]

1.5 3.5 1.3 5.0
车头纵向排列

287kN 287kN
[28.7t][28.7t]

287kN 287kN 287kN 287kN   287kN 287kN 287kN
[28.7t][28.7t][28.7t][28.7t]   [28.7t][28.7t][28.7t]

1.5 1.5 1.5 1.5 1.5 1.5 1.5
挂车纵向排列

3.7
0.9 1.3 0.9
挂车横向布置

2.25 1.02
车头平面排列

（c）特种平板挂车—300

63kN 63kN 147kN 147kN
[6.3t] [6.3t] [14.7t] [14.7t]

1.5 3.5 1.3 5.0
车头纵向排列

315kN   315kN   315kN
[31.5t]   [31.5t]   [31.5t]

315kN 315kN 315kN 315kN 315kN 315kN 315kN 315kN 315kN
[31.5t][31.5t][31.5t][31.5t][31.5t][31.5t][31.5t][31.5t][31.5t]

1.5 1.5 1.5 1.5 1.5 1.5 1.5 1.5
挂车纵向排列

3.7
0.9 1.3 0.9
挂车横向布置

2.25 1.02
车头平面排列

（b）特种平板挂车—420

图 2-15　特种平板挂车—160、220、300、420 的纵向排列和横向（或平面）布置

注：为使计算方便、挂车各个轴重取相同数值，其总和与挂车称号略有出入。图中尺寸，以 m 为单位。

17

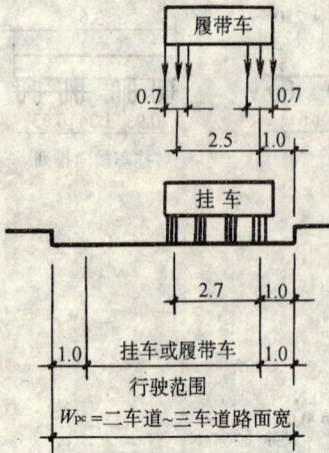

图 2-16　两车道或三车道横向布置
注：1. 平板挂车或履带车中选一种，
取其不利者。2. 尺寸单位：m。

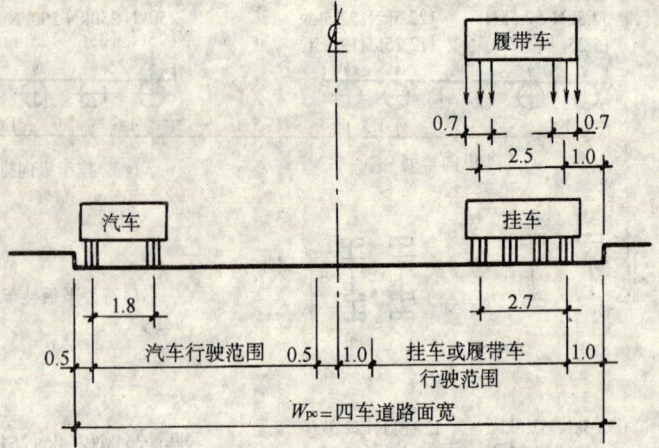

图 2-17（a）　四车道桥梁荷载横向布置图 I
注：1. 汽车按需要可如图布置一列，或不布置。
2. 尺寸单位：m。

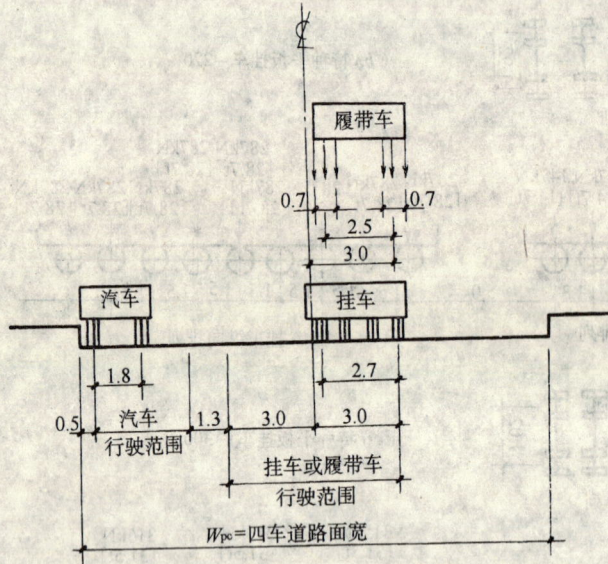

图 2-17（b）　四车道桥梁荷载横向布置图 II

车荷载按 70% 计入。

当采用特种平板挂车验算时，其横向布置应满足下列要求：

不设置中间分隔带的桥面，其荷载横向布置应符合图 2-21 要求。

设置中间分隔带，两侧机动车道各为二车道时，其荷载布置应符合图 2-22 要求。

中间分隔带两侧机动车道各为三车道或更宽时，其荷载布置应符合图 2-23 要求。

在荷载横向布置中，如有平板挂车、履带车、特种荷载与汽车一道布置时，平板挂车或带车中任选一种，取其不利者；横向布置时，汽车均为标准车，且不计冲击。

（2）人群荷载。设有人行道的桥梁，当用汽车荷载计算时，要同时计及人行道上的人

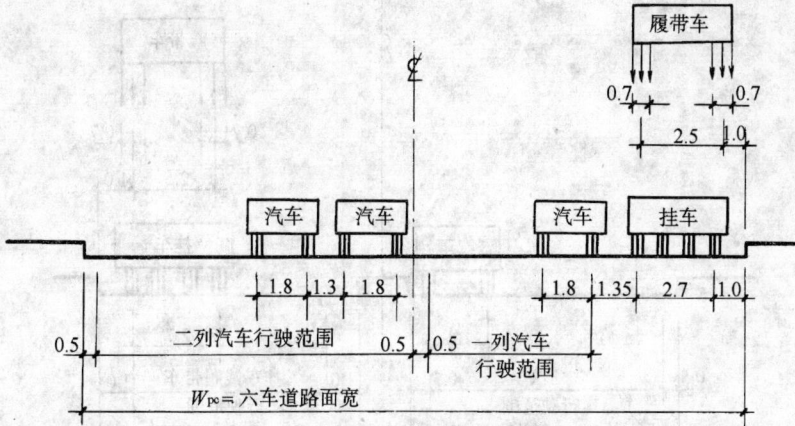

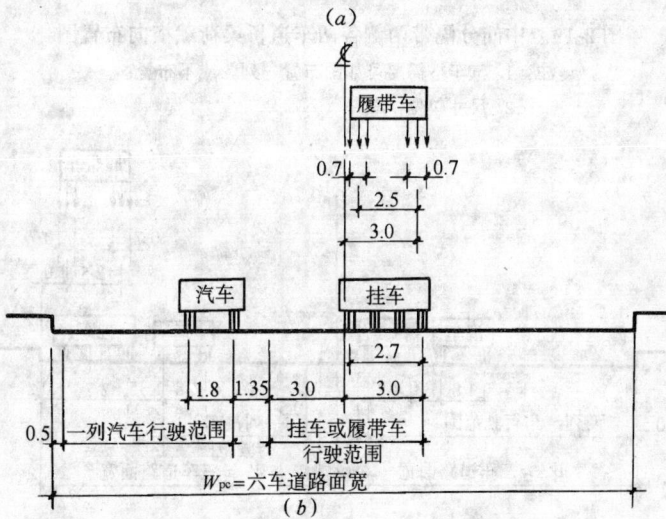

图 2-18 六车道桥梁荷载横向布置图

注：1. 平板挂车和履带车选用一种取其不利者。

  2. 汽车为标准车（不计加重车，不计冲击），按需要可如图布置，或不布置。

  3. 图中尺寸，以 m 为单位。

群荷载，人行道人群荷载按如下规定确定：

1）人行道板（局部构件）的人群荷载按 5kPa 或 1.5kN 的竖向集中力作用在一块构件上，分别计算，取其不利者。

2）梁、桁架、拱及其他大跨结构的人群荷载 W 计算，按下列公式计算。

当加载长度 $L < 20$m 时：

$$W = 4.5 \times \frac{20 - W_p}{20} \quad \text{(kPa)} \tag{2-1}$$

当加载长度 $20\text{m} \leqslant L \leqslant 100\text{m}$（100m 以上同 100m）时：

$$W = \left(4.5 - 2 \times \frac{L - 20}{80}\right)\left(\frac{20 - W_p}{20}\right)\text{(kPa)} \tag{2-2}$$

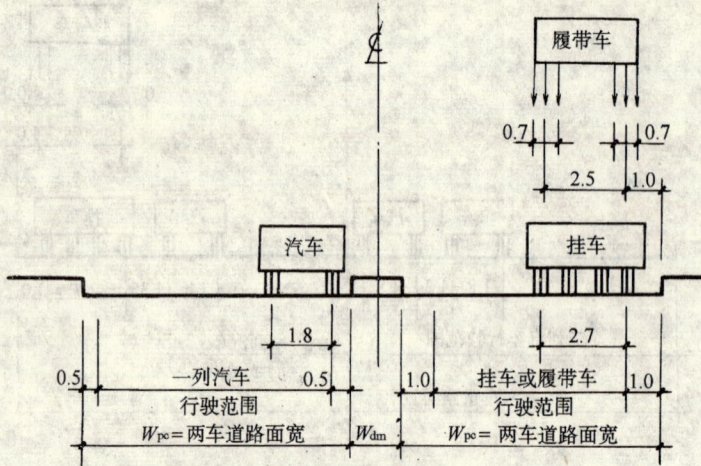

图 2-19　中间分隔带两侧各两车道桥梁荷载横向布置图

注：1. 汽车按需要可如图布置一列，或不布置；

2. 尺寸单位：m。

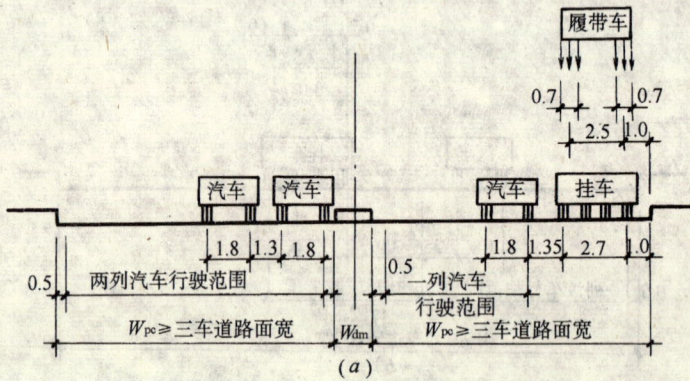

(a)

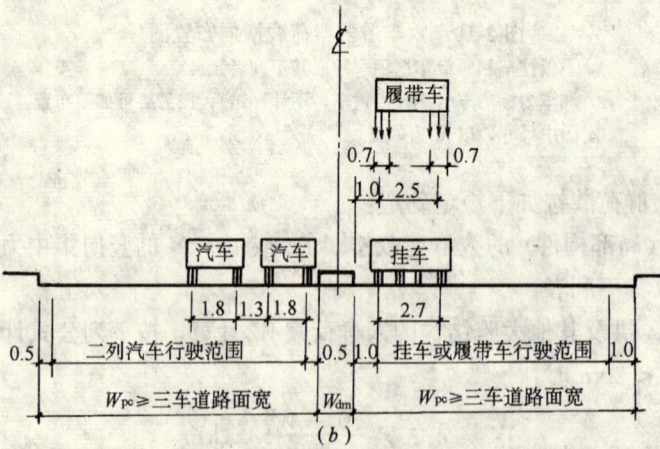

(b)

图 2-20　中间分隔带两侧各三车道或更宽时荷载横向布置图

注：1. 汽车按需要可如图布置三列，或任何二列，或任何一列，或不布置；

2. 尺寸单位：m。

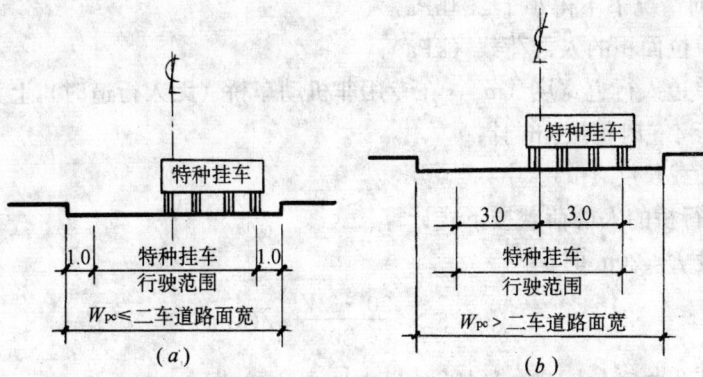

图 2-21 不设分隔带特种荷载横向排列布置图

(a) 不多于二车道；(b) 二车道以上

尺寸单位：m。

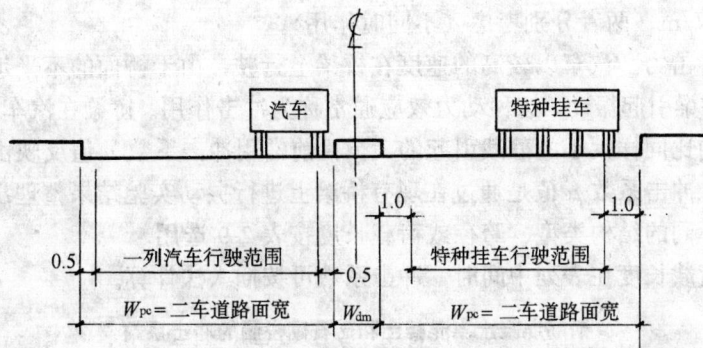

图 2-22 分隔带两侧各两车道荷载横向布置图

注：1. 汽车按需要如图布置一列，或不布置；

2. 尺寸单位：m。

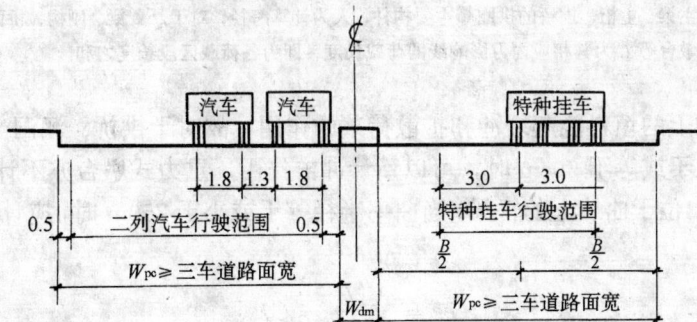

图 2-23 分隔带两侧各三个车道或更宽时荷载横向布置图

注：1. 汽车按需要可如图布置，或不布置；

2. 尺寸单位：m。

W 值在任何情况下不得小于 2.4kPa。

式中　W——单位面积的人群荷载（kPa）；

　　　W_p——单边人行道宽度（m），在专用非机动车桥（无人行道时）上为 1/2 桥宽，大于 4m 时仍按 4m 计；

　　　L——加载长度（m）。

3）专用人行桥的人群荷载按下式计算：

当加载长度 $L<20$m 时：

$$W = 5 \times \frac{20 - W_p}{20} \quad (\text{kPa}) \qquad (2\text{-}3)$$

当加载长度 $20\text{m} \leqslant L \leqslant 100\text{m}$（100m 以上同 100m）时：

$$W = \left(5 - 2 \times \frac{L - 20}{80}\right)\left(\frac{20 - W_p}{20}\right)(\text{kPa}) \qquad (2\text{-}4)$$

式中符号意义同前。

作用在桥上人行道栏杆扶手上的活载（只供计算栏杆用）为：竖向荷载 1.2kN/m；水平向外荷载 1kN/m。两者分别考虑（不同时作用）。

（3）汽车冲击力。汽车以较高的速度在桥梁上行驶，由于桥面的不平坦、发动机抖动等原因，会使桥梁引起振动，这种动力效应通常称为冲击作用。桥梁在汽车的冲击作用下，其内力和变形均比同样大小的静载引起的大。目前常用冲击系数 μ 值反映由于冲击而引起的内力的增大。冲击系数 μ 值是通过在现有桥梁上进行振动实验结果整理出来的，在桥梁设计中可根据不同的结构类型、跨径或荷载长度按表 2-9 选用。

当跨径或荷载长度在表列中间时，冲击系数可按插入法计算。

钢筋混凝土、混凝土和砖石砌桥涵的冲击系数　　　　　　　表 2-9

结　构　种　类	跨径或荷载长度（m）	冲　击　系　数　μ
梁、刚构、拱上构造、桩式和柱式墩台、涵洞盖板	$L \leqslant 5$	0.30
	$L \geqslant 45$	0
拱桥的主拱圈或拱肋	$L \leqslant 20$	0.20
	$L \geqslant 70$	0

注：对于简支的主梁、主桁、拱桥的拱圈等主要构件，人为计算跨径，对于悬臂梁、刚构、桥面系构件有受局部荷载的构件及墩台等 L 为其相应内力影响线的荷载长度，即为各荷载区段长度之和。

由于结构物上的填料能起缓冲和扩散荷载的作用，故对于拱桥、涵洞当填料厚度（包括路面厚度）大于或等于 50cm 时，可以不计冲击作用，重力式墩台亦不计冲击作用。

（4）离心力。位于曲线上的桥梁，当曲率半径等于或小于 250m 时，应计及车辆离心力，车辆离心力为：

$$H = \frac{V^2 P}{127R} = CP \qquad (2\text{-}5)$$

式中　V——行车速度（km/h）；

　　　R——曲线曲率半径（cm）；

　　　C——离心力系数；$C = \frac{V^2}{127R}$。

离心力 H 着力点在桥面以上 1.2m 处，为计算方便也可将其移至桥面上，且不计由此引起的力矩。

2. 其它可变荷载

（1）风力。作用在桥面上的风力是由迎风面的压力和背风面的吸力（拉力）组成。它可分为作用于垂直于桥轴线方向的横向风力和平行于桥轴线方向的纵向风力。

横向风力为横向风压与迎风面积的乘积。横向风压是迎风面积上单位面积（m²）横向风力的大小，其值按下式计算：

$$W = K_1 \cdot K_2 \cdot K_3 \cdot K_4 \cdot W_0 \qquad (2\text{-}6)$$

式中 K_1——设计风速频率换算系数。特殊大桥及重要道路上的大、中桥梁采用1.0，其它桥梁采用0.85；

K_2——风载体型系数，桥墩见表2-10，其它构件为1.3；

K_3——风压高度变化系数，见表2-11；

K_4——地形、地理条件系数，见表2-12；

W_0——基本风压值（Pa），当有可靠记录时，按 $W_0 = v^2/1.6$ 计算；若无风速记录，可参照《桥梁设计规范》中"全国基本风压分布图"，并通过调查核实后采用。

其中 v——设计风速（m/s），按平坦空旷地面，离地面20m高，频率 $\frac{1}{100}$ 的10min平均最大风速确定。

桥墩风载体型系数（K_2）   表2-10

截 面 形 状	圆形截面	与风向平行的正方形截面	短边迎风的矩形截面	
长宽比值			$l/b \leqslant 1.5$	$l/b > 1.5$
体型系数 K_2	0.8	1.4	1.4	0.9

截 面 形 状	长边迎风的矩形截面		短边迎风的圆端形截面	长边迎风的圆端形截面	
长宽比值	$l/b \leqslant 1.5$	$l/b > 1.5$	$l/b \geqslant 1.5$	$l/b \leqslant 1.5$	$l/b > 1.5$
体型系数 K_2	1.4	1.3	0.3	0.8	1.1

风压高度变化系数（K_3）   表2-11

离地面或常水位高度（m）	≤20	30	40	50	60	70	80	90	100
风压高度变化系数 K_3	1.00	1.13	1.22	1.30	1.37	1.42	1.47	1.52	1.56

纵向风压因受墩台、路堤的影响，较横向风力为小，为简化计算，常按折减后的横向风压乘以迎风面积计算；当计算桥墩纵向风力时，可按横向风压的70%乘以桥墩迎风面积。

（2）制动力。制动力是汽车在桥上刹车时为克服其惯性力而在车轮与路面之间产生的滑动摩擦力。

鉴于桥梁上的车辆不可能同时刹车，因此制动力大小不等于摩擦系数乘以荷载长度内的车辆总重力，而是按荷载长度内车辆总重力的一部分计算。《桥规》规定：当桥面为1～2车道时，制动力按布置在荷载长度内一行车队汽车总重力的10%计算，但不得小于一辆重车的30%，当桥面为4车道时，制动力按上述数值增加一倍。

制动力方向就是行车方向，着力点在桥面以上1.2m处。为计算方便，刚架桥、拱桥的制动力着力点可移至桥面上，其它型式的上部构造，着力点可移至支座中心（铰中心或滚轴中心）或滑动支座的接触面上或摆动支座的底板面上，但均不计着力点移动引起的力矩。各种支座传递的制动力见表2-13。

对于简支梁桥，当墩台为柔性桩墩时，如支座为油毛毡支座或钢板支座，制动力可按其刚度分配，若支座为板或橡胶支座，可考虑联合抗推作用。

（3）支座摩阻力。桥梁上部构造因温度变化会沿活动支座伸缩，由于活动支座不是无限光滑的，因此在活动支座与上部结构的接触面上会产生水平方向的摩阻力。其值为

$$F = \mu V \tag{2-7}$$

式中　V——活动支座处结构竖向反力；

　　　μ——支座的摩阻系数，见表2-14。

地形、地理条件系数（K_4） 表2-12

地形、地理条件	一般地区	山间盆地、谷地	峡谷口、山口	位于避风地点或城市市区内	沿海海面及海岛
地形、地理条件系数 K_4	1.00	0.75～0.85	1.20～1.40	0.8	1.30～1.50

刚性墩台各种支座传递的制动力 表2-13

桥梁墩台及支座类型		应计的制动力	符号说明
简支梁桥台	固定支座	H_1	H_1——当荷载长度为计算跨径时的制动力
	滑动支座	$0.5H_1$	
	滚动（或摆动）支座	$0.25H_1$	
简支梁桥墩	两个固定支座 一个固定支座 一个活动支座	H_2 见注②	H_2——当荷载长度为相邻两跨计算跨径之和时的制动力
	两个活动支座	$0.5H_2$	
	两个滚动（或摆动）支座	$0.25H_2$	
连续梁桥墩	固定支座	H_3	H_2——当荷载长度为一联长度（连续梁）或主孔加两悬臂长度（悬臂梁）时的制动力
	滚动（或摆动）支座	$0.25H_3$	
悬臂梁岸墩或中墩	固定支座	H_3	
	滚动（或摆动）支座	$0.25H_3$	

注：①每个活动支座传递的制动力不得大于其摩阻力。
　　②当简支梁桥墩上设有两种支座（固定支座和活动支座）时，制动力应按相邻两跨传来的制动之和计算，但不得大于其中较大跨径的固定支座或两等跨中一个跨径的固定支座传来的制动力。
　　③板式橡胶支座，当其厚度相等时，制动力可平均分配。

支座摩阻系数 表 2-14

支 座 种 类	摩阻系数 μ 值
聚四氟乙烯滑板	$\begin{cases} 0.05 \ (-20℃以上) \\ 0.1 \ (-20℃以下) \end{cases}$
滚动支座或摆动支座	0.05
弧形钢板滑动支座	0.20
橡胶与钢板	0.20
平面钢板滑动支座	0.30
橡胶与混凝土	0.30
油毛毡垫层	0.60

（4）其它外力。其它可变荷载尚还有流水压力、流冰压力和温度影响力，应根据结构受力情况予以考虑。

（三）偶然荷载

1. 地震力

下列构造物应采取抗震措施，但可不进行抗震力的计算。

简支梁的上部构造：基本烈度低于 9°，基础位于 I、II 类场地的跨径不大于 30m 的单孔板拱拱圈；基本烈度低于 8°的实体墩台。

其它情况均应进行抗震强度的稳定性计算。

2. 船只或漂浮物的撞击力

在通航河道或有漂浮物出现的河流上建造桥梁时，其下部结构墩台设计时应考虑船只或漂浮物的撞击力。城市立交桥可考虑车辆撞击力。撞击力的大小可根据实测资料或与有关部门研究确定。船只撞击力与漂浮物的撞击力不同时考虑。

二、荷载组合

桥梁承受的各种荷载和外力，显然并非同时作用于桥梁上的，因此应根据各种荷载重要性的不同和同时作用的可能性进行荷载组合，供设计选用。

组合 I：基本可变荷载（平板挂车与履带车除外）的一种或几种与永久荷载的一种或几种相组合；

组合 II：基本可变荷载（平板挂车或履带车除外）的一种或几种与永久荷载的一种或几种与其它可变荷载的一种或几种相组合；

组合 III：平板挂车或履带车与结构重力、预加应力、土的重力及土侧压力的一种或几种相组合；

组合 IV：基本可变荷载（平板挂车或履带车除外）的一种或几种与永久荷载的一种或几种与偶然荷载中的船只或漂浮物的撞击力相组合；

组合 V：结构重力、预应力、土重及土侧压力的一种与几种与地震力相组合。

上述组合中，组合 I 是只计算常遇荷载的主要设计组合；组合 II 是附加不经常出现荷载的附加设计组合；组合 III 是以平板挂车或履带车验算的验算组合；而组合 IV 和组合 V 是在主要设计组合中分别计入不同偶然荷载的偶然组合。

另外，尚应根据施工具体情况，进行施工荷载组合。

荷载组合时，应按下列情况进行调整：

设计弯桥时，当离心力与制动力组合时，制动力仅按70％计算；

在进行施工荷载组合时，构件吊装时，其自重应乘以动力系数1.2或0.85，并可视构件具体情况作适当增减。

在荷载组合中，对其他可变荷载的不同时组合情况，可按表2-15执行。

其它可变荷载不同时组合表　　　　　　　　　表 2-15

编　号	荷载名称	不与该荷载同时参予组合的荷载编号
14	风　　力	—
15	汽车制动力	16、17、19
16	流水压力	15、17
17	流冰压力	15、16
18	温度影响力	—
19	支座摩阻力	15

习　题

一、名词解释

  1. 计算跨径

  2. 标准跨径

  3. 桥梁全长

  4. 桥下净空

  5. 矢跨比

二、思考题

  1. 桥梁由哪些部分组成，各组成部分的作用是什么？

  2. 按承重构件受力体系桥梁可分为哪几种？

  3. 城市桥梁特大、大、中、小桥是如何划分的？

  4. 城市桥梁设计有什么要求？如何进行总体设计？

  5. 城市桥梁荷载有哪些？特种荷载在什么情况下使用？

  6. 什么叫荷载组合？城市桥梁荷载如何组合？组合中应注意什么问题？

第三章　钢筋混凝土梁桥构造

第一节　钢筋混凝土梁桥分类

钢筋混凝土梁是利用抗压性能良好的混凝土和抗拉性能良好的钢筋结合而成的。它具有就地取材、耐久性好、适应性强及整体性好和美观的特点，同时适应于工业化施工，因此当前城市建设中中小跨径桥梁大多采用钢筋混凝土梁桥。钢筋混凝土梁桥可分为：

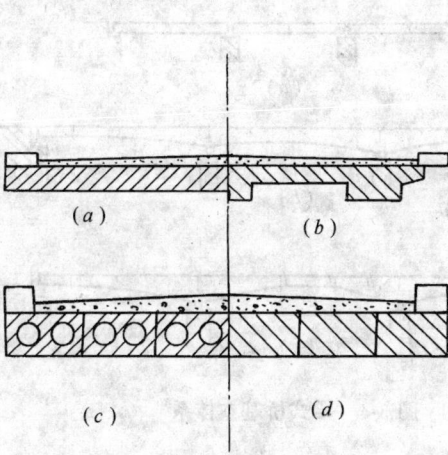

图 3-1　板桥横截面型式　　　　图 3-2　肋梁桥横截面型式

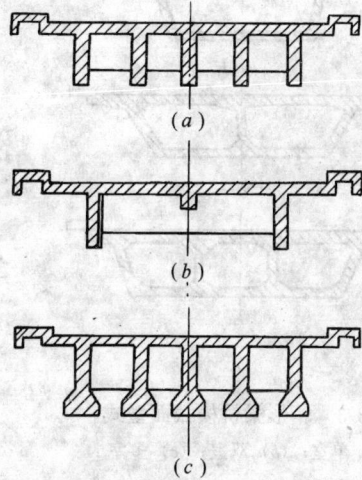

一、按承重结构横截面型式分类

（一）板桥

板桥的承重结构是矩形截面的钢筋混凝土或预应力混凝土板（图 3-1）。其主要特点是构造简单、施工方便、建筑高度小。但从力学性能上分析，位于受拉区的混凝土不但不能发挥作用，反而增大了结构自重，当板的跨径稍大时，就显得不经济，因此钢筋混凝土简支板桥的跨径一般只适用于 5~10m，预应力混凝土简支板桥也只适用于 10~16m。

（二）肋梁桥

肋梁桥承重结构是由肋梁及与肋梁顶部相结合的桥面板组成（图 3-2）。由于肋与肋之间处于受拉区的混凝土被挖空，故极大地减轻了结构自重，特别是对于仅承受弯矩的简支梁来讲，既充分利用了扩展的混凝土桥面板的抗压能力，又充分利用了梁肋下部梁中布置钢筋的抗拉作用，从而使结构的构造与受力性能有效地配合。通常适用于中等跨径以上的梁桥。

钢筋混凝土简支肋梁桥常用跨径为 8～20m，预应力混凝土简支肋梁桥适用跨径为 25～50m。

（三）箱形梁桥

箱形梁桥承重结构是由一个或几个封闭的薄壁箱梁组成（图 3-3）。箱形梁除上部受压翼缘板，底部还有扩展的底板，为承受正、负弯矩提供了足够的混凝土受压区。箱形结构具有较大的抗弯惯矩，而且有较大的抗扭刚度，因此适用于较大跨径的悬臂梁桥和连续梁桥。由于简支梁桥仅承受正弯矩，故不宜采用箱形截面。

二、按承重结构的静力体系分类（图 3-4）

（一）简支梁桥（图 3-4a）

简支梁桥属静定结构，目前使用十分广泛，它具有构造简单、且相邻各孔独自受力，易于标准化和工厂化生产

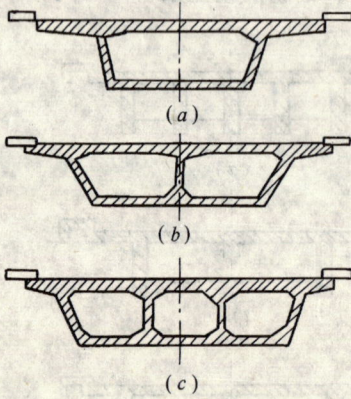

图 3-3　箱形梁桥横截面型式
(a) 单室；(b) 双室；(c) 多室

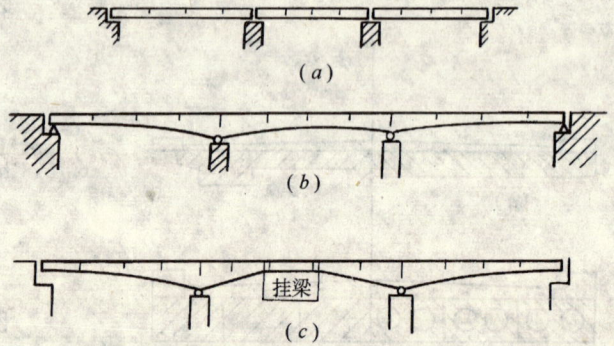

图 3-4　梁式桥基本体系

（二）悬臂梁桥（图 3-4c）

悬臂梁桥属静定结构，它由设有悬臂的梁形成，一端悬出的称为单悬臂梁桥，两端悬出的称为双悬臂梁桥。当跨径较长时，还可在相邻悬臂之间搭设挂梁形成多孔桥。

简支梁与悬臂梁由于均属于静定结构，故墩台的不均匀沉陷在梁内不会引起附加内力；而悬臂梁桥悬臂根部产生负弯矩，会减小跨中正弯矩，可以节省材料用量，但多孔悬臂梁桥由于铰的存在，破坏了桥梁行车顺道性，且增加了构造上的困难。

（三）连续梁桥（图 3-4c）

连续梁桥属超静定结构，其承重结构为不间断的连续跨越几个桥孔的梁而形成的。连续梁由于在荷截作用下支点截面产生负弯矩从而显著减小了跨中正弯矩。这样可以减小跨中的建筑高度，而且能节省钢筋混凝土数量。连续梁桥孔数不宜过多，一般以 3～5 孔为宜，当桥梁长度较大时，可沿桥长分成几组连续梁。由于连续梁属于超静定结构，所以对桥梁墩台基础要求较高，否则会因墩台的不均匀沉降在梁内产生附加内力。

三、按施工方法分类

（一）整体浇筑式梁桥

整体浇筑式梁桥多数在桥孔支架模板上现场浇筑而成。

整体浇筑的梁桥整体性好、刚度大、易于做成复杂形状，特别是城市立体交叉中的斜、弯、坡桥等。但整体浇筑梁桥施工周期长、施工速度较慢，耗费大量支架模板，因此除了弯斜桥外，只有在缺乏吊装设备或运输条件十分困难时才采用。

（二）预制装配式梁桥

预制装配式梁桥是将预制厂（场）预制的构件，在现场吊装就位，然后再联接构件接头而形成整体。

预制装配式梁桥工业化程度高，质量较好，同时能与桥梁下部结构同时施工。缩短工期，并能节省大量模板和支架。

组合式简支梁桥也是一种装配式梁桥结构。不过它是用纵向水平缝将桥梁分割为梁肋及桥面板两部分，便于集中制造和运输吊装。

因此，当前梁桥主要是采用预制装配式结构。

第二节 简 支 板 桥 构 造

一、整体式板桥的构造

整体式简支板桥一般做成实体式等厚度的矩形截面，有时为了减轻自重也可做成肋板式（图3-1）。城市中的板桥，由于宽度往往大于跨径，在荷载作用下，除板的纵向中部产生正弯矩外，横向两侧还可能产生负弯矩（图3-5）。

整体式简支板桥一般使用在跨径8m以下，桥面净宽依路线标准而定，人行道可以悬出。当桥宽较大时，可采用沿中线分开，以减小横向负弯矩。

整体式板桥的钢筋由配置在纵向的受力钢筋和与之垂直的分布钢筋组成。按计算一般不需设置箍筋和斜筋，但习惯上仍在跨径的 $\frac{1}{4} \sim \frac{1}{6}$ 将一部分主筋按30°或45°弯起，当桥的板宽较大时，尚应在板的顶部配置适当的横向钢筋。

整体式板桥行车道的主钢筋直径应不小于10mm，间距应不大于20cm，一般也不宜小于7cm；两侧边缘板带的主钢筋数量宜较中间板带（板宽2/3范围内）增加15%；如在板跨径 $L/4 \sim L/6$ 处弯起钢筋，则通过支点不弯起的主钢筋每米板宽内

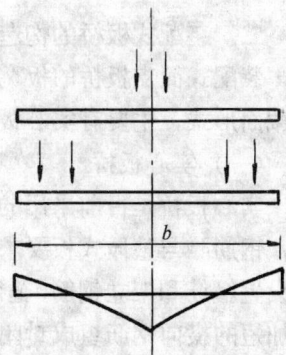

图3-5 板桥横向弯矩

应不小于3根，并不少于跨中主钢筋面积的1/4；主钢筋与板边缘间的净距应不小于2cm，设置钢筋网时，上、下层钢筋的混凝土保护层厚度不得小于1.5cm。

分布钢筋应与主钢筋垂直，要放在主钢筋上面，分布钢筋直径不小于6mm，分布钢筋在单位板长的截面积一般不应少于主钢筋面积的15%；分布钢筋间距不应大于25cm；主钢筋弯折处均应设置分布钢筋；分布钢筋也可与主钢筋焊接成分块的钢筋网，相邻钢筋网应互相搭接。

图3-6为标准跨径6m，桥面净宽7+2×0.25，按汽车—15级，挂车—80设计的整体式简支板桥构造图，该桥计算跨径为5.69m，板厚35cm，纵向主筋采用Ⅱ级钢筋，直径为18mm，分布钢筋采用Ⅰ级钢筋，直径为10mm，间距为20cm，主筋两端呈45°弯起。

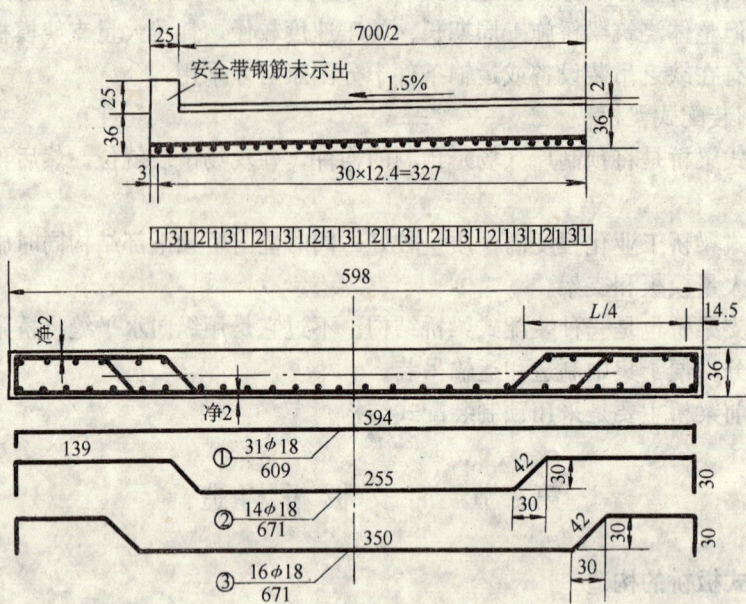

图 3-6　整体式板桥构造

尺寸单位 cm

二、装配式板桥的构造

装配式简支板桥的板宽：为便于构件的运输与安装，通常为 1m，预制宽度为 0.99m。横截面形式，主要有实心板和空心板两种。

(一) 实心板桥

实心板桥是目前采用的主要形式，一般跨径为 4～8m。实心板桥主筋一般采用 Ⅱ 级钢筋，钢筋除与整体式板要求基本相同外，尚需注意装配式板桥通常不弯起，另外装配式板应设置箍筋和架立钢筋，箍筋通常做成开口式并伸出预制板面以加强横向联接（图 3-7），而另加短的横向钢筋组成封闭式箍筋。

实心板桥形状简单，施工方便，建筑高度小，在小跨径桥中得到广泛使用。

图 3-7 为一标准 6m，设计荷载为汽车－15 级，挂车－100 的装配式矩形板桥构造图。

纵向主筋用 18mm 的 Ⅱ 级钢筋，箍筋用直径 6mm 的 Ⅰ 级钢筋，架立钢筋用直径 8mm 的 Ⅰ 级钢筋，预制板安装就位后，在企口缝内填筑标号比预制板高的小石子混凝土，并浇筑厚 6cm 的 25 号水泥混凝土铺装层使之连成整体。板边并设有栓孔，当下部结构采用重力式时，只需在一端设置栓孔，栓钉直径与主钢筋相同。块件吊点设置在距端头 50cm 处，预制板混凝土标号为 20 号。

(二) 空心板桥

对于装配式板桥，当跨径增大时，实心板桥就显得不合理，而应将其截面中部部分挖空，做成空心板，不仅能减轻自重，而且能充分利用材料。

钢筋混凝土空心板桥适用跨径为 8～13m，板厚为 0.4～0.8m；预应力混凝土空心板适用跨径为 8～16m，板厚为 0.4～0.7m。空心板较同跨径的实心板重量轻，运输安装方便，

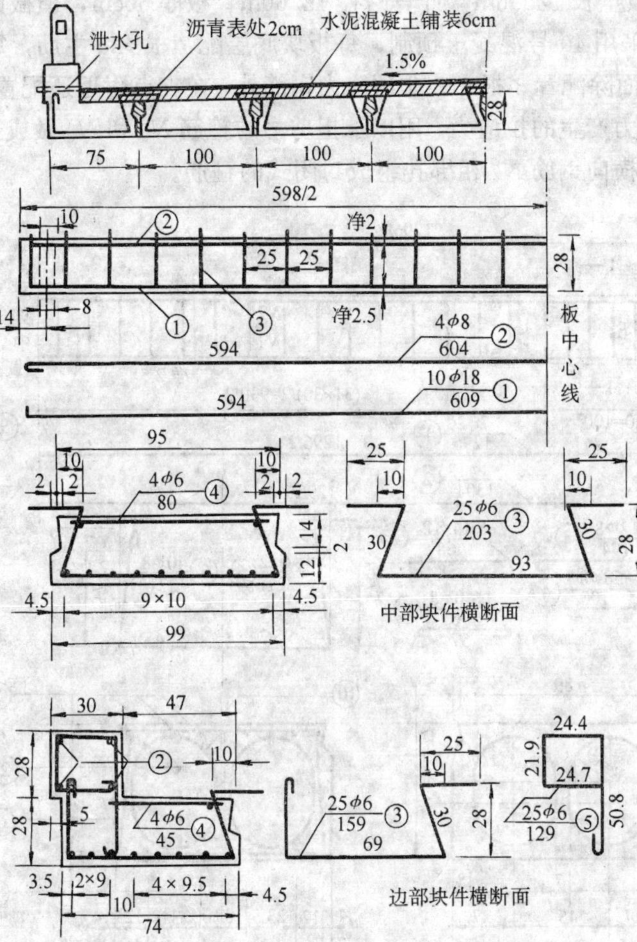

图 3-7 跨径 6.0m 装配式矩形板桥构造

而建筑高度又较同跨径的 T 梁小，因此目前使用较多。空心板的开口型式如图 3-8 所示。其中（*a*）型和（*b*）型为单孔，挖空率大，重量轻，但顶板需配置横向受力钢筋承担车辆荷载的作用，其中（*a*）型顶部略呈拱形，可以节省一些钢筋，但模板较复杂。（*c*）型和（*d*）型为双圆孔形，其中（*c*）型为双圆孔，施工时可用无缝钢管作芯模，但挖空率小，自重较重，（*d*）型芯模则由两个半圆和两块侧模板组成，当板的厚度改变时，只需改变侧板高度即可，故较（*c*）型为好。

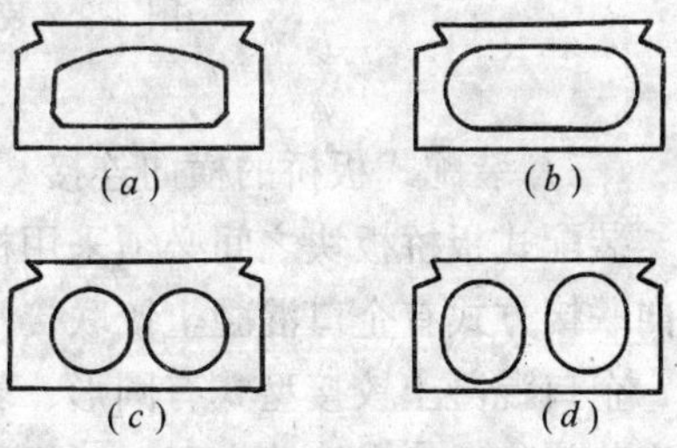

图 3-8 空心板截面形式

空心板横截面的最薄处不得小于 7cm，以保证施工质量和局部承载的需要。为了保证抗剪要求，应按需要布置弯起钢筋和箍筋。当采用预应力空心板时，通常采用冷拉Ⅳ级钢筋或钢绞线，保护层厚度不小于 2.5cm。为防止在支点上缘产生拉应力，可采用在上部增设短钢筋加强或将靠近支点的预应力钢筋予以隔离，使之不与混凝土粘接。

图 3-9 为标准跨径 13m 的装配式预应力混凝土空心板桥构造，荷载等级为汽车－20

级，挂车—100，板全长 12.96m，计算跨径 12.60m，板厚 60cm，横截面采用椭圆孔，宽 38cm，高 46cm，采用 40 号混凝土预制，每板块底层配 7 根 $\phi20$ 主筋，每根预应力筋张拉力为 194kN，板顶面除配置 3 根 $\phi12$ 非预应力钢筋外，在支点附近还配置 6 根 $\phi8$ 非预应力钢筋承担由预加应力产生的拉应力。用以承担剪力的箍筋 N_5 和 N_6 做成开口式，待立好芯模后，再与其上的横向钢筋 N_4 相绑扎组成封闭式的箍筋。

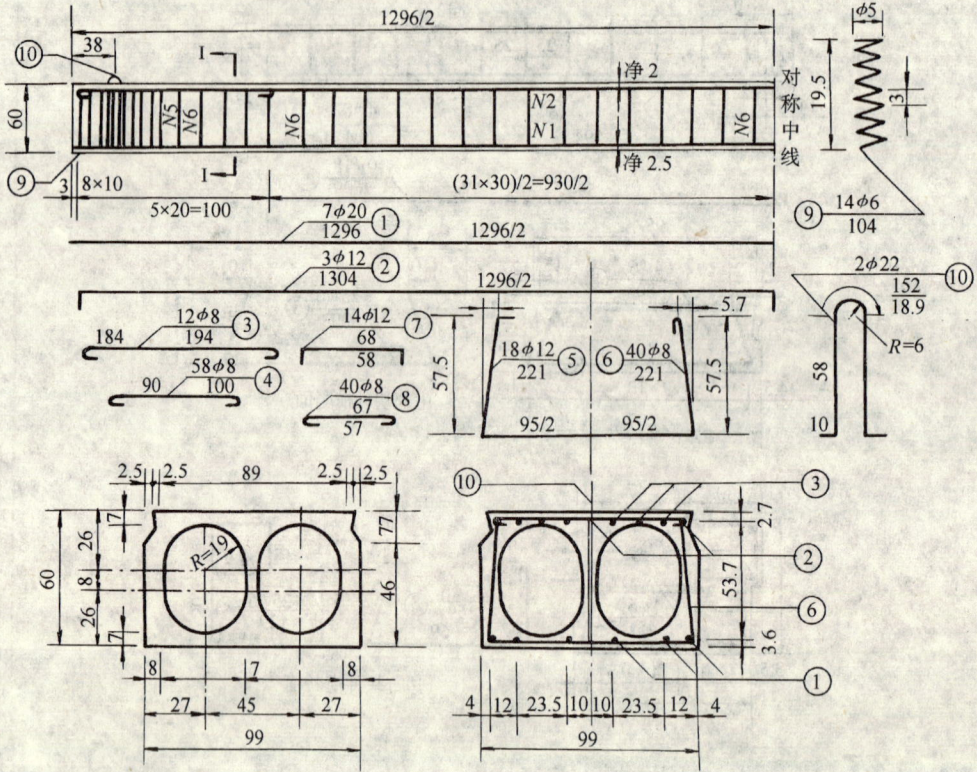

图 3-9 装配式预应力混凝土空心板桥构造

尺寸单位：cm

（三）装配式板桥的横向连接

装配式板桥板块之间必须采用横向连接构造，以保证板块共同承受车辆荷载。常用的横向联接方式有企口混凝土铰联接和钢板焊接联接。

企口混凝土铰接型式有圆形、菱形和漏斗形三种（图 3-10（a）、（b）、（c））。它是在块件安装就位后，在铰缝内用 25 号到 40 号细骨料混凝土填实而成；如果要使桥面铺装层也参予受力，也可以将预制板中的钢筋伸出与相邻板的同样钢筋互相绑扎，再浇筑在铺装层内（图 3-10d）。

实践证明：企口式混凝土铰能保证传递横向剪力，使各板块共同受力。

由于企口缝内的混凝土需要养生一段时间才能通车，当需要加快工程进度，提前通车时也可采用钢板联接（图 3-11）。具体做法是将钢板 N_1 焊在相邻两块件的预埋钢板 N_2 上。联接构造的纵向中距通常为 80～150cm，跨中部分布置较密，向两端支点处逐渐减疏。

三、斜交板桥构造

桥梁轴线与支承线的垂线呈某一夹角时，该桥称为斜交桥，其夹角习惯上称为斜交角。

斜交板桥受力复杂，它具有如下特征：

1. 最大主弯矩方向，在板的中部，接近于垂直支承边，在板的两侧，其主弯矩接近于支承线垂线与自由边夹角的平分线方向；斜交桥的最大跨内正弯矩比正交桥要小；而横向弯矩却比正桥的要大。

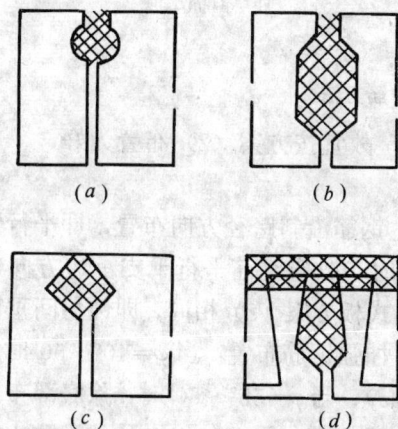

图 3-10　企口式混凝土铰接

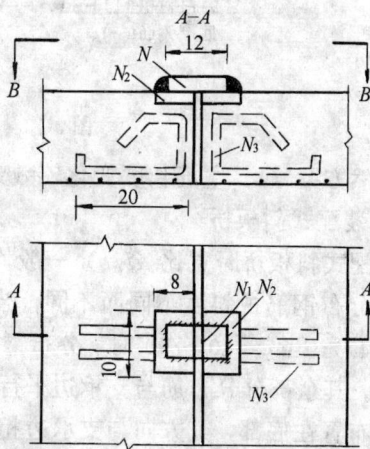

图 3-11　钢板联接构造

2. 在钝角处有垂直于角平分线的负弯矩，但分布范围不宽且迅速削减。

3. 支承反力由钝角处向锐角处逐渐减小，锐角处有向上翘起的趋势。此时若固定锐角角点势必导致产生较大的扭矩。

斜交板的受力特性可用三跨连续梁来比拟，如图 3-12 所示，斜板在荷载作用下，在钝角 B、C 处产生较大的负弯矩，同时 B、C 点反力较大，锐角 A、D 反力较小。此外，当从 AB 和 CD 向 BC 部分传递弯矩时，尚对该部分产生扭矩。

根据上述特性，当斜度小于 15°时，可按正交板设计，大于 15°时，应按其受力性能布置钢筋。

4. 整体式斜板

整体式斜板桥斜跨长 l 与垂直于行车方向的桥宽 b 之比一般小于 1.3，钢筋配置可按如下方法配置：

(1)主钢筋沿主弯矩的变化配置，分布钢筋与支承边平行（图 3-13a），在底部钝角处约 1/5 跨径范围内，配置与角平分线方向一致的加强钢筋，以抵抗较大的反力和负弯矩；板的上部应配置与钝角角平分线相垂直的加强钢筋，上下加强钢筋

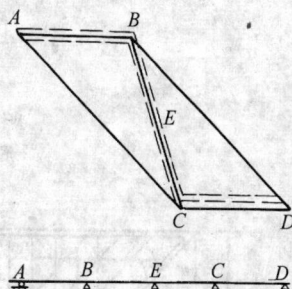

图 3-12　斜交板比拟梁

数量约为主钢筋每米数量的 0.6～1 倍，上部自由边边缘还应配置平行于自由边的钢筋网（图 3-13b）；

(2)主钢筋配置的另一方案为：在两钝角角点之间垂直于支承边布置主筋，在靠近自由边处主筋则平行于自由边布置，直至与中间部分主筋完全衔接为止（图 3-13c）。其余配置与方案（1）同。

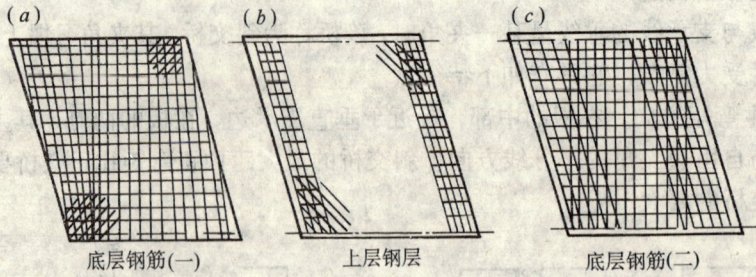

图 3-13　整体式斜交板布筋方法

显然方案（1）主筋长度变化较频繁，施工不便，故宜按方案（2）布置为好。

5. 装配式斜板桥

装配式斜板桥跨宽比（l/b）一般均大于 1.3，主钢筋沿斜跨径方向布置，即平行于自由边，分布钢筋视斜度不同而不同，当 $\varphi=25°\sim35°$ 时，分布钢筋平行于支承边方向布置（图 5-14a），当 $\varphi=40°\sim60°$ 时，分布钢筋布置与整体式板方案（2）相同，即钝角间垂直于自由边，其余部分布筋与支承边平行（图 5-14b）。加强钢筋布置：当 $\varphi=40°\sim50°$ 时，加强钢筋布置在底部，其方向与支承边相垂直（图 3-14c）；当 $\varphi=55°\sim60°$ 时，除底部布置加强钢筋外，顶部尚应布置与钝角角平分线相垂直的加强钢筋（图 5-14d）；另外为防止锐角处翘起，尚应在板端部中心处预留锚栓孔，安装完备后用栓钉固定。

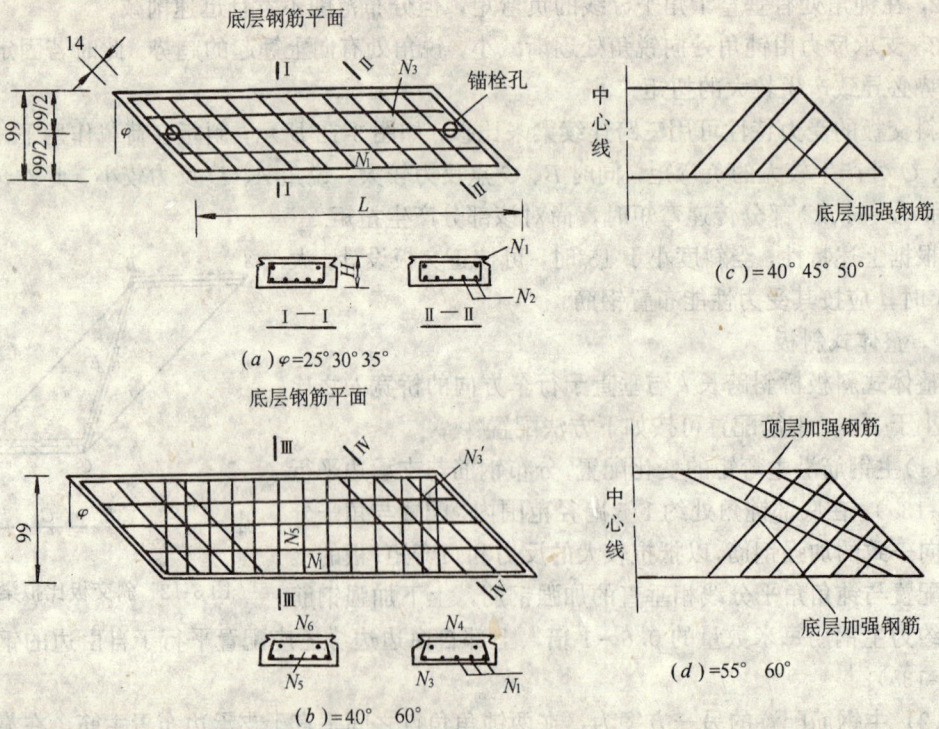

图 3-14　装配式斜板钢筋构造实例

尺寸单位　cm

第三节 简支梁桥构造

一、整体式简支 T 形梁桥

整体式简支 T 形梁桥多数在桥孔支架模板上现场浇筑，个别也有整体预制。整孔架设的情况。

大多数整体式梁桥因不变吊装条件的限制，所以可以根据钢筋混凝土体积最小的经济原则确定梁的截面尺寸。

在保证抗剪，稳定的条件下，主梁宽度约为梁高的 1/6～1/7，但不宜小于 16cm，以利于浇筑混凝土，主梁高度通常的跨径的 $\frac{1}{8}$～$\frac{1}{16}$。

主梁间距在桥面为 7m 左右时，往往以建双主梁式桥为最合理（图 3-15a），主梁间距可按桥宽的 0.55～0.60 布置，这样的上部结构可与双柱式桥墩配合，减少下部结构圬工数量。为了减小桥面板的跨径（一般限制在 2～3m 之内），并使桥面板在横向成为单向受力的板，还可以在两根主梁之间设置内纵梁（图 3-15b），形成所谓复杂式梁格体系。个别情况也可做多根 T 形截面的横截面布置，以满足桥面宽度的需要。

为了使主钢筋布置合理，梁肋底部也可做成马蹄形。

整体式梁桥宜设置横隔梁，以增强全桥的横向刚度。

整体式梁桥具有整体性好、刚度大，易于做成复杂形状，但是具有施工速度慢、耗费大量支架与模板，因此一般情况下较少采用，但当前在城市立交桥中，由于平面布置，形成斜桥、弯桥，而使得整体式梁桥得到了一定应用。

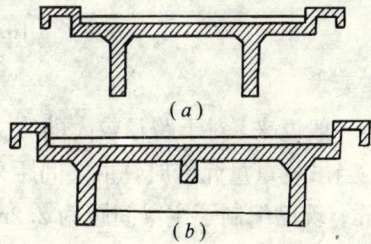

图 3-15　整体式梁式横截面

二、预制装配式简支 T 形梁桥

T 形梁桥是最为普遍使用的预制装配式简支桥梁。

预制装配式简支 T 形梁桥由 T 形主梁和垂直于主梁的横隔梁组成。主梁包括主梁梁肋和梁肋顶部的翼缘（也称行车道板）。预制主梁通过设在横隔梁顶部和下部的预埋钢板焊接连接成整体，或用就地浇筑混凝土连接而成的桥跨结构（图 3-16）。

（一）装配式钢筋混凝土简支 T 形梁桥构造

1. 主梁

（1）主梁尺寸

主梁是桥跨结构的主要承重构件，主梁高度与间距布置直接关系到钢筋和混凝土材料用量及对吊装设备要求。同时与行车道板的刚度有关。

主梁的高度与跨径大小、主梁间距、荷载等级有关。一般情况下，高跨比 $h/l = \left(\frac{1}{11}～\frac{1}{16}\right)$，跨径增大时取小值，主梁间距增大时取大值。主梁梁肋厚度在满足抗剪要求下尽量减薄，一般为 15～20cm，当主梁间距小于 2m 时，梁肋一般做成全长等厚度；主梁间距大于 2m 时，梁肋端部 2.0～5.0m 范围内可逐渐加宽至梁端为 30cm，以满足抗剪和安放

35

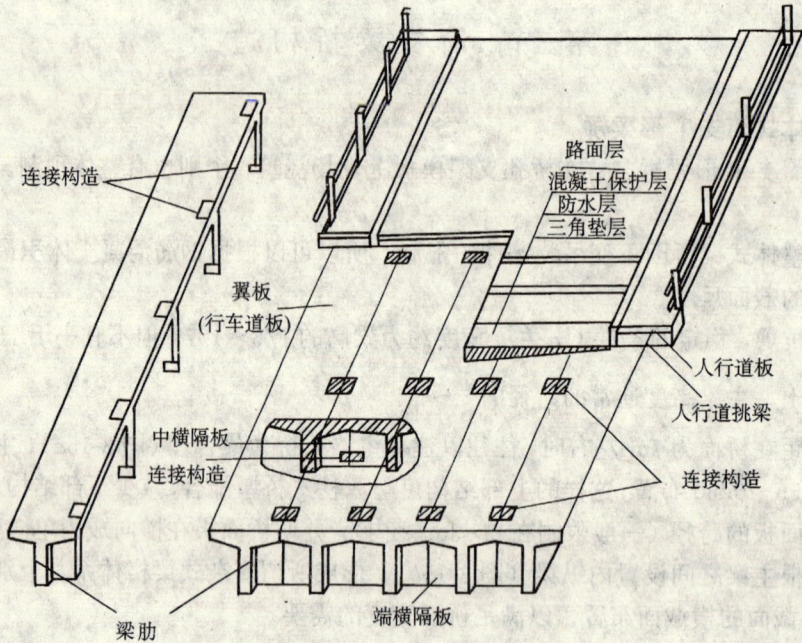

图 3-16 装配式 T 形梁构造

图中标注：连接构造、翼板（行车道板）、中横隔板、连接构造、梁肋、端横隔板、路面层、混凝土保护层、防水层、三角垫层、人行道板、人行道挑梁、连接构造

支座要求。

一般说来，对于跨径较大的简支梁桥，加大主梁间距，减少主梁片数是比较经济的，因此，当吊装重量允许时，主梁间距采用 1.8～2.2m 为宜。过去，我国较多采用主梁间距为 1.6m。现已编制了主梁间距为 2.2m 的标准图（JT/GQB0.35－84），其预制宽度为 1.6m，吊装后铰缝宽为 60cm。

翼缘（行车道板）的厚度随主梁间距而定，其与梁肋衔接处的厚度应不小于梁高的 $\frac{1}{12}$，主梁间距小于 2.0m 的铰接梁桥，板边缘厚度可采用 8cm，主梁间距大于 2.0m 的刚接梁桥，桥面板的跨中厚度一般不小于 15cm，边缘板边厚度不小于 10cm。

（2）主梁的钢筋构造

预制装配式 T 形梁桥主梁钢筋包括纵向受力钢筋（主筋）、弯起钢筋、箍筋、架立钢筋和防收缩钢筋。由于主钢筋的数量多，一般采用多层焊接钢筋骨架。

简支 T 梁桥承受正弯矩，主钢筋布置在梁肋的下缘，主筋常用直径为 14～32mm，最大直径不超过 40mm，同一根梁内，两种不同直径的钢筋直径应相差 2mm 以上。

焊接钢筋骨架叠高一般不超过（0.15～0.20）h，h 为梁高。单根或成束绑扎成骨架的主筋层数不宜多于 3～4 层。

焊接骨架的受拉主筋通过支点数不少于 2 根，并不少于主筋总面积的 20%。

绑扎钢筋骨架，主筋应伸出支点以外并弯成直角顺梁端延伸至梁顶受压区，两侧之间不向上弯起的受拉主筋伸出支点截面的长度，光圆钢筋 ≥10d（并带半圆弯钩）；螺纹钢筋 ≥10d（d 为主钢筋直径）。如图 3-17 所示。

为保护钢筋不因受大气影响而锈蚀，并保证钢筋与混凝土之间的粘接力充分发挥，需

36

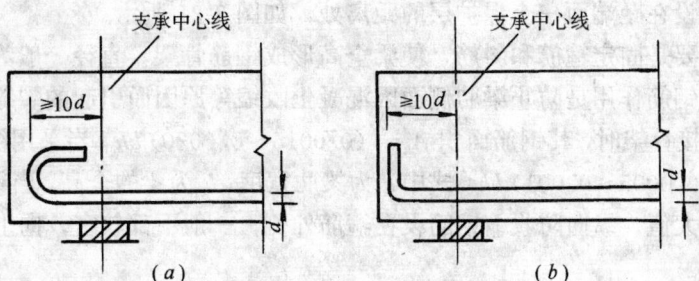

图 3-17 梁端主钢筋锚固

设置保护层,保护层太小达不到上述目的;保护层过大,则减小了钢筋混凝土的有效高度,因此底部保护层厚度不小于 3cm,也不大于 5cm,主筋与梁侧面净距不小于 2.5cm,箍筋与防收缩钢筋与主梁侧面净距不小于 1.5cm。

为保证混凝土浇筑密实,避免形成空洞,各主钢筋间应保持一定距离,绑扎骨架在三层或三层以下者不小于 3cm,且不小于主筋直径;三层以上不小于 4cm,且不小于主筋直径的 1.25 倍;焊接骨架不得小于 3cm,且不小于主筋直径的 1.25 倍(图 3-18)。

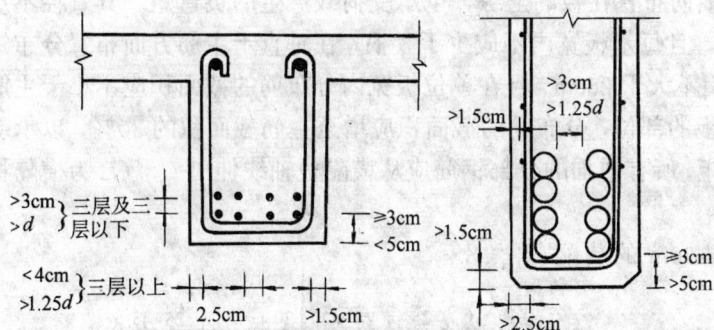

图 3-18 主筋间距及保护层
(a) 绑扎骨架;(b) 焊接骨架

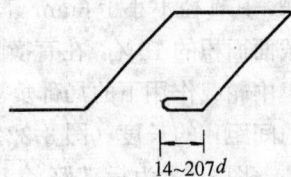

图 3-19 两次斜弯筋

弯起钢筋是承担主拉力的,一般由主筋弯起,弯起角度一般与梁纵轴成 45°角。当主筋弯起数量不足时,可采用附加斜筋,并容许采用两次弯起的钢筋,如图 3-19 所示,但不能采用不与主筋焊接的浮筋作为斜筋。

斜筋弯起点应设在按抗弯强度计算,该钢筋的强度被充分利用之外不小于 $h_0/2$(h_0 为梁的有效高度),斜筋与梁中心线(按全高计算)的交点亦应位于计算不需要设钢筋的截面之外。

简支梁由支点向跨中算起的第一排斜筋,弯起后的末端弯折点应位于支座中心截面处(图 4-21)。

在需要布置斜筋区段,应垂直于梁轴线的任一截面上至少有一根斜筋。

主筋之间及主筋与斜筋的联接焊缝双面焊为 $2.5d$,单面焊为 $5.0d$(图 3-20)。

箍筋的作用也是承受主拉力,其间距不大于梁高的 3/4 或 50cm,直径不小于 6mm,且不小于主筋直径的 1/4;在支承范围内(支座中心至 $h_0/2$ 范围)其间距不大于 10cm,近梁端第一根箍筋应设在距端面一个保护层的距离处，如图 3-21 所示。

架立钢筋主要是固定箍筋和斜筋，使梁全高形成钢筋骨架，直径一般为 14～22mm。

纵向防收缩钢筋作用是防止梁肋侧面因混凝土收缩等原因而引起的裂缝。其直径为 6～8mm，当采用焊接骨架时，其钢筋面积 $A_g = (0.0015～0.0020)bh$，当采用绑扎骨架时，其钢筋面积 $A_g = (0.0005～0.001)bh$。式中 b 为梁肋宽度，h 为梁的全高，当梁的跨径大，梁肋较薄时取用较大值。纵向防收缩钢筋设在箍筋外侧，一般下部较密，向上部渐稀。

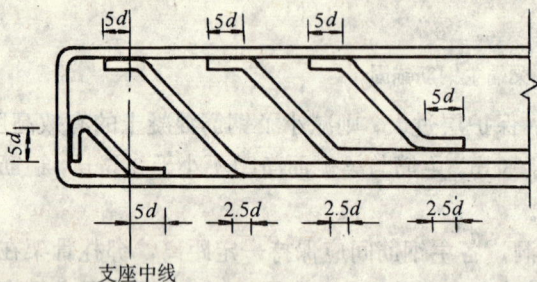

图 3-20 焊缝长度

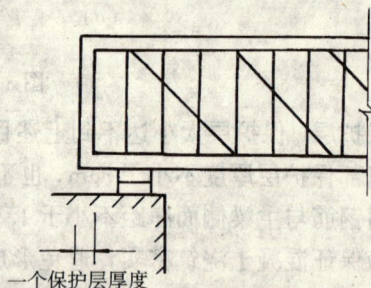

图 3-21 斜筋和箍筋布置

行车道板的受力钢筋沿横向布置在板的上缘，以承受荷载产生的负弯矩。其直径不小于 10mm，间距不大于 20cm，且每米板宽内不应少于 5 根，在垂直于主筋方面布置分布钢筋，其直径不小于 6mm，间距不大于 25cm，且在单位板宽内分布筋的截面积应不小于主筋截面面积的 15%，在有横隔板的部位，分布筋的截面积应增至主筋截面面积的 30%，以承受集中轮载作用下的局部负弯矩，所有增加的分部钢筋应从横隔板轴线伸出 $L/4$（L 为横隔板的间距）的长度（图 3-22）。

图 3-23 为标准跨径 $L_b = 20m$ 的装配式 T 形梁构造实例。

此 T 形梁的设计荷载为汽车—15 级、挂车—80。梁的全长为 19.96m，计算跨径为 19.50m，主梁高度 1.30m，全桥设置 5 道横隔梁。

每根梁内主筋为 8ϕ32 Ⅱ 级钢筋。其中最下层两根（N_1）通过梁端支承中心，其余 6 根则按梁的抗剪要求弯起。

设在梁顶部的架立钢筋，也采用 ϕ32，它在梁端向下弯起并与伸出支承中心的主筋 N_1 相焊接。

箍筋采用 ϕ8@200（mm），在支座附近采用下缺口的四肢式箍筋，其余则采用双肢箍筋。

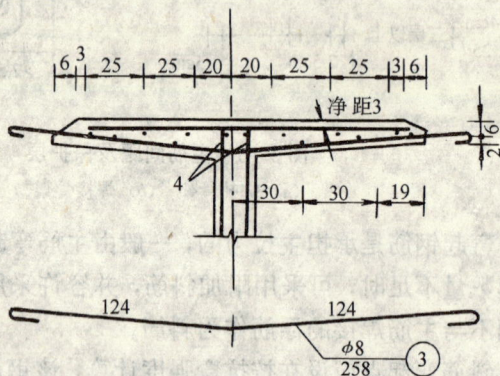

图 3-22 行车道板钢筋布置
尺寸单位 cm

附加斜筋采用 Φ 20 Ⅱ 级钢筋，其具体位置通过计算确定。

防收缩钢筋采用 ϕ8 Ⅰ 级钢筋，按下密上疏要求布置。

2. 横隔梁

（1）横隔梁构造。

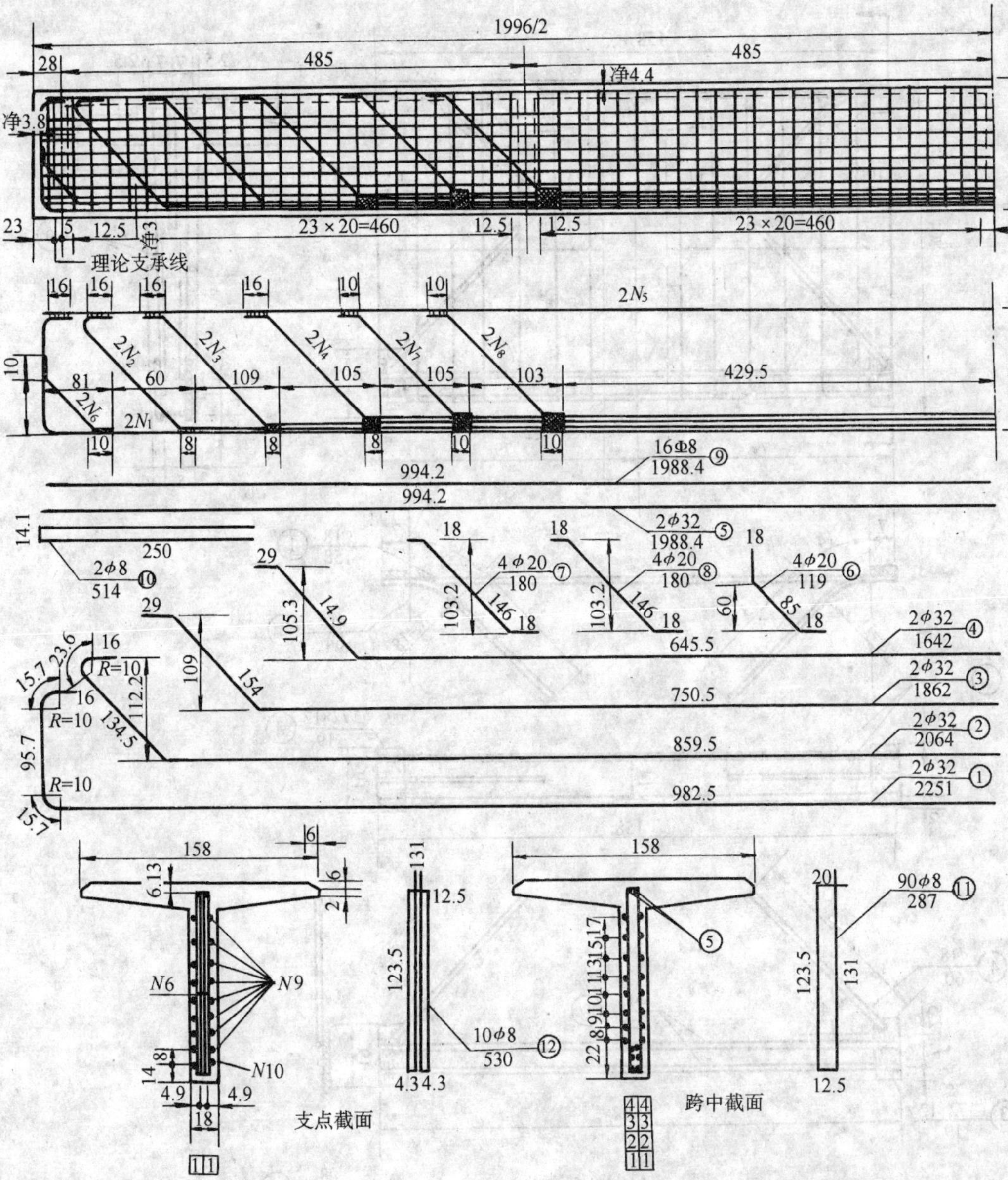

图 3-23　装配式 T 形梁钢筋构造

尺寸单位：cm

　　横隔梁在装配式 T 形梁桥中的作用是保证各根主梁相互连成整体共同受力。横隔梁刚度越大，梁的整体性越好，在荷载作用下各主梁就越能更好地共同受力。端横隔梁是必须要设置的，跨内随跨径增大可以设 1～3 道横隔梁间距采用 5.00～6.00 为宜。

　　横隔梁设置使模板复杂化，同时，横隔梁的接头焊接也必须在专门的脚手架上进行。

　　横隔梁的高度可取主梁高度的 3/4，考虑到梁体运输与安装过程中的稳定性，端横隔梁高可做成与主梁等高。横隔梁梁肋的宽度一般为 15～18cm，做成上宽下窄和内宽外窄的楔形，以便于施工时脱模。

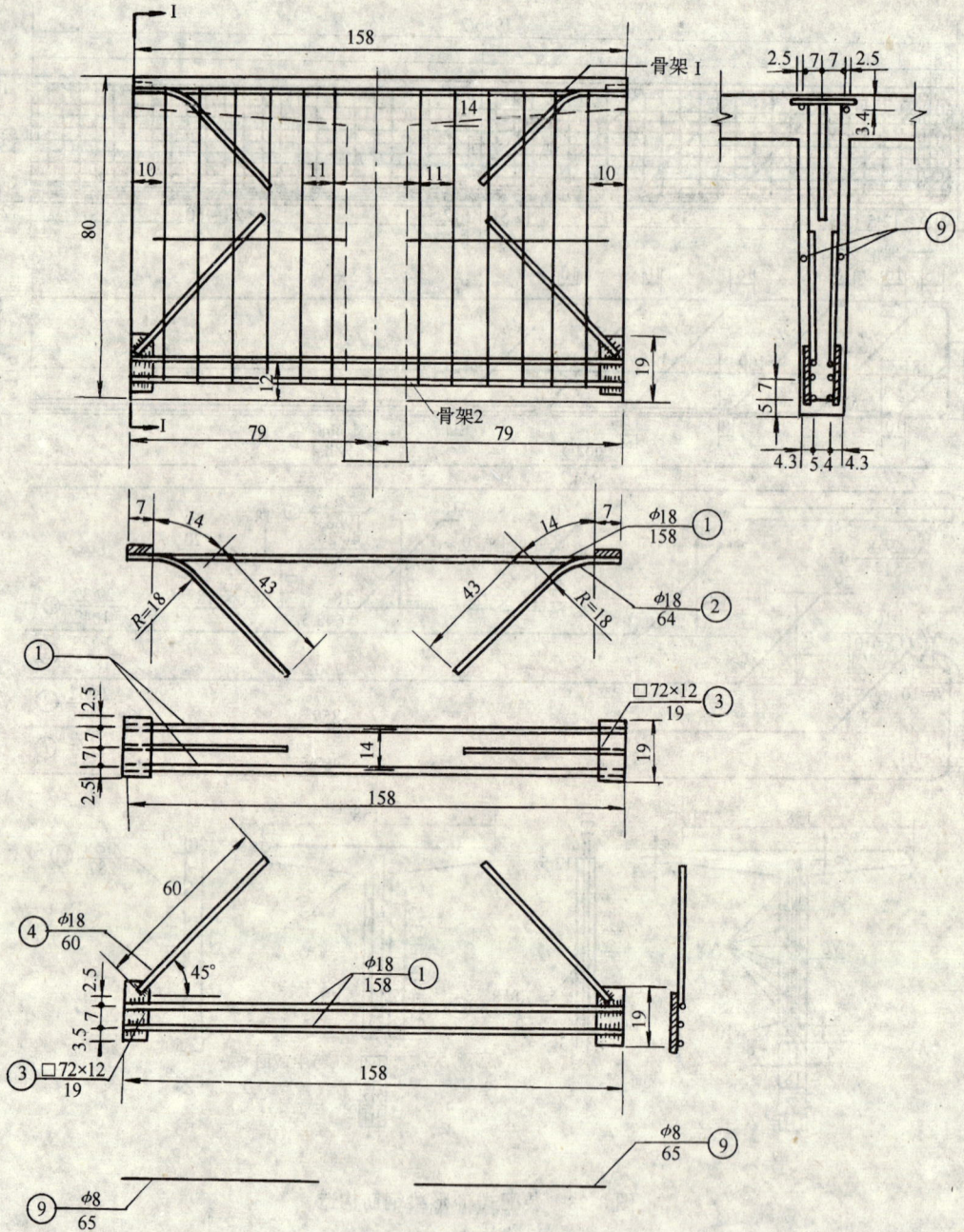

图 3-24 装配式 T 形梁的中横隔梁钢筋构造

尺寸单位：cm

（2）横隔梁钢筋布置。

图 3-24 为横隔梁钢筋布置图，在每一根横隔梁的上缘布置两根受力钢筋，下缘配置 4 根受力钢筋，采用钢板连接成骨架，上缘接头钢板设在 T 梁翼板上，下缘接头钢板设在横隔梁的两侧，同时在上下钢筋骨架中加焊锚固钢板的短钢筋（N_2、N_4），端横隔梁靠墩台一

侧，因不好施焊不做钢板接头，钢板厚一般不小于10mm，箍筋则承受剪力。

（3）横隔梁及桥面板的横向连接。为保证T形梁的整体性，应使T形梁的横向连接有足够的强度和刚度，在使用过程中不致因活载反复作用而松动。

1）横隔梁横向连接：

① 焊接钢板连接：如图3-25所示，在横隔梁上下进行钢板焊接，钢板厚度及焊缝尺寸通过计算确定，在端横隔梁靠墩台一侧，因不便施焊故不设置钢板连接。

② 螺栓连接：螺栓接头与焊接钢板接头相同，不同之处是盖接钢板不用焊接，而用螺栓与预埋钢板连接，钢板上要预留螺栓孔，如图3-26所示。由于普通螺栓容易松动，故较少采用。

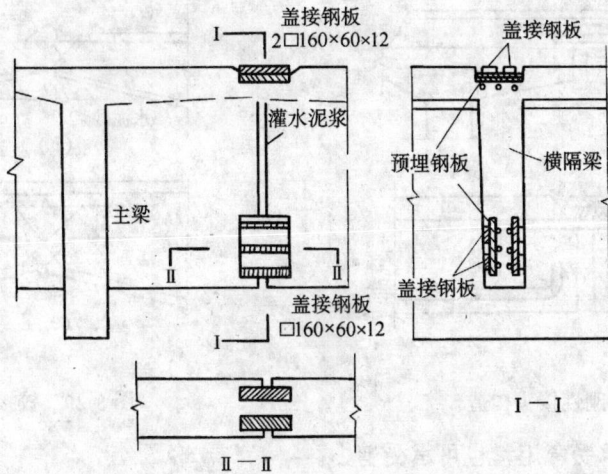

图 3-25　焊接钢板连接

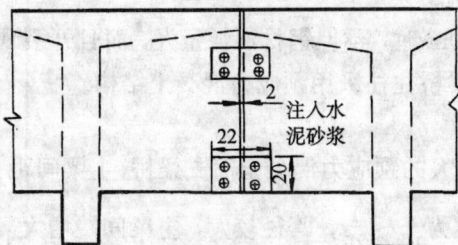

图 3-26　螺栓接头

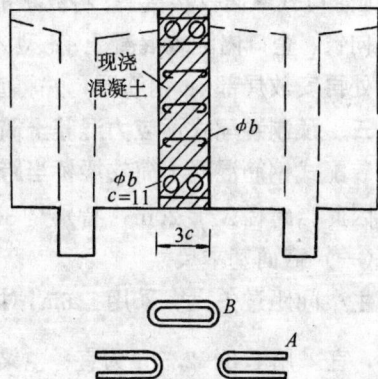

图 3-27　扣环连接

③ 扣环接头：如图3-27所示，预制时在接缝处伸出钢筋扣环A，安装时在相邻构件的扣环两侧再安上腰圆形扣环B，在形成的圆环内插入短分布钢筋后现浇混凝土封闭接缝。

2）桥面板横向连接：桥面板横向连接分为刚性接头和铰接接头刚性接头如图3-28所示，当考虑铺装层混凝土承受活载时，采用图3-28（a）型，即在翼缘板上浇筑8～15cm厚的铺装混凝土，在铺装层内按计算配置底层及面层钢筋，并将翼缘板内的横向钢筋伸出和梁肋顶上增设Ⅱ形钢筋（中距＜40cm）锚固于铺装层中，通过铺装层钢筋混凝土使桥横向连成整体。当考虑T梁翼板承受全部荷载时可采用图3-28（b）型具体做法是在接缝处铺装混凝土内上下放两层钢筋网，翼板则用钢板连接，也可将翼板内的钢筋伸出并相互搭接焊牢（图3-28c）刚性接头用于T梁翼板承受全部荷载。

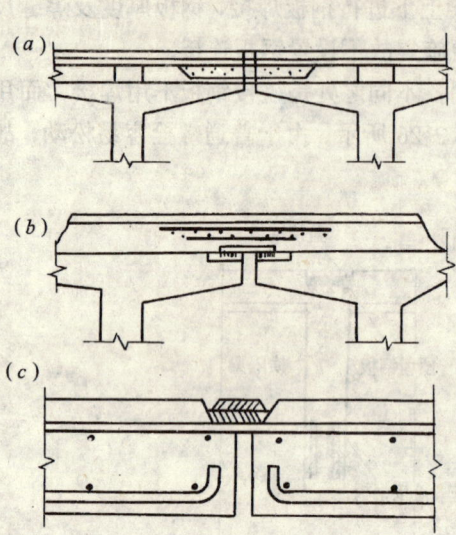

图 3-28　刚性接头构造

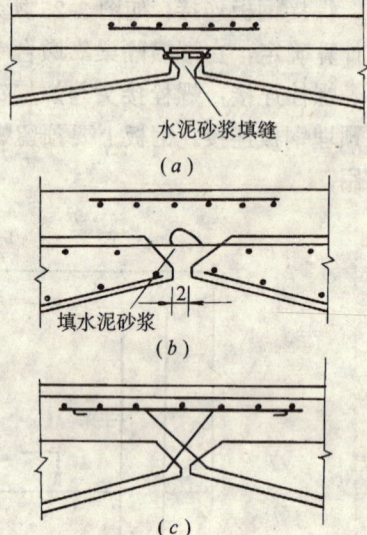

图 3-29　铰接接头

刚性接头既可承受弯矩，也可承受剪力。

铰接接头则不能承受弯矩，只能承受剪力如图3-29所示，其中a型为钢板铰接接头，是在接缝处设置单层短钢筋组成的钢筋网，翼缘板用沿跨径方向每隔0.7m的预埋钢板连接；b型为企口式纵向铰接接头；将翼板的顶层钢筋伸入企口内弯转套在一根通长的钢筋上，形成纵向铰，企口内浇筑混凝土；c型为企口式焊接接头；预先在翼缘板内伸出连接钢筋，在接缝处再安放局部ϕ6钢筋网，并将它们浇筑在铺装层内即可。

三、预制装配式预应力混凝土简支梁桥构造

装配式钢筋混凝土简支梁桥当跨径超过20m时，不但钢材消耗量大，而且开裂现象严重，因此当跨径大于20m，特别是30m以上梁桥往往采用预应力混凝土结构。

（一）截面基本尺寸

主梁间距过去大多采用1.6m，对于跨径较大的预应力混凝土简支梁桥，主梁间距1.6m偏小，宜采用1.8～2.5m为宜；主梁高跨比宜为$\frac{1}{14}$～$\frac{1}{25}$，跨径较大，主梁间距增大，宜取大值，一般中等跨径可取$\frac{1}{16}$～$\frac{1}{18}$；主梁肋厚，由于预应力的有效压应力和弯筋作用，其厚度往往由构造决定，跨径中部一般采用16cm，肋厚不宜小于肋高的$\frac{1}{15}$，在靠近梁端2m范围内，为了安放锚具及承受局部压力，肋厚宜逐渐加宽至下翼缘宽度；翼缘板根部厚度不小于梁高的$\frac{1}{12}$。主梁间距小于2.0m的铰接梁桥，板边缘厚度可采用8cm。主梁间距大于2.0m时，板边缘厚度不小于10cm，板跨中厚度不小于15cm；主梁梁肋下部应做成马蹄形

便于布置预应力钢筋，马蹄面积应占梁总面积的 10%～20%，马蹄宽为肋宽的 2～4 倍，高度为梁高的 15%～20%，斜坡宜陡于 45°。横隔梁采用开洞形式，这样除减轻重力外，还便于施工中穿行。

（二）主梁梁肋钢筋

装配式预应力混凝土 T 形梁主梁梁肋钢筋由预应力筋和其他非预应力筋组成，其他非预应力筋有受力钢筋、箍筋、防收缩钢筋、定位钢筋、架立钢筋和锚固加强钢筋等。

预应力筋在梁中一般应逐渐弯起，以适应弯矩由跨中向支点逐渐减小。弯筋数量和偏心距也逐渐减小，以适应弯矩变化；其次弯筋竖向分力可以承担剪力，使支点附近的部分剪力由弯筋承受；同时弯筋可以使梁端部预应力均匀分布从而便于布置锚具。

非预应力筋除按要求布置箍筋，防收缩钢筋，架立钢筋外，还可布置非预应力钢筋如图 3-30 所示。（a）图所示为防止张拉阶段梁端顶部可能开裂而布置的受拉钢筋，（b）图为对于自重比恒载小很多的梁，在预加应力阶段，为防止跨中部分上缘开裂而加设的抗拉钢筋，（c）图为跨中下翼缘设置的钢筋，大多是为了加强混凝土承受预加应力的能力。

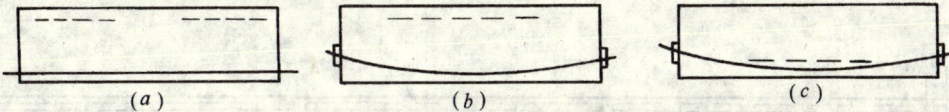

图 3-30 非预应力受力筋布置

箍筋设置时应注意：马蹄中应设置闭合箍筋，其间距不大于 0.15m。梁端锚固区（即一倍梁高区段）配钢筋网，纵横间距 10cm（图 3-31a），锚具下设垫板，厚度不小于 16mm，垫板下设置螺距 3cm，长 21cm，直径 9cm 螺旋筋一个（图 3-31b）。

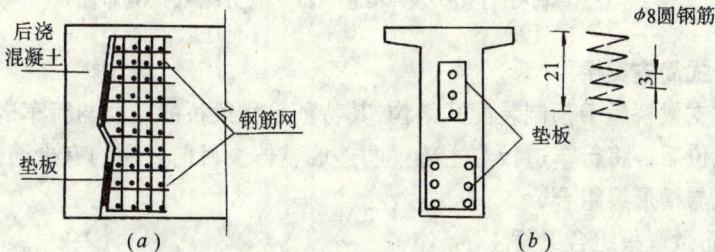

图 3-31 梁端非预应力构造
（螺旋筋底图已加）

图 3-32 为标准跨径 30m，行车道宽 7m，两边设 0.75m 人行道，按汽车—20，挂车—100，人群荷载 3kN/m² 设计的装配式预应力混凝土 T 形梁块件标准图。主梁高 1.75m，计算跨径 29.16m，$h/l \approx \frac{1}{17}$，跨中下部配置 7 根预应力钢束，每根钢束由 24 根高强碳素钢丝（$\phi^c 5$）组成，采用后张法施工，钢丝束分区后弯起，其中 3 次是每次弯 1 根（N_5、N_6、N_7），二次是每次弯 2 根（N_1 和 N_2，N_3 和 N_4）弯起方式为直线加圆弧式。

梁肋箍筋直径为 8mm，中部间距 20cm 端部为 10cm，闭合式箍筋直径 10mm，间距为 10cm，均采用 I 级钢筋。

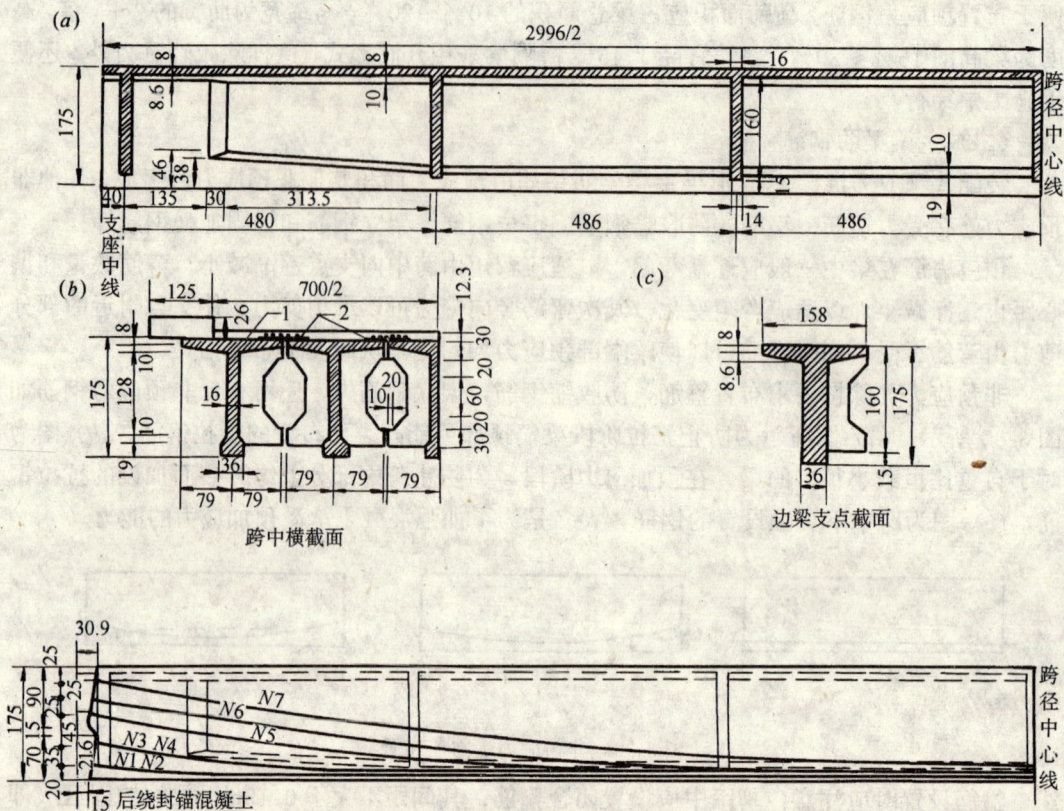

图 3-32 30m 预应力 T 形梁构造

尺寸单位：cm

(a) 纵向构造；(b) 块件构造；(c) 预应力钢束的纵向布置

四、组合式简支梁桥

组合式简支梁桥属于预制装配式结构，其特征是将梁桥的梁肋与行车道板分开预制，使主梁肋安装就位后，将行车道板与主梁梁肋连成整体。目前常用的有少筋微弯板和工字梁组合及空心板与槽形梁组合。

(一) 少筋微弯板组合梁桥

少筋微弯板组合式结构由工字形钢筋混凝土梁和顶面为平面，底面为圆弧形的少筋变厚板（或称微弯板）组合而成。预制构件借助伸出钢筋的相互联系和在结缝内现浇少量混凝土结合成整体。微弯板的两侧在纵向接缝处形成整体嵌固，因而在荷载作用下具有一定程度拱的作用，板中仅需配置少量的钢筋，从而显著节约桥面板的钢筋数量。目前少筋微弯板组合结构常用跨径为 8～16m，个别可达 20m。

工字形主梁的高度为跨径的 $\frac{1}{16}$～$\frac{1}{20}$，主梁截面如图 3-33a 所示。主梁钢筋构造基本上与装配式 T 形梁相似，也采用焊接骨架。为了接缝集整的需要，箍筋和骨架的架立钢筋都伸出梁外，以便与伸入接缝的微弯板的钢筋绑扎在一起，然后用现浇混凝土填缝后形成整体。

为了加强桥梁横向整体性，少筋微弯组合梁桥应设置横隔梁。除端横隔梁外，应视跨径变化，宜增设1～2道中横隔梁。

图3-33为$L_b=16m$的少筋微弯板组合梁桥横向构造实例。其中（a）图为工字形截面尺寸。工字形主梁高为80cm，微弯板的纵向长度为2.50m，净跨1.30m，板中部厚10cm，端部厚20cm，拱度为$\frac{1}{13}$。悬臂板宽70cm，主要用于支承安全带或人行道块件。悬臂板和微弯板的钢筋布置见图3-33（b）。

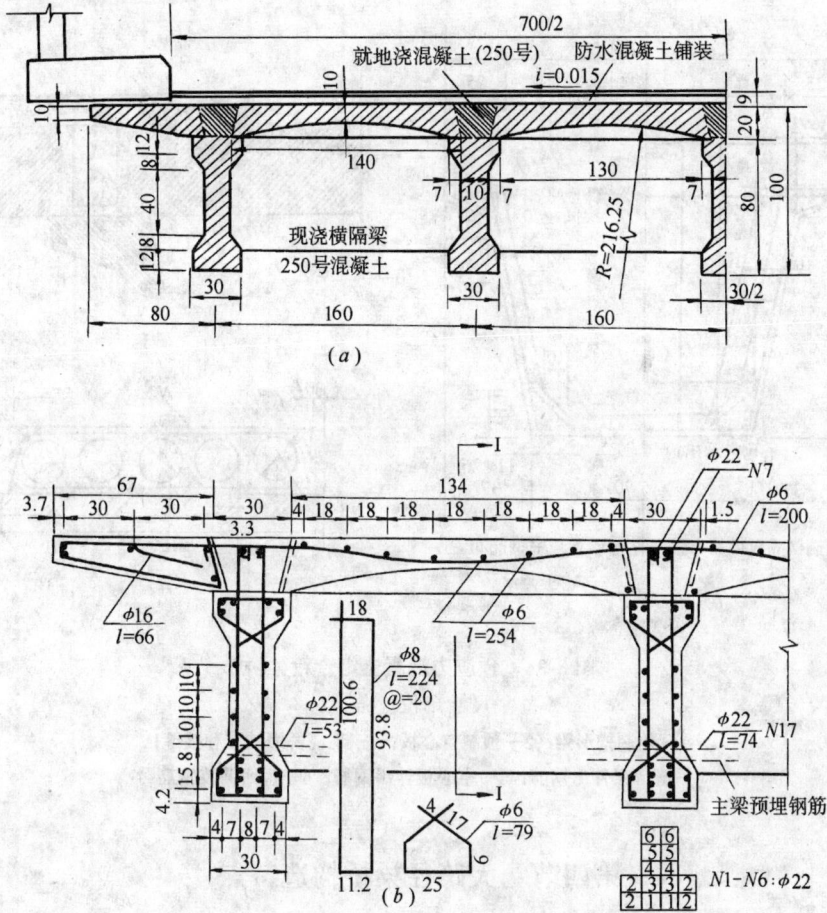

（a）

（b）

图3-33 少筋微弯组合梁桥构造

尺寸单位：cm

（a）横截面构造；（b）钢筋布置

（二）预应力混凝土组合箱梁桥

组合箱梁桥由开口式槽形主梁和安放在其上的预应力空心板块组成。槽形梁箍筋伸出翼缘外，与桥面铺装钢筋网和预制空心板伸出的钢筋绑扎在一起，现浇桥面混凝土集整后使之具有良好的整体性。提高结构的抗裂性。

组合箱梁不设中横隔梁，仅设端横隔板，其设置是在端部底板内预埋钢筋，与相应的钢筋焊接后现浇16cm厚的端横隔板。

组合箱梁抗扭刚度大，横向分布好，承载能力高，结构自重轻，抗裂性好，但工序较多，一般适用于 16m～30m 左右的跨径。

图 3-34 为 $L_b=20m$，按汽车—20 级，挂车 100 设计的组合箱梁块件构造图。预制槽形箱梁高度为 1.0m，底宽 0.9m，顶宽 1.64m，底板厚 9cm，侧壁厚 10cm，向支承点逐渐加厚至 20cm 采用先张法施工，下设 11 根 $\phi25$ 的冷拉 IV 级预应力钢筋。槽形梁用 40 号混凝土浇筑，空心板厚 20cm，长 122cm，宽 100cm，采用先张法施工下设 16ϕ5 的冷拔低碳钢筋。空心板用 35 号混凝土预制。

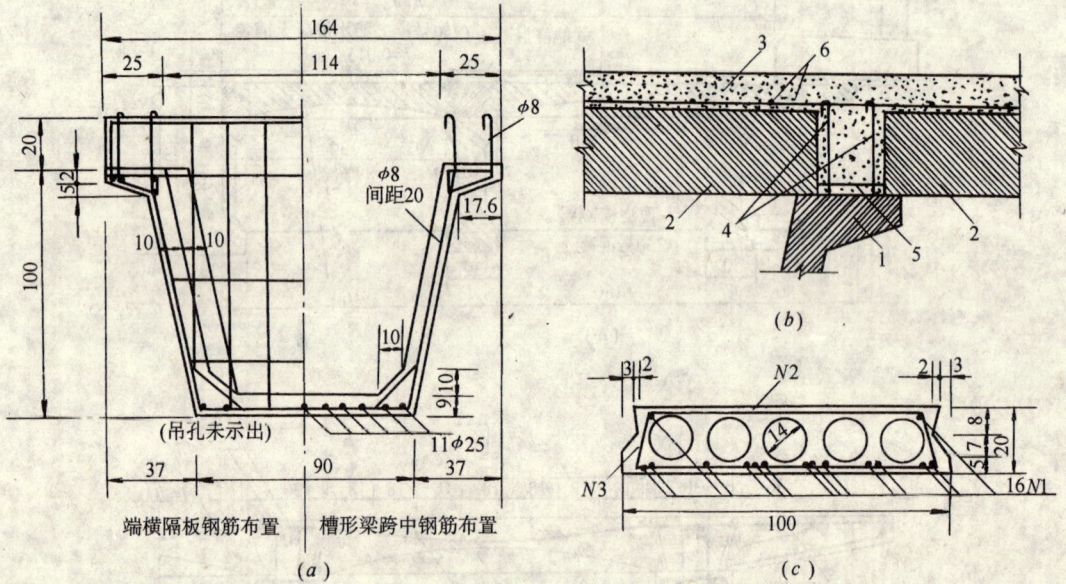

图 3-34　预应力混凝土组合箱梁桥
尺寸单位：cm

1—预制槽形梁；2—预制空心板；3—现浇桥面铺装和接缝；
4—槽形梁伸出钢筋；5—空心板伸出钢筋；6—桥面铺装钢筋网

第四节　大跨径梁桥构造特点

当钢筋混凝土简支梁桥跨径超过 20～25m，预应力混凝土简支梁桥跨径超过 50m，由于跨中弯矩迅速增大，不但材料耗用量大而不经济，也使吊装、运输等极为困难。因此，对于较大跨径的桥梁，应采用能减小跨中弯矩值的其他结构型式，如悬臂体系，连续体系的梁桥等。本节简单介绍常用的大跨径梁式桥的构造特点。

一、连续梁桥和悬臂梁桥（图 3-35）

连续梁桥和悬臂梁桥与简支梁桥相比，由于支点产生负弯矩而使跨中正弯矩减小，减小了主梁高度，从而降低了钢筋混凝土数量和自重，并且这本身又导致了恒载内力的减小。此外，连续梁桥和悬臂梁桥与多孔梁桥相比较，桥墩上仅需设置一排沿墩中心的支座，从而相应减小了桥墩的尺寸。

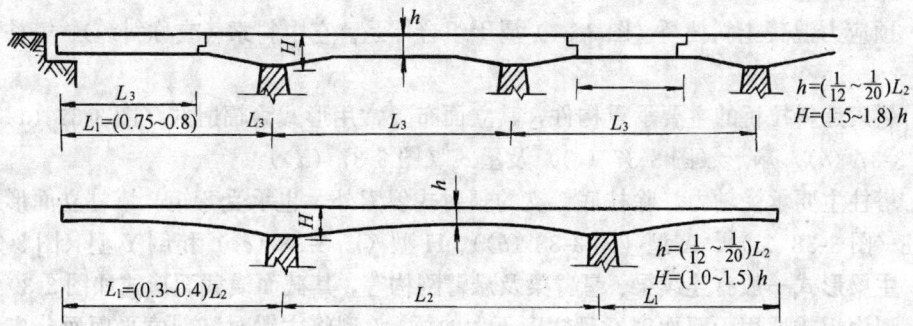

图 3-35 悬臂梁桥和连续梁桥

通常，连续梁桥与悬臂梁桥的主梁高度是变化的，由跨中向支点逐渐加高。加高部分称为承托，其坡度不应陡于 3：1，也可将梁底做成曲线形式。如由于施工采用顶推法施工时，也可将主梁做成等高度。

从静力图式看，悬臂梁属于静定结构，它的内力不受地基沉陷等影响，而连续梁是超静定结构，墩台基础的不均匀沉降等因素会在梁内产生不利的附加内力，通常用在地基条件较好的地方。

悬臂梁和连续梁桥大多采用箱形截面，普遍采用工业化生产和无支架施工，因而在大跨径桥梁中得到广泛应用。

二、T 型刚构桥

预应力混凝土 T 型刚构桥是大跨径桥梁应用的一种桥型。其特点是悬臂部分和桥墩刚性连接。当桥梁跨越深水、深谷、大河、急流时，采用 T 形刚构，施工十分有利，具有满意的经济指标，且施工特点与结构性能达到高度的协调统一。

T 形刚构分为跨中带剪力铰（图 3-36a）和跨内设挂梁（图 3-34b）两种。

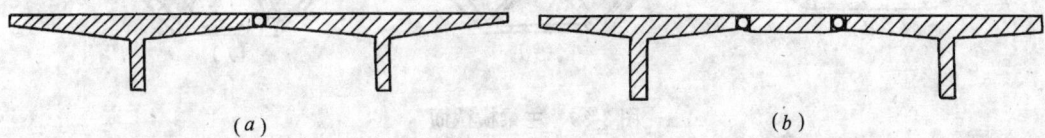

（a）　　　　　　　　　　　　　　　（b）

图 3-36　T 形刚构桥简图

跨中带铰的 T 形刚构属于超静定结构。铰仅传递剪力，不传递纵向力和弯矩。但由于温度影响、混凝土收缩徐变作用、钢筋松弛和基础不均匀沉降等都会使结构内引起难于精确计算的附加内力。悬臂端因塑性变形的不断下垂不易调整以致造成行车不顺等缺点，限制了带铰 T 形刚构的广泛使用。

带挂孔的 T 形刚构属于静定结构，它受力明确，构造简单，虽然刚度和稳定性不如带铰的刚构，但其变形较易控制和调整，在材料消耗方面也比带铰的 T 形刚构少。因此近年来已修建了较多的带挂孔的 T 形刚构。

三、斜拉桥

预应力混凝土斜拉桥（图 3-37）属于组合体系。它由斜索（或称斜缆）、塔柱和主梁组成。

斜索是斜拉桥的主要承重构件，其立面布置常用形式为辐射式（图 3-37（a））竖琴式（图 3-37（b））扇形（图 3-37（c））及星式（图 3-37（d））。

塔柱主要承受轴力，除柱底铰支的辐射式斜索外，也承受弯矩。塔柱立面形式主要有独柱（图 3-38（a））、A 型（图 3-38（b））、H 型（图 3-38（c））和倒 Y 型（图 3-38（d））。

主梁形式一般有连续梁、悬臂梁及悬臂刚构等，其截面横截面形式如图 3-39 所示。图中 a 型为板式适用于双面密索且宽度不大的桥；b 型将主梁对准斜索平面而分离设置在两侧；c 和 d 型为箱形；e 型为加斜撑的箱形是为了便于在桥中线处锚固斜索；而 f 型表示两个斜索面在桥中央靠近布置，而两侧伸出较长悬臂肋板，适用于城市宽桥。

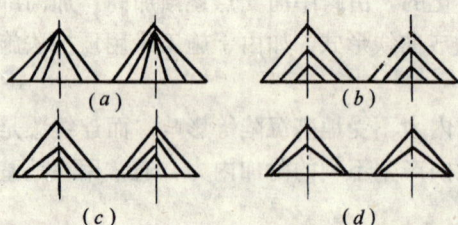

图 3-37　斜索立面布置　　　　　图 3-38　塔柱型式

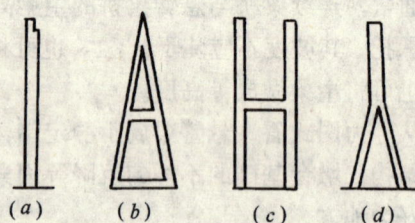

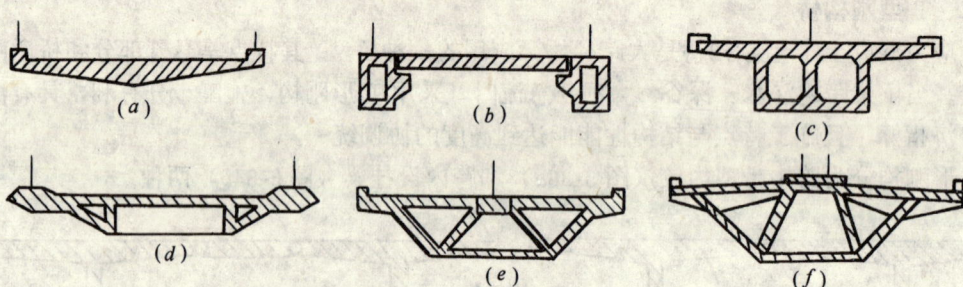

图 3-39　主梁横截面

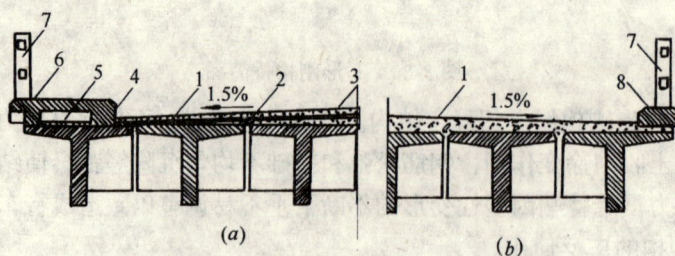

图 3-40　桥面系构造

（a）设防水层；（b）不设防水层

1—桥面铺装层；2—防水层；3—三角垫层；4—缘石；5—人行道；6—人行道铺装层；7—栏杆；8—安全带

第五节 梁桥的细部构造

梁桥的桥面系通常由桥面铺装，防水和排水设施、伸缩缝、人行道、栏杆、灯柱等构成（图 3-40）。

一、桥面铺装

桥面铺装的作用是防止车轮轮胎或履带直接磨耗行车道板；保护主梁免受雨水浸蚀；分散车轮的集中荷载。因此，对桥面铺装的要求是：具有一定强度，耐磨，防止开裂。

梁桥桥面铺装一般采用水泥混凝土或沥青混凝土，厚 6～8cm，混凝土标号不低于行车道板混凝土的标号。在不设防水层的桥梁上，可在桥面上铺装厚 8～10cm 并有横坡的防水混凝土，其标号亦不低于行车道板的混凝土标号。

二、桥面排水和防水

桥面排水是借助于纵坡和横坡的作用，使桥面雨水迅速汇向集水碗，并从泄水管排出桥外。横向排水是在铺装层表面设置 1.5%～2% 的横坡，横坡的形成通常是铺设混凝土三角垫层构成，对于板桥或就地浇筑的肋梁桥，也可在墩台上直接形成横坡，而做成倾斜的桥面板。

当桥面纵坡大于 2% 而桥长小于 50m 时，桥上可不设泄水管，而在车行道两侧设置流水槽以防止雨水冲刷引道路基，当桥面纵坡大于 2% 但桥长大于 50m 时应顺桥长方向 12～15m 设置一个泄水管，如桥面纵坡小于 2%，则应将泄水管的距离减小至 6～8m。

排水用的泄水管设置在行车道两侧，可对称布置，也可交错布置。泄水管离路缘石的距离为 0.2～0.5m（图 3-41）。泄水管的过水面积通常按每平方米桥面需 1cm² 泄水面积布置。常用泄水管有钢筋混凝土和铸铁管两种，其构造如图 3-42 所示。

泄水管顶应设金属或钢筋混凝土栅板，在跨河桥上，泄水管可直接向河中排水，但管的下口须伸出梁底 15～20cm，泄水管管径宜用 15cm，最小 10cm。跨线桥上设泄水孔时，则孔下设檐沟并接泄水管，沿墩（台）往下接入区域排水系统。

桥面防水是使将渗透过铺装层的雨水挡住并汇集到泄水管排出。一般地区可在桥面上铺 8～10cm 厚的防水混凝土作为防水层，其标号一般不低于桥面板混凝土标号。当对防水要求较高时，为防止雨水渗入

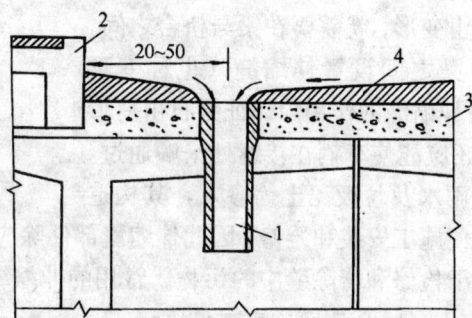

图 3-41 泄水管布置

1—泄水管；2—路缘石；3—铺岩层；4—沥青面层

混凝土微细裂纹和孔隙，保护钢筋时，可以采用"三油三毡"防水层。具体作法是：首先在排水三角垫层上用水泥砂浆抹平，待硬化后涂一层热沥青底层随即贴上一层油毛毡，上面涂一层沥青胶砂，贴一层油毛毡，最后再涂一层沥青胶砂。其厚度通常为 1～2cm，防水层上再铺 4cm 左右的 20 号细骨料混凝土作保护层。防水层顺桥面应铺过桥台背，横向应伸过缘石底面从人行道与路缘石的砌缝里面上叠 10cm（图 3-43）。

二毡三油式防水层造价高，施工麻烦。因此在气候温和地区，可在三角垫层上涂一层

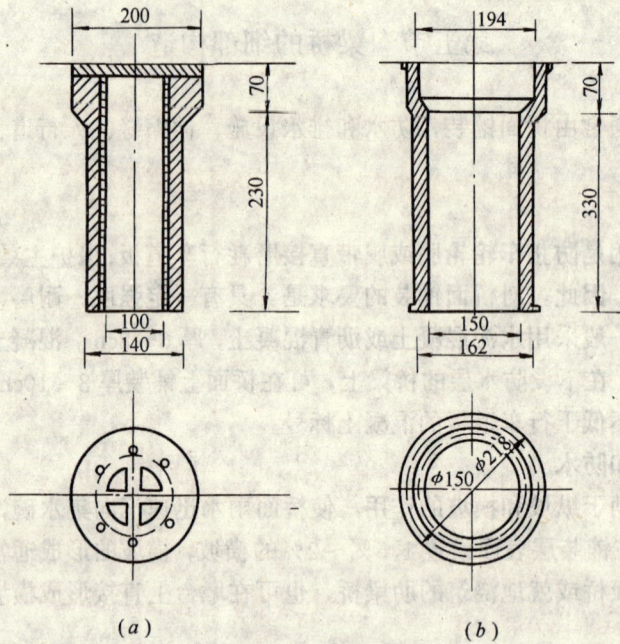

图 3-42　泄水管构造

沥青玛瑞脂，或在铺装层上加铺一层沥青混凝土或用防水混凝土作铺装层即可。

三、伸缩缝

为了保证主梁在外界条件变化时能自由变形，就需要在梁与桥台之间，梁与梁之间设置伸缩缝（也称变形缝）。伸缩缝的作用除保证梁自由变形外，还应能使车辆在接缝处平顺通过，防止雨水及垃圾泥土等渗入，其构造

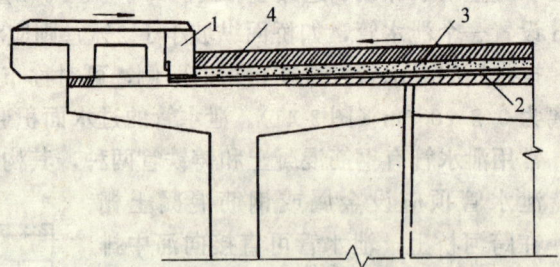

图 3-43　防水层设置
1—缘石；2—三角垫层；3—防水层；4—20 号混凝土

应方便施工安装和维修。因此伸缩缝部件除应具有一定强度外，应能与桥面铺装牢固连接，并便于检修和清除缝中的污物。常用的伸缩缝有：

（一）U 形镀锌铁皮式伸缩缝

U 形镀锌铁皮式伸缩缝构造如图 3-44 所示，适用于变形量在 2～4cm 以内，通常采用镀锌铁皮作为跨缝材料，将镀锌铁皮弯成 U 形，分上下两层，上层开凿孔径 6mm，孔距 3cm 的梅花眼，其上设置石棉纤维垫绳，然后用沥青胶填塞，这样当桥面伸缩时镀锌铁皮可随之变形。下层 U 形镀锌铁皮可将渗下的雨水沿横向排出桥外。U 形镀锌铁皮构造简单，但伸缩量小，故适用于一般中小跨径桥梁。人行道部分伸缩缝，通常用一层 U 形镀锌铁皮跨搭，其上填充沥青膏即可。

（二）钢板伸缩缝

钢板伸缩缝以钢板作为跨缝材料，适用于梁端变形量为 4～6cm 甚至高达 20～40cm 的情况，其构造如图 3-45。其中 (a) 型为最简单的一种。是用一块厚度约为 10mm 的钢板搭

在断缝上，钢板的一侧焊在锚固于铺装层混凝土内的角钢 1 上，另一侧可沿着对面的角钢 2 自由滑动，角钢 2 的边缘需焊上一条窄钢板边抵住后面的沥青砂面层。(b)型为安有螺丝弹簧装置来固定滑动钢板的新颖变形缝。由于滑动钢板始终通过橡胶垫块紧压在护缘钢板上，减小了车辆的冲击作用。(c)型为伸缩量达 20～40cm 的可两侧同时滑动的伸缩缝。(d)型则更为先进的梳形齿式钢板伸缩缝。

（三）橡胶伸缩缝

利用优质橡胶带作为跨缝和嵌填材料，使之既满足变形要求又兼备防水功能，目前在国内已得到广泛应用。

图 3-46 为各种橡胶伸缩缝构造图。其中（a）型是用一种特制的三节型橡胶带代替镀锌铁皮的伸缩缝的构造，带的中心是空心的，它兼备变形和防水功能。(b)型是用氯丁橡胶制作的具有两个圆孔的伸缩缝嵌条，当梁架好后，在端部焊好角钢，（角钢间距可略比橡胶嵌条的宽度小），涂上胶后，再将嵌条强行嵌入。(c)型为用螺栓夹具固定倒 U 形橡胶嵌条的伸缩缝构造，其适用变形量可达 5cm。(d)型则为橡胶与钢板组合的伸缩缝，橡胶嵌条的数量可随变形量的大小选取，其变形量可达 15cm。

图 3-44　U 形伸缩缝

尺寸单位：cm

（a）行车道伸缩缝；（b）人行道伸缩缝

1—上层锌铁片；2—下层镀锌铁片；3—小木板；4—行车道板；5—三角垫层；6—行车道铺装层；7—圆钉；8—沥青膏；9—砂子；10—石棉纤维过滤器；11—锡焊；12—镀锌铁片；13—人行道块件；14—人行道铺装层

伸缩缝在使用中容易损坏，为了行车平顺舒适，减轻养护工作量并提高桥梁的使用寿命，应尽量减少伸缩缝的数量并保证伸缩缝的施工质量。

四、人行道、栏杆和灯柱

城市桥梁一般均应设置人行道，人行道一般采用肋板式构造。图 3-47 为一般人行道构造。其中（a）型为上设安全带的构造，它可以单独做成预制块件或与梁一起预制；(b)型为附设在板上的人行道构造，人行道部分用填料填高，上面敷设 2～3cm 砂浆面层或沥青砂，在人行道内缘设置缘石。(c)型为小跨型宽桥上可将人行道部分墩台加高，在其上搁置人行道承重板。(d)型则适用于整体浇筑的钢筋混凝土梁桥，而将人行道设在挑出的悬臂上，这样可缩短墩台宽度，但施工不太方便。

图 3-48 为装配式人行道构造实例，它适用于 0.75m 宽人行道。它由人行道板、人行道梁、支撑梁及缘石组成。支撑梁用以固定人行道梁的位置，安装时将人行道板用稠水泥浆搁置在主梁上，人行道梁根部应与主梁桥面板伸出的锚固筋焊接，焊接部分应涂热沥青防锈，最后再在其上安放预制人行道板。

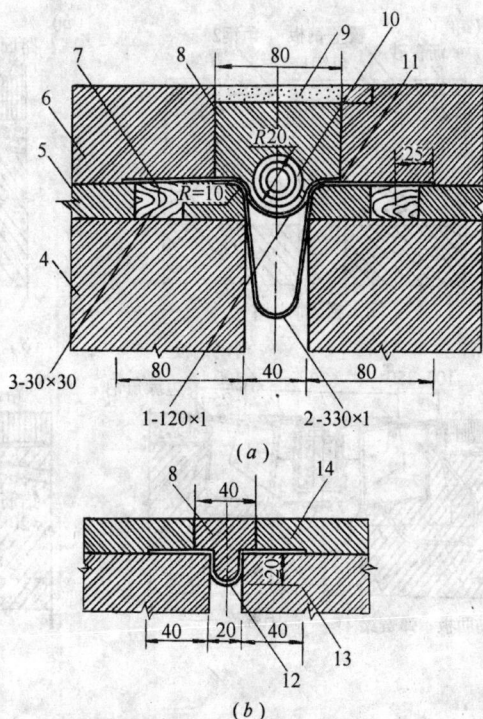

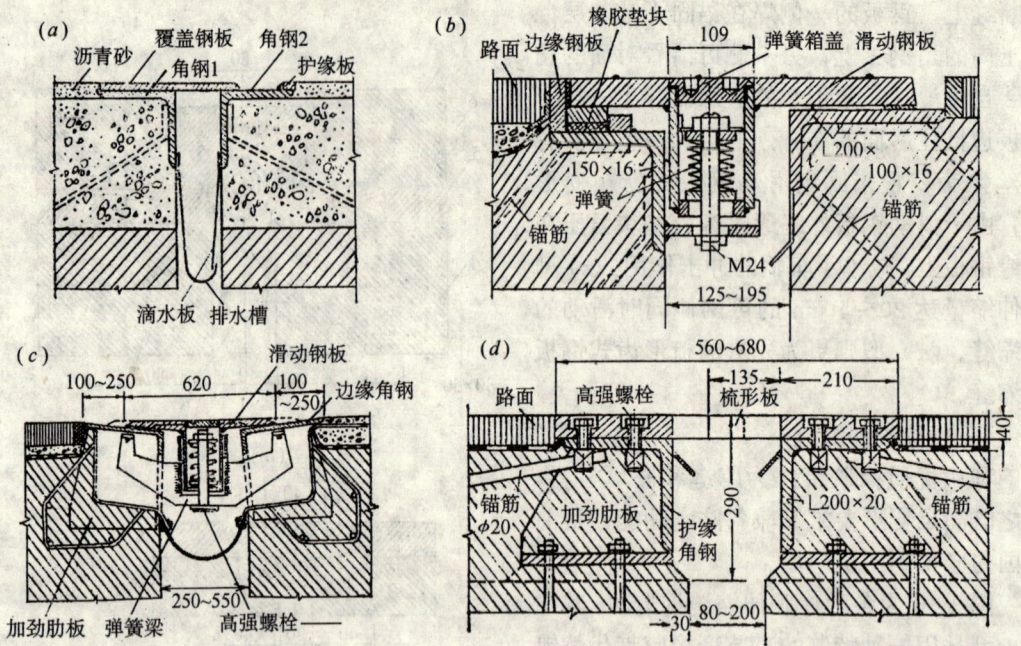

图 3-45　钢板伸缩缝

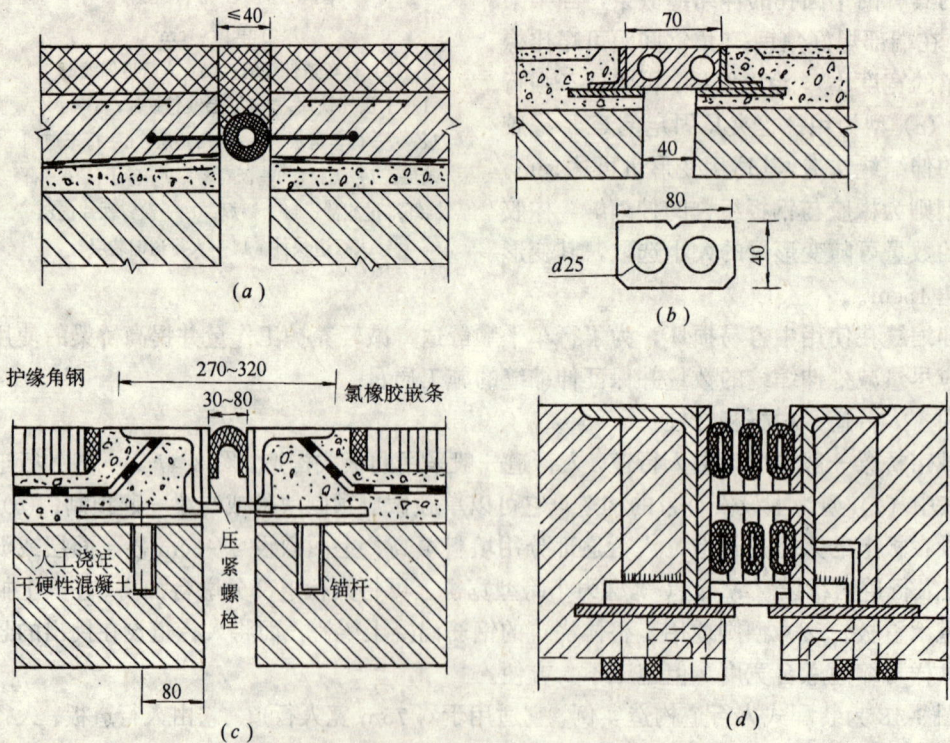

图 3-46　橡胶伸缩缝

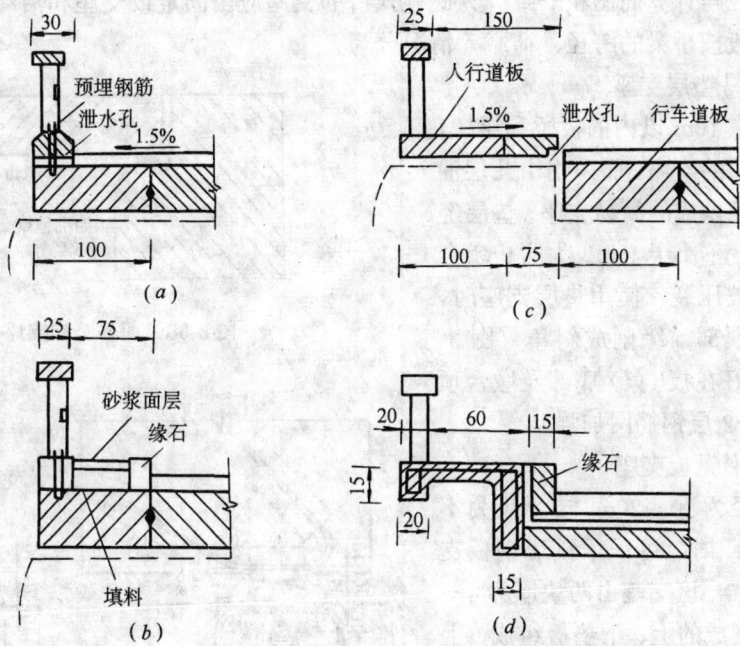

图 3-47　人行道构造

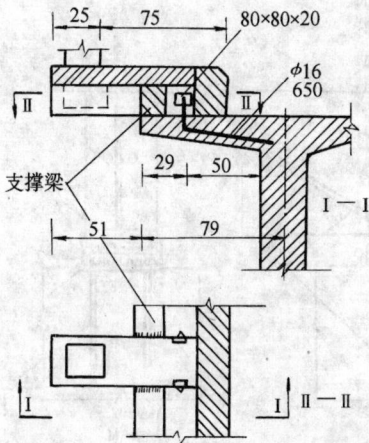

图 3-48　悬出人行道构造

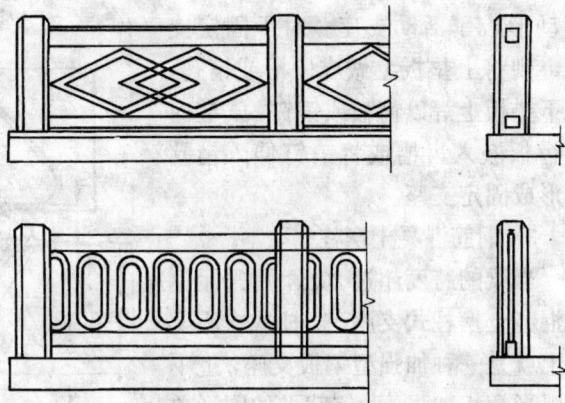

图 3-49　栏杆图式

栏杆是桥梁的防护设备，城市桥梁栏杆应该美观实用、朴素大方，栏杆高度通常为 1.0 ～1.2m，栏杆柱的间距一般为 1.6～2.7m。图 3-49 为城市桥梁中用量较多的双菱形和长腰圆形预制花板的栏杆图式。对于特别重要的城市桥梁，栏杆和灯柱设计更应注意艺术造型，使之与周围环境和桥型相协调，可采用易于制成各种图案和艺术性强的花板金属栏杆。

城市桥梁应设照明设备，照明灯柱可以设在栏杆扶手的位置上，也可靠近缘石处，其高度一般高出车道 5m 左右。

五、梁桥的支座

梁桥支座的作用是将上部结构的荷载传递给墩台，同时保证结构的自由变形，使结构的受力情况与计算简图一致。为此梁式桥的支座应由固定铰支座和活动铰支座组成。梁桥支座一般按桥梁的跨径、荷载等情况分为：

1. 简易垫层支座

跨径在 10m 以内的板桥和梁桥，可不设专门的支座，而采用由几层油毛毡或石棉做成的简易支座。垫层经压实后厚度不小于 1cm。为防止墩台顶部前缘被压裂，使用垫层支座时，宜将墩台顶部前缘削成斜角（图 3-50），并最好在板（梁）底部及墩台顶部增设 1～2 层钢筋网加强。

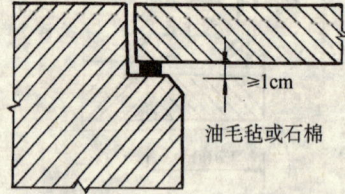

图 3-50　简易垫层支座

2. 弧形钢板支座

当跨径为 10～20m，支承反力不超过 600kN 时，可采用弧形钢板支座（图 3-51）。该支座由两块厚为 4～5cm 铸钢制成的上、下垫板组成。上垫板是平的矩形钢板，下垫板是顶面切削成圆柱面的弧形钢板。这样，上垫板沿着下垫板弧形接触面的相对运动形成了活动支座。对于固定支座，则将上垫板上做成齿槽或销孔，在下垫板上焊以齿板或销钉，安装时使齿板嵌入齿槽或将销钉伸入销孔而形成固定支座。

3. 钢筋混凝土摆柱

当梁的跨度超过 20m，可采用钢筋混凝土摆柱式支座。摆柱式支座实际上就是一种加强型钢板支座，上下用弧形钢板加强，两侧截平的圆形单辊轴支座。从外形上看，平面上、下垫板与辊轴的弧形加强钢板形成上下两个弧形支座，借以传递很大的集中压力。摆柱式支座用 40～50 号混凝土制成，配筋率一般为 0.5% 左右，设竖向钢筋，并配置双向水平钢筋支

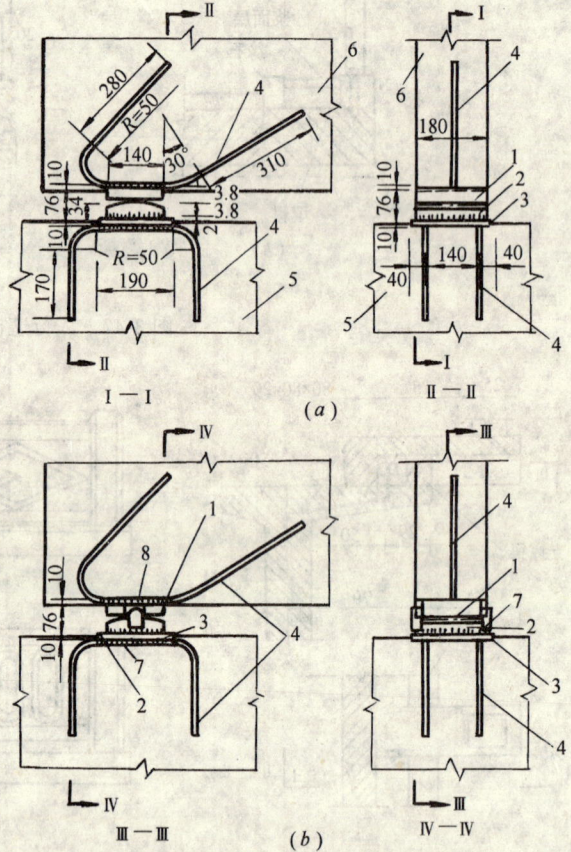

图 3-51　弧形钢板支座

尺寸单位：cm

（a）活动支座；（b）固定支座

1—上座板；2—下座板；3—垫板；4—锚栓；
5—墩台帽；6—主梁；7—齿板；8—齿槽

承横向拉力，梁底及墩台顶面均需用钢筋网加强，墩台帽顶面应预埋定位钢板（图 3-52）。

摆柱式支座的固定支座与活动支座高度不同，因此在安装时，应用支承垫石将固定支座抬高调整高差（图 3-53），支承垫石可采用完好的石料或钢筋混凝土制作。

4. 橡胶支座

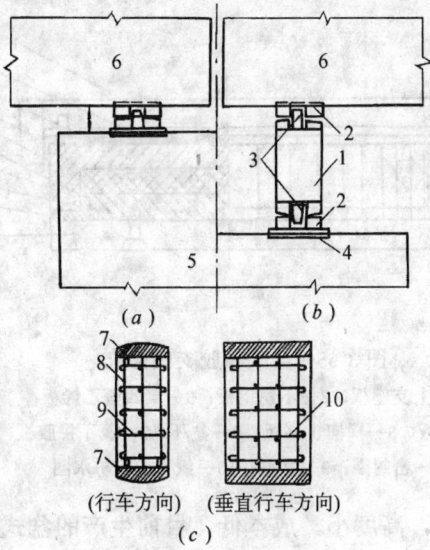

图 3-52　钢筋混凝土摆柱式支座

(a) 固定支座；(b) 活动支座；(c) 钢筋混
凝土摆柱构造

1—钢筋混凝土摆柱；2—平面钢板；3—齿
板；4—垫板；5—墩帽；6—主梁；7—弧形
钢板；8—竖向钢筋；9—顺桥向水平钢筋；
10—横桥向水平钢筋

图 3-53　支座垫石布置

橡胶支座是随着优质合成橡胶的产生而发展起来的新型支座。橡胶支座构造简单，加工方便，省钢材，造价低，结构高度小，安装方便，在当前，已经得到越来越广泛的使用。

橡胶支座可分为板式橡胶支座和盆式橡胶支座两类。

(1) 板式橡胶支座。板式橡胶支座由几层氯丁橡胶和薄钢片迭合而成（图 3-54b），它利用橡胶良好的弹性适应梁端的转角和位移；而钢片的嵌入又限制了橡胶的横向膨胀，提高了支座的抗张性能。此外像胶支座还可吸收部分动能，减轻车辆的冲击作用。板式橡胶支座一般不分固定支座和活动支座，这样能将水平力均匀地传递给各个支座且便于施工，如有必要设置固定支座可采用不同厚度的橡胶支座来实现。

板式橡胶支座目前常用的有 0.14×0.18、0.15×0.20、0.15×0.30、0.16×0.18、0.18×0.20、0.20×0.25（m×m）等，最常用的为 0.15×0.20（m×m），目前生产的橡胶支座厚度为 1.4cm（二层钢片）、2.1cm（三层钢片）、2.8cm（四层钢片）、4.2cm（六层钢片）等。可用于支承反力为 1500～7000kN 左右的中等跨度桥梁。

为了使橡胶支座受力均匀，安装时支座中心尽可能对准上部构造的计算支点，并应使梁底面与墩台顶面清洁平整，必要时可在墩台面敷设一层 1：3 水泥砂浆或有机涂料，以增加接触面摩阻力防止相对滑动。

(2) 盆式橡胶支座。由于板式橡胶支座处于无侧限受压状态，故其抗压强度不高，当竖向力较大时则应使用盆式橡胶支座。

盆式橡胶支座构造如图 3-55 所示。它由不锈钢滑板、锡青铜填充的聚四氟乙烯板、盆环、氯丁橡胶块、钢密封圈、钢盆塞及橡胶防水圈等组成。

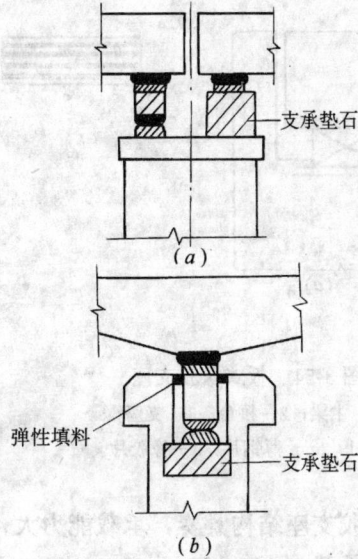

55

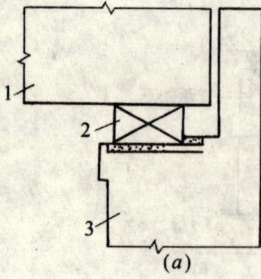

图 3-54 板式橡胶支座

1—主梁；2—桥台；3—支座；

4—厚 2mm 薄钢片；5—橡胶片

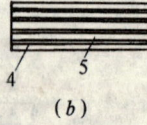

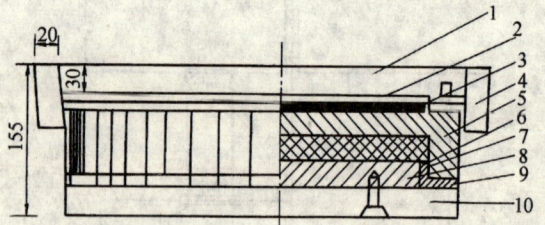

图 3-55 盆式橡胶支座构造

1—上支座板；2—不锈钢板；3—聚四氟乙烯板；

4—侧板；5—横向止移板；6—盆环；7—氯丁橡胶板；

8—密封圈；9—盆塞；10—氯丁橡胶防水圈

盆式橡胶支座结构紧凑，承载能力大，重量轻，高度小，成本低。目前生产的盆式橡胶支座竖向承载为 1000kN 至 20000kN。可依据不同情况选购使用。

习　题

1. 整体式板桥钢筋布置有哪些基本要求？

2. 斜板桥的受力特征是什么？整体式和装配式斜板桥如何配筋？

3. 装配式板桥有什么优越性？钢筋布置有哪些基本要求？

4. 装配式板桥横向连接有哪些方法？

5. 装配式 T 形梁桥由哪些部分组成？各部分的作用是什么？

6. 装配式 T 形梁桥各部分构造上有什么要求？

7. 装配式 T 形梁横向连接有哪些方法？各适用于什么条件？

8. 桥面系由哪些部分组成？

9. 如何进行桥面排水？

10. 伸缩缝的作用是什么？当前主要使用哪几种伸缩缝？

11. 支座的作用是什么？各种支座的适用条件是什么？

12. 人行道有哪几种形式？悬出式人行道设置应注意哪些问题？

13. 城市桥梁栏杆布置中应注意哪些问题？

第四章 钢筋混凝土板桥设计与计算

第一节 主要尺寸拟定

板桥的主要尺寸是板厚。为了保证满足板的强度、刚度和抗裂性要求，实心行车道板厚度应不小于10cm，空心行车道板中间挖空后截面的最小厚度和最小宽度均不宜小于7cm。为保证满足刚度要求，不需要作挠度验算的板的厚度为：实心板：板厚不小于计算跨径 L 的 1/35，空心板；板厚不小于计算跨径 L 的 1/20；厚跨比可控制为：整体式实心板：$h/L = \frac{1}{12} \sim \frac{1}{16}$；装配式实心板：$b/L = \frac{1}{16} \sim \frac{1}{22}$；装配式空心板 $b/h = \frac{1}{14} \sim \frac{1}{20}$。在拟定厚跨比时，较小跨径应选较大的比值，跨径较大时选取较小的比值。

实心板构造简单，施工方便，建筑高度小，但是其主要缺点是跨径增大就不经济了，故一般只适用于 8m 以下小桥及涵洞。当跨径大于 8m 时，宜选用空心板或预应力混凝土空心板。

第二节 整体式简支板桥计算

钢筋混凝土板桥的跨径比较小，在城市建设中，板桥长宽比变化较大，当长宽比小于2时，整体板属于双向板范畴，板的长宽两个方面均产生弯曲。其内力应按"弹性薄板理论"计算，其计算工作十分麻烦，实际设计中通常采用荷载有效分布宽度的简化计算方法。

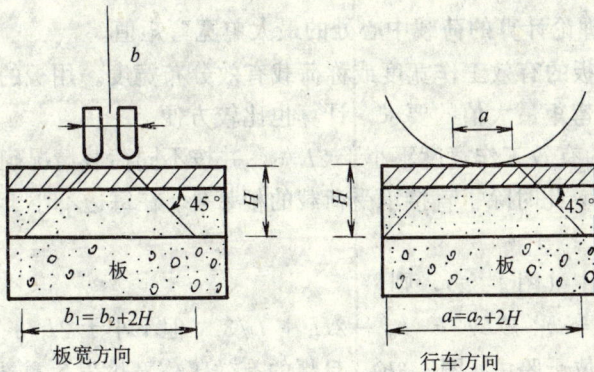

图 4-1 车轮荷载分布面积

一、荷载压力面

计算板桥时，首先需要确定车轮（或履带）荷载作用在板面上的面积，通常称为压力面。车轮荷载与板面的接触面实际上接近于椭圆，然后通过板面铺装层扩散到板面。故其实际在板面上的分布形状是十分复杂的。但为了计算方便，通常近似地看作在行车方向长度为 a_2，垂直于行车方向的长度为 b_2 的矩形。至于在铺装层 H 内的扩散程度，根据试验研究，对于混凝土和沥青面层，压力可以偏安全地假定为 45° 角扩散。

因此，最后作用在钢筋混凝土板面的矩形压力面边长为：

$$a_1 = a_2 + 2H \tag{4-1}$$

$$b_1 = b_2 + 2H \tag{4-2}$$

则作用在板面：局部均布荷载强度为：

$$p = P/2a_1b_1 \tag{4-3}$$

式中 P——汽车轴重（kN）。

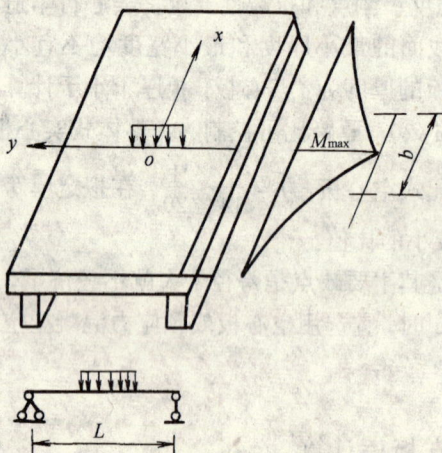

图 4-2 板的弯矩分布

二、板的有效工作宽度

图 4-2 表示两边简支的板，在跨中有一沿板跨方向的局部线荷载 p，理论分析表明：行车方向板的跨中弯矩 M_x 在板宽上的分布是不均匀而呈曲线分布的，在 $y=0$ 处，单位板宽的弯矩 M_x 达最大值，离开荷载作用点后沿板宽方向逐渐减小。这说明荷载作用不仅直接承受荷载的板条受力，其邻近的板也参予工作，共同承受车轮荷载所产生的弯矩。

设图 4-2 中 M_x 实际图形的面积为 Ω，其最大值为 M_{xmax}，现设想以 $b \times M_{xmax}$ 的矩形替代截面弯矩，即：

$$b \times M_{xmax} = \Omega$$

则得

$$b = \Omega/M_{xmax}$$

式中 Ω——车轮荷载产生的跨中总弯矩；

M_{xmax}——由弹性理论计算的荷载中心处的最大单宽弯矩值。

式中的 b 值即为板的有效工作宽度或称荷载有效分布宽度。用板的有效工作宽度计算板的内力，既满足了弯矩最大值的要求，计算也比较方便。

《桥规》规定板的有效工作宽度不小于 $2L/3$，并按不同荷载情况确定 b 值。

1. 荷载位于跨间，此时除了直接承受荷载的板带外，在每边不小于 $L/6$ 的相邻板带也参予工作：

一个车轮位于跨中（图 4-3a），则

$$b = b_1 + L/3 = b_2 + 2H + L/3 \quad 但不小于 2L/3 \tag{4-4}$$

两个或多个车轮位于跨中（图 4-3b），且板的有效工作宽度发生重迭时，则有效工作宽度按两边车轮荷载分布后的外缘计算，则

$$nb = b_1 + L/3 + d = b_2 + 2H + L/3 + d, 但不小于 \frac{2}{3}L + d \tag{4-5}$$

式中 d——最外侧两车轮中距；

n——车轮数。

2. 荷载位于支座边缘（图 4-3c），则

$$b_0 = b_1 + h = b_2 + 2H + h \tag{4-6}$$

式中　h——板厚。

3. 荷载位于支座附近（图 4-3c），则

$$b_{\mathrm{x}} = b_0 + 2x \quad \text{但不大于 } b \tag{4-7}$$

式中　x——荷载距支座边缘的距离。

按上述所算得的宽度，均不得大于板的全宽，当分布宽度超过板边时，则以板边为限；全桥工作宽度分布情况如图 4-3（c）所示。

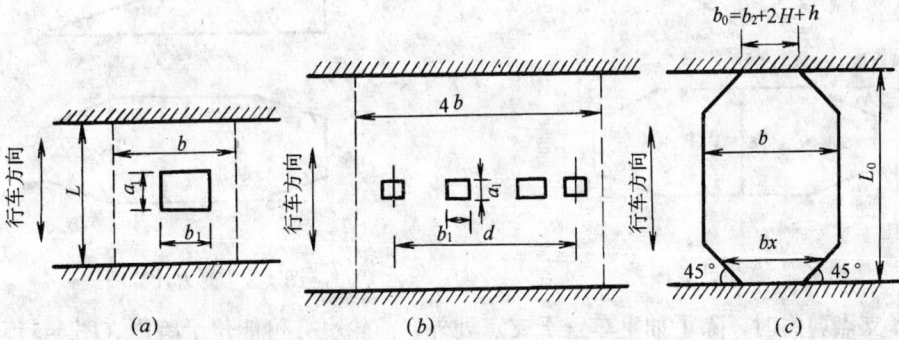

图 4-3　板的有效工作宽度

三、板的内力计算

确定了板的有效工作宽度 b 值后，便可将板上的荷载除以 b 值作为每米板宽的荷载计算板的内力。

（一）结构重力内力计算

板桥上部构造的全部重力平均分摊给各板承受，故每米板宽上的结构重力内力为：

跨中弯矩　　　　　　　　$M_{\mathrm{as}} = \dfrac{1}{8} q L^2 \tag{4-8}$

支点剪力　　　　　　　　$Q_0 = \dfrac{1}{2} q L \tag{4-9}$

式中　q——单位板宽沿跨径方向的荷载强度；

　　　L——板的计算跨径 $L = L_0 + h$ 但不大于 $L_0 + b'$。

其中　h——板厚；

　　　b'——板沿行车方向的支承宽度。

（二）活载内力计算

板桥活载内力计算可以采用直接加载法和等代荷载法计算。鉴于整体式板桥跨径一般较小，宜用直接加载法计算板的内力。

考虑到多车道的折减及汽车的冲击作用，所以板的跨中弯矩为

$$M_{0.5} = (1 + \mu) \zeta \sum_{i=1}^{n} \frac{P_i y_i}{2 b_i} \tag{4-10}$$

式中　P_i——车辆轴重力（kN）；

　　　b_i——相应于荷载作用处的板的有效工作宽度；

y_i——相应于荷载作用点的影响线竖标值（图 4-4）；

ζ——多车道汽车荷载折减系数；

μ——汽车荷载冲击系数。

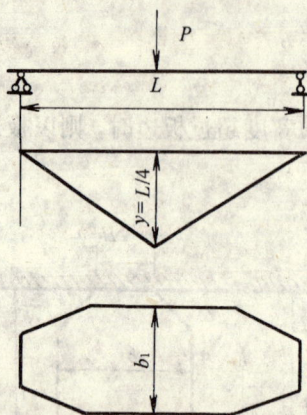

图 4-4　弯矩计算图式　　　　　　图 4-5　剪力计算图式

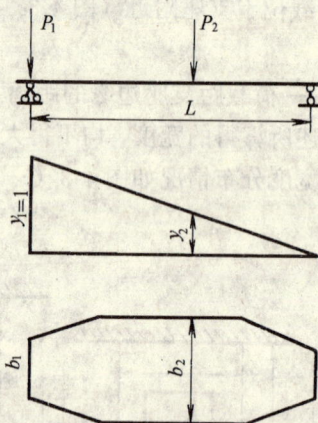

计算支点剪力时，除了加重车置于支点处外，前轮也有可能位于跨内（图 4-5），单宽板的支点剪力为

$$Q_0 = (1 + \mu)\zeta \sum_{i=1}^{n} \frac{P_i y_i}{2b_i} \tag{4-11}$$

式中符号同前。

当为挂车荷载时，计算方法与汽车荷载相同，所不同的是不计冲击力和多车道折减。故挂车荷载的内力计算式为

$$M_{0.5} = \sum_{i=1}^{n} \frac{P_i y_i}{4b_i} \tag{4-12}$$

$$Q_0 = \sum_{i=1}^{n} \frac{P_i y_i}{4b_i} \tag{4-13}$$

对于履带荷载，计算内力时则用其荷载强度乘以相应的影响线面积，并计入有效工作宽度的影响，即

$$M_{0.5} = \frac{q\Omega}{2b_i} \tag{4-14}$$

$$Q_{0.5} = \frac{q\Omega}{2b_i} \tag{4-15}$$

式中　q——履带车荷载强度；

Ω——履带车荷载对应的内力影响线面积。

对于人群荷载，计算内力时以两侧满布荷载为最不利，也可简化为分摊给板的全宽进行计算。

（三）内力组合、荷载安全系数

1. 内力组合

板桥设计中，上部结构荷载组合可按下列两种情况进行：

（1）结构重力＋汽车荷载（包括冲击力）＋人群荷载为设计荷载内力组合，即组合Ⅰ；

（2）结构重力＋平板挂车（履带车）荷载为验算荷载组合，即组合Ⅲ。

2. 荷载安全系数及调整系数

当结构重力产生的效应与汽车（或挂车或履带车）荷载产生的效应同号时，安全系数为：

$$\left.\begin{array}{c} 1.2S_Q + 1.4S'_{Q_1} \\ \text{或} \quad 1.2S_Q + 1.1S''_{Q_1} \end{array}\right\} \tag{4-16}$$

式中　S_Q——永久荷载中结构重力产生的效应；

　　　S'_{Q_1}——基本可变荷载中汽车（包括冲击力）、人群荷载产生的效应；

　　　S''_{Q_1}——基本可变荷载中平板挂车或履带车产生的效应。

在同号效应组合时，S_Q 和 S'_{Q_1} 组合系数按以下情况提高：汽车荷载效应占总荷载效应的 5% 及以上时，提高 5%；33% 及以上时，提高 3%；50% 及以上时，不再提高；S_Q 和 S''_{Q_1} 组合

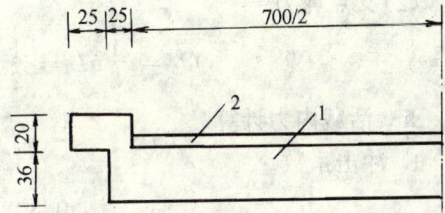

图 4-6　整体式简支板桥横剖面图
尺寸单位：cm
1—厚36cm 行车道块件；2—厚2cm 沥青

系数按以下情况提高：当挂车或履带车荷载效应占总荷载效应的 90% 及以下时，提高 5%；60% 及以下时，提高 2%；45% 及以下时，不再提高。

【例 4-1】　整体式钢筋混凝土简支板桥计算实例

设计荷载：　汽车—15 级，挂车—80

桥面净宽：　净——7＋2×0.25（m）

标准跨径：　$L_b=8.0$m

材料：　25 号混凝土，钢筋：主钢筋Ⅱ级，其它Ⅰ级

Ⅰ. 板的尺寸

板的横剖面图如图 4-6 所示。

板的尺寸见表 4-1。

板的尺寸（m）　　　　表 4-1

板的全长	计算跨径	净跨径	板厚	铺装层厚度	板支承宽度
7.98	7.69	7.40	0.36	0.02	0.29

Ⅱ. 恒载内力计算

1. 每米板宽的荷载强度

假定桥面各部分重力平均分摊给板的全宽承受，荷载强度计算列于表 4-2。

每米板宽荷载强度　　　　表 4-2

沥青表面	7.0×1.0×0.02×22＝3.08kN/m
现浇钢筋混凝土板	7.5×1.0×0.36×25＝67.5kN/m
栏杆安全带	4.37kN/m（过程从略）
总　　计	3.08＋67.5＋4.37＝74.95kN/m

恒载集度为：

$$q = \frac{74.95}{7.5} \approx 10\text{kN/m}$$

2. 恒载内力

（1）跨中弯矩

$$M_{0.5} = \frac{1}{8}qL^2 = \frac{1}{8} \times 10 \times 7.69^2 = 73.92\text{kN} \cdot \text{m}$$

（2）支点剪力

$$Q_0 = \frac{1}{2}qL = \frac{1}{2} \times 10 \times 7.69 = 38.45\text{kN}$$

Ⅲ. 活载内力计算

1. 冲击系数

$$\mu = \frac{0.3}{45 - 5}(45 - 7.69) = 0.280$$

2. 荷载作用下板的有效分布宽度

（1）压力面计算

压力面计算见表 4-3。

压力面计算   表 4-3

汽车-15 级	行车方向	$a_1 = a_2 + 2H = 20 + 2 \times 2 = 24$ (cm)
	垂直行车方向	$b_1 = b_2 + 2H = 60 + 2 \times 2 = 64$ (cm)
挂车-80 级	行车方向	$a_1 = a_2 + 2H = 20 + 2 \times 2 = 24$ (cm)
	垂直行车方向	$b_1 = b_2 + 2H = 50 + 2 \times 2 = 54$ (cm)

（2）跨中板的有效分布宽度

1）汽车-15 级

首先按一个加重车后轮作用于跨中，则

$$b = b_1 + \frac{1}{3}L = 64 + \frac{769}{3} = 320.3\text{cm} > 180\text{cm}$$

可见各车轮之间有效分布宽度出现重叠现象，说明应按两行车队计算（图 4-7）。

两行车队对中布置，则

$$4b = b_1 + d + L/3 = 0.64 + (1.8 + 1.8 + 1.3) + \frac{7.69}{3}$$

$$= 8.10\text{m} > 7.5\text{m}$$

故按 7.5m 计。

两行车队偏载

$$4b = 0.25 + 0.5 + (1.8 + 1.3 + 1.8) + \frac{0.64}{2} + \frac{7.69}{6}$$

$$= 7.25 < 7.5\text{m}$$

所以
$$b = 7.25/4 = 1.81\text{m}$$

2）挂车－80

首先按一个车轮作用于跨中，则

$$b = b_1 + L/3 = 54 + \frac{769}{3} = 310.3 \text{cm} > 90 \text{cm}$$

可见挂车作用时板的有效分布宽度发生重叠，应按一行车轮布置（图4-8）。

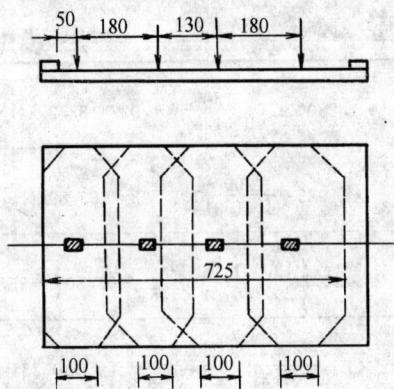

图 4-7　汽车偏载的有效分布宽度
尺寸单位：cm

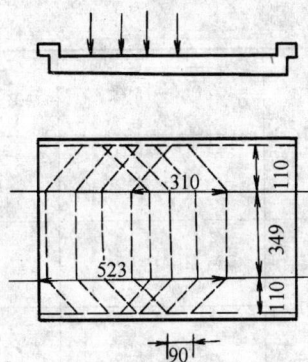

图 4-8　挂车偏载有效分布宽度
尺寸单位：cm

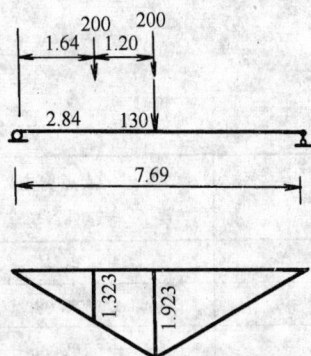

图 4-9　跨中弯矩计算

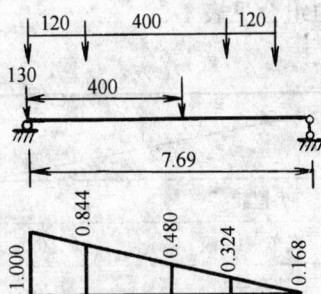

图 4-10　支点剪力计算

$$4b = b_1 + d + L/3 = 54 + 270 + \frac{769}{3}$$

$$= 5.80 \text{m} < 7.50 \text{m}$$

一列挂车偏载，则

$$4b = 0.25 + 1.0 + 2.7 + \frac{7.69}{6} = 5.232$$

$$b = 5.232/4 = 1.31（采用值）$$

（3）支点荷载作用下板的有效分布宽度

1）汽车－15 级

$$b_0 = b_1 + h = 64 + 36 = 100\text{cm} \quad （\text{图 4-7}）$$

2）挂车—80

$$b_0 = b_1 + h = 54 + 36 = 90\text{cm} \quad （\text{图 4-8}）$$

3. 活载内力计算

活载内力计算见表 4-4。

活 载 内 力 计 算　　　　　　　　　　表 4-4

路中弯矩	汽车—15 级	$M_{0.5} = (1+\mu)\, \zeta \sum\limits_{i=1}^{n} \dfrac{P_i y_i}{b_i} = 1.280 \times 1 \times \dfrac{130}{2\times1.81} \times 1.923 = 88.39\text{kN}\cdot\text{m}$
	挂车—80	$M_{0.5} = \sum\limits_{i=1}^{n} \dfrac{P_i y_i}{b_i} = \dfrac{200}{4\times1.31} \times 1.923 + \dfrac{200}{4\times1.31} \times 1.323 = 123.89\text{kN}\cdot\text{m}$
支点剪力	汽车—15 级*	$Q_0 = (1+\mu)\, \zeta \sum\limits_{i=1}^{n} \dfrac{P_i y_i}{b_i} = 1.28 \times 1 \times \left(\dfrac{130\times1}{2\times1.0} + \dfrac{70}{2\times1.81} \times 0.480 \right) = 95.08\text{kN}$
	挂车—80	$Q_0 = \sum\limits_{i=1}^{n} \dfrac{P_i y_i}{b_i} = \dfrac{200}{4\times0.9} \times 1 + \dfrac{200}{4\times1.31} \times 0.844 + \dfrac{200}{4\times1.31} \times 0.234$ $+ \dfrac{200}{4\times1.31} \times 0.168 = 102.35\text{kN}$

*　支点剪力计算取普通车。

Ⅳ. 内力荷载组合

内力组合见表 4-5。

荷载内力组合　　　　　　　　　　表 4-5

组 合 ＼ 内 力		跨中弯矩 （kN·m）	支点剪力 （kN）
恒载	①	73.92	38.45
汽车—15 级	②	88.39	95.08
挂车—80	③	123.89	102.35
组合 Ⅰ	$\dfrac{②}{①+②}$	0.544	0.712
	提高系数 ④	1	1
	④×[1.2×①+1.4×②]	212.45	179.25
组合 Ⅱ	$\dfrac{③}{①+③}$	0.626	0.727
	提高系数 ⑤	1.03	1.03
	⑤×[1.2×①+1.1×③]	231.73	163.49

Ⅴ. 截面设计

由表 4-5 得 $M_{0.5} = 231.73\text{kN}\cdot\text{m}$　　$Q_0 = 179.25\text{kN}$ 25 号混凝土抗压设计强度 $R_a = 14\text{MPa}$；Ⅱ 级钢筋抗拉设计强度 $R_g = 340\text{MPa}$，Ⅰ 级钢筋抗拉设计强度 $R_g = 240\text{MPa}$，钢筋

和混凝土安全系数 $\gamma_c = \gamma_s = 1.25$。

板的净保护层厚取 2cm，设 $a = 3cm$，

$$h_0 = h - a = 36 - 3 = 33(cm)$$

由附录 I 得：

$$A_0 = \gamma_c M / R_a bh_0^2 = \frac{1.25 \times 231.73 \times 10^6}{14 \times 1000 \times 3130^2} = 0.190$$

查得　$\gamma_0 = 0.905$　所以

$$A_g = \gamma_s M_j / R_g \gamma_0 h_0$$

$$= 1.25 \times 231.73 \times 10^6 / 340 \times 0.905 \times 330 = 28.53 cm^2$$

选用 $\phi20@100$　　　　$A_g = 31.41 cm^2 > 28.53 cm^2$

斜截面强度验算

混凝土抗拉设计强度 $R_L = 1.55MPa$

不设剪力钢筋的截面抗剪强度为：

$$1.25 \times 0.038 R_L bh_0 = 1.25 \times 0.038 \times 1.55 \times 100 \times 33$$

$$= 242.96kN > 177.25kN$$

不需配置剪力钢筋

分布钢筋按主筋面积 15% 计，选用直径 12mm，间距为 20cm。

第三节　装配式简支板桥计算

装配式简支板桥各板块之间一般采用混凝土铰接。由于企口缝的高度不大，刚性甚弱，可认为在竖向荷载作用下混凝土铰只传递剪力。因此在设计时，首先应研究荷载作用在单一板块时各板承受荷载的情况，并要解决如何求得板块的最大荷载，才能求出该板块的最大内力，进行配筋设计。

一、荷载横向分布值

图 4-11 所示荷载位于 3 号板上，由于板块间横向联系的作用，除了 3 号板产生纵向挠曲外，相邻板块也会受力产生相应的挠曲。如果板的结构一定，荷载在桥上的位置一定，那么各板块承受的荷载应该是一个定值，这个定值称为在该荷载作用下的荷载横向分布值。若荷载位置发生变化，则各板块的横向分布值也随之产生变化。

二、荷载横向影响线

如图 4-12 所示，当在一号板中央作用荷载 $P = 1$[1]时，则各板块承受的力为：

$$\left.\begin{array}{ll} 板 1 & \eta_{11} = 1 - q_1 \\ 板 2 & \eta_{21} = q_1 - q_2 \\ 板 3 & \eta_{31} = q_2 - q_3 \\ 板 4 & \eta_{41} = q_3 - q_4 \\ 板 5 & \eta_{51} = q_4 \end{array}\right\} \qquad (4-17)$$

---

[1] 严格地讲应在 1 号板中央作用等效的单位正弦荷载，$\sin\dfrac{\pi x}{L}$

由功的互等定理可以得出 $\eta_{21}=\eta_{12}$ $\eta_{31}=\eta_{13}$

$\eta_4=\eta_{14}$ $\eta_{51}=\eta_{15}$

得 η_{11}、η_{12}、η_{13}、η_{14}、η_{15} 按比例描绘在各板的下面，连接这些点，则得到板 1 荷载横向影响线，同理可求得其他板块的横向影响线。

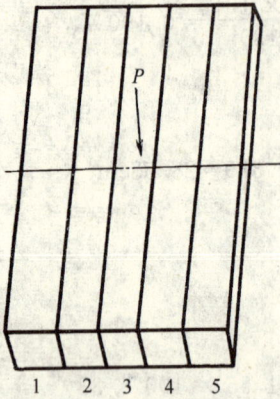

图 4-11　荷载的横向分布

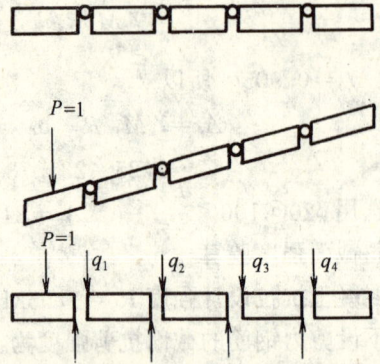

图 4-12　铰接板受力分析

为作出各板块的横向影响线，应求出铰间传递的力 q_1、q_2……，根据各板块铰接处相对竖向位移为零的变形协调条件，由力法可列出其准则方程，图 4-12 中有四个铰接缝，即有 4 个未知力，推广而言之，若有 n 板块，则有 $n-1$ 个铰接缝，即有 $n-1$ 个未知力，则可列出 $n-1$ 正则方程。图 4-12 板块的力法方程为：

$$
\left.
\begin{array}{l}
\delta_{11}q_1 + \delta_{12}q_2 + \delta_{13}q_3 + \delta_{14}q_4 + \delta_{1P} = 0 \\
\delta_{21}q_1 + \delta_{22}q_2 + \delta_{23}q_3 + \delta_{24}q_4 + \delta_{2P} = 0 \\
\delta_{31}q_1 + \delta_{32}q_2 + \delta_{33}q_3 + \delta_{34}q_4 + \delta_{3P} = 0 \\
\delta_{41}q_1 + \delta_{42}q_2 + \delta_{43}q_3 + \delta_{44}q_4 + \delta_{4P} = 0
\end{array}
\right\}
\tag{4-18}
$$

式中　δ_{iK}、δ_{iP}——分别为单位荷载作用在铰接缝处和板中央时板 i 在铰接缝处产生的竖向变位。

为了确定正则方程中常系数 δ_{iK}、δ_{iP}，如图 4-13 所示。设单位荷载作用于一块板的中央，则板块跨中挠度为 w（图 4-13a），单位荷载作用于板缝处，则板块跨中除有一竖向挠度 w 外，还有一转角 φ，这样在板的一侧总挠度为 $w+\dfrac{b\varphi}{2}$，另一侧则为 $w-\dfrac{b\varphi}{2}$（图 4-13b）。符号规定，当 δ_{iK} 与 q_i 的方向一致时取正号，反之取负号。根据这一规定，如图 4-14 表示式（4-18）中第一式，则当铰接缝作用单位荷载时，则在跨中各板边的相对位移为：

$$\delta_{11}=2\left(w+\frac{b}{2}\varphi\right)$$

$$\delta_{21}=\delta_{12}=-\left(w-\frac{b}{2}\varphi\right)$$

$$\delta_{31}=\delta_{13}=0$$

$$\delta_{41}=\delta_{14}=0$$

单位荷载作用于 1 号板轴线上时，则十号板的跨中挠度为

$$\delta_{1P}=-w$$

注意式中δ_{21}和δ_{1P}取负值是因为δ_{21}与q_2方向相反，δ_{1P}与q_1方向相反。

将上述系数代入式（4-18），并令$r=b\varphi/2w$整理得：

$$\left.\begin{array}{l}
2(1+r)q_1 - (1-r)q_2 = 1 \\
-(1-r)q_1 + 2(1+r)q_2 - (1-r)q_3 = 0 \\
-(1-r)q_2 + 2(1+r)q_3 - (1-r)q_4 = 0 \\
-(1-r)q_3 + 2(1+r)q_4 = 0
\end{array}\right\} \tag{4-19}$$

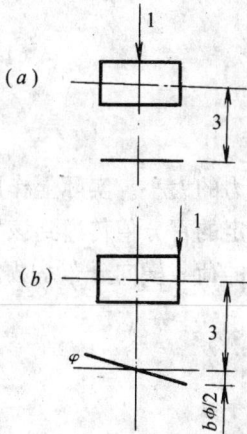

图 4-13　板的挠度和转角　　　　图 4-14　铰接板受力分析图式

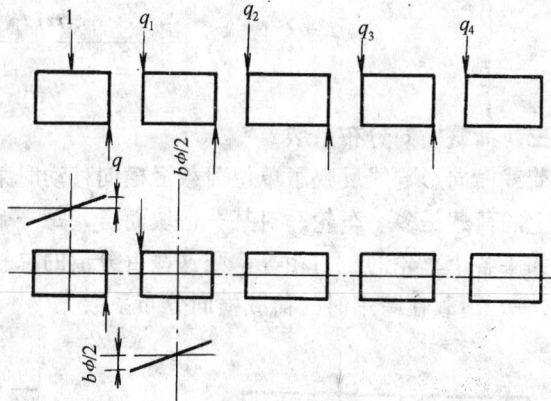

当板扭转位移与其挠度的比值r已知后，即可从式（4-19）解得q_i值，便可求得1号板块的荷载横向影响线。

为了设计使用的方便起见，已根据不同的r值编制出相应的影响线竖标值，供设计使用，详见附录Ⅱ。

由材料力学知道，单位荷载作用于简支板轴线时，板的跨中挠度为：

$$w = PL^4/\pi^4 EI \tag{4-20}$$

当单位荷载作用于板边时，板的跨中扭转角为：

$$\varphi = pbL^2/2\pi^2 GI_T \tag{4-21}$$

所以

$$r = \frac{b\varphi}{2w} = \frac{\pi^2 EI}{4GI_T}\left(\frac{b}{L}\right)^2 = 5 \cdot \delta \frac{I}{I_T}\left(\frac{b}{L}\right)^2 \tag{4-22}$$

式中　E、G——分别为板的材料弯曲弹性模量和剪切弹性模量，对混凝土$G=0.425E$；

　　　I、I_T——分别为板的抗弯惯性矩和抗扭惯性矩。

实心矩形截面抗扭惯性矩按下式计算：

$$I_T = Cbh^3 \tag{4-23}$$

式中　C——实心矩形截面抗扭刚度系数，由表4-6中查得，表中b、h分别为矩形截面的长边和短边。

b/h	1.10	1.20	1.25	1.30	1.40	1.50	1.60	1.75	1.80
C	0.154	0.166	0.172	0.177	0.187	0.196	0.204	0.214	0.217
b/h	2.00	2.50	3.00	3.50	4.00	5.00	8.00	10.00	20.00
C	0.229	0.249	0.263	0.273	0.281	0.291	0.307	0.312	0.322

空心矩形截面（图 4-15）的抗扭惯性矩 I_T 按下式计算：

$$I_T = \frac{4b^2h^2}{\left(\dfrac{2h}{b_2} + \dfrac{b}{h_1} + \dfrac{b}{h_2}\right)} \tag{4-24}$$

三、荷载横向分布系数

荷载横向影响线反映了单位荷载沿横向移动时某一板块承受力的大小。实际上作用在板块上的荷载是多个车轮，对某一板块而言，每一个车轮将以一定的百分值传递到该板块上，如果各个车轮的压力相等，则这些百分值的总和就是该板块的荷载横向分布系数。

（一）荷载在跨中时的荷载横向分布系数

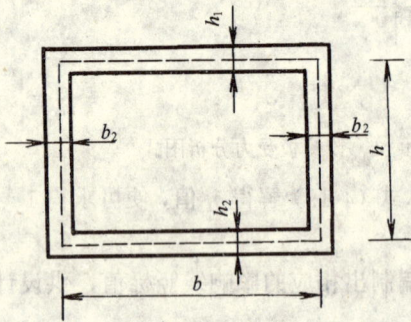

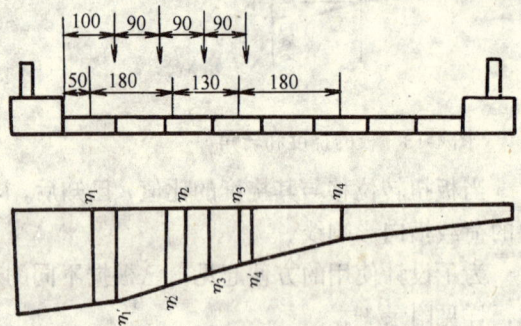

图 4-15 空心矩形截面   图 4-16 荷载布置的横向影响线

要计算某板块跨中荷载横向分布系数，首先要绘出该板块的荷载横向影响线，然后尽可能将车轮布置在同符号的最大影响线竖标处，在布置横向车轮时，并应满足标准车轮的横向轮距及其距离人行道、缘石的最小距离规定（图 4-16）；同时应注意到：标准车辆及荷载及等代荷载表中的表值均是按车辆轴重计算和编制的。因此在计算荷载横向分布系数时，汽车轮重为 $P/2$，挂车轮重为 $P/4$，若在汽车轮载布置下，各车轮位置对应的荷载横向影响线的竖标为 η_1、η_2……，挂车车轮位置对应的荷载横向影响线的竖标为 η'_1、η'_2……，则在汽车荷载作用下

$$P_i = \frac{P}{2}(\eta_1 + \eta_2 + \cdots\cdots) = \frac{P}{2}\sum_{i=1}^{n}\eta_i = m_{0.5}P \tag{4-25}$$

所以 $$m_{0.5} = \frac{1}{2}(\eta_1 + \eta_2 + \cdots\cdots) = \frac{\sum\limits_{i=1}^{n}\eta_i}{2} \tag{4-26}$$

在挂车作用下

$$P_i = \frac{P}{4}(\eta'_1 + \eta'_2 + \cdots\cdots) = \frac{P}{4}\sum_{i=1}^{n}\eta'_i = m_{0.5}P \tag{4-27}$$

所以
$$m_{0.5} = \frac{1}{4}\sum\eta'_i \tag{4-28}$$

式中　　$m_{0.5}$——跨中荷载横向分布系数。

（二）荷载在支点时的横向分布系数

当荷载作用在支点时，由于混凝土铰的刚度远小于支座的刚度，因此，作用在板面上的荷载将直接传递给支座，而不通过混凝土铰传递给相邻的板。此时荷载横向影响线为竖标值为1的矩形（图4-17）。

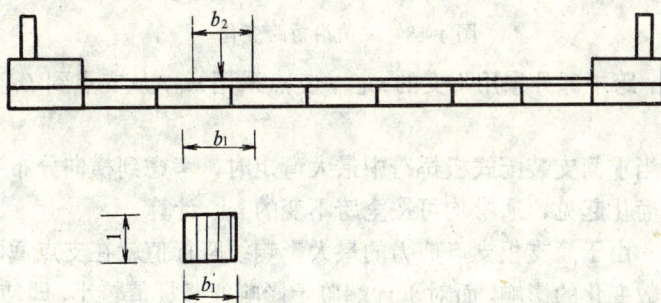

图4-17　支点荷载布置及横向影响线

如果轮向的扩散宽度 $b_1 = b_2 + 2H$ 全部落在一块板上，在汽车荷载作用下

$$m_0 = \frac{1}{2} \times 1 = \frac{1}{2} \tag{4-29}$$

在挂车荷载作用下

$$m_0 = \frac{1}{4} \times 1 = \frac{1}{4}$$

式中　　m_0——支点荷载横向分布系数。

如果轮压的横向扩散宽度不是全部在一块板上，就只需要考虑轮压扩散宽度在 i 板上的那一部分的横向影响线面积进行计算。在汽车荷载作用下，i 板受到的荷载为（图4-17）：

$$P_i = \frac{P}{2b_1}w = \frac{P}{2b_1}1 \times b_i = \frac{b'_i}{2b_1}P = m_0P \tag{4-30}$$

在挂车荷载作用下为：

$$P_i = \frac{P}{4b_1}w = \frac{b'_1}{4b_1}P = m_0P \tag{4-31}$$

式中　　b'_1——作用在 i 板上的荷载扩散宽度；

　　　　w——对应于 b'_1 宽度的影响线面积；

　　　　m_0——支点横向分布系数。

（三）横向分布系数沿桥跨的变化

通过前面的计算表明，荷载在跨中时，由于混凝土铰的传力作用，使所有的板块都参予受力，因此荷载的横向分布比较均匀，而在支点，荷载直接由板传给支座，其他板块不参予受力，因此荷载在桥跨纵向位置不同，对某一板块的横向分布系数也不同。那末荷载位于其他位置时应如何确定 m 值呢？目前常采用图 4-18 的方式进行处理。

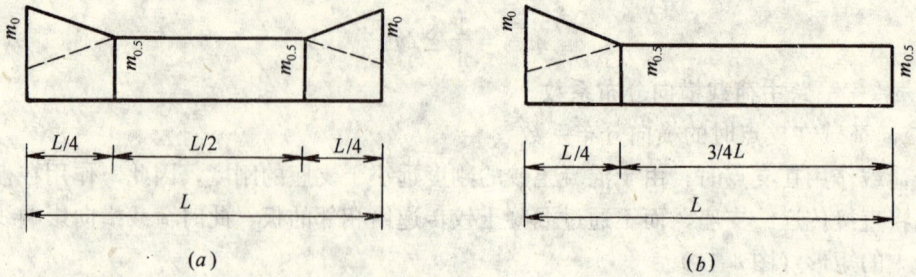

图 4-18　m 值沿桥跨变化

在计算弯矩时，跨中部分采用不变的 $m_{0.5}$，支点采用 m_0，从支点到 $L/4$ 段 m 值呈直线变化，（图 4-18a）。

实际应用中，当求简支装配式板桥跨中最大弯矩时，考虑到横向分布系数沿跨内部分的变化不大，为了简化起见，通常均可按全跨不变的 $m_{0.5}$ 计算。

在计算剪力时，由于简支板支点剪力的最大影响线竖标值就在支点截面处，故应考虑该段内横向分布系数变化的影响，而对于远端鉴于影响线竖标值较小，即使有车辆荷载，对计算支点剪力影响较小。因此在计算支点剪力时，从支点到 $L/4$ 段为从 m_0 到 $m_{0.5}$ 的直线变化段，其余的均采用不变的 $m_{0.5}$ 计算（图 4-18b）。

四、板的内力计算

（一）结构重力计算

装配式板桥结构重力计算与整体式板桥结构重力计算相同，即将栏杆、人行道等平均分摊给每块板承受进行计算。若为精确计算，也可将栏杆、人行道等的重力象活载计算一样，按荷载横向分布系数进行分布。

（二）活载内力计算

装配式板桥的活载内力计算也可和整体式板桥一样直接加载法进行计算，当板跨径较长时，亦可采用等代荷载法进行计算。

1. 直接加载法

当板的跨径不大时，直接加载法计算内力比较方便。

如图 4-19，内力计算公式如下：

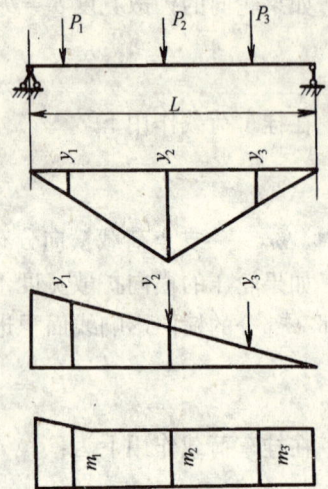

图 4-19　直接加载法计算图式

汽车荷载：

$$M_{0.5} = (1 + \mu)\zeta \sum_{i=1}^{n} m_i P_i y_i \tag{4-32}$$

$$Q_0 = (1 + \mu)\zeta \sum_{i=1}^{n} m_i P_i y_i \tag{4-33}$$

挂车荷载

$$M_{0.5} = \sum_{i=1}^{n} m_i P_i y_i \tag{4-34}$$

$$Q_0 = \sum_{i=1}^{n} m_i P_i y_i \tag{4-35}$$

式中 m_i——车辆荷载对应的荷载横向分布系数;

$\quad\quad P_i$——车辆轴重力;

$\quad\quad y_i$——相应于荷载作用点的影响线竖标值。

2. 等代荷载法

由工程力学知道:对于结构上任一指定截面,某一假想的均布荷载 q 产生的内力与移动荷载按最不利位置计算的最大内力相等时,该均布荷载称为等代荷载。利用等代荷载乘以该截面内力影响线面积即为该截面活载内力。

附录Ⅲ绘出了部分汽车和挂车的等代荷载,可供使用。

由于等代荷载是根据纵向一行汽车车辆。挂车车辆或履带车编制的,所以在计算截面内力时应乘以横向分布系数,对于汽车荷载尚应计及冲击力影响。故截面内力的一般公式为:

$$S = (1 + \mu)\zeta m_{0.5} q w \tag{4-36}$$

式中 S——活载内力(弯矩或剪力);

$\quad\quad \mu$——汽车荷载的冲击系数;

$\quad\quad \zeta$——多车道汽车荷载折减系数;

$\quad m_{0.5}$——荷载横向分布系数;

$\quad\quad q$——一行车辆荷载的等代荷载(附录Ⅲ);对于人群荷载应化为线荷载;

$\quad\quad w$——截面内力影响线面积。

在计算支点,$l/8$ 截面的剪力时,尚应计入荷载横向分布系数沿桥跨变化的影响。以支点截面为例,此时剪力的计算公式为:

$$Q_0 = Q'_0 + \Delta Q_0$$

式中 Q'_0——不考虑荷载横向分布系数沿桥跨变化($m_0 = m_{0.5}$)时的内力值,按式 4-36 计算;

$\quad \Delta Q_0$——考虑荷载横向分布系数沿桥跨变化所引起的内力变化。

对于均布荷载(图 4-20a),ΔQ_0 按下式计算

$$\Delta Q_0 = \frac{a}{2}(m_0 - m_{0.5})q'(2 + y_a)\frac{1}{3} = \frac{aq'}{6}(m_0 - m_{0.5})(2 + y_a) \tag{4-37}$$

式中 q'——一辆履带车顺桥面的荷载强度或一侧人行道上的人群荷载强度;

$\quad\quad y_a$——对应于横向分布系数转折点处的内力影响线竖标值。

对于车轮荷载 ΔQ_0 为(图 4-20b):

$$\Delta Q_0 = (1 + \mu)\zeta \sum_{i=1}^{n}(m_i - m_{0.5})y_i P_i \tag{4-38}$$

式中 P_i——车辆轴重。

上述两种内力计算方法,一般说来对于跨径较小的板桥,宜用直接加载法;对于跨径较大的板桥,可以用直接加载法,也可以用等代荷载法;亦可以两种方法综合使用,在计算部分内力时用一种方法,计算另一部分内力时用另外一种方法。总之,宜使用适用的方法满足计算需要。

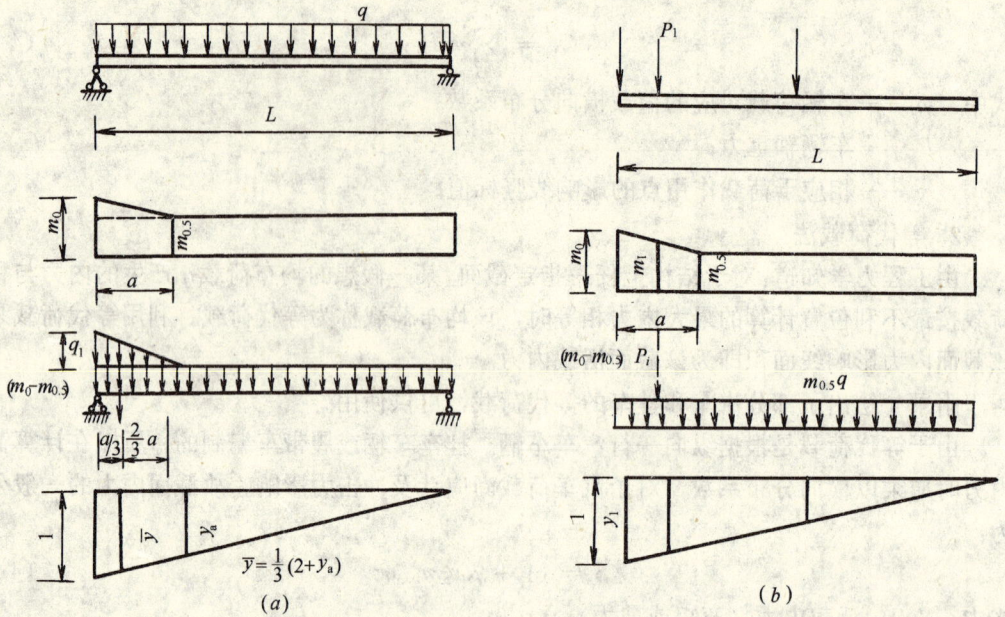

图 4-20　ΔQ_0 计算图式

(a) 均布荷载；(b) 集中荷载

【例 4-2】　装配式预应力混凝土空心板桥计算实例

设计荷载：汽车—20 级，挂车—100，人群荷载 $3kN/m^2$；

标准跨径：$L_b = 16m$；

桥面净宽：行车道 9.00m，人行道宽度每侧 1.5m；

材料：混凝土，预制行车道板 40 号混凝土，现浇板及接缝 30 号混凝土，其余为 20 号混凝土；

钢筋：预应力筋采用 ϕ^j15（$7\phi5$）钢铰线；

普通钢筋：直径 $\phi > 12mm$ Ⅱ级，其他 Ⅰ级。

Ⅰ．板的尺寸及横截面布置

板的尺寸见表 4-7。

板的横截面布置如图 4-21。

板　的　尺　寸 (cm)　　　　　　　　　　　　　　　　表 4-7

板的全长	计算跨径	净跨径	板厚	现浇板	铺装层	板宽	支承宽度
15.96	15.60	15.24	0.70	0.10	0.094	1.05	0.36

Ⅱ．恒载内力计算

1. 板的荷载强度计算

板的荷载强度计算列于表 4-8。

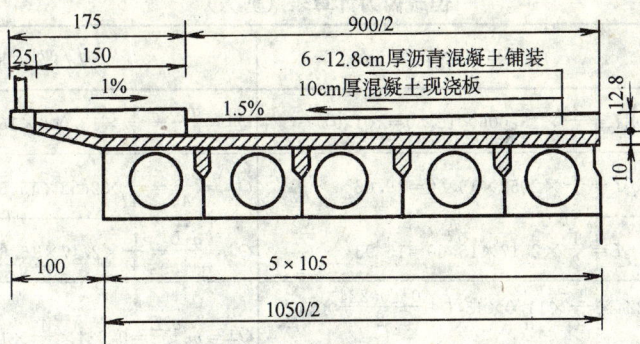

图 4-21 板的横截面布置

尺寸单位：cm

板的荷载强度   表 4-8

预制板	$q_1 = \left(1.05 \times 0.70 - \dfrac{\pi \times 0.52^2}{4}\right) \times 25 = 13.066 \text{kN/m}$
现浇板	$q_2 = 0.10 \times 1.05 \times 1 \times 24 = 2.52 \text{kN/m}$
铺装层	$q_3 = 0.094 \times 1.05 \times 1 \times 22 = 2.17 \text{kN/m}$
人行道栏杆	$q_4 = 11.0 \text{kN/m}$（计算从略）

2. 恒载内力计算

根据受力阶段的不同，将恒载分为三期，第一期为预制行车道板自重，第二期为现浇板重，第三期为铺装层、人行道、栏杆重。人行道及栏杆计及横向分布系数影响，横向分布系数计算见后。

内力计算列于表 4-9（弯矩）及 4-10（剪力），恒载内力汇总于表 4-11。

恒载内力计算表（弯矩）   表 4-9

	跨　　中（kN·m）	$\dfrac{L}{4}$ 处（kN·m）
预制板	$M_{0.5} = \dfrac{1}{8} q_1 L^2 = \dfrac{1}{8} \times 13.006 \times 15.6^2 = 397.47$	$M\frac{1}{4} = \dfrac{3}{32} q_1 L^2 = \dfrac{3}{32} \times 13.006 \times 15.6^2 = 298.10$
现浇板	$M_{0.5} = \dfrac{1}{8} q_2 L^2 = \dfrac{1}{8} \times 2.52 \times 15.6^2 = 76.66$	$M\frac{1}{4} = \dfrac{3}{32} q_2 L^2 = \dfrac{3}{32} \times 2.52 \times 15.6^2 = 57.49$
铺装层	$M_{0.5} = \dfrac{1}{8} q_3 L^2 = \dfrac{1}{8} \times 2.17 \times 15.6^2 = 66.01$	$M\frac{1}{4} = \dfrac{3}{32} q_3 L^2 = \dfrac{3}{32} \times 2.17 \times 15.6^2 = 49.51$
人行道栏杆	$M_{0.5} = m \cdot \dfrac{1}{8} q_4 L^2 = 0.224 \times \dfrac{1}{8} \times 11.0 \times 15.6^2$ $= 74.96$	$M\frac{1}{4} = m \dfrac{3}{32} q_4 L^2 = 0.224 \times \dfrac{3}{32} \times 11.0 \times 15.6^2$ $= 56.22$

	支　点（kN）	L/4 处（kN）
预制板	$Q_0=\frac{1}{2}q_1L=\frac{1}{2}\times13.006\times15.60=101.91$	$Q_{\frac{1}{4}}=\frac{q_1L}{4}=\frac{1}{4}\times13.006\times15.6=50.96$
现浇板	$Q_0=\frac{1}{2}q_2L=\frac{1}{2}\times2.52\times15.60=19.66$	$Q_{\frac{1}{4}}=\frac{q_2L}{4}=\frac{1}{4}\times2.52\times15.60=9.83$
铺装层	$Q_0=\frac{1}{2}q_3L=\frac{1}{2}\times2.17\times15.60=16.93$	$Q_{\frac{1}{4}}=\frac{q_3L}{4}=\frac{1}{4}\times2.17\times15.60=8.46$
人行道栏杆	$Q_0=0.224\times\frac{1}{2}\times11.0\times15.6+\frac{0-0.224}{2}\times11.0$ $\times\frac{15.6}{4}\times\frac{11}{12}=14.81$	$Q_{\frac{1}{4}}=m\frac{q_4L}{4}=0.224\times\frac{1}{4}\times11.0\times15.6=9.61$

截面	弯矩（kN·m）			剪力（kN）		
	第一期恒载	第二期恒载	第三期恒载	第一期恒载	第二期恒载	第三期恒载
跨中	397.47	76.66	140.97	0	0	0
L/4	298.10	57.49	105.73	50.96	9.83	18.07
支点	0	0	0	101.91	19.66	31.74

Ⅲ. 活载内力计算

1. 冲击系数

$$(1+\mu)=1+\frac{0.3}{45-5}\times(45-15.6)=1.2205$$

2. 荷载横向分布系数计算

本桥为组合截面空心板，为计算方便，可将图中空心圆孔（直径为 d）按等面积，等惯性矩、等形心折算为高为 h，宽为 b 的矩形孔，即满足：

$$\begin{cases} b\times h=\frac{\pi d^2}{4} \\ \frac{bh^3}{12}=\frac{\pi d^4}{64} \end{cases}$$

所以　$b=\frac{\pi}{2\sqrt{3}}d=\frac{\pi}{2\sqrt{3}}\times52=47.16\text{cm}$

　　　$h=\frac{\sqrt{3}}{2}d=\frac{\sqrt{3}}{2}\times52=45.03(\text{cm})$

折算后板横截面如图 4-22。

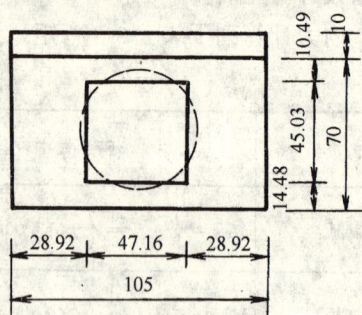

图 4-22　板的折算断面
尺寸单位：cm

3. 跨中荷载横向分布系数计算：

1）截面惯矩：由于现浇板为 30 号混凝土，$E_h=3.0\times10^4\text{MPa}$，而预制板为 40 号混凝土，$E_h=3.3\times10^4\text{MPa}$，为此将现浇板按弹性模量比 $n=\frac{3.0\times10^4}{3.3\times10^4}=0.9091$ 折算成 40 号混凝土计算。

折算后截面形心轴距底边的距离为：

$$Y_1 = \frac{105 \times 70 \times 35 - 47.16 \times 45.03 \times 37 + 0.9091 \times 105 \times 10 \times 75}{105 \times 70 - 47.16 \times 45.03 + 0.9091 \times 105 \times 10}$$

$$= 40.49 \text{ (cm)}$$

对形心轴的抗弯惯矩为：

$$I = \frac{1}{12} \times 105 \times 70^3 + 105 \times 70 \times (40.49 - 35)^2$$

$$- \frac{1}{12} \times 47.16 \times 45.03^3 - 47.16 \times 45.03 \times (40.49 - 37)^2$$

$$+ 0.9091 \times \left[\frac{1}{12} \times 105 \times 10^3 + 105 \times 10 \times (40.49 - 75)^2 \right]$$

$$= 3.983 \times 10^6 \text{ (cm}^4\text{)}$$

计算抗扭惯矩时，仍采用折算截面，并注意到 $h_1 = 10.49 + 0.9091 \times 10 = 19.58$ (cm) 则

$$I_T = \frac{4b^2 h^2}{\left(\frac{2b}{b_2} + \frac{b}{h_1} + \frac{b}{h_2} \right)} = \frac{4 \times (105 - 28.92)^2 \times (79.091 - 7.24 - 9.79)^2}{\frac{2 \times (79.091 - 7.24 - 9.79)}{28.92} + \frac{(105 - 28.92)}{19.58} + \frac{(105 - 28.92)}{14.48}}$$

$$= 6.639 \times 10^6 \text{ (cm}^4\text{)}$$

2）跨中横向分布系数 $m_{0.5}$：

由刚度参数

$$r = 5.8 \frac{I}{I_T} \left(\frac{b}{L} \right)^2 = 5.8 \times \frac{3.983 \times 10^6}{6.639 \times 10^6} \times \left(\frac{1.05}{15.6} \right)^2 = 0.0158$$

查附录 Ⅱ-2 铰接板桥荷载横向影响线竖标值表，用内插法求得影响线竖标值，表中最末一行 $\sum\limits_{i=1}^{n} \eta_{iK}$ 为单位荷载作用下各板块的横向分布峰值之和，其值应等于 1，可作为计算校核使用。鉴于板的对称性，故仅列出 1～5 号板的值即可，计算法列于表 4-12（表中数字为实际数值小数点后的三位数）。

板块影响线竖标表　　　　　　　　　　　　　　　　　　　表 4-12

	1	2	3	4	5	6	7	8	9	10	$\Sigma \eta_{Ki}$
1	212	178	140	111	088	072	060	051	046	043	$\doteq 1000$
2	178	174	149	117	094	076	063	054	048	046	$\doteq 1000$
3	140	149	152	132	105	085	070	061	054	051	$\doteq 1000$
4	111	117	132	139	124	100	083	070	063	060	$\doteq 1000$
5	88	94	105	124	134	121	100	085	076	072	$\doteq 1000$

将表 4-12 中各板块 η 值按一定比例尺，绘于各板块轴线下方，连接成光滑曲线，即得到 1 号至 5 号板的荷载横向分布影响线，如图 4-23 所示。

在荷载横向分布影响线上按最不利位置布载（图 4-23），计算各车轮下影响线竖标值，计算各板块荷载横向分布系数。横向分布系数计算结果列于表 4-13。

跨中荷载横向分布系数　　　　　表 4-13

m_i	汽车－20 级	挂车－100	人　群
m_1	$\frac{1}{2} \times (0.188+0.128+0.100+0.065)$ $=0.241$	$\frac{1}{4} \times (0.172+0.139+0.114+0.098)$ $=0.131$	$0.212 + 0.042 =$ 0.254
m_2	$\frac{1}{2} \times (0.175+0.136+0.102+0.072)$ $=0.242$	$\frac{1}{4} \times (0.170+0.148+0.121+0.100)$ $=0.135$	$0.180 + 0.044 =$ 0.224
m_3	$\frac{1}{2} \times (11.146+0.144+0.111+0.080)$ $=0.240$	$\frac{1}{4} \times (0.148+0.152+0.134+0.111)$ $=0.137$	$0.136 + 0.052 =$ 0.188
m_4	$\frac{1}{2} \times (0.115+0.135+0.129+0.089)$ $=0.234$	$\frac{1}{4} \times (0.120+0.132+0.138+0.128)$ $=0.130$	$0.108 + 0.059 =$ 0.167
m_5	$\frac{1}{2} \times (0.101+0.130+0.126+0.095)$ $=0.226$	$\frac{1}{4} \times (0.130+0.131+0.129+0.115)$ $=0.126$	$0.085 + 0.070 =$ 0.155

3）支点横向分布系数：取铺装层平均厚度为 9.4cm，则行车道板顶面横向分布宽度为：

汽车荷载　　　$b_1 = b_2 + 2H = 0.60 + 2 \times 0.094 = 0.79\text{m}$

挂车荷载　　　$b_1 = b_2 + 2H = 0.5 + 2 \times 0.094 = 0.69\text{m}$

支点横向分布系数计算见表 4-14。

支点横向分布系数　　　　　表 4-14

m_i	汽车－20 级	挂车－100	人　群
m_1	0	0	
m_2	$\frac{1}{2} \times 1 = 0.5$	$\frac{1}{4} \times 1 = 0.25$	0
m_3	0.5	$\frac{1}{4}\left(1 + \frac{b'_1}{b_1}\right) = \frac{1}{4} \times \left(1 + \frac{0.15}{0.69}\right) = 0.304$	0
m_4	0.5	0.304	0
m_5	0.5	0.304	0

支点荷载布置见图 4-24。

4）横向分布系数汇总：从表 4-13 看出，跨中横向分布系数汽车荷载以 2 号板为不利，挂车荷载以 3 号板为不利，故人群荷载和人行道板均以 2 号板相应的横向分布系数计。从表 4-14 看出，支点横向分布系汽车荷载仍以 2 号板为不利，挂车荷载以 3 号板为不利，现汇总于表 4-15。

横向分布系数汇总　　　　　表 4-15

序号	荷载	横向分布系数	
		跨中	支点
1	汽车－15 级	0.242	0.5
2	挂车－80	0.137	0.304
3	人　群	0.224	0
4	人行道板	0.224	0

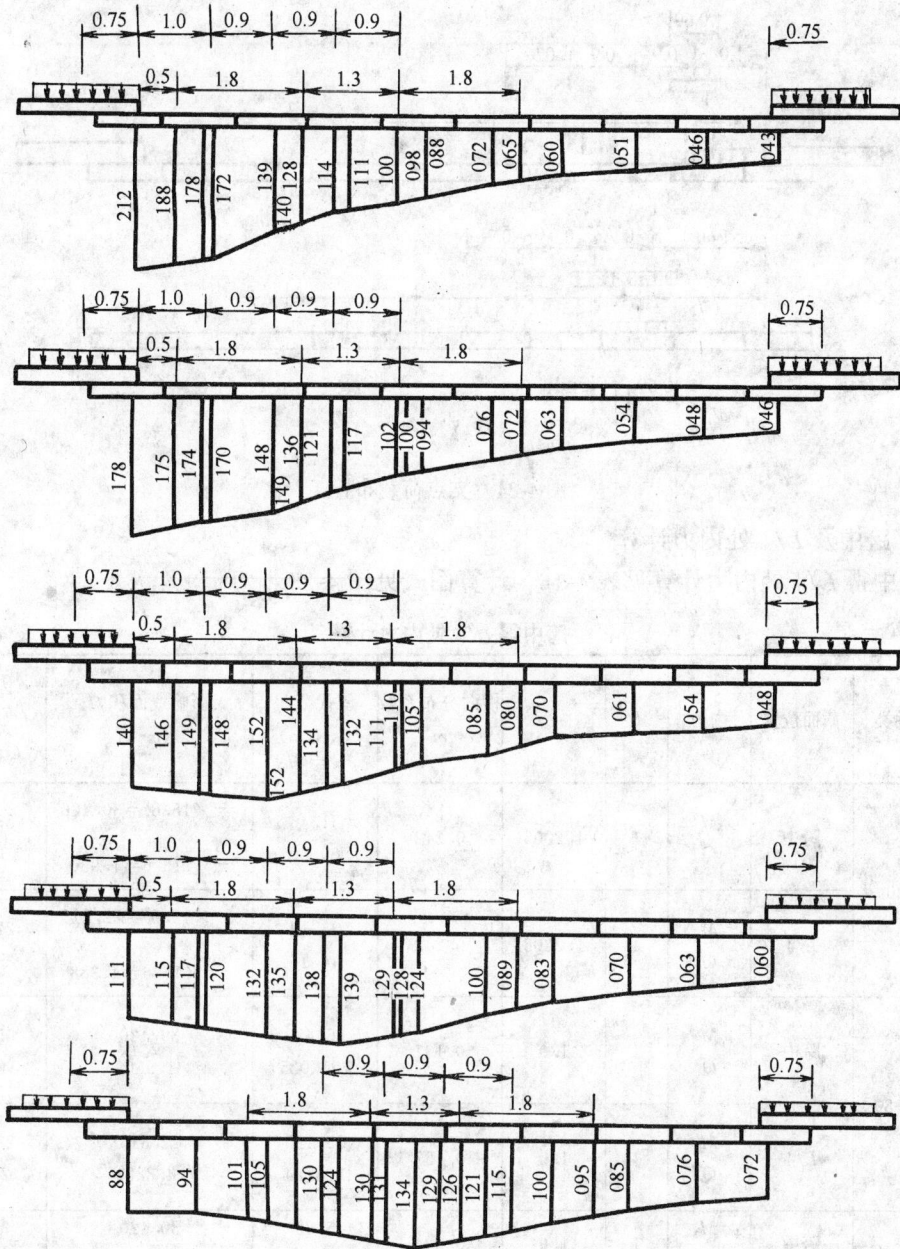

图 4-23 跨中荷载横向影响线
注：图中数字为小数点后三位数。

五、活载内力计算

活载内力计算，横向分布系数以表 4-15 所列值计算。

本例因跨径较大，且支点剪力计算应考虑支点横向分布系数影响，故跨中及 $L/4$ 处弯矩计算采用等代荷载法，等代荷载值由附录 Ⅲ 查得，支点剪力计算对于汽车，挂车荷载采用直接加载法，人群荷载仍采用等代荷载法，其荷载强度为 $3.5 \times 1.5 = 5.25 \text{kN/m}$。

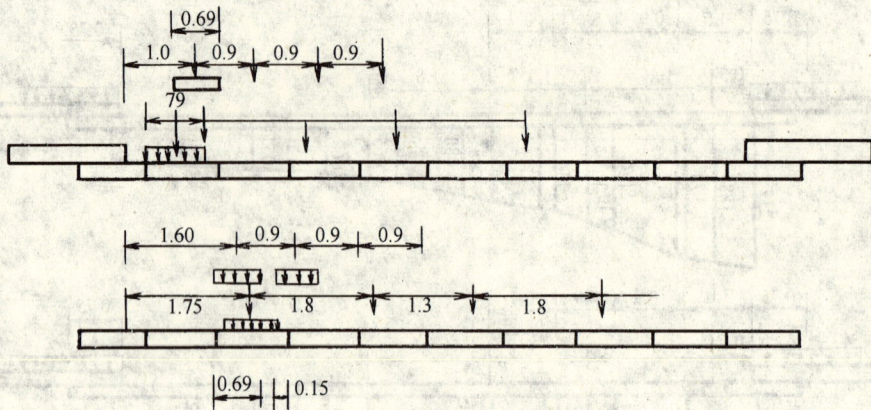

图 4-24 支点荷载布置

1. 跨中及 $L/4$ 处内力计算

跨中得 $L/4$ 处内力计算见表 4-16，计算图式见图 4-25。

跨中得 $L/4$ 处内力计算

表 4-16

荷载种类	截面位置	内力	ζ	$1+\mu$	横向分布系数 m	等代荷载 (kN/m)	影响线面积 Ω (m²)	内力值 M (kN·m) Q (kN)
汽车-20级	跨中	M Q	1	1.2205	0.242	31.46 60.80	$\frac{1}{8}\times15.6^2=30.420$ $\frac{1}{8}\times15.6=1.950$	309.62 35.02
	$L/4$	M Q	1	1.2205	0.242	33.12 44.16	$\frac{3}{32}\times15.6^2=22.815$ $\frac{9}{32}\times15.6=4.388$	223.18 57.23
挂车-80	跨中	M Q	1	1.0	0.137	85.475 151.025	30.420 1.950	356.23 40.35
	$L/4$	M Q	1	1.0	0.137	93.125 124.24	22.815 4.388	291.08 74.68
人 群	跨中	M Q	1	1.0	0.224	5.25 5.25	30.420 1.956	35.77 2.29
	$L/4$	M Q	1	1.0	0.224	5.25 5.25	22.815 4.388	26.83 5.16

2. 支点剪力计算

支点剪力计算布置如图 4-26。汽车荷载和挂车荷载按直接加载法。

(1) 汽车-20级

$$Q_0 = (1+\mu)\ \zeta \sum_{i=1}^{n} m_i P_i Y_i$$

$$= 1.2205\times1\times\ (120\times0.5\times1+120\times0.407\times0.910+60\times0.242\times0.654)$$

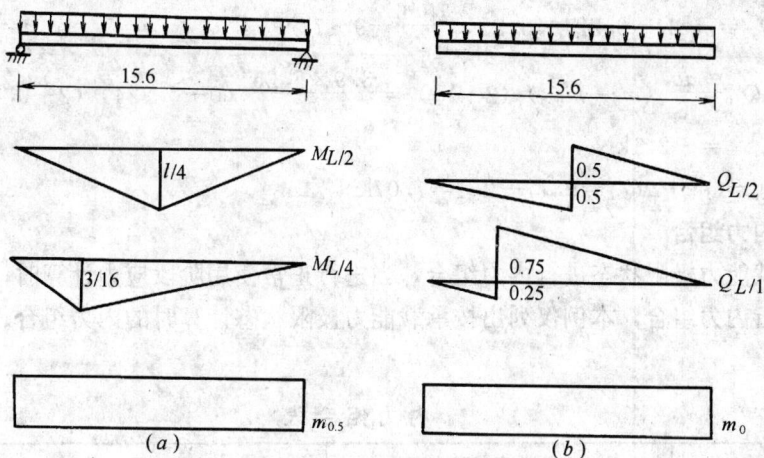

图 4-25　跨中及 $L/4$ 处内力计算图式

（a）弯矩计算；（b）剪力计算

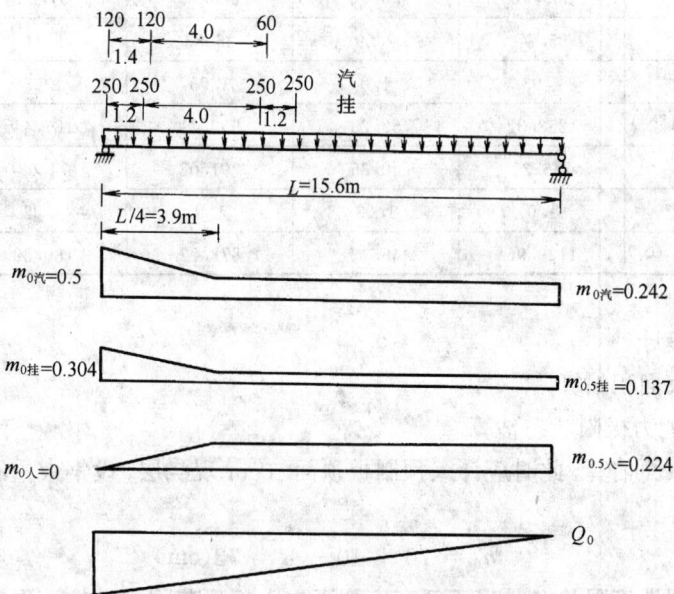

图 4-26　支点剪力计算图式

$$= 139.06 \text{kN}$$

（2）挂车－100 级

$$Q_0 = \sum_{i=1}^{n} m_i P_i Y_i$$

$$= 250 \times 0.304 \times 1 + 250 \times 0.253 \times 0.923$$

$$\quad + 250 \times 0.137 \times 0.667 + 250 \times 0.137 \times 0.5907$$

$$= 177.43 \text{kN}$$

（3）人群荷载

$$Q'_0 = m_i q \Omega = 0.224 \times 5.25 \times \frac{15.6}{2} = 9.17 \text{kN}$$

$$\Delta Q'_0 = \frac{aq}{6}(m_0 - m_{0.5})(2 + Y_a) = \frac{3.9 \times 5.25}{6}(0 - 0.224)(2 + 0.75)$$
$$= -2.1 \text{kN}$$

$$Q_0 = Q'_0 + \Delta Q'_0 = 9.17 - 2.1 = 7.07 \text{kN}$$

六、内力组合

按承载能力极限状态进行内力组合，当进行正常使用阶段应力计算时，尚应按正常使用阶段进行内力组合，本例仅列出按承载能力极限状态计算时的内力组合。内力组合详见表4-17。

内力组合表　　　　　　　　　　　　表4-17

序号	荷载种类	跨中截面		$l/4$ 截面		支点截面
		弯矩 (kN·m)	剪力 (kN)	弯矩 (kN·m)	剪力 (kN)	剪力 (kN)
1	结构重力	615.10	0	461.32	78.86	153.31
2	汽车荷载	309.62	35.02	223.18	57.23	139.06
3	人群荷载	35.77	2.29	26.83	5.16	7.07
4	提高系数 ζ	1.03	1.0	1.03	1.03	1.03
5	$\zeta(1.2S_G + 1.4S_{Q_1})$	1258.32	52.23	930.71	187.44	400.21
6	挂车荷载	356.22	40.35	291.08	74.68	177.43
7	提高系数 ζ	1.0	1.03	1.0	1.02	1.02
8	$\zeta(1.3S_G + 1.1S'_{Q_1})$	1129.96	45.72	873.77	180.32	386.73

七、截面设计

预应力钢束面积估算

1. 按承载能力极限状态估算

根据跨中截面估算，此时应计入预制板顶面10cm现浇层，设钢束重心距板底面距离为8cm，则

$$h_0 = 70 + 10 - 8 = 72 (\text{cm})$$

估算时，假设极限状态时受压区高度位于空心板顶范围内，按矩形截面估算。受压区顶面为30号现浇板，$R_a = 17.5 \text{MPa}$，板宽 $b = 105 \text{cm}$，钢筋及混凝土安全系数 $r_c = r_s = 1.25$，则

$$A_0 = \frac{r_c M_j}{R_a b h_0^2} = \frac{1.25 \times 1258.32 \times 10^6}{17.5 \times 1050 \times 720^2} = 0.165$$

查附录 I 得

$$r_0 = 0.910 \quad \zeta = 0.18$$

$$A_g = \frac{r_s M_j}{R_g r_0 h_0} = \frac{1.25 \times 1258.32 \times 10^6}{1200 \times 0.910 \times 720} = 20.01 (\text{cm}^2)$$

受压区高度 $x = \zeta h_0 = 0.18 \times 72 = 12.96 < 17 \text{cm}$ 故假定按矩形截面计算正确。

选用 $\phi^j 15$ (7ϕ5) 钢绞线，每根钢绞线面积为 1.3998cm^2，所以所需钢绞线数为

$$n = \frac{20.01}{1.3998} = 14.3(根)$$

2. 按全预应力混凝土结构考虑

即在荷载组合Ⅰ（设计荷载组合）时，以使用阶段截面下缘不出现拉应力（$\sigma_{h_1}=0$）估算预应力钢束数量。

控制张拉应力为 $0.75R_Y^b$，假定使用阶段预应力损失占控制应力的 25%，则预加力为：

$$N_{Y_2} = 0.75 \times 0.75 \cdot R_Y^b \cdot A_Y = 843.75A_Y$$

正常使用阶段系两阶段受力，第一阶段预制板单独承受预加力 N_{Y_2}，第二阶段由现浇板及预制板组成的组合截面承担铺装层、人行道板及车辆荷载等。

第一阶段弯矩为

$$M_{g_1} + M_{g_2} = 397.47 + 76.66 = 474.13 \mathrm{kN \cdot m}$$

组合截面面积（参看图4-22）

$$A_C = 1.05 \times 0.7 - 0.4716 \times 0.4503 = 0.5226\mathrm{m}^2$$

组合截面形心轴距底边的距离为

$$Y_{XP} = \frac{1.05 \times 0.7 \times 0.35 - 0.4716 \times 0.4503 \times 0.37}{0.5226} = 0.3419\mathrm{m}$$

形心轴距预制板顶边距离为

$$Y_{SP} = 0.7 - 0.3419 = 0.3581$$

截面对形心轴的惯性矩为：

$$I_\rho = \frac{1}{12} \times 1.05 \times 0.7^3 + 1.05 \times 0.7 \times (0.3419 - 0.35)^2$$

$$- \frac{1}{12} \times 0.4716 \times 0.4503^3 - 0.4716 \times 0.4503$$

$$\times (0.3419 - 0.37)^2 = 0.02630\mathrm{m}^4$$

回转半径的平方为：

$$r_{P^2} = I_\rho/A_\rho = 0.02630/0.5226 = 0.05033\mathrm{m}^2$$

由组合截面承担的弯矩为

$$M_{g_3} \ne M_q = 140.97 + (309.62 + 35.77) = 486.36\mathrm{kN \cdot m}$$

组合截面面积、形心至底面距离、惯性矩分别为 $A_C=0.6181\mathrm{m}^2$，$Y_{XC}=0.4049\mathrm{m}$，$I_C=0.03983\mathrm{m}^2$（见前面计算）。

回转半径的平方为

$$r_C^2 = I_C/A_C = 0.03983/0.6181 = 0.06444\mathrm{m}^2$$

截面下边缘不产生拉应力，即要求 $\sigma_{hl}=0$，则此时预加力应满足

$$N_{Y_2} \geqslant \frac{[\sigma_{hl} + (M_{g_1}+M_{g_2})\, Y_{XP}/I_{XP} + (M_{g_3}+M_q)\, Y_{XC}/I_C]\, A_P}{e_{YP} \cdot Y_{XP}/r_{P^2}}$$

$$= [(0 + 474.3 \times 10^6 \times 34.9/0.02630 \times 10^2 + 486.36$$

$$\times 10^6 \times 4049/0.3998 \times 10) \times 522600)] / (261.9 \times 341.9/0.05033 \times 10^6 + 1)$$

$$= 2088.8 \times 10^3 N$$

$$\therefore \quad A_Y = \frac{2088.8 \times 10^3}{843.75} \geqslant 2475.6\mathrm{mm}^2$$

则预应力钢绞线应不少于

$$n = 2475.6/139.98 = 17.6(束)$$

综上计算,暂定跨中截面采用 18 根 $\phi 15$ 钢绞线,布置如图 4-27 实有面积为

$$A_Y = 18 \times 1.3998 = 25.20 cm^2$$

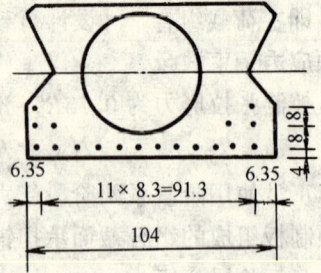

图 4-27　跨中钢束布置

八、强度校核

（一）跨中截面强度计算

1. 跨中截面

（1）受压区高度,首先假定按矩形截面计算

$$A_{ha} = \frac{R_Y A_Y}{R_a} = \frac{1200 \times 25.20}{17.5}$$

$$= 1728.0 cm^2$$

$$x = A_{ha/b} = 1728/105 = 16.4 cm < 17 cm$$

（2）截面强度计算

跨中截面计算弯矩为 $M = 1258.32 kN \cdot m$

预应力钢束形心距下边缘矩离为:

$$a = \frac{12 \times 4 + 4 \times 12 + 2 \times 20}{18} = 7.56 cm$$

所以

$$h_0 = h - a = 80 - 7.56 = 72.44 cm$$

$$\zeta = x/h_0 = 16.4/72.44 = 0.227 < \zeta_{jg} = 0.40$$

满足要求。

跨中截面抗弯能力为:

$$M_P = \frac{1}{r_C} R_a A_{ha} \left(h_0 - \frac{x}{2} \right)$$

$$= \frac{1}{1.25} \times 17.5 \times 10^3 \times 0.1728 \times \left(0.1728 - \frac{1}{2} \times 0.01646 \right)$$

$$= 1553.37 kN \cdot m > M_j = 1258.32 kN \cdot m$$

2. 根据估算并结合构造要求,防止板上翼缘开裂分别在距支点 3.8m 处减少 4 根钢束,2.7m 处再减少 2 根钢束,1.8m 处再减少 4 根钢束,0.9m 处再减少 2 根,最后有 6 根钢束通过支点。

校核 3.8m 处截面

$$A_Y = 14 \times 1.3998 = 19.60 cm^2$$

截面偏安全取 $l/4$ 截面计算弯矩 $M = 930.71 kN \cdot m$。

$$x = 1200 \times 19.60/17.5 \times 105 = 12.80 cm$$

$$a = 12 \times 4 + 2 \times 12/14 = 5.14 cm$$

$$h_0 = 80 - 5.14 = 74.86 cm$$

$$M_P = \frac{1}{1.25} \times 17.5 \times 10^3 \times 1.05 \times 0.1280 \times \left(0.7486 - \frac{1}{2} \times 0.1280 \right)$$

$$= 1288.14 kN > M_{j1/4} = 930.71 kN \cdot m$$

其他截面计算从略。

（二）斜截面抗剪强度计算

支点截面最为不利，故验算支点截面的斜截面抗剪强度，支点截面的计算剪力由表4-17 得 $Q_j=400.21\text{kN}$，且 40 号混凝土抗拉设计强度 $R_L=2.15\text{MPa}$，腹板最小宽度 $b=88-52=36\text{cm}$（图 4-27），支点处 $h_0=80-4=76\text{cm}$。

1. 最小截面尺寸复核

$$0.051bh_0\sqrt{R}=0.051\times36\times76\times\sqrt{40}$$
$$=882.50\text{kN}>Q_j=400.21\text{kN}$$

截面满足最小尺寸要求。

2. 不设剪力钢筋的截面抗剪强度

$$0.038R_Lbh_0=0.038\times2.15\times36\times76=223.53\text{kN}$$
$$<400.21\text{kN}$$

因此需进行抗剪计算。

3. 剪力钢筋计算

（1）斜截面计算位置及剪跨比：斜截面计算位置为距支点 $h/2$ 处，距离支点 40cm 处，设剪跨比为 1.7，由

$$C=0.6mh_0=0.6\times1.7\times76=77.52\text{cm}$$

故斜截面顶端距支点 $x=40+77.52=117.52\text{cm}$，其弯矩值内插为：

$$M=4\frac{M_{\max}}{C^2}(l-x)$$
$$=4\frac{1258.32}{15.6^2}(15.6-1.1752)=350.61\text{kN}\cdot\text{m}$$

斜截面顶部剪力为

$$Q=Q_0-\frac{Q_0-Q_{L/4}}{l/4}\cdot x$$
$$=400.21-\frac{400.21-187.44}{3.9}\times1.1752$$
$$=336.10\text{kN}$$

故　　　$m=\dfrac{M}{Qh_0}=\dfrac{350.41}{336.10\times0.760}=1.37<1.7$

取　　　$m=1.7$

（2）箍筋设计：因不设斜筋，故斜截面抗剪强度满足

$$Q_j\leqslant Q_{hK}$$
$$\leqslant\frac{0.008\,(2+P)\,\sqrt{R}}{m}bh_0+0.12\mu_KR_{jK}bh_1$$

斜截面起点有纵向预应力钢绞线 6 根，$A_Y=8.399\text{cm}^2$，故

$$P=100\frac{8.399}{32\times76.0}=0.3453$$

箍筋采用 I 级钢筋　　$R_{gK}=240\text{MPa}$

所以　　　$\mu_K=\dfrac{1}{0.12R_{gK}bh_0}\left(Q_j-\dfrac{0.008\,(2+P)\,\sqrt{R}}{m}bh_0\right)$

$$= \frac{1}{0.12 \times 240 \times 36 \times 76} \left(336.10 - \frac{0.008 \ (2+0.3453)}{1.7} \times 36 \times 76 \right)$$
$$= 0.00184$$

箍筋采用双肢箍 $\phi8$，$A_{gK} = 1.01 \text{cm}^2$，故

$$S_K = \frac{A_{gK}}{b\mu_K} = \frac{1.01}{36 \times 0.00184} = 15.4 \text{cm}$$

偏安全取 $S_K = 10 \text{cm}$。

由支点至 $l/4$ 之间，由距支点 40cm 至 117.52 段斜截面为最不利，故此段内取 $\phi8@10$ 双肢箍。

$l/4$ 处剪力 $Q_j = 187.44 \text{kN} < 223.53 \text{kN}$，故将箍筋的间距增大至 15cm，直至 $3/4l$ 截面。

九、预应力损失计算

（一）张拉控制应力

$$\sigma_K = 0.75 R_Y^b = 0.75 \times 1500 = 1125 \text{MPa}$$

（二）应力损失计算

1. 锚具变形，钢筋回缩引起的应力损失 σ_{S2}

设锚具为 XM-5 锚，每端锚具变形，钢筋回缩按 5mm 考虑，张拉台座设为 70m，故：

$$\sigma_{S2} = \frac{\Sigma \Delta l}{l} E_Y$$
$$= \frac{2 \times 5}{70 \times 10^5} \times 1.9 \times 10^5 = 27.1 \text{MPa}$$

2. 钢束与台座间的温差引起的应力损失 σ_{S3}。取 $t_2 - t_1 = 20°$

$$\sigma_{S3} = \alpha(t_2 - t_1) E_Y$$
$$= 1 \times 10^{-5} \times 20 \times 1.9 \times 10^5$$
$$= 38.0 \text{MPa}$$

3. 混凝土弹性压缩引起的应力损失

放松预应力钢束时，混凝土受到的预加力

$$N_{Ya} = (\sigma_K - \sigma_{S2}\sigma_{S3}) A_Y$$
$$= (1125 - 27.1 - 38.0) \times 25.20 \times 10^2$$
$$= 2671 \text{kN}$$

预应力钢束重心距底面

$$a_Y = \frac{12 \times 0.04 + 0.12 \times 4 + 2 \times 0.12}{18} = 0.0756 \text{m}$$

钢束重心至预制板换算截面形心轴的距离

$$e_{Ya} = Y_{0XP} - a_Y = 0.3360 - 0.0756 = 0.2604 \text{m}$$

$$\therefore \quad \sigma_{S4} = n_Y \sigma_{h2} = n_Y \left(\frac{N_{Y_0}}{A_{0P}} + \frac{N_{Y2} C_{x0}^2}{I_{0P}} \right)$$
$$= 5.758 \times \left(\frac{2671 \times 10^3}{0.5346} + \frac{2671 \times 10^3 \times 0.2604^2}{0.02716} \right)$$
$$= 67.2 \text{MPa}$$

4. 钢筋松弛引起的应力损失 σ_{S5}

本例采用超张拉，故

$$\sigma_{S5} = 0.045\sigma_K = 0.045 \times 1125 = 50.6\text{MPa}$$

5. 混凝土收缩、徐变引起的应力损失 σ_{S6}

（1）混凝土徐变系数终值及收缩应变终值，考虑加载龄期 $C=14\text{d}$，该桥位于野外一般地区，相对湿度 75%，取 $\lambda=1.5$，构件理论厚度

$$h = \lambda\frac{2A_h}{\mu} = 1.5\frac{2 \times 5226}{105 + \pi \times 52} = 58.4 \approx 60\text{cm}$$

由此查得徐变系数终值 $\varphi(\infty \cdot 0) = 1.9$，收缩应变终值 $\Sigma(\infty \cdot 0) = 0.20 \times 10^{-2}$

（2）截面平均应力：计算跨中和 $l/4$ 截面的应力平均值作为计算值

1）跨中截面：

$$N_{Y\frac{l}{2}} = (\sigma_K - \sigma_{S2} - \sigma_{S3} - \frac{1}{2}\sigma_{S4})A_Y$$

$$= (1125 - 27.1 - 38.0 - \frac{1}{2} \times 50.6) \times 25.20 \times 10^3$$

$$= 2607.2\text{kN}$$

钢束形心处混凝土应力为：

$$\sigma_{h(l/2)} = \frac{N_Y}{A_Y} + \frac{N_Y e_{Y0}^2}{I_{0P}} - \frac{M_{g_1}}{I_{0P}} \cdot e_{Y0}$$

$$= \frac{2607.2 \times 10^3}{0.5346} + \frac{2607.2 \times 10^3 \times 0.2604^2}{0.02716} - \frac{397.47 \times 10^3}{0.02716} \times 0.2604$$

$$= 4.88 + 6.51 - 3.81 = 7.58\text{MPa}$$

2）$l/4$ 处钢束形心处混凝土应力：

计算方法同 $l/2$ 处截面，仅 M_{g_1} 改为 298.10kN·m，故

$$\sigma_{h(l/4)} = 4.88 + 6.51 - \frac{298.10 \times 10^3}{0.02716} \times 0.2604$$

$$= 4.88 + 6.51 - 2.86 = 8.53\text{MPa}$$

3）混凝土平均应力：

$$\sigma_h = (7.58 + 8.57)/2 = 8.06\text{MPa}$$

（3）收缩、徐变引起的预应力损失 σ_{S6}

$$\mu = A_Y/A_{0P} = \frac{25.20 \times 10^{-2}}{0.5846} = 0.00471$$

$$e_A = 1 + e_{Y0}^2/r^2 = 1 + 0.2604^2 \times 0.5346/0.02716 = 2.334$$

$$\sigma_{S6} = \frac{n_Y\sigma_h\varphi(\infty \cdot \tau) + E_Y\Sigma \cdot (\infty \cdot \tau)}{1 + 10\mu e_A}$$

$$= \frac{5.758 \times 8.06 \times 1.9 + 1.9 \times 10^5 \times 0.2 \times 10^{-2}}{1 + 10 \times 0.00471 \times 2.334} = 113\text{MPa}$$

$$\sigma_{SI} = \sigma_{S2} + \sigma_{S3} + \sigma_{S4} + \frac{1}{2}\sigma_{S5} = 27.1 + 38 + 67.2 + \frac{1}{2} \times 50.6 = 157.6\text{MPa}$$

$$\sigma_S = \sigma_{SI} + \frac{1}{2}\sigma_{S5} + \sigma_{S6} = 157.6 + \frac{1}{2} \times 50.6 + 113.7 = 236.6\text{MPa}$$

$$\sigma_S/\sigma_K = 236.6/1125 = 0.21 < 0.25 \qquad 故前假定有效$$

十、正常使用阶段应力验算及挠度验算（略）

习 题

一、思考题

1. 什么叫板的有效分布宽度？如何确定板的有效工作宽度？

2. 什么叫荷载横向分布值和荷载横向分布系数？

3. 横向分布系数沿跨径是如何变化的？

4. 板的内力计算有哪两种方法？各在什么情况下使用？

二、计算题

1. 整体式板桥计算

设计荷载：汽车—超 20 级，挂车—120，人群荷载 $3kN/m^2$

桥面净宽：　　净—7＋2×0.75＋2×0.25

标准跨径：　　$L_b=6m$

计算跨径：　　$L=5.69m$

桥面铺装：　　2cm 沥青砂

2. 装配式简支板桥计算

条件同题 1，拟改为预制，且桥面铺装改为平均厚 6cm20 号混凝土＋2cm 沥青砂面层。

3. 装配式预应力空心板桥

设计荷载：汽车—20 级，挂车—100，人群荷载 $3kN/m^2$；

桥面净宽　　净—7＋2×1.5＋2×0.25

标准跨径　　$L_b=13m$，计算跨径　　$L=12.69m$。

横断面块件如附图。

材料：预应力筋 ϕ^j15（$7\phi5$）钢铰线

　　　　$R_Y=1200MPa$

　　　普通钢筋：$d\geqslant12mm$ 者采用 II 级钢筋，其余 I 级；

　　　混凝土　预制行车道板 40 号，铰缝 30 号；其余 20 号

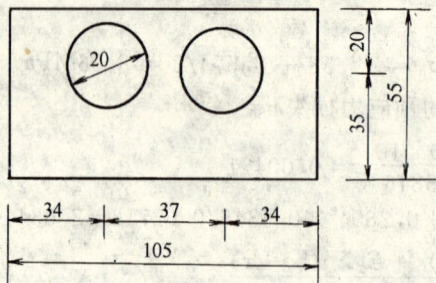

图习 4-1

第五章　钢筋混凝土简支梁桥设计与计算

第一节　概　述

钢筋混凝土简支梁桥设计与计算项目一般有主梁、横隔梁和桥面板（行车道板）。主梁是主要承重构件，无论是从结构的安全还是材料消耗来看，它都是梁桥的主要部分。桥面板（主梁翼缘部分）直接承受车辆荷载，同时又是主梁的受压区域，它直接影响到行车质量和主梁的受力。横隔梁主要增强桥梁的横向刚度，起分布荷载的作用。

在结构设计中，通常总是根据桥梁使用要求、跨径大小、桥面净宽、荷载等级和施工等基本条件，参考已经设计建造的桥梁拟定截面型式和尺寸，然后进行强度、刚度和稳定性验算。

如果验算结果不能满足要求，或者尺寸选得过大，则需修正原来所拟定的尺寸再进行验算，直至满意为止。

下面分别介绍主梁，引车道板（翼缘）及横隔梁的主要尺寸的经验数据，供拟定截面时参考。

一、主梁

表 5-1 为常用的简支梁桥主梁尺寸的经验数据。其变化范围较大，跨径较大时应取较小的比值，反之，则应取较大的比值。

简 支 梁 桥 主 梁 尺 寸 表 5-1

桥 梁 型 式	适用跨径（m）	主梁间距（m）	主梁 高 度	主梁肋宽度
整体式简支梁（焊接骨架）	<20～25	2.0～6.0	$h=\left(\dfrac{1}{8}\sim\dfrac{1}{10}\right)l$	$b=\left(\dfrac{1}{6}\sim\dfrac{1}{7}\right)l$
装配式简支 T 形梁	<20～25	1.5～2.2	$h=\left(\dfrac{1}{11}\sim\dfrac{1}{10}\right)l$	$b=0.15\sim0.20\text{m}$
预应力混凝土 T 形梁	<50	1.8～2.5	$h=\left(\dfrac{1}{14}\sim\dfrac{1}{25}\right)l$	$b=16\sim$左右

装配式钢筋混凝土 T 形梁肋宽一般采用18cm，当主梁间距小于 2.0m 时，梁肋一般做成全长等厚度；当主梁间距大于 2.0m 时，梁肋端部 2.0～5.0m 范围可逐渐加宽至梁端为30cm，以满足抗剪和安放支座的需要。

二、行车道板（翼缘板）

装配式简支梁桥行车道板一般采用变厚式，其与梁肋衔接处的厚度应不小于梁高的 $\dfrac{1}{12}$。主梁间距小于 2.0m 的铰接梁桥，板边缘厚度可采用8cm（桥面铺装不参予受力）或6cm（桥面采用钢筋混凝土与翼缘板共同受力），主梁间距大于 2.0m 的刚接梁桥，桥面板的跨中厚度一般不小于15cm，边梁板边厚度不小于10cm。行车道板底面常做成斜面。

整体式梁桥桥面板通常采用梁式板，跨中板厚不小于10cm，当不进行板的挠度验算时，实心板的厚度尚应满足：简支板不小于$L/35$，连续板板厚不小于$L/40$（L为板的跨径）。桥面板与梁肋衔接处一般都设置承托结构，承托坡度一般不陡于$1：3$。

三、横隔梁

横隔梁的高度一般为主梁梁肋高度的$0.7\sim0.9$倍，常为0.75倍。预应力梁的横隔梁常与马蹄的底顶部齐平。从运输和安装的稳定性考虑，通常将端横隔梁做成与梁同高。横隔梁布置时，除必须布置端横隔梁外，应随跨径变化增设中部横隔梁，横隔梁间距宜为$5.0\sim6.0$m，预应力梁横隔梁中部可挖空，以减轻重量和利于施工。横隔梁的宽度一般为$15\sim18$cm，为便于施工脱模，一般将横隔梁做成上部比下部宽1cm的楔形。

第二节　行车道板计算

整体式梁桥，无论是具有主梁和横隔梁的简单梁格（图5-1a）还是具有主梁、横隔梁和次纵梁的复杂梁格体系（图5-1b），行车道板实际上都是周边支承的板。

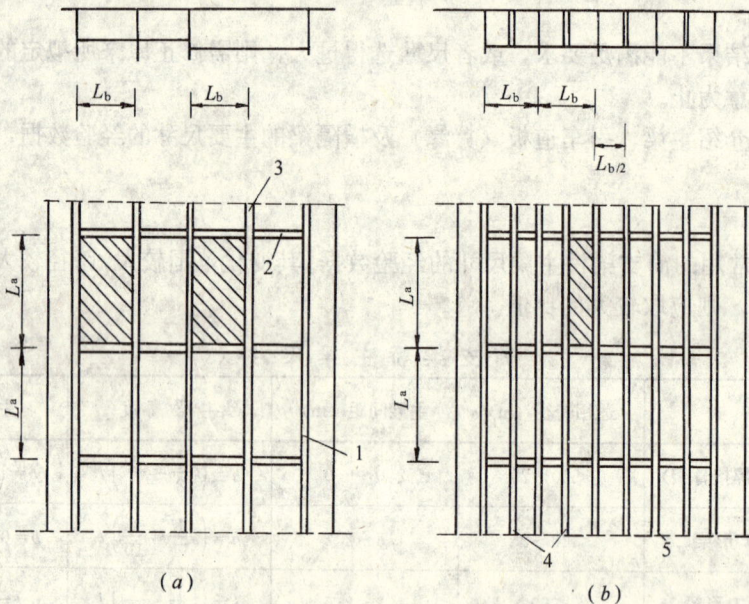

图 5-1　梁格构造和行车道板支承方式

1—主梁；2—横隔梁；3—次纵梁；4—自由缝；5—铰接缝

理论研究表明：对于四边支承的板，当板的长边与短边之比$L_a/L_b>2$时，则荷载的绝大部分沿短跨方向传递，而沿长跨方向传递的荷载不足6%。因此通常把边长比大于2的周边支承板称为单向受力板（简称单向板）。单向板仅在短跨方向布置受力钢筋，而长跨方向仅需按构造配置分布钢筋。

装配式梁桥的翼板，一种是翼缘板端部为自由缝（图5-1c），系三边支承的板，沿短跨方向作为一端嵌固另一端自由的悬臂板设计；另一种是相邻翼缘板端部用铰形成铰接缝

（图 5-1d），则行车道板应按一端嵌固另一端铰接的铰接板设计。

综上所述，梁桥行车道板通常的受力图式为：（1）单向板；（2）悬臂板；（3）铰接板

一、板的荷载有效分布宽度

（一）单向板

根据第四章板的荷载分布有效宽度理论，当桥面板属于单向板时，其荷载有效分布宽度按如下方法计算：

1. 荷载位于跨间

（1）一个车轮位于跨中（图 5-2a）

$$a=a_1+L_b/3=a_2+2H+L_b/3 \quad 但不小\ 2/3L_b \tag{5-1}$$

（2）二个相靠边的车轮荷载位于跨中（图 5-2b）

$$2a=a_2+2H+d+L_b/3$$

$$但不小于\ 2/3L_b+d \tag{5-2}$$

2. 荷载位于支承边缘

$$a_0=a_1+h_1=a_2+2H+h_1 \quad 但不小于\ L_b/3 \tag{5-3}$$

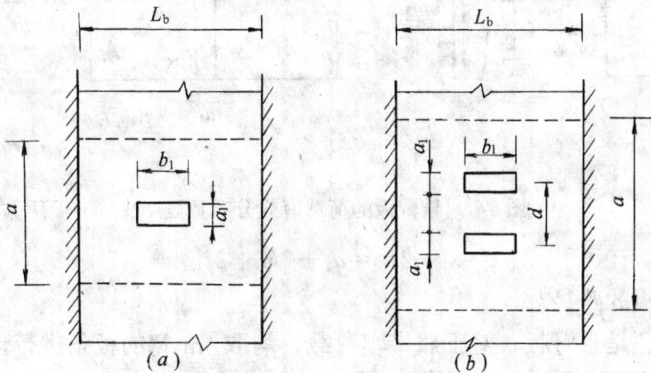

图 5-2 荷载位于跨中的有效分布宽度

3. 荷载位于支承边缘附近

$$a_x=a_0+2x \quad 但不大于\ a\cdots \tag{5-4}$$

式中　x——车轮距支承边缘的距离。

根据上述分析，车轮荷载有效分布宽度如图 5-3 所示。

（二）悬臂板

悬臂板在荷载作用下除了直接承载的板条外，相邻的板条也产生挠曲而承受部分荷载。理论分析表明：其弯距分配是不均匀的（图 5-4）按最大负弯矩换算的有限分布宽度为悬臂板跨径的两倍左右。也就是说，荷载可近似地按 45°角向悬臂板支承处分布。

故对于悬臂板在根部的有效分布宽度按下式计算（图 5-5a）：

$$a=a_1+2b'=a_2+2H+2b' \tag{5-5}$$

式中　b'——承重板上压力面外侧边缘至悬臂根部的距离。

对有铰连接的对称翼缘板和设有人行道边梁的悬臂板在根部的有效分布宽度按下式计算（图 5-5b）。

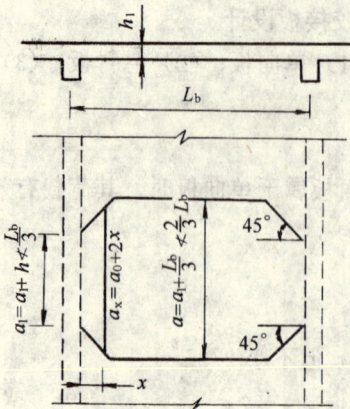

图 5-3　单向板荷载分布有效宽度

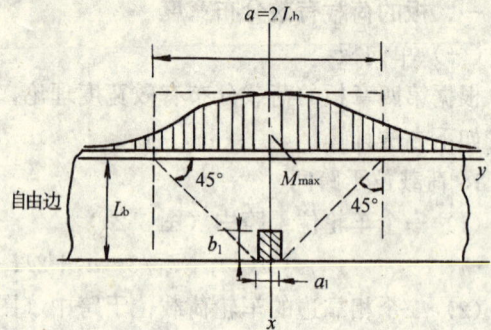

图 5-4　悬臂板受力状态

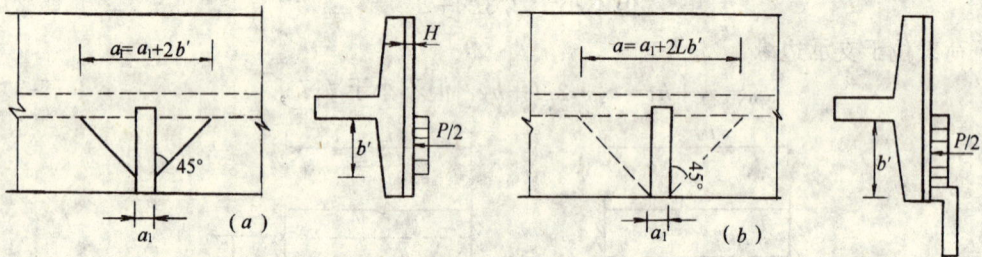

图 5-5　悬臂板的荷载有效分布宽度

$$a = a_1 + 2L_b = a_2 + 2H + 2L_b \tag{5-6}$$

式中　　L_b——悬臂板的跨径。

无论是单向板还是悬臂板，对于履带车荷载，均取 1m 宽的板条进行计算。

二、行车道板内力计算

（一）多跨连续单向板的内力计算

多跨连续板与主梁肋是整体连接在一起的，因此，当板上有荷载作用时，会使主梁产生相应变形，而这种变形又影响到板的内力。如果主梁的抗扭刚度极大，板的工作状态就接近于固端梁（图 5-6a）。反之，如果主梁抗扭刚度极小，板在梁肋支承处为接近自由转动的铰支座则板的受力就如多跨连续梁（图 5-6c）。实际上行车道板在梁肋的支承条件，既不是固端，也不是铰接，而应该是弹性固接（图 5-6b）。

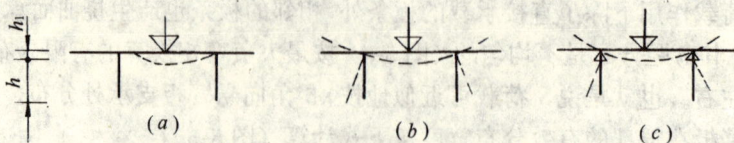

图 5-6　主梁扭转对行车道板受力的影响

鉴于行车道板受力情况比较复杂，影响的因素比较多，因此要精确计算板的内力是有一定困难的。通常采用简单的近似方法计算。即先算出跨度相同的简支梁的跨中弯矩 M_0，然后根据实验和理论分析的数据加以修正。弯矩修正系数视板厚 t 与梁肋高度 h 的比值选用。

当 $t/h<1/4$ 时（即主梁抗扭能力大者），

$$
\left.\begin{array}{ll}
\text{跨中弯矩} & M_\text{中}=0.5M_0 \\
\text{支点弯矩} & M_\text{支}=-0.7M_0
\end{array}\right\} \tag{5-7}
$$

当 $t/h>1/4$ 时（即主梁抗扭能力小者），

$$
\left.\begin{array}{ll}
\text{跨中弯矩} & M_\text{中}=0.7M_0 \\
\text{支点弯矩} & M_\text{支}=-0.7M_0
\end{array}\right\} \tag{5-8}
$$

式中　$M_0=M_{0p}+M_{0q}$

M_{0p} 为 1m 宽简支板条的跨中活载弯矩（图 5-7a），对于汽车荷载：

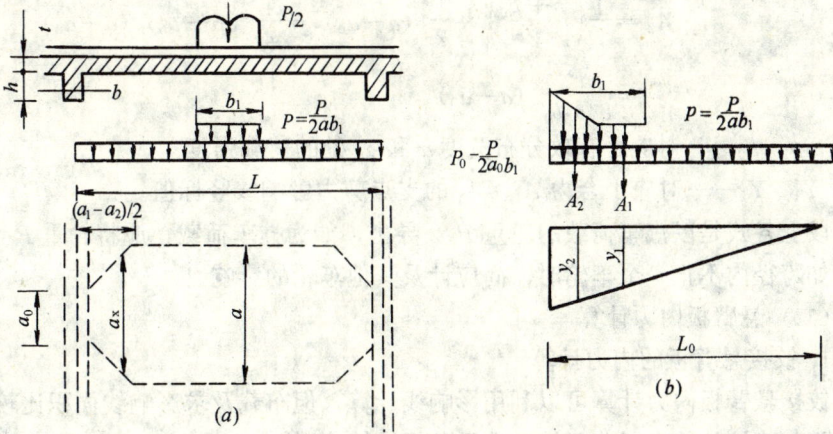

图 5-7　单向板内力计算图式

(a) 求跨中弯矩；(b) 求支点剪力

$$
M_{0p}=(1+\mu)\frac{P}{8a}\left(l-\frac{b_1}{2}\right) \tag{5-9}
$$

式中　P——轴重（应取加重车后轴轴重）；

　　　a——板的有效分布宽度；

　　　l——板的计算跨径。

对于位于肋间的梁，计算弯矩时，$l=l_0+t$ 但不大于 l_0+b，计算剪力时 $l=l_0$

其中　l_0——板的净跨径；

　　　t——板的厚度；

　　　b——梁肋宽度；

　　　μ——汽车冲击系数，对于行车道板通常取 0.3。

如果板的跨径较大，可能还有第二个车轮进入跨径内，对此可按工程力学方法将荷载布置得使跨中弯矩为最大。

M_{0q} 为每 m 宽板条的跨中恒载弯矩，按下式计算：

$$
M_{0q}=\frac{1}{8}ql_0^2 \tag{5-10}
$$

式中　q——1m 宽板条的荷载强度；

计算单向板的支点剪力时，可不考虑板与主梁的弹性固结作用，而直接按简支板荷载图式计算（图5-7c），此时荷载必须尽量靠近梁肋边缘布置。考虑了相应的有效分布宽度后，对于跨径内只有一个车轮荷载时，支点剪力按下式计算：

$$Q_0 = \frac{ql_0}{2} + (1+\mu)(A_1 Y_1 + A_2 Y_2) \tag{5-11}$$

其中：矩形部分车轮荷载的合力为：

$$A_1 = p \cdot b_1 = \frac{p}{2ab_1} \cdot b_1 = p/2a \tag{5-12}$$

三角形部分荷载的合力为：

$$A_2 = \frac{1}{2}\left(\frac{p+p_0}{2}\right) \times \frac{1}{2}(a-a_0) = \frac{1}{4}(p-p_0)(a-a_0)$$
$$= \frac{P}{8aa_0 b_1}(a-a_0) \tag{5-13}$$

式中 p，p_0——对应于有效分布宽度 a 和 a_0 处的荷载强度；

Y_1、Y_2——对应于合力 A_1、A_2 的支点剪力影响线竖标值。

以上各式是以汽车荷载的轮重 $P/2$ 导出，如为挂车荷载，应将轮重 $P/2$ 改为 $P/4$。

如跨径内不止一个车轮时，尚应计及其他车轮的影响。

（二）悬臂板内力计算

1. 铰接悬臂板的内力计算

铰接悬臂板内力计算可以利用影响线计算，但布载及求影响线面积比较繁琐，因此实用时可忽略铰处剪力影响，按自由悬臂板计算。

计算弯矩时，布载如图5-8，则悬臂板根部弯矩为

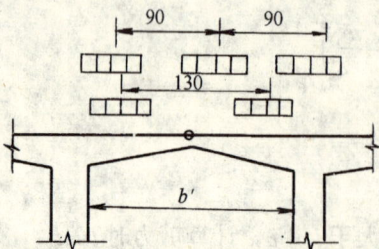

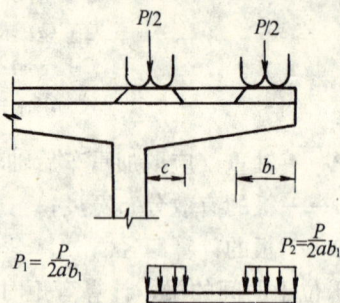

图 5-8　铰接悬臂板弯矩简化计算图式　　　图 5-9　铰接悬臂板剪力计算图式

$$M = -\frac{1}{2}qb'^2 - (1+\mu)\frac{P}{2b_1}\left[\frac{b_1}{2a}\left(b' - \frac{b_1}{4}\right) + \frac{c^2}{2a}\right] \tag{5-14}$$

式中符号意义同前，当为挂车荷载时，应将轮重 $P/2$ 改为 $P/4$。

这样计算的弯矩值比按影响线计算的值略小。

2. 铰接悬臂板剪力计算

铰接悬臂板剪力计算同样采用实用计算法。此时，采用挂车荷载时其结果与按影响线计算结果差别很小；汽车荷载时，其结果与按影响线计算结果略为偏大，这是偏于安全的。所谓实用计算即按自由悬臂板计算，布载如图5-9。

$$Q = qb' + (1+\mu) \, l_c \cdot P \tag{5-15}$$

3. 自由悬臂板内力计算

对于沿纵缝不相连接的自由悬臂板，在计算根部最大弯矩时，应将车轮靠板的边缘布置，（图 5-10），此时 $b_1 = b_2 + H$，则在此情况下汽车弯矩为：

$$M = -\frac{1}{2} qb'^2 - (1+\mu) \frac{P}{2b_1} \left[\frac{b_1}{a} \left(1 - \frac{b_1}{a} \right) + \frac{c^2}{2a'} \right] \tag{5-16}$$

剪力计算则与铰接悬臂板相同。

当为挂车荷载时，轮重则为 $P/4$。

【例 5-1】 计算图 5-11 所示的 T 形梁翼板所构成的铰接板内力。设计荷载为汽车—20级，挂车—100，桥面铺装为 2cm 厚沥青混凝土和平均厚 9.6cm25 号混凝土。

1. 恒载内力

(1) 每米板的恒载计算见表 5-2。

板 的 荷 载 强 度 表 5-2

沥青混凝土面层	$q_1 = 0.02 \times 1 \times 23 = 0.46 \text{kN/m}^3$
25 号混凝土铺装层	$q_2 = 0.096 \times 1 \times 24 = 2.30 \text{kN/m}^3$
T 形梁翼缘板	$q_3 = (0.08 + 0.14)/2 \times 1 \times 25 = 2.75 \text{kN/m}^3$
合 计	$q = 5.51 \text{kN/m}^3$

(2) 1m 宽板条的恒载内力

$$M_0 = -\frac{1}{2} qb'^2 = -\frac{1}{2} \times 5.51 \times [(1.60 - 0.18)/2]^2$$

$$= -1.39 \text{kN} \cdot \text{m}$$

$$Q_0 = qb' = 5.51 \times 0.71 = 3.91 \text{kN}$$

2. 活载内力

(1) 汽车—20 级荷载内力：

1) 荷载有效分布宽度：板的荷载有效分布宽计算见表 5-3。

板的荷载有效分布宽度（汽车—20 级）（图 5-11） 表 5-3

顺行车方面轮压分布宽度	$a_1 = a_2 + 2H = 0.2 + 2 \times 0.116 = 0.432 \text{m}$
垂直行车方面轮压分布宽度·	$b_1 = b_2 + 2H = 0.6 + 2 \times 0.116 = 0.832 \text{m}$
悬臂板根部有效分布宽度	$a_1 = a_1 + d + 2b' = 0.432 + 1.40 + 2 \times 0.71 = 3.25$

注：悬臂板根部有效分布宽度发生重叠。

冲击系数 $\mu = 0.3$，

2) 1m 宽板条弯矩按式（5-14）计算为：

$$M_p = -(1+\mu) \frac{2P}{4a} \left(b' - \frac{b_1}{4} \right) = -1.3 \frac{2 \times 120}{4 \times 3.24} \left(0.71 - \frac{0.83}{4} \right)$$

$$= -12.10 \text{kN} \cdot \text{m}$$

注：略比按影响线布载小 4.6%。

3) 1m 宽板条剪力按式（5-15）计算为：

$$Q_{\mathrm{p}}=(1+\mu)\,pb'=1.3\times\frac{2\times120}{2\times3.25\times0.83}\times0.71=41\mathrm{kN}$$

注：比用影响线计算大 12.5%。

（2）挂车—100 荷载内力（图 5-12）：

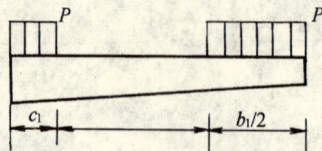

图 5-10　自由悬臂板计算图式

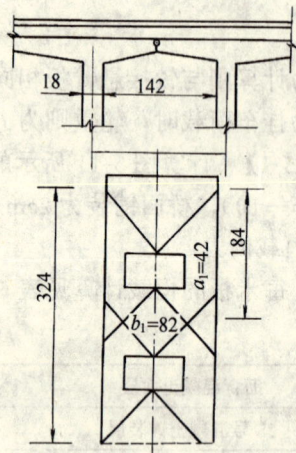

图 5-11　铰接行车道板计算

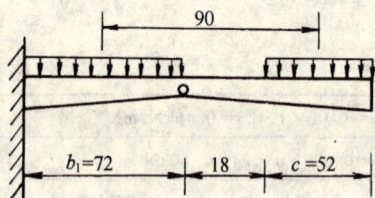

图 5-12　挂车—100 内力计算

1）荷载有效分布宽度：荷载有效分布宽度计算见表 5-4。

荷载有效分布宽度（挂车—100）　　　　　　　　　　　　表 5-4

顺行车方面轮压分布宽度	$a_1=a_2+2H=0.2+2\times0.116=0.43\mathrm{m}$
垂直行车方面轮压分布宽度	$b_1=b_2+2H=0.5+2\times0.116=0.73\mathrm{m}$
悬臂板根部有效分布宽度	$a=a_1+d+2b'=0.43+1.20+2\times0.71=3.05\mathrm{m}$
	$a'=a_1+2c=0.43+2\times0.17=0.77\,(\mathrm{m})$

注：$c=\dfrac{b_1}{2}-(0.90-b')=\dfrac{0.73}{2}-(0.90-0.71)=0.17$

2）1m 板宽板条活载弯矩为：

$$M_{\mathrm{P}}=-\frac{2n}{8a}\left(b'-\frac{b_1}{2}\right)-\frac{P}{4a'}\frac{c}{b_1}\cdot\frac{c}{2}$$

$$=-\frac{2\times250}{8\times3.05}\left(0.71-\frac{0.73}{4}\right)-\frac{250\times0.17^2}{8\times0.77\times0.73}$$

$$=-12.45\mathrm{kN}\cdot\mathrm{m}$$

3）1m 板宽板条活载剪力为：

$$Q_{\mathrm{P}}=Pb'=\frac{2\times250}{4\times3.05\times0.73}\times0.7=39.86\mathrm{kN}$$

3. 内力组合

内力组合见表 5-5。

4. 截面设计

内　力	结构重力	汽车-20级	挂车-100	$1.2M_{结}+1.4M_{汽}$	$(1.2M_{结}+1.1M_{挂})\times1.03$
M (kN·m)	-1.39	-12.10	-12.45	-18.61	-15.82
Q (kN)	+3.9	+41.0	39.86	62.08	53.38

注：1.03 为荷载调整系数。

（1）正截面强度计算：由表 5-5 得计算弯矩 $M_j=18.61$kN·m，计算剪力为 $Q_j=62.08$kN，25 号混凝土抗压设计强度 $R_a=14.5$MPa，Ⅰ级钢筋抗拉设计强度为 $R_g=240$MPa，钢筋与混凝土安全系数 $\gamma_c=\gamma_s=1.25$，取净保护层厚度为 1.5cm，假定选用 $\phi12$ 钢筋，则 $h_0=14-1.5-\dfrac{1.2}{2}=11.9$cm（此处选用根部高度），由附录 I

$$A_0=\gamma_c M/R_a bh_0^2=1.25\times18.61\times10^6/14.5\times1000\times119^2$$
$$=0.113$$

查表得　$\gamma_0=0.942$

所以　$A_g=\gamma_c M/R_g h_0\gamma_0=1.25\times18.61\times10^6/240\times119\times0.942$
$$=8.65\text{cm}^2$$

选用 $\phi12@100$ (mm)　　$A_g=10.71>8.65\text{cm}^2$

（2）斜截面强度计算：不设剪力钢筋的截面抗剪强度为：

$$1.25\times0.038R_L bh_0=1.25\times0.038\times1.55\times100\times11.9$$
$$=87.61\text{kN}>62.08\text{kN}$$

故不需配置剪力钢筋，按构造配置分布钢筋即可。

第三节　荷载横向分布计算

一、概述

由多片主梁通过桥面板和横隔梁组成的钢筋混凝土梁桥，由于其结构受力和变形的空间性，结构内力的计算属于空间计算理论问题。但是鉴于作用于桥面上的荷载的复杂性，目前广泛采用的仍是将空间问题简化成平面问题求解。

第四章装配式板桥计算中，已经介绍了荷载横向分布系数，在梁桥计算中同样要应用这些概念计算荷载横向分布系数 m。

图 5-13 表示作用着汽车荷载为 P 的五根主梁组成的梁桥。图 5-13(a) 表示主梁与主梁间没有任何联系的结构，此时如果跨中有集中力 P 的作用时，则全梁只有直接承载的中梁受力，也就是说，中梁的横向分布系数 $m=1$；其他梁的横向分布系数 $m=0$。

图 5-13(c) 则表示主梁之间用横隔梁刚性连接情况。如我们设想横隔梁的刚度接近无

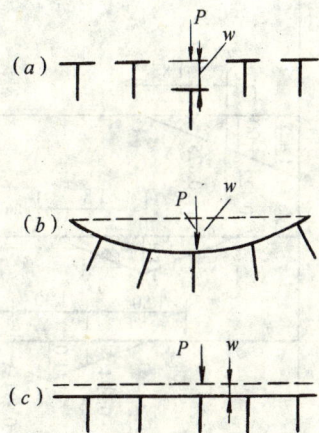

图 5-13　不同横向刚度主梁的
变形和受力情况

穷大,则在同样的荷载 P 作用下,由于横隔梁无弯曲,五根主梁则共同参予受力,此时每根的变形均等,受力相同,各为 $P/5$,所以各梁的横向分布系数 $m=0.2$。

图 5-13 (b) 则是一般钢筋混凝土梁桥的实际构造情况,各主梁虽然通过横隔梁连接成整体,但横隔梁的刚度并非无穷大。因此,中梁的挠度 w_b 必然界于 w_a 和 w_c 之间,则其横向分布系数也必然界于 1 与 0.2 之间。

综上所述,梁桥荷载横向分布规律与结构的横向连接刚度有密切的关系,同时还与荷载位置有关。即结构的横向刚度越大,荷载横向分布的作用就显著,参予共同作用的主梁的数目也就越多,各主梁承担的荷载也愈均匀。

由此可见,要精确计算主梁内力是比较困难的,实践中常常根据不同的横向结构简化为相应的计算模型进行计算。目前常用的计算方法有:

（一）杠杆法（图 5-14a）

把横隔梁（或桥面板）视作两端简支在主梁上的简支梁或简支悬臂梁。

（二）偏心受压法（图 5-14b）

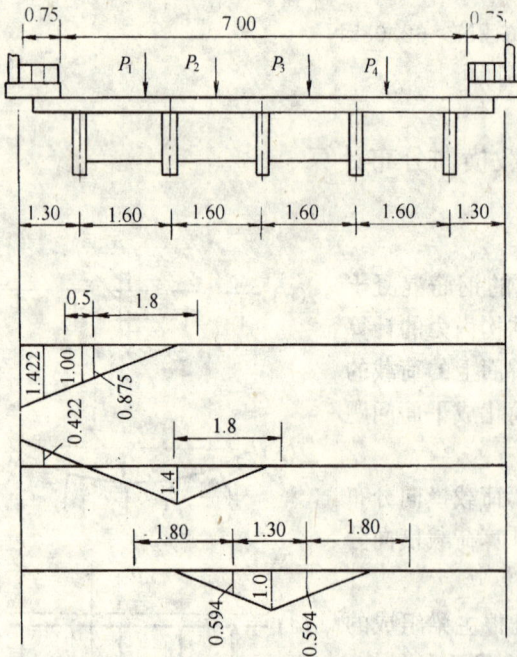

图 5-14　梁桥横向分布系数计算图式

把横隔梁视作刚性极大的梁,当计得主梁抗扭刚度影响时,又称修正偏心受压法。

（三）横向铰接梁法（图 5-14c）

把相邻板（梁）之间视为铰接,只传递剪力。

（四）横向刚接梁法（图 5-14d）

把相邻主梁之间视为刚性连接,即传递剪力和弯矩。

（五）比拟正交异性板法（G－M法）（图 5-14e）

将主梁和横隔梁的刚度换算成两向刚度不同的比拟弹性平板求解,并用实用图表的计算方法。

鉴于杠杆法、偏心受压法和比拟正交异性板法比较适用于各类装配式梁桥的计算,故本书仅介绍杠杆法、偏心受压法和比拟正交异性板法,其它方法可参阅有关书籍。

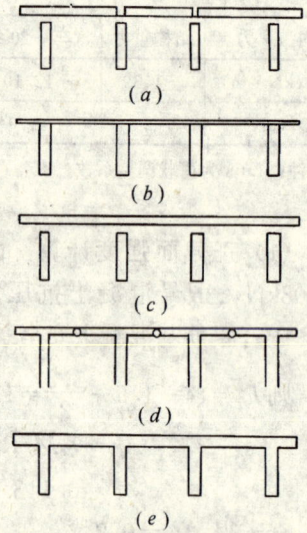

图 5-15　杠杆法计算横向分布系数

二、杠杆法

杠杆法计算荷载横向分布系数,其主要基本假定是忽略主梁之间横向结构的联系作用,即假设桥面板在主梁处断开，而当作沿横向支承在主梁上的简支梁或简支悬臂梁。

当采用双柱式双主梁桥时，用杠杆法计算荷载横向分布是足够精确的。

对于一般多梁式桥，无论有无横隔梁，当桥上荷载作用在靠近支点时，由于不考虑支座的弹性压缩和主梁的微小压缩变形，显然荷载主要传至相邻的两根主梁。一般梁式桥在支点附近，主梁反力与简支梁的反力差不多。由于简支梁反力计算可按"杠杆原理"计算，故这种方法习惯上称杠杆法。

在计算时，通常可利用各主梁的反力影响线进行，这时，反力影响线即是荷载的横向分布影响线。有了横向分布影响线后，就可以将荷载沿横向置于最不利位置，计算各主梁的横向分布系数，并取其最大的主梁作为设计依据。

【例 5-2】 图 5-15a 示一桥面净空为：净—7＋2×0.75m 人行道的钢筋混凝土 T 梁桥，共 5 根主梁，试求荷载位于支点处时各梁的荷载横向分布系数 m_0。

首先绘制 1 号、2 号、3 号梁荷载横向影响线，如图 5-15b、c 和 d。

再根据《桥规》规定，在横向影响线上布置荷载，并求出对应于荷载位置的影响线纵坐标值（图 5-15），就可计算横向分布系数 m_0（见表 5-6）。

主梁支点荷载横向分布系数 表 5-6

梁 号	荷 载	支点横向分布系数 m_0
1	汽—20	$m = \frac{1}{2} \times$ … $\times 4$ …
	挂—100	$m_0 = \frac{1}{4} \times$ … $=$ …
	人 群	$m_0 = 1.422$
2	汽—20	$m = \frac{1}{2} \times 1.0 = 0.5$
	挂—100	$m_0 = \frac{1}{4} \times (0.437 + 1.00 + 0.437) = 0.469$
	人 群	$m_0 = -(0.3 \cdot 0.75/2)/1.6 = -0.422$
3	汽—20	$m_0 = \frac{1}{2} \times 0.594 \times 2 = 0.594$
	挂—100	$m_0 = \frac{1}{4} \times (0.437 + 1.00 + 0.437) = 0.469$
	人 群	m

三、偏心受压法

通常钢筋混凝土或预应力混凝土梁桥都没有横隔梁。这样不但显著增加桥梁的整体性，而且加大了结构的刚度。根据试验观测和理论分析，当梁桥具有可靠横向联结，且宽跨比 B/L 小于或接近 0.5 时，中间横隔梁象一根刚度无限大的刚性梁一样，其变形在荷载作用下，保持直线形状，如图 5-16 所示，从其挠度变化规律及截面变形来看，类似于材料力学中偏心受压杆的情况，故此法称为偏心受压法。其基本假定是横隔梁的刚度是无限大的。故也称刚性横梁法。

（一）按偏心受压法计算荷载横向分布系数

1. 不考虑主梁抗扭刚度的偏心受压法

（1）偏心荷载 $P=1$ 的主梁的荷载分布

假定各主梁的惯性矩为 I_1, I_2…I_i，（图 5-17a），当荷载 $P=1$ 作用在偏心位置时，由材

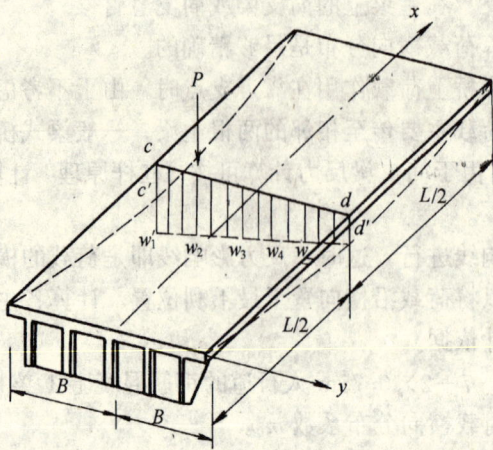

图 5-16　刚性横梁在偏心荷载下挠度变化

料力学平移定理可将力 $P=1$ 移到中心轴上，用一个作用于中心轴的力 $P=1$ 和力矩 $M=1\cdot e$ 代替（图 5-17b），因此可分别考虑中心荷载 $P=1$ 和力矩 $M=1\cdot e$ 的作用，然后叠加即可得到在荷载 $P=1$ 作用下的荷载横向分布。

1）中心荷载 $P=1$ 作用：由于假定横隔梁是无限刚性的，且横截面对称于桥轴线，所以在中心荷载作用下，各梁产生相同的挠度（图 5-17c），即：

$$w'_1=w'_2=\cdots=w'_i \qquad (5-17)$$

作用于简支梁的荷载与挠度的关系为：

$$R'_i=\frac{48EI_i}{L^3}w'_i=\alpha I_i w'_i \qquad (5-18)$$

式中 $\alpha=\dfrac{48E}{L^3}$（E 为梁体的弹性模量）。

由静力平衡条件得

$$\sum_{i=1}^{n}R'_i=\alpha w'_i\Sigma I_i=P=1 \qquad (5-19)$$

所以

$$R'_i=\frac{I_i}{\Sigma I_i} \qquad (5-20)$$

式中 I_i——任意一根主梁的惯性矩；

ΣI_i——所有主梁惯性矩总和。

如果各根主梁惯性矩相等，则

$$R'_1=R'_2=\cdots R'_i=\frac{1}{n} \qquad (5-21)$$

2）偏心力矩 $M=P\cdot e=1\cdot e$ 作用：在偏心力矩 $M=1\cdot e$ 作用下，桥的横截面将产生一个绕中心轴的转角 β（图 5-17d），各根主梁产生的竖向挠度与其离开中心轴的距离成正比，

即

$$w'_i=\frac{a_1}{2}\mathrm{tg}\beta\approx\frac{a_i}{2}\beta \qquad (5-22)$$

根据式（5-18）关系得：

$$R''_i=\alpha I_i w''_i=\alpha\beta I_i\frac{a_i}{2}=\gamma I_i\frac{a_i}{2} \qquad (5-23)$$

式中 $\gamma=\alpha\beta/2$。

从图 5-17d 可以看作，R''_i 对桥的截面中心呈反对称，即左右对称梁的作用力正好构成抵抗力矩 $R''_i a_i$。

所以由静力学平衡条件得

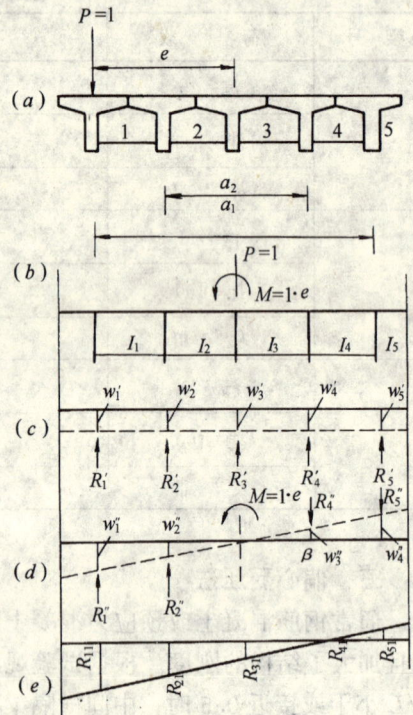

图 5-17　在偏心荷载 $P=1$
作用下梁的荷载分布图

$$\sum_{i=1}^{n} R_i'' a_i = \gamma \Sigma a_i^2 I_i = 1 \cdot e \tag{5-24}$$

$$\gamma' = e / \Sigma a_i^2 I_i \tag{5-25}$$

将式（5-25）代入式（5-23）得偏心力矩 $M = 1 \cdot e$ 作用下各主梁分孔的荷载为：

$$R_i'' = \pm \frac{e a_i I_i}{\sum\limits_{i=1}^{n} a_i^2 I_i} \tag{5-26}$$

注意上式中的荷载位置 e 和梁位 a_i 是具有共同原点的横坐标值，当 e 和 a_i 位于对称轴的同一侧时两者的乘积取正号，反之应取负号。如图 5-17 所示情况，故对 1 号梁为

$$R_i'' = e a_1 I_1 / \sum_{i=1}^{n} a_i^2 I_i \tag{5-26'}$$

若以 $e = a_1$ 代入上式，即为荷载也作用在 1 号梁轴线上时

$$R_{11}'' = a_1^2 I_1 / \sum_{i=1}^{n} a_i^2 I_i \tag{5-26''}$$

如果各根主梁惯性矩相等，则

$$R_{11}'' = a_1^2 / \sum_{i=1}^{n} a_i^2 \tag{5-27}$$

式中 R_{11}'' 第二个脚标表示荷载作用位置，第一个脚标则表示由于该荷载引起反力的梁号。

将式（5-20）和（5-26）叠加，并设荷载位于 K 号梁轴上（$e = a_K$），则第 i 号梁荷载分布的一般公式为：

$$R_{ik} = R_i' + R_i'' = \frac{I_i}{\sum\limits_{i=1}^{n} I_i} + \frac{a_i a_K I_i}{\sum\limits_{i=1}^{n} a_i^2 I_i} \tag{5-28}$$

当各梁惯性矩相等时为

$$R_{iK} = R_i' + R_i'' = \frac{1}{n} + \frac{a_i a_K}{\sum\limits_{i=1}^{n} a_i^2} \tag{5-29}$$

（2）主梁的荷载横向分布系数

由式（5-29）不难得出

$$R_{Ki} = R_{iK} I_i / I_K \tag{5-30}$$

如图 5-17 所示，如欲求 $P = 1$ 作用在 1 号梁轴线上时 1 号梁和 5 号梁所受的荷载，只需将式（5-28）中，将 a_K 代入 a_1，将 $a_i I_i$ 分别代入 $a_1 I_1$ 和 $a_5 I_5$，并注意到 $I_5 = I_1$，$a_5 = -a_1$ 则

$$\left. \begin{aligned} R_{11} &= \frac{I_1}{\sum\limits_{i=1}^{n} I_i} + \frac{a_1^2 I_1}{\sum\limits_{i=1}^{n} a_1^2 I_1} \\[2mm] R_{d51} &= \frac{I_i}{\sum\limits_{i=1}^{n} I_i} - \frac{a_1^2 I_1}{\sum\limits_{i=1}^{n} a_1^2 I_1} \end{aligned} \right\} \tag{5-31}$$

根据式（5-28）即可作出 i 号梁的荷载横向分布影响线，然后根据影响线布载即可求出

相应的荷载横向分布系数。

2. 考虑主梁抗扭刚度的偏心受压法

上述不考虑主梁抗扭方法的偏心受压法概念清楚、公式简明、计算方便，但由于忽略了主梁抗扭刚度的影响，导致了边梁受力偏大的计算结果。

分析式（5-28）不难看出，第一项是由中心荷载引起的，此时主梁只发生竖向挠度而不转动，显然它与主梁的抗扭刚度无关，第二项是由偏心力矩 $M=1 \cdot e$ 引起，由于截面的转动，各主梁不仅产生竖向挠度，而且会产生扭转，因此只需对第二项予以修正即可。

可以证明，由扭转引起的抗扭修正系数为：

$$\beta_{T} = \cfrac{1}{1 + \cfrac{GL^2}{12E} \cdot \cfrac{\sum\limits_{i=1}^{n} I_{Ti}}{\sum\limits_{i=1}^{n} a_i^2 I_i}} < 1 \tag{5-32}$$

如果各主梁截面相同，即 $I_1 = I_2 = \cdots\cdots = I_i$，$I_{T1} = I_{T2} = \cdots\cdots = I_{Tn}$，则

$$\beta_{T} = \cfrac{1}{1 + \cfrac{nL^2 G I_T}{6EI \sum\limits_{i=1}^{n} a_i^2}} \tag{5-33}$$

式中　I_T——截面抗扭惯性矩，对于 T 形截面，近似等于各个矩形截面抗扭惯性矩之和；

　　　　G——截面剪切弹性模量，对于混凝土 $G = 0.425E$。

所以考虑抗扭刚度影响后，K 号梁的横向影响线竖标为：

$$\eta_{Ki} = \cfrac{I_K}{\sum\limits_{i=1}^{n} I_K} \pm \beta \cfrac{ea_K I_K}{\sum\limits_{i=1}^{n} a_i^2 I_i} \tag{5-34}$$

实际计算中，当 B/L 小于或接近于 0.5 时（一般称为窄桥），可用此法计算。

【例 5-3】　计算跨径 $L = 19.50$m，横截面如图 5-18 所示，试求荷载位于跨中时各梁的荷载横向分布系数（不考虑抗扭修正）。

此桥设有横隔梁，且 $L/B = 19.5/5 \times 1.6 = 2.472$ 故可按偏心受压法计算横向分布系数 $M_{0.5}$。

本例各根主梁横截面相等，梁数 $n=5$，梁间距为 1.60m，所以

$$\sum_{1}^{5} a_i^2 = (2 \times 1.60)^2 + 1.6^2 + (-1.6)^2 + [2 \times (-1.6)]^2 = 25.60 \text{m}^2$$

由式（5-29）得 1 号梁影响线竖标为

1 号梁　$\eta_{11} = \cfrac{1}{n} + \cfrac{a_1^2}{\sum\limits_{i=1}^{n} a_i^2} = \cfrac{1}{5} + \cfrac{(2 \times 1.6)^2}{25.60} = 0.2 + 0.4 = 0.6$

$\eta_{15} = \cfrac{1}{n} - \cfrac{a_1^2}{\sum\limits_{i=1}^{n} a_i^2} = 0.2 - 0.4 = -0.2$

由于式（5-29）是直线方程，故仅计算两点即可。

2 号梁　$\eta_{21}=\dfrac{1}{n}+\dfrac{a_1 a_2}{\sum\limits_{i=1}^{5} a_i^2}=\dfrac{1}{5}+\dfrac{2\times1.6\times1.6}{25.6}=0.2+0.2=0.4$

$\eta_{25}=\dfrac{1}{n}-\dfrac{a_1 a_5}{\sum\limits_{i=1}^{5} a_i^2}=0.2-0.2=0$

3 号梁　$\eta_{31}=\eta_{32}=\eta_{33}=\eta_{34}=\eta_{35}=\dfrac{1}{\eta}=0.2$

按上述计算结果，绘制 1～3 号梁横向影响线，并按规定布载，则各梁的横向分布系数计算如表 5-7 所示。

横向分布系数　　　　　　　　　　　　　　　　　　　　表 5-7

梁　号	荷　载	横　向　分　布　系　数
1 号梁	汽车—20 级	$m_{0.5}=\dfrac{1}{2}\times(0.575+0.350+0.188-0.038)=0.538$
	挂车—100	$m_{0.5}=\dfrac{1}{4}\times(0.513+0.409+0.288+0.175)=0.344$
	人　群	$m_{0.5}=0.684$（单边布载）
2 号梁	汽车—20 级	$m_{0.5}=\dfrac{1}{2}\times(0.388+0.275+0.194+0.081)=0.469$
	挂车—100	$m_{0.5}=\dfrac{1}{4}\times(0.357+0.300+0.244+0.193)=0.246$
	人　群	$m_{0.5}=0.415$
3 号梁	汽车—20 级	$m_{0.5}=\dfrac{1}{2}\times(0.2\times4)=0.4$
	挂车—100	$m_{0.5}=\dfrac{1}{4}(0.2\times4)=0.2$
	人　群	$m_{0.5}=0.2\times2=0.4$

四、比拟正交异性板法（G—M 法）

比拟正交异性板法是将具有主梁、横隔梁和桥面板的钢筋混凝土梁桥比拟简化为一块矩形薄板，按弹性薄板理论进行分析求解，并作出计算图表供实际使用的方法。比拟正交异性板法适用于计算有横隔梁梁桥跨中的荷载横向分布系数。

（一）比拟板及其微分方程

图 5-19a 表示实际桥跨结构的构造图式，纵向主梁的中心距离为 b_1，每根主梁的截面抗弯惯性矩和抗扭惯性矩分别为 I_x，I_{Tx}；横隔梁的中心距离为 b_1'，其截面抗弯惯性矩和抗扭惯性矩分别为 I_y 和 I_{Ty}。我们设想将主梁惯距 I_x 和 I_{Tx} 均匀分摊于 b_1，将横隔梁惯矩 I_y 和 I_{Ty} 均匀分摊于 b_1'，这样就把实际的纵横梁格系比拟成一块假想的平板（图 5-19b），比拟正交异性板。注意到纵横向比拟的厚度不同，故沿 x 方向的板厚用虚线表示。所以纵横向单宽截面抗弯惯性和抗扭惯性矩分别为：

$$J_x=I_x/b,\quad J_{Tx}=I_{Tx}/b$$
$$J_y=I_y/b_1,\quad J_{Ty}=I_{Ty}/b_1$$

如令　$\alpha=G\,(J_{Tx}+J_{Ty})\,/2E\sqrt{J_x J_y}$

则可导出与古典弹性薄板理论中弹性薄板微分方程完全一致的微分方程：

$$EJ_x \frac{\delta^4 w}{\sigma x^4} + 2\alpha E \sqrt{J_x J_y} \frac{\delta^4 w}{\sigma x^2 \sigma y^2} + EJ_y \frac{\delta^4 w}{\sigma y^4} = f(x, y) \qquad (5\text{-}35)$$

它是一个四阶非齐次偏微分方程，如令 $\theta = \frac{B}{L}\sqrt[4]{J_x / J_y}$（$B$ 为桥面板板宽的一半），则可解得荷载在任一点时的挠度值 w，然后即可得到该点的内力值。

式（5-35）中 α 称为扭弯系数，它表示比拟板纵横方向的单宽抗扭刚度代数平均值与单宽抗弯刚度几何平均值比值。当 $\alpha=0$ 时，表示正交异性板没有抗扭能力，即无横隔梁情况；当 $\alpha=1$ 时，表示板有完整的抗扭能力；如果 $J_x=J_y$，即为各向同性板。在一般情况下，T 形梁和工字梁的扭弯系数 α 在 0 与 1 之间变化。

1946 年法国的居翁（Guyon）引用了正交异性板理论解决了无扭梁桥（$\alpha=0$）的荷载横向分布计算问题。1950 年，

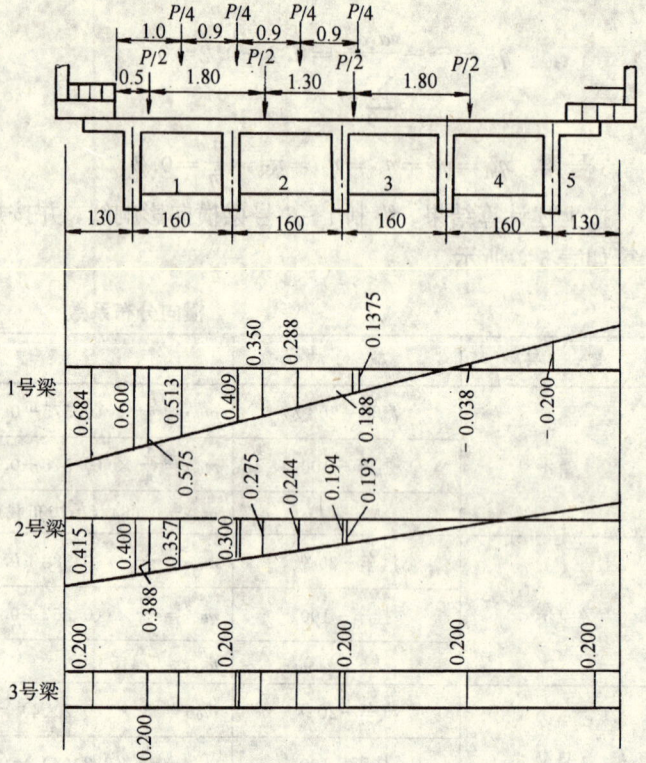

图 5-18　偏心受压法计算横向分布系数

麦桑纳特（Massonnet）又解决了 $\alpha=1$ 的计算及 α 在 $0\sim1$ 之间的内插，使该法得到了推广。故人们习惯地称这种方法为"G—M 法"。

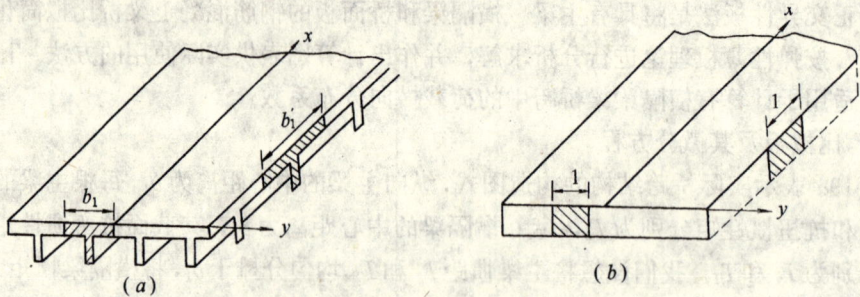

图 5-19　实际结构换算成比拟板
(a) 实际结构；(b) 换算后的比拟板

（二）应用图表计算荷载横向分布

直接利用弹性薄板的微分方程求解简支梁各点的内力，显然是十分繁复的。"G—M"法的最大优点正是利用编制的图表进行计算，它不但概念明确、计算简捷，同时适合各种桥面净宽和多种荷载组合，因此这一方法在实际设计中得到广泛的应用。

图 5-20a 表示一块板纵、横向单宽惯矩分别为 J_x、J_{Tx} 和 J_y、J_{Ty} 的比拟板,当板上在任意横向位置 K 作用单位正弦荷载 $P(x) = 1 \cdot \sin \dfrac{\pi x}{l}$ 时,板在跨中产生弹性挠曲,如图中 $a' - e'$ 所示。

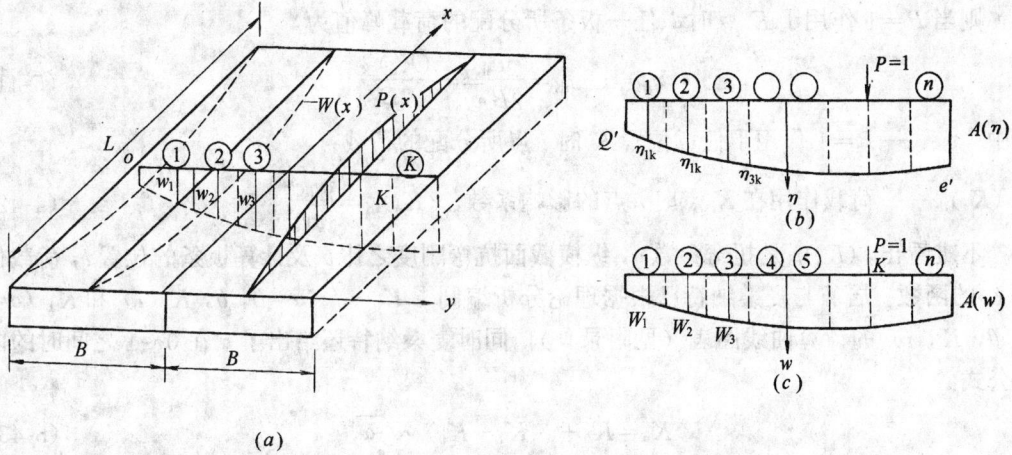

图 5-20 比拟板的横向挠度 w 和横向影响线纵标 η

为了便于分析,我们将全板在横向划分成许多纵向板条①、②、……⑤……⑩,并取单位板宽来考虑。于是在 K 处有单位正弦荷载作用时,任一板条 x 方向的挠度将为:

$$w_i(x) = w_i \sin \frac{\pi x}{2} \tag{5-36}$$

式中 w_i——与荷载峰值相对应的第 i 板条的挠度峰值。

现在我们来研究板条在跨中的挠度和受力关系,则可得到荷载和挠度分布图形如图 5-20b 和 c 所示。根据荷载与挠度的正比关系得:

$$\left. \begin{array}{l} \eta_{1K} = Cw_1 \\ \eta_{2K} = Cw_2 \\ \cdots\cdots \\ \eta_{nK} = Cw_n \end{array} \right\} \tag{5-37}$$

式中 C——与跨度和截面刚度相关的系数。

将等号左边所有的 η_{iK} 相加并乘以板条宽度,则由平衡条件得:

$$(\eta_{1K} + \eta_{2K} + \cdots\cdots + \eta_{nK}) \cdot 1 = \sum_{i=1}^{n} \eta_{iK} \cdot 1 = A(\eta) = 1 \tag{5-38}$$

同样将等式右边的 Cw_i 相加并乘以板条宽度可得:

$$(Cw_1 + Cw_2 + \cdots\cdots + Cw_n) \times 1 = C\sum_{i=1}^{n} w_i \cdot 1 = CA(w) \tag{5-39}$$

式中 $A(\eta)$、$A(w)$——相应于跨中荷载横向分布图形面积和挠度横向分布图形面积。

式(5-20)与式(5-21)相等,由此得:

$$C = \frac{1}{A(w)}$$

在荷载 $P(x) = 1 \cdot \sin \dfrac{\pi x}{2}$ 作用下的挠度面积也可以用平均挠度值来表示,则:

$$A (w) = 2B \overline{w}$$

由此可得：

$$C = \frac{1}{2B \overline{w}} \tag{5-40}$$

则当 $P = 1$ 作用于 K 点时，任一板条所分配的荷载峰值为：

$$\eta_{iK} = Cw_{iK} = \frac{w_{iK}}{2B \overline{w}} = \frac{(K_\alpha)_{iK}}{2B} \tag{5-41}$$

式中　η_{iK}——$P = 1$ 作用于任意位置 K 时 i 点所分配的荷载；

　　$(K_\alpha)_{iK}$——荷载作用在 K 点时 i 点的影响系数，$(K_\alpha)_{iK} = \dfrac{w_{iK}}{\overline{w}}$。 $\tag{4-42}$

不难看出，$(K_\alpha)_{iK}$ 是扭弯参数 α，纵横截面抗弯刚度之比 θ 及计算板条的位置 i，荷载位置 K 的函数。居翁与麦桑纳特已根据理论分析编制了 $K_0 = f (\alpha = 0,\ \theta,\ K,\ i)$ 和 $K_1 (\alpha = 1,\ \theta,\ K,\ i)$ 的计算曲线图表（见附录 Ⅳ），同时麦桑纳特还给出了 α 在 $0 \sim 1$ 之间时的内插公式：

$$K_\alpha = K_0 + (K_1 - K_0) \sqrt{\alpha} \tag{5-43}$$

（三）T 形梁桥计算横向分布系数的几个问题

1. 荷载横向影响线绘制

附录 Ⅳ 中，K_0 和 K_1 值是将桥的全宽分为八等分共九个点的位置计算的。以桥宽中心点为 0，向左（或向右）依次为正的（或负的）$B/4$、$B/2$、$3B/4$、B。如果梁所求的主梁的位置不是正好在这九点上，如图 5-21 中①号梁位于 $f = \xi B$ 处，则可根据相邻的两点 $K_{B/}$ 和 $K_{\frac{3}{4}B/}$ 值进行内插，如图中虚线所示。

将 K_α 值代入式（5-40）即可求得荷载作用在任意位置时，K 点的荷载横向分布值（即荷载横向影响线纵坐标值）。对于间距为 b 的主梁，荷载横向分布值可近似地以 b 乘以 η_{Ki}，考虑到全桥宽共有 n 根主梁，即

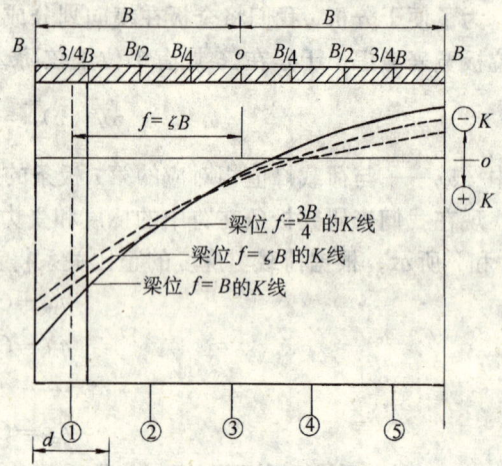

图 5-21　梁位 $f = \zeta B$ 的 K 值计算

$nb_1 = 2B$，则可得主梁的横向分布值（即主梁荷载横向影响线纵标值）为：

$$\eta_{Zi} = b\eta_{Ki} = \frac{2B}{b} \frac{\eta_{Ki}}{2B} = \frac{\eta_{Ki}}{n} \tag{5-44}$$

得到荷载横向影响线后，即可按前述方法布载计算荷载横向分布系数。

2. 关于截面刚度的计算

在利用"G—M"法的图表计算荷载横向影响线坐标时，需要首先算出参数 α 和 θ，因此需要计算单宽惯性矩。

$$J_x = I_x/b \qquad J_{Tx} = I_{Tx}/b$$

及

$$J_y = I_y/b_1 \qquad J_{Ty} = I_{Tx}/b_1$$

（1）抗弯惯矩：对于纵向主梁的抗弯惯性矩 I_x，按翼缘宽度 b' 的 T 形截面计算。

对于横隔梁的抗弯惯性矩 I_y，由于肋的间距较大，受弯时翼缘宽度为 b_1' 的 T 形梁不再符合平截面假定，也就是说翼缘内沿宽度 b_1' 的分布是很不均匀的，如图 5-22 所示，通常按有效宽度的概念计算，然后由表 5-8 中 c/L 比值查找矩形图形的长度 λ，表中 l 为两横隔梁间的距离，然后按宽度为 $(2\lambda + b_1)$ 的 T 形截面计算。

（2）抗扭惯性矩：纵、横向抗扭惯性矩 J_{Tx} 和 J_{Ty}，可分成梁肋和翼缘两部分计算，梁肋部分的抗扭惯矩按式（4-23）计算。

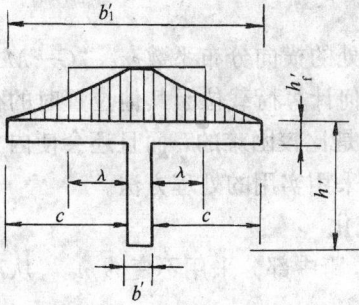

图 5-22　横向翼缘应力分布　　　　　　图 5-23　翼缘抗扭计算图式

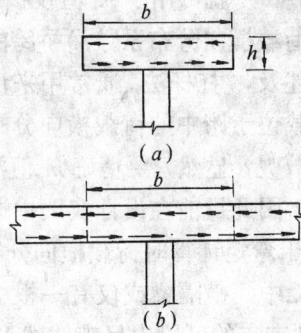

					λ/C 值				表 5-8	
C/L	0.05	0.10	0.15	0.20	0.25	0.30	0.35	0.40	0.45	0.50
λ/C	0.983	0.936	0.867	0.289	0.719	0.635	0.568	0.509	0.459	0.416

注：表中 L 为横隔梁长度，可取两根边主梁的中心距计算。

对于翼缘部分按图 5-23 所示的情况进行计算。图 5-23a 表示独立的宽扁矩形截面（b 比 h 大很多），按一般公式可知：

$$J_{Td} = \frac{I_{T0}}{b_1} = \frac{b_1 h^3}{3 b_1} = \frac{h^3}{3} \qquad (5-45)$$

对于图 5-23b 所示连续的板面板的整体式梁桥或对于翼板全部联成整体的装配式梁桥，根据弹性薄板分析其抗扭惯性矩为

$$T_{Tb} = h^3/6 \qquad (5-46)$$

由此可见，连续桥面板的单宽抗扭惯矩只有独立宽扁板的一半。这是因为独立板沿短边的剪力 τ 也参予抗扭作用，而连续板则不出现这种剪力而引起的。

图 5-24　计算校核图式

3. 关于 K 值的校核

为了检验查图和内插数值的正确性，可对所得 K 值进行校核。

图 5-24 表示比拟板在跨中横断面 $P=1$ 作用下（图 5-24a）和将 $P=1$ 均匀作用于 1～9 点上（图 5-24b）的挠曲图形。显然后者将产生平均挠曲。

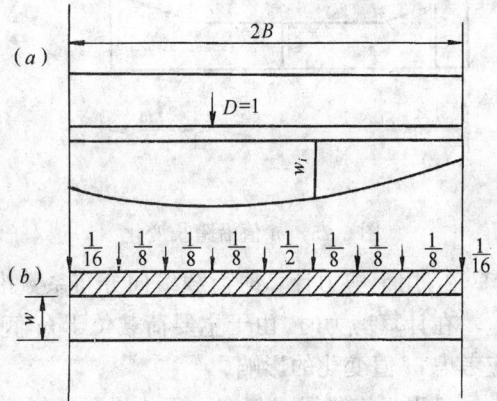

由功的互等定理得：

$$1 \times \overline{w} = \frac{1}{\delta} \sum_{i=2}^{8} w_i + \frac{1}{16} (w_1 + w_9)$$

则

$$\sum_{i=2}^{8} \frac{w_i}{\overline{w}} + \frac{1}{2} \left(\frac{w_1}{\overline{w}} + \frac{w_9}{\overline{w}} \right) = 8$$

或

$$\sum_{i=2}^{8} K_i + \frac{1}{2} (K_1 + K_9) = 8 \tag{5-47}$$

式（5-46）就可用于 K 值校核。

四、荷载横向分布系数沿桥跨的变化

前已述及，"杠杆法"通常用来计算荷载位于支点处的横向分布系数 m_0，"$G-M$法"用于计算荷载位于跨中的荷载横向分布系数 $m_{0.5}$，而如何计算荷载位于其他位置时的荷载横向分布系数呢？显然，要精确 m 值沿桥跨的连续变化是比较困难的，而且还会使内力计算增添麻烦。因此目前在设计实践中通常根据实验结果采用实用的处理方法。

1. 用于弯矩计算时荷载横向分布系数沿桥跨的变化

对于无中间横隔梁或仅有一根中间横隔梁的情况，跨中部分采用不变的 $m_{0.5}$，从离支点 $1/4$ 处起到支点的区段内呈直线线形变化（图 5-25）。

对于有多根内横隔梁的情况，m 值从第一根内横隔梁起由 $m_{0.5}$ 向支点 m_0 直线形变化（图 5-26）。

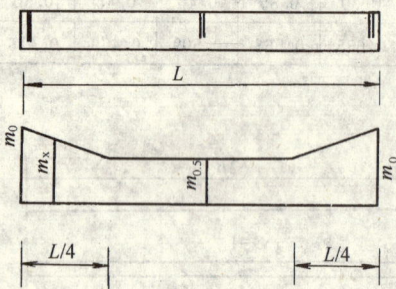

图 5-25　m 值沿跨长变化　　　　图 5-26　计算弯矩时 m 值沿桥跨变化

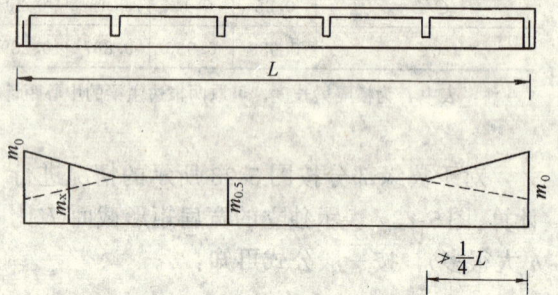

2. 用于剪力计算时荷载横向分布系数沿桥跨的变化

在计算剪力时，由于主要荷载位于 m 值变化区段，且其内力影响线的竖坐标值较大，故应考虑 m 值变化的影响。

对于无横隔梁或仅有一根中横隔梁时，从离支点到跨中 $L/4$ 由 m_0 直线变化到 $m_{0.5}$（图 5-25）。

对于有多根内横隔梁的梁桥，从支点到第一根横隔梁之间由 m_0 直线变化到 $m_{0.5}$（图 5-26）。

这样，主梁上的活载因其纵向位置不同，就应有不同的横向分布系数。图中 m_0 可能大于 $m_{0.5}$，也可能小于 $m_{0.5}$。视具体计算而定。

在实际应用中，当求简支梁跨中最大弯矩时，鉴于横向分布系数在跨中部分变化不大，且荷载主要应布置在中部区段，为了简化起见，通常均可按不变的 $m_{0.5}$ 计算。

对于其他截面的弯矩，一般也可取用不变的 $m_{0.5}$ 计算，但对于中梁来说，m_0 与 $m_{0.5}$ 的差值可能很大，且内横隔梁又少于 3 根时，宜考虑 m 沿跨径变化的影响。

在计算主梁的最大剪力时，鉴于主要荷载位于 m 值变化区段，应考虑 m 值变化的影响，对位于靠近远端的荷载，则可按 $m_{0.5}$ 计算。

第四节　主梁内力计算

求出主梁的荷载横向分布系数后，就可按工程力学的方法计算主梁截面内力（弯矩 M 和剪力 Q）。有了截面内力后，就可按钢筋混凝土和预应力混凝土结构的计算原理进行主梁截面配筋设计或验算。

主梁内力计算包括结构重力（恒载）和活载两部分。

一、恒载内力计算

在恒载内力计算时，为了简化计算，习惯上往往把沿桥跨上分点作用的横隔梁、沿桥横向不等分布的铺装层重量、两侧的人行道及栏杆等重量均匀分摊给各主梁承受。如为了更精确起见，也可将上述荷载像计算活载一样，按荷载横向分布规律进行分配，计算出每一根主梁的荷载强度后，按工程力学计算恒载内力为：

$$M_x = \frac{1}{2}ql\ (l-x) \tag{5-48}$$

$$Q_x = q\left(\frac{l}{2} - x\right) \tag{5-49}$$

式中　M_x、Q_x——计算截面的弯矩和剪力；

　　　　q——一根梁沿纵向的荷载强度；

　　　　l——计算跨径；

　　　　x——计算截面的位置（以支座为坐标原点）。

二、活载内力计算

活载内力计算可采用等代荷载法和直接加载法进行计算。其方法与第四章装配式板桥活载计算相同。

一般情况下，由于梁跨径较大，主要采用等代荷载法。

三、内力组合和内力包络图

（一）内力组合

在梁桥上部结构计算中，荷载组合按下列两种情况进行。

1. 结构重力（恒载）＋汽车荷载（包括冲击力）＋人群荷载；

2. 结构重力（恒载）＋平板挂车或履带车荷载。

（二）内力包络图

计算出各截面的控制内力后，即可用梁轴线作横坐标，将内力值作纵坐标连接各点而得的曲线，称为内力包络图——弯矩包络图和剪力包络图。其中右半跨的弯矩值对称于左半跨，右半跨的剪力图反对称于左半跨（图 5-27）。

对于中小跨径梁桥，弯矩可以按二次抛物线规律变化，如采用图 5-28 坐标轴，则任一截面弯矩为：

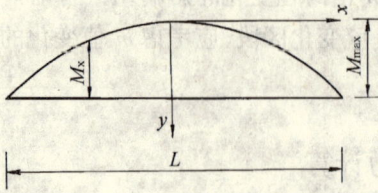

图 5-27　内力包络图

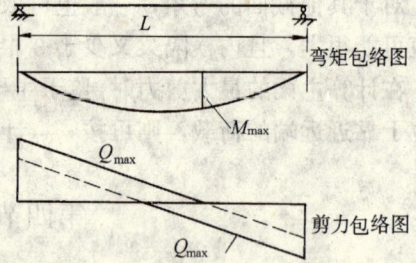

图 5-28　弯矩包络图纵坐标计算

$$M_x = \frac{M_{max}}{l^2}\left(\frac{l^2}{4} - 4x^2\right) \tag{5-50}$$

式中　M_{max}——主梁跨中计算弯矩值；

　　　M_x——任一截面的计算弯矩。

为精确起见，也可按四次抛物线计算，则

$$M_x = ax^4 + bx^2 + c$$

式中　a、b、c 为待定系数。

【例 5-4】　装配式钢筋混凝土 T 形梁桥主梁肋计算。

设计荷载　汽车—20 级，挂车—100，人群荷载 $3kN/m^2$

桥面净宽　净 $7+2\times0.75+2\times0.25$

标准跨径　$L_b = 20m$

材　　料　混凝土：25 号

钢　　筋：主筋 II 级，其他为 I 级

（一）T 形梁桥纵、横剖面图见图 5-29。

主梁行车道板见图 5-30。

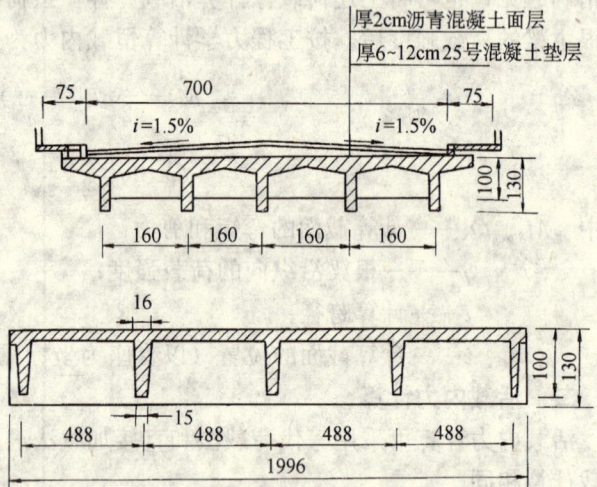

图 5-29　$L_b = 20m$ T 形梁桥纵横剖面图

（二）主梁恒载内力计算

假定桥面各部分重力平均分摊给各主梁承担，每根主梁荷载强度计算见表 5-9。

主梁每米荷载强度（kN/m）　　　　　　　　　表 5-9

主　梁	$q_1 = \left[1.60\times1.30 - 2\times0.71\times\left(1.30 - \frac{0.08+0.14}{2}\right)\right]\times25 = 9.755$
横 隔 梁	$q_2 = \left[(0.71\times0.84\times(0.15+0.16)/2\times2\right]\times\frac{5\times25}{19.5} = 1.185$
桥面铺装	$q_3 = (0.02\times1.6\times23 + 0.09\times1.6\times24)\times\frac{7}{9} = 3.256$
栏杆人行道	$q_4 = 2.296$（计算从略）
梁的荷载强度	$q = 9.755 + 1.185 + 3.256 + 2.296 = 16.492$

支点剪力，各截面弯矩和剪力计算见表 5-10。

各截面剪力加弯矩计算 表 5-10

内　　　力	计　　算　　式
跨　中　弯　矩	$M=\dfrac{1}{8}qL^2=\dfrac{1}{8}\times 16.492\times 19.5^2=783.9\mathrm{kN\cdot m}$
$L/4$ 处 弯 矩	$M=\dfrac{3}{32}qL^2=\dfrac{3}{32}\times 16.492\times 19.5^2=587.9\mathrm{kN\cdot m}$
跨　中　剪　力	$Q_{42}=0$
支　点　剪　力	$Q_0=\dfrac{1}{2}qL=\dfrac{1}{2}\times 16.492\times 19.5=160.8\mathrm{kN}$

（三）活载内力计算

1. 汽车荷载冲击系数

$$1+\mu=1+\frac{0.3}{45-5}\times(45-19.5)=1.191$$

2. 多车道折减系数　$\zeta=1$。

3. 主梁荷载横向分布系数

（1）跨中荷载横向分布系数：

1）主梁抗弯惯性矩、抗扭惯性矩计算：主梁形心计算（图 5-30）：

$$a_y=\left[(160-18)\times 11\times\frac{11}{2}+130\times 18\times\frac{130}{2}\right]/(160-18)\times 11+130\times 18$$

$$=41.2\mathrm{cm}$$

主梁抗弯惯性矩为：

$$I_x=\frac{1}{12}\times(160-18)\times 11^3+(160-18)\times 11\times\left(41.2-\frac{11}{2}\right)^2+\frac{1}{12}\times 18\times 130^3+18\times 130$$

$$\times\left(\frac{130}{2}-41.2\right)^2$$

$$=6627473\mathrm{cm^4}$$

主梁的比拟单宽抗弯惯矩为：

$$J_x=I_x/b=6627473/160=41422\mathrm{cm^4/cm}$$

主梁抗扭惯性矩计算：

对主梁梁肋，由长边/短边＝$(130-11)/18=6.61$　查表 4-7 得 $c=0.301$。

主梁单宽抗扭惯性矩为：

$$J_{Tx}=cbh^3/160+h^3/6=0.301\times(130-11)\times 18^3/160+11^3/6=1527.4\mathrm{cm^4/cm}$$

2）横隔梁抗弯，抗扭惯矩计算：横隔梁的尺寸如图 5-31 所示。

根据 $C/L=2.365/6.40=0.367$ 查表 5-8 得 $\lambda/C=0.545$　$\lambda=0.545\times 2.365=1.29$ (m)

横隔梁截面形心为

$$a_y=\left[2\times 1.29\times 0.11\times\frac{0.11}{2}+0.15\times 1.00\times\frac{1.00}{2}\right)/(2\times 1.29\times 0.11+0.15\times 1.00)\right]$$

$$=0.21\mathrm{m}=21\mathrm{cm}$$

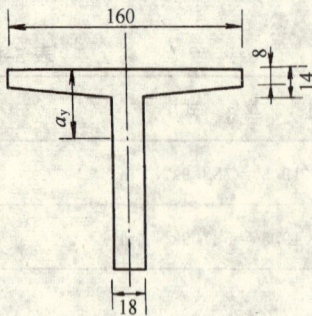

图 5-30　主梁横截面
尺寸单位　cm

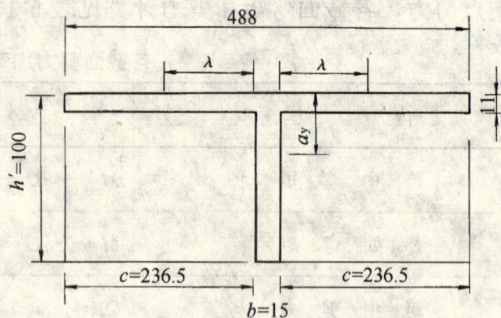

图 5-31　横隔梁截面
尺寸单位　cm

故横隔梁抗弯惯矩为：

$$I_y = \frac{1}{12} \times 2 \times 129 \times 11^3 + 2 \times 129 \times 11 \times \left(21 - \frac{11}{2}\right)^2 + \frac{1}{12} \times 15 \times 100^3 + 15 \times 100$$

$$\times \left(\frac{100}{2} - 21\right)^2$$

$$= 3221946 \text{cm}^4$$

横梁比拟单宽抗惯弯矩为

$$J_y = 3221946/488 = 6602 \text{cm}^4/\text{cm}$$

由横隔梁梁肋长边/短边＝（100－11）/15＝0.1685 由表 4-7 查得 $C = 0.298$

故横隔梁单宽抗扭惯性矩为：

$$J_{Ty} = \frac{0.298 \times (100 - 11) \times 15^3}{488} + \frac{11^3}{6} = 405$$

（2）参数计算

$$\theta = \frac{B}{L} \sqrt[4]{J_x/J_y} = \frac{400}{1950} \sqrt[4]{\frac{41422}{6600}} = 0.3247$$

$$\alpha = \frac{G (J_{Tx} + J_{Ty})}{2E \sqrt{J_x \cdot J_y}} = \frac{0.430E (1527.4 + 405)}{2E \sqrt{41422 \times 6602}}$$

$$= 0.025136$$

则　$\sqrt{\alpha} = \sqrt{0.025136} = 0.1585$

根据 $\theta = 0.3247$，查附录 Ⅳ 得影响系数 K_0 和 K_1 值，用内插法求实际梁位处的 K_0 和 K_1 值（表 5-11），内插时，1 号梁和 2 号梁可分别按如下公式进行。

$$K_1 = 0.2K_B + 0.8K_{\frac{3}{4}B}$$

$$K_2 = 0.6K_{B/2} + 0.4K_{B/4}$$

查表及内插结果均可用式（5-47）校核。校核合乎要求，计算影响线竖标值（表 5-12）。

将表 5-12 中影响线竖标值绘出荷载横向分布影响线图（图 5-32），并按最不利情况布载计算各梁跨中横向分布系数 $m_{0.5}$ 值（表 5-13）。

影响系数 K_0 和 K_1 值计算　　　　表 5-11

影响系数	梁 位	荷 载 位 置									校核
		$+B$	$\frac{3}{4}B$	$B/2$	$B/4$	0	$-B/4$	$-B/2$	$-3/4B$	$-B$	
K_1	0（3 号梁）	0.94	0.97	1.00	1.03	1.05	1.03	1.00	0.97	0.94	7.99
	$B/4$	1.05	1.06	1.07	1.07	1.02	0.97	0.93	0.87	0.38	7.93
	$0.4B$（2 号梁）	1.15	1.13	1.11	1.07	1.01	0.95	0.89	0.83	0.78	
	$B/2$	1.22	1.18	1.14	1.07	1.00	0.93	0.87	0.80	0.75	7.98
	$\frac{3}{4}B$	1.41	1.31	1.20	1.07	0.97	0.87	0.79	0.72	0.67	7.97
	$0.8B$（1 号梁）	1.46	1.33	1.21	1.07	0.96	0.86	0.78	0.71	0.66	
	B	1.65	1.42	1.24	1.07	0.93	0.84	0.74	0.68	0.60	8.04
K_0	0（3 号梁）	0.83	0.91	0.99	1.08	1.13	1.08	0.99	0.91	0.83	7.92
	$B/4$	1.66	1.51	1.35	1.23	1.06	0.88	0.63	0.39	0.18	7.97
	$0.4B$（2 号梁）	2.14	1.86	1.58	1.32	1.01	0.74	0.39	0.05	0.26	
	$B/2$	2.46	2.10	1.73	1.38	0.98	0.64	0.23	−0.17	−0.55	7.85
	$\frac{3}{4}B$	3.32	2.73	2.10	1.51	0.94	0.40	−0.16	−0.62	−1.13	8.00
	$0.8B$（3 号梁）	3.48	2.86	2.17	1.54	0.92	0.36	−0.24	−0.72	−1.26	
	B	4.10	3.40	2.44	1.64	0.83	0.18	−0.54	−1.14	−1.77	1.93

K_α 和 η_{Ki} 值计算　　　　表 5-12

梁号	计 算 式	荷 载 位 置									校核
		B	$\frac{3}{4}B$	$\frac{1}{2}B$	$B/4$	0	$-B/4$	$-\frac{B}{2}$	$-\frac{3}{4}B$	$-B$	
1 号梁	K_1	1.46	1.33	1.21	1.07	0.96	0.86	0.78	0.71	0.66	
	K_0	3.48	2.86	2.17	1.54	0.92	0.36	−0.24	−0.72	−1.26	
	$K_\alpha=K_0+(K_1-K_0)\sqrt{\alpha}$	3.160	2.62	2.02	1.46	0.93	0.44	−0.08	−0.50	−0.96	
	$\eta_{1i}=K_\alpha/5$	0.632	0.524	0.404	0.292	0.186	0.088	−0.016	−0.10	−0.192	
2 号梁	K_1	1.15	1.13	1.11	1.07	1.01	0.95	0.89	0.83	0.78	
	K_0	2.14	1.86	1.58	1.32	1.01	0.74	0.39	0.05	−0.26	
	$K_\alpha=K_0+(K_1-K_0)\sqrt{\alpha}$	1.984	1.749	1.504	1.280	1.011	0.769	0.470	0.176	0.094	
	$\eta_{2i}=K_\alpha/5$	0.397	0.350	0.301	0.256	0.202	0.154	0.094	0.035	−0.019	
3 号梁	K_0	0.94	0.97	1.00	1.03	1.05	1.03	1.00	0.97	0.94	
	K_1	0.83	0.91	0.99	1.08	1.13	1.08	0.99	0.91	0.83	
	$K_\alpha=K_0+(K_1-K_0)\sqrt{\alpha}$	0.847	0.920	0.992	1.072	1.117	1.072	0.992	0.920	0.847	
	$\eta_{3i}=K_\alpha/5$	0.170	0.184	0.198	0.214	0.223	0.214	0.198	0.184	0.170	

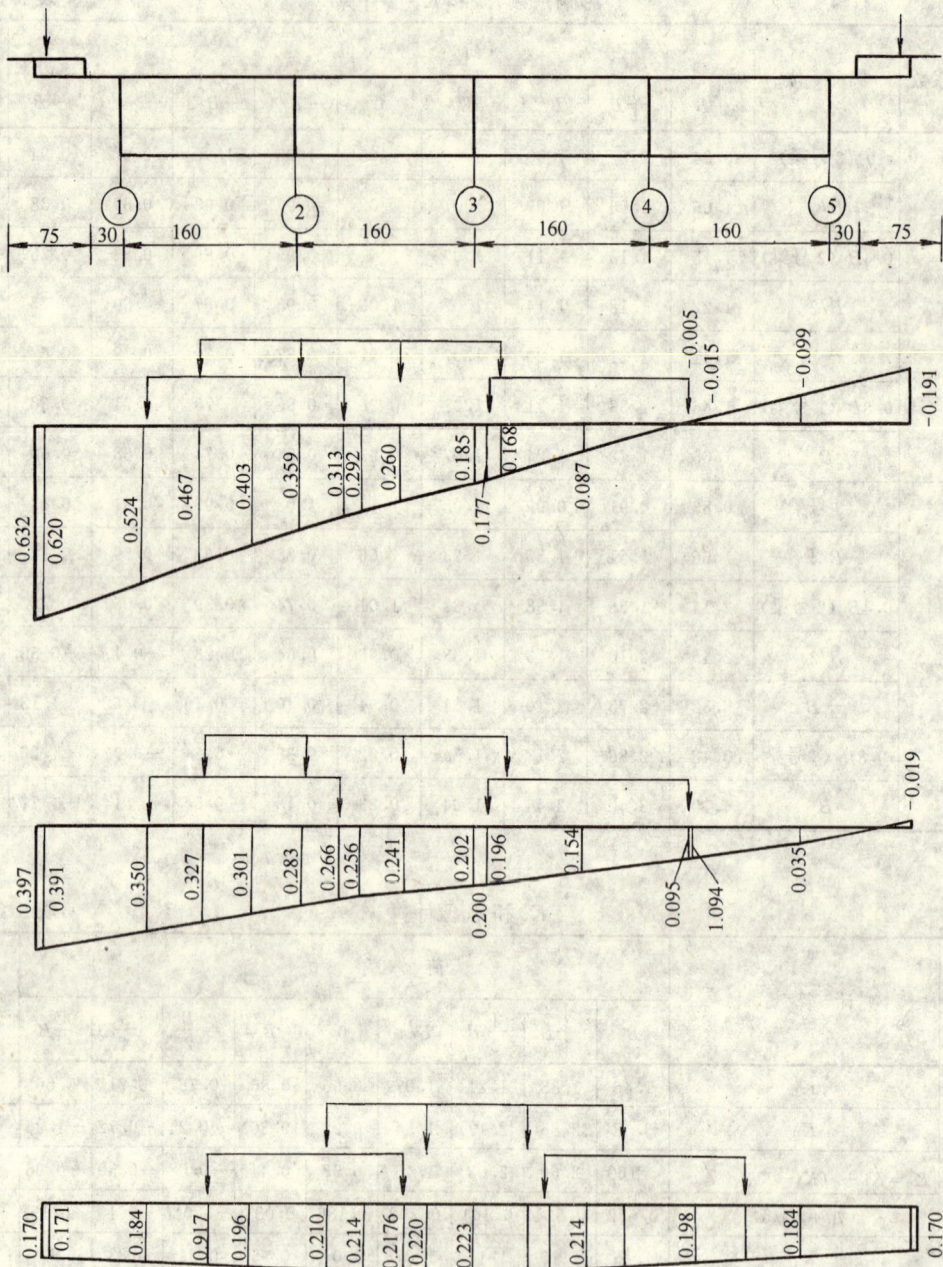

図 5-32 横向分布系数

主梁跨中荷载横向分布系数 表 5-13

梁号	荷　载	跨 中 横 向 分 布 系 数 $m_{0.5}$
1	汽车—20 级	$m_{0.5}=\dfrac{1}{2}$ （0.524＋0.313＋0.175−0.005）＝0.504
	挂车—100	$m_{0.5}=\dfrac{1}{4}$ （0.467＋0.359＋0.260＋0.165）＝0.313
	人　群	$m_{0.5}=0.620$

梁号	荷 载	跨 中 横 向 分 布 系 数 $m_{0.5}$
2	汽车—20级	$m_{0.5}=\dfrac{1}{2}(0.350+0.266+0.200+0.095)=0.455$
	挂车—100	$m_{0.5}=\dfrac{1}{4}(0.327+0.283+0.241+0.196)=0.262$
	人 群	$m_{0.5}=0.391$
3	汽车—20级	$m_{0.5}=\dfrac{1}{2}\times(0.184+0.212+0.222+0.200)=0.409$
	挂车—100	$m_{0.5}=\dfrac{1}{4}\times(0.210+0.220)\times2=0.215$
	人 群	$m_{0.5}=0.342$

4. 支点荷载横向分布系数

荷载位于支点时，按杠杆原理计算荷载横向分布系数 m_0，详见例 5-2，支点荷载横向分布系数列于表 5-14。

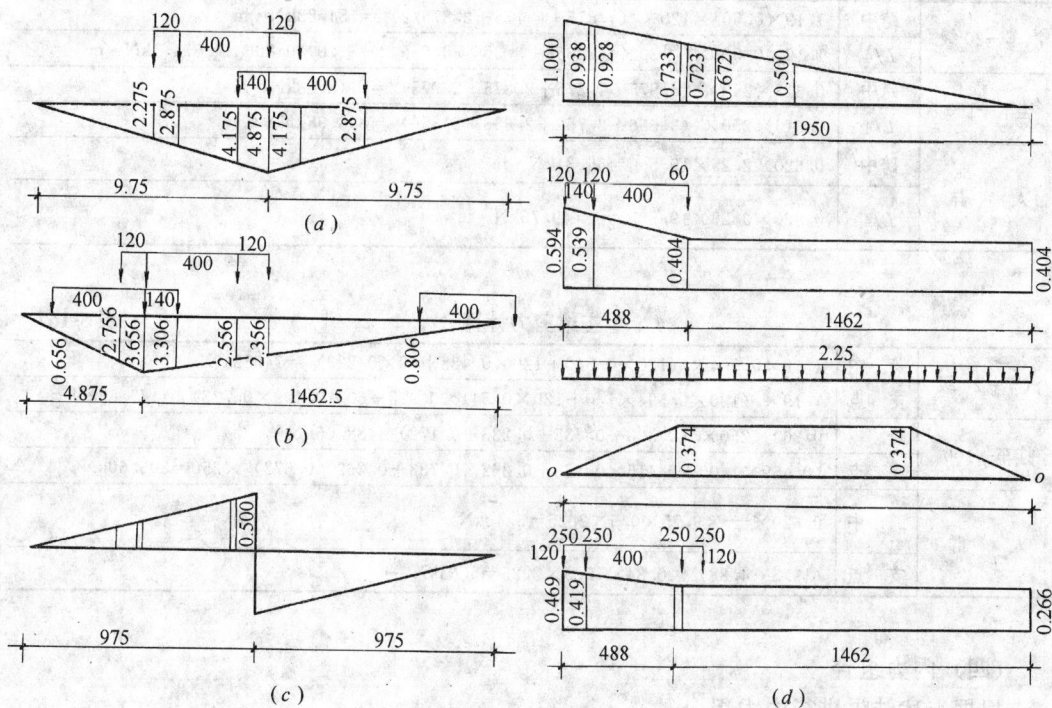

图 5-33　活载内力计算

(a) $Ml/2$；(b) $Ml/4$；(c) $Ql/2$；(d) Q_0

5. 截面活载内力计算

由表 5-14 中得知，1 号梁的跨中横向分布系数最大，故只计算 1 号梁的弯矩（表 5-15）。计算中采用直接加载法，车辆荷载的布置见图 5-33 (a)、(b)。

活载剪力计算时，跨中剪力由 1 号梁控制，支点剪力计算时，汽车—20 级荷载由 3 号梁控制，人群荷载相应取 3 号梁计算，挂车—100 级荷载由 2 号梁控制。计算结果列于表 5-

16，荷载布置见图 5-32 （c）和（d）。

梁　号	荷　　载	支点荷载横向分布系数 m_0
1	汽车—20 级	$m_0 = 0.438$
	挂车—100	$m_0 = 0.141$
	人　群	$m_0 = 1.422$
2	汽车—20 级	$m_0 = 0.5$
	挂车—100	$m_0 = 0.469$
	人　群	$m_0 = -0.422$
3	汽车—20 级	$m_0 = 0.594$
	挂车—100	$m_0 = 0.469$
	人　群	$m_0 = 0$

注：计算详例 5-2。

主梁弯矩计算（1 号梁）　　　　　　　　　　表 5-15

汽车—20 级	跨中	$1.19 \times 0.504 \times 120 \times (4.875 + 4.175 + 2.875/2) = 754.83 \text{kN} \cdot \text{m}$
	$L/4$	$1.19 \times 0.504 \times [120 \times (3.656 + 3.306 + 0.656/2) + 70 \times 0.806] = 574.1 \text{kN} \cdot \text{m}$
挂车—100	跨中	$0.313 \times 250 \times (4.875 + 4.275 + 2.875 + 2.275) = 1118.98 \text{kN} \cdot \text{m}$
	$L/4$	$0.313 \times 250 \times (3.656 + 2.756 + 2.656 + 2.356) = 893.98 \text{kN} \cdot \text{m}$
人　群	跨中	$0.620 \times 2.25 \times 19.5^2 \frac{2}{8} = 66.34 \text{kN} \cdot \text{m}$
	$L/4$	$0.620 \times 2.25 \times 19.5^2 \times \frac{3}{32} = 49.75 \text{kN} \cdot \text{m}$

主梁剪力计算　　　　　　　　　　表 5-16

汽车—20 级	跨　中	$1.19 \times 0.504 \times (120 \times 0.540 + 120 \times 0.428 + 60 \times 0.223) = 74.82 \text{kN}$
	支　点	$1.19 \times (120 \times 0.594 \times 1.0 + 120 \times 0.541 \times 0.928 + 60 \times 0.409 \times 0.723) = 177.63 \text{kN}$
挂车—100	跨　中	$0.262 \times 250 \times (0.500 + 0.438 + 0.233 + 0.172) = 88.06 \text{kN}$
	支　点	$(0.469 \times 1.00 + 0.415 \times 0.938 + 0.262 \times 0.733 + 0.262 \times 0.672) \times 250 = 306.60 \text{kN}$
人　群	跨　中	$0.620 \times \frac{1}{2} \times 9.75 \times 0.5 \times 2.25 = 3.40 \text{kN}$
	支　点	$(19.5 - 4.88) \times 0.342 \times 0.5 \times 2.25 = 5.63 \text{kN}$

（四）内力组合

根据上述结果进行内力组合。

弯矩内力组合见表 5-17。

剪力内力组合见表 5-18。

横向分布系数见图 5-32。

（五）截面设计

1. 计算资料

从表 5-17 及表 5-18 中确定跨中计算弯矩：$M_{0.5} = M_j = 2214.98 \text{kN} \cdot \text{m}$，支点剪力 $Q_0 = Q_j = 546.13 \text{kN}$，跨中剪力 $Q_{L/2} = 109.51 \text{kN}$，Ⅱ 级钢筋抗拉设计强度 $R_g = 320 \text{MPa}$（$\phi > 25 \text{mm}$）；Ⅰ 级钢筋抗拉设计强度 $R_g = 240 \text{MPa}$，混凝土抗压设计强度 $R_a = 14.5 \text{MPa}$，抗拉

设计强度 $R_L=1.55MPa$，混凝土和钢筋安全系数 $\gamma_C=\gamma_S=1.25$。

表 5-17

弯矩组合 （kN·m）

荷载截面	结构重力 ①	汽车—20级 ②	人群 ③	挂车—100 ④	组合 Ⅰ $1.2\times①+1.4\times(②+③)$	组合 Ⅲ $[1.2\times①+1.1\times④]\times1.02$
跨 中	783.90	754.83	66.34	1118.98	2090.32	2214.98
$L/4$ 处	587.90	574.1	49.75	893.98	1578.87	1722.64

注：1.02 为挂车荷载提高系数；

跨中　$1118.98/(1118.98+783.90)=58.8\%$；

$\dfrac{L}{4}$ 处　$893.98/(893.98+783.90)=53.3\%$；

按规定提高 2%。

表 5-18

剪力组合 （kN）

荷载截面		结构重力 ①	汽车—20级 ②	人群 ③	挂车—100 ④	组合 Ⅰ $1.2\times①+1.4\times(②+③)$	组合 Ⅲ $[1.2\times①+1.1\times④]\times1.03$
跨　　中		0.0	74.82	3.4	88.06	109.51	99.78
支点	2 号梁	160.8			306.60		546.13
	3 号梁	160.8	177.63	5.63		449.53	

2. 确定翼缘计算宽度

$b_i'\not>L/3=19.5/3=6.5m$

$b_i'\not>b_1=1.60m$

$b_i'\not>b+12h_i'=18+12\times11=1.50m$ （取用值）

3. 主筋计算

（1）拟定钢筋面积：主筋计算可先估计 h_0，试算受拉钢筋面积，最后进行复核，也可初拟受拉钢筋，再进行复核。本例采用第二种主法计算。

初拟 10ϕ32（外径34.5mm），采用 2 片钢筋骨架，钢筋叠置（图5-34），受拉区净保护层厚3cm，则截面有效高度为：

$$h_0=130-3-2.5\times3.45$$
$$=118.4 （cm）$$

钢筋面积为

$$A_g=10\times8.043=80.43cm^2$$

（2）判断截面类型：

$$R_g\cdot A_g=320\times8043=2573.8kN$$
$$R_ab_i'h_i'=14.5\times1500\times110=2392.5kN$$

$R_gA_g>R_ab_i'h_i'$，故按第二类 T 形截面设计。

（3）承载能力校核：

$$A_{g2}=\frac{R_a}{R_g}\cdot(b_i'-b)h_i'=\frac{14.5}{320}\times(150-18)\times11$$
$$=65.79cm^2$$

115

$$A_{g1}=A_g-A_{g2}=80.43-65.79=14.64\text{cm}^2$$

$$\mu_1=A_{g1}/bh_0=14.64/(18\times118.4)=0.0069$$

$$\zeta=\mu_1R_g/R_a=0.0069\times320/14.5$$

$$=0.1523<\zeta_{jg}=0.55$$

查附录 I 得　$A_0=0.141$　所以

$$M_1=A_0R_abh_0^2/\gamma_c$$

$$=0.141\times14.5\times180\times1184^2/1.25$$

$$=412.7\text{kN}\cdot\text{m}$$

$$M_2=R_g\cdot A_{g2}\ (h_0-h_i'/2)\ /\gamma_S$$

$$=320\times6579\times\left(1184-\frac{110}{2}\right)/1.25=1901.5\text{kN}\cdot\text{m}$$

$$M_d=M_1+M_2=412.7+1901.5$$

$$=2314.2\text{kN}>M_j=2214.98\text{kN}$$

故初拟钢筋面积适用。

4. 斜截面强度计算

（1）尺寸检验：

$$0.051\sqrt{R}\,bh_0=0.051\times\sqrt{25}\times18\times118.4$$

$$=543.5\text{kN}\doteqdot546.13\text{kN}$$

图 5-34　主筋计算图式
尺寸单位：cm

较规定值偏小$\dfrac{546.13-543.5}{546.13}<5\%$，故截面尺寸满足要求。

（2）不论剪力钢筋的截面抗剪强度：

$$0.038R_Lbh_0=0.038\times1.55\times18\times118.4$$

$$=125.5\text{kN}<546.13\text{kN}$$

故应进行剪力钢筋设计。

（3）求不需设剪力钢筋的区段和距支座 $h/2$ 处截面的最大剪力：

$$x_b=(125.5-109.51)\times975/(546.13-109.51)=35.7\text{cm}$$

$$Q_j'=109.51+(975-65)(546.13-109.51)/975=517.02\text{kN}$$

绘制剪力包络图（图 5-35b）并进行剪力分配

箍筋和混凝土共同承受剪力

$$0.6Q_j'=0.6\times517.02=310.21\text{kN}$$

斜弯钢筋承受剪力为

$$0.4Q_j'=0.4\times517.02=206.81\text{kN}$$

（4）箍筋设计：

受弯构件箍筋设计中采用跨中和支点的 P 和 h_0 的平均值：

$$P=100\mu=100\times[80.43/(18\times118.4)+16.09/(18\times125.27)]$$

$$=2.24$$

$$h_0=(118.4+125.2)/2=121.8$$

现采用封闭式双肢箍，直径 $\varphi=8\text{mm}$，钢筋面积 $0.503\times2=1.006\text{cm}^2$，间距 $S_K=15\text{cm}$

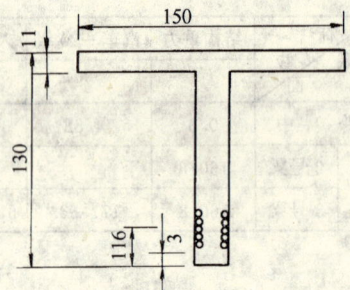

（a）主梁配筋图

（b）剪力图

（c）抵抗弯距与弯距包络图

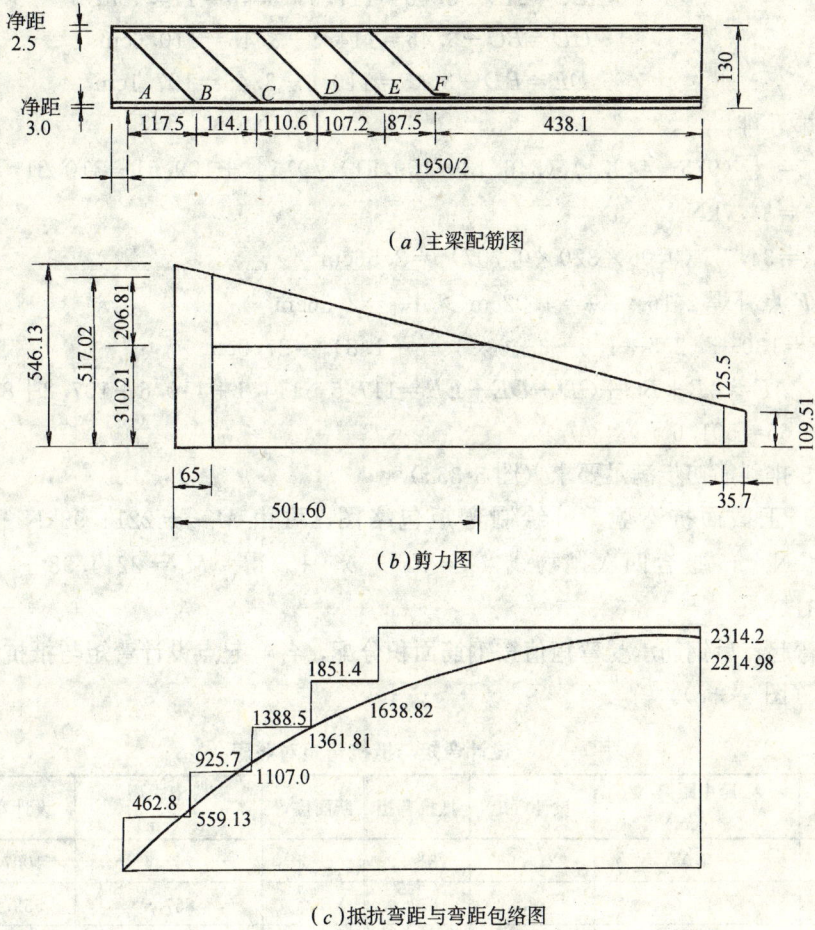

图 5-35　配筋、剪力及弯矩图

故

$$Q_{hK} = 0.0349bh_0 \sqrt{(2+P)} \sqrt{R} \mu_K R_{gK}$$

$$= 0.0349 \times 18 \times 121.8 \times \sqrt{(2+2.24)} \sqrt{25 \frac{1.006}{18 \times 15}} \times 240 = 333.15kN > 310.21kN$$

（5）斜弯钢筋设计：架立钢筋采用 $2\phi16$，上净保护层取 2.5cm，需设置斜筋长度为（自支点起）：

$$X_W = (546.13 - 310.21) \times 975 / (546.13 - 109.51) = 436.6cm$$

1）第一排弯起钢筋面积：

$$A_{W1} = Q_{W1}/0.06R_{gw}\sin\alpha = 206.81/0.06 \times 320 \times 0.707$$

$$= 15.24cm^2 < 16.09cm^2 \ (2\phi32)$$

故在 B 点弯起 $2\phi32$，弯终点为支座中心对应 A 点，则

$$AB = 130 - (2.5 + 1.8 + 3 + 3.45 + 3.45/2) = 117.5cm$$

2）第二、第三、第四排均弯起 $2\phi32$，此时弯起点间距离为：

$$BC = AB - 3.45 = 117.5 - 3.45 = 114.1\text{cm}$$
$$CD = BC - 3.45 = 114.1 - 3.45 = 110.6\text{cm}$$
$$DE = BD - 3.45 = 110.6 - 3.45 = 107.1\text{cm}$$

则第五排

$$Q_{WE} = [(975 - 449.4)(546.13 - 109.51)/975] + 109.51 - 310.21$$
$$= 34.7\text{kN}$$

$$A'_{WS} = 34.7/(0.06 \times 320 \times 0.707) = 2.56\text{cm}^2$$

在 F 点补焊 $2\phi16$ $A_W = 4.02\text{cm}^2 > A'_{W5} = 2.56\text{cm}^2$

$$EF = 130 - (2.5 + 1.8 + 3 + 5 \times 3.45 + 1.8) = 87.5\text{cm}$$

因 $AF = AB + BC + CD + DE + EF = 117.5 + 114.1 + 110.6 + 107.2 + 87.5 = 536.9 > 463.62 + 65 = 501.6$

故 5 排斜筋初步满足要求（图 5-35a）

（6）正截面抗弯验算：绘制弯矩包络图，可由 $M_{L/2} = 2214.98\text{kN} \cdot \text{m}$ 得 $M_{L/4} = 1722.64\text{kN} \cdot \text{m}$ 拟合四次抛物线 $y = ax^4 + bx^2 + c$ 得 $M_x = 2214.98 - (19.8552x^2 + 0.03623x^4)$

各弯起点后钢筋承受弯矩值按钢筋面积分配，各弯起点设计弯矩与抵抗弯矩对照列于表 5-19（图 5-35c）。

设计弯矩与抵抗弯矩对照表   表 5-19

断面位置	跨中距离 x (cm)	设计弯矩	抵抗弯矩	断面位置	跨中距离 x (cm)	设计弯矩	抵抗弯矩
跨中	0.0	2214.98	2314.2	C 点	743.4	1007.0	925.7
E 点	525.6	1638.82	1851.4	B 点	857.5	559.13	462.8
D 点	632.8	1361.81	1388.5				

故 B 点、C 点不满足要求，应向左移动。弯矩图上任一弯矩 $M_d(x)$ 到跨中距离可近似按下式计算

$$x'' = \frac{L}{2}\sqrt{1 - \frac{M_d(x)}{M_{L/2}}} \tag{5-50}$$

式中 $M_d(x)$ 为抵抗弯矩。

D、C、B 抵抗弯矩到跨中距离为

$$X''_C = \frac{1950}{2}\sqrt{1 - 925.7/2214.98} = 743.9 \text{ (cm)}$$

$$X''_B = \frac{1950}{2}\sqrt{1 - 462.8/2214.98} = 867.2 \text{ (cm)}$$

故 C 点应左移 $743.9 - 734.4 = 0.5$ (cm)

B 点应左移 $867.2 - 857.5 = 9.7$ (cm)

（7）斜截面抗弯验算：斜截面抗弯验算可按保证构造要求方法检验，即要求起弯点至正强截面强度不需要该钢筋的那一点的距离大于 $h_0/2$。所以 B 点应左移 $9.7 + \frac{121.85}{2} =$

70.6，C 点应左移 $0.5+\dfrac{121.85}{2}=61.4$（此处取平均 h_0），为满足构造后一排弯起钢筋弯终点应不少与前一排钢筋弯起重合不容许分离规定，故各排斜筋均左移 70.6cm。

5．纵向防收缩钢筋

$$A_g=0.002bh=0.002\times18\times130=4.68\text{cm}^2$$

实际选用 $10\phi8$，$A_g=5.03\text{cm}^2$，在梁腹两侧下密上疏地布置。

6．裂缝验算和挠度计算（略）

左移后斜筋布置区段长度为 $536.9-70.6=466.3<501.6$，故应再补焊 $2\phi16$ 斜筋方可满足斜截面抗弯要求（图中未示出）。

第五节　横隔梁计算

横隔梁是支承在主梁上的多跨连续梁，由于它对主梁起横向联系作用，同时又参予主梁的荷载横向分配作用，因此横隔梁的计算方法应与主梁计算方法一致。

对于有多根横隔梁的情况，由于位于跨中横隔梁的受力最大，通常只需计算跨中附近的中横隔梁，其它横隔梁可仿此设计。

一、按"$G-M$ 法"计算横隔梁弯矩

"$G-M$ 法"中比拟板单宽横向弯矩为：

$$M_y=P_0\sin\frac{\pi x}{L}\cdot B\cdot\mu_\alpha \tag{5-52}$$

式中　B——桥宽之半；

$P_0\sin\dfrac{\pi x}{L}$——横向单宽板条上的荷载；

μ_α——弯矩影响系数。

μ_α 值与 α、θ、荷载位置和计算截面位置有关，对于 $\alpha=0$ 和 $\alpha=1$，其对应的弯矩影响系数 μ_0 和 μ_1 见附录 Ⅳ。当 $0<\alpha<1$ 时，μ_α 值仿照 K_α 值式计算即，

$$\mu_\alpha=\mu_0+（\mu_1-\mu_0）\sqrt{\alpha} \tag{5-53}$$

在 T 形梁桥计算中，当横隔梁间距为 b_1' 时，并计入活载冲击作用，则此横隔梁承受的弯矩为：

$$M_y=（1+\mu）\xi b_1'P_0\sin\frac{\pi x}{L}\sum\mu_\alpha \tag{5-54}$$

对于跨中横隔梁　$x=L/2$，则，

$$M_y=（1+\mu）\xi b_1'Bp\Sigma\mu_\alpha \tag{5-55}$$

式中　P_0——荷载峰值，对于有多个集中荷载情况 $P_0=\dfrac{2}{L}\Sigma p_i\sin\dfrac{\pi a}{L}$，式中　p_i——顺桥向作用的集中荷载；

　　　a——各集中荷载距离支点的距离。

对于均布荷载　$n=\dfrac{4q}{\pi}\sin\dfrac{\pi b}{L}\sin\dfrac{\pi C}{L}$

其中　q——荷载集度；

　　　c——荷载长度之半；

b—— 均布荷载中心至支座的距离。

$\Sigma\mu_a$—— 与各个荷载位置对应的横向弯矩影响系数之和。

二、横隔梁剪力计算

如图 5-36 所示，当桥梁在跨中有单位荷载 $P=1$ 作用时，各主梁所受的荷载为 η_1，η_2 $\cdots\eta_n$，也就是横隔梁的弹性支承反力，因此，任意截面 C 的剪力为：

1. 荷载 $P=1$ 位于截面 C 左侧时

$$Q_c=\eta_1+\eta_2-1=\sum_{}^{\text{左}}\eta_{i-1} \qquad (5\text{-}56)$$

2. 荷载 $P=1$ 位于截面 C 右侧时

$$Q_c=\eta_1+\eta_2=\sum_{}^{\text{左}}\eta_i \qquad (5\text{-}57)$$

式中　Q_c—— 横隔梁任意截面 C 的剪力；

$\sum\limits^{\text{左}}\eta$—— 表示涉及所求截面以左的全部支承

反力的作用。

图 5-36　剪力计算图式

当横隔梁的间距为 b_1' 时，则该截面的剪力为：

$$Q=b_1' p \Sigma n \qquad (5\text{-}58)$$

通常横隔梁的剪力在靠近桥两侧边缘处的截面较大，一般可以只求 1 号梁左侧和 2 号梁右侧截面的剪力。

例 5-5、例 5-4 中 T 梁横隔梁计算实例。

（一）弯矩计算

1. 由例 5-4 中 $\theta=0.324$，查附录 IV 中图 IV-14 得 IV-15，分别查得 μ_0 及 μ_1 值，并按式 (5-52) 计算 μ_a 值列于表 5-20。

弯矩影响线竖标值　　　　　　　　　表 5-20

μ_a 值　荷载位置	B	$\frac{3}{4}B$	$\frac{B}{2}$	$B/4$	0
μ_0	-0.240	-0.120	0.001	0.120	0.244
μ_1	-0.098	-0.040	0.028	0.110	0.217
$\mu_a=\mu_0+(\mu_1-\mu_0)\sqrt{\alpha}$	-0.218	-0.107	0.004	0.118	0.240

2. 依据计算的 μ_a 值绘出横梁跨中弯矩影响线，并按汽车、挂车分别取得最大正弯矩和最大负弯矩布载，求得其相应的车轮轮载下的竖标值，（图 5-37）计算 $\Sigma\mu_a$ 值列于表 5-21 中。

$\Sigma\mu_a$ 值　　　　　　　　　表 5-21

正弯矩	$\Sigma\mu_a\gamma_汽=0.240+0.027=2.67$	负弯矩	$\Sigma\mu_a\gamma_汽=(-0.107+0.095)\times2=-0.024$
	$\Sigma\mu_a挂=(0.078+0.185)\times2=0.526$		$\Sigma\mu_a人=-0.204\times2=-0.408$

3. 计算荷载等效正弦荷载峰值，荷载纵向排列如图 5-38，计算列于表 5-22。

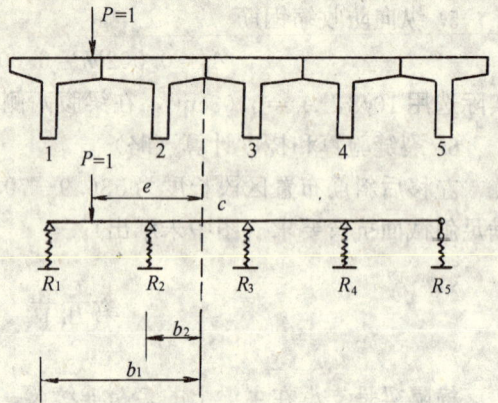

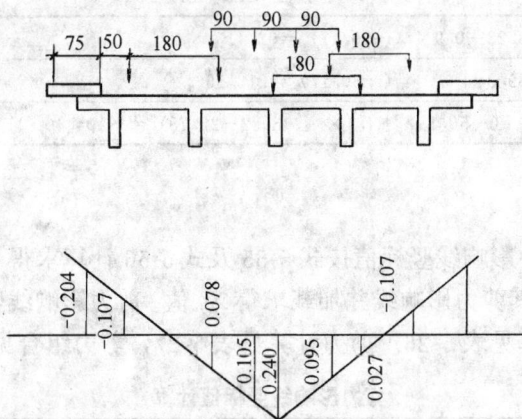

图 5-37 $\Sigma\mu_a$ 值计算

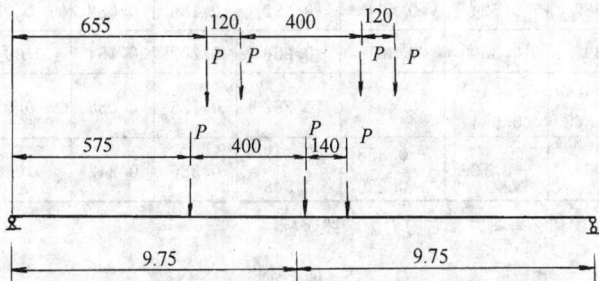

图 5-38 汽车—20 级和挂车—100 荷载纵向布置

等效正弦荷载峰值计算   表 5-22

$$P_汽 = 2\times\left(\frac{6.0}{19.50\times2}\sin\frac{5.75\pi}{19.5}+\frac{120}{19.5\times2}\sin\frac{9.75\pi}{19.5}+\frac{120}{19.5\times2}\sin\frac{11.15\pi}{19.5}\right)$$
$$=14.61\text{kN/m}$$

$$P_挂 = 2\times\frac{125}{19.5\times12}\times\left(\sin\frac{6.55\pi}{19.5}+\sin\frac{7.75\pi}{19.5}\right)=23.31\text{kN/m}$$

$$P_人 = 4\times\frac{2.25}{\pi}=2.86\text{kN/m}$$

$$P_{人行道栏杆}=\frac{4\times5\times1.98}{2\pi}=6.30\text{kN/m}$$

4. 横隔梁跨中弯矩及内力组合分别见表 5-23 及 5-24。

跨中弯矩计算   表 5-23

$$M_汽^+ = (1+\mu)\,\zeta b_i'BP\sin\frac{\pi x}{L}\Sigma\mu_a=1.29\times1\times4.88\times4\times14.61\times0.267=98.23\text{kN}\cdot\text{m}$$

$$M_汽^- = 1.29\times1\times4.88\times4\times14.61\times(-0.024)=-8.82\text{kN}\cdot\text{m}$$

$$M_挂^+ = 4.88\times4\times23.31\times0.526=239.34\text{kN}\cdot\text{m}$$

$$M_人 = 4.88\times4\times2.86\times(-0.408)=-22.78\text{kN}\cdot\text{m}$$

$$M_{人行道}=4.88\times4\times6.30\times(-0.408)=-50.17\text{kN}\cdot\text{m}$$

注：$(1+\mu)$ 计算按 $l=5.75$m 计。

弯矩组合（kN·m） 表 5-24

$$M^+_{汽+人行道}=1.4\times98.23+0.9\times(-50.17)=92.41$$

$$M^+_{挂+人行道}=1.1\times239.34+0.9\times(-50.17)=218.16$$

$$M^-_{汽+人+人行道}=1.2\times(-50.13)+1.4\times(-8.82-22.78)=-104.40$$

（二）剪力计算

由例 5-4、表 5-10 中影响线竖标值按式 5-55 及式 5-56 计算求得 1 号梁右侧和 2 号梁左侧影响线竖标值，绘出其剪力影响线并加载求得 $\Sigma\eta$ 值。剪力影响线竖标值见表 5-25，影响线见图 5-39。$\Sigma\eta$ 值计算见表 5-26。剪力计算见表 5-27，剪力组合见表 5-28。

剪力影响线竖标值计算 表 5-25

项 目 ＼ 荷载位置	B	$\dfrac{3}{4}B$	$B/2$	$B/4$	0	$-\dfrac{B}{4}$	$-\dfrac{B}{2}$	$-\dfrac{3B}{4}$	$-B$
1 号主梁反力竖标值	0.632	0.524	0.404	0.292	0.186	0.088	−0.016	−0.10	−0.192
2 号主梁反力竖标值	0.397	0.350	0.301	0.256	0.202	0.154	0.094	0.035	−0.019
1 号梁右剪力竖标值	(−0.454) −0.368	(0.546) (0.524)	0.404	0.292	0.186	0.088	−0.016	−0.10	−0.192
2 号梁右剪力竖标值	0.029	−0.126	(−0.358) −0.295	(0.642) 0.548	0.386	0.242	0.078	−0.065	−0.211

注：括弧中数字为 1 号梁和 2 号梁左、右剪力影响线竖标

$\Sigma\eta$ 值计算 表 5-26

1 号梁右	$\Sigma\eta_{汽}=(0.499+0.291+0.155-0.025)=0.920$
	$\Sigma\eta_{挂}=(0.504+0.396+0.296+0.200)=1.396$
2 号梁右	$\Sigma\eta_{汽}=(0.578+0.298)=0.876$
	$\Sigma\eta_{挂}=(0.585+0.442+0.305+0.166)=1.498$

梁右剪力计算（kN） 表 5-27

$$Q_{汽}=b_iP_0\Sigma\eta=4.88\times14.61\times0.920=65.6（1 号梁）$$

$$Q_{挂}=4.88\times23.31\times1.498=170.4（2 号梁）$$

剪力组合（kN） 表 5-28

$Q_{汽}=1.4\times65.6=91.8$	$Q_{挂}=1.1\times170.4=187.4$

（三）截面设计

计算资料

计算正弯矩 $M=218.16$ kN·m，计算负弯矩 $M=-104.40$ kN·m。计算剪力为 $Q=187.4$ kN。横梁计算高度 100cm，计算宽度 15cm。

底面布置 4 根 $\phi20$ Ⅱ 级钢筋（双排），钢筋上下层中心距 7cm，保护层厚 3cm；顶面采

用 2ϕ20 II 级钢筋，保护层厚 2.5cm（图 5-40）。

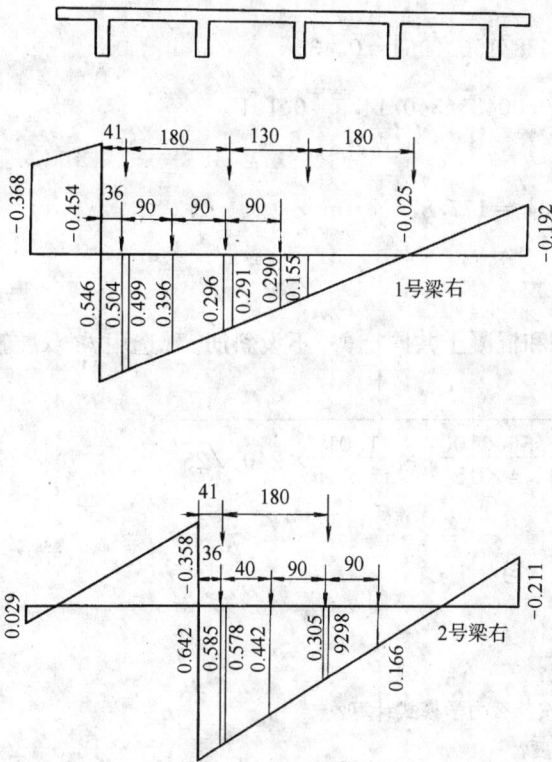

图 5-39　1 号梁右和 2 号梁右横梁剪力影响线

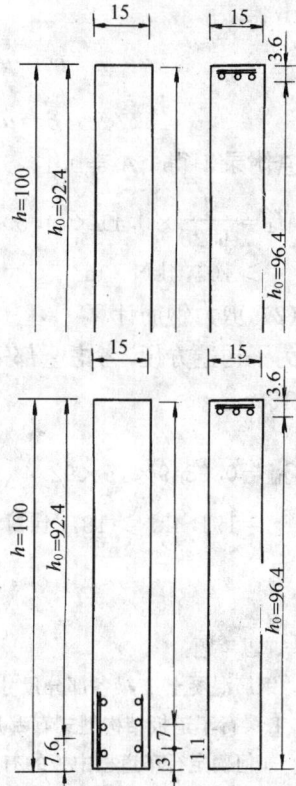

图 5-40　横隔梁布筋

尺寸单位　cm

（1）正截面强度验算

1）正弯矩验算（按双筋矩形截面验算）

$a_g = 3 + (2.2 + 7)/2 = 7.6\text{cm}$

$a'_g = 2.5 + \dfrac{2.2}{3} = 3.6\text{cm}$

$h_0 = 100 - 7.6 = 92.4\text{cm}$

$x = R_g (A_g - A'_g)/R_a b$

$\quad = 340 \times (12.56 - 6.28)/15 \times 14.5$

$\quad = 9.82\text{cm}$

$\because \quad x < 0.55 \quad h_0 = 0.55 \times 92.4$

$\quad = 50.8\text{cm}$

$\therefore \quad M_d = \dfrac{1}{\gamma_c} R_a h_x \left(h_0 - \dfrac{x}{2} \right) + \dfrac{1}{\gamma_s} R'_g A'_g (h_0 - a'_g)$

$\quad = \dfrac{1}{1.25} \times 14.5 \times 150 \times 98.2 \times (924 - 98.2/2) + \dfrac{1}{1.25} \times 340 \times 6280$

$\qquad \times (924 - 36)$

$\quad = 301.17\text{kN} \cdot \text{m} > 218.16\text{kN} \cdot \text{m}$

2）负弯矩验算（按单筋矩形截面验算）

$$h_0 = 100 - 3.6 = 96.4 \text{cm}$$

$$\mu = \frac{A'_g}{bh_0} = 628/150 \times 964 = 0.43\%$$

$$\xi = \mu R_g / R_a = 0.0043 \times 340/14.5 = 0.101$$

查附录 I 得 $A_0 = 0.11$

$$M_d = \frac{1}{1.25} \times 0.11 \times 14.5 \times 150 \times 964^2 = 177.87 \text{kN} \cdot \text{m}$$

$$> 104.4 \text{kN} \cdot \text{m}$$

（2）剪力钢筋计算

为了构造方便，考虑全部采用箍筋和混凝土共同抗剪，不设斜筋。现选用 ϕ8 双肢箍，间距为 15cm。

$$Q_{hk} = 0.0349 \times 15 \times 92.4 \sqrt{\left(2 + \frac{12.56 \times 100}{92.4 \times 15}\right) \times \frac{1.01}{15 \times 15} \times 240 \sqrt{25}}$$

$$= 191.4 \text{kN} > 187.4 \text{kN}$$

习　题

一、思考题：

1. 钢筋混凝土 T 梁各部分尺寸如何拟定？

2. T 梁行车道板结构型式有哪几种？各按什么力学模式计算？

3. 如何确定行车道板中板的有效分布宽度？

4. T 梁梁肋计算横向分布系数有哪些方法？

5. 杠杆法计算横向分布系数的步骤？

6. 偏心受压法计算横向分布系数的步骤？

7. 杠杆法和偏心受压法的适用范围是什么？

8. $G-M$ 法计算横向分布系数的步骤？

9. 横向分布系数沿梁跨是如何分布的？

10. 横隔梁计算中应注意什么问题？

二、计算题

1. 装配式钢筋混凝土简支 T 形梁计算

设计荷载：汽车—20 级、挂车—100，人群荷载 3kN/m²

桥面净宽：净—7+2×1.50+2×0.25

标准跨径：$L_b = 20 \text{m}$

材料　混凝土　23 号

　　　钢筋：主钢筋、弯边钢筋和架立钢筋为 II 级，其它为 I 级

梁的纵、横断面建议按附图所拟尺寸进行。

2. 计算图示行车道板

荷载　汽车—20 级、挂车—100

材料　混凝土　25 号

　　　钢筋 I 级

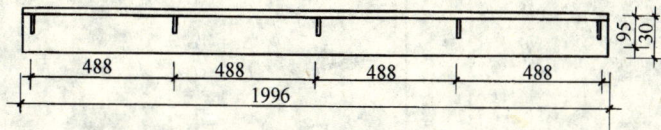

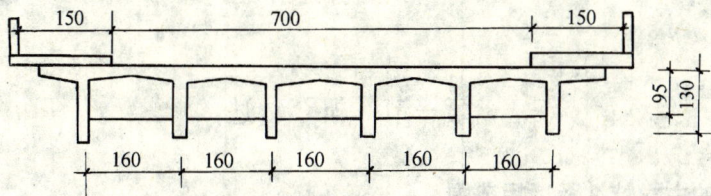

图习 5-1

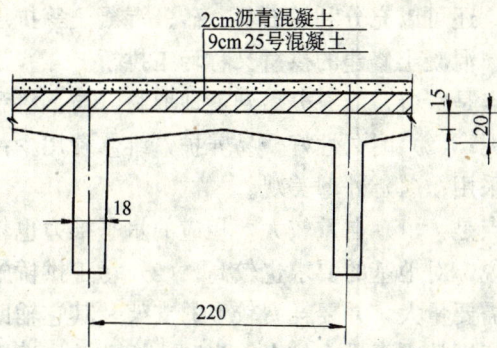

图习 5-2

第六章 拱 桥 构 造

第一节 概 述

一、拱桥的力学特性及适用范围

拱桥是在竖向荷载作用下具有水平推力的结构物。由于水平推力的存在，拱的截面上的弯矩将比同跨径的梁桥的弯矩小很多，而使拱主要承受压力。因此拱桥不仅可以利用钢、钢筋混凝土等材料修建，还可以充分利用石料、砖、混凝土等抗压性能良好而抗拉性能差的材料修建。用砖、石、混凝土修建的拱桥又称圬工拱桥。

圬工拱桥的主要优点是：(1) 能充分做到就地取材，与钢桥和钢筋混凝土桥相比，可以节省大量的钢材和水泥；(2) 耐久性好，易养护，维修费用少；(3) 构造简单，施工技术容易掌握，利于广泛采用；(4) 外型美观。

圬工拱桥的主要缺点是：(1) 自重较大，相应的水平推力也较大，增加了下部结构的工程量，对于无铰拱来说，对地基的要求也较高；(2) 圬工拱桥施工工业化、机械化程度低，工期较长、劳动力需要量大，并要耗费较多的支架及其它辅助材料；(3) 在连续、多孔的大、中拱桥中，由于拱的水平推力较大，为防止桥孔破坏而影响全桥的安全，需要设置单向推力墩或采用较复杂的措施，增加了造价；(4) 与梁式桥相比，上承式拱桥的建筑高度较高。在城市和平原地区修建拱桥时，因桥面标高提高，既增加造价又对行车不利，因此使其使用范围受到一定的限制。

圬工拱桥虽然存在这些缺点，但由于它有突出的优点，只要条件合适时，修建圬工拱桥仍然是经济合理的。

二、拱桥的分类

（一）按建筑材料（主要指拱圈使用材料）

分为圬工拱桥、钢筋混凝土拱桥和钢拱桥。

（二）按拱上结构形式

分为实腹式拱桥和空腹式拱桥；

（三）按主拱圈拱轴线形式

分为圆弧拱、悬链线拱和抛物线拱；

（四）按主拱圈横截面形式

可分为：

1. **板拱桥**（图 6-1a）

主拱圈为矩形实体截面，是圬工拱桥的基本形式。主要特点是构造简单、施工方便。

2. **肋拱桥**（图 6-1b）

在板拱桥基础上，将板拱划分成两条或多条分离的高度较大的拱肋，肋与肋之间用横系梁连联。肋拱桥可用较小的横截面积获得较大的截面抵抗矩，以节省材料、同时减轻拱桥的自重。

3. 双曲拱桥（图 6-1c）

由于主拱圈在纵向和横向都呈曲线形，故称双曲拱桥。

双曲拱桥横截面抵抗矩较之相同材料用量的板拱大，因而节约材料；同时又具有装配式桥梁的优点，故曾得到广泛使用。但由于施工工序多、组合截面整体性较差。因此双曲拱桥仅适宜于中、小跨径桥梁。

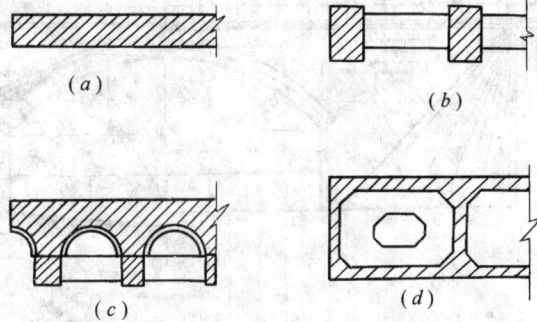

图 6-1　主拱圈横截面形式

4. 箱形拱桥（图 6-1d）

箱形拱桥拱圈外形与板拱相似，但由于截面挖空使之与相同材料用量的板拱相比，截面抵抗矩大很多，又由于它是闭口箱形截面，截面抗扭刚度大，整体性强，稳定性好，是大跨径拱桥主拱圈的基本形式。

（五）按结构受力体系分

1. 三铰拱

三铰拱属静定结构，所以当地基条件较差时可以采用。但由于铰的存在，降低了拱的整体刚度，因此主拱圈一般不采用三铰拱，而主要作为空腹式拱桥的腹拱使用。

2. 无铰拱

无铰拱属三次超静定结构。无铰拱内力分布均匀，整体刚度大，施工方便。尽管由于温度变化，材料收缩，基础位移在拱内会产生较大的附加内力，但无铰拱仍然是各种拱桥中主要采用的结构型式。

3. 两铰拱

两铰拱属一次超静定结构。其特点介于三铰拱与无铰拱之间，因此在地基条件较差不宜修建无铰拱时，可考虑修建两铰拱。

三、圬工拱桥上部结构组成

拱桥同其它桥梁一样，也是由上部结构、下部结构和附属结构组成（图 6-2）。

拱桥上部结构由拱圈及拱圈上面的拱上建筑组成。一般情况下主拱圈呈曲线形，车辆无法直接在弧面上行驶，所以在桥面系与拱圈之间设置传递荷载的填充物（实腹拱）或构件（空腹拱），以便使车辆能在平顺的桥面上行驶。主拱圈、桥面及填充物或构件共同组成拱桥的上部结构，图 6-2 为实腹式拱桥的上部构造。

拱圈最高处横向截面称为拱顶，拱圈与墩台连接处的横向截面称为拱脚（或起拱面），拱圈各截面形式的连线称为拱轴线，拱圈的上曲面称为拱背，下曲面称为拱腹，拱脚与拱腹相交的直线称为起拱线。一般将矢跨比 $f/L \geqslant \frac{1}{5}$ 的拱称为陡拱，矢跨比 $f/L < \frac{1}{5}$ 的拱称为坦拱。

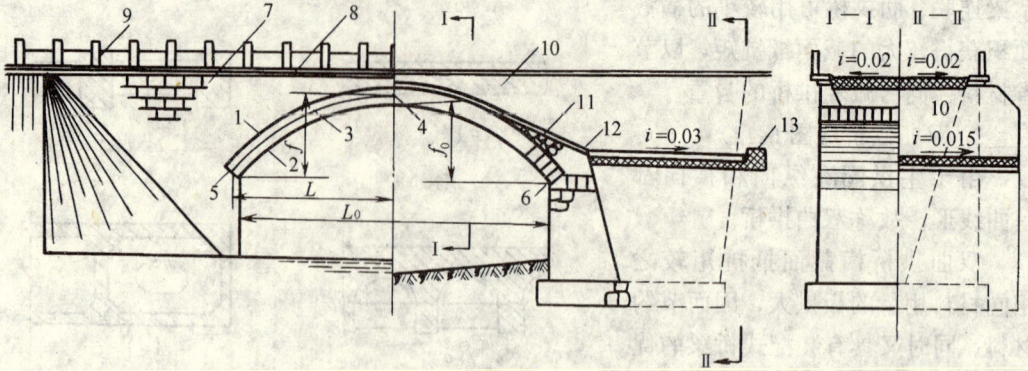

图 6-2　实腹式拱桥上部构造

1—拱背；2—拱腹；3—拱轴线；4—拱顶；5—拱脚；6—起拱线；7—侧墙；
8—人行道；9—栏杆；10—拱腔填料；11—护拱；12—防水层；13—盲沟

第二节　砖石拱桥构造

一、拱圈构造

石拱桥的主拱圈通常做成实体的矩形截面，所以又称石板拱。按照拱圈使用的石料规格分为片石拱、块石拱和料石拱。

用来砌筑拱圈的石料，要求是未经风化的石料，其标号不得低于 30 号。砌筑用的砂浆标号，对于大、中跨径拱桥，不得低于 7.5 号；对于小跨径拱桥，不得低于 5 号，也可采用粒径不大于 2cm 的小石子混凝土代替砂浆砌筑片石或块石拱圈。

石料规格的要求是：片石厚度不得小于 15cm，不得有尖锐棱角，否则施工时应敲去其尖锐凸出部分；块石应有两个较大的平行面，厚度 20～30cm，形状不致方正，宽度约为厚度的 1～1.5 倍，长度约为厚度的 1.5～3 倍；每层的石料高度大致一样并错缝砌筑；粗料石厚度不小于 20cm，宽度为厚度的 1～1.5 倍，长度为厚度的 1.5～4 倍，错缝砌筑。城市桥梁为了美观，当采用片石和块石砌筑时，宜采用料石或混凝土块镶面。

石拱桥主拱圈可以采用等截面和变截面两种，当用料石砌筑时，拱石应随拱轴线和截面形式不同而分别编号，以便于拱石的加工和安砌。等截面圆弧拱因截面相等，又是单心圆弧，拱石规格较少，编号比较简单（图 6-3a，b），而变截面拱圈由于截面发生变化，拱石类型较多，编号比较复杂（图 6-3c），给施工带来很大麻烦，因此目前修建中小截面的石拱桥以等截面最为广泛。

在砌筑料石拱圈时，根据受力的需要，构造上应满足如下要求：

拱石受压面的砌缝应是幅射方面，即与拱轴线垂直，砌筑时一般采用通缝，不必错缝（图 6-3b，c）；

当采用两层或两层以上石料砌筑拱圈时，在砌筑垂直于受压面的顺桥面应砌缝错开，其错缝间距不小于 10cm（图 6-3b 及图 6-4）；

拱石竖向砌筑应采用错缝砌筑，其错缝间宽度不小于 10cm（图 6-4）。

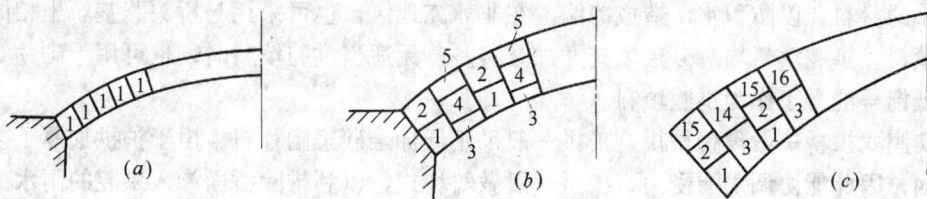

图 6-3　拱石编号

注：图中数字为拱石编号。

砌缝的缝宽不应大于 2cm。

当采用片石或块石砌筑拱圈时，应将石料大头朝上，小头朝下，并选用较大的面与拱轴垂直，同时石块的砌缝必须互相交错。

墩台与拱圈、拱上横墙（空腹拱）与拱圈的连接应采用特制的五角应连接（图 6-5a，b），用以改善连接处的受力状况。为保证五角石不被压碎和破坏，五角石不得带有锐角。由于五角石加工制作比较复杂，为了简化施工，也常用现浇混凝土拱座和腹孔墩底梁代替（图 6-5c，d）。

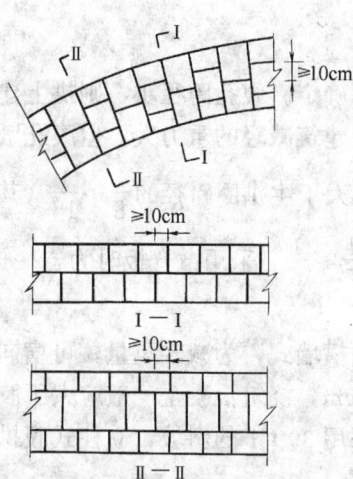

图 6-4　拱石砌缝

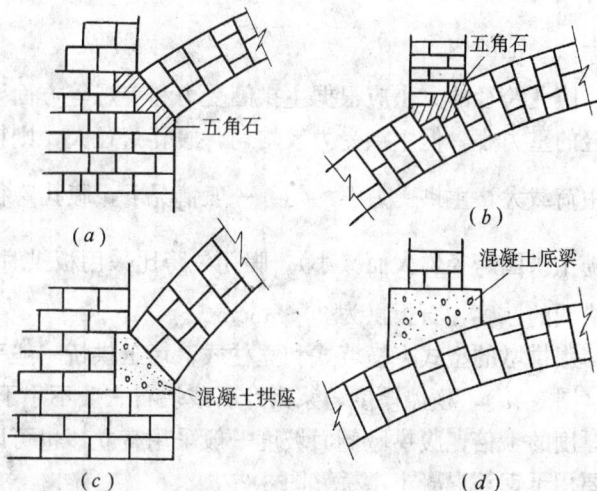

图 6-5　五角石及混凝土拱座底梁

二、拱上建筑构造

（一）实腹式拱上建筑

实腹式拱上建筑由侧墙、拱腹填料、护拱、变形缝、防水层、泄水管及桥面系组成（图 6-2）。

侧墙承受拱腔填料和车辆荷载产生的侧向压力，侧墙一般用片石或块石砌筑。为了美观，也可用料石或混凝土块镶面。侧墙厚度按承受土压力（含车辆荷载引起的土压力）的大小通过计算确定，一般顶面为 50～70cm，向下逐渐增厚，墙脚厚度取用墙高的 0.4 倍。外坡垂直，内坡为 4∶1 或 3∶1。

拱腔填料用来支承桥面，它的作用是传递荷载和吸收冲击力。为了减轻对侧墙的侧压力，拱腔填料一般应就地取材，通常采用粗砂、砾石、碎石及煤渣，炉渣等透水性良好，土压力小的材料，以防积水，造成冻胀。在非冰冻地区，也可采用与桥头路基填土相同的土作为填料。拱腔填料均应分层填充并加夯实。若无适当拱腔填料时，也可用干砌片石、块石或低标号混凝土作为拱腔填料。

实腹式拱桥一般设置护拱，护拱一般采用低标号砂浆砌片石。由于护拱加厚了拱脚段的断面，因此能协调拱圈受力，护拱一般做斜坡式，以利排除桥面渗入拱腔的雨水。

桥面系由车行道、人行道、两侧栏杆式矮墙（又称雉墙）组成。

（二）空腹式拱上建筑

空腹式拱上建筑由实腹段和空腹段组成，实腹段的构造与实腹式拱桥相同，空腹段则一般做成横向腹孔的形式（图6-6）。

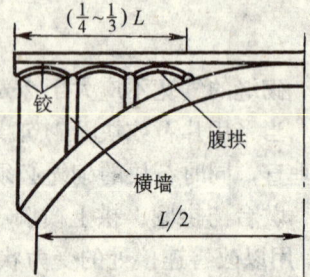

图6-6 空腹式拱上建筑

砖、石拱桥的腹孔常用圆弧形的小拱，称为腹拱。其拱圈称为腹拱圈，支承腹拱圈的拱墩称为腹拱墩。

腹孔的布置采用对称式，每边3～6孔为宜，视主拱圈的跨径而定。腹孔大多采用等跨的方式，这样不仅对腹拱墩的受力有利，而且便于施工，一般设置在主拱圈的拱脚的 $\frac{1}{4}$ ～ $\frac{1}{3}$ 跨径范围内。

腹孔跨径的大小应根据主拱圈受力和美观等方面要求确定。腹孔跨径小，则拱上建筑减轻的重力小，但主拱受力较均匀，腹孔跨径大，则拱上建筑减轻的重力大，但腹孔墩处集中荷载大，主拱受力不均匀。一般情况下，腹孔跨径不大于主拱圈跨径的 $\frac{1}{8}$ ～ $\frac{1}{15}$ （其比值随主拱圈跨径增大而减小）。腹孔矢跨比采用板拱时为 $\frac{1}{2}$ ～ $\frac{1}{6}$ ，采用微弯板时为 $\frac{1}{10}$ ～ $\frac{1}{12}$ 。腹拱圈的厚度，石板拱为30～45cm。

腹拱墩的型式有横墙式和立柱式，圬工拱桥一般采用横墙式，为减轻重量，可横向挖空（图6-7a），横墙厚度，浆砌片石或块石一般不小于60cm，浇筑混凝土一般应大于胶拱圈厚度的1倍，腹拱墩侧面坡度一般采用直立，也可以采用30:1的斜坡，立柱式腹拱墩主要用于钢筋混凝土拱桥（图6-7b）。

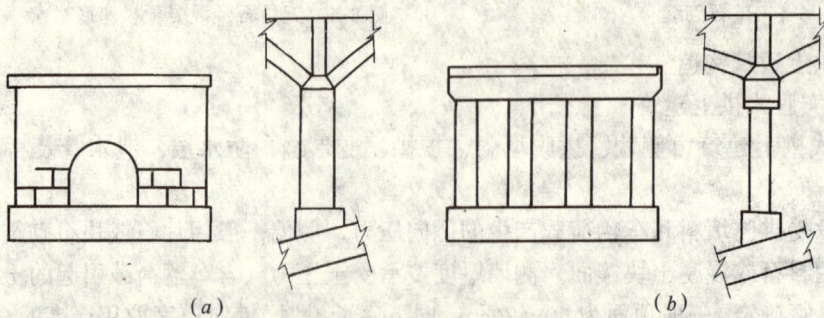

(a)

(b)

图6-7 腹拱墩形式

腹拱在墩台处的支承方案如图6-8所示，其中a型为腹拱支承在桥台上，b型为腹拱支承在墩顶实体墙上，c 型为跨过桥墩式。

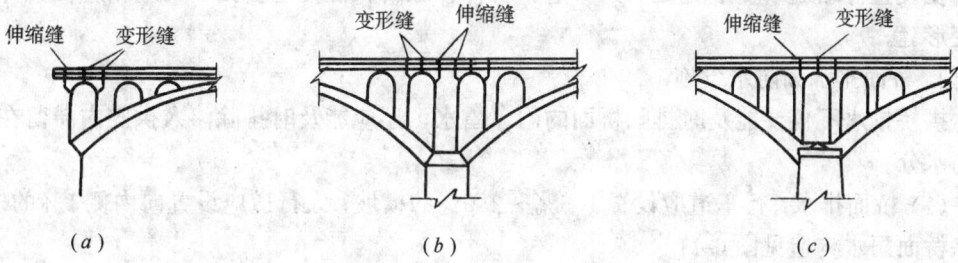

图 6-8　腹孔在支承处支承方案

（三）其它细部构造

1. 拱上填料、桥面及人行道

拱上填料一方面能扩大车辆荷载分布面积，同时减小车辆荷载冲击作用，因此当填料厚度（含路面厚度）等于或大于 50cm 时，设计时可不计荷载的冲击力。

拱桥桥面、人行道构造与梁桥基本相同，此处不再赘述。

2. 伸缩缝和变形缝

拱上建筑与主拱圈在构造上和受力上都有密切的联系，一方面拱上建筑能够提高拱的承载能力，但另一方面，它对拱圈的变形起约束作用。在温度变化、混凝土收缩及车辆荷载作用时，主拱圈产生挠度，拱上建筑随之变形，这时侧墙、腹拱圈与墩台连接处容易开裂。为了防止这种现象，除在设计上应作充分考虑外，应在构造上采用必要的措施。通常是在相对变形（位移或转角）较大的位置设置伸缩缝，而在相对变形较小处设置变形缝。

实腹式拱桥的伸缩缝通常设在两拱脚的上方，并需在横桥方面贯通全宽和侧墙的全高直至人行道，伸缩缝多采用直线形（图 6-9）。

空腹式拱桥，一般将紧靠墩台的第一个腹拱圈做成三铰拱，并在靠墩台的拱铰上方的侧墙上，也相应地设置伸缩缝，在其余两拱铰的上方可设置变形缝（图 6-10），在特大跨径拱桥中，在靠近主拱圈拱顶的腹拱，宜设置成两铰或三铰拱，腹拱铰上方的侧墙仍需设置变形缝（图 6-10），以便使拱上建筑更好地适应主拱图的变形。

图 6-9　实腹拱桥伸缩缝布置　　　图 6-10　空腹式拱桥伸缩缝布置

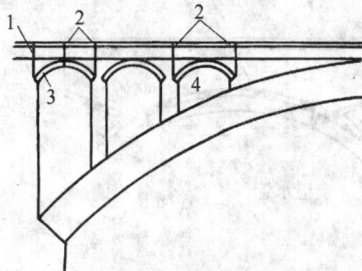

1—伸缩缝；2—变形缝；3—三铰腹拱；4—二铰腹拱

伸缩缝的宽度一般为 2～3cm，可用锯末沥青（重量比为 1：1）做成预制板，施工时嵌入缝内，上缘一般做成能活动而不透水的覆盖层。缝内填料亦可采用沥青砂浆等其它材料。

变形缝不设缝宽，其缝可干砌，用油毛毡隔开或用低标号砂浆砌筑。

在设置伸缩缝或变形缝处的人行道、栏杆、缘石和混凝土桥面，均应相应设置伸缩缝和变形缝。

3. 桥面排水和防水设施

拱桥排水不仅要能及时排除桥面的雨、雪水，还应能及时排除渗入拱腔内滞留在拱背上的水分。

(1) 桥面排水：行车道应设置 1.5%～2.0% 的横坡，人行道应设置向内侧 1% 的横坡。排除桥面雨水构造见图 6-11。

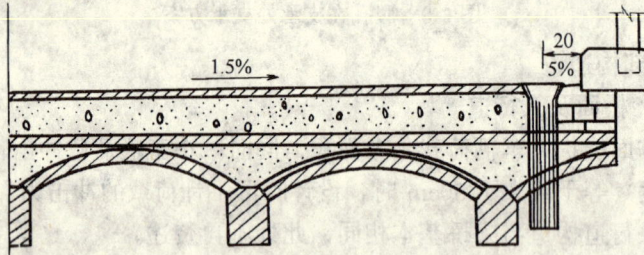

图 6-11　桥面排水构造

(2) 防水设施：渗入到拱腔内的雨水，应通过防水层汇集到预埋在拱腔内的泄水管排出。

实腹式拱桥，防水层应沿拱背护拱、侧墙铺设。对单孔桥，可不设泄水管，积水沿防水层流至两个桥台后面的盲沟，然后沿盲沟排出路堤（图 6-2）。多孔拱桥可在 $L/4$ 处设置泄水管（图 6-12）。

空腹式拱桥，防水层沿腹拱上方和主拱圈实腹段的拱背铺设，泄水管宜布置在 $L/4$ 跨径处（图 6-13）。

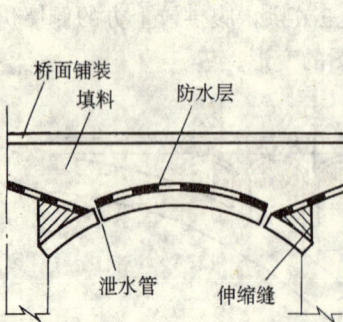

图 6-12　多孔实腹拱桥拱背排水构造　　图 6-13　空腹式拱桥拱背排水构造

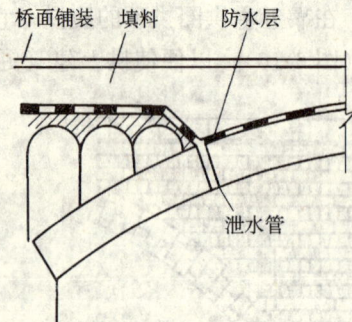

泄水管可以采用铸铁管、混凝土管或陶瓷（瓦）管。城市桥梁宜用内径 15cm，排水管应用直管、短管。管顶应做喇叭形并加罩铁筛盖，在筛盖周围堆积碎砾石过滤层排出。

防水层有粘贴式与涂抹式两种，前者用 2～3 层油毛毡与沥青胶交替贴铺而成，效果较好，但造价较高；后者用沥青涂抹于砌体表面，施工简便，造价低，但效果较差，适用于少雨地区。当要求较低时，可采用石灰三合土（厚15cm，水泥、石灰、土的配合比为1：2：3）、粘土胶泥、石灰粘土砂浆等。

防水层在全桥范围内不应断开，当通过伸缩缝或变形缝时应妥善处理，使其既能防水又能适应变形，其构造如图6-14所示。

4. 拱铰

石拱桥中通常使用的拱铰有平铰、弧形铰和铅铰。

（1）平铰：空腹式胶拱圈，跨径较小，可采用简单的平铰（图6-15a）。这种铰平面相接，直接抵承。平铰的接缝可涂1层低标号砂浆，也可垫衬油毛毡或直接干砌。

（2）弧形铰：

弧形铰可以用钢筋混凝土，混凝土或石料制作，它有两个具有不同半径弧形表面的块件

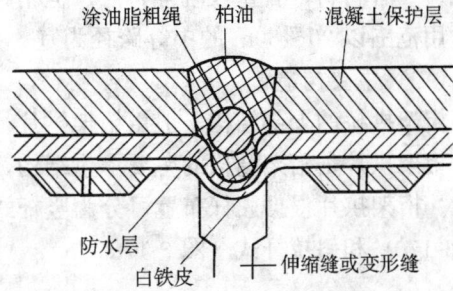

图 6-14　伸缩缝处即防水层构造

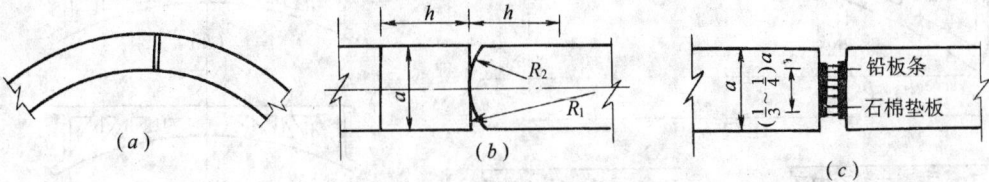

图 6-15　拱铰

(a) 平铰；(b) 弧形铰；(c) 铅铰

组成（图6-15b）。其中一个为凹形，半径为R_1，另一个为凸形，半径为R_2，$R_1：R_2=1.2\sim1.5$，铰的宽度应等于构件的全宽，沿拱轴线的长度为拱厚的1.15～1.20倍。拱的接触面应精加工，以保证紧密结合。

（3）铅铰：对于中、小跨径的板拱，可采用铅铰。铅铰用厚1.5～2.0cm的铅垫板，外部包以锌、铜（厚为1.0～2.0cm）薄片做成。铅垫板宽度为拱圈厚度的$\frac{1}{4}\sim\frac{1}{3}$，在主拱圈的全部宽度上分段设置。

第三节　其它拱桥构造特点

除了圬工拱桥外，钢筋混凝土和预应力混凝土结构的其它拱桥型式，有刚架拱、桁架拱，二铰平板拱等紧密结合我国桥梁建设具体条件发展起来的新桥型，正逐渐得到越来越广泛的使用。本节简要介绍其中部分拱桥型式的主要构造特点。

一、钢筋混凝土桁架拱桥

（一）特点

桁架拱是一种具有水平推力的桁架结构，其下弦杆为拱形，上弦杆一般与桥面结构组合成整体而共同工作。跨中为实腹式。桁架拱兼有拱和桁架的特点，结构受力合理，整体性强，节省材料，自重较轻等特点。但桁架结构毕竟是具有水平推力结构，因此桁架拱桥的适用范围以 20～50m 的中等跨径为宜。

（二）主要构造

桁架拱桥的上部结构一般由桁架拱片、横向联接系和桥面三部分组成（图 6-16）。

桁架拱片是桁架结构的主要承重结构，桁架片由上弦杆、腹杆、下弦杆和跨中实腹段组成。桁架拱片根据腹杆布置可分为竖杆式（图 6-17b）、三角形式（图 6-17a），斜压杆式（图 6-17c）和斜拉杆式（图 6-17d）。

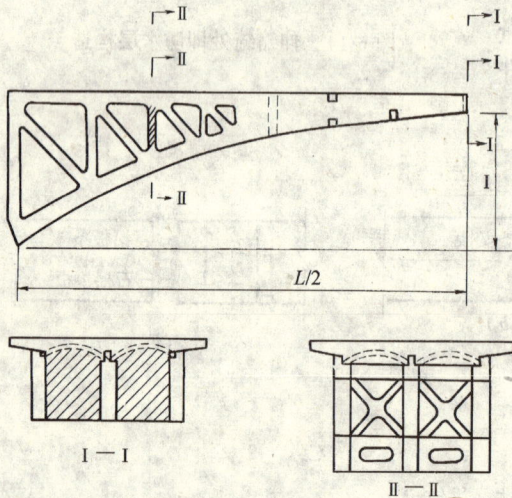

图 6-16　桁架结构的组成

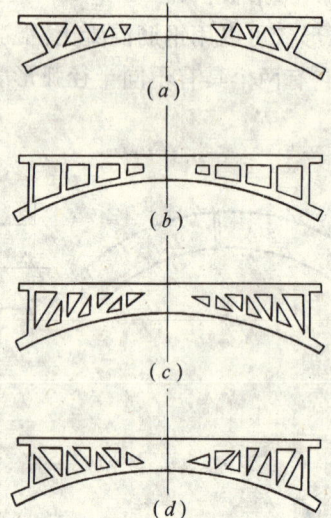

图 6-17　桁架拱主要形式

竖杆式腹杆只有竖杆，没有斜杆，重力小，结点只有三根杆相交。钢筋布置与混凝土浇筑方便，但框架构件以受弯为主，钢筋用量多，节点处易开裂，故适用于小跨径桥梁。

三角形腹杆拱片腹杆数量少，腹杆用料省，但若跨径大、矢高较大时，则节间长度过大，从而增加桥面钢筋用量。

斜压杆式所有腹杆受压，竖杆受拉，但长度较大，同时不够美观，故目前较少使用。

斜拉杆式尽管斜杆受拉，但竖杆受压，但对拉杆可采用预应力拉杆，外型也较美观，是目前常用形式。

为了将各拱片联成整体，使之共同受力，并保证其横向稳定，需要桁架拱片之间设置横向联系。横向联系由拉杆、横系梁、横隔板和剪力撑组成。

拉杆和横系梁分别设置在上、下弦杆的节点处，拱顶实腹段每隔3～5m 也应设置横系梁；横隔板设在实腹段与桁架部分连接处及跨中。板的高度一般都直抵桥面。剪力撑常设置在1/4L 附近的上、下结点之间及跨径端部，较小跨径端部可不设端部剪刀撑。对于大跨径拱桥，除设置剪力撑外，还可在下弦杆平面内设置一些连接系杆件，以加强桥梁的横向

134

稳定。

桁架拱桥桥面通常采用微弯板和现浇混凝土填平层组成。为加强微弯板与桁架拱片的联系，可将上弦杆及实腹段设计成凸形截面，并比锚固钢筋。

上部构造与墩台的连接常用图 6-18 的形式。上部构造与桥台连接。一般在桥台预留深 10cm 左右的槽口，将下弦端头插入，然后四周用砂浆填塞。当跨径较大时（图 6-18a，b），应采用较为完善的铰接。而桁架拱上弦与墩台的连接，则可采用悬臂式（图 6-18c）、过梁式（图 6-18d）或插入式（图 6-18e）。一般以过梁式为好。

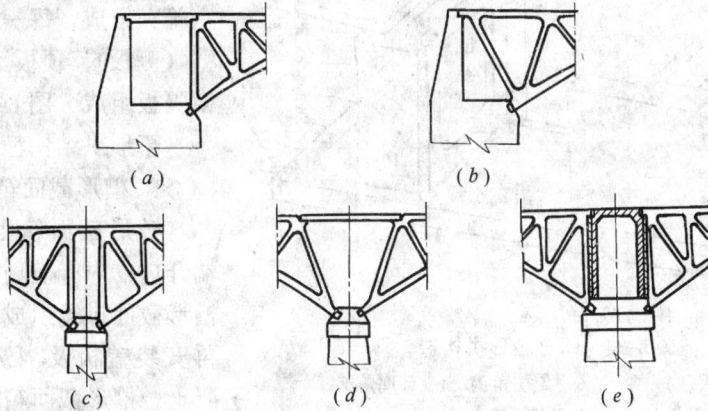

图 6-18　桁架拱与墩台的连接形式

(a) 过桥插入式；(b) 悬臂插入式；(c) 悬臂式；(d) 过梁式；(e) 插入式

二、刚架拱桥

（一）特点

刚架拱桥属于有推力的高次超静定结构，刚架拱片一般由跨中实腹段、空腹段的次梁、主拱腿（主斜撑）、次拱腿（斜撑）等组成。（图 6-19）。当跨径小于 30m 时，可不设次拱腿，而当跨径增大时可设一根或多根次拱腿。主拱腿直接支承在桥墩（台）上，次拱腿则可支承在主拱腿上，也可支承在桥墩（台）上。

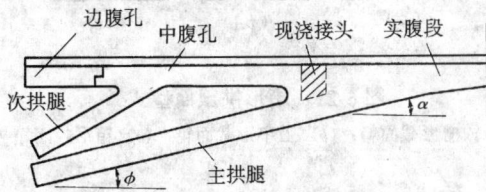

图 6-19　刚桥拱桥的组成

刚架拱桥具有构件少、自重轻、整体性好、刚度大、施工简便、经济指标较先进，造型美观等优点，因此目前在我国桥梁建设中中等跨径桥梁中得到了广泛应用。

（二）主要构造

刚架拱桥由实腹段，空腹段和拱腿构成的拱形结构。其几何尺寸直接影响到全桥结构的受力状况。主梁和次梁的梁肋上缘线一般与桥面纵向平行，主梁下缘一般采用二次抛物线、圆弧线或悬链线，使主梁成为变截面构件，主拱腿则可设计成直杆或微曲杆或与主梁同一曲线的弧形杆。使外形美观，并改善梁、拱腿的受力性能。

刚架拱架的横向连接和桥面系与桁架拱架基本相同。此处不再赘述。

三、箱形拱桥

上述钢筋混凝土桁架拱和刚架拱目前均仅适用于中等跨径桥梁。大跨径拱桥的主拱圈，大多采用箱形截面。箱形拱具有截面挖空率高，其挖空率可达全截面的50%～70%，因此与板拱比较圬工体积小，重量轻；另外，箱形截面中性轴居中，力学性能好，适合抵抗双向弯矩，截面经济，同时截面整体性强，稳定性好，便于无支架施工。但是箱形拱的制作要求高，模板工作量大，只宜在跨径大于50m的大跨径拱桥中使用。

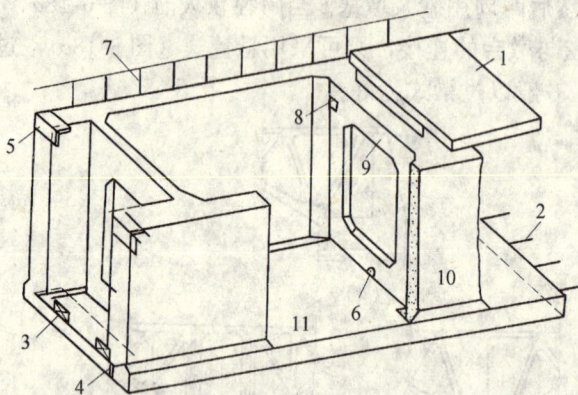

图6-20 闭合箱形拱构造
1—顶板；2—主筋；3—定位角钢；4—预埋角钢；
5—定位角钢；6—预留排水孔；7—联结钢筋；
8—钢板；9—横隔板；10—侧板；11—底板

（一）结构型式

箱形拱的拱圈，可以由一个闭合箱（单室箱）或几个闭合箱（多室箱）组成，每一个闭合箱又由箱壁（侧板）、顶板（盖板）、底板及横隔板组成（图6-20）。

箱形拱结构型式有如下几种：

1. 槽形截面箱（图6-21a）

槽形截面箱由数个预制的上端开口、内有横隔板的钢筋混凝土槽形截面拱箱组成，待吊装成拱后再安装盖板及浇筑拱箱之间的混凝土。槽形截面箱刚度大，整体性及稳定性均较好。

2. 工字形截面箱（图6-21b）

工字形截面箱由数个预制的带有横隔板的混凝土工字形拱肋组成，在其上、下翼缘和横隔板上预埋钢板，吊装成拱后再形成闭合箱。这种截面施工工序少，但吊装稳定性较差。

3. 封闭箱（6-21c）

封闭箱由预制的钢丝网水泥薄壁及钢筋混凝土底板，顶板拼装组成封闭箱，吊装成拱后浇筑侧缝混凝土。封闭箱刚度大，但预制工作量大。

（二）主拱圈构造

箱形拱的构造与施工方法有密切的联系。当采用无支架施工时，拱箱可分段预制，当前一般采用装配——整体式结构型式，分阶段施工，最后拼装成整体。

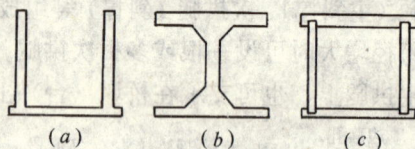

图6-21 箱形拱截面型式
(a) 槽形截面箱；(b) 工字形截面箱；(c) 箱形封闭箱

拱箱的纵向分段视跨径大小，施工条件等综合考虑，一般情况下，50～80m的跨径可分为3段，80～110m的跨径可分为5段，110m以上的跨径可分为7段。

构件预制时，一般是先浇底板混凝土，然后把预制的横隔板就位在底板设计位置上。横隔板采用挖空的钢筋混凝土板，以便施工人员通过。横隔板轴向间距大约为2～3.5m。横隔板就往后，再安装箱壁模板，浇筑箱壁混凝土，形成如图6-20所示的槽形开口箱。将分段预制的槽形拱箱依次吊装合拢成拱后，按设计要求处理拱箱接头，再浇筑两箱间的联接混凝土及安装盖板（或微弯板）形成箱形拱圈。

当吊装能力足够时，预制拱箱时可直接在施工现场组装成完整的闭合箱后再整体吊装，这对减少高空作业，加快施工进度，节省投资都是有利的。

拱脚与墩台帽的连接，一般在墩台帽上预留 40cm 的凹槽，在凹槽与箱壁预埋钢板或角钢直接抵接，合拢定位后电焊。现浇混凝土封填凹槽即可。

四、肋拱桥

（一）结构型式和特点

肋拱桥是由两条或两条以上的分离的平行、肋拱和拱肋上的立柱、横梁、行车道板及肋间横系梁组成（图 6-22）。肋拱桥与板拱桥相比，较多地减轻了拱体重量，相应地减轻了桥梁墩台工程量。拱肋恒载内力较小，活载内力较大，故宜于使用钢筋混凝土结构。肋拱适用于大、中跨拱桥。但钢筋混凝土肋拱桥的钢筋用量较多。故也有用混凝土或石砌拱肋。

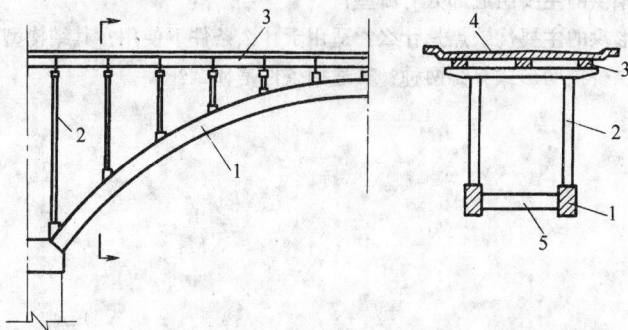

图 6-22　肋拱桥构造

1—拱肋；2—立柱；3—纵梁；4—行车道板；5—横系梁

（二）肋拱桥构造

拱肋是肋拱桥的主要承重结构。拱肋的数量、间距及截面形式等，应根据使用要求、施工条件等进行经济比较后确定，一般在起吊能力许可条件下，宜选用较少的拱肋数量。

拱肋的截面形式，在中、小跨径中一般采用矩形（图 6-23a），肋高约为跨径的 $\frac{1}{4} \sim \frac{1}{60}$，肋宽约为肋高的 0.5～2.0 倍，对于较大跨径的常采用工字形（图 6-23b），肋高约为跨径的 $\frac{1}{25} \sim \frac{1}{35}$，肋宽约为肋高的 0.4～0.5 倍，腹板厚度常采用 0.3～0.5m。大跨径多采用箱形。

为了保证稳定，拱间应设横系梁，拱肋两侧最外缘的距离，应不小于跨径的 $\frac{1}{20}$。

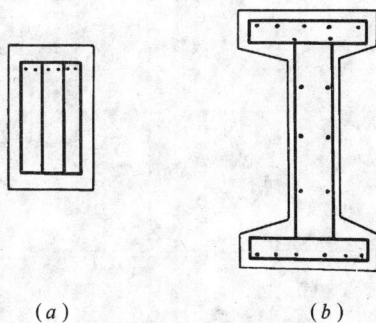

（a）　　　　　　　（b）

图 6-23　拱肋截面

当采用混凝土或石砌拱肋时，则拱肋截面一般采用矩形，但肋间横系梁和桥面板仍采用钢筋混凝土结构。

习　题

1. 圬工拱桥主要的优缺点是什么？

137

2. 拱桥如何分类？

3. 名词解释：

拱轴线、起拱线、拱顶、拱脚、拱背、拱胶、陡拱、坦拱

4. 料石拱圈砌筑时如何错缝？

5. 实腹拱的组成及作用？

6. 空腹拱腹墩与腹孔布置应注意什么问题？

7. 圬工拱桥如何布置伸缩缝？怎样制作伸缩液？

8. 圬工拱桥防水层如何布置？注意什么问题？

9. 拱铰有哪几种？各适用什么情况？

10. 钢筋混凝土桁架拱主要特点与构造是什么？

11. 钢筋混凝土刚架拱的主要组成部分有哪些？

12. 钢筋混凝土箱形拱的主要优缺点是什么？适用于什么条件下使用？其结构型式有哪几种？

13. 钢筋混凝土肋拱桥拱肋形式有哪两种？其适用条件是什么？

第七章　拱桥设计与计算

第一节　拱桥总体布置及尺寸拟定

一、拱桥总体布置

拱桥总体布置主要包括合理地拟定桥梁的长度、跨径、孔数、桥面标高、主拱圈的矢跨比等。总体布置的一般原则，已在第二章作了介绍，下面仅就如何确定矢跨比及不等跨拱桥的处理作进一步说明，以利进行拱桥总体布置。

（一）矢跨比的确立

拱桥主拱圈矢跨比是拱桥设计的主要参数之一。它的大小不仅影响拱圈内力的大小及下部结构尺寸，而且还影响到拱桥的构造及施工方法，当跨径一定时，矢跨比越大，则矢高越大，墩台受到的推力越小，但建筑高度及拱上构造用料增大，反之则拱上建筑和拱上构造用料减小，但水平推力、温度变化、混凝土收缩等引起的内力也增大，同时拱桥外形是否美观，与周围景观是否协调也与矢跨比有极大关系，因此应综合分析比较然后确定。

一般说来，对于砖、石、混凝土拱桥，矢跨比宜为 $1/4 \sim 1/6$，不宜小于 $1/8$；钢筋混凝土桁架拱、刚架拱矢跨比宜为 $1/6 \sim 1/10$，不宜小于 $1/12$；箱形拱矢跨比宜为 $1/6 \sim 1/8$，不宜小于 $1/10$。

（二）不等跨的处理

多孔拱桥为了便于施工和平衡墩台所受到的水平推力，最好选择等跨分孔方案。但由于通航，地质等条件限制，或因技术经济原因，或与周围景观协调等因素考虑时，也可采用不等跨方案。为了尽量减小不平衡推力对桥梁墩台及基础的偏心作用，可采用如下方法处理。

1. 采用不同矢跨比

当跨径一定时，拱的水平推力与矢跨比成反比。因此，大跨径采用较大的矢跨比，小跨径采用较小的矢跨比，使相邻不等跨孔在恒载作用下的不平衡推力减小或平衡。

2. 采用不同的拱脚标高

在相邻不同孔径中，将大跨径的拱脚布置墩的下部，小跨径的拱脚布置在墩的上部，形成一定的高差。使大跨径拱脚水平推力对基底的力臂减小，可以使大小跨的恒载水平推力对基底的弯矩得到平衡。

3. 采用不同型式的拱上建筑和拱腔填料

拱脚的水平推力与拱的结构重力成正比。因此，大跨径拱可用空腹式拱上建筑和轻质填料，小跨径拱可采用实腹式拱上建筑和重质填料，采用改变恒载重量调整拱桥的恒载水平推力。

上述措施中，为了桥梁外形美观，以采用第三种方式处理为好。当然也可同时采用这几种措施以平衡推力，如仍达不到目的，则需设计成体型不对称的或加大尺寸的桥墩和基础予以处理。

二、拱圈截面尺寸拟定

砖、石、混凝土拱桥为了施工方便，大多采用等截面型式，下面仅就等截面无铰拱的尺寸拟定作一介绍。

1. 石拱桥拱圈厚度拟定

我国在长期大量修建石拱桥实践中，已经总结出一些估算拱圈厚度的经验公式，作为拟定截面尺寸参考。

（1）中、小跨径石拱桥拱圈厚度估算公式为：

$$d = mk \sqrt[3]{L_0} \tag{7-1}$$

式中　L_0——主拱圈净跨径（cm）；

　　m——系数，一般为 $4.5 \sim 6$，随矢跨比的减小而增大；

　　k——荷载系数，对于汽车-10级为1.0，汽车-15级为1.1，对汽车-20级为1.2；

　　d——拱圈厚度（cm）。

（2）大跨径石拱桥拱圈厚度估算公式为：

$$d = m_1 k(L_0 + 20) \tag{7-2}$$

式中　L_0——主拱圈净跨径（m）；

　　m_1——系数，一般为 $0.016 \sim 0.02$，跨径越大，矢跨比越小，系数取大值；

　　k——荷载系数，数值同前；

　　d——主拱圈厚度（m）。

2. 桁架拱、刚架拱、箱形拱等主拱圈高度估算公式为：

$$H = \left(a + \frac{L_0}{b}\right)K \tag{7-3}$$

式中　H——主拱圈（肋）高度（cm）；

　　a、b——系数、按表7-1采用；

　　k——荷载系数，按表7-1采用；

　　L_0——拱桥净跨径（cm）。

		a、b、k 系数　　　　　　　　表7-1		
桁 架 拱	a、b	$a=20$，$b=70$
	k	汽车-10级为1.0，汽车-15级为1.2，汽车-20级为1.4
刚 架 拱	a、b	$a=35$，$b=100$
	k	汽车-10级为1.0，汽车-15级为1.1，汽车-20级为1.2
箱 形 拱	a、b	$a=60 \sim 70$，$b=100$，（单室箱 $a=60$，多室箱 $a=70$）
	k	汽车-10级为1.0，汽车-15级为1.2，汽车-20级为1.4

3. 拱圈宽度确定

拱圈宽度，主要取决于桥面净宽的要求。在大桥中，为减小拱圈宽度，也可将人行道布置在钢筋混凝土悬臂上，悬出长度一般宜为 $1.0 \sim 1.5$m。

为保证拱桥横向稳定，拱圈宽度一般不宜小于跨径的1/20。否则，应验算拱的横向稳定性。

三、拱轴线的选择

拱桥设计中，拱轴线的形状选择是一项重要的内容。选择的正确与否，直接影响到拱圈的内力、结构的耐久性、经济合理与施工安全等。

在竖向荷载下，拱圈各截面轴向压力作用点的连线称为压力线，当拱圈所选择的拱轴线与压力线相吻合时，则该拱轴线即为合理拱轴线。此时拱的任一截面上有轴心压力而不产生弯矩和剪力。但由于拱圈除承受恒载外，还要受到活载、温度变化及材料收缩等影响，要寻求这样一条合理拱轴线是不可能的，但是拱桥上恒载在整个荷载中占的比例较大，因此一般说来，以恒载压力线作为设计拱轴线是适宜的。

目前常用的拱轴线型式主要有：

1. 圆弧线

圆弧线拱，线型简单，施工方便。但是圆弧线拱轴线与压力线偏离较大，因此圆弧线常用于20m以下跨径拱桥以及大跨径桥梁的引桥使用。

2. 悬链线

悬链线是目前大、中跨径采用最普遍的拱轴线型式。

实腹式拱桥的恒载从拱脚到拱顶是均匀增加的，其压力线为一悬链线（详第二节），因此实腹式拱桥在不计恒载弹性压缩的影响时，悬链线即是其合理拱轴线。

空腹式拱桥，由于拱上建筑变化，其恒载压力线已不再是悬链线，而是一条有转折点的多段曲线，但使得压力线与拱轴线有所偏离，但理论分析表明，这种偏离对控制截面的内力是有利的。因此空腹式拱桥也广泛采用悬链线作为拱轴线。

3. 抛物线

在均布荷载作用下，拱的合理拱轴线是二次抛物线，当结构重力变化较小时，如矢跨比较小的空腹式钢筋混凝土拱桥、钢筋混凝土桁架拱、刚架拱等，采用抛物线作为拱轴线是适宜的。

在一些特殊情况下，也可采用高次抛物线作为拱轴线。但是由于其计算工作量大，目前仍很少采用。

第二节　等截面悬链线无铰拱计算

一、等截面悬链线无铰拱的几何性质

（一）拱轴线方程

当采用如图7-1所示坐标系时，如令：

$$m = q_j/q_d \qquad (7-4)$$

式中　m——拱轴系数；

q_j、q_d——分别为拱脚、拱顶的荷载强度。

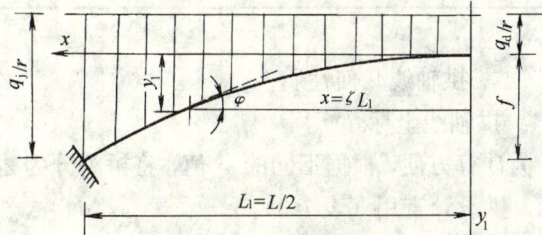

图7-1　拱的荷载分布

则拱轴线方程为[1]

$$y_1 = \frac{f}{m-1}(\mathrm{ch}K\zeta - 1) \tag{7-5}$$

式中　y_1——以拱顶为坐标原点，拱轴线上任意一点纵坐标；

　　　K——系数　$K^2 = L_1^2 q_d \, (m-1) \, / H_g f$；

其中　H_g——结构重力引起的水平推力；

　　　ζ——参数，$\zeta = 2x/L = x/L_1$。

式（7-5）即为悬链线拱轴线方程式。

由边界条件当 $\zeta = 1$ 时，$y_1 = f$，代入式（7-5）得

$$\mathrm{ch}K = \frac{e^K + e^{-K}}{2} = m$$

所以　$K = \ln(m + \sqrt{m^2 - 1})$ \hfill (7-6)

由此可见，当拱的跨径和矢高确定之后，拱轴线纵坐标仅随拱轴系数 m 值变化而变化。即不同的 m 值可以确定不同的拱轴线形状。

在 $\frac{l}{4}$ 处，$\zeta = \frac{1}{2}$，$y_1 = y_{\frac{1}{4}}$，代入式（7-6）得

$$y_{\frac{1}{4}} = \frac{f}{m-1}\left(\mathrm{ch}\frac{K}{2} - 1\right)$$

因为　$\mathrm{ch}\frac{K}{2} = \sqrt{\frac{\mathrm{ch}K + 1}{2}} = \sqrt{\frac{m+1}{2}}$

所以　$\dfrac{y_{\frac{1}{4}}}{f} = \dfrac{1}{\sqrt{2\,(m+1)} + 2}$ \hfill (7-7)

由此可见，$y_{\frac{1}{4}}$ 随 m 值增大而减小，当 m 值增大时，拱轴线提高，当 m 值减小时，拱轴线降低（图7-2）。根据 $y_{\frac{1}{4}}/f$ 比值将 m 分为10级，各级 m 值与 $y_{\frac{1}{4}}/f$ 的关系由表7-2中查得。

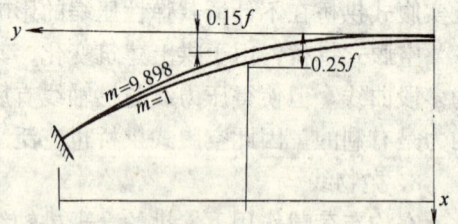

图 7-2　$y_{\frac{1}{4}}/f$ 与 m 的关系

由表7-2中可以看出 $m=1$ 时，则 $q_j/q_d = 1$，拱轴线方程则为二次抛物线，它是悬链线中最低的1条曲线。

$y_{\frac{1}{4}}/f$ 和 m 的对应关系值 \hfill 表 7-2

$y_{\frac{1}{4}}/f$	0.25	0.24	0.23	0.22	0.21	0.20	0.19	0.18	0.17	0.16	0.15
m	1.000	1.347	1.756	2.240	2.814	3.500	4.324	5.321	6.536	8.031	9.889

（二）拱轴线几何性质

1. 拱轴线坐标

为计算方便，根据不同的 m 值，将桥跨分为24等分（半跨为12等分），计算出各点的坐标，供设计查用（表7-3）。

---

[1] 详细推导见参考文献6。

2. 拱轴线水平倾角

拱轴线上任一点水平倾角的正切函数值，可将式（7-5）微分一次得

$$\text{tg}\varphi = \frac{\mathrm{d}y_1}{\mathrm{d}x} = \frac{\mathrm{d}y_1}{L_1\mathrm{d}\zeta} = \frac{2\mathrm{d}y_1}{L\mathrm{d}\zeta} = \frac{2fK\text{sh}K\zeta}{L(m-1)}$$

(7-8)

由式（7-7）不难看出，拱轴线上任一点水平倾角 φ 仅由 m 值确定，$\text{tg}\varphi$ 值可由表 7-4 查得。

3. 拱圈其它几何量计算

如图 7-3，拱圈计算跨径，计算矢高，拱背及拱腹坐标分别可按下式计算。

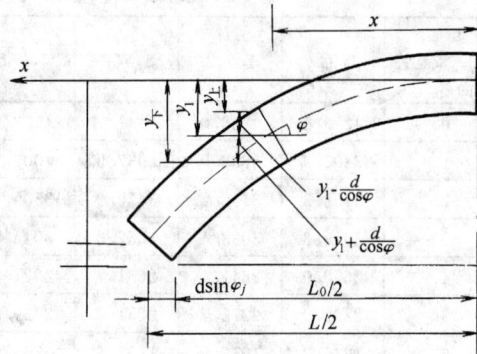

图 7-3 拱圈其它几何量计算

拱轴坐标 y_1/f 值；$y_1 = $〔表值〕$f$ 表 7-3

截面号 \ m	1.347	1.543	1.756	1.988	2.240	2.514	2.814	3.142	3.500
0	1.00000	1.00000	1.00000	1.00000	1.00000	1.00000	1.00000	1.00000	1.00000
1	0.83303	0.82933	0.82558	0.82178	0.81793	0.81402	0.81005	0.80602	0.80192
2	0.68302	0.67722	0.67136	0.66544	0.65946	0.65341	0.64729	0.64110	0.63483
3	0.54929	0.54261	0.53589	0.52911	0.52228	0.51541	0.50847	0.50148	0.49443
4	0.43122	0.42457	0.41788	0.41116	0.40442	0.39764	0.39082	0.38397	0.37708
5	0.32828	0.32227	0.31624	0.31020	0.30414	0.29807	0.29199	0.28589	0.27978
6	0.24000	0.23500	0.23000	0.22500	0.22000	0.21500	0.21000	0.20500	0.20000
7	0.16597	0.16216	0.15836	0.15456	0.15077	0.14699	0.14322	0.13945	0.13569
8	0.10586	0.10325	0.10064	0.09804	0.09546	0.09288	0.09031	0.08775	0.08520
9	0.05939	0.05784	0.05630	0.05477	0.05324	0.05172	0.05021	0.04871	0.04721
10	0.02634	0.02563	0.02493	0.02422	0.02352	0.02283	0.02213	0.02145	0.02076
11	0.00658	0.00640	0.00622	0.00604	0.00586	0.00568	0.00551	0.00533	0.00516
12	0	0	0	0	0	0	0	0	0

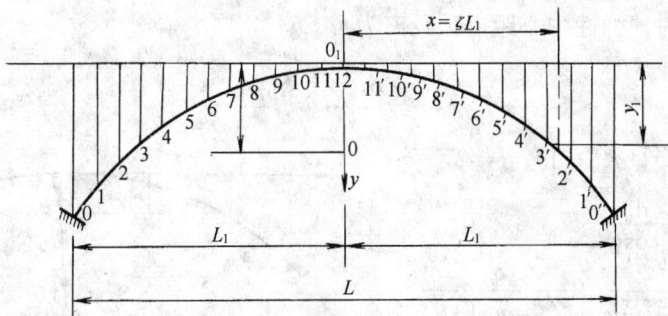

注：表中 m 值为半级。

拱轴斜度 1000L tgφ/f 值；tgφ＝〔表值〕f/1000L　　　　表 7-4

截面号 \ m	1.347	1.543	1.756	1.988	2.240	2.514	2.814	3.142	3.500
0	4216.8	4328.0	4441.1	4556.2	4673.3	4792.7	4914.3	5038.4	5164.9
1	3800.9	3868.9	3937.5	4006.7	4076.6	4147.2	4218.5	4290.5	4363.3
2	3402.3	3436.7	3470.9	3505.1	3539.2	3573.1	3606.9	3640.6	3674.2
3	3019.3	3028.4	3037.0	3045.3	3053.1	3060.5	3067.4	3073.8	3079.8
4	2650.0	2641.1	2631.7	2621.8	2611.4	2600.6	2589.2	2577.3	2564.8
5	2292.9	2272.2	2251.0	2229.5	2207.7	2185.4	2162.7	2139.5	2115.9
6	1946.2	1919.0	1891.6	1863.9	1836.0	1807.8	1779.3	1750.6	1721.6
7	1608.5	1579.2	1549.9	1520.6	1490.9	1461.3	1431.5	1401.7	1371.4
8	1278.0	1250.4	1222.8	1195.2	1167.6	1140.0	1112.4	1084.8	1057.2
9	953.5	930.3	907.2	884.1	861.1	838.2	815.4	792.6	769.9
10	633.2	616.6	600.1	583.6	567.2	550.9	534.7	518.6	502.5
11	315.9	307.2	298.6	290.1	281.6	273.1	264.7	256.4	248.1
12	0	0	0	0	0	0	0	0	0

$$\left.\begin{aligned}
L &= L_0 + d\sin\varphi_j \\
f &= f_0 + \frac{d}{2} - \frac{d}{2}\cos\varphi_j \\
y_{上} &= y_1 - \frac{d}{2\cos\varphi}
\end{aligned}\right\} \tag{7-9}$$

$$y_{下} = y_1 + \frac{d}{2\cos\varphi}$$

式中　L_0、f_0——拱桥净跨径及净矢高；

　　　$y_{上}$、$y_{下}$——拱背、拱腹纵坐标；

　　　φ——任意一点拱轴线水平倾角。

d、φ_j 意义同前。

（三）悬链线无铰拱弹性中心

在计算无铰拱时，为了简化计算工作，通常利用弹性中心进行计算，当采用图 7-4 悬臂曲梁为基本结构时，弹性中心距拱顶距离为：

$$y_s = S \frac{y_1 \mathrm{d}s}{EI} \Big/ S \frac{\mathrm{d}s}{EI} \tag{7-10}$$

式中　$y_1 = \dfrac{f}{m-1}(\mathrm{ch}K\zeta - 1)$

　　　$\mathrm{d}S = \dfrac{\mathrm{d}x}{\cos\varphi} = \dfrac{L}{2}\dfrac{\mathrm{d}\zeta}{\cos\varphi}$

其中　$\cos\varphi = \dfrac{1}{\sqrt{1+\mathrm{tg}^2\varphi}} = \dfrac{1}{\sqrt{1+\eta^2\mathrm{sh}^2K\zeta}}$

　　　$\eta = \dfrac{2fK}{L(m-1)}$

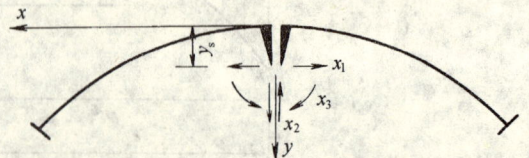

注意到等截面拱惯性矩 I 为常数，则

图 7-4　弹性中心计算图式

144

$$y_s = \frac{f}{m-1} \times \frac{\int_0^l (\text{ch}K\zeta - 1)\sqrt{1 + \eta^2\text{sh}^2K\zeta}}{\int_0^l \sqrt{1 + \eta^2\text{sh}^2K\zeta}d\zeta} = \alpha f \tag{7-11}$$

式中　d——系数，由表 7-5 查得。

弹性中心位置 y_3/f 值；$y_8 =$〔表值〕f　　　　　　　　　　　表 7-5

f/L ＼ m	1.347	1.543	1.756	1.988	2.240	2.514	2.814	3.142	3.500
1/5	0.35067	0.34781	0.34494	0.34207	0.33919	0.33631	0.33343	0.33054	0.32765
1/6	0.34424	0.34121	0.33817	0.33512	0.33207	0.32901	0.32595	0.32288	0.31981
1/8	0.33703	0.33378	0.33053	0.32727	0.32401	0.32073	0.31745	0.31415	0.31085

二、拱轴系数 m 的确定

1. 实腹式拱桥拱轴系数 m 的确定

对于实腹式拱桥，当拱圈厚度和拱上填料厚度初步拟定后，即可求得该拱桥的拱轴系数如图 7-5 所示，拱顶及拱脚荷载强度分别为：

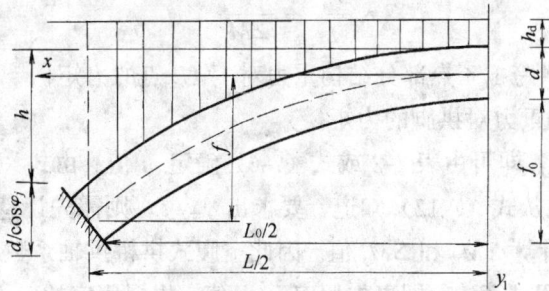

图 7-5　实腹拱 m 值计算图式

$$q_d = \gamma_1 h d + \gamma_2 d$$
$$q_j = \gamma_1 h_d + \gamma_3 h + \gamma_2 \cdot d/\cos\varphi_j$$
$$h = f + \frac{d}{2} - d/\cos\varphi_j$$

式中　h_d——拱顶处填料厚度；

　　　h——拱脚处拱背填料厚度（不含拱顶填料厚度）；

γ_1、γ_2、γ_3——分别为拱顶填料平均重力密度，拱圈材料重力密度及拱脚处拱背平均重力密度；

　　　则拱轴系数

$$m = \frac{q_j}{q_d} = \frac{\gamma_1 h_d + \gamma_2 h + \gamma_3 d/\cos\varphi_j}{\gamma_1 h_d + \gamma_2 d} \tag{7-12}$$

从式（7-12）不难看出，当 f_0、h_d 及 d 为定值时，m 值同 φ_j 有相关关系，所以求 m 值应采用试算法，即事先假定一个 m 值，然后计算拱脚的拱轴水平倾角 φ_j，代入式（7-11）计

145

算 m 值，若与假定的 m 值不符，则应以算得的 m 值作为新的假定值，重新进行计算，直到二者相等或接近为止。

2. 空腹式拱拱轴系数 m 的确定

前已说明，空腹式拱桥的拱轴线是一条有转折的曲线，但设计中仍多采用悬链线作为拱轴线，为使悬链线拱轴线与其恒载压力线接近，一般采用"五点重合法"确定悬链线拱轴线的 m 值，即要求拱轴线在全拱有五点（拱顶、拱脚和 $L/4$ 处）与其三铰拱恒载压力线重合。

因此即可根据上述五点弯矩为零的条件确定 m 值，如图 7-6 所示。拱顶仅有水平推力 H_g，其它内力为零时，对拱跨 $L/4$ 处及拱脚取力矩，并令其为零，则

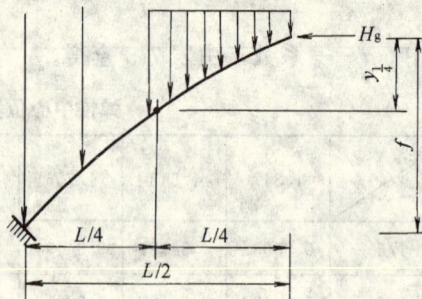

图 7-6　空腹式拱 m 值计算各式

$$\Sigma M_B = H_g y_{\frac{1}{4}} - \Sigma M_{\frac{1}{4}} = 0$$

$$\Sigma M_A = H_g f - \Sigma M_f = 0$$

所以，

$$\frac{y_{\frac{1}{4}}}{f} = \frac{\Sigma M_{\frac{1}{4}}}{\Sigma M_f} \tag{7-13}$$

式中　$\Sigma M_{\frac{1}{4}}$ 自拱顶至拱跨 1/4 点部分结构重力对 1/4L 点的力矩；

ΣM_j——半跨结构重力对拱脚的力矩。

求得 $y_{\frac{1}{4}}/f$ 比值后，即可由表 7-2 或式（7-6）确定 m 值。由式（7-6）中只要知道 $y_{\frac{1}{4}}/f$，即可求出 m 值，但从式（7-12）知道，要求出 $y_{\frac{1}{4}}/f$，则需先计算 $\Sigma M_{\frac{1}{4}}/\Sigma M_j$ 值，而若不知道 m 值，则无法计算 $\Sigma M_{\frac{1}{4}}$ 和 ΣM_j 值。因此空腹式拱桥拱轴系数 m 值的确定与实腹式拱桥求 m 值一样仍采用试算法，即事先假定一 m 值，根据假定的 m 值，计算拱轴线坐标，拟定拱圈尺寸及布置拱上建筑，算出各部分重力及其到拱轴 $L/4$，拱脚处的距离（图 7-7），从而计算上述重力对拱跨 1/4 点的力矩 $\Sigma M_{\frac{1}{4}}$ 和对拱脚的力矩 ΣM_j 即：

$$\left.\begin{array}{l} \Sigma m_{\frac{1}{4}} = M_{\frac{1}{4}} + P_1 a_1' + P_2 a_2' + P_3 a_3' \\ \Sigma M_j = M_j + P_1 a_1 + P_2 a_2 + \cdots\cdots P_5 a_5 \end{array}\right\} \tag{7-14}$$

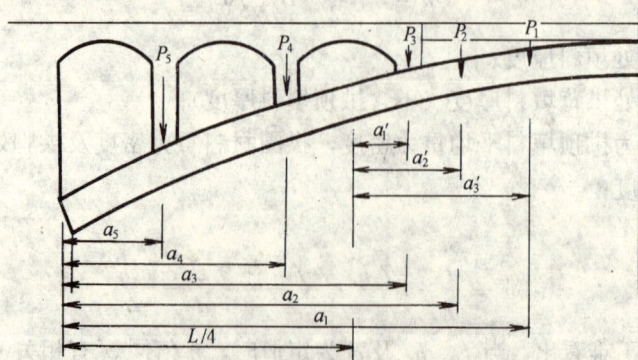

图 7-7　空腹拱 m 值试算图式

式中　$M_{\frac{1}{4}}$、M_j——拱圈重力对拱跨$\frac{1}{4}$点和拱脚的力矩，可使用表7-6计算。

将算得的 $\Sigma M_{\frac{1}{4}}$、ΣM_j 值代入式（7-12）算出 $y_{\frac{1}{4}}/f$ 并算得 m 值，若与假定 m 值不符，则以算得的 m 值为假定值或者调整拱上结构，重新进行计算，直到两者接近为止。

等截面悬链线拱圈重力及其对拱脚力矩（M_j）和 $L/4$ 点力矩（$M_{\frac{1}{4}}$）　　表7-6

f/L	$\dfrac{m}{x}$	1.347	1.543	1.756	1.988	2.240	2.514	2.814	3.142	3.500
$\frac{1}{5}$	P_j	0.54996	0.55040	0.55086	0.55134	0.55184	0.55235	0.55288	0.55342	0.55399
	M_j	0.52463	0.52435	0.52408	0.52381	0.52354	0.52328	0.52303	0.52278	0.52253
	$P_{\frac{1}{4}}$	0.25605	0.25582	0.25559	0.25537	0.25516	0.25494	0.25473	0.25453	0.25433
	$M_{\frac{1}{4}}$	0.12651	0.12644	0.12638	0.12631	0.12625	0.12619	0.12614	0.12608	0.12603
$\frac{1}{6}$	P_j	0.53553	0.53587	0.53623	0.53659	0.53697	0.53736	0.53777	0.53819	0.53863
	M_j	0.51738	0.51719	0.51700	0.51682	0.51664	0.51646	0.51629	0.51611	0.51595
	$P_{\frac{1}{4}}$	0.25423	0.25406	0.25391	0.25375	0.25360	0.25345	0.25331	0.25316	0.25302
	$M_{\frac{1}{4}}$	0.12605	0.12600	0.12596	0.12592	0.12587	0.12583	0.12579	0.12575	0.12571
$\frac{1}{8}$	P_j	0.52051	0.52073	0.52095	0.52118	0.52142	0.52166	0.52192	0.52219	0.52246
	M_j	0.50995	0.50984	0.50974	0.50964	0.50954	0.50944	0.50934	0.50925	0.50916
	$P_{\frac{1}{4}}$	0.25239	0.25230	0.25221	0.25212	0.25204	0.25195	0.25187	0.25179	0.25171
	$M_{\frac{1}{4}}$	0.12559	0.12557	0.12554	0.12552	0.12549	0.12547	0.12545	0.12542	0.12540

注：$P = A\gamma L \times$〔表值〕；$M_1 = \dfrac{A\gamma L^2}{4} \times$〔表值〕；$M_{\frac{1}{4}} = \dfrac{A\gamma L^2}{4} \times$〔表值〕；

　　　γ—拱圈材料重力密度；L—计算跨径；A—拱圈截面面积。

应当注意，空腹式无铰拱桥，采用"五点重合法"确定的拱轴线，与相应的三铰拱的恒载压力线在五点是重合的，而与无铰拱的恒载压力线实际上并不重合而有所偏离，在拱顶、拱脚都会产生偏离弯矩。研究表明，拱顶的偏离弯矩 ΔM_d 为负而拱脚的偏离弯矩 ΔM_j 为正，且恰好与两截面控制弯矩的符号相反，这说明采用"五点重合法"确定的悬链线拱轴线，比采用恒载压力线更为合理。

3. 拱轴系数 m 的初步选定

实腹拱的拱轴系数决定于拱脚与拱顶的荷载强度之比，在选定实腹拱拱轴系数时，如拱顶填土厚度不变，要增加 m 值，就必须增加拱脚处荷载强度，也就必须加大矢高。因此坦拱的拱轴系数可以选得小一些，陡拱的拱轴系数可以选得大一些，高填土拱桥的拱轴系数可以选得小一些，而低填土拱桥的拱轴系数则可以选得大一些。

空腹拱由于拱顶与实腹拱基本相同，而拱脚至 $L/4$ 点挖空较多，因此结构重力对拱脚处力矩减小，则 $\Sigma M_j/\Sigma M_{\frac{1}{4}}$ 值减小，所以相对于实腹拱、空腹拱的拱轴系数应选得小一些。如果采用无支架施工，裸拱的拱轴系数接近于1，但是设计拱桥时并不是根据裸拱重力确定拱轴系数，为了改善裸拱的受力状态，则宜选用小一些的拱轴系数（对无支架或早期脱架施工的拱桥，拱轴系数一般不宜大于 2.814）。

【例 7-1】 一等截面悬链线拱，标准跨径 $L_b = 30m$，净矢高 6m，桥面净宽 9m，拱圈材料，拱上建筑材料重力密度均为 $24kN/m^3$，人行道栏杆折算填土高度 0.05m，填土重力密度的 $17kN/m^3$，初步拟定桥梁结构型式及几何尺寸如图 7-8，试确定其拱轴系数。

（一）假定拱轴系数 $m = 3.142$，即 $y_{\frac{1}{4}}/f = 0.205$

（二）确定计算跨径 L 和计算矢高 f

1. 确定 φ_j，假定 $L/f = \frac{1}{5}$，查表 7-4 得

$$\operatorname{tg}\varphi_j = 5038.4 \frac{f}{1000L} = 50.384/5000 = 1.00768$$

$$\varphi_j = 45.21917° \quad \cos\varphi_j = 0.70440 \quad \sin\varphi_j = 0.70980$$

2. 计算 L、f

$$L = L_0 + d\sin\varphi_j = 30 + 0.8 \times 0.70980 = 30.56784$$

$$f = f_0 + (1 - \cos\varphi_j)\frac{d}{2} = 6 + (1 - 0.70440) \times \frac{0.8}{2} = 6.11824$$

$$f/L = 30.56784/6.11824 = \frac{1}{4.99618} \approx \frac{1}{5}，以下计算取 f/L = \frac{1}{5}。$$

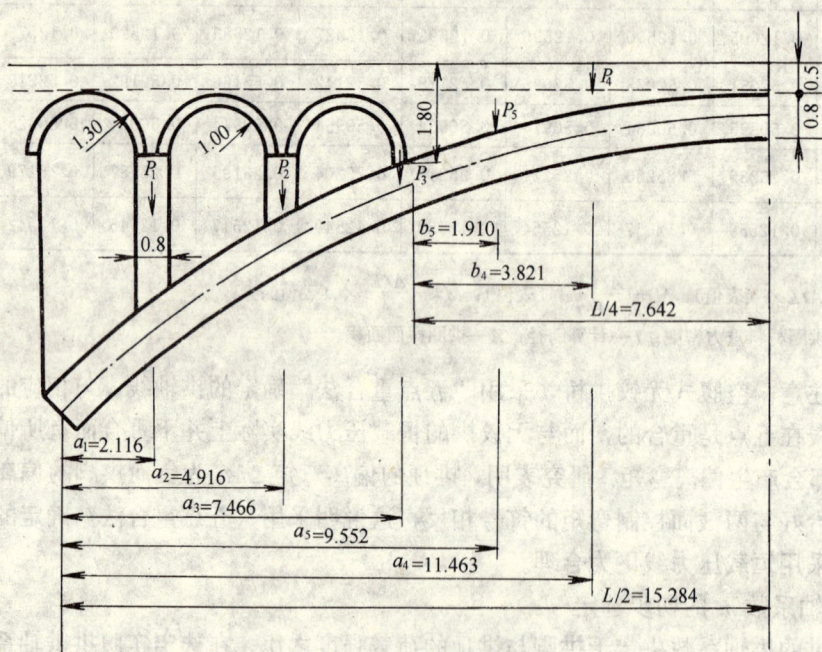

图 7-8 拱建筑形式及几何尺寸

尺寸单位：m

（三）计算拱圈拱轴线、拱背、拱腹坐标（仅列出拱脚至 $L/4$ 段）

计算结果见表 7-7。

（四）各部分结构重力计算

各部分结构重力计算见表 7-8 至表 7-12。

（五）拱轴系数验算

$\Sigma M_{\frac{1}{4}}$ 及 ΣM_j 计算见表 7-13 和表 7-14。

项目 截面	χ	y_1/f	y_1	$\cos\varphi$	$d/2\cos\varphi$	$y_1-d/2\cos\varphi$	$y_1+d/2\cos\varphi$
0（拱脚）	15.28392	1.00000	6.11824	0.70440	0.56786	5.55038	6.68610
1	14.01026	0.80602	4.93142	0.75890	0.52708	4.40434	5.45850
2	12.73660	0.64110	3.92240	0.80841	0.49480	3.42760	4.41720
3	11.46294	0.50148	3.06817	0.85189	0.46954	2.59863	3.53771
4	10.18928	0.38397	2.34922	0.88887	0.45001	1.89921	2.79923
5	8.91562	0.28589	1.74914	0.91937	0.43508	1.31406	2.18422
6（L/4）	7.64196	0.20500	1.25424	0.94382	0.42381	0.83043	1.67805

1 号腹拱墩重力 P_1 及其至拱脚距离 a_1　　表 7-8

1	腹拱圈重力 $P_a=SBdr=3.14159\times1.15\times9.0\times0.3\times24=234.11\text{kN}$
2①	腹拱墩中心至路面间的拱背则墙重力 $P_b^t=\left[(0.2146CL_1^2+0.0479m_1L_1^3)\times4+h_dL_1\left(C_0+\dfrac{m_1h_d}{2}\right)\times4\right]r$ $=\left[0.2146\times0.825\times1.3^2+0.0479\times0.25\times1.3^3)\times4+0.5\times1.3\right.$ $\left.\times\left(0.7+\dfrac{0.25\times0.5}{2}\right)\times4\right]\times24=3.285\times24=78.84\text{kN}$
3	腹拱墩中心至路面间的拱背填料重力 $P_b''=\left[(0.2146BL_1^2+h_dBL_1)\times2-3.285\right]r_1$ $=\left[(0.2146\times9.0\times1.3^2+0.5\times9.0\times1.3)\times2-3.285\right]\times18$ $=268.98\text{kN}$
4	腹拱墩中心到路面间的侧墙重力 $P_c'=\dfrac{0.7+1.15}{2}\times1.8\times0.2\times2\times24=0.666\times24=15.98\text{kN}$
5	腹拱墩中心至路面间的填料重力 $P_c''=(1.8\times0.2\times9.0-0.666)\times18=46.33\text{kN}$
6②	腹拱墩重力 $x=L_1/2-a_1=15.28392-2.11608=13.16784$ $y_1=\dfrac{d}{2\cos\varphi}=4.40434-\dfrac{4.40434-3.42760}{1.27366}\times0.84242=3.75831$ $P_{d_1}=0.8\times(3.75831+0.4-1.3)\times9.0\times24=493.91\text{kN}$
7	栏杆人行道重力 $P_e=0.05\times2.8\times9\times24\text{kN}$
8	1 号墩腹拱墩重力及其至拱脚距离 $P_1=P_a+P_b'+P_b''+P_c'+P_c''+P_d+P_e=234.11+78.84$ $\qquad+268.98+15.98+46.33+493.91+30.24=1168.39\text{kN}$ $a_1=2.4-0.4\times0.70980=2.11608\text{m}$

① 侧墙顶宽 0.7m，背坡 4 : 1；

② $y_1-\dfrac{d}{2\cos\varphi}$ 系内插所得。

2 号腹拱墩重力 P_2 及其至拱脚距离 a_2 计算　　　　　表 7-9

1	P_a、P_b'、P_b''、P_c'、P_c''、P_e 计算值同前
2	腹拱墩重力 $x = 13.16784 - 2.8 = 10.36784\text{m}$ $y_1 - \dfrac{d}{2\cos\varphi} = 2.59863 - \dfrac{2.59863 - 1.89921}{1.27366} \times 1.09510 = 1.99726\text{m}$ $P_{d2} = 0.8 \times (1.99726 + 0.4 - 1.3) \times 9.0 \times 24 = 189.61\text{kN}$
3	2 号腹拱墩重力 P_3 及其至拱脚距离 a_2 $P_3 = P_a + P_b' + P_b'' + P_c' + P_c'' + P_{d1} + P_e = 234.11 + 78.84 + 268.98 + 15.98 + 46.33 + 189.61 + 30.24$ $\qquad = 864.09\text{kN}$ $a_2 = 2.11608 + 2.8 = 4.91608\text{m}$

第三腹拱圈右脚重力 p_3 及其至拱脚距离 a_3 计算　　　　　表 7-10

1	$x = 10.36784 - 2.55 = 7.81784\text{m}$ $y_1 - \dfrac{d}{2\cos\varphi} = 1.31406 - \dfrac{1.31406 - 0.83043}{1.27366} \times 1.09778 = 0.89722\text{m}$ $P_3 = \dfrac{1}{2}(P_a + P_b' + P_b'') + P_e + P_{3b} = \dfrac{1}{2} \times (234.11 + 78.84 + 268.98) + 14.32 + 8.10 = 313.43\text{kN}$ $a_3 = 4.91608 + 2.55 = 7.46608\text{m}$

注：$P_e = 0.05 \times 9 \times 1.326 \times 24 = 14.32\text{kN}$；$P_{3b} = \dfrac{(0.7 + 1.15)}{2} \times 1.8 \times 0.026 \times 2 \times 24 + \big[9 \times 1.8 \times 0.026 - \dfrac{(0.7 + 1.15)}{2} \times 2 \times 1.8 \times 0.026\big] \times 18 = 8.10\text{kN}$（见图 7-9）。

实腹段直线部分重力 P_4 及其至拱脚距离 a_4、至拱跨 $L/4$ 距离 b_4 计算　　　　　表 7-11

1	$P_4 = (0.7 + 0.825) \times 0.5 \times 7.64196 \times 24 + \big[0.5 \times 7.64196 \times 9.0 - (0.7 + 0.825) \times 0.5 \times 7.64196\big]$ $\qquad \times 18 + 0.05 \times 7.64196 \times 9.0 \times 24 = 736.49\text{kN}$ $a_4 = \dfrac{3}{4} \times 15.28392 = 11.46294\text{m}$ $b_4 = \dfrac{1}{4} \times 15.28392 = 3.82098\text{m}$

实腹段曲线部分重力 P_3 及其至拱脚距离 a_5 至拱跨 $L/4$ 距离 b_5 计算　　　　　表 7-12

1	$V = \Big\{\dfrac{Cf_1 L_1}{k(m-1)}(\text{sh}k - k) + \dfrac{f_1^2 L_1 m_1}{2K(m-1)^2}\big(\dfrac{1}{2}\text{sh}k\text{ch}k - 2\text{sh}k + \dfrac{3}{2}k\big)\Big\} \times 2$ $\quad = \Big\{\dfrac{0.825 \times 1.23 \times 7.64196}{1.81166 \times (3.142 - 1)} \times (\text{sh}1.81166 - 1.81166) + \dfrac{1.23^2 \times 7.64196 \times 0.25}{2 \times 1.81166 \times (3.142 - 1)^2}$ $\qquad \times \big(\dfrac{1}{2} \times \text{sh}1.81166 \times \text{ch}1.81166 - 2 \times \text{sh}1.81166 + \dfrac{3}{2} \times 1.81166\big)\Big\} \times 2 = 5.16451\text{m}^3$
2	$P_5 = Vr_2 + \Big[\dfrac{L_1 f_1}{k(m-1)}(\text{sh}k - k)B - V\Big]r_4 = 5.16451 \times 24 + \Big[\dfrac{7.64196 \times 1.23}{1.81166 \times (3.142 - 1)}$ $\qquad \times (\text{sh}1.81166 - 1.81166) \times 9.0 - 5.16451\Big] \times 18 = 488.90\text{kN}$ $a_5 = 15.28392 - \dfrac{3}{8} \times 15.28392 = 9.55245\text{m}$（近似按抛物线） $b_5 = \dfrac{1}{8} \times 15.28392 = 1.91049\text{m}$（近似按抛物线）

1	$P_j = 0.55342Ar_1L = 0.55342 \times 0.8 \times 9.0 \times 24 \times 30.56784 = 2923.23\text{kN}$
	$M_j = 0.52278 \times \dfrac{Ar_1L^2}{4} = 0.52278 \times \dfrac{0.8 \times 9.0 \times 24 \times 30.56784^2}{4} = 21102.42\text{kN} \cdot \text{m}$
	$M_{\frac{1}{4}} = 0.12608 \times \dfrac{Ar_1L^2}{4} = 0.12608 \times \dfrac{0.8 \times 9.0 \times 24 \times 30.56784^2}{4} = 5089.32\text{kN} \cdot \text{m}$

$\Sigma M_{\frac{1}{4}}$、ΣM_1 计算　　　　表 7-14

重力 ＼ 力和距离	P (kN)	b (m)	a (m)	$\Sigma M_{\frac{1}{4}}$ (kN·m)	ΣM_j (kN·m)
主拱圈	2923.23			5089.32	21102.42
P_1	1168.39		2.116		2472.31
P_2	864.09		4.916		4247.87
P_3	313.43		7.466		2340.07
P_4	736.49	3.821	11.463	2814.13	8442.38
P_5	488.90	1.911	9.552	934.29	4669.97
Σ	6494.53			8837.74	43275.02

所以　　$m = \dfrac{\Sigma M_{\frac{1}{4}}}{\Sigma M_j} = \dfrac{8837.74}{43275.02} = 0.2042 \approx 0.205$

故拟定拱轴系数 $m = 3.142$ 合适。

三、结构重力作用下的拱圈内力

采用恒载压力线作拱轴线，当不考虑恒载作用下拱圈的弹性变形时，拱圈的截面只有轴向压力。但是拱圈在恒载作用下会产生弹性变形，而无铰拱是超静定结构，弹性变形会引起拱轴缩短而在拱中产生内力。为计算方便，我们将恒载内力分为二部分，第一部分为不考虑弹性压缩的恒载内力，第二部分为弹性压缩引起的内力。恒载作用下的内力即为两者之和。

（一）不考虑弹性压缩的结构重力内力

1. 实腹拱的水平推力和重直反力

实腹式悬链线无铰拱的拱轴线与压力线重合，任一截面只存在轴向压力

由　　　　　$K^2 = \dfrac{L_1^2 q_\text{d} (m-1)}{H_\text{g} f}$

得结构重力水平推力为

$$H_\text{g} = \dfrac{(m-1)q_\text{d}L^2}{4K^2 f} = k_\text{g} \dfrac{q_\text{d}L^2}{f} \qquad (7\text{-}15)$$

式中　k_g——结构重力水平推力系数，由表 7-15 查得。

拱脚的垂直反力即半跨拱的结构重力为：

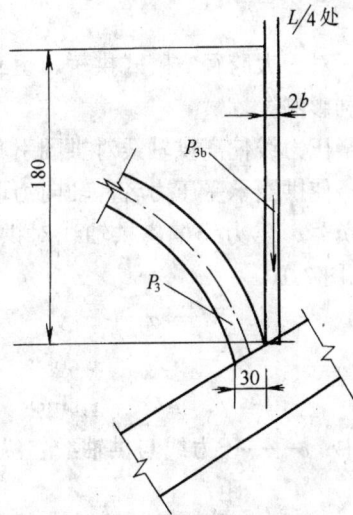

图 7-9　第三腹拱圈右脚重力 P_3 及其至拱脚距离 a_5 计算示意

$$V_g = \int_0^{L_1} q_x dx = \int_0^{L_1} q_x L_1 d\zeta$$
$$= k_g' q_x L \tag{7-16}$$

式中　k_g'——结构重力垂直反力系数，由表 7-15 查得。

结构重力产生的水平推力系数 k_g 和垂直反力系数 k_g' 表 7-15

m	1.347	1.543	1.756	1.988	2.240	2.514	2.814	3.142	3.500
k_g	0.13200	0.13577	0.13974	0.14392	0.14834	0.15300	0.15793	0.16315	0.16869
k_g'	0.55663	0.58762	0.62060	0.65574	0.69323	0.73327	0.77611	0.82201	0.87126

2. 空腹拱的水平推力和垂直反力

空腹式悬链线无铰拱，前已述及由于拱轴线与恒载压力线有偏离，拱顶、拱脚和 $L/4$ 处都有恒载弯矩。在设计中，为了计算的方便，空腹式无铰拱桥的恒载内力又分为两部分，即先不考虑偏离的影响，将拱轴线视为恒载压力线，按纯压拱计算，然后再考虑偏离的有利影响。二者迭加，即得空腹式无铰拱不考虑弹性压缩时的恒载内力。

在设计中、小跨径的空腹式拱桥时，可偏安全地不考虑偏离弯矩的影响。

不考虑偏离影响时，拱的恒载内力 H_g 和拱脚竖向反力 V_g，由平静力平衡条件得

$$H_g = \Sigma M_j/f$$
$$V_g = \Sigma P（半拱恒载重）$$

对于大跨径空腹式拱桥，恒载压力线与拱轴线偏离较大，此时，应当考虑偏离弯矩的有利影响。

压力线偏离拱轴线对拱圈引起的内力符号作如下规定：使拱圈下缘受拉者，弯矩取正号，使拱圈承受压力者，轴向力取正号；使拱圈绕拱脚逆时针旋转者，剪力取正号，否则取负号；压力线偏离拱轴线对拱圈引起的内力为
（见图 7-10）：

$$M = x_1 + x_2 y + H_g e$$
$$N = x^2 \cos\varphi$$
$$Q = x_2 \sin\varphi$$

式中　e——压力线与拱轴线在纵坐标方向的偏心
距；

x_1、x_2——弹心中心处由于压力线与拱轴线偏离
引起的赘余力；其计算公式为：

$$\left. \begin{array}{l} x_1 = -\dfrac{-H_g' \displaystyle\int \dfrac{e\,ds}{EI}}{\displaystyle\int \dfrac{ds}{EI}} \\[4mm] x_2 = -\dfrac{H_g' \displaystyle\int e(y_1 - y_s)\,ds}{\displaystyle\int \dfrac{y^2 ds}{EI}} \end{array} \right\} \tag{7-17}$$

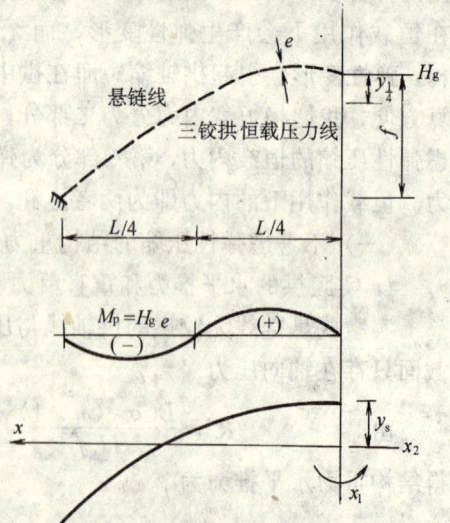

图 7-10　压力线偏离拱轴线
对拱圈引起的内力示意图

其中 y——以弹性中心为原点（向上为正）的拱轴纵坐标。$y=y_1-y_s$。

3. 拱圈各截面内力（空腹式拱为拱顶，拱脚和 $L/4$，且不考虑偏离的影响）。

由于截面小只有轴向压力，由图 7-11 令 $\Sigma H=0$ 得

$$H_g = N_g\cos\varphi$$
$$N_g = H_g/\cos\varphi \tag{7-18}$$

（二）考虑弹性压缩的结构重力附加内力。

1. 附加水平推力

在结构重力作用下，沿拱轴线产生弹性压缩变形，使拱轴线缩短，总的变形可认为是沿桥跨方向移动一个位移 Δl（图 7-12）。

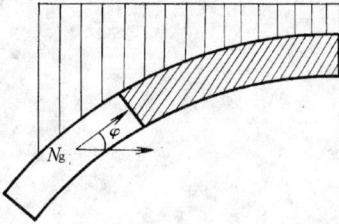

图 7-11 结构重力
引起的轴向力计算

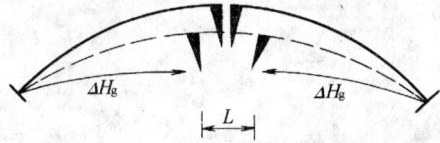

图 7-12 拱圈弹性压缩

在弹性中心处的附加水平推力为：

$$\delta_{22}x_2 + \Delta l = 0$$
$$x_2 = \Delta H_g = -\Delta l/\delta_{22}$$

在拱中取一微段 ds（图 7-13），在 N_g 作用下缩短 Δds，其水平分量为 Δdx 则 Δl 为：

$$\Delta l = \int_0^L \Delta dx = \int_0^L \Delta ds\cos\varphi$$
$$= \int_0^L \frac{N_g ds}{EA}\sqrt{\cos\varphi}$$
$$= \int_0^L \frac{N_g dx}{EA} = \int_0^L \frac{H_g}{\cos\varphi}\frac{dx}{EA} = H_g\int\frac{dx}{EA\cos\varphi} \tag{7-19}$$

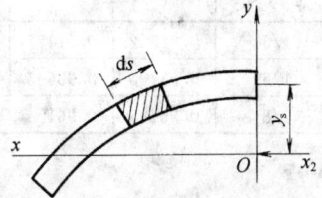

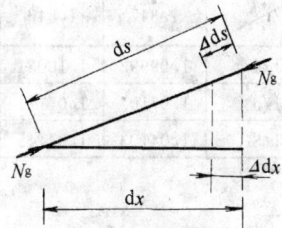

单位水平力在弹性中心产生的水平位移为：

$$\delta_{22} = \int \frac{\overline{M}_2^2 ds}{EI} + \frac{\overline{N}_2^2 ds}{EA}$$
$$= \int \frac{y^2 ds}{EJ} \cdot \int \frac{\cos^2\varphi ds}{EA}$$
$$= (1+\mu)\int_s \frac{y^2 ds}{EI} \tag{7-20}$$

图 7-13 恒载弹性压缩计算

式中 y——以弹性中心为原点的拱轴纵坐标 $y=y_s-y_1$

$$\mu = \int_s \frac{\cos^2\varphi ds}{EA}\Big/\int_s \frac{y^2 ds}{EI}$$

所以
$$\Delta H_g = \frac{H_g}{1+\mu} \frac{\int_0^L \frac{\mathrm{d}x}{EA\cos s_0}}{\int_s \frac{y^2\mathrm{d}s}{EI}} = \frac{\mu_1}{1+\mu} H_g \tag{7-21}$$

式中
$$\mu_1 = \int_0^L \frac{\mathrm{d}x}{EA\cos\varphi} \Big/ \int_s \frac{y^2\mathrm{d}s}{EI}$$

对于等截面拱圈，μ 和 μ_1 的分子可改写为

$$\int_s \frac{\cos\varphi\mathrm{d}s}{EA} = \frac{L}{EA}\int_0^L \frac{\cos\varphi\mathrm{d}x}{L} = \frac{L}{EA}\int \frac{d\zeta}{\sqrt{1+\eta^2 sh^2 k\zeta}} = \frac{1}{EA\nu}$$

$$\int_0^L \frac{\mathrm{d}x}{EA\cos\varphi} = \frac{L}{EA}\int_0^L \frac{\mathrm{d}x}{L\cos\varphi} = \frac{L}{EA}\int_0^L \frac{1}{\sqrt{1+\eta^2 sh^2 k\zeta}} d\zeta = \frac{1}{EA\nu_1}$$

于是

$$\mu = \frac{L}{EA\nu \int_s \frac{y^2\mathrm{d}s}{EI}} \tag{7-22}$$

$$\mu_1 = \frac{1}{EA\nu_1} \cdot \frac{1}{\int_s \frac{y^2\mathrm{d}s}{EI}} \tag{7-23}$$

式中 $\frac{1}{\nu}$、$\frac{1}{\nu_1}$ —— 系数，分别由表 7-16 及表 7-17 中查得；

$\int \frac{y^2\mathrm{d}s}{EI}$ 由表 7-18 中查得。

$1/\nu$ 值   表 7-16

$\frac{m}{f/L}$	1.347	1.543	1.756	1.988	2.240	2.514	2.814	3.142	3.500
1/5	0.91512	0.91475	0.91438	0.91400	0.91362	0.91323	0.91284	0.91244	0.91205
1/6	0.93700	0.93663	0.93625	0.93586	0.93546	0.93506	0.93465	0.93423	0.93381
1/8	0.96185	0.96154	0.96123	0.96091	0.96058	0.96024	0.95989	0.95953	0.95917

$1/\nu_1$ 值   表 7-17

$\frac{m}{f/L}$	1.347	1.543	1.756	1.988	2.240	2.514	2.814	3.142	3.500
1/5	1.09992	1.10081	0.10173	1.10268	1.10367	1.10470	1.10575	1.10684	1.10797
1/6	1.07107	1.07175	1.07245	1.07318	1.07394	1.07473	1.07554	1.07638	1.07725
1/8	1.04103	1.04145	1.04189	1.04235	1.04283	1.04333	1.04384	1.04437	1.04492

$\int_s \frac{y^2\mathrm{d}s}{EI} = \text{〔表值〕} \times \frac{Lf^2}{EI}$ 表 7-18

$\frac{m}{f/L}$	1.347	1.543	1.756	1.988	2.240	2.514	2.814	3.142	3.500
1/5	0.10102	0.10072	0.10043	0.10015	0.09988	0.09962	0.09937	0.09914	0.09891
1/6	0.09733	0.09694	0.09656	0.09618	0.09582	0.09546	0.09512	0.09478	0.09445
1/8	0.09332	0.09282	0.09233	0.09184	0.09136	0.09089	0.09042	0.08996	0.08950

当 $I/Af^2 < 0.005$ 时，可近似按下列公式计算其误差小于 5%。

$$\Delta H_g = -\mu_1 H_g \tag{7-24}$$

2. 拱圈各截面附加内力

由于弹性压缩引起的附加内力由平衡条件（图 7-14）可得：

$$\Delta N_g = \Delta H_g \cos\varphi = -\frac{\mu_1}{1+\mu} H_g \cos\varphi \tag{7-25}$$

$$\Delta M_g = -\Delta H_g (y_s - y_1) = \frac{\mu_1}{1+\mu} H_g (y_s - y_1) \tag{7-26}$$

$$\Delta Q_g = \pm \Delta H_g \sin\varphi = \mp \frac{\mu_1}{1+\mu} H_g \sin\varphi \tag{7-27}$$

上式中上边符号适用于左半拱，下边符号适用于右半拱；弯矩符号规定为：使拱下缘受拉为正，反之为负；剪力以绕脱离体逆时针转动为正、反之为负；轴向力以压力为正，拉力为负。图 7-15 中符号均为正值。

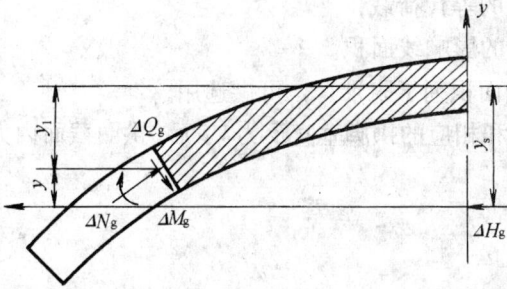

图 7-14　弹性压缩附加内力　　　　图 7-15　拱圈内力方向图式

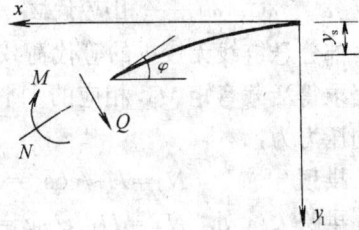

在下列情况下，设计计算时可不考虑弹性压缩影响：

拱圈跨径 $L \leqslant 30\text{m}$，矢跨比 $f/L \geqslant \frac{1}{3}$；拱圈跨径 $L \leqslant 20\text{m}$，矢跨比 $f/L \geqslant \frac{1}{4}$，拱圈跨径 $L \leqslant 10\text{m}$，矢跨比 $f/L \geqslant \frac{1}{5}$。

（三）结构重力作用下拱圈截面总内力

在结构重力作用下，拱圈截面的总内力即不考虑弹性压缩的内力与考虑弹性压缩的附加内力之和，所以

$$N = N_g + \Delta N_g = \frac{H_g}{\cos\varphi} - \frac{\mu_1}{1+\mu} H_g \cos\varphi \tag{7-28}$$

$$M = \Delta M_g = \frac{\mu_1}{1+\mu} H_g (y_s - y_1) \tag{7-29}$$

$$Q = \Delta Q_g = \mp \frac{\mu_1}{1+\mu} H_g \sin\varphi \tag{7-30}$$

四、荷载作用下拱圈内力

荷载作用下拱圈内力计算与恒载内力计算一样。首先，计算不考虑弹性压缩的结构内力，然后再计算弹性压缩的附加内力，两者相加，即为活载作用下拱圈截面总内力。

（一）荷载横向分布系数

石拱桥拱圈横向刚度较大，计算横向分布系数时不假定活载均匀分布于拱圈全部宽度上，当采用矩形截面时，常数用 1 米宽度进行计算，则横向分布系数为

$$m = \frac{C}{B} \tag{7-31}$$

式中　m——荷载截面分布系数；

　　　C——列车行数；

　　　B——拱圈全宽。

（二）不考虑弹性压缩的活载内力

1. 等代荷载法（图 7-16）

等代荷载法计算内力即用等代荷载与相应的影响线面积的乘积进行计算，具体公式为：

截面弯矩　$M_p = (1+\mu)\, \zeta m q_{\rm m} \omega_{\rm m}$ $\tag{7-32}$

水平推力　$H_p = (1+\mu)\, \zeta m q_{\rm H} \omega_{\rm H}$ $\tag{7-33}$

拱圈垂直反力　$V_p = (1+\mu)\, \zeta m q_{\rm V} \omega_{\rm V}$ $\tag{7-34}$

式中　$q_{\rm m}$、$q_{\rm H}$、$q_{\rm V}$——相应于 M_P、H_P、V_P 的等代荷载；

　　　$\omega_{\rm m}$、$\omega_{\rm H}$、$\omega_{\rm V}$——相应于 M_P、H_P、V_P 的影响线面积。

部分悬链线无铰拱的等代荷载和影响线面积列于附录 IV，可供选用。

求得活载弯矩 M_P，相应的水平推力 H_P 和相应的拱脚垂直反力 V_P 后，拱圈截面内力的轴向压力为：

拱顶　　　　　$N_d = H_P/\cos\varphi = H_P$

拱跨 $L/4$ 处　$N_{\frac{1}{4}} = H_P/\cos\varphi = H_P/\cos\varphi_{\frac{1}{4}}$

拱脚　　　　　$N_j = H_P\cos\varphi_j + V_P\sin\varphi_j$

拱脚剪力　　　$Q_j = \pm H_P\sin\varphi_j - V_P\cos\varphi_j$

式中上边符号适用于左半拱，下边符号适用于右拱。

2. 直接加载法（图 7-17）

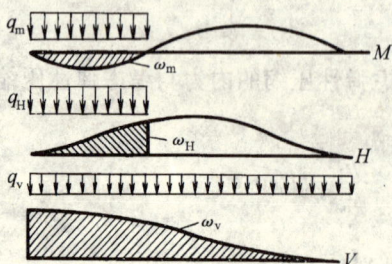

图 7-16　等代荷载法　　　　　　　　图 7-17　直接布载法

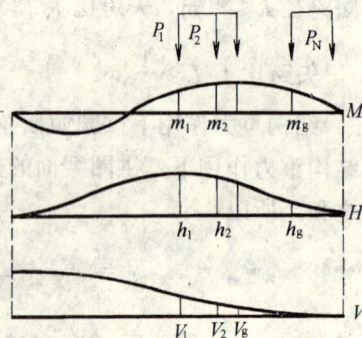

在一些特殊情况下（如特殊荷载、拱轴线不是悬链线）或无相应的等代荷载表查用时，则可采用直接加载法，其计算公式为：

截面弯矩　　　　$M_P = (1+\mu)\, \zeta m \Sigma p_i m_i$ $\tag{7-35}$

水平推力　　　　$H_P = (1+\mu)\, \zeta m \Sigma p_i h_i$ $\tag{7-36}$

拱脚垂直反力　　$V_P=(1+\mu)\,\zeta m\Sigma P_i v_i$　　　　　　　　　　　　　　　　(7-37)

式中　m_i，h_i，v_i——相应于 M_P、H_P、V_P 的影响线竖标值。

（三）考虑弹性压缩的活载附加内力

采用和结构重力弹性压缩引起的附加内力计算方法，如图 7-18 所示，则

$$\Delta H=-\frac{\mu_1}{1+\mu}H_P\qquad(7-38)$$

图 7-18　加结构重力弹性压缩引起的附加内力示意

故各截面附加内力为：附加轴向力

拱顶　　　　　$\Delta N_d=\Delta H_P=-\dfrac{\mu_1}{1+\mu}H_P$

拱跨 $\dfrac{L}{4}$ 处　$\Delta N_{\frac{1}{4}}=\Delta H_P\cos\varphi_{\frac{1}{4}}=-\dfrac{\mu_1}{1+\mu}H_P\cos\varphi_{\frac{1}{4}}$　(7-39)

拱脚　　　　$\Delta N_j=\Delta H_P\cos\varphi_j=-\dfrac{\mu_1}{1+\mu}H_P\cos\varphi_j$　　(7-40)

附加弯矩

拱顶　　　　　　　　　$\Delta M_d=-\Delta H_P y_s=\dfrac{\mu_1}{1+\mu}H_P y_s$　　　　　　　　(7-41)

拱跨 $L/4$ 处　　　　$\Delta M\dfrac{1}{4}=-\Delta H_P\,(y_s-y_{\frac{1}{4}})$

$$=\frac{\mu_1}{1+\mu}H_P\,(y_s-y_{\frac{1}{4}})\qquad(7-42)$$

拱脚　　　　　$\Delta M_j=-\Delta H_P\,(y_s-f)=\dfrac{\mu_1}{1+\mu}H_P\,(y_s-f)$　　(7-43)

拱脚附加剪力　　　$\Delta Q_j=\pm\Delta H_P\sin\varphi_j=\mp\dfrac{\mu_1}{1+\mu}H_P\sin\varphi_j$　　(7-44)

（四）活载下各截面的总内力

轴向力

拱顶　　　　　　　$N=N_d+\Delta N_d=H_P-\dfrac{\mu_1}{1+\mu}H_P$　　　　　　　(7-45)

拱跨 $L/4$ 处　　$N_{\frac{1}{4}}=N_{\frac{1}{4}}+\Delta N_{\frac{1}{4}}\div\dfrac{H_P}{\cos\varphi_{\frac{1}{4}}}-\dfrac{\mu_1}{1+\mu}H_P\cos\varphi_{\frac{1}{4}}$　　(7-46)

拱脚　　$N_j=N_j+\Delta N_j=H_P\cos\varphi_j+V_P\sin\varphi_j-\dfrac{\mu_1}{1+\mu}H_P\sin\varphi_j$　　(7-47)

弯矩

拱顶　　　　　　$M=M_d+\Delta M_d=M_d+\dfrac{\mu_1}{1+\mu}H_P y_s$　　　　　　(7-48)

拱跨 $L/4$ 处　　$M=M_{\frac{1}{4}}+\Delta M_{\frac{1}{4}}=M_{\frac{1}{4}}+\dfrac{\mu_1}{1+\mu}H_P\,(y_s-y_{\frac{1}{4}})$　(7-49)

拱脚　　　　　$M=M_j+\Delta M_j=M_j+\dfrac{\mu_1}{1+\mu}H_P\,(y_s-f)$　　　(7-50)

剪力（拱脚）　　$Q=Q_j+\Delta Q_j=\pm H_P\sin\varphi_j-V_P\cos\varphi_j\mp\dfrac{\mu_1}{1+\mu}H_P\sin\varphi_j$　(7-51)

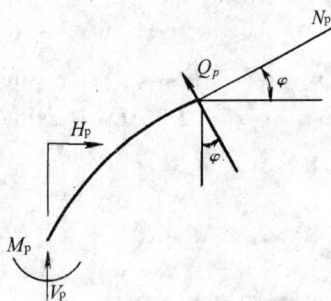

【例 7-2】　一等截面悬链线无铰拱，$L_0=30\text{m}$，$f_0=6\text{m}$，$m=3.142$，拱圈厚度 $d=80\text{cm}$，计算荷载为汽车-15 级，求拱脚最大正、负弯矩及其相应的轴向力

1. 确定计算跨径 L 及计算矢高 f

由 $H=3.142$，查表 7-4

$$\mathrm{tg}\varphi_j = 5038.4 \cdot \frac{f}{1000L}$$

$$= 1.00768\left(\text{此处取 } f/L = \frac{1}{5}\right)$$

则 $\qquad \sin\varphi_j = 0.70980 \quad \cos\varphi_j = 0.70440$

$$L = L_0 + d\sin\varphi_j = 30 + 0.8 \times 0.70980 = 30.56784\,(\mathrm{m})$$

$$f = f_0 + (1 - \cos\varphi_j)\frac{d}{2}$$

$$= 6.0 + (1 - 0.70440)\frac{0.8}{2} = 6.11824\,(\mathrm{m})$$

2. 查附录 Ⅲ-5 得：

M_{max} 的等代荷载 $q_M = 20.61\mathrm{kN/m}$

相应 H 的等代荷载 $g_H = 19.81\mathrm{kN/m}$

相应 V 的等代荷载 $q_V = 6.50\mathrm{kN/m}$

查附录 Ⅴ-10 得：

M_{max} 时的影响线面积为：

$$\omega_M = 0.02039L^2 \quad \omega_H = 0.09327L^2/f \quad \omega_V = 0.5L^x$$

所以拱脚 M_{max} 及其相应的轴向力为：

$$M_{max} = 20.61 \times 0.02039 \times 30.56784^2 = 392.71\mathrm{kN \cdot m}$$

相应的 $H = 19.81 \times 0.09327 \times 30.56784^2/6.11824$

$$= 282.18\mathrm{kN}$$

相应的 $V = 6.50 \times 0.5 \times 30.56784 = 99.35\mathrm{kN}$

相应的 $N = H_j\cos\varphi_j + V_j\sin\varphi_j$

$$= 282.18 \times 0.70440 + 99.35 \times 0.70980$$

$$= 269.29\mathrm{kN}$$

3. 求拱脚最大负弯矩 M_{min} 及其相应的轴向力 N

查附录 Ⅴ-6 得：

M_{min} 的等代荷载 $g_M = 24.47\mathrm{kN/m}$

相应 H 的等代荷载 $g_H = 13.79\mathrm{kN/m}$

相应 V 的等代荷载 $g_V = 11.93\mathrm{kN/m}$

查附录 Ⅲ-10 得：

M_{min} 的影响线面积为：

$$\omega_M = -0.01380L^2 \quad \omega_H = 0.03526L^2/f \quad \omega_V = L/2$$

所以拱脚 M_{min} 及其相应的轴向力为：

$$M_{min} = 24.47 \times C - 0.01380 \times 30.56784^2 = -315.53\mathrm{kN \cdot m}$$

相应的 $H = 13.79 \times 0.03526 \times 30.56784^2/6.11824 = 74.26\mathrm{kN}$

相应的 $V = 11.93 \times 30.56784/2 = 182.34\mathrm{kN}$

相应的 $N = H_j\cos\varphi_j + V_j\sin\varphi_j$

$$= 74.26 \times 0.70440 + 182.34 \times 0.70980 = 181.73\mathrm{kN}$$

注：计算拱脚竖向反力 V 时，等代荷载为 $0.5L$，计算人群荷载产生的竖向反力时，则按表列影响线面积计算。

四、温度变化，拱脚位移产生的拱圈内力

超静定拱在温度变化，混凝土收缩和拱脚变位时都会产生附加内力。这些附加内力不容忽视，应在拱桥设计中予以考虑，以保证桥梁的承载能力。

（一）温度变化产生的附加内力计算

当大气温度高于拱圈合拢温度（即主拱圈封顶时的温度），称为温度上升，会引起拱圈膨胀，反之称为温度下降，会引起拱圈收缩，情况与弹性压缩相似。

按弹性压缩相似的方法推导得水平推力为：

$$H_t = \frac{\alpha L \Delta t}{(1 + \mu) \int \dfrac{y^2 \mathrm{d}s}{EI}} \tag{7-52}$$

式中　α——线膨胀系数，混凝土或钢筋混凝土结构 $\alpha = 0.000010$，混凝土预制块砌体，$\alpha = 0.00009$，石砌体 $\alpha = 0.00008$；

　　Δt——温度变化值，指桥梁所在地区拱圈合拢时气温与最高日平均气温或最低日平均气温之差。温度上升 Δt 为正，温度下降 Δt 为负。

由温度变化引起的拱圈附加内力为：

$$N_t = H_t \cos\varphi \tag{7-53}$$

$$M_t = -H_t y = -H_t(y_s - y_1) \tag{7-54}$$

$$Q_t = \pm H_t \sin\varphi \tag{7-55}$$

对于跨径不大于 25m 的砖、石、混凝土预制块砌体的拱桥，当矢跨比大于或等于 $\frac{1}{5}$ 时，可不计温度变化的影响。

（二）混凝土收缩产生的内力

由于拱圈混凝土收缩而产生的内力，可以视作温度降低来考虑。具体视混凝土的浇筑方式，施工工地气温条件等按下列方法予以考虑。整体浇筑的混凝土结构对于一般地区相当于降低 25℃，干燥地区 30℃；整体浇筑的钢筋混凝土结构相当于降低 15～20℃，分段浇筑的混凝土或钢筋混凝土结构相当于降低 10～15℃；装配式钢筋混凝土结构相当于降低 5～10℃。

考虑到混凝土徐变的影响，计算温度应力时可乘以调整系数 0.7；计算混凝土收缩产生的内力时可乘以调整系数 0.45。

（三）拱脚位移产生的拱圈内力

当拱圈由于墩台基础产生位移（水平位移、垂直位移和转动）时均会在拱圈内产生内力。

1. 拱脚相对水平位移产生内力

设左拱脚水位平移 Δ_{HA}，右拱脚水平位移 Δ_{HB}，则相对水平位移为 $\Delta_H = \Delta_{HA} - \Delta_{HB}$（图 7-19）。

式中　Δ_{HA}、Δ_{HB}——左、右拱脚水平位移、右移为正，左移为负。

与弹性压缩原理一样，在弹性中心处产生的水平力 x_2 为：

$$x_2 = \frac{\Delta_{\mathrm{H}}}{(1 + \mu)\int_s \dfrac{y^2 \mathrm{d}s}{EI}} \tag{7-56}$$

故引起的拱圈内力为

$$N = x_2 \cos\varphi \tag{7-57}$$

$$M = - x_2 y \tag{7-58}$$

$$Q = \pm x_2 \sin\varphi \tag{7-59}$$

式中上述符号适用于左半拱，下边符号适用于右半拱。

2. 当两拱脚产生相对垂直位移 Δ_{V} 时，在弹性中心产生的剪力为（图 7-20）：

$$x_3 = \frac{\Delta_{\mathrm{V}}}{\int \dfrac{x^2 \mathrm{d}s}{EI}} \tag{7-60}$$

式中 $\int \dfrac{x^2 \mathrm{d}s}{EI}$ 可查 "拱桥设计手册" 附表 III -6。

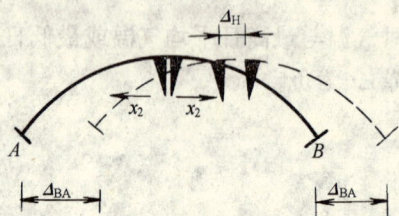

图 7-19　拱脚相对水平位移　　　　　　　　图 7-20　拱脚垂直位移

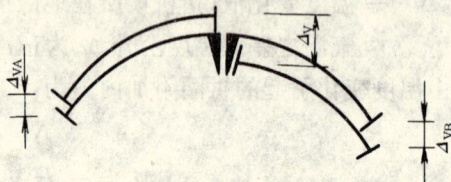

Δ_{V} 为左右拱脚的相对垂直位移，左右拱脚位移均以下移为正，上移为负。
由此产生的内力为：

$$N = \mp x_3 \sin\varphi$$

$$M = \pm x_3 x$$

$$Q = x_3 \cos\varphi$$

3. 拱脚相对转动产生的内力

设拱脚相对转动为 θ_{B}（θ_{B} 以顺时针转动为正），在弹性中心处除会产生相同的转角 θ_{B} 外，还有水平位移 Δ_{H} 和垂直位移 Δ_{V}，因此产生三个赘余力 x_1，x_2，x_3（图 7-21）为：

$$x_1 = \theta_{\mathrm{B}}/\delta_{\mathrm{n}}$$

$$x_2 = \frac{\theta_{\mathrm{B}}(f - y_{\mathrm{s}})}{\int \dfrac{y^2 \mathrm{d}s}{EI}}$$

$$x_3 = \frac{\theta_{\mathrm{B}}l}{2\int \dfrac{x^2 \mathrm{d}s}{EI}}$$

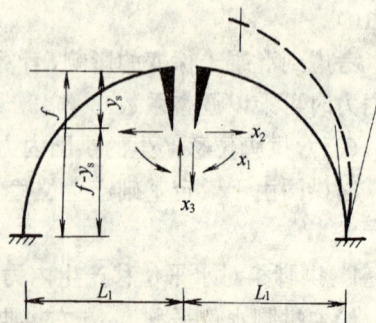

图 7-21　垂脚相对转动

式中 δ_{11} 查 "手册" 表 III -8。

由 θ_B 引起的 Δ_H、Δ_V 为（图 7-21）：$\Delta_H = \theta_B(f - y_3)$

$$\Delta_V = \frac{\theta_B L}{2}$$

由此而产生的内力为：

$$M = x_1 - x_2 y \pm x_3 x$$
$$N = \mp x_3 \sin\varphi + x_2 \cos\varphi$$
$$Q = x_3 \cos\varphi \pm x_2 \sin\varphi$$

五、拱圈内力调整

设计悬链线无铰拱时，进行最不利荷载组合后，常会出现拱脚负弯矩或拱顶正弯矩过大的情况。为了减小这种偏大弯矩，可从设计和施工方面采取措施调整拱圈内力。

假载法是调整内力，尽可能使拱顶和拱脚内力比较接近的一种方法。

所谓假载法，实质上就是不改变原有计算跨径、计算矢高及拱圈厚度的情况下，通过改变拱轴系数 m 来变更拱轴线以达到调整内力的方法。

理论和计算表明：拱脚负弯矩过大，可适当提高 m 值，拱顶正弯矩过大，则适当降低 m 值。但 m 值一调整幅度不宜过大，一般调整半级到一级。

（一）实腹拱的内力调整

设调整前的拱轴系数为 m，$m = q_j/q_d$，调整后的拱轴系数为 m'，$m' = q_j'/q_d'$，由图 7-22 可以看出

$$m' = q'_j/q'_d = \frac{q_j \pm q_x}{q_d \pm q_x} \tag{7-61}$$

式中 q_x——假想减少（图 7-22b）或增加（图 7-22c）的一层均布荷载。

必须注意的是：拱轴系数调整前后，拱顶截面的荷载强度没有变化，拱脚截面，由于 m 值的变化，实际荷载强度略有变化，但变化甚小，可以忽略不计，也就是说 q_x 是虚拟的假想荷载，故此法称为假载法。

当确定 m' 后，即 m 值增大或减少半级或一级后，由式（7-61）即可算出 q_x。由式（7-61）可以看出，当 $m' > m$ 时，q_x 为正值，当 $m' < m$ 时，q_x 为负值。其值为

$$q_x = \frac{q_d(m - m')}{m' - 1} \tag{7-62}$$

实调调整时，计算步骤如下：

（1）确定调整拱轴系数 m'，一般情况下，当拱脚截面负弯矩过大，m' 值应比 m 值大；当拱顶截面正弯矩过大，m' 值应比 m 值小。

（2）按 m' 值计算拱的几何尺寸及荷载内

图 7-22 假载法图示

力。因计算时考虑假载后拱轴线与压力线完全重合，故可按纯压拱计算（此时 $q'_j = q_j \pm q_x$，$q'_d = q_d \pm q_x$）。

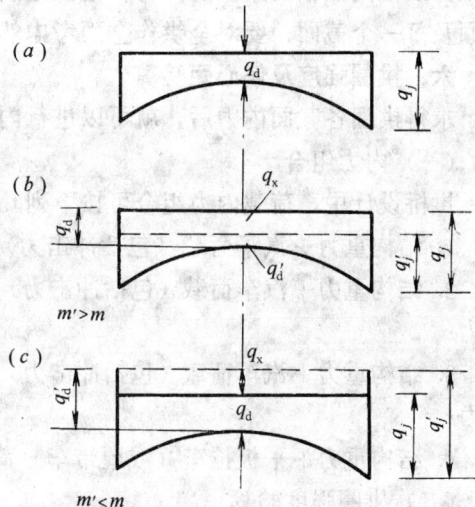

（3）计算虚拟荷载（假载）产生的内力，由于假载为均布荷载，可以很方便地按利用内力影响线计算，将 q_x 布置在 M、H 和 V 等内力影响线的全面积上，即可求出 q_x 所产生的内力。

（4）调整后的总内力即为 m' 产生的内力与 q_x 产生的内力的代数和。

（二）空腹拱的内力调整

对于空腹拱，拱轴系数是由 $L/4$ 处的纵坐标及矢高确定的，且 $\dfrac{y\frac{1}{4}}{f}=\Sigma M_{\frac{1}{4}}/\Sigma M_j$，当增加减小假载 q_x 后，在 $\dfrac{1}{4}L$ 和拱脚处产生的弯矩为 $q_x L^2/32$ 及 $q_x L^2/8$，设新的拱轴系数为 m'，$L/4$ 处纵坐标为 $y'_{\frac{1}{4}}$，则

$$y'_{\frac{1}{4}/f}=\frac{\Sigma M_{\frac{1}{4}}\pm\dfrac{q_x L^2}{32}}{\Sigma M_j\pm\dfrac{q_x L^2}{8}} \qquad (7\text{-}63)$$

q_x 的符号，当 $m'>m$ 时为负，当 $m'<m$ 时为正。其值可按下式计算

$$q_x=\frac{8\Sigma M_j}{L^2}\frac{(y'_{\frac{1}{4}/f}-y_{\frac{1}{4}/f})}{(\frac{1}{4}-y'_{\frac{1}{4}/f})} \qquad (7\text{-}64)$$

其计算程序与空腹拱相同。

假载法调整内力时，计算内力应包括拱计算的全部内容，即包括弹性压缩，活载及温度变化等的内力均须按 m' 重新计算。

应当指出，用假载法调整拱轴线，不能同时改善拱顶，拱脚两个控制截面的内力。由于压力线偏离拱轴线产生的内力在全拱范围内是不均匀的。因此应用假载法调整内力时，不能顾及每一个截面，要对全拱作全面考虑然后进行调整。

六、拱圈强度及偏心距验算

求得拱圈各截面内力后，就可以进行内力组合，并验算各截面的强度和偏心距。

（一）内力组合

拱桥设计中，荷载内力组合可按下列几种情况进行，如必要时应进行施工验算。

1. 结构重力＋汽车荷载（包括冲击力）＋人群荷载＋混凝土收缩影响力；

2. 结构重力＋汽车荷载（包括冲击力）＋人群荷载＋混凝土收缩影响力＋温度上升影响力；

3. 结构重力＋汽车荷载（包括冲击力）＋人群荷载＋混凝土收缩影响力＋温度下降影响力；

4. 结构重力＋平板挂车（或履带车）荷载

（二）拱圈强度验算

拱圈强度验算一般公式为：

$$\gamma_{s0}\psi\Sigma\gamma_{si}N\leqslant\varphi\alpha AR_a^j/\gamma_m \qquad (7\text{-}65)$$

式中　γ_{s0}——结构重要性系数，当计算跨径＜50m 时，$\gamma_{s0}=1.00$，当 50m$\leqslant L\leqslant$100m 时 γ_{s0} $=1.03$，当 $L>$100m 时，$\gamma_{s0}=1.05$；

　　γ_{si}——荷载安全系数；

ψ—— 荷载组合系数，对组合 I ，$\psi=1.00$；对组合 II 、III 、IV 时，$\psi=0.8$；

N—— 纵向压力；

A—— 构件横截面积；

R_a^j—— 材料的抗压极限强度；

γ_m—— 材料安全系数，按表 7-19 选用；

α—— 纵向压力偏心影响系数：

$$\alpha=\left[1-(e_0/y)^m\right]/\left[1+(e_0/r_w)^2\right]$$

φ—— 受压构件纵向弯曲系数，当拱上建筑合拢后验算拱的强度时，不考虑拱的纵向
稳定，$\varphi=1$，当拱上建筑合拢前验算拱的强度时，应考虑拱的纵向稳定
$$\varphi=1/\left[1+\alpha\beta(\beta-3)(1.33(e_0/r_w)^2)\right]$$

其中　e_0—— 纵向压力偏心距；

　　　y—— 截面重心已偏心方向截面边缘的距离；

　　　r_w—— 在弯曲平面内截面上回转半径；

　　　m—— 截面形状系数，对圆形截面取 2.5，矩形截面取 8；

　　　α—— 与砂浆标号有关的系数，对 5、2.5、1 号砂浆，α 分别是 0.002、0.0025、0.004；
对混凝土 α 采用 0.002；

　　　β—— 系数 $\beta=L_0/h_w$；

其中　l_0—— 构件计算长度，见表 7-20 注；

　　　h_w—— 偏心受压构件矩形截面在弯曲平面内的高度。

γ_m 值　　　　　　　　　　　　　　　　　　　　　表 7-19

砌体种类	石　料	片石砌体	块石和粗料石砌体、砖砌体	混凝土
受　　压	1.85	2.31	1.92	1.54
受弯、受拉和受剪	2.31	2.31	2.31	2.31

φ 值表　　　　　　　　　　　　　　　　　　　　表 7-20

L_0/h 或 L_0/h_w		≤3	3	4	6	8	10	12	14	16	18	20	22	24
L_0/r 或 L_0/r_w		≤10	3	14	21	28	35	42	49	56	63	70	76	83
混凝土构件		0	1	0.99	0.96	0.93	0.88	0.82	0.76	0.71	0.65	0.60	0.54	0.50
砂浆标号	2.5	0	1	0.99	0.95	0.91	0.85	0.79	0.72	0.66	0.60	0.54	0.49	0.44
	≥5.0	0	1	0.99	0.96	0.93	0.88	0.82	0.76	0.71	0.65	0.60	0.54	0.50

注：① l_0 为构件计算长度，对无铰拱 $l_0=0.16s$，对两铰拱 $l_0=0.54s$，对三铰拱 $l_0=0.58s$（s 为拱轴线长度）；

　　② h 为轴心受压轴件矩形截面短边长度；

　　③ γ 为轴心受压构件任意截面形状截面较小的回转半径。

（三）偏心距验算

为防止偏心距过大，使拱圈产生裂缝，降低拱的承载能力，应进行偏心距验算，其计算式为：

$$e_0=\frac{M}{N}\leqslant[e_0] \tag{7-66}$$

式中　　$[e_0]$——容许偏心，由表 7-21 选用。

偏心受压构件容许偏心距 $[e_0]$

表 7-21

结构名称	荷载组合	组合 I	组合 II、III、IV	组合 V
中、小跨径拱圈		$\leqslant 0.6y$	$\leqslant 0.7y$	$\leqslant 0.7y$
其它结构		$\leqslant 0.5y$	$\leqslant 0.6y$	$\leqslant 0.7y$

注：①　当混凝土结构截面受拉一边布设不小于截面面积 0.05% 的纵向钢筋时，表内规定的容许偏心距可增加 0.1y。

②　当截面含筋率大于最小含筋量时，按钢筋混凝土截面计算，偏心距不受此限制。

（四）拱圈抗剪强度验算

圬工板拱桥，应进行竖向截面（一般为拱顶）的抗剪强度验算，其验算公式为：

$$\gamma_{so}\psi\Sigma\gamma_{si}Q \leqslant \mu N_j + AR_j^j/\gamma_m \qquad (7\text{-}67)$$

式中　　Q——剪力；

　　　　A——受剪截面面积；

　　　　R_j^j——砌体截面抗剪极限强度；

　　　　μ——摩擦系数，对实心砖石砌体 $\mu = 0.7$；

　　　　N_j——纵向压力。

第三节　变截面无铰拱及圆弧拱计算要点

一、变截面悬链线无铰拱拱圈截面变化规律

在大跨径圬工拱桥中，为了节省圬工，减轻拱圈重量，经过技术经济比较后，也可采用变截面悬链线无铰拱。

为使拱圈截面的变化规律既符合拱圈的实际受力情况，又便于计算，通常采用的截面变化公式为（图 7-23）：

$$\frac{I_d}{I_x\cos\varphi} = 1 - (1-n)\zeta \qquad (7\text{-}68)$$

式中　　I_d——拱顶截面惯性矩；

　　　　I_x——拱圈任意截面惯性矩；

　　　　n——截面变化特征参数，亦称拱厚变化系数。

在拱脚处，$\zeta = 1$，$\varphi = \varphi_j$，$I_x = I_j$

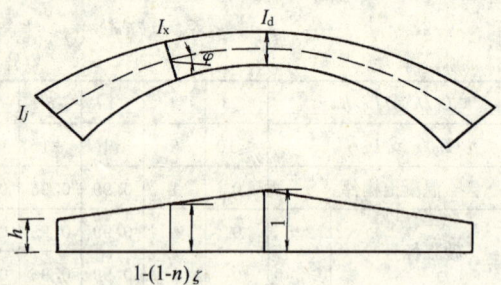

图 7-23　变截面拱圈截面变化规律

则

$$n = \frac{I_d}{I_j\cos\varphi_j}$$

在圬工拱桥中，拱圈截面通常为矩形，则　$I_d = \frac{1}{12}bd_d^3$　$I_x = \frac{1}{12}bd_x^3$ 代入式（7-68），得

$$d_x = \frac{d_d}{\sqrt[3]{[1-(1-n)\zeta]\cos\varphi}} = cd_d/\sqrt[3]{\cos\varphi}$$

式中　c——系数，$c = \dfrac{1}{\sqrt[3]{[1-(1-n)\zeta]}}$。

变截面拱变化规律主要决定于拱厚变化系数 n，n 值越小，拱厚变化越大，拱桥设计中，空腹式拱桥 $n=0.3\sim0.5$；实腹式拱桥 $n=0.4\sim0.6$；钢筋混凝土拱桥 $n=0.5\sim0.8$；当矢跨比较小时，取用上述中较小的 n 值。

值得注意的是，不能将等截面无铰拱作为变截面无铰拱的特例看待。很明显，如要求 $I_x=I_d$，则应有 $[1-(1-n)\zeta]\cos\varphi=1$，由于 $1-(1-n)\zeta$ 为直线变化，而 $\cos\varphi$ 为曲线变化，显然欲求一适当的 n 值，使两者乘积等于 1，而又适合于拱是不可能的。

二、圆弧拱的几何尺寸和弹性中心

图 7-24 为一圆弧无铰拱，如图示坐标轴则得：

$$
\left.
\begin{array}{l}
x^2 + y_1^2 = 2Ry_1 \\
x = R\sin\varphi \\
y = R(1-\cos\varphi)
\end{array}
\right\}
\tag{7-69}
$$

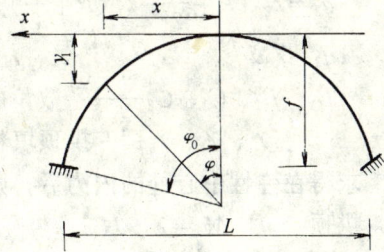

式中　R——圆弧拱半径；

x、y_1——圆弧拱上任意一点坐标；

φ——圆弧拱上任意一点至圆心 O 的连线与
　　　垂直线的夹角。

图 7-24　圆弧拱几何量计算

设以下符号代表圆弧拱的几何量：f 为计算矢高，L 为计算跨径、R 为计算半径、φ_0 为半圆心角、S 为拱轴长度；$D=f/L$ 为矢跨比、则若 f、L 已知时

$$
R = \frac{(\frac{L}{2})^2 + f^2}{2f} = -\frac{L}{2}(\frac{1}{4D}+D)
$$

$$
\cos\varphi_0 = 1 - \frac{f}{R}
$$

$$
\sin\varphi_0 = L/2R
$$

$$
S = 2R\varphi_0
$$

如已知 R 及 φ_0，则

$$
f = R(1-\cos\varphi_0)
$$

$$
L = 2R\sin\varphi_0
$$

圆弧拱弹性中心位置为

$$
y_s = \left(1 - \frac{\sin\varphi_0}{\varphi_0}\right)R
\tag{7-70}
$$

三、圆弧拱计算

（一）拱的计算跨径与计算矢高

拱的计算跨径和计算矢高按下式计算

$$
L = L_0 + d\sin\varphi_0
$$

$$
f = f_0 + \frac{d}{2} - \frac{d}{2}\cos\varphi_0
\tag{7-71}
$$

式中　L_0、f_0、φ_0、d 分别为圆弧拱的净跨径、净矢高和半圆心角和拱圈厚度

（二）结构重力内力计算（图 7-25）

在计算结构重力产生的拱圈内力时，可将结构重力分为三部分，Ⅰ为拱顶填料重力，Ⅱ为拱背填料重力，Ⅲ为拱圈重力，分别计算各部分重力在弹性中心处的内力，然后迭加为弹性中心处的总内力

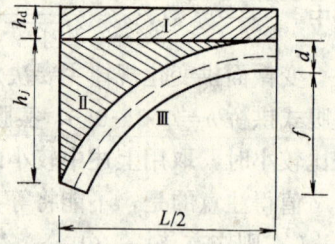

图 7-25　圆弧拱结构重力计算

弯矩　　　　　　$Z=(B_1q_1+B_2q_2+B_3q_3)\,R^2$

水平推力　　　　$H=(C_1q_1+C_2q_2+C_3q_3)\,R$

式中　　$q_1=\gamma_1 h_a$

$$q_2=\gamma_2\left[R+\frac{d}{2}-\sqrt{\left(R+\frac{d}{2}\right)^2-\frac{L^2}{4}}\right]$$

$$q_3=\gamma_3 d$$

B_1、B_2、C_1、C_2——系数，由有关手册查得；

γ_1、γ_2、γ_3——拱顶填料，拱腔填料的平均重力密度和拱圈重力密度。

求得在弹性中心处的内力后，则拱圈截面的内力为：

拱顶　　　　$M_d=Z-Hy_s$

$$N_d=H$$

其它截面　　$M=Z-Hy+Md$

$$N=H\cos\varphi+P_p\sin\varphi$$

式中　　$P_p=(a_1q_1+a_2q_2+a_3q_3)\,R$

$$M_p=-(b_1q_1+b_2q_2+b_3q_3)\,R^2$$

其中　$a_1\sim a_3$，$b_1\sim b_3$ 均可由有关手册查得

（三）活载内力计算

圆弧拱活载内力计算，与悬链线无铰拱计算方法相同，即由圆弧拱的等代荷载乘以相应的影响线面积。

（四）温度变化及混凝土收缩产生的附加内力

由温度变化引起的弹性中心的水平推力为

$$H_t=\frac{\alpha L\Delta t}{\int\frac{y^2\mathrm{d}s}{EI}+\int\frac{\cos^2\varphi\mathrm{d}s}{EA}}=\beta\frac{EI\alpha\Delta t}{L^2}$$

由此引起的截面内力为：

弯矩　　　　　　　　　　　$M_t=-H_t\,(y_s-y_1)$

$$N_t=H_t\cos\varphi$$

第四节　拱桥上部结构体积计算

拱桥上部结构体积计算往往不能直接按简单的几何公式进行，故实际工作中往往采用一些近似公式及表格进行计算

一、圆弧拱侧墙体积和侧墙勾缝面积

（一）圆弧拱侧墙体积和侧墙勾缝面积（图 7-26）（半跨一边的数量）为：

$$V=V_1+V_2=B_1CL_1^2+B_2m_1L_1^2+\left(C_0+\frac{m_1h}{2}\right)hL_1 \tag{7-72}$$

$$A = A_1 + A_2 = B_1 L_1^2 + h L_1$$

式中 V_1——曲线部分体积 $V_1 = B_1 C L_1^2 + B_2 m_1 L_1^3$；

V_2——直线部分体积 $V_2 = \left(C_0 + \dfrac{m_1 h}{2}\right) h L_1^2$；

A_1——曲线部分面积 $A_1 = B_1 L_1^2$；

A_2——直线部分面积 $A_2 = h L_1^2$；

其中 B_1、B_2——系数，由表7-23查得；

L_1——拱圈外弧半跨长度；

C——拱弧顶处的侧墙顶宽 $C = C_0 + m_1 h$；

C_0——侧墙顶宽；

m_1——侧墙背坡比。

B_1、B_2 值 表 7-22

系数 \ f/L	1/2	1/3	1/4	1/5	1/6	1/7	1/8	1/9	1/10
B_1	0.2146	0.1828	0.1503	0.1261	0.1064	0.0923	0.0814	0.0727	0.0659
B_2	0.0479	0.0313	0.0212	0.0161	0.0107	0.0078	0.0062	0.0055	0.0046

（二）悬链线无铰拱侧墙体积和勾缝面积（图7-26）

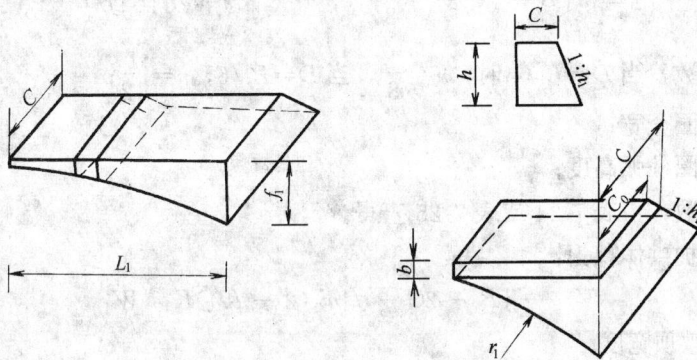

图 7-26 体积、面积计算各式

侧墙体积与勾缝面积分别为：

$$V = V_1 + V_2 = \frac{C f_1 L_1}{K(m+1)}$$

$$(\mathrm{sh}K - K) + \frac{f_1^2 L_1 m_1}{2K(m-1)^2}\left(\frac{1}{2} \times \mathrm{sh}K\mathrm{ch}K - 2\mathrm{sh}K + \frac{3}{2}K\right) + \left(C_0 + \frac{m_1 h}{2}\right)h L_1$$

(7-73)

$$A = A_1 + A_2 = \frac{L_1 f_1}{K(m-1)}(\mathrm{sh}K - K) + h L_1$$

式中 m——拱轴系数；

K——系数，$K = \ln\left(m + \sqrt{m^2 - 1}\right)$。

167

二、护拱体积

设桥墩护拱的设置为拱墩向跨中各为 $L_1/2$ 及 D，桥台护拱的设置与桥墩相似，如图 7-27。

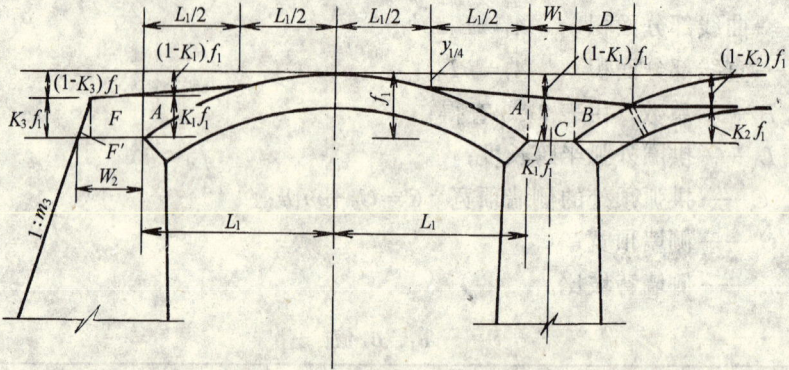

图 7-27　护拱体积计算

（一）拱上护拱体积为：

$$
\left.
\begin{aligned}
V_{\mathrm{A}} &\doteq \frac{1}{4}\left[B - 2C - \frac{2f_1 m_1}{8}\left(2 - K_1 + \frac{y_{\frac{1}{4}}}{f_1}\right)\right]K_1 f_1 L_1 \\
V_{\mathrm{B}} &\doteq n\left[B - 2C - \frac{2f_1 m_1}{8}(3 - K_1 - K_2)\right]K_1 f_1 L_1
\end{aligned}
\right\}
\tag{7-74}
$$

式中　n——系数，当 $D=L_1/4$ 时，$n=\dfrac{1}{8}$，当 $D=L_1/6$，$n=\dfrac{1}{12}$；

　　　B——拱圈全宽；

　　　f_1——拱圈外弧高度；

K_1，K_2——系数，由表 7-24 或表 7-25 查得。

（二）墩顶护拱体积为：

$$
V_{\mathrm{c}} = [B - 2C - f_1 m_1(2 - K)]K_1 f_1 W_1
$$

式中　W_1——墩顶宽度。

（三）桥台台顶护拱体积

$$
\left.
\begin{aligned}
V_{\mathrm{F1}} &= \frac{f_1}{2}\left[(B - 2C - 2f_1 m_2)(K_1 + K_3)\right. \\
&\quad \left.+ f_1 m_2(K_1^2 + K_2^2)\right](W_2 - K_3 f_1 m_2) \\
V_{\mathrm{F2}} &= \frac{1}{2}\left[B - 2C - \frac{2}{3}(3 - K_3)f_1 m_2\right]K_3^2 f_1^2 m_3
\end{aligned}
\right\}
\tag{7-75}
$$

式中　K_3——系数，$K_3 = (K_1 L_1 - K_0 W_2)/(L_1 - K_0 f_1 m_2)$

　　其中　$K_0 = 2(1 - K_1 - y_{\frac{1}{4}}/f_1)$；

　　　w_2——台顶宽度；

　　　m_2——桥台侧墙内坡坡率；

　　　m_3——桥台前墙背坡坡率。

其余符号同前。

168

圆弧拱 K_1、K_2 值　　　　　　　　　　　　　　　　　　表 7-23

D 　　系数　　$f_1/2L_1$		1/2	1/3	1/4	1/5	1/6	1/7	1/8	1/9	1/10
$L_1/4$	K_1	0.723	0.636	0.597	0.579	0.567	0.560	0.556	0.551	0.549
	K_2	0.651	0.546	0.500	0.480	0.465	0.458	0.453	0.449	0.447
$L_1/6$	K_1	0.631	0.512	0.470	0.453	0.440	0.434	0.430	0.425	0.425
	K_2	0.553	0.410	0.363	0.345	0.330	0.323	0.319	0.315	0.315
y_4^2/f_1		0.134	0.183	0.208	0.222	0.230	0.235	0.238	0.244	0.247

悬链线拱 K_1、K_2 值　　　　　　　　　　　　　　　　　　表 7-24

D 　　系数　　m		1.347	1.756	2.240	2.814	3.500	4.324	5.321	6.536	8.031
$L_1/4$	K_1	0.554	0.566	0.579	0.591	0.604	0.617	0.629	0.643	0.656
	K_2	0.451	0.464	0.478	0.492	0.506	0.520	0.534	0.549	0.564
$L_1/6$	K_1	0.428	0.439	0.451	0.462	0.476	0.486	0.498	0.511	0.524
	K_2	0.317	0.329	0.341	0.353	0.365	0.376	0.390	0.405	0.418
y_4^2/f_1		0.24	0.23	0.22	0.21	0.2	0.19	0.18	0.17	0.16

三、拱腔填料

$$V_{填料} = 2BA - V_{侧} - V_{护拱} \tag{7-76}$$

式中　B——拱圈宽度；

　　　A—侧墙勾缝面积。

四、拱圈体积

（一）圆弧拱

$$V = SBd$$

式中　S——拱轴线长度　$S = 2R\varphi_0$；

　　　B——拱圈宽度；

　　　d——拱圈厚度。

（二）悬链线拱

$$V = \frac{1}{\nu_1}LBd \tag{7-77}$$

式中　$\dfrac{1}{\nu_1}$——悬链线拱轴长度系数，可查表 7-16 查得。

习　题

一、思考题

1. 在拱桥总体布置中，如何确定矢跨比，如何进行不等跨的处理？

2. 如何拟定主拱圈的尺寸？

3. 什么叫压力线？什么叫合理拱轴线？

4. 拱的内力计算中如何考虑弹性压缩的影响？在什么条件下可以不考虑弹性压缩引起的内力？

5. 拱的活载内力计算中如何使用等代荷载？使用中应注意什么问题？

6. 变截面悬链线无铰拱拱厚变化规律是什么？为什么说等截面悬链线拱不是变截面悬链线拱的特殊情况？

7. 如何进行拱的上部结构体积计算？

二、计算题

1. 上部结构为跨径 $L_{10}=40m$ 的石拱桥，净矢高 $f_0=8m$，矢跨比 $f_0/L_0=\dfrac{1}{5}$，桥面为净—7+2×0.75 +2×0.25m，试布置其腹孔和腹孔墩，并确定其拱轴系数；

设：拱顶填料厚　　$h_d=0.50m$，$\gamma_a=18kN/m^3$

拱圈为 50 号砂浆砌 40 号粗料石，砌体抗压强度为

重力密度　　　　　　　　　　　　$\gamma_1=24kN/m^3$；

拱上建筑重力密度为　　　　　　　$24kN/m^3$；

2. 求题 1 拱圈在汽车—20 级，挂车—100 作用下的活载内力。

第八章 桥梁墩台构造

第一节 概　述

桥梁墩台是桥梁的重要组成部分，桥梁墩台一般由墩（台）帽、墩（台）身和基础组成。

桥梁墩台的主要作用是承受上部结构传来的荷载，并将荷载传递给地基，桥墩一般系指多跨桥梁的中间支承结构物，它将相邻两孔的桥跨结构连接起来。桥墩除了承受上部结构的荷载外，还要承受水压力、风力及可能出现的流冰压力、船只及漂浮物的撞击力、地震力等。桥台是将桥梁与路堤衔接的构筑物，它除了承受上部结构的荷载外、并承受桥头填土的水平土压力及直接作用在桥台上的车辆荷载等。

桥梁墩台由于受力的复杂性，因此它不仅应具有足够的强度、刚度和稳定性外，而且对地基的承载能力、沉降及地基与基础之间的摩阻力等都有一定的要求，以避免墩台由于过大的水平位移、竖向沉降及转角而导致破坏。

桥梁墩台的修建，一般情况下比之桥跨结构更为复杂和艰巨，受自然条件影响极大，同时，桥梁墩台类型复杂；增加了设计和施工的复杂性，我们应从最基本和最常用的形式入手，掌握墩台的基本构造、设计原则和一般方法，为进一步学习打下基础。

桥梁墩台的形式总体上可分为两大类：

一、重力式墩台

重力式墩台的主要特点是靠自身重量来平衡外力而保持稳定，它主要适用于地基良好的桥梁。主要使用天然石材或片石混凝土砌筑，基本不用钢筋。重力式墩台的优点是承载能力大、就地取材、节约钢筋，其缺点是圬工数量大，自重大。

二、轻型墩台

轻型墩台型式很多，大多采用钢筋混凝土和少量配筋的混凝土建造，对于小跨径桥梁，也可采用石料砌筑。轻型墩台能减轻墩身重力、节约圬工材料，同时外形比较美观，并减轻了地基的应力。但是由于轻型墩台各自的特点和使用条件，应根据桥址处的地形、地质、水文及施工条件等因素综合考虑确定。

第二节　桥 墩 构 造

桥墩按其构造可分为重力式、桩（柱）式、柔性排架桩式、钢筋混凝土薄壁和空心薄壁式及轻型桥墩等。

一、梁桥桥墩

（一）重力式桥墩

重力式桥墩由墩帽、墩身和基础组成。

1. 墩帽

墩帽是桥墩顶端的传力部分，它通过支座承托上部结构的荷载并传递给墩身。

墩帽一般用 20 号混凝土或钢筋混凝土做成。也可用 25 号以上石料圬工砌筑，所用砂浆不可低于 5 号。墩帽顶部常做成一定的排水坡，四周应挑出墩身约 5～10cm 作为滴水（檐口），如图 8-1 所示。墩帽的平面尺寸取决于支座布置情况。相邻两孔上部结构梁端应留有一定空隙，中、小跨径桥梁一般取 2～5cm。

在支座下面墩帽内应设置钢筋网，其余部分大、中桥应设构造钢筋，构造钢筋直径为 $\phi6～\phi10mm$，间距为 15～25cm，支座垫板下设钢筋网，直径一般为 $\phi8～\phi12mm$，间距为 7～10cm。钢筋网尺寸为支座垫板的两倍。

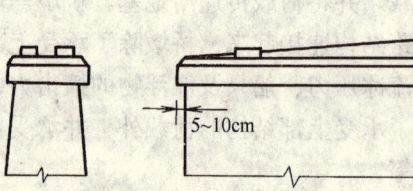

图 8-1　墩帽构造

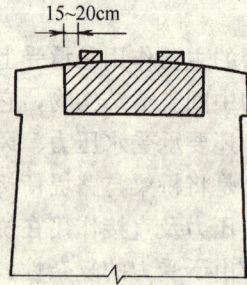

图 8-2　支承垫石构造

大、中跨径梁桥支座下面可设置钢筋混凝土支承垫石，当墩台要安置不同高度支座时，也需用支承垫调整高度（图 8-2）。支承垫石一般用 25～30 号以上混凝土制作。活动支座的支承垫石可埋入墩帽内，固定支座的支承垫石可以埋入也可以露在墩帽外。支承垫石一般较支座每边大 15～20cm，厚度为其长度的 $\frac{1}{2}～\frac{1}{3}$。

为了节省墩身及基础的砌体体积，也可采用钢筋混凝土悬臂式和托盘式墩帽（图 8-3），悬臂式墩帽采用 20 号以上混凝土，墩帽端部高度通常采

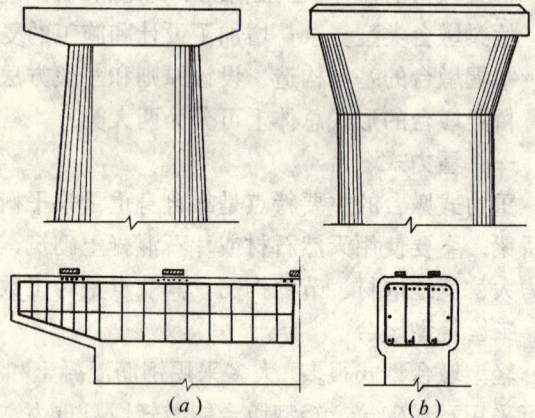

图 8-3　悬臂式和托盘式桥墩
(a) 悬臂式桥墩；(b) 托盘式桥墩

用 30～40cm，并按需要配置受力钢筋；托盘式墩帽内是否配置受力钢筋则应由主梁着力点和托盘扩散角大小而定。

2. 墩身

墩身是桥墩的主体。通常采用料石、块石或混凝土建造。为了便于水流和漂浮物通过，墩身平面形状通常做成圆端形或尖端形（图 8-4a、b），无水桥墩则可做成矩形（图 8-4c），在有强烈流水或大量漂浮物的河流上，应在桥墩的迎水端做破冰棱体（图 8-5）。破冰棱体

由强度较高的石料砌筑，也可用高强标号混凝土并以钢筋加固。

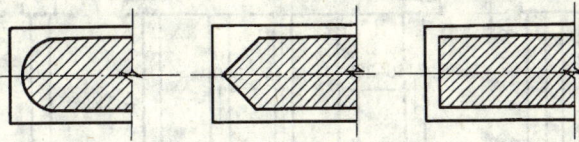

图 8-4　墩身平面形状

3. 基础

基础是界于墩身与地基之间的传力结构。基础种类很多，重力式桥墩一般采用刚性扩大基础，一般采用 15 号以上混凝土或 5 号砂浆砌片石、块石筑成。基础平面尺寸较墩身底面略大，基础可以做单层式或 2～3 层分阶型式。

（二）桩柱式桥墩

桩（柱）式桥墩由分离的两根或多根立柱（或桩柱）组成。其外形美观、圬工体积小、重量轻（图 8-6），一般用于桥跨径不大于 30m，墩身不高于 10m 的情况。

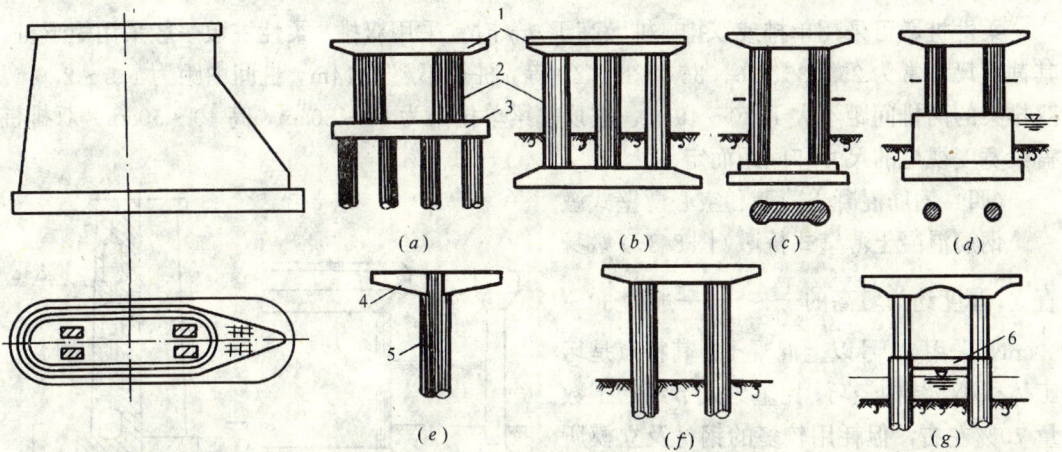

图 8-5　防撞墩形式

图 8-6　梁桥桩（柱）式桥墩
1—盖梁；2—立柱；3—承台；4—悬臂盖梁；5—单立柱；6—横系梁

桩（柱）式墩形式多样，图 8-6 为常用形式，其中 a 型为灌注桩顶浇一承台，然后再在承台上设立柱，或在浅基础上设立柱（b 型），再在立柱上浇盖梁。c、d、f、g 均为双柱式。其中 c 型双柱间设哑铃式隔梁，d 型为柱实体式的混合墩，f 和 g 型桩既作墩身，又作基础，在桩上浇盖梁，当采用大直径灌注桩时，水面以上部分可减小桩径，但在变径处需设置横系梁，e 型为单柱式，适用于窄桥。

（三）柔性排架桩墩

柔性排架桩墩是由成排打入的单排或多排钢筋混凝土桩与顶端的钢筋混凝土盖梁连接而成（图 8-7）。它是依靠支座摩阻力使桥梁上下部构成一个共同承受外力和变形的整体，多用于桥墩高小于 6～7m 的多孔和跨径＜16m 的梁式桥。

柔性排架桩墩具有用料省、施工进度快、修建简便等优点，主要缺点是用钢量大。

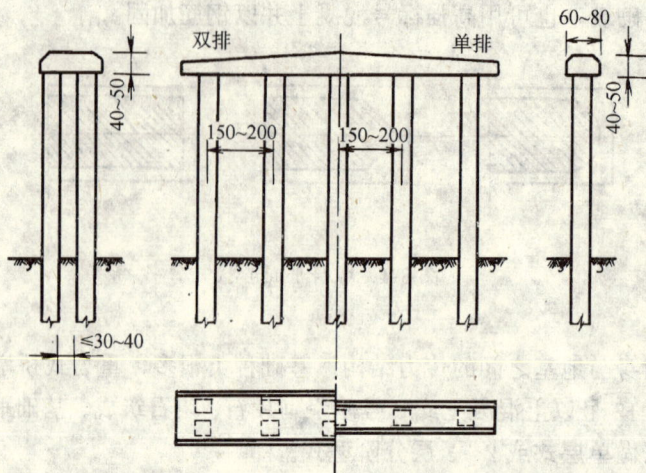

图 8-7 柔性排架桩墩

尺寸单位：cm

柔性桩墩可采用单排或双排，桩墩高于 5m 时宜采用双排。柔性桩墩一般采用矩形桩，其截面尺寸常为 25×35、30×35 和 30×40 等，桩长不超过 14m，桩间中距为 1.5～2.0m。双排架的两排间距不大于 30～40cm。桩顶盖梁单排架为 60～80cm，高 40～50cm。双排桩盖梁宽度视桩的尺寸和间距而定。

（四）钢筋混凝土薄壁和空心薄壁式墩

钢筋混凝土薄壁式桥墩（图 8-8a）墩身直立，厚度约为墩高的 $\frac{1}{10}$～$\frac{1}{15}$，一般为 30～50cm。采用 15 号以上混凝土。其特点是圬工体积小，结构轻巧，比重力式节约圬工数量 70% 左右，但耗用较多的钢材及立模所需的木料。

钢筋混凝土空心墩（图 8-8b）外形与重力式墩无大的差别。其主要区别，只是墩身内部作成空腔体，大大减轻了墩的自重。它介于重力式桥墩与轻型桥墩之间。

（五）刚构式墩

大跨径桥梁，为加大跨径，减轻墩身重量，可采用各型刚构式墩（图 8-9），由于这种桥墩能缩短上部结构的跨径，又减小了上部结构所产生的弯矩。除了图中所示的 V 型、Y 型、X 型外，还有斜腿型等。刚构式墩外形美观，减小了桥墩数量，但施工比较复杂，需设置临时墩和钢脚手架支承斜臂的重力。

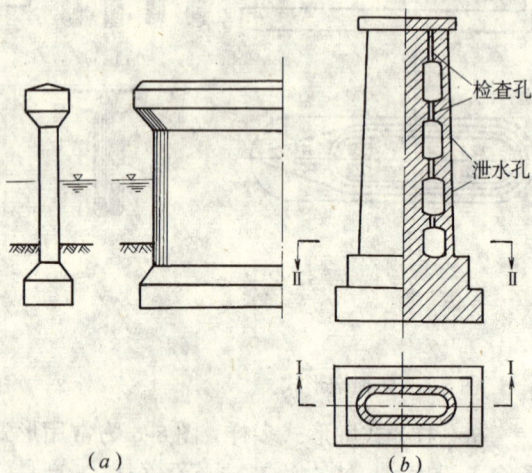

图 8-8 钢筋混凝土薄壁式桥墩及空心墩

（a）薄壁式；（b）空心式

（六）轻型桥墩

小跨径的梁桥，一般可采用石砌的或混凝土的轻型桥墩（图 8-10）。

墩帽用混凝土建筑，厚度不小于 30cm，墩帽上预埋栓钉，以与上部结构栓孔相适应。

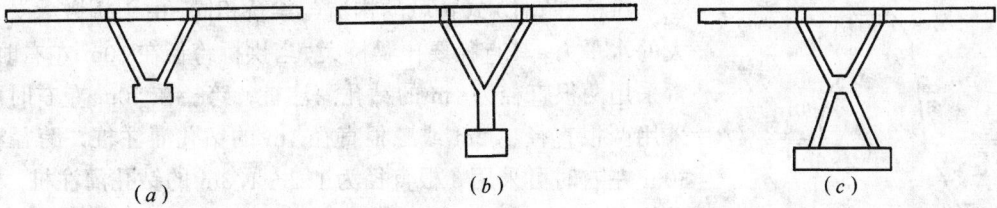

(a)   (b)   (c)

图 8-9　刚构式桥墩

　　墩身用混凝土或浆砌片（块）石做成，宽度不小于 60cm，两边坡度直立。基础用 15 号混凝土或浆砌片（块）石做成，平面尺寸较墩身底面略大 20cm。墩下部应设钢筋混凝土支撑梁，断面尺寸为 20cm×30cm，间距 2～3m，若采用浆砌片（块）石或混凝土浇筑，则支撑梁尺寸不应小于 40cm×40cm。

二、拱桥桥墩

（一）重力式桥墩

　　拱桥桥墩一般采用重力式。其平面形状基本与桥梁重力式桥墩相同。实腹式拱桥桥墩在墩帽以上部分常做成与侧墙平

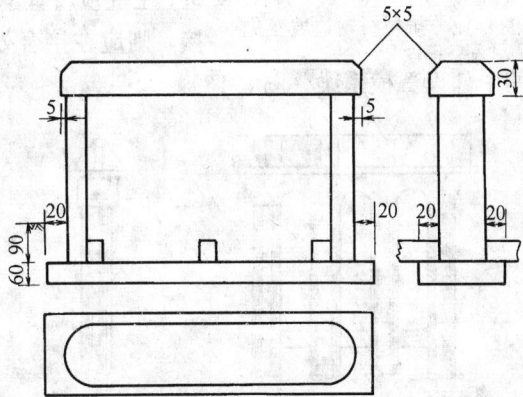

图 8-10　轻型桥墩
尺寸单位：cm

齐（图 8-11a），而空腹式拱桥桥墩在墩帽以上可以做成密壁式，也可用跨越式（图 8-11b）、立柱式（图 8-11c）和横墙式（图 8-11d）等。

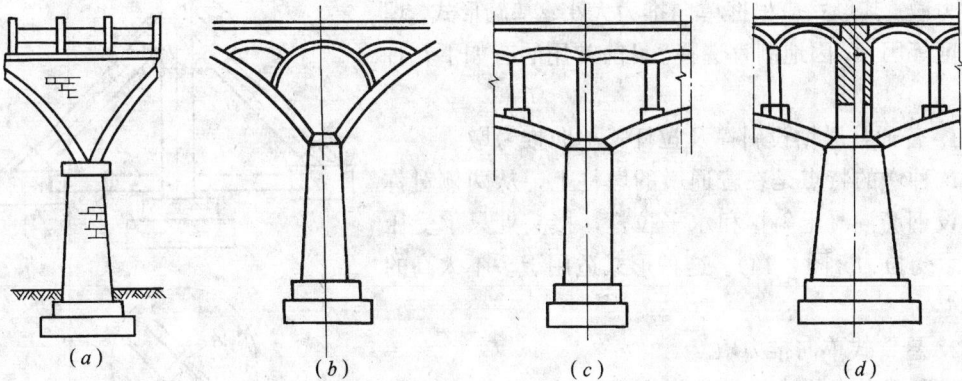

(a)   (b)   (c)   (d)

图 8-11　拱桥桥墩

　　拱桥桥墩应在其顶面设置与拱轴线重直的呈倾斜面的拱座，直接承受由拱圈传来的压力。拱座一般采用 20 号以上混凝土或 40 号以上块石砌筑。当桥墩两侧孔径相等时，拱座设置在桥墩顶部的起拱线标高上。由于其它原因墩两侧拱座标高不一致时，桥墩墩身可在推力小的一侧变坡，为了美观，变坡点可设在常水位以下（图 8-12）。

（二）桩（柱）式桥墩

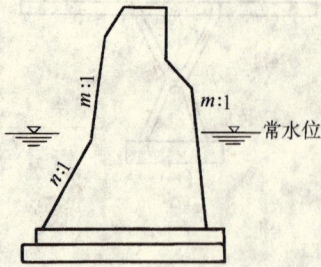

图 8-12 拱桥桥墩边坡变化

拱桥桩（柱）式桥墩的构造与梁桥相同。由于桥墩承受较大的水平力，其直径要比梁桥大，当拱桥跨径在 10m 左右时，常采用两根直径为 1m 的钻孔灌注桩；跨径在 20m 左右时可采用两根直径 1.2m 或三根直径 1m 的钻孔灌注桩，跨径在 30m 左右时可采用 3 根直径为 1.2～1.3m 的钻孔灌注桩。桥墩较高时，应在桩内设置横系梁以增强桩柱刚性，桩柱式桥墩一般采用单排桩，跨径在 40～50m 以上的高墩，可采用双排桩，在桩顶设置承台，与墩柱连接成整体。如果柱与桩直接连接，则应在接合处设置横系梁，若柱高于 6～8m 时，还应在柱的中部设置横系梁（图 8-13）。

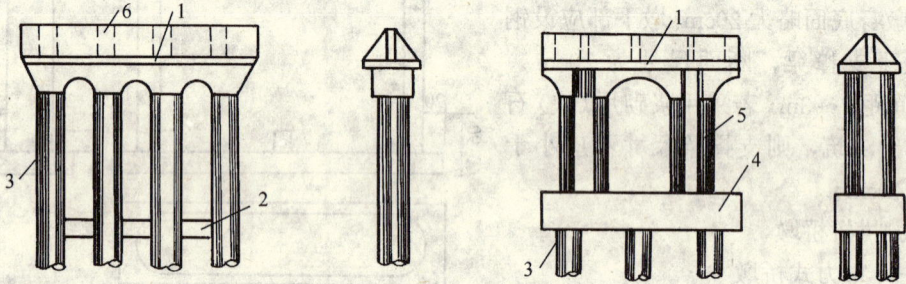

图 8-13 拱桥桩柱式桥墩

1—盖梁；2—横系梁；3—钻孔灌注桩；4—承台；5—墩柱；6—预留孔槽

（三）单向推力墩

多跨拱桥采用桩柱式墩时，应每隔 3～5 孔设置单向推力墩。其形式应根据单向推力大小、基础形式、埋置深度等因素，因地制宜选择。目前常用的有如下几种型式：

1. 普通柱墩增设斜撑及拉杆式单向推力墩

这种墩的特点是在普通墩的墩柱上，从两侧对称地增设钢筋混凝土斜撑和水平拉杆，接头处只承受压力不承受拉力（图 8-14）。这种形式适用于桥不太高的旱地上。

2. 悬臂式单向推力墩

悬臂式单向推力墩是桥墩上双向挑出悬臂，在悬臂上搁置二铰双曲拱（图 8-15），当邻孔遭到破坏后，由于悬臂端的存在，使拱支座竖向反力通过悬臂端而成为稳定力矩，保证了单向推力墩不致遭到损坏。

3. 实体单向推力墩

当桥墩较矮及单向推力不大时，只需加大实体墩身的尺寸即可。

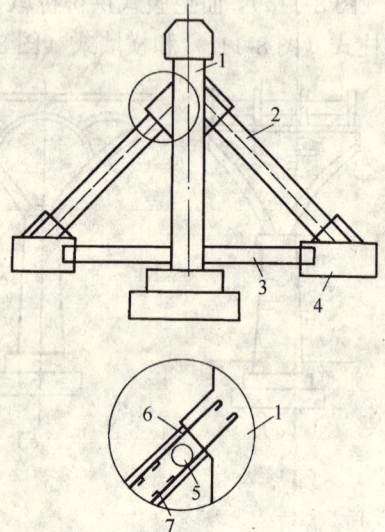

图 8-14 普通柱加斜撑和拉杆的单向推力墩

1—立柱；2—斜撑；3—拉杆；4—基础板；5—钢筋扣环；6—现浇混凝土；7—主筋接头

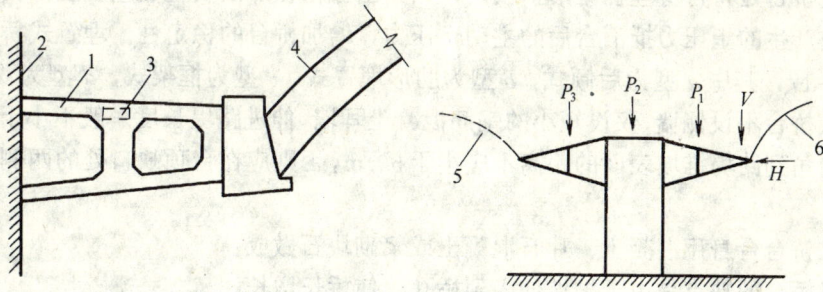

图 8-15 悬臂式单向推力墩

1—悬臂；2—承台；3—横系梁；4—拱圈；5—破坏孔；6—完好孔

第三节 桥 台 构 造

桥台按其构造形式分为重力式、薄壁式、组合式和轻型式。

一、梁桥桥台

（一）重力式桥台

梁桥重力式桥台由台帽、台身和基础组成。依据桥梁跨径、墩台高度及地形条件不同有多种形式，常用的类型有 U 形桥台、埋置式桥台和八字式、一字式等。

1. U 形桥台

U 形桥台是重力式桥台中经常使用的主要形式，由于台身由前墙和两个侧墙构成的 U 字形结构，故而得名。U 形桥台构造简单，但自重大，对地基要求高，故宜使用在填土高度不大的中、小桥梁中（图 8-16）。

桥台的前墙一方面承受上部结构传来的荷载，另一方面承受路堤填土侧压力。前墙应设台帽以安放支座，上部（台帽后面）设置挡土的矮雉墙（背墙），背墙临台帽一面一般直立，另一面采用前墙背坡。侧墙与前墙结合成整体，兼有挡土墙和支撑墙的作用。侧墙外露面一般直立，其长度由锥形护坡长度决定，尾端上部直立，下部按一定坡度收缩，侧墙伸入路堤长度不小于 0.75m，以保证桥台与路堤有良好的衔接，侧墙内应填透水性良好的砂土或砂砾。

为了排水，应在侧墙内略高于高水位的平面上铺一层向路堤方向倾斜的夯实粘土层作为不透水层，并在其上再铺一层碎石，将积水引至分流的盲沟内排出桥外。

桥台两侧的锥形护坡（锥坡）坡度一般由纵向 1∶1 逐渐过渡到横向 1∶1.5，以便与路堤的边坡一致，其平面形状为 1/4 椭圆，锥坡用土夯实而成，其表面铺一层中砂，再干砌或浆砌片石护面。

为保证桥与路堤衔接顺适，应在雉墙后设搭板。

2. 埋置式桥台

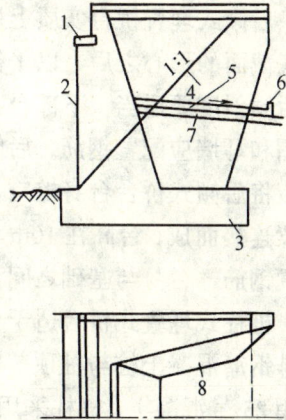

图 8-16　U 形桥台

1—台帽；2—前墙；3—基础；
4—锥形护坡；5—碎石；6—盲沟；
7—夯实填土；8—侧墙

埋置式桥台是将台身埋在锥形护坡内，只露出台帽在外以安置支座及上部构造。系利用台前锥坡产生的土压力抵消后的主动土压力，增加桥台的稳定性。埋置式桥台形式多样，如图 8-17，其中 a 型为后倾式，b 型为肋形埋置式，c 型为框架式，d 型为双柱式。

埋置式桥台不设侧墙，仅设短小的钢筋混凝土耳墙，伸进路堤长度一般不小于 50cm，台顶部分的内角到路堤锥坡表面的距离不应小于 50cm，否则应在台顶缺口处的两侧设置横隔板。

埋置式桥台台身用混凝土、片石混凝土或浆砌块石做成。

埋置式桥台的缺点是由于护坡伸入到桥孔，使桥长增长。

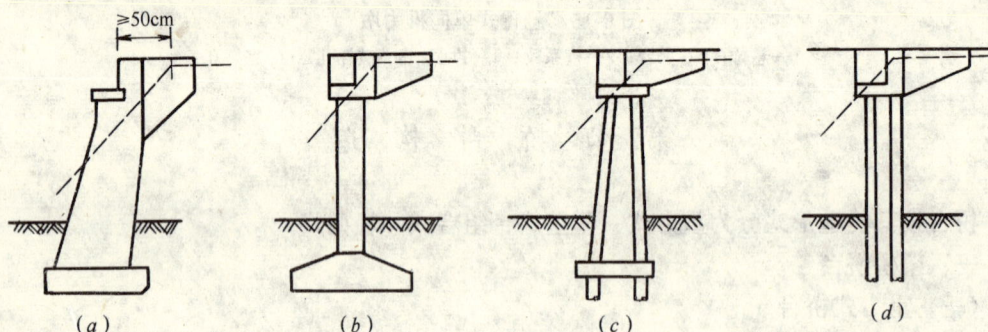

图 8-17　埋置式桥台

(a) 后倾式；(b) 桩柱式；(c) 框架式；(d) 排架式

后倾式埋置桥台实质上属于实体重力式桥台，其工作原理是靠台身后倾，使重心落在基底截面的形心之后，以平衡台后填土产生的倾覆力矩以减少恒载产生的偏心矩，但需注意后倾斜度要适当。下部台身和基础用浆砌块石，上部台身、台帽及耳墙用混凝土，其中台帽和耳墙应配置钢筋。后倾式桥台结构稳定性好，可以用于 10m 和 10m 以上的高桥台。

将后倾式桥台台身挖空，即可做成肋形埋置式桥台，其台身由两块后倾式肋板与顶面帽梁连接而成，台高在 10m 或 10m 以上者，肋板之内设系梁连接，帽梁、系梁和耳墙均需配置钢筋，台身与基础之间只需布筋少量接头钢筋。台身和基础可采用 15 号混凝土。

桩柱式埋置式桥台适于各种土壤地基，根据具体情况，可采用双柱或多柱式，当只有一排钢筋混凝土桩与桩顶盖（帽）梁连接而成称柔性桩台，桩柱式埋置桥台的台帽和耳墙采用 25 号混凝土，桩柱采用 20 号钢筋混凝土，一般适用于桥孔跨径 8～20m，填土高度小于 5m。

当填土高度大于 5m 时，宜采用框架式桥台，框架式桥台比桩柱式桥台刚度大，又比肋形埋置式桥台挖空率高，更节约圬工。框架式桥台利用斜杆的水平分力平衡土压力，加之基底较宽，又通过系梁联成一个框架体，具有较好的稳定性，适用跨径为 16～20m 的梁桥，其不足之处在于必须用双排桩基，钢材水泥耗用量均比桩柱式要多。

3. 八字式或一字式桥台

八字式或一字式桥台基本与重力式桥台相同，仅不设锥形护坡，用八字墙或一字墙代替，在河堤上修建桥梁时可采用。

（二）薄壁式桥台

钢筋混凝土薄壁式桥台是由扶壁式挡土墙和薄壁侧墙组成（图 8-18）。挡土墙由厚度不小于 15cm（一般为 15～30cm）的前墙及每隔 2.5～3.5m 设置的扶壁所组成。台顶由竖直雉墙和支承于扶壁上的水平梁构成。用于支承桥跨结构，两侧薄壁可与前墙垂直，有时也可与前墙斜交。

钢筋混凝土薄壁桥台可以减少圬工体积达 40%～50%，同时因自重减轻而减小了对地基的压力。故适用于软弱地基情况，但是其构造复杂，施工较困难，并且钢筋用量较多。

（三）轻型桥台

轻型桥台与前述轻型桥墩类似，但尚需承受台后土侧压力。上部构造与台帽间应用栓钉连接，其间空隙应用小石子混凝土填塞或砂浆填塞（图 8-19），栓钉直径不宜小于上部构造主筋的直径，锚固长度为台帽厚度加上三角垫层和板厚。

按照翼墙的形式，轻型桥台可分为一字形、八字形和耳墙形（图 8-20）。桥台下设支撑梁主要应在支撑梁顶座上，参见图 8-21。

二、拱桥桥台

（一）重力式桥台

重力式桥台是拱桥桥台使用最广泛的一种形式，其构造和外形与重力式梁桥 U 形桥台相仿。主要差别在于拱脚截面处前墙顶宽比梁桥桥台前墙宽，用以抵抗拱桥产生的水平推力和直接剪力。空腹式拱桥前墙顶部还应设置防护墙（背墙）因此挡住路堤填土（图 8-22）。

（二）组合式桥台

组合式桥台由台身和台座两部分组成（图 8-23）。台身及基础承受竖向力，一般采用桩（柱）基础或沉井基础，拱的水平推力则由台座基底的摩擦力及台后的土侧压力来平衡。组合式桥台承台与台座间应设置沉降缝，但必须密切贴合，以适应二者之间的不均匀沉降及荷载传递。后座基底标高应低于拱脚下缘标高，力求台后土侧压力和基底摩阻力的合力作用点同拱座中心标高一致。

（三）轻型桥台

轻型桥台适用于 13m 以内的小跨径拱桥和桥台水平位移很小的情况。其工作原理是当桥台受到拱的推力后，便发生绕基底形心轴而向路堤方向的转动，由此而产生的台后土抗力来平衡水平推力，从而大大减小了桥台尺寸

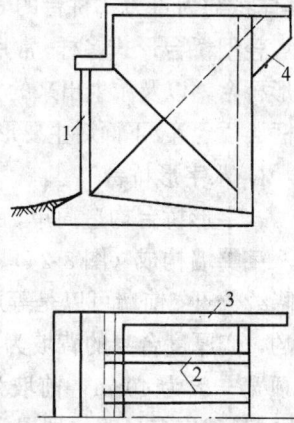

图 8-18　钢筋混凝土薄壁桥台
1—前墙；2—扶壁；
3—侧墙；4—耳墙

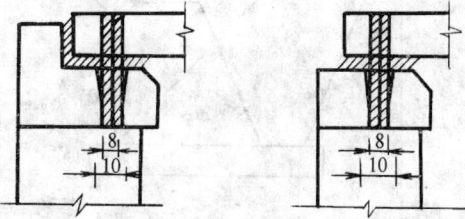

图 8-19　栓钉连接构造
尺寸单位：cm

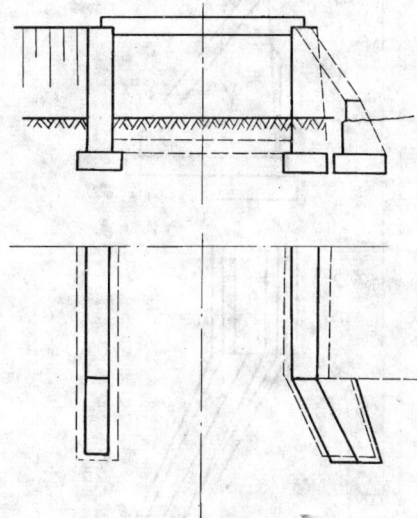

图 8-20　轻型桥台形式

（其体积约为重力式桥台的65％左右）。

轻型桥台形式多样，常用的有八字形和U字形桥台，以及派生出来的Ⅱ形、E形、靠背式框架桥台等，下面对主要形式作一简单介绍。

1. 八字形桥台

八字形桥台构造简单，台身由侧墙和二侧的八字翼墙构成（图8-24）。两者之间通常留沉降缝分开，前墙可以是等厚的，也可以是变厚的，变厚度台身的背坡为2∶1到4∶1。翼墙顶宽一般为40cm，前坡为10∶1，后坡为5∶1，基础应有足够的埋置深度，台后填土必须分层夯实。

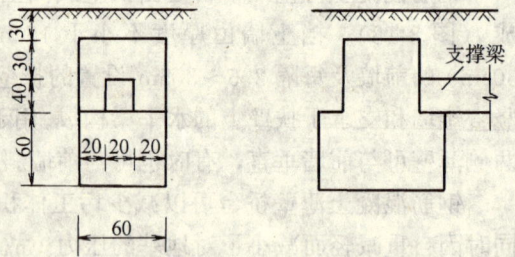

图 8-21　支撑梁顶座

尺寸单位：cm

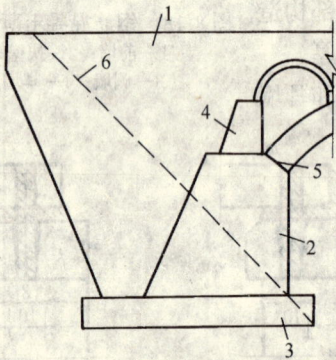

图 8-22　拱桥U形桥台

1—侧墙；2—前墙；3—基础；

4—防护墙；5—台座；6—锥坡

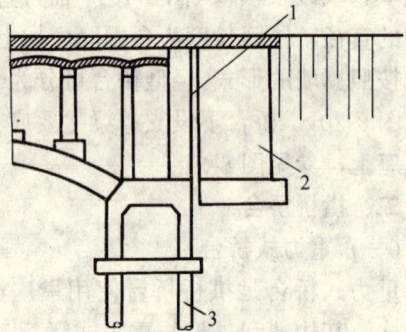

图 8-23　组合式桥台

1—沉降缝；2—台座；3—基桩

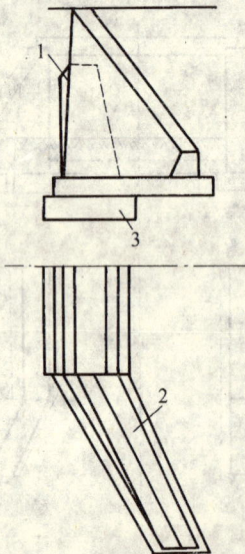

图 8-24　八字形轻型桥台

1—台身；2—翼墙；3—基础

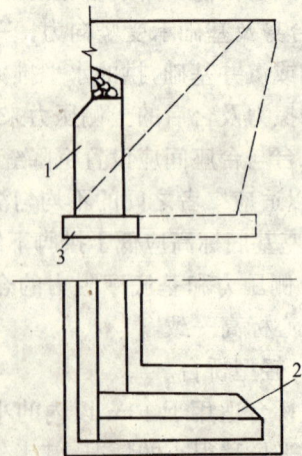

图 8-25　U形轻型桥台

1—台身；2—翼墙；3—基础

2. U 形桥台

轻型式 U 形桥台外形与重力式 U 形桥台相似,其差别是:重力式桥台靠扩大桥台底面积,以减小基底压力,并利用基底与地基的摩阻力和适当利用台背侧土压力,以平衡拱的水平推力。U 形轻型桥台前墙与八字形轻型桥台相同,但侧墙却是拱上侧墙的延伸,它们之间应设变形缝,以适应变形需要。其轻型桥台侧墙顶宽一般为 50cm,内侧坡度 5:1。若有人行道,则上端需做成等厚度的直墙,其厚度应满足人行道的要求,直墙直到按 5:1 内坡线相交为止,以下仍采用 5:1 坡度。当桥台较宽时,在桥台前墙背后加一道或几道背撑,则形成了 Ⅱ 形和 E 形轻型桥台。

3. 靠背式框架桥台

靠背式框架桥台将台帽、前壁、耳墙和设置在不同标高且具有不同斜度的分离式基础联接而成(图 8-26)。桥台的底板一定要紧贴来挠动的老土。

靠背式框架桥台受力合理,圬工体积小,比重力式桥台节约 85% 左右,且基坑挖方量小,主要缺点是多用了一些钢筋。适合于在非岩石地基上修建拱桥桥台。

(四) 其它形式桥台

1. 齿槛式桥台

齿槛式桥台又称履齿式或飞机式桥台,它由前墙、侧墙、底板和撑墙组成(图 8-27),

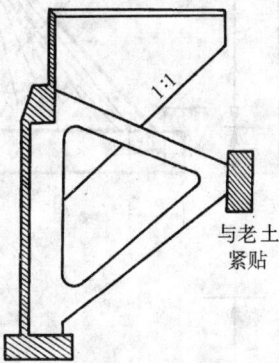

图 8-26 靠背式框架桥台

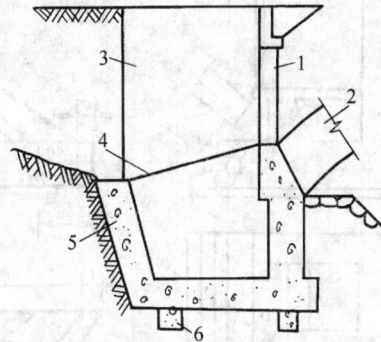

图 8-27 齿槛式桥台

1—前墙;2—主拱圈;3—侧墙;
4—撑墙;5—后墙板;6—齿槛

底板一般用片石混凝土浇筑,厚度 50cm 左右,不设钢筋;底板下的齿槛用以增加摩阻力和抗滑动的稳定性,深度和宽度一般均不小于 50cm,底板上设撑墙以增强刚度。

台背设斜挡板,紧贴老土,利用尾部斜墙背后的老土及前墙背面新填土的水平土压力来平衡拱的推力。但需验算地基土的稳定性。

2. 屈膝式桥台

屈膝式桥台是直接利用原状土作拱座,构造简单,其受力面如图 8-28 所示,受力面最好与桥台外力的合力方向垂直,且没有偏心最为理想。

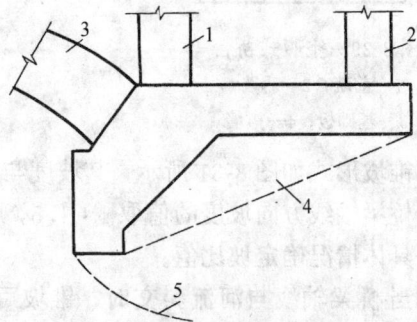

图 8-28 屈膝式桥台

1—前墙;2—后墙;3—压力线;
4—受力面;5—滑动面

必要时也应验算地基土的稳定性。

3. 空腹式桥台

空腹式桥台由前墙、后墙、基础板和撑墙等组成（图 8-29）。前墙承受拱圈传来的荷载，后墙支承台后的土压力。在前、后墙之间设置 3～4 道支撑墙作为传力杆件，并对后墙起到扶壁、对基础板起到加劲作用，上下游的边撑墙还起到挡土的作用，为供人们上下河岸，边撑墙可做成阶梯踏步。空腹可以是敞口的，也可以加设盖板，如地基承载力许可，也可在腹内填土。

空腹式桥台主要适用于软土地基、河床无冲刷或冲刷轻微，水位变化小的河道。

三、锥坡

锥形护坡（简称锥坡）是桥梁中附属结构。主要作用是防止桥台后路堤土向河中坍落，并抵御水流对桥台的冲击。

锥坡主要由夯实土体组成，表面用浆砌或干砌片石护面，在夯实的土体和砌体之间设砂砾垫层。

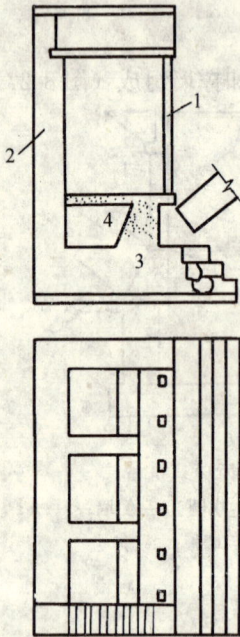

图 8-29　空腹式桥台

1—前墙；2—后墙；
3—基础板；4—撑墙

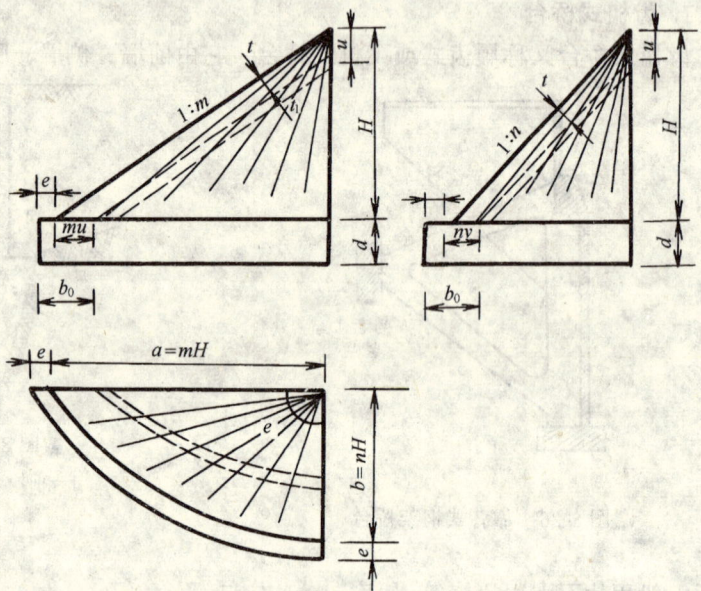

图 8-30　锥坡

锥坡形式如图 8-31 所示，其坡度与填土高度，护面砌体材料等有关，一般情况下，垂直于桥梁轴线方向坡度的值取 1：1.5，顺轴线方向 n 值取 1：1.0，当采用砌石路堤时，可根据具体情况确定坡比值。

当桥梁轴线与河流斜交时，锥坡可布置成斜交正做（图 8-31a）或斜交斜做（图 8-31b）两种方式。

锥坡体积按下式计算。

单个锥坡（图 9-31）其体积为：

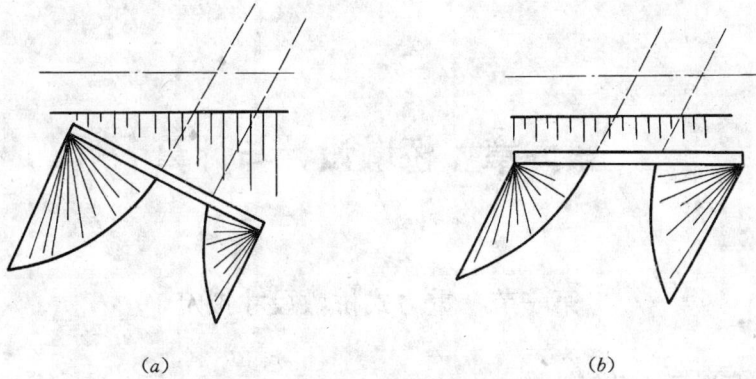

(a)   (b)

图 8-31　斜交锥坡

(a) 斜交正做；(b) 斜交斜做

片石砌体：$V_1 = \dfrac{1}{12}\pi mn\,(H^3 - H_0^3)$

砂砾垫层：$V_2 = t_1/t \cdot V_1$

锥心填土：$V_3 = V_{外} - V_1 - V_2$

锥基体积：$V_4 = \dfrac{1}{4}K\pi\,\llbracket\,(m+n\rrbracket\,H + 2e - b_0)\,b_0 d$

勾缝面积：$A = \dfrac{1}{12}\pi mn\,(\alpha_0 + \sqrt{\alpha_1\beta_0} + \beta_0)\,H^2$

式中　H_0——填心填土平均高度，$H_0 = H - \sqrt{\alpha_0\beta_0}\,t$。

其中　t——片石厚度，$\alpha_0 = \dfrac{1}{m}\sqrt{1+m^2}$，$\beta_0 = \dfrac{1}{n}\sqrt{1+n^2}$；

　　　t_1——砂砾垫层厚度；

　　　K——周长系数，由表 8-1 查得。

椭圆周长系数　　　　　　　　　　　　　　　　表 8-1

$\dfrac{a-b}{a+b}$	0.1	0.2	0.3	0.4	0.5	0.6	0.7	0.8	0.9	1.0
K	1.0025	1.0100	1.0226	1.0404	1.0635	1.0922	1.1269	1.1678	1.2162	1.2732

习　题

1. 桥梁墩台的组成及其作用是什么？

2. 桥墩可分为哪几种？重力式桥墩有哪些构造要求？如何拟定桥墩各部尺寸

3. 拱桥桥墩中推力墩如何布置？它是如何满足单向推力的？

4. 梁桥重力式桥台由哪几部分组成，各部分的作用是什么？

5. 如何拟定梁桥重力式桥台的尺寸？

6. 拱桥重力式桥台与梁桥重力式桥台的差异是什么？为什么？

7. 锥形护坡的组成及其体积计算？

第九章　桥墩设计与计算

第一节　重力式桥墩尺寸拟定

一、梁桥桥墩尺寸拟定

（一）墩帽

墩帽的尺寸首先应满足桥梁上部结构的支座布置，它可按下式确定：

顺桥向的墩帽宽度 b（图 9-1a）

$$b \geqslant f + \frac{a + a'}{2} + 2c_1 + 2c_2 \tag{9-1}$$

式中　f——相邻两跨支座的中心距离，它由支座中心至主梁端部的距离（$e_1 \cdot e_1'$）和两跨间伸缩缝宽度 e_0 确定。即 $f = e_1 + e_0 + e_1'$；

　　　a，a'——支座垫板的纵向宽度；

　　　c_1——出檐宽度，一般为 5～10cm；

　　　c_2——支座边缘到墩身边缘的距离，其值按表 9-1 规定的数值采用（图 9-1b）。

支座边缘正墩（台）边缘最小距离　　　　　表 9-1

桥向 跨径	顺桥向	横桥向	
		圆弧形端头（自支座边角量起）	矩形端头
大　桥	25	25	40
中　桥	20	20	30
小　桥	15	15	20

注：① 采用钢筋混凝土悬臂式墩台帽时，上述最小距离为支座的墩帽边缘的距离。

　　② 跨径 100m 及以上的桥梁，应按实际情况确定。

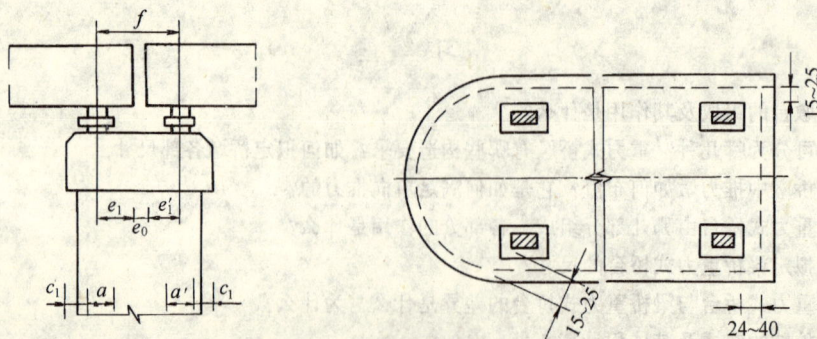

图 9-1　桥墩尺寸拟定

一般情况下，对于小跨径桥梁，墩帽纵向宽度不得小于100cm；中等跨径桥梁不宜小于100～120cm；

墩帽横桥向宽度为 B（图 9-1b）：

$B \geqslant$ 桥跨结构两边主梁中心间距＋支座横向宽度＋$2c_1 + 2c_2$；

墩帽的厚度对于中、小跨径的桥梁不得小于30cm，大跨径桥梁则不得小于40cm。

拟定墩帽尺寸除满足上述构造要求外，还应符合墩身顶宽的要求，安装上部结构的要求以及抗震设防措施所需要的宽度。

（二）墩身

墩身尺寸主要包括墩身顶、底面尺寸、墩身高度及桥墩侧面坡度（图 10-2）。墩身顶宽，小跨径桥不宜小于 80cm（轻型桥墩不宜小于60cm）；中等跨径桥梁不宜小于100cm；大跨径梁桥由上部构造类型确定。墩身的侧坡一般采用 20：1～30：1。小跨径桥桥墩也可采用直立。墩身的高度与宽度应保持一定的比例，以保证桥墩的稳定性和墩身强度。

一般墩身宽度 $b_1 = \left(\dfrac{1}{5} \sim \dfrac{1}{6} \right) H_1$（$H_1$ 为墩身截面至墩顶的高度）（图 9-2）。

（三）基础

基础在平面上的尺寸略大，一般为矩形，四周放大的尺寸约 0.25～0.75m。基础可以做成单层，也可以做成 2～3 层台阶式的，每层的高度一般为 0.5～1.0m。基础的扩散角（刚性角）为 30°～40°（图 9-2）。

图 9-2　重力式桥墩

二、拱桥桥墩尺寸拟定

等跨拱桥重力式实体桥墩顶宽不宜小于 80cm，石砌拱桥顶宽可按跨径的 $\dfrac{1}{10} \sim \dfrac{1}{25}$ 估算（其值随跨径增大而减小），墩身两侧边坡与梁桥桥墩相同，为 20：1～30：1，一般对称布置，只有承受不对称推力时，才考虑用不对称的墩身坡度。

拱桥桥墩墩帽和基础尺寸参照梁桥的尺寸拟定，但须注意拱座宽度需结合拱脚的布置情况确定。

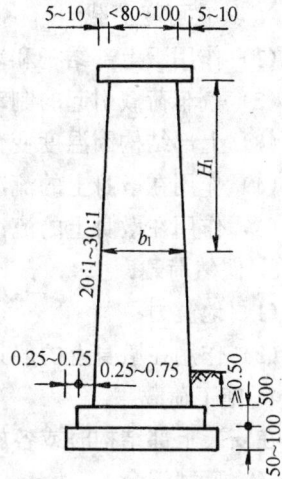

第二节　重力式桥墩计算

一、荷载

（一）永久荷载

1. 上部结构重力通过支座（或拱座）在墩帽上产生的支承反力；

2. 桥墩重力及作用在桥墩基础襟边上的土重；

3. 混凝土收缩、徐变在拱座处引起的反力；

4. 水的浮力，位于透水性地基上的桥梁墩台，当验算稳定时，应计算设计水位时水的浮力；当验算地基应力时，仅考虑低水位时的浮力；基础嵌入不透水地基的墩台，可以不计水的浮力；当不能肯定是否透水时，则分别按透水和不透水两种情况进行最不利荷载组合。

（二）可变荷载

1. 基本可变荷载

（1）作用在上部构造上的汽车荷载，对于钢筋混凝土柱式墩台应计入冲击力，重力式墩台不计冲击力。对弯桥应计入离心力；

（2）作用于上部构造的平板挂车或履带车荷载；

（3）人群荷载。

2. 其它可变荷载

（1）作用于上部结构和墩身上的纵、横风力；

（2）汽车荷载引起的制动力；

（3）上部结构因温度变化在支座（拱座）上产生的摩阻力（反力）；

（4）作用在墩身上的流冰压力；

（5）作用在墩身上的流冰压力。

3. 偶然荷载

（1）地震力；

（2）作用在墩身上的船只或漂浮物的撞击力。

4. 施工荷载

在安装上部结构时或各施工阶段应考虑可能出现的临时荷载。

二、荷载组合

重力式桥墩的荷载组合，是根据实际荷载同时作用于桥墩的可能性进行布载，同时使这样组合的荷载在桥墩的计算截面产生最大的内力或偏心，即所谓的最不利的荷载组合。

在荷载组合中应该注意，作用于桥墩上的其它可变荷载中有些荷载不应同时考虑。具体规定参见表 2-13。

一般说来，由于桥墩受力的复杂性，很难在实际计算中事前判断哪一种荷载组合最为不利，而应该根据具体情况进行具体分析，对各种可能的最不利荷载组合进行计算，通过计算得出结论。

（一）梁桥重力式桥墩荷载组合

1. 顺桥向

（1）按在桥墩各计算截面可能产生最大竖向力进行布载和组合，用以验算墩身强度和基底最大应力。而布载方式为：除结构重力外，相邻两孔都满布汽车和人群荷载，或者平板挂车（或履带车），在布置汽车荷载和人群荷载时，考虑其它横纵向力（制动力、支座摩阻力、纵向风力、船只和漂浮物的撞击力等），如图 9-3a 所示。

（2）按在桥墩各计算截面可能产生最大弯矩或最大偏心进行布载和组合。布载方式为：除结构重力外，只在一孔布置汽车和人群荷载，或平挂车（或履带车）荷载，当为不等跨时，则只在较大跨径一孔布载。同时在布置汽车荷载和人群荷载时，布置可能产生的其它纵向力。如图 9-3b 所示。

（3）按上述要求，可进行如下荷载组合：

① 上部结构重力＋计算截面以上桥墩重力＋浮力（此组合验算地基承受永久荷载作用时的合力偏心矩）；

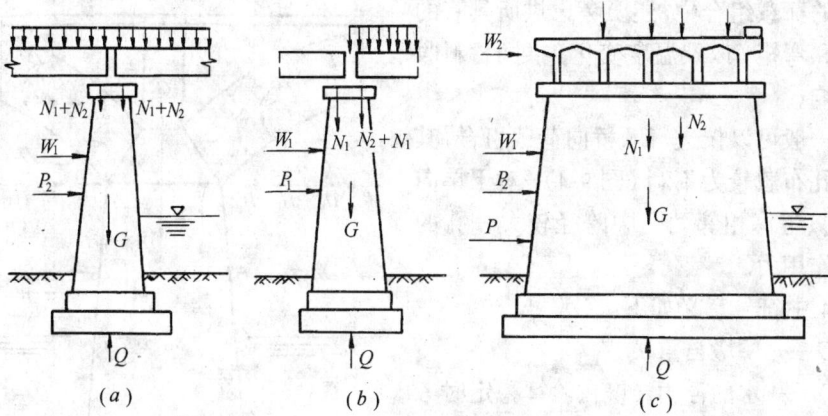

图 9-3　作用在梁桥桥墩上的荷载

G—桥墩重力；Q—水的浮力；N_1—上部结构重力引起在支座上的垂直反力；N_2—活载引起在支座上的垂直反力；H—制动力或支座摩阻力；W_1—纵向风力；W_2—横向风力（墩身）；W_3—横向风力（上部结构）；P—流水压力或流冰压力；P_2—撞击力

② 上部结构重力＋计算截面以上桥墩重力＋浮力＋汽车荷载＋人群荷载；

③ 上部结构重力＋计算截面以上桥墩重力＋浮力＋汽车荷载＋人群荷载＋纵向风力＋制动力；

④ 上部结构重力＋计算截面以上桥墩重力＋浮力＋平板挂车（或履带车）荷载；

⑤ 上部结构重力＋计算截面以上桥墩重力＋浮力＋汽车荷载＋人群荷载＋纵向风力＋支座摩阻力

⑥ 上部结构重力＋计算截面以上桥墩重力＋浮力＋汽车荷载＋人群荷载＋船只或漂浮物撞击力。

2．横桥向

（1）横桥向（垂直于行车方向）荷载是按桥墩各计算截面在横桥方向可能产生最大弯矩或最大偏心布置，用以验算横桥方向墩身强度，基底应力、偏心及桥墩稳定，如图 9-3c 所示。

（2）按上述要求，可进行如下荷载组合：

① 上部结构重力＋计算截面以上墩身重力＋浮力＋双孔双行汽车荷载（偏载）＋双孔单边人群荷载＋横向风力＋流水压力（或流冰压力）；

② 上部结构重力＋计算截面以上墩身重力＋浮力＋双孔单行汽车荷载＋双孔单边人群荷载＋横向风力＋流水压力（或流冰压力）；

③ 上部结构重力＋计算截面以上桥墩重力＋浮力＋双孔平板挂车（或履带车）荷载；

④ 上部结构重力＋计算截面以上桥墩重力＋浮力＋双孔双行汽车荷载＋双孔单边人群荷载＋船只或漂浮物撞击力；

⑤ 上部结构重力＋计算截面以上桥墩重力＋浮力＋双边单行汽车荷载＋双孔单边人群荷载＋船只或漂浮物撞击力。

（二）拱桥桥墩荷载组合

拱桥重力式桥墩荷载布置与梁桥桥墩基本相同。但是，拱是具有水平推力的结构，因此在相应的荷载组合中，还要考虑拱所具有的水平推力和弯矩，以及温度变化、拱圈材料收缩等的影响。

拱桥一般可以仅进行顺桥向荷载组合，其中尤以单孔布载较为不利（图9-4），对于单向推力墩则只考虑相邻两孔中跨径较大一孔的永久荷载作用力。

图 9-4 中符号意义如下：

G——桥墩自重；

Q——水的浮力（仅在验算稳定时考虑）；

V_g、V'_g——相邻两孔拱座处因结构自重产生的竖向反力；

X_P——与车辆荷载产生的 H_P 最大值相对应的拱脚竖向反力，可按支点影响线求得；

V_T——由桥面处制动力 $H_制$ 引起的拱脚竖向反力，$V_T = H_制 h/L$，其中 h 为桥面至拱脚的高度（为拱的计算跨径见图 10-4b）；

H_g，H'_g——不计弹性压缩时在拱脚处由结构自重引起的水平推力；

ΔH_g，$\Delta H'_g$——由结构自重产生弹性压缩所引起的拱脚水平推力；

H_P——在相邻两孔中较大的一孔上由车辆荷载所引起的拱脚最大水平推力；

H_T——制动力引起的拱脚处水平推力，按两个拱脚平均分配；即 $H_T = \dfrac{H_{g-1}}{2}$；

H_t，H'_t——温度变化引起拱脚处的水平推力（图示方向为温度上升，温度下降则方向相反）；

H_r，H'_r——拱圈材料引起的拱脚水平拉力；

M_g，M'_g——结构自重引起的拱脚弯矩；

M_P——由车辆荷载引起的拱脚弯矩，由于是按 H_p 达到最大值的活载布置计算。故产生的拱脚弯矩小，可以忽略不计；

M_t，M'_t——温度变化引起的拱脚弯矩；

M_r，M'_r——拱圈材料收缩引起的拱脚弯矩；

W——墩身纵向风力。

横桥向荷载组合仅在考虑地震力、流冰压力等情况下才予以考虑，组合方式与梁桥大致相同。

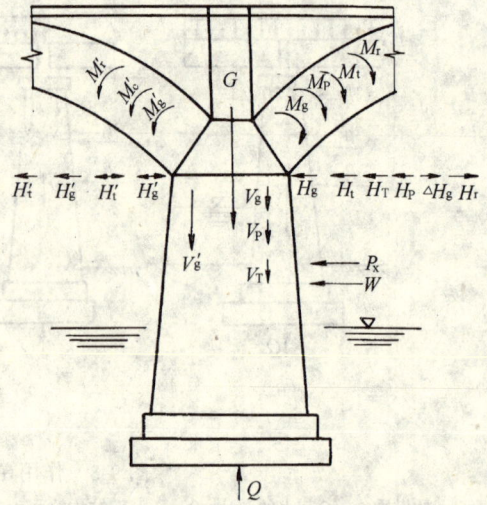

图 9-4　不等跨拱桥桥墩受力情况

三、桥墩计算

根据桥墩的荷载组合，计算出作用于桥墩不同截面上的竖向力总和 ΣN 和弯矩总和 ΣM 得偏心 $e_0 = \Sigma M/\Sigma N$ 后，应对墩身截面强度和偏心、基底应力和偏心以及桥墩稳定性进行验算。

（一）墩身截面强度和偏心验算

在验算墩身截面强度和偏心时，如桥墩较矮，一般仅需验算墩身底截面即可，对于高桥墩，应多选择几个截面进行验算，一般可隔 2～3m 取一截面验算。

1. 墩身抗压强度验算

重力式桥墩一般属于砖石和混凝土结构，应按下式进行墩身顺桥向和横桥向抗压强度验算（图 9-5）。

$$\gamma_{so}\psi\Sigma\gamma_{si}N \leqslant \varphi\alpha AR_a^i/\gamma_m \tag{9-2}$$

式中　φ——受压构件纵向弯曲系数，当桥墩（重力式桥台）高度小于 20m 时，$\varphi=1$；

其它符号意义详见式（7-65）。

2. 墩身截面偏心验算

桥墩承受偏心力作用时，为了防止由于偏心过大而使墩身丧失承载能力，故对其偏心矩予以限制，即

$$e_0 \leqslant [e_0] \tag{9-3}$$

式中　$[e_0]$——容许偏心矩，由表（7-22）查得。

3. 直接抗剪验算

拱桥桥台为不等跨布置时的桥墩，应验算拱座底截面的直接抗剪强度，即：

$$Q \leqslant A^{R_j^{rj}}/\gamma_m + \mu N_j \tag{9-4}$$

式中各符号意义详见式（7-68）。

图 9-5　墩身截面强度验算

当桥墩高度大于 20m 时，尚应验算桥墩的纵向稳定及墩顶水平位移。

（二）基底应力和偏心验算

由于地基强度一般均比墩身材料强度低，在设计时往往将基底面积扩大，以减小基底应力，但仍应对基底应力和偏心进行验算。

1. 基底应力验算

基底应力应按顺桥向和横桥向分别进行，当偏心荷载的合力作用点在基底的截面形心半径 e 以内时，按下式验算：

$$\sigma_{max} = \Sigma N/A + \Sigma M/W \leqslant k[\sigma] \tag{9-5}$$

式中　k——地基基底土承载力提高系数，可查表 9-2；

$[\sigma]$——地基土修正后的容许承载力。

当偏心荷载的合力作用点在基底的截面形心半径 e 之外时，基底的一边则会出现拉应力，此时，应按应力重分布（图 9-6）验算基底应力。

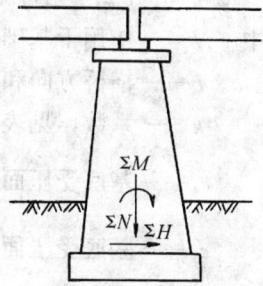

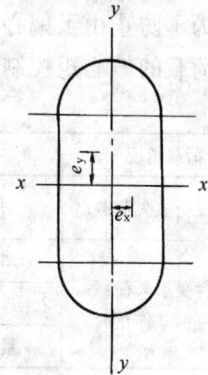

k　值　表　　　　　　　　　　　　　　　　表 9-2

组合 I	组合 II、III、IV、V	组合 V 中，当承受拱施工期间的单向结构推力时，$k=1.50$；在组合 I 时，如包括混凝土收缩或水浮力引起的荷载效应，则与荷载组合 II 相同
$k=1.00$	$k=1.25$	

即：顺桥向　$\sigma_{max}=2N/ac_x \leqslant k[\sigma]$ $\tag{9-6}$

189

横桥向　　$\sigma_{max} = 2N/bc_y \leqslant k\,[\sigma]$ （9-7）

式中　N——作用于基础底面竖向力合力；

　　　a、b——横桥方向和顺桥方向基础底面边长；

　　　k——系数，见表 9-2；

　　　c_x——基底受压面积在顺桥方向的长度，$c_x = 3\left(\dfrac{b}{2} - e_x\right)$；

　　　c_y——基底受压面积在横桥方向的长度，$c_y = 3\left(\dfrac{a}{2} - e_y\right)$；

其中　e_x、e_y——合力在 x 轴和 y 轴方向的偏心矩。

2. 基底偏心验算

为了防止由于偏心过大而使基底产生不均匀沉降，影响桥墩的正常使用，因此必须使基底荷载的偏心矩控制在表 9-3 的容许范围之内。

墩台基础合力偏心矩限制　　　　　　　　　　　　　表 9-3

荷载情况	地基条件	合力偏心矩	备　注
墩台仅受永久荷载时	非岩石地基	桥墩　$e_0 \leqslant 0.1\rho$ 桥台　$e_0 \leqslant 0.75\rho$	对拱桥桥台，其合力直接作用点应尽量保持在基底中线附近
墩台受永久荷载可变荷载作用时	非岩石地基	$e_0 \leqslant \rho$	
	石质较差的岩石地基	$e_0 \leqslant 1.2\rho$	
	紧密岩石地基	$e_0 \leqslant 1.5\rho$	

（三）桥墩的稳定性验算

在设计中，除保证基底的强度和偏心外，还应保证桥墩的倾覆和滑动的稳定性。

1. 倾覆稳定性验算

抵抗倾覆的稳定系数 K_0 按下式验算（图 9-7）。

$$k_0 = \frac{M_稳}{M_倾} = \frac{x}{e_0}$$ （9-8）

式中　$M_稳$——稳定力矩；

　　　$M_倾$——倾覆力矩；

　　　x——基底截面重心至偏心方向截面边缘的距离；

　　　e_0——所有外力合力（包括浮力）的竖向分力对基底重心轴的偏心矩。

2. 抗滑动稳定性验算

抵抗滑动的稳定性系数 k_c 按下式验算（图 9-7）。

$$k_c = f\Sigma P_i / \Sigma T_i$$ （9-9）

式中　ΣP_i——各竖向力总和；

　　　ΣT_i——各水平力总和；

　　　f——基础底面（圬工）与地基之间的摩擦系数，由表 9-4 查得。

基底摩擦系数 f 值　　　　　　　　　　　　　表 9-4

地基土分类	软塑粘土	硬塑粘土	亚砂土、亚粘土、半干硬的粘土	砂土类	碎石土类	软质石类	硬质岩土
摩擦系数 f	0.25	0.30	0.30～0.40	0.40	0.50	0.4～0.60	0.60～0.70

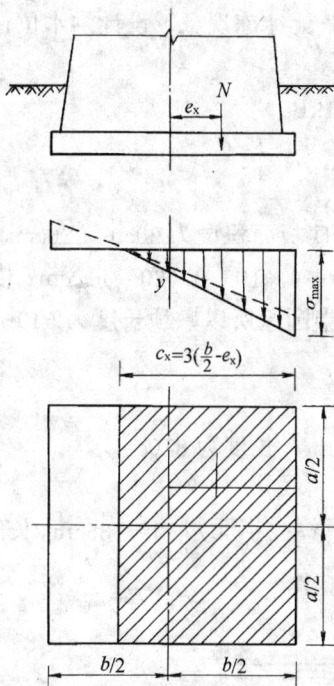

图 9-6　基底应力验算

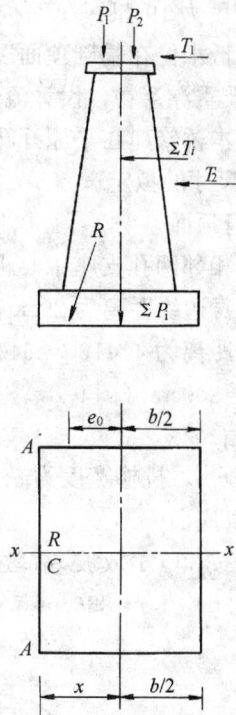

图 9-7　桥墩稳定性验算

求得的 k_0、k_c 不得小于表 9-5 的最小值。

抗倾覆和抗滑动稳定系数　　　　表 9-5

荷载组合	组合 I		组合 II、III、IV		组合 V	
验算项目	抗倾覆	抗滑动	抗倾覆	抗滑动	抗倾覆	抗滑动
稳定系数	1.5	1.3	1.3	1.3	1.2	1.2

当验算不满足要求时，就应修改墩身截面尺寸或采取其它措施，重新验算，直到满足要求为止。

【**例 9-1**】　梁桥重力式桥墩计算实例

Ⅰ. 设计资料

设计荷载　汽车—20 级、挂车—100，人群荷载 3kN/m²；

桥面净宽　净 7+2×0.75+2×0.25；

上部构造　多孔等跨装配式钢筋混凝土 T 形梁、标准跨径 20m，计算跨径 19.50m，梁高 1.3m。人行道高 0.25m，栏杆高 1.45m；

桥墩高度　8.5m（墩帽顶至基础顶面）；

支座布置橡胶支座（重量忽略不计）平面尺寸为 15×20cm；

建筑材料墩帽为 20 号混凝土（配钢筋网），重力密度 25kN/m³，墩身及基础为 5 号水泥砂浆砌 25 号块石，重力密度 24kN/m³，砌体抗压极限强度 $R_G^j = 3700$kPa；

地质资料中等密实的中砂：地基土的容许承载力 $[\sigma_0] = 350$kPa，重力密度 $\gamma_0 = 27$kN/

m³，土重力密度为 19.5kN/m³；

水文资料低水位在基础顶面以上 1.50m，不通航，无冰冻现象，设计洪水位在墩帽以下 0.5m，无严重漂浮物，设计流速 $v=2\text{m/s}$；

气象资料本桥修建在平原开阔地带，基本风压为 1kPa。

Ⅱ．桥墩尺寸的拟定

（一）墩身顶面

顺桥方向相邻两孔支座中心距离为 50cm，支座下底板面积设为 20cm×20cm，支座下座板边缘至墩身边缘距离为 20cm，所以墩顶宽度为 $50+2\times10+2\times20=110\text{cm}$；横桥方向两主梁的中心距离为 $4\times160=640\text{cm}$，墩的两端头为半圆墩所以墩顶长度为 $640+110+2\times15+2\times10=800\text{cm}$（图 9-8）。

（二）墩帽

厚度为 30cm，挑檐宽度为 5cm，墩帽宽度为 120cm，长度为 810cm。

（三）墩身底面

墩身侧面按 30：1 放坡，故墩身底面宽为 $110+2\times(850+30)/30=165\text{cm}$，长度为 $800+2\times(850-30)/30=855\text{cm}$。

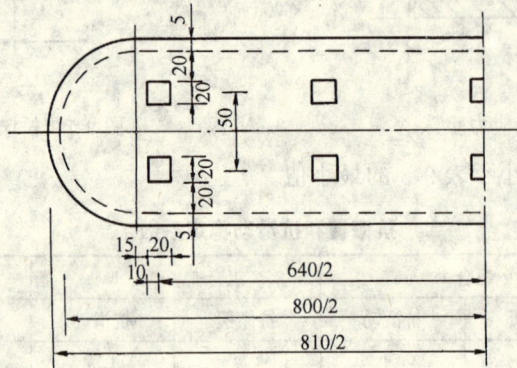

图 9-8　墩身顶面

（四）基础

顺水流方向襟边为 30cm，横水流方向为 20cm，每层厚度为 75cm，上层基础平面尺寸为 225cm×895cm，下层基础平面尺寸为 285cm×895cm。

桥墩各部尺寸见图 9-9。

Ⅲ．截面面积和截面几何性质

（一）墩身底截面（图 9-10）

面积　$A=1.65\times6.9+\dfrac{\pi}{4}\times1.65^2=13.52\text{m}^2$

惯性矩　$I_x=\dfrac{1.65\times6.9^3}{12}+2\times0.00686\times1.65^4$

$+\dfrac{\pi\times1.65^2}{4}\times(0.212\times1.65+3.45)^2=53.34\text{m}^4$

$I_y=\dfrac{6.9\times1.65^3}{12}+\dfrac{\pi\times1.65^4}{64}=2.95\text{m}^4$

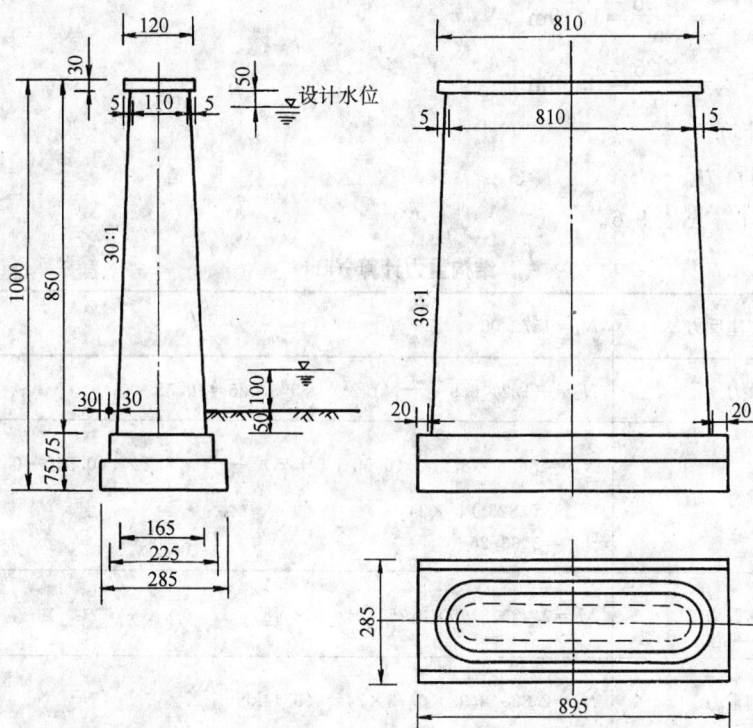

图 9-9　桥墩各部尺寸

（二）基础底面（图 9-11）

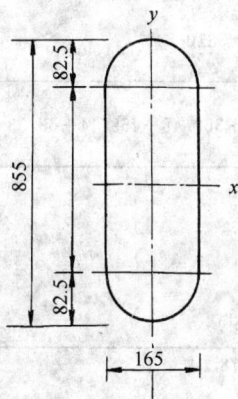

图 9-10　墩身底截面
单位：cm

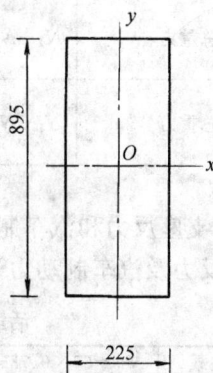

图 9-11　基础底面
单位：cm

面积　$A = 2.25 \times 8.95 = 20.14 \text{m}^2$

截面模量　$W_x = \dfrac{2.25}{6} \times 8.95^2 = 30.04 \text{m}^3$

$W_y = \dfrac{8.95}{6} \times 2.25^2 = 7.55 \text{m}^3$

核心半径　$\rho_x = \dfrac{8.95}{6} = 1.49\text{m}$

$\rho_y = \dfrac{2.25}{6} = 0.38\text{m}$

Ⅳ. 外力计算

（一）结构重力

结构重力计算见表9-6。

结构重力计算（kN）　　　　　　　　　　　　　　　　　　表9-6

上部结构支座反力	$N_1 = 1577.00$
墩帽重力	$N_2 = \left(1.2 \times 6.9 + \dfrac{\pi}{4} \times 1.2^2\right) \times 0.3 \times 25 = 70.58$
墩身重力	$N_3 = \left[6.9 \times 8.2 \times (0.55 + 0.825) + \dfrac{\pi}{3} \times 8.2 \times (0.55^2 + 0.55 \times 0.825 + 0.825^2)\right] \times 24$ $= 2163.26$
上层基础重力	$N_4 = 2.25 \times 8.95 \times 0.75 \times 24 = 362.48$
下层基础重力	$N_5 = 2.85 \times 8.95 \times 0.75 \times 24 = 459.14\text{kN}$
基础台阶上土的重力	$N_6 = \left[8.95 \times 2.85 \times (0.75 + 0.50) - 8.95 \times 2.25 \times 0.75 - \left(1.65^2 \times \dfrac{\pi}{4} + 1.65 \times 6.9\right)\right] \times 19.5$ $= 63.53$
基础顶面总重力	$N_1 + N_2 + N_3 = 1577 + 70.58 + 2163.26 = 3810.84$
基础底面总重力	$N_1 + N_2 + N_3 + N_4 + N_5 + N_6 = 3810.84 + 362.48 + 459.14 + 63.53 = 4695.99$

（二）活载支座反力和汽车制动力计算

活载支座反力及汽车制动力计算见表9-7。

活载支座反力得制动力计算（kN）　　　　　　　　　　　　　　表9-7

单行汽车双孔加载 （图9-12）	$N''_甲 = 60 \times 0.736 + 120 \times 0.94) + 120 \times 1.013 = 278.64$ $N''_乙 = 70 \times 0.5 + 130 \times 0.295 = 73.35$
单行汽车单孔加载 （图9-13）	$N''_汽 = 60 \times 0.736 + 120 \times 0.941 + 120 \times 1.013 = 278.64$
单孔单边人群荷载	$N''_人 = 3 \times 0.75 \times 19.96/2 = 22.46\text{kN}$
双边单孔人群荷载	$N''_人 = 22.46 \times 2 = 44.92\text{kN}$
挂车双孔加载 （图9-12）	$2 \times 250 \times (0.910 + 0.846) = 878$（左右支座各半） $N'_挂 = N''_挂$
挂车单孔加载	$N'_挂 = 250 \times (1.103 + 0.951 + 0.746 + 0.685) = 871.25$
汽车制动力	$H_T = (300 + 200) \times 0.1 = 50 < 300 \times 0.3 = 90$

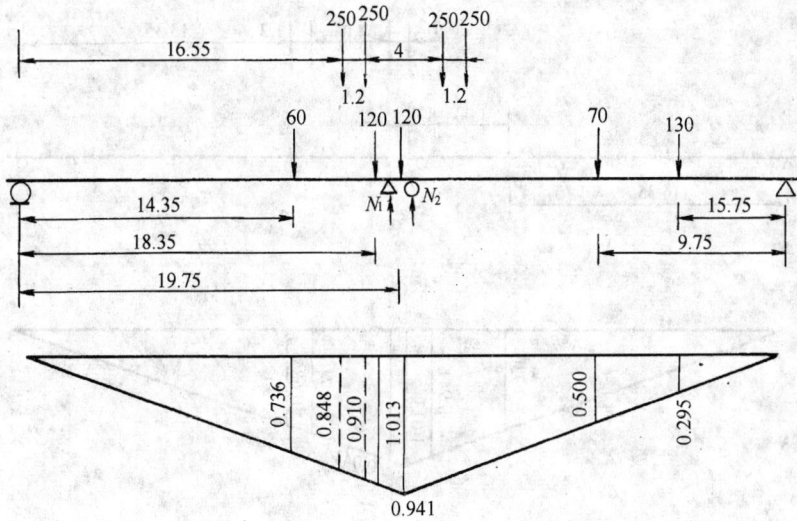

图 9-12 双孔布载示图

（三）风力计算

风力计算见表 9-8。

风 力 计 算　　　　　　　　　　　　　　　　　表 9-8

风 压	$W=K_1K_2K_3K_4W_0=1\times0.3\times1\times1\times1\times1=0.3MPa$（桥墩） $W=K_1K_2K_3K_4W_0=1\times1.3\times1\times1\times1=1.3MPa$（上部结构）
横向风力	W_2（低水位）$=\left[(8.5-1.5)\times\dfrac{1.1+1.55}{2}\right]\times0.3=2.78$ $W_{\text{高水位}}=\left(0.8\times\dfrac{1.1+1.13}{2}\right)\times0.3=0.27$ $W_3=20\times1.05\times0.2\times1.3+20\times1.55\times1.3=45.76$
纵向风力	$W_{1低水位}=\left[(8.5-1.5)\times\dfrac{8.1+8.57}{2}\right]\times0.7\times0.3=12.25$ $W_{2高水位}=\left[\left(0.8\times\dfrac{8.4+8.13}{2}\right)\times0.7\times0.3\right]$ $=1.36$

注：W_3 中 0.2 为栏杆面积折减系数；

　　W_1 中 0.7 为计算纵向风压折减系数。

（四）支座摩阻力计算

相邻两孔跨径相等，故相邻两孔温度变化产生的支座摩阻力互相抵消。

（五）水压力计算（高水位）

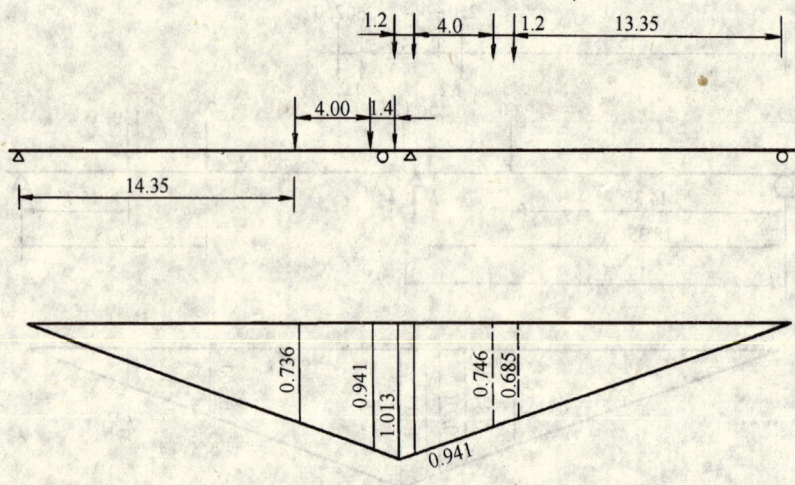

图 9-13 单孔布载示图

1. 作用在桥墩单位面积上的流水压力:

$$p = k \frac{\gamma_w \gamma^2}{2g} = 0.6 \times \frac{10 \times 2^2}{2 \times 10} = 1.2 \text{kN/m}^2$$

式中　γ_w——水的重力密度(10kN/m^3);

　　　g——重力加速度($g=10\text{m/s}^2$);

　　　k——桥墩形状系数,圆形 $k=0.6$。

2. 作用在桥墩上的流水压力

$$P = (1.62 + 1.13)/2 \times (8.0 - 0.3 - 0.5) \times 1.2 = 11.88 \text{kN}$$

(六)浮力计算

土的天然孔隙比　$e=0.5$

单位体积土的浮重　$\gamma = \dfrac{\gamma_0 - \gamma_w}{1+e} = \dfrac{27-10}{1-0.5} = 11.33 \text{kN/m}^3$

单位体积土的浮力　$Q=19.5-11.33=8.17\text{kN/m}^3$

低水位浮力　$Q_{低} = [15.10 + 19.13 + 6.9 \times 1.5 \times (0.825 + 0.775) + \dfrac{\pi}{3} \times 1.5 \times (0.825^2$

$$+ 0.825 \times 0.775 + 0.775^2)] \times 10 + 3.26 \times 8.17 = 564.70 \text{kN}$$

高水位浮力　$Q_{高} = [(15.10 + 19.13 + 6.9 \times 7.2 \times (0.567 + 0.825) + \dfrac{\pi}{3} \times 7.7$

$$\times (0.567^2 + 0.567 \times 0.825 + 0.825^2)] \times 10 + 3.26 \times 8.17$$

$$= 1149.34 \text{kN}$$

Ⅴ. 墩身内力计算及强度验算

顺桥向墩身内力计算见表 9-9。

顺桥向墩身截面强度和偏心验算见表 9-10。

横桥向墩身内力计算见表 9-11。

<table>
<tr><td rowspan="3">双孔布载</td><td>

1）上部结构重力＋墩身重力＋双孔汽车荷载＋双孔人群荷载

$\Sigma\gamma_{si}N = 1.2 \times 3810.84 + 1.4 \times (278.64 + 73.35 + 44.5) \times 2 = 5683.18\text{kN}$

$\Sigma\gamma_{si}M = 1.4 \times (278.64 - 73.35) \times 0.25 \times 2 = 143.70\text{kN}$

</td></tr>
<tr><td>

2）上部结构重力＋墩身重力＋双孔汽车荷载＋双孔人群荷载＋制动力＋纵向风力

$\Sigma\gamma_{si}N = 5683.18\text{kN}$

$\Sigma\gamma_{si}M = 143.70 + 1.4 \times \left\{ 90 \times 8.5 + 12.25 \times \left[1.5 + \dfrac{2 \times 8.1 + 8.57}{3 \times (8.1 + 8.57)} \times 7 \right] \right\} = 1299.89$

</td></tr>
<tr><td>

3）上部结构重力＋墩身重力＋双孔平板挂车

$\Sigma\gamma_{si}N = 1.2 \times 3810.84 + 1.1 \times 878 = 5538.81$

$\Sigma\gamma_{si}M = 0$

</td></tr>
<tr><td rowspan="3">单孔布载</td><td>

1）上部结构重力＋墩身重力＋单孔汽车荷载＋单孔人群荷载

$\Sigma\gamma_{si}N = 1.2 \times 3810.84 + 1.4 \times (278.64 \times 2 + 44.92) = 5025.99$

$\Sigma\gamma_{si}M = 1.4 \times (278.64 \times 2 + 44.92) \times 0.25 = 210.77$

</td></tr>
<tr><td>

2）上部结构重力＋墩身重力＋单孔汽车荷载＋单孔人群荷载＋制动力＋纵向风力

$\Sigma\gamma_{si}N = 5025.99$

$\Sigma\gamma_{si}M = 210.77 + 1.4 \times \left\{ 9.0 \times 8.5 + 12.25 \times \left[1.5 + \dfrac{2 \times 8.1 + 8.57}{3 \times (8.1 + 8.57)} \times 7 \right] \right\}$

$\quad\quad = 1366.90$

</td></tr>
<tr><td>

3）上部结构重力＋墩身重力＋单孔平板挂车

$\Sigma\gamma_{si}N = 1.2 \times 3810.84 + 1.1 \times 848.75 = 5506.63$

$\Sigma\gamma_{si}M = 1.1 \times 848.75 \times 0.25 = 233.41$

</td></tr>
</table>

注：结构重力 $\gamma_{si} = 1.2$，汽车荷载及人群荷载等 $\gamma_{si} = 1.4$

    挂车荷载 $\gamma_{si} = 1.1$

	荷载组合情况	$\Sigma\gamma_{si}N$ (kN)	$\Sigma\gamma_{si}N$ (kN·m)	e_0	$[e_0]$	$\gamma_{so}\psi\Sigma\gamma_{si}N$ (kN)	α	$\alpha A R_a^i/\gamma_m$ (MN)
双孔布载	结力＋汽车＋人群	5683.18	143.70	0.025	0.413	5683.18	≒1.000	26.054
	结力＋汽车＋人群＋制动力＋风力	5683.18	1299.89	0.229	0.495	4574.10	0.806	21.003
	结力＋平板挂车	5538.81	0	0	0.495	4431.05	1.000	26.054
单孔布载	结力＋汽车＋人群	5025.99	210.77	0.042	0.413	5025.99	0.995	25.924
	结力＋汽车＋人群＋制动力＋纵向风力	5025.99	1366.96	0.272	0.485	4020.79	0.747	19.460
	结力＋平板挂车	5506.63	233.41	0.042	0.495	4405.30	0.992	25.846

注：① 组合 I 时，$\psi=1$，$[e_0]=0.5y$，组合 II、组合 III 时，$\psi=0.8$，$[e_0]=0.6y$，$\gamma_m=1.92$，$\gamma_{so}=1$；

   ② $M=8$，$y=0.825$ $\gamma_w = \sqrt{I/A} = \sqrt{2.95/13.52} = 0.467$

       $\alpha = \left[1 - \left(\dfrac{e_0}{y} \right)^m \right] \Big/ \left[1 + \left(\dfrac{e_0}{n_w} \right)^2 \right]$

低水位	1) 上部结构重力＋墩身重力＋双行汽车荷载＋单边人群荷载＋横向风力＋水压力 $\Sigma\gamma_{si}N=1.2\times3810.84+1.4\left[(278.64+73.35)\times2+44.92\right]=5621.47\text{kN}$ $\Sigma\gamma_{si}M=1.4\times\left\{2\times(278.64+73.357)\times0.55+44.92\times3.875+2.78\times\left[1.5+\dfrac{2\times1.1+1.5}{3\times(1.1+1.5)}\times7.0\right]+\right.$ $\left. 5.46\times\left(\dfrac{1.05}{2}+1.55+8.5\right)+36.10\times\left(\dfrac{1.55}{2}+8.5\right)\right\}=1355.11\text{kN}\cdot\text{m}$
高水位	$\Sigma\gamma_{si}N=5621.47\text{kN}$ $\Sigma\gamma_{si}M=1.4\times\left\{2\times(278.64+73.35)\times0.55+44.92\times3.875+0.27\times\left[1.5+\dfrac{2\times1.1+1.13}{3(1.1+1.13)}\times0.8\right]+5.46\right.$ $\times\left(\dfrac{1.05}{2}+1.55+8.5\right)+36.10\times\left(\dfrac{1.55}{2}+8.5\right)+11.88\times\left(0.5+\dfrac{2}{3}\times7.2\right)\bigg\}=1424.22\text{kN}\cdot\text{m}$
低水位	2) 上部结构重力＋墩身重力＋单行汽车偏载＋单边人群荷载＋横向风力＋水压力 $\Sigma\gamma_{si}N=1.2\times3810.84+1.4\times(278.64+44.92)=5025.99\text{kN}$ $\Sigma\gamma_{si}M=1.4\times\left\{278.64\times2.1+44.92\times3.875+2.78\times\left[1.5+\dfrac{2\times1.1+1.13}{3\times(1.1+1.13)}\times7.0\right]+5.46\times(1.05/2+\right.$ $\left. 1.55+8.5)+36.10\times(1.55/2+8.5)\right\}=1631.88\text{kN}\cdot\text{m}$
高水位	$\Sigma\gamma_{si}N=5025.99\text{kN}$ $\Sigma\gamma_{si}M=1.4\times\left\{278.64\times2.1+44.92\times3.875+0.27\times\left[1.5+\dfrac{2\times1.1+1.13}{3\times(1.1+1.13)}\times0.8\right]+5.46\times(1.05/2+\right.$ $\left. 1.55+8.5+36.10\times(1.55/2+8.5)+11.88\times\left(0.5+\dfrac{2}{3}\times7.2\right)\right\}=1701.35\text{kN}\cdot\text{m}$
低水位	3) 上部结构重力＋墩身重力＋平板挂车 $\Sigma\gamma_{si}N=1.2\times3810.84+1.1\times878=5538.81\text{kN}$ $\Sigma\gamma_{si}M=1.1\times878\times1.15=1110.67\text{kN}\cdot\text{m}$

横桥向墩身强度和偏心验算见表 9-12。

横桥向荷载布置如图 9-14。

横桥向墩身截面强度和偏心验算　　　　　　　　　　表 9-12

荷载组合情况	水位	$\Sigma\gamma_{si}N$ (kN)	$\Sigma\gamma_{si}M$ kN·m	e_0 (m)	$[e_0]$ (m)	$\gamma_{s0}\psi\Sigma\gamma_{si}N$ (kN)	α	$\alpha AR_a^j/\gamma_m$ (MN)
结力＋双行汽车＋人群＋风力＋水压力	低水位	5621.47	1355.11	0.241	2.565	4524.73	0.986	25.689
	高水位	5621.47	1424.22	0.253	2.565	4524.73	0.984	25.637
结力＋单行汽车＋人群＋风力＋水压力	低水位	5025.99	1631.88	0.325	2.565	4020.79	0.974	25.377
	高水位	5025.99	1701.35	0.339	2.565	4020.79	0.972	25.324
结力＋平板挂车	低水位	5538.81	1110.67	0.201	2.565	4431.05	0.990	25.794

注：① $y=4.275\text{m}$，$\gamma_w=\sqrt{I/A}=\sqrt{53.40/13.52}=1.987\text{m}$；

② $m=8$，$\psi=0.8$，$[e_0]=0.6y$，$\gamma_m=1.92$。

Ⅳ 基底应力及偏心验算

顺桥向基底内力计算见表 9-13。

顺桥向基底应力及偏心验算见表 9-14。

顺桥向基底内力计算（低水位）

表 9-13

双孔布载（低水位）	1) 上部结构重力＋桥墩重力＋双孔汽车荷载＋双孔人群荷载＋浮力 $\Sigma\gamma_{si}N = 4695.99 + 2\times(278.64 + 73.35) + 2\times44.92 - 564.70$ 　　　$= 4925.11\text{kN}$ $\Sigma\gamma_{si}M = 2\times(278.64 - 73.35)\times0.25 = 102.65\text{kN}\cdot\text{m}$
	2) 上部结构重力＋桥墩重力＋双孔汽车荷载＋双孔人群荷载＋制动力＋纵向风力＋浮力 $\Sigma\gamma_{si}N = 4925.11\text{kN}$ $\Sigma\gamma_{si}M = 102.65 + \left\{90\times10.0 + 12.25\times\left[3.0 + \dfrac{2\times8.1 + 8.57}{3\times(8.1 + 8.57)}\times7\right]\right\}$ 　　　$= 1081.87\text{kN}\cdot\text{m}$
	3) 上部结构重力＋桥墩重力＋双孔平板挂车＋浮力 $\Sigma\gamma_{si}N = 4695.99 + 828 - 564.70 = 5009.29\text{kN}$ $\Sigma\gamma_{si}M = 0$

单孔布载	1) 上部结构重力＋墩身重力＋单孔汽车荷载＋单孔人群荷载＋浮力	
	低水位	$\Sigma\gamma_{si}N = 4695.99 + 2\times278.64 + 44.92 - 564.70 = 4733.49\text{kN}$ $\Sigma\gamma_{si}M = (2\times278.64 + 44.92)\times0.25 = 150.55\text{kN}\cdot\text{m}$
	高水位	$\Sigma\gamma_{si}N = 4695.99 + 2\times278.64 + 44.92 - 1149.34 = 4148.85\text{kN}$ $\Sigma\gamma_{si}M = 150.55\text{kN}\cdot\text{m}$
	2) 上部结构重力＋墩身重力＋单孔汽车荷载＋单孔人群荷载＋制动力＋纵向风力＋浮力	
	低水位	$\Sigma\gamma_{si}N = 4733.49\text{kN}$　　　$H = 90 + 12.09 = 102.09$ $\Sigma\gamma_{si}M = 150.55 + 90\times10 + 12.25\times\left[3.0 + \dfrac{2\times8.1 + 8.57}{3\times(8.1 + 8.57)}\times7\right] = 1129.77\text{kN}\cdot\text{m}$
	高水位	$\Sigma\gamma_{si}N = 4148.85\text{kN}$　　　$H = 90 + 1.36 = 91.36\text{kN}$ $\Sigma\gamma_{si}M = 150.55 + 90\times10 + 1.36\times\left[3 + \dfrac{2\times8.1 + 8.57}{3\times(8.1 + 8.57)}\times0.8\right]$ 　　　$= 1063.61\text{kN}\cdot\text{m}$
	3) 上部结构重力＋墩身重力＋单孔平板挂车＋浮力	
	低水位	$\Sigma\gamma_{si}N = 4695.99 + 848.75 - 564.70 = 5000.14\text{kN}$ $\Sigma\gamma_{si}M = 848.75\times0.25 = 212.18\text{kN}\cdot\text{m}$

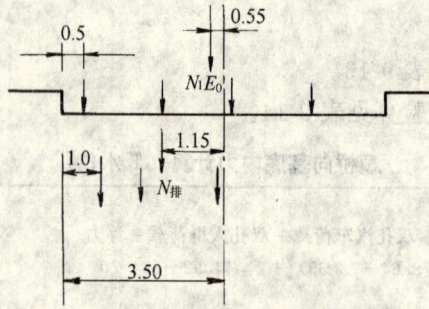

图 9-14 横桥向荷载布置

顺桥向基底应力及偏心验算（低水位）　　　　　表 9-14

荷载组合情况		N (kN)	M (kN·m)	$e_0 = M/N$ (m)	$[e_0]$ (m)	σ_{max} kPa	$k[\sigma]$ (kPa)
双孔布载	结力＋汽车＋人群＋浮力	4925.11	102.65	0.021	0.38	380.44	461.58
	结力＋汽车＋人群＋浮力＋制动力＋风力	4925.11	1081.87	0.220	0.38	507.58	461.58
	结力＋平板挂车＋浮力	5009.29	0	0	0.38	370.51	461.58
单孔布载	结力＋汽车＋人群＋浮力	4733.49	150.55		0.38	370.05	461.58
	结力＋汽车＋人群＋浮力＋制动力＋风力	4733.49	1063.11		0.38	490.92	461.58
	结力＋平板挂车＋浮力	5004.14	0	0	0.38	370.13	461.58

注：① $\sigma_{max} = \Sigma N/A + \Sigma M/W_y \leqslant k[\sigma]$，$e_0 = e_y$；

② $k = 1.25$，$A = 13.52$，$W_y = 7.55$，$e_y = 0.38$；

③ $[\sigma] = [\sigma_0] + k_1\gamma(b-2) = 350 + 2 \times 11.33 \times (3.85-2)$
$= 369 \text{kPa}$。

故基底应力不满足要求，应将基础扩大。

横桥向基底应力和偏心不控制设计，可不予验算。

Ⅵ．顺桥向倾覆和滑移验算

顺桥向基底倾覆和抗滑移验算见表 9-15。

顺桥向基底倾覆和抗滑移验算　　　　　表 9-15

荷载组合情况	水位	N	M	H	e_0M/N (m)	x	k_0	$[f_c]$	f	$[k_c]$
结力＋单孔汽车＋单孔人群＋浮力＋制动力＋纵向风力	低	4733.49	1129.77	102.09	0.238	1.425	5.99	1.3	0.4	1.3
	高	4148.85	1063.61	91.36	0.256	1.425	5.56	1.3	0.4	1.3

注：① $k_0 = \dfrac{x}{e_0}$，$k_c = \Sigma N_i f/\Sigma H$；

② 其它荷载组合不控制设计。

200

横桥向稳定性不控制设计，可不予验算。

第三节　桩柱式桥墩计算要点

桩柱式桥墩的计算包括盖梁和桩身两部分。

一、盖梁计算

桩柱式桥墩的盖梁，对双柱式桥墩，当盖梁上刚度与桩柱的刚度比大于 5 时，一般忽略桩柱对盖梁的弹性约束，近似地按双悬臂梁计算。对多柱式或多桩式桥墩的盖梁，近似地按多跨连续梁计算，当桥墩承受较大横向力时，则盖梁应作为横向刚架的一部分进行验算。

值得注意的是在计算盖梁内作活载内力时，活载的轮重是通过设置在盖梁上的支座传递给盖梁的，在布置结构计算横向分布系数时，必须考虑这一特点。

二、桩身计算

桩墩一般分为刚性和柔性两种，刚性桥墩计算方法与重力式桥墩相仿，柔性桥墩的计算则应从整个桥梁体系确定桥墩的受力。

多孔拱桥柔性桥墩的计算可参见文献 6。

梁桥柔性桥墩主要用于中、小跨径桥梁上。下面主要介绍当采用如油毛毡等不够完善的支座时的计算。

桥墩的计算图式如图 9-15 所示，将桥梁体系视作多跨铰接框架计算，并对其作进一步简化，如下：

1. 柔性墩视为下端固定，上端铰支的超静定梁（图 9-16a）；外力所引起的墩顶位移视作铰支承的沉陷（图 9-16b）。

2. 分别计算作用于墩顶的竖向力 N，不平衡弯矩 M_0 以及温度变化，制动力等水平力 H 所引起的墩顶水平位移并进行力学分析，不计其相互影响，然后进行内力迭加（图 9-16c）。

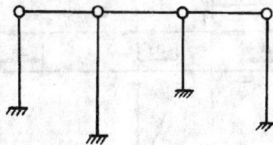

图 9-15　柔性桥墩计算图式

3. 制动力按桥墩顶抗推刚度分配，土压力由岸墩承受，中间各柔性墩不考虑受力。

4. 温度变形则只计桥墩顶部水平力对桥墩所引起的弯矩的影响。

三、计算步骤

1. 当墩柱下同端固定在基础或承台顶面时水平位移为：

$$\delta_i = l_i^2/3EI \tag{9-10}$$

抗推刚度
$$k_i = \frac{1}{\delta_i} \tag{9-11}$$

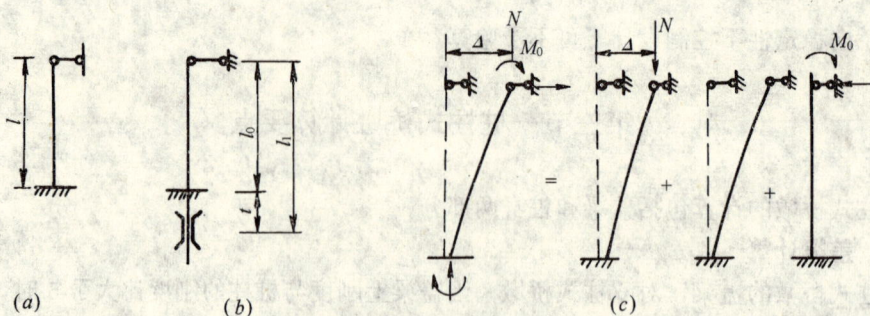

图 9-16　柔性桥墩简化计算图式

式中　l_i——第 i 墩柱下端固着处到墩顶的高度 l_0。排架桩为地面（或冲刷线）以上桩长与排架桩入土深度之半 h_i 的和，即 $l_i = l_0 + h_i/2$；

2. 墩顶制动力为：

$$H_{iT} = \frac{K_i}{\Sigma K_i} T \tag{9-12}$$

式中　H_{iT}——作用在第 i 墩台制动力；

　　　T——全桥承受的制动力。

所以

$$\Delta_{iT} = \frac{H_{iT}}{K_i} \tag{9-13}$$

3. 梁的温度变形引起的水平力

当梁的温度变化，排架将产生偏移，如图 9-17 所示，其偏离值为 0 的点距岸墩的（0 号排架）的距离为：

$$x_0 = \frac{\sum\limits_v^n \Sigma_i k_i}{\sum\limits_c^n k_i} L \tag{9-14}$$

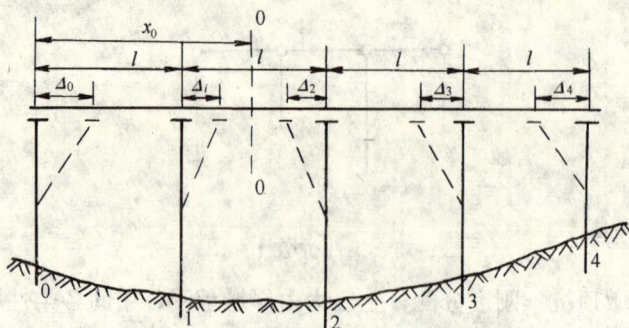

图 9-17　温度变化时柔性墩的偏移

式中　x_0——为 0—0 线到 0 号排架距离；

　　　i——桩的序号，$i = 0, 1, 2 \cdots n$，n 为总排架数减 1；

　　　L——桥架跨径。

则墩顶水平位移为

$$\Delta_{it} = \alpha + x_i$$

式中 x_i——0—0 线到 1、2，i 号排架的距离。

所受温度应力为：

$$H_{it} = K_i \Delta_{it}$$

4. 在产生水平位移时，竖向力 N 引起墩内弯矩而产生的水平反力。

设柔性墩变形曲线为二次抛物线，则其水平反力为：

$$H_N = - \frac{5N(\Delta_{it} + \Delta_{iT})}{4l_1} \tag{9-15}$$

5. 由于墩顶偏心弯矩 M_0 产生的水平反力为：

$$H_{M0} = - 1.5M_0/l_1 \tag{9-16}$$

计算上述水平反力后，即可进行内力组合，进行相应的强度，稳定等验算。

柔性排架墩横桥向一般不控制设计，可不予验算。

习　题

一、思考题

1. 如何拟定重力式桥墩各部分尺寸？

2. 重力式桥墩的荷载组合有哪几种主要形式？

3. 桥墩的强度计算包括哪些内容？

二、计算题

重力式桥墩计算

设计荷载　汽车—超 20 级，挂车—120

上部结构：$L_b = 16m$，恒载支座反力 3300kN

桥面净宽　净—11.00m

支座形式　板式橡胶支座

材料：墩帽　25 号钢筋混凝土，重力密度 $\gamma_1 = 25kN/m^3$，墩身及基础　20 号片石混凝土

地基、岩石地基 $[\sigma_0] = 2000kPa$

试按桥墩 $H = 8.0m$（基础顶面到墩帽顶面高）拟定尺寸并验算。

水位：最高洪水位距墩帽底面 0.75m；最低洪水位距基础顶面 1.5m，基底顶面覆土 0.5m。

第十章 桥台设计与计算

第一节 重力式桥台尺寸拟定

一、梁桥 U 形桥台尺寸拟定

梁桥 U 形桥台（图 10-1）由前墙（含台帽）和侧墙组成。

前墙的背墙（防护墙）顶宽（b_1），对片石砌体不小于 50cm，对块石、料石砌体及混凝土不小于 40cm，临河面为直立；背坡一般采用 5：1～8：1，前墙的临河面则可直立或采用 10：1 或 20：1 的斜坡。前墙任一水平截面宽度，不宜小于该截面至墙顶高度的 0.4 倍。

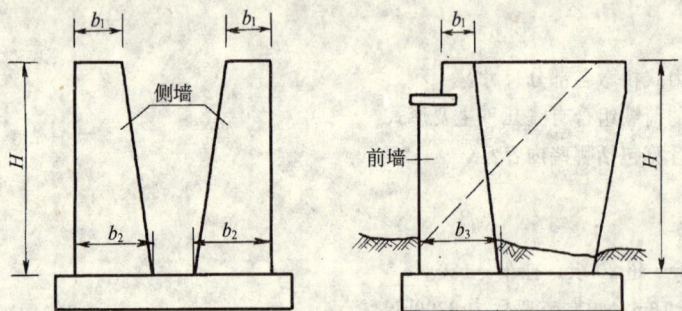

图 10-1 U 形桥台尺寸

侧墙顶宽（b'_1）一般为 60～800cm，任一水平截面的宽度，对于片石砌体不宜小于该截面至墩底高度的 0.4 倍，对块石、料石及砌体及混凝土不宜小于 0.35 倍，如桥台内填料为透水性良好的砂性土或砂砾，则可将上述要求分别减为 0.35 和 0.3 倍，侧墙正面一般是直立的。背坡一般为 3：1～5：1。侧墙长度视桥台高度和锥坡坡度而定，侧墙尾端，应有不小于 0.75m 长度伸入路堤，以保证与路堤有良好的衔接。台身的宽度通常与路基同宽。

台帽与基础尺寸可参照桥墩进行，但需注意桥台顶面只设单排支座。

二、拱桥 U 形桥台尺寸拟定

拱桥 U 形桥台尺寸拟定与梁桥大致相同，但是对实腹式拱桥，拱座构造和尺寸参照桥墩拱座拟定；对于空腹式拱桥，在前墙顶面上还要设置背墙，用以挡住路堤填土和支承腹拱，其顶宽不宜小于 80cm，同时起拱线处前墙宽度较大，其值可按 $b=0.15L_0$ 估算。

第二节 重力式桥台计算

重力式桥台计算与桥墩相似，需要验算台身截面强度，地基应力和桥台稳定，不同的是对于桥台尚应考虑填土和车辆荷载所引起的土侧压力，而不需计算纵、横向风力，流水压力，流冰压力、船只或漂浮物的撞击力等。

其次在验算台身强度时，如满足侧墙宽度不小于同一水平截面高度的 0.4 倍时，应将前墙、侧墙作为整体验算，否则应按前墙、侧墙分别作独立挡土墙进行验算。

一、荷载

（一）永久荷载

1. 上部结构重力通过支座（或拱座）传递给台帽的支承反力；

2. 桥台重力（包括台帽、台身、基础和土的重力）；

3. 混凝土收缩在拱座处引起的反力；

4. 水的浮力

5. 台后土的侧压力，一般以主动土压力计算，其大小与压实程度有关，计算桥台前墙前端的最大应力、向桥孔方向的偏心和桥台向桥孔之间的稳定性时，按台后填土尚未压实考虑（摩擦系数取大值），其它则按压实考虑。

（二）可变荷载

1. 基本可变荷载

（1）作用在上部构造上的汽车荷载，人群荷载；

（2）平板挂车或履带车荷载；

（3）活载引起的土侧压力。

2. 其它可变荷载

（1）汽车荷载引起的制动力；

（2）上部结构因温度变化在支座产生的摩阻力（梁桥）或在拱座产生的反力（拱桥）。

（三）偶然荷载——地震力。

（四）施工荷载

二、荷载组合

桥台的荷载组合仅考虑顺桥面荷载组合。

（一）梁桥桥台的荷载组合

1. 荷载布置

（1）在桥跨结构上布置车辆荷载，温度下降，制动力向桥孔方向（图 10-2a）。

（2）在台后破坏棱体上布置车辆荷载，温度下降（图 10-2b）。

（3）在桥跨结构和台后破坏棱体上均布置车辆荷载，当桥台较长时，桥台上也应布置车辆荷载，温度下降，制动力向桥孔方向（图 10-2c）。

2. 荷载组合

根据上述荷载布置，可进行如下荷载组合（仅列出第一种和第二种情况的组合）。

（1）上部结构重力＋计算截面以上桥台重力＋浮力＋土侧压力；

（2）上部结构重力＋计算截面以上桥台重力＋浮力＋作用在桥跨结构上的汽车荷载和人群荷载＋土侧压力；

（3）上部结构重力＋计算截面以上桥台重力＋浮力＋作用在桥跨结构上的汽车荷载和人群荷载＋土侧压力＋制动力；

（4）上部结构重力＋计算截面以上桥台重力＋浮力＋作用在桥跨结构上的汽车荷载和人群荷载＋土侧压力＋支座摩阻力；

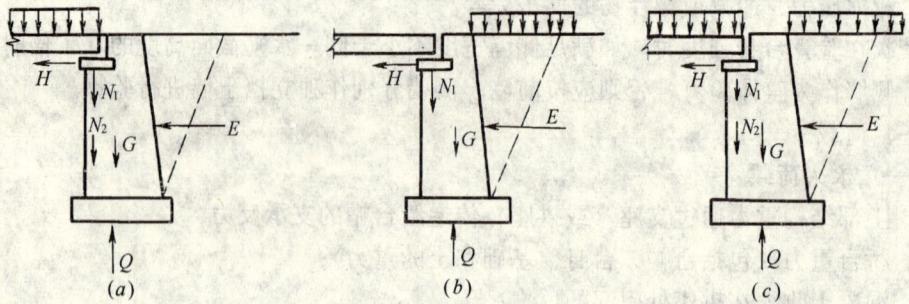

图 10-2 作用在桥台上的荷载

（5）上部结构重力＋计算截面以上桥台重力＋浮力＋作用在桥跨结构上的平板挂车（或履带车）荷载＋土侧压力；

（6）上部结构重力＋计算截面以上桥台重力＋浮力＋土侧压力（包括作用在破坏棱体上的汽车荷载所引起的土侧压力）；

（7）上部结构重力＋计算截面以上桥台重力＋浮力＋土侧压力（包括作用在破坏棱体上的汽车荷载所引起的土侧压力）＋支座摩阻力；

（8）上部结构重力＋计算截面以上桥台重力＋浮力＋土侧压力（包括作用在破坏棱体上的平板挂车或履带车荷载所引起的土侧压力）。

（二）拱桥桥台荷载组合

拱桥桥台一般可按下列两种情况布载并进行相应的荷载组合

1. 荷载布置（只考虑顺桥向）

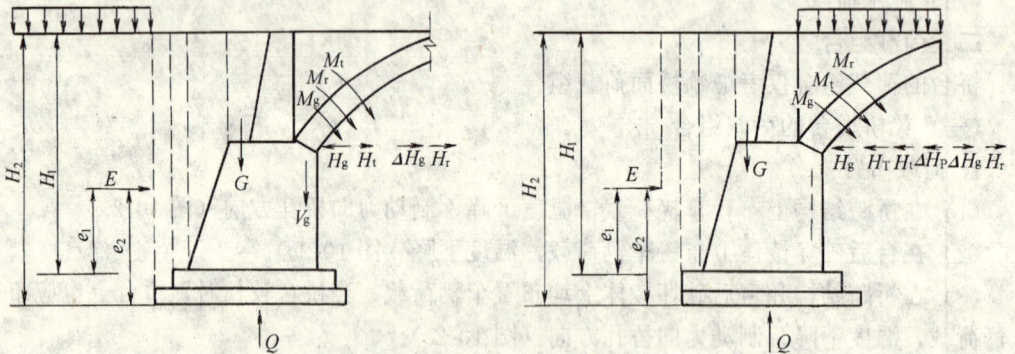

图 10-3　桥跨结构荷载计算

注：图中符号意义同图 10-2。

（1）桥跨结构上满布荷载，使拱脚水平推力 H_p 达到最大值，温度上升，制动力向路堤方向，台后按未压实土计算土侧压力，使桥台有向路堤方向偏移的趋势，验算桥台和地基的强度和稳定性（图 10-3a）。

（2）台后破坏棱体上有活载，制动力向桥跨方向，桥跨上无活荷载，温度下降，台后按未压实土考虑土侧压力，使桥台有向桥跨方向偏移的趋势，验算桥台和地基的强度和稳定性（图10-3b）。

此时，破坏棱体上的活载可换算成等代均布土层厚度 h 然后求土压力，等代土层厚度 h 可按下式计算（图10-4）：

$$h = \frac{\Sigma G}{bl_0\gamma}(\text{m}) \qquad (10\text{-}1)$$

式中　γ——台后填土重力密度 kN/m^3；

　　　b——桥台横向宽度（m）；

　　　l_0——台后填土，（不计活载）的破坏棱体长度（m）；

　　　ΣG——布置在 $b \times l_0$ 面积上车辆或履带车荷载重量（kN）。

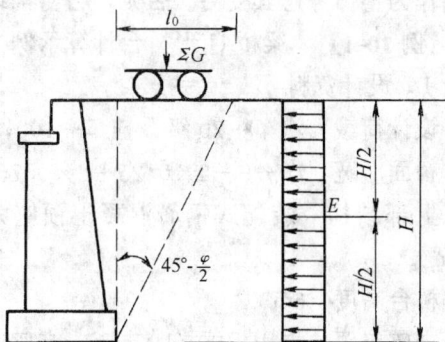
图10-4　等代土层厚度计算

其中　l_0 按下式计算：

$$l_0 = H(\text{tg}\theta + \text{tg}\alpha)(\text{m}) \qquad (10\text{-}2)$$

$$\text{tg}\theta = -\text{tg}\omega + \sqrt{(\text{ctg}\varphi + \text{tg}\omega)(\text{tg}\omega - \text{tg}\alpha)} \qquad (10\text{-}3)$$

式中　H——填土高（m）；

　　　ϕ——填土内摩擦角；

$$\omega = \phi + \delta + \alpha$$

其中　δ——台背与填土间的摩擦角，一般采用 $\delta = \varphi/2$；

　　　α——桥台台背与竖直面的夹角，俯墙背时为正值，仰墙背时为负值。

2. 荷载组合

根据上述的荷载布置，可进行如下的荷载组合：

（1）上部结构重力＋计算截面以上桥台重力＋浮力＋土侧压力＋混凝土收缩影响力（此组合是验算地基承受永久荷载作用时的偏心矩）。

（2）上部结构重力＋计算截面以上桥台重力＋浮力＋土侧压力（包括作用在破坏棱体上的汽车荷载引起的土侧压力）＋混凝土收缩影响力。

（3）上部结构重力＋计算截面以上桥台重力＋浮力＋土侧压力（包括作用在破坏棱体上的汽车荷载所引起的土侧压力）＋混凝土收缩力＋温度下降影响力。

（4）上部结构重力＋计算截面以上桥台重力＋浮力＋土侧压力（包括作用在破坏棱体上的平板挂车（或履带车）荷载所引起的土侧压力）。

（5）上部结构重力＋计算截面以上桥台重力＋浮力＋作用在桥跨结构上的汽车荷载和人群荷载＋土侧压力＋混凝土收缩影响力。

（6）上部结构重力＋计算截面以上桥台重力＋浮力＋作用在桥跨结构的汽车荷载和人群荷载＋土侧压力＋混凝土收缩影响力＋向路堤方向的制动力＋温度上升影响力。

（7）上部结构重力＋计算截面以上桥台重力＋浮力＋作用在桥跨结构上的平板挂车（或履带车）荷载＋土侧压力。

三、桥台强度、偏心和稳定性验算

桥台台身、基础的强度和偏心验算，以及桥台稳定性验算和桥墩相同。如果 U 形桥台两侧墙宽度不小于同一水平截面前墙全长的 0.4 倍，桥台台身与截面强度验算应把前墙和侧墙作为整体考虑其受力。否则，台身前墙应按独立的挡土墙进行验算。

【例10-1】 梁桥U形桥台计算示例

Ⅰ.设计资料

设计荷载　汽车—20级，挂车—100，人群荷载 $3kN/m^2$

桥面净宽　净—$9+2\times0.25+2\times0.75$ 人行道

上部结构　装配式钢筋混凝土预应力T梁标准跨径20m，计算跨径19.5m，梁高1.3m。

桥台高度　6m

支座布置，均用板式橡胶支座，支座厚3.5cm（自重不计）

建筑材料　台帽为20号混凝土（配钢筋网），重力密度 $\gamma_1=25kN/m^3$；台身及基础用25号片石混凝土，重力密度 $\gamma_2=24kN/m^3$；抗压极限强度 $R_a^j=8.4kPa$

地质资料　地基土容许承载力 $[\sigma_0]=350kPa$，桥台填料、台后填土重力密度 $\gamma_3=18kN/m^3$；填土摩擦角 $\varphi=35°$

水文资料　旱桥；

气象资料　本桥修建于一般地区，基本风压 $W_0=0.8kPa$

Ⅱ.桥台尺寸的拟定

1.台身

(1) 前墙顶宽为0.5m，背坡4：1

(2) 侧墙顶宽为0.5m，前坡直立，背坡3：1

2.基础

顺桥向襟边30cm（内侧）和20cm（外侧）；横桥向襟边20cm；厚度 $2\times0.75=1.50m$。铺装层平均厚度按13cm计。

桥台立面、侧面和平面图详图10-5。

Ⅲ.截面几何性质

1.台身底面

面积　$A=5.52\times11.00-6\times2.85=43.62$

形心位置　$x_c=\left(5.52\times11.00\times\dfrac{5.52}{2}-6\times2.85\times\dfrac{2.85}{2}\right)/43.62=3.28$

$$x_c=5.52-3.28=2.24$$

惯性矩为

$$I_c=\frac{11\times5.52^3}{12}+11\times5.52\times\left(\frac{5.52}{2}-2.24\right)^2$$

$$-\left[\frac{6\times2.85^3}{12}+6\times2.85\times\left(3.28-\frac{2.85}{2}\right)^2\right]$$

$$=100.182$$

2.基础底面

面积　$A=11.80\times6.32=74.576m^2$

惯性矩　$I=\dfrac{11.8\times6.32^3}{12}=248.23m^4$　$w=\dfrac{bh^2}{6}=78.54$

核心半径　$\rho=6.32/6=1.053m$

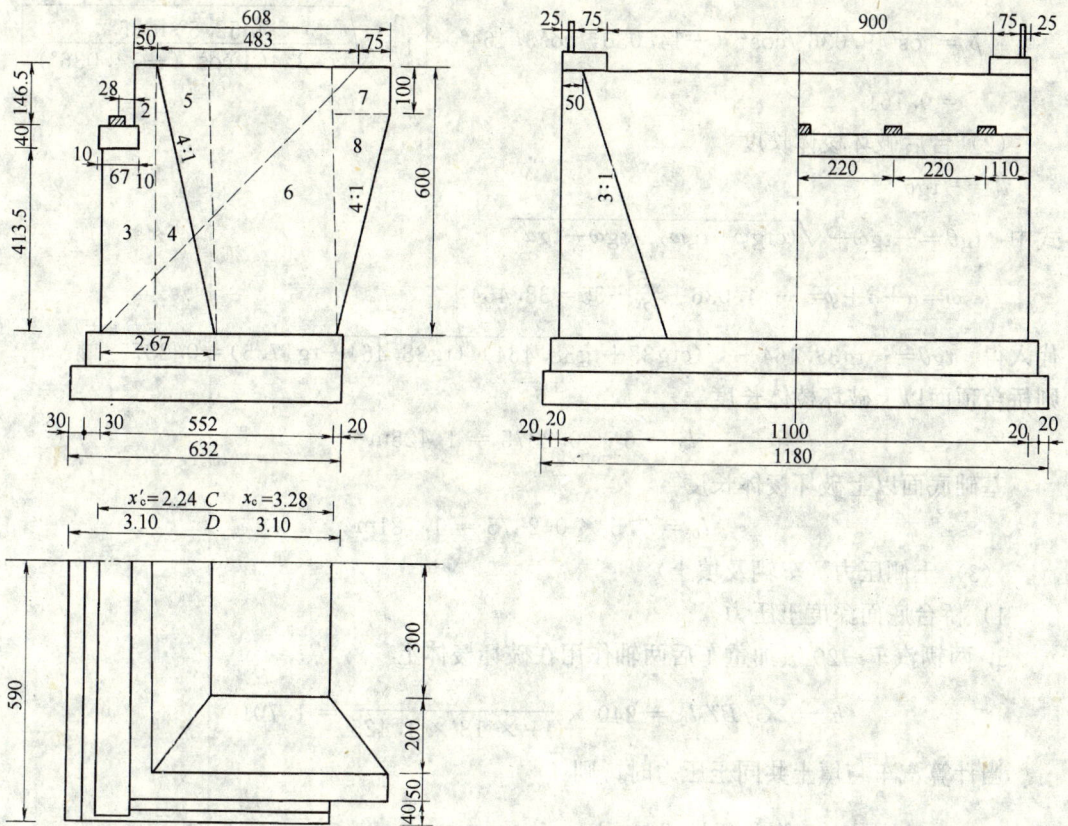

图 10-5　桥台布置图

Ⅳ. 外力计算

本例按前述梁桥桥台第二种活载布置（即台后破坏棱体上布置车辆荷载，温度下降，并考虑台后土侧压力）计算，其它布载方式计算由读者自己完成。

1. 台后主动土压力计算

（1）土压力系数计算

$$E = \frac{1}{2} \gamma_\pm H^2 B \mu$$

式中　$\gamma_\pm$——台背填土重力密度 18kN/m³；

　　　H——计算土层高度；

　　　B——桥台计算宽度；

　　　μ——系数 $\mu = \cos^2 (\varphi - \alpha) / \cos^2 \alpha \cos (\alpha + \delta) \left[1 + \sqrt{\dfrac{\sin (\varphi + \delta) \sin (\varphi - \beta)}{\cos (\alpha + \delta) \cos (\alpha - \beta)}} \right]^2$。

其中　$\beta = 0$；

　　　$\varphi = 35°$

　　　$\alpha = -\text{arctg} \dfrac{1.25}{5.0} = -14.036°$

　　　$\delta = \dfrac{\varphi}{2} = 17.5°$

209

$$\mu = \cos^2 49.036°/\cos^2 \ (-14.036, \ \cos 3.464° \times \left[1 + \sqrt{\dfrac{\sin 52.5° \sin 35°}{\cos 3.464° \cos \ (-14.036°)}}\right]^2$$

$$= 0.161$$

（2）台后破坏棱体长度

$$l_0 = H \mathrm{tg}\theta$$

式中　　$\mathrm{tg}\theta = -\mathrm{tg}\omega + \sqrt{(\mathrm{ctg}\varphi + \mathrm{tg}\omega)(\mathrm{tg}\omega - \mathrm{tg}\alpha)}$

$$\omega = \alpha + \delta + \varphi = -14.036 + \frac{35}{2} + 35 = 38.464°$$

代入得　　$\mathrm{tg}\theta = -\mathrm{tg}38.464 + \sqrt{(\mathrm{ctg}35 + \mathrm{tg}38.464)(\mathrm{tg}38.464 - \mathrm{tg}17.5)} = 0.2375$

则桥台顶面以上破坏棱体长度

$$l_0 = 6 \times 0.2375 = 1.425\mathrm{m}$$

基础底面以上破坏棱体长度

$$l_0 = 7.5 \times 0.2375 = 1.781\mathrm{m}$$

（3）土侧压力（车辆及填土）

1）桥台底面深度土压力

a. 两辆汽车—20 级加重车后两轴作用在破坏棱体上

$$h = \Sigma G/B\gamma_0 l_0 = 240 \times \frac{2}{11 \times 18 \times 1.425} = 1.701\mathrm{m}$$

当计算汽车与填土共同土压力时，则：

$$E = \frac{1}{2}\gamma H \ (H + 2h) \ B\mu$$

$$= \frac{1}{2} \times 18 \times 6 \times \ (6 + 2 \times 1.701) \ \times 0.161 \times 11$$

$$= 899.15\mathrm{kN}$$

作用点距台底　$c = \dfrac{H}{3} \cdot \dfrac{H + 3h}{H + 2h}$

$$= \frac{6}{3} \times \frac{6 + 3 \times 1.701}{6 + 2 \times 1.701} = 2.362$$

b. 一辆挂车—100 在破坏棱体上

$$h = \frac{500}{11 \times 18 \times 1.425} = 1.772\mathrm{m}$$

$$E = \frac{1}{2}\gamma H(H + 2h)B\mu$$

$$= \frac{1}{2} \times 18 \times 6 \times (6 + 2 \times 1.772) \times 0.161 \times 11$$

$$= 912.73\mathrm{kN}$$

$$c = \frac{6}{3} \times \frac{6 + 3 \times 1.772}{6 + 2 \times 0.772} = 2.371\mathrm{m}$$

2）基础底面处土压力

a. 汽车—20 级

$$h = 240 \times \frac{2}{11 \times 18 \times 1.781} = 1.361\mathrm{m}$$

$$E = \frac{1}{2} \times 18 \times 7.5 \times (7.58 + 2 \times 1.361) \times 0.161 \times 11$$

$$= 1221.96\text{kN}$$

$$c = \frac{7.5}{3} \times \frac{7.5 + 3 \times 1.361}{7.5 + 2 \times 1.361} = 2.833\text{m}$$

b. 挂车—100

$$h = 500/11 \times 18 \times 1.781 = 1.418\text{m}$$

$$E = \frac{1}{2} \times 18 \times 7.5 \times (7.5 + 2 \times 1.418) \times 0.161 \times 11$$

$$= 1235.59\text{kN}$$

$$c = \frac{7.5}{3} \times \frac{7.5 + 3 \times 1.418}{7.5 + 2 \times 1.418} = 2.843\text{m}$$

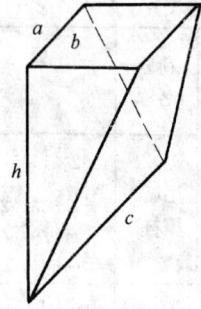

图 10-6

2. 垂直力计算

垂直力计算见表 10-1。

垂 直 力 计 算 表 10-1

编号	荷载名称	垂直力（kN）	对台身底截面 C 点力矩		对基础底面 D 点力矩	
			对 C 点力臂 (m)	力矩 (kN·m)	对 D 点力矩 (m)	力矩 (kN·m)
1	台帽	$0.4 \times 0.87 \times 11.20 \times 25 = 97.44$	$2.24 - \frac{0.67}{2}$ $= 1.905$	185.62	$1.905 + (3.16 - 2.24)$ $= 2.825$	275.27
2	背墙	$(1.465 + 0.40) \times 0.5 \times 11 \times 24$ $= 246.18$（近似）	$2.24 - 0.67 - \frac{0.5}{2}$ $= 1.32$	324.96	$1.32 + 0.92$ $= 2.24$	551.44
3	前墙	$4.135 \times 1.17 \times 11 \times 24 = 1277.21$	$2.24 - \frac{1.17}{2}$ $= 1.655$	2113.78	$1.655 + 0.92$ $= 2.575$	3288.82
4	前墙	$\frac{1}{2} \times 6 \times 1.5 \times 11 \times 24 = 1188$	$2.24 - 1.17 - \frac{1.5}{3}$ $= 0.57$	677.16	$0.57 + 0.92$ $= 1.49$	1770.12
5	侧墙填料	$\frac{1}{6} \times (2 \times 0.5 + 2.5) \times 1.5 \times 6 \times 24$ $\times 2 = 10.5 \times 24 = 252$ $(\frac{1}{2} \times 1.5 \times 6 \times 11 - 10.5) \times 18$ $= 702$ 合计 954	$2.24 - 1.17 - \frac{1.5 \times 2}{3}$ $= 0.07$	66.78	$0.07 + 0.92 = 0.99$	944.46
6	侧墙填料	$2 \times 6 \times \frac{0.5 + 2.5}{2} \times 24 \times 2.85 = 51.3$ $\times 24 = 1231.2$ $(2.85 \times 6 \times 11 - 51.3) \times 18 = 2462.4$ 合计 3693.6	$2.24 - 2.67 - \frac{2.85}{2}$ $= -1.8565$	-6851.63	$-1.855 + 0.92$ $= -0.935$	-3453.52

编号	荷载名称	垂直力（kN）	对台身底截面 C 点力矩 对 C 点力臂（m）	力矩（kN·m）	对基础底面 D 点力矩 对 D 点力矩（m）	力矩（kN·m）
7	尾墙填料	$2\times1\times1.25\times\dfrac{0.5+0.75}{2}\times24$ $=1.563\times24=37.51$ $(1.25\times1\times11-1.503)\times18$ $=219.37$ 合计 256.88	$2.24-5.52-\dfrac{1.25}{2}$ $=-3.905$	-1003.12	$-3.905+0.92$ $=-2.985$	-654.82
8	尾墙填料	$\dfrac{1}{6}\times(0.75\times2+2.50)\times1.25\times2$ $\times5\times24=8.333\times24=199.99$ $\left(\dfrac{1}{2}\times1.25\times5.0\times11-8.333\right)\times18$ $=468.76$ 合计 668.75	$2.24-5.52-\dfrac{1.25}{3}$ $=-3.70$	-2474.38	$-3.70+0.92$ $=-2.78$	-1859.13
9	基础	$(74.576\times1.5-0.3\times0.75\times11$ $-0.2\times0.75\times6.32\times2)\times24$ $=2579.83$	—	—	—	—
10	上部结构重力	1124（计算从略）	$2.24-(0.67-0.28)$ $=1.85$	2079.4	$1.85+0.92=2.77$	3113.48
11	土压力（汽车＋台背填土）	$E_{cy}=899.15\sin31.536°=470.286$ $E_{Dy}=1221.965\sin31.536°=639.127$	$-3.271-2.362\mathrm{tg}\alpha$ $=-3.861$ $-3.271-2.833\mathrm{tg}\alpha$ $=-3.979$	-1815.77 -2543.09	$-3.861+0.015$ $=-3.840$ $-3.979+0.015$ $=-3.964$	-1808.72 -2533.50
12	上压力（挂车＋台背填土）	$E_{Cy}=912.73\sin31.536°=477.389$ $E_{Dy}=1235.59\sin31.536°=646.256$	$-3.271-2.371\mathrm{tg}\alpha$ $=-3.864$ $-3.271-2.843\mathrm{tg}\alpha$ $=-3.982$	-1844.63 -2573.39	$-3.864+0.015$ $=-3.849$ $-3.982+0.015$ $=-3.967$	-1837.47 -2563.70

注：竖直土压力 $E_y=\dfrac{1}{2}\gamma H(H+2h)B\mu\sin\theta$；

其中 $\theta=\delta-\alpha=\dfrac{35}{2}-(-14.036)=31.536°$。

台身体积计算如图 10-6 中情况，可按下式计算体积 V

$$V=\dfrac{1}{6}(2a+c)bh$$

式中符号意义见图。

3. 水平力计算

水平力计算见表10-2。

水 平 力 计 算　　　　表 10-2

序号	荷载名称	水平力（kN）	对台身截面C点力矩（kN·m）		对基础底面D点力矩（kN·m）	
			对C点力臂（m）	力矩	对D点力臂（m）	力矩
1	支座摩阻力	88.60	4.135+0.4+0.035 =4.87	431.48	4.87+1.5=6.37	564.38
2	土压力（汽车+填土）	$E_{Cx}=899.15\cos31.536°=766.356°$ $E_{DX}=1221.965\cos31.536$ $=1041.495$	2.362	1810.13	2.362+1.5=3.862 2.833	2959.67 2950.56
3	土压力（挂车+填土）	$E_{Cx}=912.73\cos31.536°=777.930$ $E_{Dx}=1235.59\cos31.536°$ $=1053.108$	2.371	1844.47	2.371+1.5=3.871 2.843	3011.37 2993.99

4. 支座摩阻力计算

由表2-15查得，橡胶支座与混凝土梁间 $\mu=0.30$，按最不利布载支座反力为295.34kN（计算从略）。

$$J_{支} = 295.34 \times 0.3 = 88.60$$

Ⅴ. 台身截面强度和偏心验算

1. 台身内力计算

台身内力计算见表10-3。

台 身 内 力 计 算　　　　表 10-3

1）上部结构重力+台身重力+土侧压力（包括作用在破坏棱体上汽车荷载引起的土侧压力）

$\Sigma\gamma_{si}N$ =1.2×（97.44+246.18+1277.1+1188.0+778.5+3693.6+256.88+668.75+1124+470.286+2579.83）
　　=12380.68×1.2=14856.82

$\Sigma\gamma_{si}M$=1.2×（185.62+324.96+2113.78+677.16+54.50−6851.63−1003.12−2474.38+2079.4∓1815.77
　　+1810.13）=−5879.22

2）上部结构重力+台身重力+土侧压力（包括作用在破坏棱体上汽车荷载引起的土侧压力）+支座摩阻力

$\Sigma\gamma_{si}N$=14856.82

$\Sigma\gamma_{si}M$=−5879.22−1.2×431.48=6397.00

3）上部结构重力+台身重力+土侧压力（包括作用在破坏棱体上平板挂车引起的土侧压力

$\Sigma\gamma_{si}N$=1.2×（97.44+246.18+1277.1+1188.0+778.5+3693.6+256.88+668.75+1124+2579.83
　　+477.389）=14865.34kN

$\Sigma\gamma_{si}$=1.2×（185.62+324.96+2113.78+677.16+54.50−6851.63−1003.12−2474.38−1844.63+1844.47）
　　=−5884.70kN·m

2. 台身截面强度和偏心验算

截面强度和偏心验算见表 10-4。

台身截面强度和偏心验算   表 10-4

荷载组合情况	$\Sigma\gamma_{si}N$ (kN)	$\Sigma\gamma_{si}M$ (kN·m)	$e_0=M/N$ (m)	$[e_0]$	$\gamma_{s0}\psi_2\gamma_iN$ (kN)	α	$\alpha AR_i^j/\gamma_m$ (MN)
组合 I 结力＋土压力（含作用在破坏棱体上汽车荷载引起的土侧压力）	14856.82	5879.22	0.396	1.12	14856.82	0.935	222.46
组合 II 结力＋土压力（含作用在破坏棱体上汽车荷载引起的土侧压力）＋支座摩阻力	14856.82	6397.00	0.516	1.344	11885.456	0.895	212.95
组合 III 结力＋土压力（含作用在破坏棱体上挂车荷载引起的土侧压力）	14865.34	5884.70	0.481	1.34	11892.27	0.907	215.80

注：① 组合 I：$\psi=1$，$[e_v]=0.5y$。组合 II、组合 III：$\psi=0.8$，$[e_0]=0.6y$，$\gamma_{s0}=1$，$\gamma_w=1.54$；

② $m=3.5$，$y=3.28$，$\gamma_w=\sqrt{I/A}=\sqrt{\dfrac{100.182}{43.62}}=1.515$，$\alpha=\left[1-(\dfrac{e_0}{y})^m\right]\Big/\left[1+\left(\dfrac{e_0}{\gamma_w}\right)^2\right]$。

VI. 基底应力和偏心验算

1. 基底内力计算

基底内力计算见表 10-5。

基 底 内 力 计 算   表 10-5

1）上部结构重力＋台身重力＋土侧压力（包括作在破坏棱体上汽车荷载引起的土侧压力）

$\Sigma\gamma_{si}N=14856.82+1.2\times(2579.83+639.127-470.286)=18155.23\text{kN}$

$\Sigma\gamma_{si}M=1.2\times(275.27+551.44+3288.82+1770.12+770.72-3453.52-654.82-1859.13+3113.48-2533.50+2950.56)=5063.33\text{kN}$

2）上部结构重力＋台身重力＋土压力（包括作用在破坏棱体上汽车荷载引起的土侧压力）＋支座摩阻力

$\Sigma\gamma_{si}N=18155.23\text{kN}$

$\Sigma\gamma_{si}M=5063.33+1.2\times431.48=5581.11\text{kN·m}$

3）上部结构重力＋台身重力＋土压力（包括作用在破坏棱体上的挂车荷载引起的土侧压力）

$\Sigma\gamma_{si}N=18155.23+1.2\times(646.256-639.127)=18163.78\text{kN}$

$\Sigma\gamma_{si}M=5063.3-1.2\times(-2533.50+2950.56)+(-2563.70+2993.99)\times1.2=5182.45\text{kN·m}$

2. 基底应力和偏心验算

基底应力和偏心验算见表10-6。

基底应力和偏心验算 表 10-6

荷载组合情况	N (kN)	M (kN·m)	$e_0=M/N$ (m)	e_0	σ_{max} (kPa)	$k[\sigma_0]$
结力+土压力（包括汽车荷载作用在破坏棱体上引起的土侧压力）	18155.23	5063.33	0.28	1.053	480.68	518.5
结力+土压力（包括作用在破坏棱体上也引起的土压力）+支座摩阻力	18155.23	5581.11	0.307	1.053	487.27	1.25×518.50
结力+土压力（包括作用在破坏棱体上引起的土压力）	18163.78	5182.45	0.285	1.053	482.39	1.25×518.50

注：① $\sigma_{max}=\dfrac{\Sigma N}{A}+\dfrac{\Sigma M}{W}=k[\sigma]$，$A=43.62m^2$，$w=78.54$；

② 组合 I $k=1.00$，组合 II、组合 III $k=1.25$；

③ $[\sigma]=[\sigma_0]+k_1\gamma(b-2)=350+2\times19.5\times(6.32-2)=518.5kPa$；

④ 桥台承受永久荷载，可变荷载时 $\rho_0=e$。

Ⅶ. 倾覆和抗滑移验算

桥台倾覆和抗滑移验算见表10-7。

桥台抗倾覆和滑移验算 表 10-7

荷载组合情况	N (kN)	M (kN·m)	H	$e_0=M/N$	x	k_0	$[k_0]$	f	k_c	$[k_c]$
结力+土压力（含汽车荷载作用在破坏棱体上产生的土侧压力）	18155.23	5581.11	1130.10	0.31	3.16	11.3 10.2	1.3	0.4	6.43	1.3
结力+土压力（含作用在破坏棱体上挂车荷载所引起的土侧压力）	18163.78	5182.45	1141.71	0.29	3.16	10.9	1.3	0.4	6.36	1.3

经上述验算，证明桥台各部尺寸满足要求。

第三节　轻型桥台计算要点

一、梁桥轻型桥台

梁桥轻型桥台（墩）是利用桥跨结构和设在基础顶面的支撑梁作为桥台（墩）之间的支撑。防止桥台（墩）水平方向移动。桥梁墩（台）形成一个四铰框架。

轻型桥台的计算主要有（1）将桥台视作上下端铰支的竖梁，在竖向荷载和横向荷载作用下验算台身的强度；（2）将台身和翼墙（一字翼墙）及基础视为弹性地基上的短梁，验算桥台的弯曲强度；（3）验算地基土的承载力。

（一）桥台作为竖梁时强度计算（单位宽度）

一般情况下，桥跨结构无荷载，台背填土破坏棱体上布置车辆荷载为最不利。

1. 台后主动土压力计算

车辆荷载及台背填土引起的土压力（图 10-7）

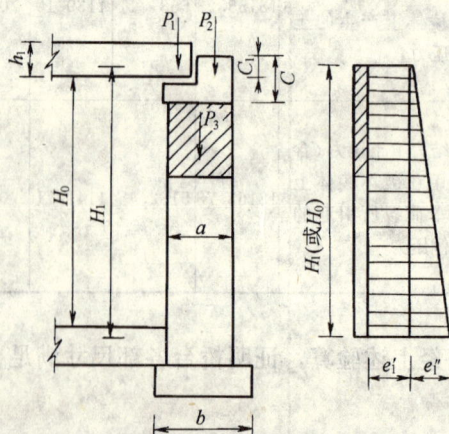

$$E = E_T + E_c = \frac{1}{2}\gamma H_2^2 \mathrm{tg}^2\left(45° - \frac{\varphi}{2}\right) + \gamma_\pm h H_2 \mathrm{tg}^2\left(45° - \frac{\varphi}{2}\right)$$

$$= \frac{1}{2}\gamma_\pm H\ (H + 2h)\ \mathrm{tg}^2\left(45° - \frac{\varphi}{2}\right)$$

$$= \frac{1}{2}e_t H_2 + e_c H_2 \tag{10-4}$$

式中　E_T——填土本身引起的土压力；

$\quad\quad E_c$——车辆荷载引起的土压力；

e_t、e_c——分别为填土和车辆荷载引起的土压力强度；

其它符号意义同第二节所述。

2. 台身内力计算

（1）计算跨径

台身按上下铰支的竖梁计算（图 10-8）。当有台背时：

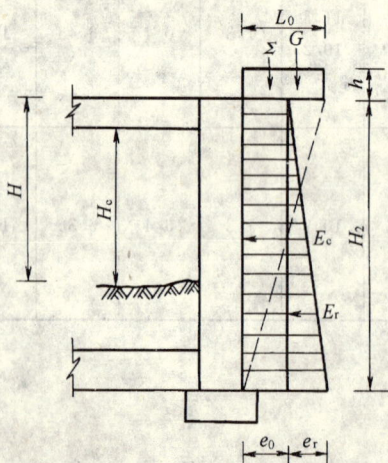

图 10-7　车辆荷载及台背　　　　　图 10-8　台身接上下铰支
　　　填土引起的土压力　　　　　　　　的竖梁计算

216

$$H_1 = H_0 + \frac{d_1}{2} + \frac{c_1}{2} \qquad (10-5)$$

当无台背时：

$$H_1 = H_0 + \frac{d_1}{2} \qquad (10-6)$$

（2）土压力引起的弯矩和剪力（近似按中点计算）

弯矩

$$M = \frac{1}{8} e'_1 H_1^2 + \frac{1}{16} e'_2 H_1^2 \qquad (10-7)$$

剪力

$$Q = \frac{1}{2} e''_1 H_0 + \frac{1}{8} e''_2 H_0 \qquad (10-8)$$

式中　e'_1、e'_2——受弯计算跨径 H_1 处的土压力强度；

　　　e''_1、e''_2——受剪计算跨径 H_0 处的土压力强度；

（3）计算截面（$H_1/2$）的垂直力

$$P = P_1 + P_2 + P_3 \qquad (10-9)$$

式中　P_1——上部构造重力引起的支点反力；

　　　P_2——台帽重力；

　　　P_3——在 $H_1/2$ 截面以上部分台身重力。

（二）桥台在自身平面内的弯曲强度验算

轻型桥台是一座较长的平直薄墙，在竖向荷载作用下在本身平面内发生弯曲，弯曲产生的内力可按弹性地基梁理论计算。

根据弹性地基梁理论，梁的弯曲与地基变形系数 α 有关。当 $4/\alpha > L > 1.2/\alpha$ 时，可按支承在弹性地基上的短梁计算。轻型桥台大多属于这种情况，其计算图示如图10-9所示，中点最大弯矩为：

$$M = \frac{P}{\alpha_2} \frac{B_{B1} C_{L/2} - C_{B1} B_{L/2}}{A_{L/2} B_{L/2} + 4 C_{L/2} D_{L/2}} \qquad (10-10)$$

式中　α——变形系数，$\alpha = \sqrt[4]{k_0 b/4EI}$；

　　　A——函数值，$A = \mathrm{ch}\alpha x \cos \alpha x$；

　　　B——函数值，$B = (\mathrm{ch}\alpha x \sin \alpha x + \mathrm{sh}\alpha x \cos \alpha x)/2$；

　　　C——函数值，$C = (\mathrm{sh}\alpha x \sin \alpha x)/2$；

　　　D——函数值，$D = (\mathrm{ch}\alpha x \sin \alpha x - \mathrm{sh}\alpha x \cos \alpha x)/4$；

其中　k_0——地基土弹性抗力系数，由表10-8查取；

k_0 值 表　　　　　　　　　　　表 10-8

土　的　分　类	k_0（MPa）
流塑粘性土　$I_L > 1$　淤泥	1.0～2.0
软塑粘性土　$I > I_L \geqslant 0.5$ 粉砂	2.0～4.5
硬塑粘性土　$0.5 > I_L > 0$ 细砂、中砂	4.5～6.5
坚硬、半坚硬粘性土　$I_L < 0$ 粗砂	6.5～10.0
硬砂、角砾砂、圆砾砂、碎石、卵石	10.0～13.0
密实卵石大粗砂、密实漂卵石	13.0～20.0

b——地基梁宽度；

E——地基梁（桥台）弹性模量；

I——纵桥面竖剖面的惯性矩，假定整个地基梁的 I 值不变；

B_1——函数脚标，表示 $x=B_1$ 时 αx 的函数值；

$L/2$——函数脚标，表示 $x=L/2$ 时 αx 的函数值；

P——作用在桥台上的均布荷载（包括桥跨结构重力荷载和化为均布的车辆荷载）。

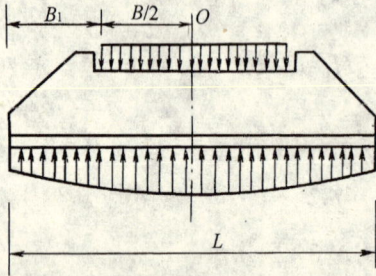

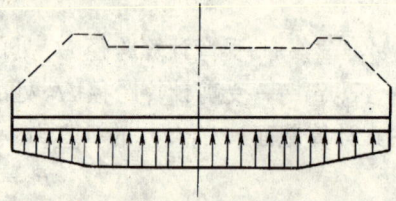

图 10-9　桥台受力　　　　　　　　　图 10-10　基底应力分布图

（三）基底应力验算

如图 10-10，基底最大应力为

$$\sigma = \frac{p}{b}\left[1 - \frac{A_{L/2}B_{B1} + 4C_{B1}D_{L/2}}{A_{L/2}B_{L/2} + 4C_{B1}D_{L/2}}\right] \tag{10-11}$$

式中符号意义同前。

二、拱桥轻型桥台计算

拱桥轻型桥台假定在水平推力作用下、桥台绕基底重心产生一定的转动（不产生平移），因此桥台是在外力作用下由桥台自重、台后填土的静止土压力与土的弹性抗力保持平衡。

（一）土压力

1. 静止土压力

$$P_j = \zeta \gamma_\pm h_1 \tag{10-12}$$

式中　ζ——压实土的静止土压力系数，由表 10-9 查得。

ζ 值 表　　　　　　　　　　　　　　　　　表 10-9

土的名称	ζ	土的名称	ζ
砾石　卵石	0.20	亚粘土	0.45
砂	0.25	粘土	0.55
亚砂土	0.35		

2. 被动土压力

$$P_b = \gamma_\pm h_1 tg^2\left(45° + \frac{\varphi}{2}\right) + 2c\,tg\left(45° + \frac{\varphi}{2}\right)$$

式中　c——土的粘聚力。

3. 土的弹性抗力强度（图 10-11）

$$P_{\mathrm{K}} = \cfrac{\Sigma M_{\mathrm{c}}}{\cfrac{h_2}{3}(h_2 + f) + \cfrac{k_0}{k}\cfrac{J_0}{h_2}} \tag{10-13}$$

式中　ΣM_{c}——作用于桥台一米宽度上的水平推力 H、垂直反力 V、桥台自重 G_1 及地基以上土重 G_2，台后静止土压力 W_1 及 E_1 等对基底重心的力矩，向台后方向转动者为正；

　　　　I_0——基底截面的惯性矩；

　　k，k_0——分别为台背土和地基土的弹性抗力系数（表10-7），当地基土与台背上为同一类土时，则 $k_0/k = 1.25$。

（二）台身强度验算

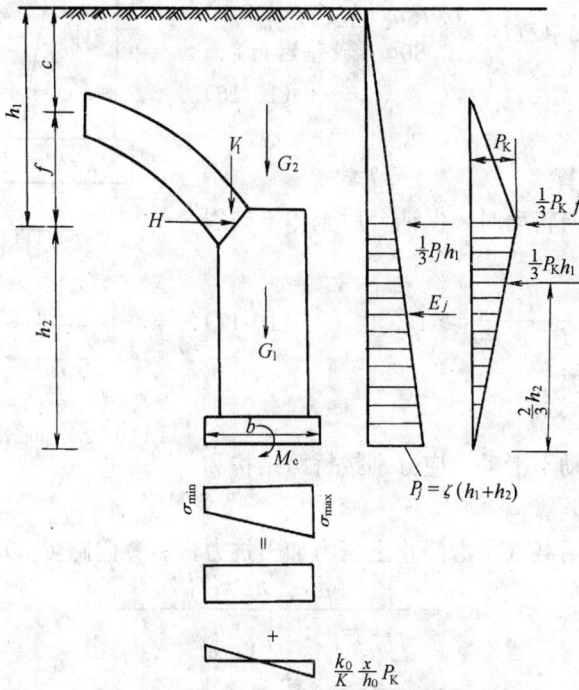

图 10-11　弹性拉力强度计算图式

台身的强度验算按压弯构件进行。由于验算的最大受力截面不在基础顶面，所以求最大受力截面比较复杂，不易精确定出它的所在位置。为了简化计算，近似地用最大弯矩截面代替最大受力截面，其误差不大。

截面最大弯矩截面可取拱脚中心为座标原点，计算各点对深度 y 处截面形心轴的弯矩 M_y，并令 $\alpha M_y / \alpha y = 0$，求得 y 值，并求出 M_y，即可进行验算。

（三）台口直接抗剪验算

台口直接抗剪验算按下式进行

$$\gamma_{s0}\varphi\left[\Sigma\gamma_{si}H - \gamma_{si}\left(\frac{1}{8}P_{\mathrm{K}}f + \frac{1}{8}P_j h_j\right)\right] \leqslant \mu N_j + AR_j^i/\gamma_{\mathrm{m}} \tag{10-14}$$

式中　A——台口处水平截面积；

219

其它符号意义同前。

（四）基底应力验算

当基础设置在岩非岩石地基上，合力偏心距不超过基底核心半径时

$$\sigma = \frac{V + \Sigma G}{A} \pm \frac{K_0}{K} \frac{x_1}{h_2} P_K \qquad (10\text{-}15)$$

当基础设置在岩石地基上，合力偏心距超过基底
核心半径，则如图 10-12 所示。

$$\sigma = \frac{a}{h_2} \frac{K_1}{K} P_K$$

式中　a——基础受压宽度，

$$a = \sqrt{\frac{2h_2}{P_K} \frac{K}{K_0}}(v + \Sigma G) \geqslant \begin{matrix} 0.75b\ （竖岩）\\ 0.80b\ （较差岩石）\end{matrix}$$

$$\qquad (10\text{-}16)$$

（五）稳定性验算

1. 路堤稳定性验算

当桥台向路堤方向转动时，保证台后土体不破裂
的安全系数

$$K_0 = \frac{P_b}{P_j + P_K} \geqslant 1.3 \qquad (10\text{-}17)$$

式中　K_0——安全系数。

2. 抗滑动稳定性验算

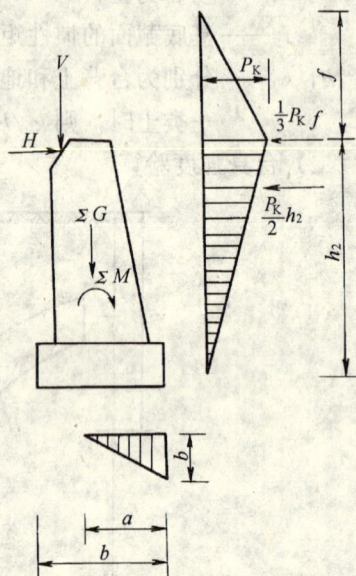

图 10-12　基底出现拉应力计算图式

为保证桥台只转动不滑动、应分别按桥跨结构和
台背后布置荷载进行验算。

（1）桥跨上布满活载（考虑静止土压力加土抗力，验算向路堤方向滑动的安全系数）

$$K_0 = \frac{f_1(V + \Sigma G)}{H - E_j - P_K\left(\dfrac{h_2}{2} - \dfrac{f}{3}\right)} \qquad (10\text{-}18)$$

式中　E_j——桥台台身部分所受的静止土压力；

f_1——圬工与地基间的摩擦系数；

H——考虑拱背部分静止土压力在内的水平推力。

（2）台后布置车辆荷载（考虑包括车辆荷载所引起的主动土压力）验算向河心滑动的
安全系数。

这种情况主要适用于高路堤情况下的小跨径陡拱。

验算方法与常规桥梁墩台相同。

习　题

一、思考题

1. 如何拟定重力式 U 形桥台各部分尺寸？

2. 重力式桥台荷载组合有哪几种主要形式？

3. 梁桥轻型桥台按什么结构模式计算？有哪些计算内容？

4. 拱桥轻型桥台的计算原理是什么？

5. 什么叫静止土压力，被动土压力？

二、计算题

1. 天然地基浅基础 U 形桥台计算

设计荷载　汽车－15 级、挂车－80

上部构造　$L_b=20m$，上部构造恒载反力为 925kN，橡胶支座

建筑材料　台帽 20 号钢筋混凝土，台身和基础为 7.5 号砂浆砌 30 号块石

地基：$[\sigma_0]=250kPa$　$\varphi=35°$

现拟定桥台尺寸如附图（习 10-1），试进行校核。

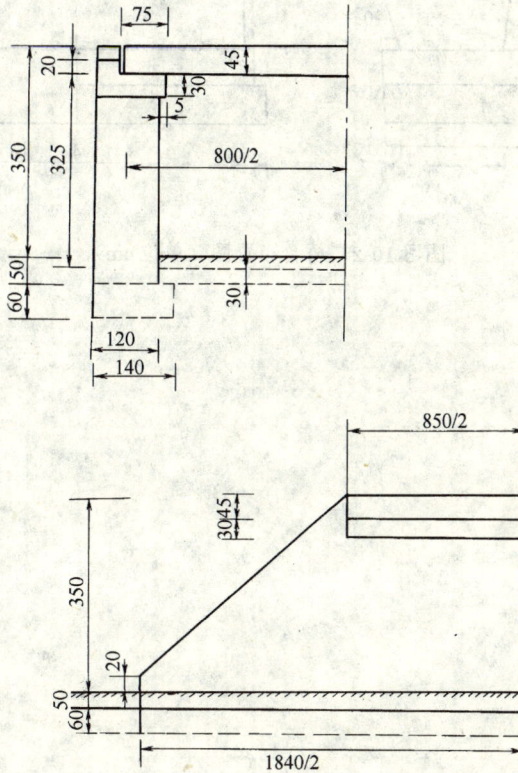

图习 10-1　桥台布置图（单位 cm）

2. 轻型桥台计算

设计荷载　汽车－20 级、挂车－100，人群荷载 $3kN/m^2$；

桥面净宽　净－7＋2×0.75＋2×0.25

标准跨径　$L_b=8.0m$；板厚 45cm

建筑材料　台帽　15 号钢筋混凝土；

　　　　　台身　10 号砂浆砌 30 号块石；

　　　　　基础　15 号混凝土

其它资料：弹性抗力系数　$K=15000kN/m^2$；

土内摩擦系数　$\varphi=35°$，$\gamma=18kN/m^3$

地基土承载力 $[\sigma_0]=250kPa$

尺寸拟定如图习 10-2，试校核计算。

注：图中未标注尺寸及平面图由读者自行完成。

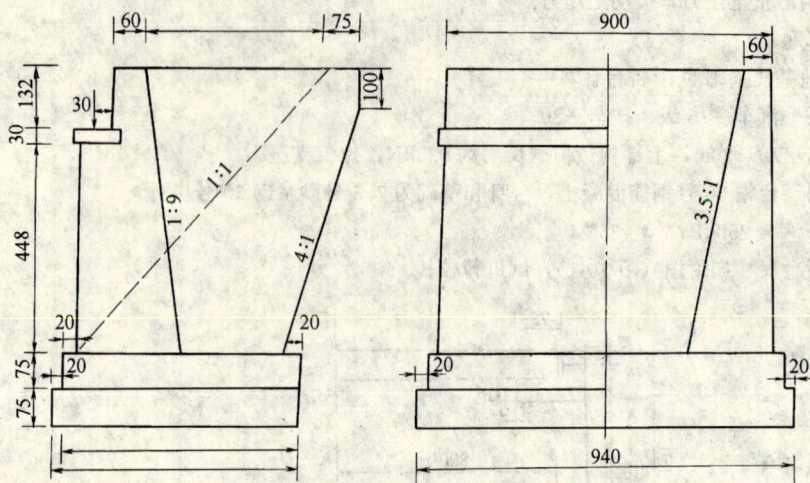

图习 10-2　桥台布置图（单位 cm）

第十一章 桥梁施工准备及桥位测量放样

施工是实践设计的过程，设计的正确性将在施工中得到检验。因此，在施工前必须对设计图纸作全面了解，做到心中有数。并根据材料、劳动力和机具情况，以及气候、水文、交通、电源等条件拟定施工组织设计，以便有计划、有步骤地进行施工。

在整个施工过程中必须严格控制施工质量，注意节约财力、物力和人力，同时要特别注意施工安全。在选择预制场地和临时道路时，要尽量节约用地。

施工完毕后，应清理场地，清除堵塞河道的施工设施。

第一节 桥梁施工准备

桥梁在正式开工之前，必须做好一系列的准备工作。其主要内容有：

（1）组织有关人员对设计文件、图纸、资料进行认真细致的研究，了解设计意图，并和现场核对，必要时进行补充调查。核对和补充调查的内容包括：河流水文、两岸地形、河床地质、气候条件、材料供应、运输条件、劳动力来源，可利用的房屋和水电设施等。在熟悉图纸和了解设计意图的过程中，如发现图纸资料欠缺、错误和矛盾之处，应及时向设计单位提出，以求补全、更正。

（2）在充分调查研究的基础上，根据施工单位的具体情况，综合考虑各种因素，拟定施工方案，报请上级批准。

（3）根据确定的施工方案，编制施工组织设计。它的内容比施工方案更加明确和详尽，大致包括下面几项内容。

①施工特点 简要叙述工程结构特点、地质、水文、气候等因素对工程的影响和准备采取的措施。

②施工部署 宜按统筹法将主要工程项目的施工顺序和工程进度编成图表，对控制全桥进度的关键项目，应采取集中力量打歼灭战的方式解决。开工后若因故发生变动，应及时调整。

③主要施工方法和技术措施 根据工程特点和施工单位的具体情况，简要叙述主要工程的施工方法和保证工程质量、施工安全、节约材料以及推广采用新工艺、新技术、新材料的技术措施。

④施工场地布置 包括用地范围，临时性生产、生活用房，预制场的地点和规模，各种材料的堆放场，水、电供应及设备，临时道路，大中型施工机械设备及其他临时设施的布置等。

⑤施工图纸的补充 包括设计文件和图纸中没有包括的施工结构详图，临时设施图等。

⑥编制施工预算 根据设计概（预）算，结合施工方案及施工单位、现场的具体情况来编制，其主要材料一般不能突破设计指标。

⑦编制主要材料、劳动力、机具设备的数量及供应计划。

（4）建立施工机构，配备适当的工作人员，并相应地拟定必要的规章制度。

以上系指独立大、中桥而言。一般中、小桥常和路线施工一并考虑，内容可以简化，但主要项目大致相同。

第二节　桥位施工测量放样

在一般情况下，桥梁施工测量包括下面几个内容：

1. 平面控制测量

测设与校核桥位中心线控制桩；测设桥梁墩、台中心位置。

2. 高程控制测量

布设施工临时水准点网。

3. 施工放样测量

基础施工放样、墩台施工细部放样和桥梁上部构造安装放样，同时测量各部位的高程。

4. 竣工测量

测量桥墩、桥台、上部构造建造后的实际位置和高程，以作为竣工资料而存入档案。

一、平面控制测量

（一）桥位中心线测量

一般来说，桥位控制桩在施工前由设计单位交付，施工单位只须对控制桩进行校核即可，若控制桩已破坏须进行测设。

1. 直接丈量法

当河流无水、浅水或旱桥、河岸与河底高差较小时，用一把卷尺能直接量取，都可采用直接丈量法量测桥位控制桩间距。

丈量用的钢尺，应经过检定。丈量前要用经纬仪定向，把尺段点标定在地面上，设立点位桩，并在点位桩的中心加一小钉，然后进行丈量。

用直接丈量法丈量桥位控制桩之间的距离时，须由二组相互检查核对；并须往返丈量两次以上，读数应精确到 mm，有时还要估读 mm 以下的数字。并对尺长、温度、拉力和倾斜进行改正计算。

桥轴线丈量的精度要求应不低于表 11-1 的规定。

<table>
<tr><td colspan="4" style="text-align:center">桥轴线丈量精度要求</td><td style="text-align:right">表 11-1</td></tr>
<tr><td>桥轴线长度（m）</td><td>＜200</td><td>200～500</td><td>＞500</td></tr>
<tr><td>精度不应低于</td><td>1/5000</td><td>1/10000</td><td>1/20000</td></tr>
</table>

上述的丈量精度 E 可按下式计算。

$$E = \frac{M}{D} \tag{11-1}$$

式中　D——基线丈量 n 次的算术平均值；

　　　M——算术平均值的中误差，$M = \sqrt{\Sigma V^2 / n \ (n-1)}$。

其中：ΣV^2——每次丈量值与算术平均值之差的平方和；

$\qquad$ n——丈量次数。

对连续梁桥、斜拉桥、单跨大于 40m 的刚构桥应使用红外线测距仪，利用红外线的波长来测定桥位中心线控制桩的坐标及其距离。其优点是精度高，速度快，避免往返丈量；缺点是仪器使用复杂。

2. 间接丈量法（小三角网法）

当沿桥位中心线直接丈量有困难或不能保证必要的精度时，应用三角网法对桥位中心线控制桩之间距离进行测设与校核。

（1）基本原则：三角网布置时图形力求简单（图 11-1），各三角网点之间要通视，三角点位置安全可靠，基线不应少于 2 条，可设在河流的一岸（图 11-1 (a)）或两岸（图 11-1 (b)）。基线一端应与桥轴线连接，并尽量近于垂直，当桥轴线长超过 500m 时，应尽可能两岸均设基线。基线长度一般不小于桥轴线长度的 0.7 倍，困难地段不得小于 0.5 倍。三角网所有角度宜布设在 30°～120°之间。

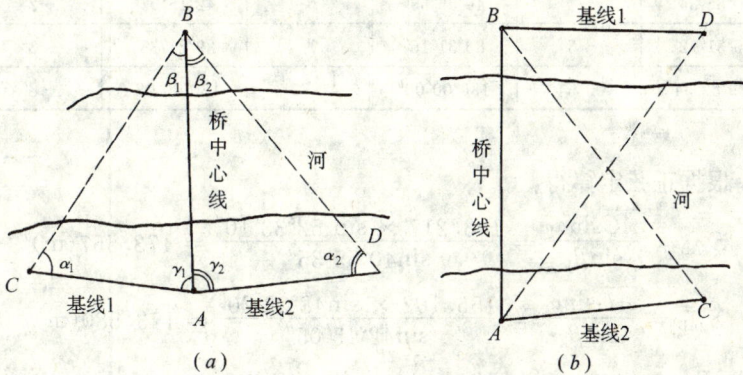

图 11-1　桥位小三角网布置示意图

基线丈量精度、仪器型号、测回数和内角容许最大闭合差见表 11-2。

常用的 HGC-1 型红外线光电测距仪，每测距 1～2km，精度为±1.5cm。

测量的三角网仪器型号、测回数、基线丈量精度及闭合差　表 11-2

序　号	桥梁长度（m）	测　回　数			基线丈量精度	容许最大闭合差
		DJ₆	DJ₂	DJ₁		
1	<200	3	1		1/10000	30″
2	200～500	6	2		1/25000	15″
3	>500		6	4	1/50000	9″

注：①正倒镜各测一次称为一个测回数；

$\qquad$ ②DJ₆、DJ₂、DJ₁ 为国产经纬仪型号。

（2）具体步骤：

1）测设　如图 11-1 (a) 所示，B 控制桩已破坏，仅知控制桩间距 $\overline{AB}$ 与 AB 方向，测设步骤如下：利用 $\overarc{ABC}$ 和 $\overarc{ABD}$ 组成的三角网。当河流的一岸地势较平坦，便于丈量时，在 A 点量得基线 $\overline{AD}$ 与 $\overline{AC}$ 并使其满足丈量基线精度要求；用经纬仪精确测出基角 γ_1 和 γ_2，以

$\overline{AB}$、γ_1、γ_2、$\overline{AD}$、$\overline{AC}$用余弦定律算得辅助线$\overline{DB}$与$\overline{CB}$的距离，再以$\overline{AB}$、γ_1、γ_2、$\overline{DB}$、$\overline{CD}$用正弦定律算得α_1和α_2，将经纬仪置于C、D点，用α_1和α_2相交得已破坏点B，并让相交点B在桥位中心线AB线上。

2）校核 当A、B控制桩均在时，校核步骤如下：在A点量得基线$\overline{AD}$与$\overline{AC}$，并使其满足基线丈量精度要求，用经纬仪精确测出两三角形的内角 α_1、α_2、β_1、β_2、γ_1、γ_2，并调整闭合差后，以调整后的角度与基线$\overline{AC}$、$\overline{AD}$，用正弦定律得$\overline{AB_1}$与$\overline{AB_2}$。

【例 11-1】 试以图 11-1（a）所示之三角网，求桥位控制桩A、B间距离。基线长：$\overline{AC}$ = 143. 217（m），$\overline{AD}$ = 156. 102（m），仪器为 DJ$_6$。

【解】 角度闭合差的计算与调整方法见表 11-3。

角度闭合差调整表 表 11-3

内 角	观测值	改正值	调整值	内 角	观测值	改正值	调整值
α_1	52°33′08″	+2″	52°33′10″	α_2	48°23′23″	−3″	48°23′20″
β_1	40°55′34″	+1″	40°55′35″	β_2	42°15′07″	−2″	42°15′05″
γ_1	86°31′12″	+3″	86°31′15″	γ_2	89°21′38″	−3″	89°21′35″
Σ	179°59′54″	+6″	180°00′00″	Σ	180°00′08″	−8″	180°00′00″

计算$\overline{AB}$，根据正弦定律得：

$$S_{1AB} = \frac{\overline{AC}\sin\alpha_1}{\sin\beta_1} = \frac{143.217 \times \sin 52°33'10''}{\sin 40°55'35''} = 173.567(\text{m})$$

$$S_{2AB} = \frac{\overline{AD}\sin\alpha_2}{\sin\beta_2} = \frac{156.102 \times \sin 48°23'20''}{\sin 42°15'05''} = 173.580(\text{m})$$

差值：$\Delta S = S_{1AB} - S_{2AB} = -0.013$（m）

平均值：$S_{AB} = \frac{1}{2}(S_{1AB} + S_{2AB}) = 173.574$（m）

精度：$K = \dfrac{\Delta S}{S_{AB}} = \dfrac{0.013}{173.574} = \dfrac{1}{13300} < \dfrac{1}{10000}$（合格）

（二）桥梁墩台中心测设

墩台中心测设与桥位中心线测设一样，可用直接或间接法进行。采用直接法时，从桥台的控制桩按设计里程桩号直接丈量距离，定出墩台中心位置，使之于桥另一端的控制桩位于同一直线上，间接法是用方向交会法测定桥墩中心在水中的位置（桥台中心一般在岸上，可直接丈量而得），具体测设步骤如下：

1. 外业测量

利用（或选定）三角网的网点和基线，测出基线与桥位中心线间夹角。

2. 内业计算

根据外业资料和墩位与控制桩之间的距离（由设计里程推算），计算出交会角。

3. 外业交会

一台经纬仪放在基线起点的控制桩上，瞄准对岸的控制桩得桥位中心线方向，另二台经纬仪分别置于两条基线的末端，后视为基线起点控制桩，按照交会角拨角度，得到两条射线，与桥位中心线交会，就是所求的桥墩中心位置（如图 11-2 所示）。

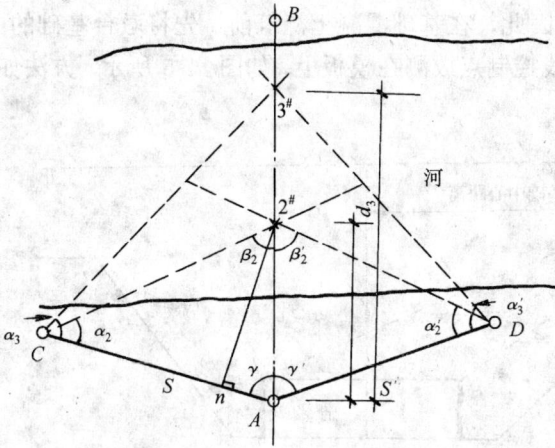

图 11-2　交会法测定桥墩中心位置　　　　　图 11-3　墩位交会误差

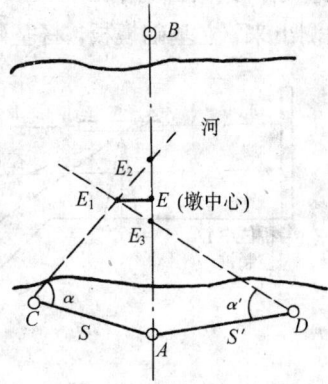

交会中，若形成一个误差三角形 $E_1E_2E_3$，在 $\Delta E_1E_2E_3$ 中，其交会误差为 E_1E。放样时，对墩底误差不宜超过 25mm；对墩顶误差不宜超过 15mm，可由 E_1 点对中心线（桥轴线）作垂线交于 E 点，则 E 点即为桥墩中心的位置（如图 11-3 所示）。

交会角 α_2 和 α_2' 的数值，可用三角公式计算之。经 2 号墩中心向基线 AC 作一辅助垂线 $2n$（图 11-2），则

$$\alpha_2 = \text{arc tg}\left(\frac{d_2\sin\gamma}{S - d_2\cos\gamma}\right) \tag{11-2}$$

同理得

$$\alpha_2' = \text{arc tg}\left(\frac{d_2\sin\gamma'}{S' - d_2\cos\gamma'}\right) \tag{11-3}$$

由于桥墩在施工过程中，这样的交会要进行多次，为了简化测量工作和保证一定的精度，对每一个桥墩，可以将其交会线延长到对岸。如图 11-4，得出 C' 和 D'，在这两点设立方向桩，就可避免每次施测角度，只须将经纬仪置于 C 和 D 点，对准 C' 和 D' 即可，既提高了施测效率，又可保证一定的精度。

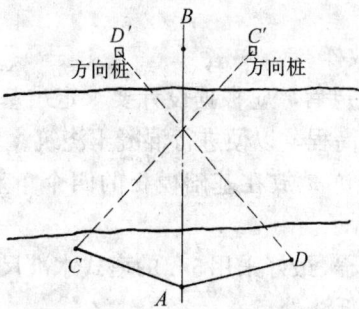

图 11-4　设立方向桩示意

二、高程控制测量

大、中桥施工需在两岸设立临时水准点，高程从设计单位测定的水准点引出，其容许误差不得超过 $\pm 20\sqrt{K}$（mm）；对跨径大于 40m 的 T 型刚构、连续梁和斜拉桥（斜张桥）等不得超过 $\pm 10\sqrt{K}$（mm）。式中 K 为两水准点间距离，以 km 计。

作为高程控制的水准基点，桥长在 200m 以上时，每岸至少设两个、桥长在 200m 以下时，每岸至少设一个；小桥可只设一个。

三、施工放样与质量要求

施工放样就是将图纸上的结构物尺寸与高程放测到现场实地上

（一）基础中心放样

227

当墩台中心桩及控制桩施测完毕后，要进行墩台的基础施工，无论是桩基础还是刚性扩大基础，其墩台的中心桩均要破坏。因此，在基础混凝土浇筑前，先将墩台基础的中心线放测出来，立基础模板，将基础中心线控制点放测在模板上，如图11-5所示。方法如下：

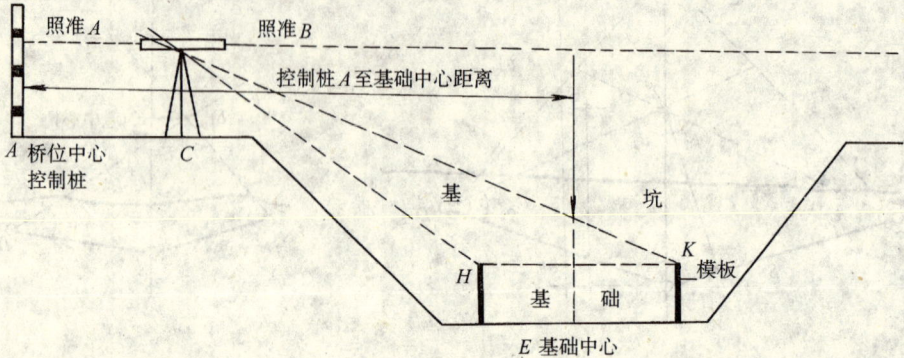

图 11-5　基础中心控制点放样示意

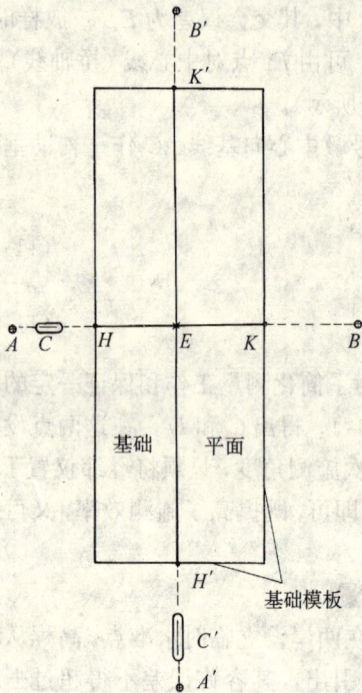

将经纬仪架设在桥位中心线 AB 线上的控制点 C 上，照准另一岸中心线控制桩 B 点，将经纬仪作倒镜，照准本岸控制桩 A，若无误后，即可进行基础中心线放样。将仪器照准 B 点，使目镜与地面有一倾角，直接观测已固定的基础侧模 H 与 K 点，H 与 K 点的连线就是该墩台基础顺桥向的中心轴线。

同理可得墩台基础横向的中心轴线，如图11-6示。

E 点就是原来通过交会法而得到的墩台中心桩，现通过施工放样转换至地面以下的基础模板上，待基础混凝土浇筑完毕后，再用图11-5、11-6的放样方法，将墩台中心线放测到基础表面，以利进行墩台身的放样。

（二）基础高程放样

墩台中心位置确定后，应根据设计要求定出基础的尺寸与基础顶面的高程，以便进行混凝土浇筑。

其测放的高程点亦是放在基础模板的四个角上，测设方法如图11-7所示。

放测地面以下高程，最好采用5m 的塔式水准尺或临时水准点布设在较低洼处。

（三）盖梁（墩台帽）中心放样

当墩（台）基础（承台）施工完毕后，应进行立柱或墩（台）身的施工，施工完毕后进行盖梁或墩（台）

图 11-6　墩台横向中心
轴线放样示意
A、B 为桥位控制桩
A′、B′为墩台中心控制桩
C、C′为放置经纬仪处

帽的施工，首先必须将盖梁或墩（台）帽的中心线放测在其模板上。一般来说，盖梁或墩（台）帽常高出地面几 m 或十几 m，就必须将地面上的中心线放测到墩台的盖梁或墩（台）帽上，如图11-8所示，其方法如下：

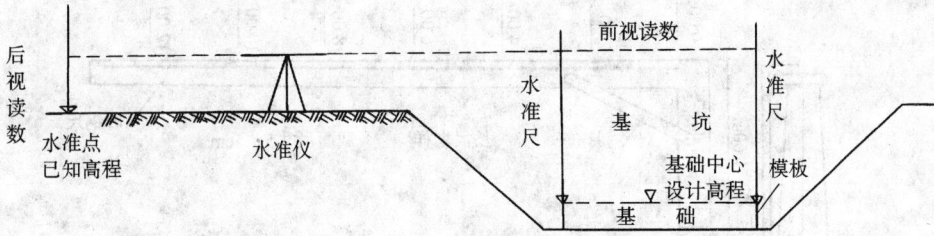

图 11-7 基础高程测设示意

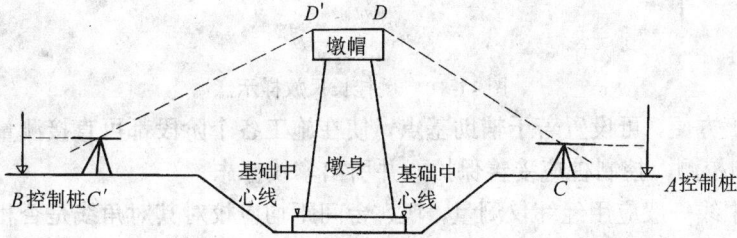

图 11-8 墩帽中心线放测示意

当墩身完工以后，再用经纬仪从控制桩 A 照准控制桩 B 有时已不可能，就必须利用基础或承台的中心线与 A、B 控制桩，用经纬仪照准 A，作倒镜下倾与基础中心线重合，然后再上倾，将桥位中心线放测到墩帽模板上 D 点，同理放测 D' 点，D、D' 连线，就是该桥位顺桥向中心线。再用相同方法放测出墩帽的横向中心线，其交点就是该墩的中心。

（四）盖梁或墩（台）帽高程放样

高墩（台）的高程控制，一般可将临时水准点的高程引至桥位附近高建筑物顶面，如图 11-9 所示，经若干次转点后，高程已到楼顶。

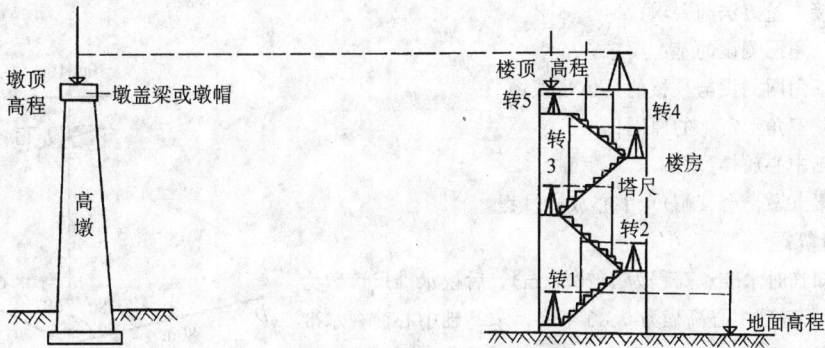

图 11-9 地面高程转至楼顶示意

也可用倒挂长尺的放样方法，测得墩顶高程，如图 11-10 所示。

（五）施工测量与放样质量要求

1. 在桥梁施工中，对所有的施工测量及放样都必须做到有放必复，有的要进行三级复核（施工队、公司、监理），复核内容除内业计算外，还应对测放标志进行定期复测。

2. 开工前应根据施工图纸将指定的水准标志点引至不妨碍施工的地点。

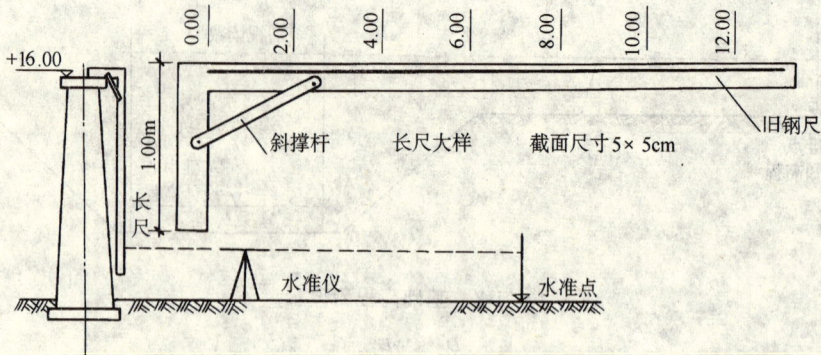

图 11-10 倒挂长尺放样示意

3. 为施工方便，可设置若干辅助基点，使在施工各个阶段都可直接测量，辅助基点必须经常检查和校测，控制桩应妥善保护，并引出攀线标志。

4. 桥梁中线一般应用经纬仪测量，墩、台间距均应校对其对角线是否相等，斜交桥应按设计角度算出的对角线进行校对。

5. 为防止台后填土引起的桥台位移，桥台轴线放样时，一般向岸上偏移 1～4cm；为防止墩、台自重引起的下沉，一般在墩、台高程放样时，放高 0.5～2cm，桥面最后的设计高程可通过桥面铺装加以调整。

6. 第一个墩（台）施工完毕后，以后所有的墩、台轴线与高程均应以筑成的墩（台）轴线与高程为基准。

习 题

一、思考题

1. 施工测量内容；

2. 直接丈量方法与要求；

3. 小三角网测设的基本要求；

4. 小三角网测设与校核的具体步骤；

5. 误差三角形产生的原因；

6. 基础中心放样过程；

7. 盖梁（墩、台（帽））中心放样过程。

二、计算题

1. 已知临时水准点高程为 4.267（m），后视水准尺读数为 1.824（m），基础中心高程为 0.00（m），求基础中心前视水准尺上的读数。

2. 已知墩顶中心高程为 +40.00（m），楼顶临时水准点高程为 +39.00（m），后视水准尺读数为 1.50（m），求墩顶中心前视水准尺上读数。

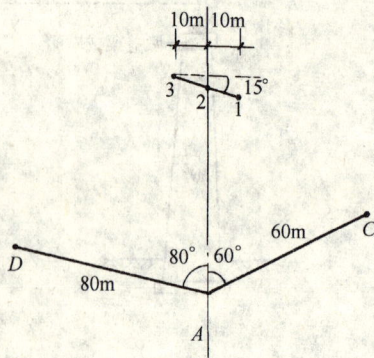

图 11-11 计算题 4 图

3. 如图 11-10 所示，用倒挂长尺方法测墩顶中心高程，已知墩顶中心设计高程为 +16.00（m），水准点高程为 +2.00（m），后视读数为 1.50（m），求倒挂长尺上的读数。

4. 如图 11-11 所示，$\overline{A2} = 80$（m），求墩 1、2、3 点方向交会角 α_1、α_1'、α_2、α_2'、α_3、α_3'。

5. 在一组高程测设中出现差错，情况如下，试问那几个桥墩的高程有误，误差多少（h_1、h_2 为正确高程）。共有十座桥墩，纵坡为单向坡 3‰，墩中心的高程各为：$h_1=18.00$（m），$h_2=18.06$（m），$h_3=17.94$（m），$h_4=18.18$（m），$h_5=18.18$（m），$h_6=18.30$（m），$h_7=18.42$（m），$h_8=18.42$（m），$h_9=18.48$（m），$h_{10}=18.52$（m）。

第十二章　桥梁基础施工

桥梁的基础施工属于桥梁下部结构施工。根据桥梁基础埋置深度分为浅基础与深基础，浅基础一般采用明挖工程，深基础可采用多种方法施工，例如打入桩、钻孔灌注桩、沉井、沉箱等。本章主要介绍浅基础施工、钻孔灌注桩施工、打入桩施工及沉井施工。

第一节　桥梁浅基础施工

在天然土层上直接建造桥梁基础，可采用明挖法，即不用任何支撑的一种开挖方式；当地基土层较软，放坡受施工条件限制时，可采用各种坑壁支撑。采用明挖法施工特点是工作面大，施工简便，其施工程序和主要内容为基坑定位放样、基坑围堰、排水、开挖、支撑及基底的质量检验、处理。

一、基坑定位放样

当墩、台中心测放后、墩、台的基坑位置如何确定。基础的尺寸由设计图纸得，再根据土质确定放坡率，得到基坑顶的尺寸（如图 12-1 所示），当基础尺寸为 a、b 时，则基坑顶的尺寸为：

$$\left.\begin{aligned} A &= a + 2 \times (0.5 \sim 1\text{m}) + 2 \times H \times n \\ B &= b + 2 \times (0.5 \sim 1\text{m}) + 2 \times H \times n \end{aligned}\right\} \tag{12-1}$$

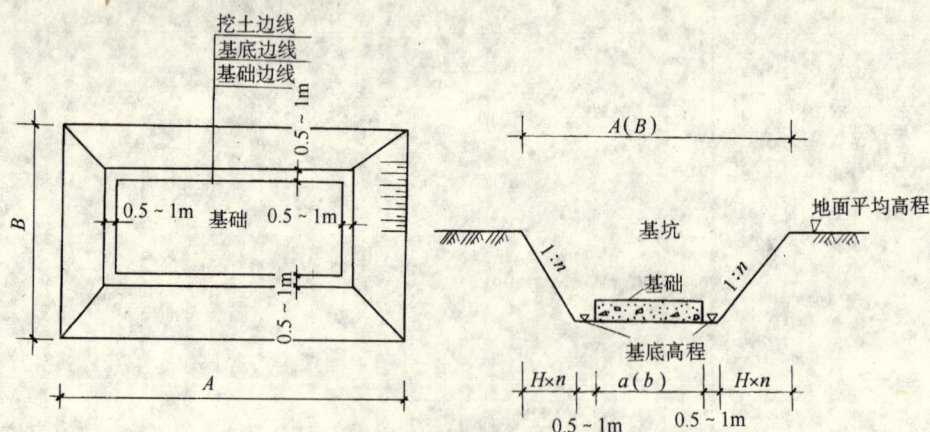

图 12-1　基坑放坡示意

式中　A——为基坑顶的长；

B——为基坑顶的宽；

H——基础底高程与地面平均高程之差；

n——边坡率。

明挖基坑放样程序为：施工前，根据式 12-1 放出基坑顶挖土线的位置和尺寸，当挖土高程达到设计基础底高程时（当采用机械挖土时，最后 0.1～0.2m 的土由人工挖除），再精确测放出基础平面尺寸和砌筑高度。

基坑深度在 5m 以内，施工期较短，基坑底在地下水位以上，土的湿度正常（接近最佳含水量）、土层构造均匀时，基坑坑壁坡度可参考表 12-1 使用。

基坑深度大于 5m 时，应将坑壁坡度率放大或加设平台；

如土的湿度可能引起坑壁坍塌时，坑壁坡度率应大于该湿度下土的天然坡度率；

没有地面水，但地下水位在基坑底以上时，地下水位以上部分可以放坡开挖；地下水位以下部分，若土质易坍塌或水位在基坑底以上较深时，应加固坑壁开挖。

基坑坑壁边坡系数表　　　　　　　　　　　　　　　表 2-1

坑壁土质	坑　壁　坡　度		
	基坑顶缘无载重	基坑顶缘有静载	基坑顶缘有动载
砂类土	1：1	1：1.25	1：1.5
碎、卵石类土	1：0.75	1：1	1：1.25
亚砂土	1：0.67	1：0.75	1：1
亚粘土、粘土	1：0.33	1：0.5	1：0.75
极软岩	1：0.25	1：0.33	1：0.67
软质岩	1：0	1：0.1	1：0.25
硬质岩	1：0	1：0	1：0

注：①挖基经过不同土层时，边坡率可分层决定，并酌设平台；

　　②在山坡上开挖基坑，如地质不良时，应注意防止坍塌；

　　③坑壁土类按照《公路桥涵地基与基础设计规范》（JTJ024—85）划分；

　　④单轴极限强度（MPa）<5.5～30，>30 时，分别定为极软、软质、硬质岩。

二、基坑围堰

在河岸或水中修筑墩台时，为防止河水由基坑顶面浸入基坑，需要修筑围堰。所谓围堰，就是在基坑四周修筑一道临时、封闭、挡水的构筑物，然后抽除围堰内的水，使基坑开挖在无水的状态下进行，待墩台修筑出水面后，再对基坑回填并拆除围堰。

围堰所用的材料和形式应根据当地水文、地质条件，材料来源及基础形式而定，但不论何种材料和形式的围堰，均应注意下列要求：

1. 堰顶高程宜高出施工期间可能出现的最高水位（包括浪高）0.5～0.7m；

2. 由于围堰的修筑，使河床断面缩小，流速增大，将引起河床较大的集中冲刷，危及围堰安全或严重漏水，也可能影响通航，为防止上述不利情况，围堰的断面不应超过原河床流水断面的 30%；

3. 围堰内应满足坑壁放坡和砌筑基础时工作面的要求。

下面介绍几种常用的围堰形式及要求。

（一）土围堰（图 12-2）

这是一种最简易的围堰，适用于水深 1.5m 以内、流速 0.5m/s 以内、河床土质渗水性较小的河床。在筑堰前，应将河底杂物淤泥清捞干净以防漏水，堆筑时应从上游开始至下游合拢。倒土时应将土沿着已出水面的堰面顺流送入水中，不要直接向水中倾倒。水面以上填土要分层夯实。堰内抽水时，应注意及时对围堰加以检查，有漏洞渗水及时堵住。为防止修筑围堰引起河床流速增大，可在堰外临水面用草皮、柴排、片石或草袋加以防护。如河床渗水量较大，可修筑多道围堰，分级开挖。

（二）土袋围堰（图12-3）

土袋围堰适用于水深3.0m以内、流速1.5m/s以内、河床土质渗水性较小的河床。围堰尺寸如图12-3所示。

堰底处理及填筑方向与土围堰相同。土袋内应装袋容量1/2～1/3松散的粘土或亚粘土，袋口缝合。堆码在水中的土袋，其上下层和内外层（竖向）应相互错缝，尽量堆码密实整齐，可能时由潜水工配合堆码，并整理坡脚。土袋围堰也可用双排土袋与中间填充粘土组成，填土时不可随意倾填，以防土填在土袋上，使围堰强度降低。土袋采用草包、麻袋和尼龙编织袋，但后者不易腐烂，给拆除带来困难。

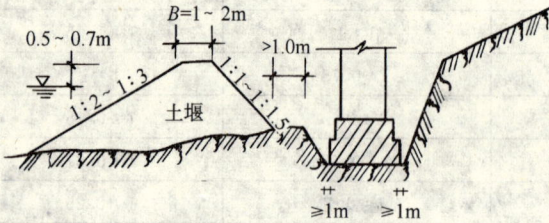

图12-2 土堰

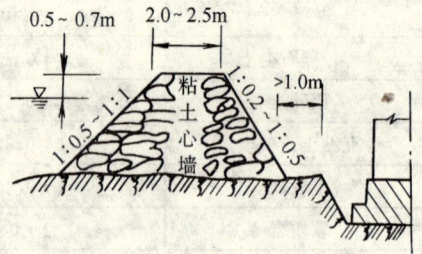

图12-3 土袋围堰

（三）板桩围堰

根据河床土质、水深、流速等条件可分别采用圆木桩、木板桩、钢板桩和钢筋混凝土板桩围堰。

1. 圆木桩围堰

一般利用河中支承打桩架的圆木桩，在圆木桩之间插以竹篱笆，再在竹篱笆之间填以粘土，既可作桩架行走之用，又可作围堰。图12-4所示围堰适用于水深3～5m而流速不大于3.5m/s，河床土质渗水性差的河床。

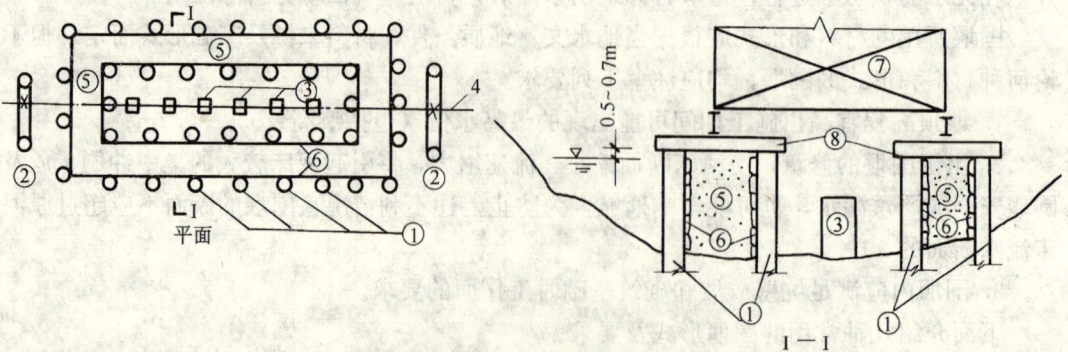

图12-4 圆木桩围堰示意

1—圆木桩；2—控制墩台轴线桩；3—墩台混凝土桩；
4—墩台轴线；5—粘土填心；6—竹篱笆；7—桩架；8—方木

234

2. 木板桩围堰

一般适用于砂性土、粘性土和不含卵石且透水性较好的其它土质河床。

当水深在 2～4m 时，可采用单层木板桩，如渗水严重时，可在外侧堆土（图 12-5a），如堆土外侧表面不加任何防冲刷防护时，仅适用于流速不大于 0.5m/s 的河流。

当水深在 4～6m 时，可用中间填土的双层木板桩围堰（图 12-5b），具有压缩河床断面少，体积小等优点，但需耗费大量木材。

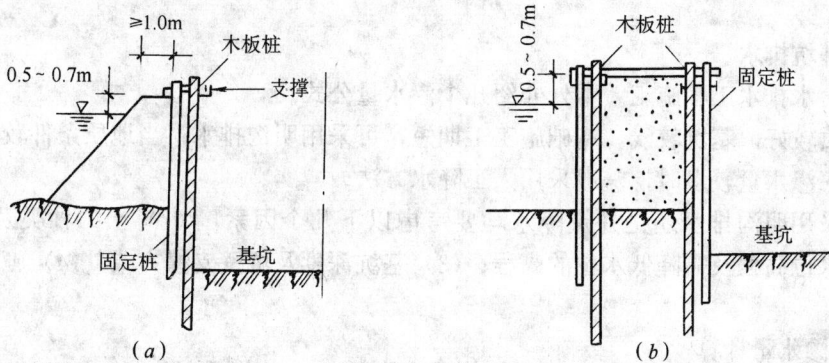

图 12-5　木板桩围堰

两层木板桩间距为水深的 0.5～1 倍或 0.4～0.6 倍的基坑深度，但不应小于 2m。若围堰较高，为防止水压力作用下产生过大变形，可在中间增设拉紧螺栓，以增加两层板桩之间的整体性。填土应夯实以防漏水。固定桩为木板桩施工时的导向定位作用。

3. 钢板桩围堰

当水深大于 5m 且不能用其它围堰的情况下，砂性土、半干硬性粘土、碎卵石类土及风化岩等透水性好的河床。根据需要可修筑成单层、双层和构体式。适用于防水及挡土，施工方便，入土深度应大于河床以上部分长度，图 12-6 为钢板桩施工示意。

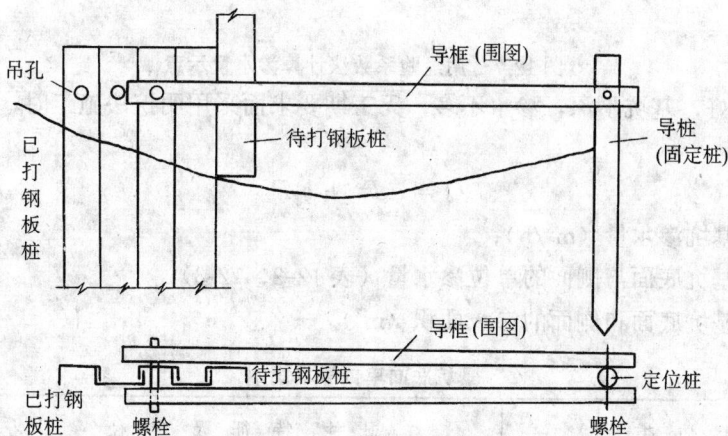

图 12-6　钢板桩施工示意

钢板桩围堰可布置成矩形、圆形，在双层围堰夹层中应填以粘土；特殊情况下，夹层下部浇筑水下混凝土以提高防渗能力。

墩台施工完毕后，应将修筑围堰的圆木桩、木板桩、钢板桩拔除，所填土须清除至河床底。

钢板桩施工可参阅给水排水施工有关内容。

4. 钢筋混凝土板桩围堰

钢筋混凝土板桩围堰适用于粘性土、砂类土、碎石土河床，除用于基坑挡土防水以外，可不拔除而作为建筑物结构的一部分，或作为水中墩台基础的防护结构物，亦可拔除周转使用。

三、基坑排水

详见给水排水工程施工。本处介绍几个渗水量公式。

当土质较好，基坑较浅，基础施工工期短，可采用明沟排水；当地质条件较差，基坑较深，基底渗水量较多时，一般采用人工降水方法。

无论采用明沟排水还是井点降水均要考虑以下几个因素：（1）土的种类及渗水量；（2）地下水位高程及需降低水位的高程；（3）基坑深度及坑壁支撑方式；（4）施工工期的长短。

（一）渗水量计算

基坑的渗水量一般有经验系数法、流网分析法和公式计算法三种。

1. 经验系数法（图 12-7）

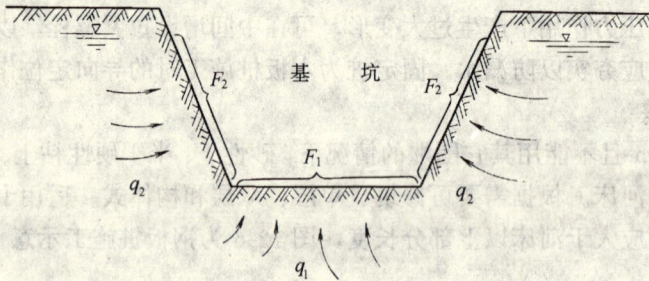

图 12-7　用经验系数法计算渗水量示意

当土质较好，基坑不深，渗水不多，无工期要求而采用明挖法施工时，基坑底与四周的渗水量为：

$$Q = q_1 F_1 + q_2 F_2 \tag{12-2}$$

式中　Q——基坑渗水量（m^3/h）；

q_1、q_2——基坑底面与侧面的单位渗水量（表 12-2、12-3）；

F_1、F_2——基坑底面和侧面的渗水面积（m^2）。

	基坑底面单位渗水量 q_1		表 12-2
顺序	土 质 类 别	土 壤 特 征 及 粒 径	渗水量（m^3/h）
1	细粒砂土及黑土层、松软亚粘土	桥基一面靠岸，天然含水量在20%以下，砂土粒径在0.05mm以下	0.14～0.18
2	有裂缝的碎岩层及较密实的粘性土	粘土层有透水孔道	0.15～0.25

顺序	土 壤 类 别	土 壤 特 征 及 粒 径	渗水量 (m³/h)
3	细粒砂，紧密的砾石质土	细砂粒径在 0.05～0.25mm，砾石土孔隙在 20% 以下	0.16～0.32
4	中砂及砂砾层	砂粒径在 0.25～1.0mm 或砾石含泥量在 30% 以下，平均粒径 10mm 以下	0.24～0.80
5	粗砂及砂砾层	砂粒径在 1.0～2.5mm，砾石含泥量在 30%～70%。平均最大粒径在 150mm 以下	0.8～3.0
6	粗砂及大砾石、卵石层	砂粒径在 2.0mm 以上，砾石、大漂石含泥量在 30% 以上者，个别泉眼直径在 50mm 以下，总面积在 0.07 平方米以下	2.0～4.0
7	砾石、卵石并带有泉眼或砂砾层带有较大泉眼	石料平均粒径在 50～200mm，或有个别大孤石在 0.5m³ 以下者，泉眼直径在 300mm 以下，总面积在 0.15m² 以下	4.0～8.0
8	砾石、卵石、粗砂泉眼很多		>8.0

注：无表面水时用低限；表面水深 2～4m，中等孔隙者用中限；大于 4m，土又松软时用高限。

基坑侧面单位渗水量 q_2　　　　　　　　　　　　　　　　　　表 12-3

1	天然开挖土质基坑	按表 12-2 同类土渗水量 20%～30% 计
2	土围堰或土袋围堰	按表 12-2 同类土渗水量 20%～30% 计
3	木板桩围堰	按表 12-2 同类土渗水量 10%～20% 计
4	钢板桩围堰（钢筋混凝土板桩围堰）	按表 12-2 同类土渗水量 0～5% 计
5	利用地方性材料制成的围堰	按表 12-2 同类土渗水量 15%～30% 计

　　求得总渗水量后，一般以 1.5Q 配备水泵，水泵设备以多台数、小功率为好。

　　2. 流网分析法

　　当基坑较深，土质较差，渗水量较多，有板桩围护的基坑，可用流网分析法计算渗水量（图 12-8）。

$$Q = KuHq \ (\text{m}^3/\text{h}) \tag{12-3}$$

式中　K——渗透系数，如基坑范围内为多层土时，K 取平均值。

$$K_{平均} = \frac{\Sigma k_i h_i}{\Sigma h_i} \quad (\text{m/h}) \tag{12-4}$$

　　u——基坑周长　（m）；

　　H——水位差　（m）；

　　q——单位渗水量（见表 12-4）。

单位渗流量 q 值

表 12-4

$\dfrac{H}{H+t}$ ＼ $\dfrac{H+t}{L}$	0.1	0.2	0.3	0.4	0.5	0.6	0.7	0.8	0.9	0.95
1.00	1.39	1.13	0.98	0.88	0.78	0.70	0.61	0.52	0.42	0.36
0.75	1.20	0.95	0.81	0.70	0.61	0.53	0.46	0.39	0.30	0.32
0.50	1.12	0.89	0.74	0.64	0.56	0.48	0.41	0.34	0.27	0.22
0.25	1.08	0.84	0.70	0.60	0.52	0.45	0.39	0.32	0.25	0.21
0	1.02	0.80	0.67	0.58	0.50	0.42	0.38	0.31	0.24	0.20

【例 12-1】 有一板桩围护基坑如图 12-8 所示，基坑周长 26m，$k_1=0.1$m/h，$k_2=1.0$m/h，$k_3=10$m/h，$k_4=25$m/h，$h_1=2.5$m，$h_2=3.5$m，$h_3=4$m，$h_4=8$m，$H=4$m，板桩入土深度 $t=5$m，板桩底至不透水层的距离 $Z=9$m，求渗水量 Q。

【解】 $k_{平均}=\dfrac{\sum k_i h_i}{\sum h_i}=\dfrac{0.1\times25+1\times3.5+10\times4+25\times8}{2.5+3.5+4+8}=13.54$m/h

$$\frac{H}{H+t}=\frac{4}{4+5}=0.441$$

$$\frac{H+t}{L}=\frac{4+5}{4+5+9}=0.5$$

查表 12-4 经内插法求得 $q=0.55$。

$Q=KuHq=13.54\times26\times4\times0.55$
$=774.5$m³/h

3. 公式计算法（完整潜水井公式）

当基坑土质为粉砂土或细砂土时，可采用井点降水，将井点管的出水看成是从一个较深的井内出水，则井内的出水量可认为是基坑内的总渗水量（图 12-9）。一般来说，采用井点降水只须将水位降低至基坑底 0.5～1m 即可，其渗水量为：

$$Q=\frac{1.336KH^2}{\lg\dfrac{2D}{r_0}}\quad(\text{m}^3/\text{d})\quad(12\text{-}5)$$

式中 K——渗透系数（m/d）（表 12-6）；

D——基坑距河岸线距离（m）；

H——稳定水位至基坑底下的水位差（m）；

r_0——引用基坑半径（m），对于矩形基坑 $r_0=\mu\dfrac{A+B}{4}$；基坑在平面形状上不规则时

$r_0=\sqrt{\dfrac{S}{\pi}}$，其中 A、B 分别为基坑顶的长，宽，S 为基坑顶的面积，μ 值见表 12-5。

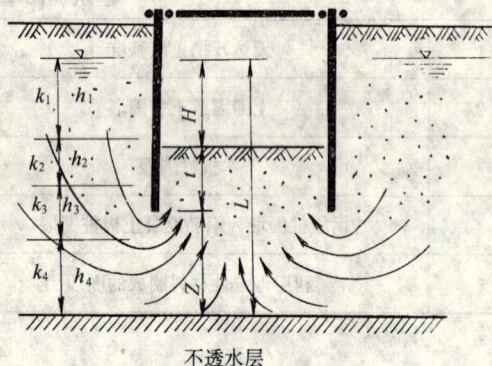

图 12-8 板桩围护基坑渗
水量计算示意

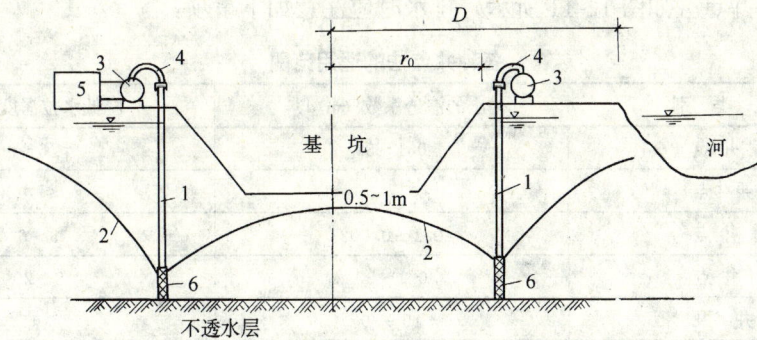

图 12-9　公式法计算渗水量示意图（轻型井点布置示意）
1—井点管；2—降水曲线；3—集水总管；4—弯连管；5—抽水设备；6—滤管

μ 值　　　　　　　　　　　　　　　　　　　　表 12-5

$\dfrac{B}{A}$	0.1	0.2	0.4	0.6	0.8	1.0
μ	1.0	1.12	1.16	1.18	1.18	1.18

（二）排水方法

1. 集水坑排水法

集水坑排水除严重流砂时不宜采用外，一般情况下均可采用。它主要是用水泵将水排出坑外，排水时，泵的抽水量应大于集水坑内的渗水量。

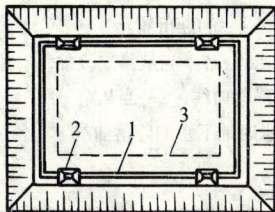

图 12-10　坑内明沟排水
1—排水沟；2—集水井；
3—基础外缘线

集水坑（沟）应设在基础范围之外，坑或沟底要低于基坑底面，深度应大于吸水龙头的高度，坑壁用竹筐围护，防止笼头堵塞。基坑施工接近地下水位时，应在坑角挖集水坑或沟，使渗出的水从沟流集到坑，然后用泵抽出（图12-10所示），随着基坑的挖深，集水沟也应随着加深，并低于坑底面约0.30～0.50m。集水沟内边缘与基础边缘之间应有一定宽度（不小于沟深），以防基础边缘土坍空而使基底土被挤出。水沟应有专人清理，保持畅通，必要时还应在坑壁上采取防水措施。若基坑上部为土，下部为石时，可在土石交界处设置平台以便开挖集水沟，岩石部分可按基础尺寸垂直下挖，基坑用混凝土封底。一个基坑抽水时，能使邻近基坑的地下水位降低，因此，几个基坑同时开挖可减少抽水量。若坑内渗水量不大时，可用人力或手泵抽水。旱地明挖基坑，要向下坡方面排水，并将水引开，以免其再渗入坑内。

2. 井点排水法

井点法是在基坑周围布置钻孔，插入井点管，并抽水降低坑沟水位。排水前，由土层的渗透系数可求出降低水位的深度；由工程特点而选择各井点排水方法及设备。各井点法排水适用于粉、细砂或地下水位较高、挖基较深、坑壁不易稳定和用普通方法排水难以解决的基坑。其范围可参考表12-6。当采用一级轻型井点仍不能达到要求的降水深度时，可采用二级轻型井点（如图 12-11 所示）排水时应注意如下事项：

各种井点法的适用范围   表 12-6

井 点 类 别	土的渗透系数（m/d）	降低水位深度（m）
轻 型 井 点	0.1～80	≤6～9
射流泵井点	0.1～50	≤10
电 渗 井 点	0.1～0.002	5～6
喷 射 井 点	0.1～50	8～20
深 井 泵	10～80	＞15
管 井 井 点	20～200	3～5

（1）降低底层土中地下水位时，应尽可能将滤水管埋设在透水性好的土层中；

（2）在水位降低的范围内设置观测孔，其数量视工程情况而定；

（3）应对整个井点系统加强维护和检查，保证不间断地抽水；

（4）应考虑水位降低区域构筑物可能产生的附加沉降，并应做好沉降观测，必要时要采取防护措施。

井点排水基坑内的运动状况与集水坑不同，基坑排除坑壁水时，水向中间渗流，坑底以下的水向上渗流，因此，基坑周围和坑底的土颗粒会有流失而使土变松；井点水流向与之相反，坑壁和坑底的土不但不会变松，反而变得密实。对渗水性强的地层，应设法利用一个基坑抽水而使邻近几个基坑的水位降低。

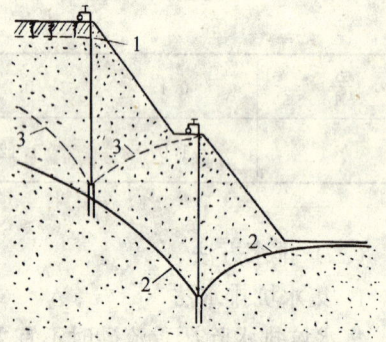

图 12-11　二级轻型井点
系统的布置

1—正常地下水位；2—当从第二级抽水时地
下水的降落曲线；3—当从第一级
抽水时地下水的降落曲线

3. 改河截流的排水法

在不通航的小河沟、山间小溪，因水浅，流量小，地形有利时，可用改河截流防水排水。改河截流可分为局部和全部改道两种情况，当修筑中小桥，跨越小溪沟或季节性河流，可综合各种排水防水方法以及桥梁的施工工艺加以选择。

四、基坑开挖

（一）不加固基坑坑壁的开挖

1. 适用条件

（1）在干涸无水河滩、河沟，或有水经改河或修筑围堰后能排除地面水的河沟；

（2）地下水位低于基坑底，或基坑壁的渗水不影响对坑壁的稳定；

（3）基础埋置不深，施工工期短，挖基坑时，不影响邻近建筑物的安全。

当基坑深度大于 5m 时，可采用二次放坡法施工（图 12-12 所示），坑顶的平面尺寸可参照公式（12-1），基坑的弃土应尽量抛远。

2. 施工注意事项

（1）为避免地面水冲塌坑壁，在基坑顶缘适当距离设截水沟；

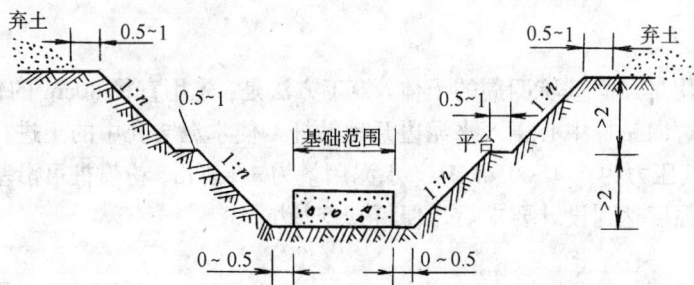

图 12-12　二次放坡法示意
单位：m

（2）坑顶边应留护道，有弃土或静载的不小于 0.5m，有动载的不小于 1.0m；

（3）施工时应随时观察基坑顶边缘面层有无裂缝、坑壁有否松散塌落，防止土体崩塌，确保施工人员安全；

（4）基坑施工应分段，不可延续过长，切忌基坑泡水，确保基坑排水畅通；

（5）当采用机械挖土时，挖至设计高程 0.1～0.2m 时，由人工挖除。

（二）加固坑壁的基坑开挖

当地下水位较高而基坑较深、坑壁土质不易稳定，工期紧、放坡开挖工程量大、邻近建筑物的影响大，可考虑先将基坑的坑壁加固后，再开挖基坑或边开挖基坑边加固坑壁。加固坑壁的方法有：板桩围护、压密注浆、悬喷桩、霹雳桩、粉喷桩、树根桩、地下连续墙（造壁法）和喷射混凝土护壁等。

1. 板桩围护

当基坑深度在 3～5m 内，基坑平面尺寸较大，地下水位较高，土质较软且不含碎卵石时，可采用木板桩围护基坑，其成本低、易加工、但强度不高。

钢板桩的优点是强度大，能穿透半坚硬粘土层、碎卵石类土和风化岩层。具有锁口、连接紧密不易漏水，能承受锁口拉力，可焊接接长，能多次使用，但一次性投资较多，适用于深度大于 5m 的基坑。

2. 压密注浆加固坑壁土体

当基坑临近河边，且受潮汐影响，可采用压密注浆加固基坑四周的土体，使土体中含有一定密度的水泥浆，可防渗水及稳固土体。

压密注浆的施工方法为：先根据设计要求向土中打入直径为 5cm 的空心管，然后向管道内压注一定数量的水泥浆，压力为 0.3～0.6MPa，边压浆边拔出管道，待水泥浆与土体结成板块后便可开挖基坑。

3. 悬喷桩与霹雳桩

其作用均是加固基坑四周的土体。悬喷桩的施工方法是先用直径 10cm 的钻头钻一定深度的孔，放入 10cm 粗的管道，并向管道内边喷射水泥边提升管道，喷射压力为 0.3～0.5MPa，水泥喷射量一般为 10kg/m；霹雳桩施工方法是用 10cm 的钻头钻一定深度的孔，然后放入孔壁带有许多小孔的塑胶管，向管内压入水泥浆，水泥浆通过管通小孔而压入土体，压力为 0.5～1MPa，水泥浆压入土体后，塑胶管不再拔出，待水泥浆与土体结成板块后，便可开挖基坑。

4. 粉喷桩

粉喷桩的作用是加固基坑四周的土体，施工方法是：先用直径 60cm 的钻头钻孔，待钻到设计深度后，边向钻杆中心压入水泥边开动钻杆，使水泥与孔中的土进行搅拌，再逐步缓慢提升钻杆，其压力为 0.4～0.6MPa，水泥用量为 50kg/m。粉喷桩可沿基坑四周连续钻孔，待粉喷桩的强度达到设计要求后，便可开挖基坑。

5. 树根桩

树根桩适用于基坑围护遇障碍时的补救措施，如地下管线横穿基坑，使基坑围护留有一段空隙，便可在空隙内修筑树根桩。施工方法为：先用直径 20cm 的钻头钻孔至要求深度，放入钢筋笼再灌注混凝土，待混凝土达设计要求后，便可开挖基坑。

6. 喷射混凝土护壁（喷护法）

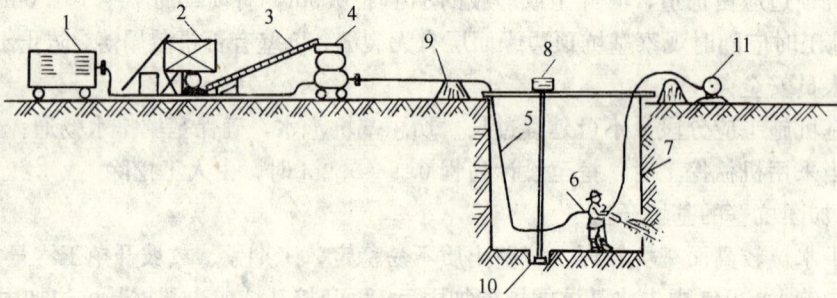

图 12-13　喷护法作业示意图

1—空压机；2—拌和机；3—运输机；4—喷射机；5—喷射管路；6—喷射手；
7—护壁；8—抽水机；9—土堰；10—集水井；11—高压水泵

其原理是在基坑开挖后的坑壁面上喷射混凝土，待混凝土凝固后起护壁作用。不断下挖，不断喷护，直至设计高程为止，见图 12-13 所示。

对于一般深度的各种土层，即便是地质条件不良（有流砂、淤泥等）地段，或者在雨季施工时，渗水量小于 $60m^3/h$，只要坑壁稍有自承时间，均可采用喷护法开挖基坑。

喷射混凝土的厚度，主要取决于地质条件，基坑尺寸、渗水量大小、基坑深度等因素，对于不同土层，可参考表 12-7 数值采用。

喷射混凝土的配合比一般为水：水泥：砂石＝（0.4～0.5）：1：4，速凝剂的掺加量为水泥用量的 3%～4%，掺入后停放时间不应超过 20min，集料最大粒径为 16～25mm。

喷层厚度表（cm）　　　　　　　　　　　　　　　　　　表 12-7

地质条件 ＼ 渗水情况	无水基础	有少量渗水基坑	有大量渗水基坑
粉砂、细砂、淤泥	10～15	15（加少量木桩）	15～20 加较多的木桩及塞草袋
砂　粘　土	5～8	8～10	15～20 加较多的木桩及塞草袋
粘　砂　土	3～5	5～8	15～20 加较多的木桩及塞草袋
卵　碎　石　土	3～5	5～8	15～20 加较多的木桩及塞草袋
砂　夹　卵　石	3～5	5～8	8～10

一次喷射能否达到设计厚度，主要取决于混凝土与土之间的粘结力和渗水量大小。如一次喷射达不到规定厚度，则应在混凝土终凝后再补喷，直至达到设计厚度为止。

喷射混凝土的强度一般 7 天可达 13.7MPa，最终可达 26.3MPa。实践证明，这一方法与明挖法无论在技术上和经济上均有一定的优势，可减少土方工程量的 1/2～2/3，目前不仅用在石质地层隧道及其它地下工程的衬砌，也用在松软地基的明挖基坑。

喷射混凝土开挖基坑的施工方法如下：

在基坑开挖时，应先确定开挖界限，除较浅基坑外，考虑到受力条件，应尽量采用圆形基坑（基础可为其它形状），下挖一段后，即用混凝土喷射机喷射一层含速凝剂的混凝土，以保护坑壁；然后再往下挖一段，再喷护一段，直至坑底。每段下挖深度，较稳定的土层可为 1m 左右；地质条件愈差，下挖深度愈小。对于无水、少水的坑壁，喷护应由下向上进行；有渗水的坑壁，喷护则应由上向下进行，以防新喷的混凝土被水冲坏，亦可在坑壁内埋入泄水管以引流地下水（图 12-14a）。

对于极易坍塌的流砂、淤泥层，仅喷护混凝土不足以稳定坑壁，可采用图 12-14b 的方法，先在坑壁打入木桩或在打好成排的木桩上编制竹篱，在有大量流砂地方塞以草袋，然后喷射 15～20cm 厚的混凝土，以防止坍塌。

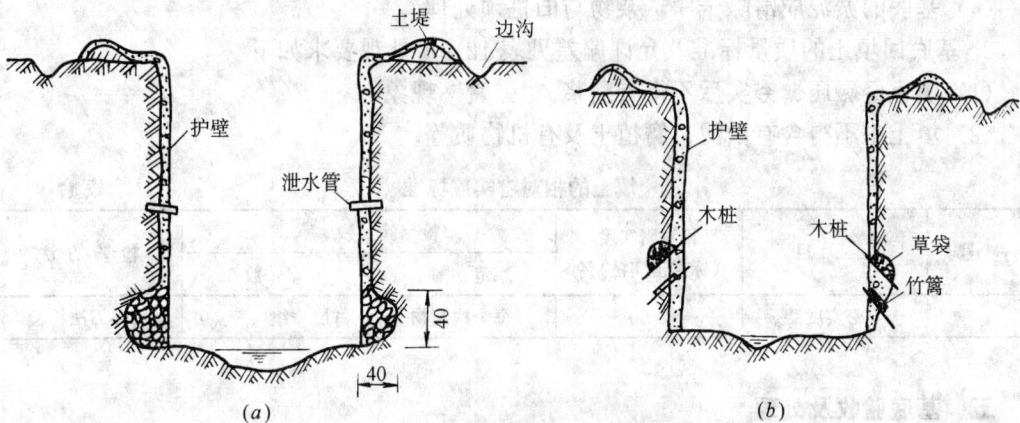

图 12-14　极易坍塌的坑壁处理方法

单位：cm

（三）基坑回填

当墩、台施工完毕后，即可对基坑进行回填。

基坑回填应满足下列要求：

1. 基坑回填时，其结构的混凝土强度应不低于设计强度的 70%；

2. 在覆土线以下的结构必须通过隐蔽工程验收；

3. 基坑内积水需抽除，淤泥及杂物清除干净；

4. 回填须采用含水量适中的亚粘土或砂质粘土。

填土应分层铺筑，分层夯实或压实，每层松铺厚度一般为 30cm，在墩、台结构物两侧同时回填，同步上升，若基坑为道路路基，则应按道路施工的要求进行。

桥台填土一般应在梁体结构安装完成后进行，若施工安排确须提前，应对填土高度和上升速度加以限制，并加强对台身位移的观察；在台身或挡土墙设有泄水孔部位，应按设计要求做泄水过滤层，严禁卡车直接在台后卸土或推土机推土，以免台背发生前倾或位移。

设有支撑的基坑，在回填土时，应随土方填筑高度分次由下往上拆除，严禁采取一次拆除后填土作业。

（四）基坑开挖及基坑回填土的质量标准

1. 基坑开挖的质量标准及允许偏差见表12-8，外观要求如下：

（1）不得扰动基底土壤，防止超挖；如发生超挖，严禁用土回填，应填以碎石；

（2）保持边坡稳定，防止塌方；

（3）基底不得浸水或冰冻；

基坑开挖允许偏差　　　　　　　表 12-8

序　号	项　　目	允许偏差（mm）	检查频率		检　验　方　法
			范　围	点　数	
1	坑底高程	±30	每　座	5	用水准仪测量
2	纵横轴线	50	每　座	2	用经纬仪测量纵横各测一点
3	基坑尺寸	不小于设计	每　座	4	用尺量，每边各计一点

（4）基底的淤泥应清除干净，杂物与旧桩须处理。

2. 基底回填土的质量标准及允许偏差见表12-9，外观要求如下：

（1）填土经碾压、夯实后不得有翻浆、"弹簧"现象；

（2）填土中不得含有淤泥、腐植土及有机物质等。

填土的相对密实度标准　　　　　　　表 12-9

序　号	项　　目	相对密实度（标准击实法）%	检　验　频　率		检验方法
			范　围	点　数	
1	密实度	≥90	每个构筑物	每层一组（三点）	用环刀法检验

五、基底验收及处理

当基坑已挖至设计基底高程时，或在特殊地基上已按设计要求加固处理完毕后，必须按规定经过基底验收，方得进行基础坞工施工。

为使基底验收及时，项目负责人应先期通知监理及上级检验人员及时检验。

（一）基底检验内容

1. 检查基底的平面位置、尺寸、高程是否符合设计要求；

2. 检查基底土质及其均匀性、稳定性，容许承载力是否符合设计要求；

3. 检验特殊地基经加固处理后是否达到设计要求，对特别复杂的地基，应进行荷载试验，对大、中桥，有可能时，应同时做土工试验，以便与荷载试验核对；

4. 检查开挖基坑和基底处理施工过程中有关施工记录和试验等资料。

（二）基底处理

1. 岩石

清除风化层，松碎石块及污泥等，如岩石倾斜度大于15°时，应挖成台阶，使承重面与受力方向垂直，砌筑前应将岩石表面冲洗干净。

2. 砂砾层

整平夯实，砌筑前铺一层 2cm 的浓稠砂浆。

3. 粘土层

铲平坑底，尽量不扰动土的天然结构；不得用回填土的方法来整平基坑，必要时，加铺一层厚 10cm 的碎石层，层面不得高出基底设计高程；基坑挖好后，要尽快处理，防止暴露过久或被雨水淋湿而变质。

4. 软硬不均匀地层

如半边岩石、半边土质时，应将土质部分挖除，使基底全部落在岩石上。

5. 溶洞

暴露的溶洞，应用浆砌片石或混凝土填灌堵满，如处理有困难或溶洞仍继续在发展时，应考虑改墩台或桥址。

6. 泉眼

为了不让泉水泡浸或冲洗污工，应该将泉眼堵塞，如无法堵塞时，应将泉水引走，使泉水与圬工隔离开，待圬工达到一定强度后，方可让泉水泡浸圬工。

第二节　桥梁钻孔灌注桩施工

钻孔灌注桩施工应根据土质、桩径大小，入土深度和机具设备等条件选用适当的钻具和钻孔方法，以保证能顺利达到预计孔深，然后，清孔、吊放钢筋笼、灌注水下混凝土。

一、钻孔准备工作

（一）场地准备

钻孔场地的平面尺寸应按桩基设计的平面尺寸、钻机数量和钻机机座平面尺寸，钻机移位要求、施工方法及其它配合施工机具设施布置等情况决定。

施工现场或工作平台的高度应高于施工期间可能出现的最高水位 0.5～0.7m，有流冰时，应再适当加高。

（二）护筒

护筒的作用是：固定桩位，引导钻锥方向；隔离地面水免其流入井孔，保护孔口；并保证孔内水位（泥浆）高出地下水位或施工水位一定高度，形成静水压力（水头），以保护孔壁。

1. 护筒的一般要求

（1）用钢板或钢筋混凝土制成的埋设护筒，应坚实，不漏水；护筒入土较深时，宜以压重、振动、锤击或辅以筒内除土等方法沉入。

（2）护筒内径应比桩径稍大；当护筒长度在 2～6m 范围时，机动推钻和有钻杆导向的正反循环回转钻宜大 0.2～0.3m；无钻杆导向的正反潜水电钻和冲抓冲击锥宜大 0.3～0.4m；深水处的护筒内径至少应比桩径大 0.4m。

（3）护筒顶端高度

①采用反循环回转方法（包括反循环潜水电钻）钻孔时，护筒顶端应高出施工水位或地下水位 2.0m 以上；

②采用正循环回转方法（包括正循环潜水电钻）时，护筒顶端泥浆溢出口底边，当地

质良好，不易坍孔时，宜高出施工水位或地下水位 1.0～1.5m 以上；当地质不良、容易坍孔时，应高出施工水位或地下水位 1.5～2.0m 以上；

③采用其它方法钻孔时，护筒顶端宜高出施工水位或地下水位 1.5～2.0m；

④当护筒处于旱地时，除满足③项要求外，还应高出地面 0.3m；

⑤孔内有承压水时，应高于稳定后的承压水头 2.0m 以上；

⑥处于潮水影响地区，应高于最高水位 1.5～2.0m 以上，并须采用稳定护筒内水头的措施（如图 12-15 所示）。

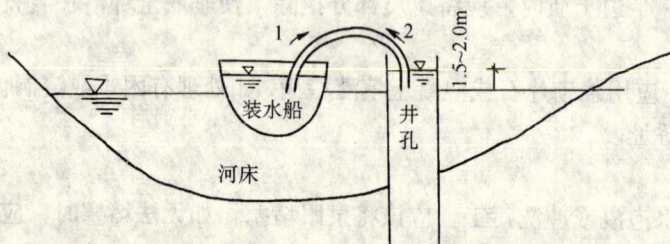

图 12-15　稳定水头示意
1—涨潮时，水从装水船流入井孔；2—退潮时，水从井孔流入装水船

2. 护筒的埋设

护筒对成孔、成桩的质量都有重大影响，埋设时，其平面位置的偏差一般不得大于 5cm，倾斜度的偏差不得大于 1%。

（1）在旱地或岸滩埋设护筒

当地下水位大于 1.0m 时，可采用挖埋法（图 12-16）；对于砂土应将护筒周围 0.5～1.0m 范围内挖除，夯填粘性土至护筒底 0.5m 以下；在冰冻地区应埋入冻层以下 0.5m。

当桩位处的地面高程与施工水位的高差小于 1.5～2.0m（视钻孔方法与土层情况而

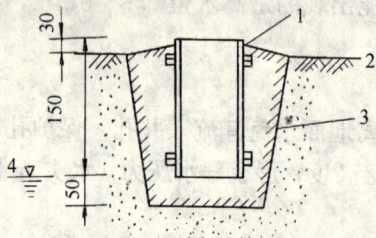

图 12-16　挖埋护筒
1—护筒；2—地面；3—夯填粘土；4—施工水位
尺寸单位：cm

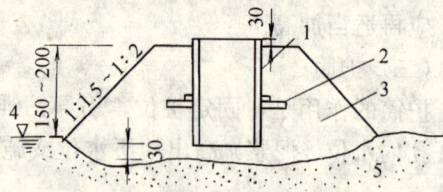

图 12-17　填筑式护筒
1—木护筒；2—井框；3—土岛；4—地下水位；5—砂
尺寸单位：cm

定）时，宜采用填筑法安设护筒（如图 12-17），宜先用粘土填筑工作场地，然后挖坑埋设护筒，当有冲刷影响的河床，应埋入局部冲刷线以下不小于 1.0～1.5m。填筑的顶面尺寸应满足钻孔机具布置的需要并便于操作。

（2）水深小于 3m 的浅水处埋设护筒

一般须围堰筑岛。岛面应当高出施工水位 0.5～0.7m，亦可适当提高护筒顶面高程，以减少筑岛填土体积，然后按前述旱地埋设护筒的方法施工（如图 12-18）。

246

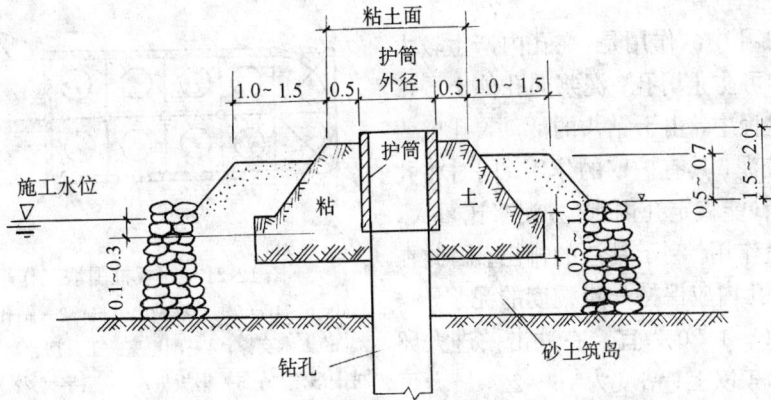

图 12-18　筑岛法定桩位

尺寸单位：m

　　当桩位处无法围堰筑岛时，可先将套箱或套筒沉入水中，再在套箱或套筒内安放护筒（图 12-19）。

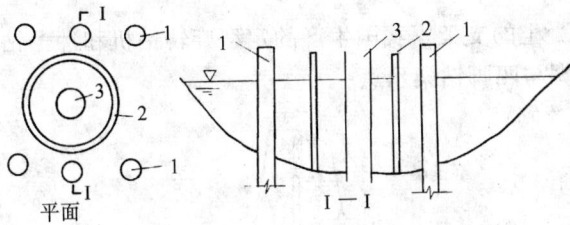

图 12-19　套箱或套筒内安放护筒示意

1—钻架的支架桩；2—套箱或套筒；3—护筒

（3）在水深大于 3m 的深水河床安放护筒

　　在深水中安放护筒，通常利用浮船工作平台。图 12-20 是将两只载重 300kN 的木船，横置 6 根长约 10m 的 27 号工字钢构成浮船工作平台。

　　在水深流急的江河，因流速较大（3m/s 以上），可用钢板桩围堰工作平台，如不先设围堰（图 12-21），则

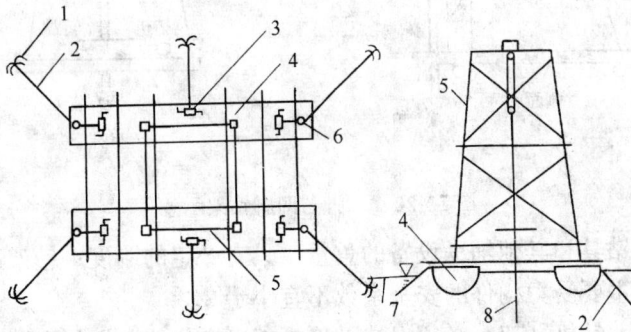

图 12-20　木船工作平台

1—锚；2—锚索；3—手摇绞车；4—木船；5—钻架；6—转向滑轮；7—水位；8—钻杆

钻孔桩基础施工十分困难。为了便于施工，常在墩位处设置围堰，使堰内的水成为静水。因钢板桩本身很坚固，打入河床后各板块互相扣合成整体，可抵抗水流冲刷和流冰撞击。

（三）泥浆

泥浆在钻孔中的作用是：在孔内产生较大的静水压力，可防止坍孔；泥浆向孔外土层渗漏，在钻进过程中，由于钻头的活动，孔壁表面形成一层胶泥，具有护壁的作用，同时将孔内外水流切断，能稳定孔内水位；泥浆比重大，具有挟带钻碴作用，利于钻渣的排出。因此在钻孔过程中，孔内应保持一定稠度的泥浆，一般比重为 $1.05\sim1.20$ 为宜，在冲击钻进大卵石层时可用 1.4 以上；粘度为 $16\sim22s$ 最大可达 35s；含砂率小于 4％。在较好的粘土层中钻孔，也可注入清水，使钻孔时孔内自造泥浆，达到固壁效果，调制泥浆的粘土塑性指数不宜小于 15；pH 值 $8\sim10$，松散易坍地层 pH 值可达 11。

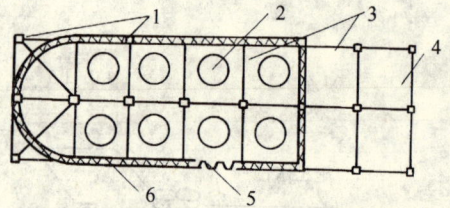

图 12-21　钢板桩围堰工作平台

1—40cm×40cm 钢筋混凝土方桩；2—钻孔；3—20cm×25cm 方木支撑；4—配电室、工具房、厕所等设在钢板桩围堰之外；5—钢板桩；6—工字钢 22 号内导向桩

若假定造成的泥浆粘度为 $20\sim22s$，则各种粘土的造浆能力为：黄土胶泥 $1\sim3m^3/t$；白土、陶土、高岭土 $3.5\sim8m^3/t$；次膨润土 $9m^3/t$；膨润土 $15m^3/t$。

（四）钻架与钻机安装

钻架是钻孔，吊放钢筋笼，灌注混凝土的支架。我国生产的定型旋转钻机和冲击钻机都附有定型钻架，图 12-22 为常见的二脚与四脚钻架示意。

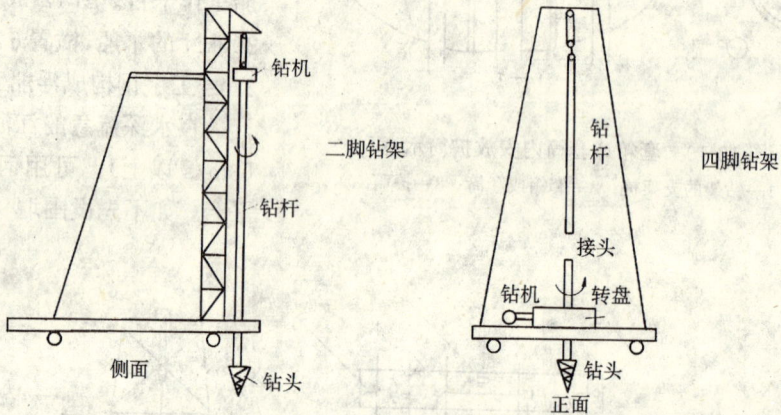

图 12-22　二脚与四脚钻架示意

钻架应能承受钻具和其他辅助设备的重量，具有一定的刚度；钻架高度与钢筋骨架分节长度有关，钻架主要受力构件的安全系数不宜小于 3。

在钻孔过程中，钻机（架）必须保持平稳，不发生位移，倾斜和沉陷。钻机（架）安装就位时，应详细测量，底座应用枕木垫实塞紧，顶端用缆风绳固定平稳，并在钻进过程中经常检查。

（五）钻孔灌注桩的施工工艺流程

钻孔灌注桩的施工工序很多。因此在施工前，须安排好施工计划，编制具体的工艺流程图，作为安排各工序操作和进度的依据。根据各地的实践经验，钻孔灌注桩施工的工艺流程一般如图 12-23 所示。

当同时进行几根桩或几个墩台施工时，要注意它们之间的密切配合，避免互相干扰与冲突，并尽可能做到均衡使用机具和劳动力。

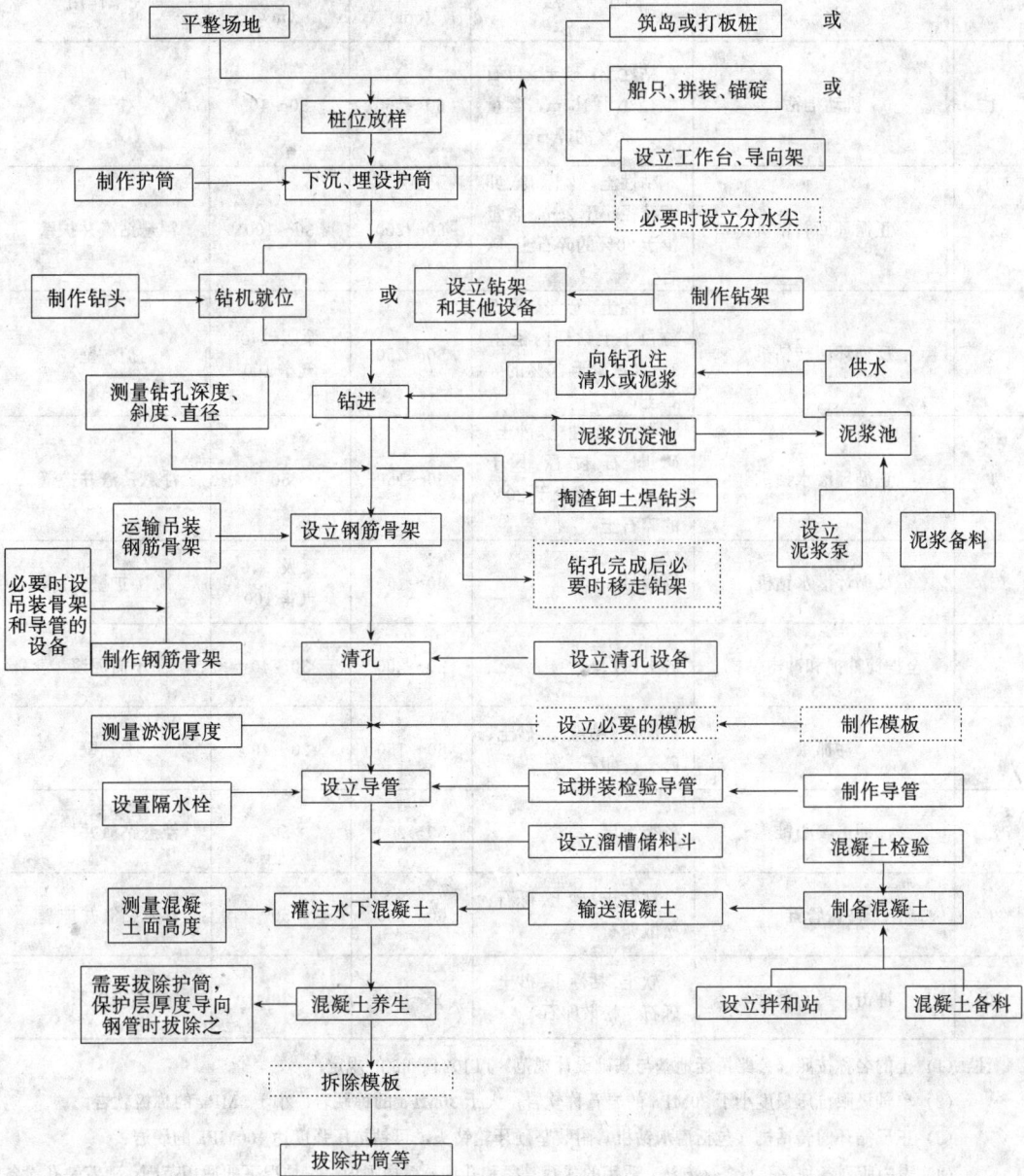

图12-23 钻孔灌注桩工艺流程

注：虚线方框表示有时采用的工序。

二、成孔工艺

各种成孔设备（方法）适用的土层、孔径、孔深、需否泥浆浮悬钻渣，与钻机的功率大小，施工管理好坏有关，一般如表 12-10 所示。

目前的钻孔均采用机械成孔，有旋转法钻孔、冲击钻成孔和冲抓锥钻进成孔。

编号	成孔设备（方法）	适 用 范 围			
		土　层	孔径（cm）	孔深（m）	泥浆作用
1	机动推钻	粘性土，砂土，砾石粒径小于 10cm，含量少于 30% 的碎石土	60～160	30～40	护壁
2	正循环回转钻机	粘性土，砂土，砾、卵石粒径小于 2cm，含量少于 20% 的碎石土，软岩	80～200	30～100	浮悬钻渣并护壁
3	反循环回转钻机	粘性土，砂土，卵石粒径小于钻杆内径 2/3，含量少于 20% 的碎石土，软岩	80～250	泵吸<40气举 100	护　壁
4	正循环潜水钻机	淤泥，粘性土，砂土，砾卵石粒径小于 10cm，含量少于 20% 的碎石土	60～150	50	浮悬钻渣并护壁
5	反循环潜水钻机	同编号 3	60～150	泵吸<40气举 100	护壁
6	全护筒冲抓和冲击钻机	各类土层	80～200	30～40	不需泥浆
7	冲抓锥	淤泥、粘性土、砂土、砾石、卵石	60～150	20～40	护　壁
8	冲击实心锥	各类土层	80～200	50	浮悬钻渣并护壁
9	冲击管锥	粘性土、砂土、砾石、松散卵石	60～150	50	浮悬钻渣并护壁
10	冲击、振动沉管	软土、粘性土、砂、砾石、松散卵石	25～50	20	不需泥浆

注：（1）土的名称按照《公路桥涵地基与基础设计规范》JTJ024—85 的规定；

（2）单轴极限抗压强度小于 30MPa 的岩石称软岩；大于 30MPa 的称硬岩；小于 5MPa 的称极软岩；

（3）正反循环回转钻机（包括潜水钻机）附装坚硬牙轮钻头，可钻抗压强度达 100MPa 的硬岩；

（4）表中所列各种钻孔设备（方法）适用的成孔直径和孔深，系指国内一般情况下的适用范围，随着钻孔设备不断改进，设备功率增强，辅助措施提高，成孔直径和孔深的范围将逐渐增大。

（一）旋转钻进成孔

利用钻具的旋转切削土体钻进，并在钻进同时使用循环泥浆的方法护壁排渣，继续钻进成孔。钻机按泥浆循环的程序不同分为正循环与反循环两种。所谓正循环是用泥浆泵将泥浆以一定压力通过空心钻杆顶部，从钻杆底部喷出。底部的钻锥在旋转时将土壤搅松成为钻渣，被泥浆浮悬，随泥浆上升而溢出流至孔外的泥浆槽，经过沉淀池中沉淀净化，再循环使用，孔壁靠水头和泥浆保护。因钻渣需靠泥浆浮悬才能随泥浆上升，故对泥浆要求较高。

反循环与正循环程序相反，泥浆由孔外流入孔内，而用真空泵或其它方法（如空气吸泥机等）将泥渣通过钻杆中心从钻杆顶部吸出，或将吸浆泵随同钻锥一同钻进，从孔底将泥渣吸出孔外。反循环钻杆直径宜大于127mm，故钻杆内泥水上升较正循环快得多，就是清水也可把钻渣带上钻杆顶端流入泥浆池，净化后循环使用。因泥浆主要起护壁作用，其质量要求可降低，但如钻深孔或易坍土层，则仍需用高质量的泥浆。

（二）冲击钻进成孔

利用钻锥（重10～35kN）不断地提锥、落锥反复冲击孔底土层，把土层中泥砂、石块挤向四壁或打成碎渣，钻渣悬浮于泥浆中，利用掏渣筒取出，重复上述过程冲击钻进成孔。

主要采用的机具有定型的冲击式钻机（包括钻架、动力、起重装置等）、冲击钻头、转向装置和掏渣筒等，也可用30～50kN带离合器的卷扬机配合钢木钻架及动力组成简易冲击钻机。

钻头一般是整体铸钢做成的实体钻锥，钻刃为十字形，采用高强度耐磨钢材做成，底刃最好不完全平直以加大单位长度上的压重如图12-24所示（图中$\beta=70°\sim90°$，$\phi=160°\sim170°$），冲击时钻头应有足够的重量，适当的冲程和冲击频率，以使它有足够的能量将岩块打碎。

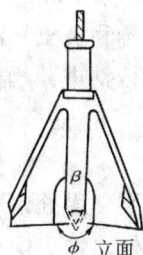

图12-24 冲击钻锥　　　　图12-25 掏渣筒　　　　图12-26 冲抓锥

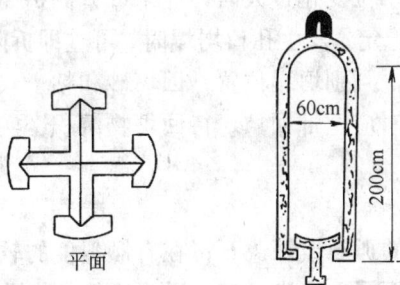

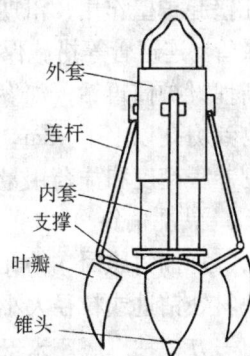

冲锥每冲击一次旋转一个角度，才能得到圆形钻孔，因此，在锥头和提升钢丝绳连接处应有转向装置，常用的有合金套或转向环，以保证冲锥的转动，也避免了钢丝绳打结扭断。

掏渣筒是用以掏取孔内钻渣的工具，如图12-25所示，用3.0mm钢板制作，下面碗形阀门应与渣筒密合以防止漏水漏浆。

冲击钻孔适用于含有漂卵石、大块石的土层及岩层，也能用于其他土层，成孔深度一般不宜大于50m。

（三）冲抓钻进成孔

用兼有冲击和抓土作用的抓土瓣，通过钻架，由带离合器的卷扬机操纵，靠冲锥自重（重为10～20kN）冲下，使抓土瓣锥尖张开插入土层，然后由带离合器的卷扬机锥头收拢抓土瓣将土抓出，弃土后继续冲抓而成孔。

钻锥常采用四瓣和六瓣冲抓锥，其构造如图12-26所示，当收紧外套钢丝绳松内套钢丝绳时，内套在自重作用下相对外套下坠，便使锥瓣张开插入土中。

冲抓成孔适用于粘性土，砂性土及夹有碎卵石的砂砾土层，成孔深度宜小于30m。

（四）钻孔事故的预防及处理

常见的钻孔事故原因及其处理方法如下。

1. 坍孔

各种钻孔方法均可发生坍孔，坍孔的表征是孔内水位突然下降，孔口冒细密的水泡，出渣量显著增加而不见进尺，钻机负荷明显增加等。

（1）坍孔原因　泥浆比重不够及其它泥浆性能指标不符合要求，使孔壁未形成坚实泥皮；由于掏渣后未及时补充水或泥浆，或河水上涨，或孔内出现承压水，或钻孔通过砂砾等强透水层，孔内水流失等而造成孔内水头高度不够；护筒埋设太浅，下端孔口漏水、坍塌或孔口附近地面受水浸湿泡软，或钻机装置在护筒上，由于振动使孔口坍塌，扩展成较大坍孔；在松软砂层中钻进，进尺太快；提住钻锥钻进回转速度过快，空转时间太长；冲击（抓）锥或掏渣筒倾倒，撞击孔壁，或爆破处理孔内孤石、探头石、炸药量过大，造成过大振动；水头太大，使孔壁渗浆或护筒底形成反穿孔。

（2）坍孔的预防和处理　在松散粉砂土或细砂中钻进时，应控制进尺速度，选用较大比重、粘度、胶体率的泥浆，或投入粘土掺片、卵石、低锤冲击，使粘土膏，片、卵石挤入孔壁起护壁作用；汛期或潮汐地区水位变化过大时，应采取升高护筒，增加水头，或用虹吸管、连通管等措施保证水头相对稳定；发生孔口坍塌时，可立即拆除护筒并回填粘土、重新埋设护筒再钻；如发生孔内坍塌，判别坍塌位置，回填砂和粘土（或砂砾和黄土）混合物到坍孔以上1～2m，如坍孔严重时应全部回填，待回填物沉积密实后再行钻进；严格控制冲程高度和炸药用量。

2. 钻孔偏斜

（1）偏斜原因　钻孔中遇有较大的孤石或探头石；在有倾斜度的软硬地层交界处，岩面倾斜处钻进或粒径大小悬殊的砂卵石层中钻进，钻头受力不均；钻孔较大处，钻头摆动偏向一方；钻机底座未安置水平或产生不均匀沉陷；钻杆弯曲，接头不正。

（2）钻孔偏斜预防和处理　安装钻机时要使转盘、底座水平，起重滑轮组、固定钻杆的卡孔和护筒中心三者应在一条竖直线上，并经常检查校正；由于主动钻杆较长，转动时上部摆动过大，必须在钻架上增设导向架，控制钻杆上的提引水笼头，使其沿导向架向下钻进；钻杆、接头应逐个检查，及时调正，防止钻杆弯曲，要用千斤顶及时调直；在有倾斜的软、硬地层钻进时，应吊着钻杆控制进尺，低速钻进，或回填片、卵石冲平后再钻进。

3. 糊钻

（1）糊钻原因　常出现于正反循环回转钻进和冲击锥钻进，在软塑粘土层旋转钻进时，因进尺快，钻渣量大，出浆口堵塞而造成糊钻。

（2）糊钻预防和处理方法　首先应对钻杆内径大小按设计要求确定；控制进尺；选用刮板齿小、出浆口大的钻锥，若已严重糊钻，应将钻锥提出孔口，清除钻锥残渣。冲击锥钻进行预防措施是减少冲程，降低泥浆稠度，在粘土层上回填部分砂、砾石。

4. 扩孔和缩孔

（1）扩孔　是孔壁坍塌而造成的结果，各种钻孔方法均可能发生，若仅孔内局部发生坍塌而扩孔，钻孔仍能达到设计深度则不必处理，只是混凝土灌注量大大增加；若因扩孔后继续坍塌而影响钻进，应按坍孔事故处理。

（2）缩孔　由于钻锥焊补不及时，严重磨耗的钻锥往往钻出较设计桩径稍小的孔；地层中有软塑土（俗称橡皮土），遇水膨胀后使孔径缩小，各种钻孔方法均可能发生缩孔，可采用上下反复扫孔的方法以扩大孔径。

5. 钻杆折断

常发生在人力、机动推锥和正反循环回转钻进时。

（1）折断原因　用地质或水文地质钻探的钻杆来作桥梁大孔径钻孔桩时，其强度、刚度太小，容易折断；钻进中选用的转速不当，使钻杆扭转或弯曲折断；钻杆使用过久，连接处有损伤或接头磨损过甚；地层坚硬，进尺太快，超负荷引起。

（2）预防和处理　选择钻杆直径和杆壁厚度尺寸时，按设计规定要求选择；不使用弯曲严重的钻杆，要求连接处丝扣完好，以螺套连接的钻杆接头，要有防止反转松脱的固锁设施，应控制进尺，遇坚硬、复杂地层要仔细操作；经常检查钻具各部分的磨损情况，损坏的要及时更换；如已发生钻杆折断事故，须将断落钻杆打捞上来，并检查原因，换用新的或大钻杆继续钻进。

6. 钻孔漏浆

（1）漏浆原因　在透水性强或有地下水流动的地层中，稀泥浆会向孔外漏失；护筒埋设太浅，回填土不密实或护筒接缝不严密，会在护筒刃脚或接缝处漏浆；也可能由于水头过高使孔壁渗浆。

（2）预防与处理　为防止漏浆，可加稠泥浆或倒入粘土慢速转动，或用填土渗片、卵石，反复冲击增强护壁；在有护筒防护范围内，接缝处漏浆，可由潜水工用棉絮、快干水泥渗泥堵塞，封闭接缝。

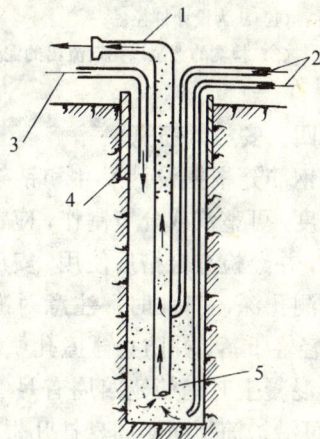

图 12-27　抽浆清孔

1—泥浆砂石渣喷出；2—通入压缩空气；
3—注入清水；4—护筒；5—孔底沉积物

三、清孔

钻孔过程中必有一部分泥浆和钻渣沉于孔底，必须将这些沉积物清除干净，才能使灌注的混凝土与地层或岩层紧密结合，保证桩的设计承载能力。清孔方法有三种。

（一）抽浆清孔

用空气吸泥机吸出含钻渣的泥浆而达到清孔。由风管将压缩空气输进排泥管，使泥浆形成密度较小的泥浆空气混合物，在水柱压力下沿排泥管向外排出泥浆和孔底沉渣，同时用水泵向孔内注水，保持水位不变直至喷出清水或沉渣厚度达设计要求为止，适用孔壁不易坍塌，各种钻孔后的柱桩和摩擦桩（图12-27所示）。

（二）掏渣清孔

用掏渣筒或大锅锥掏清孔内粗粒钻渣，适用于冲抓、冲击、简便旋转成孔的摩擦桩。

（三）换浆清孔

正反循环旋转钻机可在钻孔完成后不停钻、不进尺，继续循环换浆清渣直至达到清理泥浆的要求，适用于各类土层的摩擦桩。

清孔时要注意避免发生坍孔事故，必须保证孔内的静水压力大于孔外的水头压力。

清孔的质量要求见表12-11。

清 孔 质 量 要 求 表 12-11

	摩 擦 桩	柱 桩
孔底沉淀土	中小桥：≤（0.4～0.6）d 大桥按设计文件规定	不大于设计规定
泥浆含砂率	＜4％	＜4％
泥浆比重	1.05～1.20	1.05～1.20
泥浆粘度	17～20s	17～20s

注：(1) d 为设计桩径；
　　(2) 检测的泥浆以孔口流出的泥浆为准。

四、安放钢筋笼

钢筋笼根据设计尺寸和钻架允许起吊高度，可整节或分节制作，应在清孔前制成，并经检查合格后使用。安放钢筋笼前须测孔深，安放时，注意对准桩位中心，轻轻下落，并防止碰撞孔壁。为保证灌注混凝土时钢筋笼四周有足够的保护层，可沿护筒顶面四周悬挂几根钢管，其长度为钢筋笼长度的一半。如保护层为5cm，则可用 $\phi 3.8\sim 4$cm 的钢管，或用直径为10cm 的混凝土块，穿在钢筋笼的箍筋上。钢筋骨架达到设计高程后，即将骨架固定在孔口，立即灌注水下混凝土。

五、水下混凝土灌注

目前我国采用直升导管灌注水下混凝土。

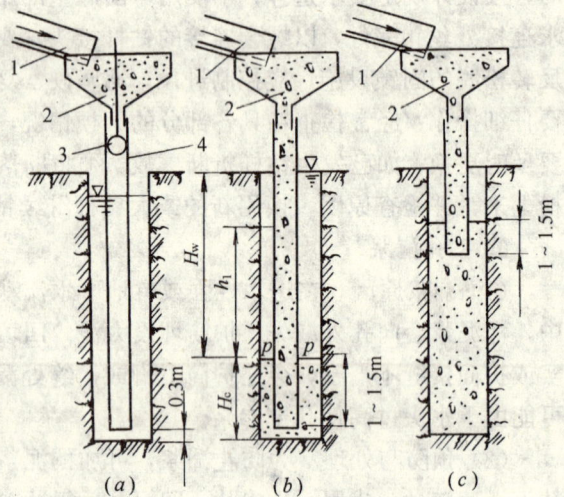

图 12-28　灌注水下混凝土
1—通混凝土储料槽；2—漏斗；3—隔水球；4—导管

（一）灌注方法

导管法的施工过程如图12-28所示。

将导管居中插入到离孔底0.30～0.40m（不能插入孔底沉积的泥浆中），导管上口接漏斗，在接口处设隔水球，以隔绝混凝土与管内水的接融。在漏斗中存备足够的混凝土，放开隔水球，存备的混凝土通过隔水球向孔底猛落，这时孔内水位骤涨外溢，说明混凝土已灌入孔内。若落下有足够数量的混凝土则将导管内水全部压出，并使导管下口埋入孔内混凝土内1～1.5m 深，保证钻孔内的水不可能重新流入导管。随着混凝土不断通过漏斗、导管灌入钻孔，钻孔内初期灌注的混凝土及其上面的水泥浆或泥浆不断被顶托升高，相应地不断提升导管和拆除导管，直至钻孔内混凝土灌注完毕。

导管的直径和壁厚可按表12-12和表12-13选用。导管的分节长度应便于拆装与搬运，一般为1～2m，最下面一节导管应较长，一般为3～4m。导管两端用法兰盘及螺栓连接，并垫橡皮圈以保证接头不漏水，导管内壁应光滑，内径大小一致，连接牢固在压力下不漏水。为了首批灌注的混凝土数量能保证将导管内的水全部压出并满足导管初次埋入深度的需要，应计算漏斗应有的最小容量而确定漏斗的尺寸大小。漏斗和储料槽最小容量（m³）为：

由图 12-28 所示：

导管直径表		表 12-12
导管直径 （mm）	通过混凝土数量（m³/h）	桩径 （m）
200	10	0.6～0.9
250	17	1.0～1.5
300	25	>1.5
350	35	>1.5

导管壁厚度	表 12-13
	导管壁厚（mm）	
导管长度 （m）	导管直径 200～250 （mm）	导管直径 300～350 （mm）
<30	3	4
30～50	4	5
50～100	5	6

$$V = h_1 \times \frac{\pi d^2}{4} + H_c \times \frac{\pi D}{4} \tag{12-6}$$

式中　H_c——导管初次埋深加开始时导管离孔底的间距（m）；

　　　h_1——孔内混凝土高度达 H_c 时，导管内混凝土柱与导管外水压平衡所需高度（m）；
　　　　　（其中 p 为等压面）

$$h_1 = \frac{H_w \gamma_w}{\gamma_c} \tag{12-7}$$

式中　H_w——孔内混凝土面至孔内水面的距离（m）；

　　　γ_w、γ_c——孔内水或泥浆、混凝土容重（混凝土容重取 2.4t/m³）；

　　　d、D——导管、钻孔桩直径（m）。

漏斗顶端应比桩顶（桩顶在水面以下时应比水面）高出至少 3m，以保证灌注混凝土最后阶段时，管内混凝土须能满足顶出桩管外混凝土及其上的水或泥浆重量的需要。

【例 12-2】　设钻孔直径 1.5m 无扩孔，导管直径 0.25m，钻孔深度为孔内水面以下 50m，泥浆比重 1.1，孔底有沉淀土 0.1m，导管底至孔底 0.4m，导管埋入混凝土中 1.0m，求首批混凝土的最小储量。

【解】　$H_c = 1 + 0.1 + 0.4 = 1.5$m

　　　　$H_w = 50 - 1.5 = 48.5$m

　　　　$h_1 = 48.5 \times \frac{1.1}{2.4} = 22.23$m

　　　　$V = 22.23 \times \frac{\pi \times 0.25^2}{4} + 1.5 \times \frac{\pi \times 1.5^2}{4}$

　　　　　$= 3.74$m³（8.9t）

若采用 0.4m³ 的混凝土拌和机则需要拌和 10 拌混凝土、重约 9t，需考虑 10t 以上的起吊设备。

（二）对混凝土材料的要求

由于是水下灌注混凝土，为了保证质量，混凝土的配合比应按设计强度的混凝土标号提高 20% 进行设计，混凝土应有必要的流动性，坍落度宜在 180～220m 范围内；每 m³ 混凝土水泥用量不得少于 350kg，水灰比宜用 0.5～0.6，并可适当提高含砂率（宜采用 40%～50%），使混凝土有较好的和易性；为防卡管，石料尽可能采用卵石，适宜粒径为 5～30mm，最大粒径不应超过 40mm。

（三）灌注事故的预防及处理

灌注水下混凝土是成桩的关键性工序，灌注过程中应明确分工，密切配合，统一指挥，做到快速，连续施工，防止发生质量事故。

如出现事故时，应分析原因，采取合理的技术措施，及时设法补救。对于确实存在缺点的钻孔桩，应尽可能设法补强、不宜轻易放弃，造成过多的损失。

经过补强、补救的桩，经认真的检验认为合格后，方可使用。对于质量极差，确实无法利用的桩，应与设计单位研究，采用补桩或其它措施。

1. 导管进水

主要原因

（1）首批混凝土储量不足或安置导管或混凝土储量已够但在提升导管准备开启栓阀时，导管底口距孔底的间距过大，混凝土下落后，不能埋设导管底口，以致泥水从底口进入；

（2）导管接头不严，接头间橡皮垫被导管高气囊挤开，或焊缝破裂，水从接头或焊缝中流入；

（3）导管提升过猛或测深有误，导管底口超出原混凝土面，底口涌入泥水。

预防和处理方法：查明事故原因，采取相应措施加以预防。

（1）若是上述第一种原因引起的，应即将导管提出，将散落在孔底的混凝土拌和物用空气吸泥机或抓斗清出，然后重新下导管并准备足够储量的首批混凝土重新灌注。

（2）若是第二、三种原因引起的，应视具体情况，拔换原管重下新管或用原导管插入续灌，但灌注前均应将进入导管内的水和沉淀土用吸泥和抽水的方法吸出。最后用潜水泵将管内的水抽干，继续灌注混凝土。为了防止抽水后导管外的泥水穿透原灌注的混凝土从导管底口翻入，导管插入混凝土内应有足够的深度，一般宜大于 0.5m。由于潜水泵不可能把导管内的水全部抽干，续灌的混凝土配合比应增加水泥量提高稠度再灌入导管内。以后的混凝土可恢复正常的配合比。

2. 卡管

在灌注过程中，混凝土在导管中下不去称为卡管，有如下二种情况。

（1）初灌时隔水栓卡管：由于混凝土本身的原因，如坍落度过小，流动性差，夹有大卵石，拌和不均匀，运输途中产生离析，导管接缝处漏水，雨天运送混凝土未加遮盖，使混凝土中的水泥浆流失，粗骨料集中而造成导管堵塞。

处理办法可用长杆捣振导管内混凝土，用吊绳抖动导管或在导管上安装附着式振捣器等使隔水栓下落。如仍不能下落时，则须将导管连同其内的混凝土提出钻孔，进行清理和修整，然后重新吊装导管，重新灌注。

提取导管时应注意导管上重下轻，防止翻倒伤人。

（2）当由于某种原因使混凝土在导管内停滞时间过久，增大了管内混凝下落的阻力而堵管。预防方法是灌注前应仔细检修灌注机械，并准备备用机械，必要时可在首批混凝土中掺入缓凝剂，以延缓混凝土的初凝时间。

当灌注时间已久，导管内有堵塞的混凝土，此时处理方法是将导管拔出，用吸泥机将孔内表层混凝土和泥浆，渣土等吸出，重下新导管灌注，但灌注结束后，这根桩宜作断桩再予补强。

3. 坍孔

在灌注过程中如发现孔内护筒水位（泥浆）突然上升溢出护筒，随即骤降冒出气泡，应怀疑是坍孔征象，可用探绳测孔深。

坍孔原因可能是护筒底脚周围漏水，孔内水位降低，或在潮汐河流中，当涨潮时，孔内水位差减小，不能保持原有静水压力，以及由于护筒周围堆放重物或机器振动等均可引起坍孔。

发生坍孔后，应查明原因，采取相应措施，如保持或加大水头，移开重物，排除振动等，防止继续坍孔，然后用吸泥机吸出坍入孔内的泥土，如不继续坍孔，可恢复正常灌注。

如坍孔仍不停止，坍塌部位较深，宜将导管拔出，保存孔位，以粘土回填，将坍塌稳定后，掏出或吸出回填土，重新下导管灌注混凝土。但这种桩也应按断桩采取补强处理。

4. 埋管

导管无法拔出称为埋管。其原因是导管埋入混凝土过深，导管内外混凝土已初凝使导管与混凝土间摩阻力过大，或提管过猛将导管拉断。

预防方法应严格控制埋管深度不得超过 6 米，在导管上端装设附着式振捣器，每隔数分钟振动一次，使导管周围的混凝土不致过早初凝，首批混凝土掺入缓凝剂，加速灌注速度，导管接头螺栓应事先检查是否稳妥，提升导管时不可猛拔。

若埋管已经发生，初时可用滑车组、倒链（神仙葫芦）、千斤顶试拔。如仍拔不出，当桩孔较大，已灌注的表层混凝土尚未初凝时，可另下一根导管，按导管漏水事故处理；如表层混凝土已初凝，新管插不下去，则按断桩处理。

当已灌注的混凝土距桩顶不深时，可将原护筒向上接长（或外加一道钢护筒）加压或锤击使护筒底脚沉到已灌注的混凝土面以下，抽除孔内剩余的水或泥浆，除渣后，接灌普通混凝土。

（四）质量检验和质量标准

1. 灌注水下混凝土严禁有夹层和松散层；

2. 应至少有 1.5～2m 的预留段。

3. 钻孔灌注桩允许偏差见表 12-14。

4. 每根灌注桩应留取不少于 2 组的混凝土抗压试块；桩长 20m 以上者不少于 3 组；桩径大，浇筑时间很长时，不少于 4 组。

5. 钻孔灌注桩应以钻取芯样法或超声波法、机械阻抗法、水电效应法等无破损检测法对桩的匀质性进行检测，检测时应符合下列规定：

（1）宜对各墩台有代表性的桩用无破损法进行检测，重要工程或重要部位的桩宜逐根进行检测，无条件用破损法检测时以及钻孔桩为柱桩时，应采用钻取芯样法对至少（3%～5%）根（同时不少于 2 根）桩进行检测；对柱桩并应钻到桩底 0.5m 以下；

（2）对质量有怀疑的桩及因灌注故障处理过的桩，均应进行检测。

编 号	项 目	允 许 偏 差	附 注
1	孔的中心位置	群桩：不大于 10cm 单排桩：不大于 5cm	斜桩以水平面偏差值计算
2	孔 径	不小于设计桩径	
3	倾 斜 度	直桩：小于 1/100 斜桩：小于设计斜度的 ±2.5%	
4	孔 深	摩擦桩：不小于设计规定 柱桩：比设计深度超深不小于 5cm	柱桩是指支承在 岩面及嵌入岩层的桩

钻孔灌注桩成孔质量允许偏差 表 12-14

第三节　桥梁打入桩施工

打入桩靠桩锤的冲击能量将桩打入土中。墩、台所用的基桩主要为预制钢筋混凝土桩或预应力混凝土桩；特大桥墩、台采用钢管桩；临时的打桩支架或农村小桥一般采用木桩

打入桩工序见图 12-29 所示。

一、钢筋混凝土桩制作

桥梁工程中常用方形与矩形桩和管桩，方形与矩形桩断面尺寸一般为 0.3×0.35、0.4×0.4、0.45×0.45m 等几种，桩长一般为 10~28m；管桩（包括普通的和预应力的）一般由工厂以离心成型法制成，断面尺寸外径为 0.4 和 0.5m，每根桩超过三节，各节长度为 4、6、8m 不等。

目前中、小桥的基桩一般都为施工现场预制，也可在预制厂预制。

（一）制桩场地

场地应考虑吊桩设备的安装、拆卸和运桩便道的布置，并根据地基及气候条件，作好排水，以防场地浸水沉陷，使桩变形。地基应整平夯实，其上面铺压一层砾料或石灰土，表面用水泥砂浆抹平压光并涂以隔离剂，以作制桩底模。

（二）侧模的支立

由于工地现场有限和便于桩的养护可采用间隔和重叠立侧模，无论采用何种浇筑方法，模板与桩、桩与桩之间均需涂刷隔离剂或隔离层，并注意上、下节桩的排列顺序，以防在打桩时，产生不必要的麻烦。

（三）钢筋

桩的主筋应用整根钢筋，如须接长，均应焊接，不允许用绑扎接头，焊接处强度不得低于钢筋的强度，相邻钢筋的接头位置要相互错开，其距离不小于钢筋直径的 30 倍，在同一截面中钢筋接头不应超过主筋总数的 1/4。

（四）混凝土

同一根桩的混凝土配合比不能随意改变，并用搅拌机拌和，坍落度不得大于 60mm；浇筑顺序应由桩尖开始向桩顶连续浇筑，并用插入式振捣器严密捣实。混凝土浇筑后应及时覆盖并洒水养护，养护天数按采用的水泥种类与气温而定，但不得少于 7 天。

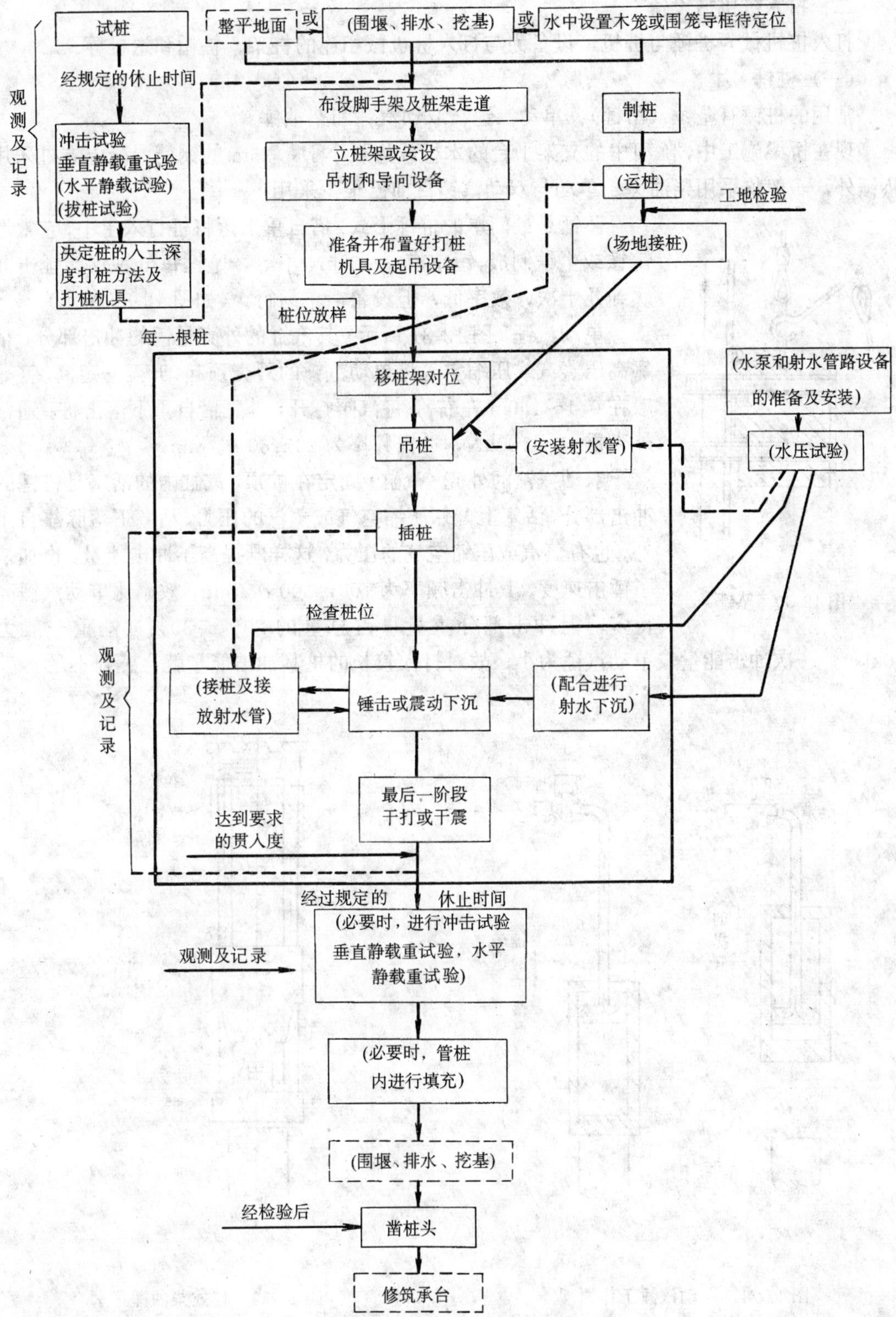

图 12-29　打入桩工序图解

二、打入桩机械设备

打入桩机械为桩锤与桩机，设备为与打入桩机械相连的桩架、桩帽和送桩等。

（一）桩锤

常用的桩锤有坠锤（吊锤）、单动汽锤、双动汽锤和柴油锤。

现在桥梁施工中，除河中的支架平台的木桩或边长小于 0.25m 的钢筋混凝土方桩采用坠锤外，一般均采用柴油锤。单动与双动汽锤目前已很少采用。

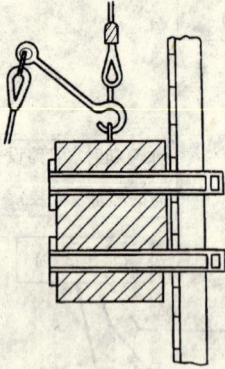

图 12-30 坠锤

坠锤是最简单的桩锤形式。借自重下落将桩打入土中，它常用铸铁或生铁制成，锤重有 5～50kN 不等，坠锤每分钟仅能锤击几次到几十次，效率低，但设备简单易行。（如图 12-30 所示）。

单动汽锤（图 12-31 所示）其汽缸的外壳是锤的冲击部分，依靠高压蒸汽或压缩空气将单动汽锤的外壳顶起，升至一定高度（一般在 0.4～1.0m 左右），将汽阀打开，外壳借自重下落击桩。通常外壳重 10～100kN，冲击频率为 20～60 次/min。

双动汽锤的外壳（汽缸）固定在桩顶，汽缸内的活塞是桩锤的冲击部分，活塞上升靠压缩空气或蒸汽的压力，活塞下落除靠自重外，也有蒸汽或压缩空气的压力，这样既提高了冲击能量，也加快了锤击速度，其冲击频率为 100～300 次/min，效率比单动汽锤高得多，但冲击部分重量只占总重的 20%～30%（锤重一般为 50kN），一次冲击能量较单动汽锤为小，故对打入较长的桩其冲击能量就会感到不足。

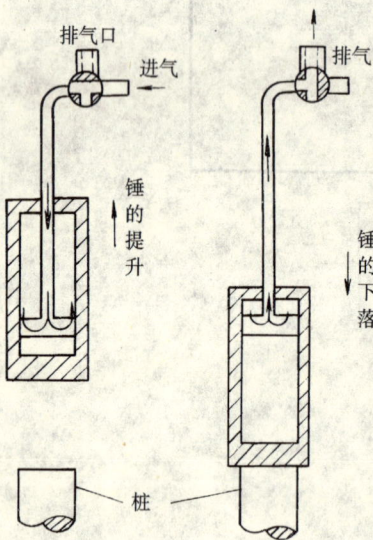

图 12-31 单动汽锤工作原理

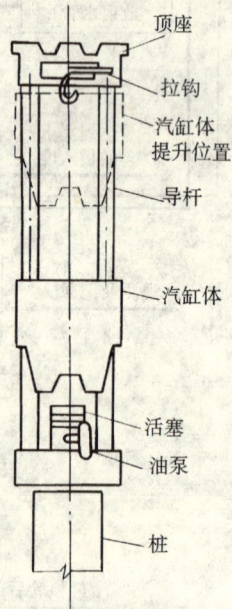

图 12-32 杆式柴油锤

柴油锤是一种自身既是桩锤又是动力发生器的联合装置。锤的种类有杆式和筒式两种。杆式柴油锤如图 12-32 所示，将柴油锤放在桩顶上，先将汽缸（冲击部分）沿导杆提升至顶座处用钩挂住，然后牵动拉钩使汽缸体脱钩下落，撞击油泵摇臂，驱使油泵送油入活塞。当汽缸与活塞接融时，汽缸内空气受压缩发热，将活塞喷嘴喷出的成雾状柴油点燃发生爆炸，爆炸力一面使桩下沉，同时又使汽缸体上升，当它再落下时又发生爆炸。关闭油泵，锤就停止工作。杆式柴油锤有 6～40kN 不等，筒式柴油锤有 18～100kN 不等。

（二）桩锤的选择

1. 按桩长与桩截面选择见表 12-15。

根据桩长与桩截面选择桩锤（钢筋混凝土方桩）　　　　　　　表 12-15

桩长（m）　桩截面（m²）　　桩锤重（kN）　　打桩形式	支　架	船　上	陆　上
$L \leqslant 8$，$S \leqslant 0.05$	6	6	6
$L \leqslant 8$，$S = 0.05 \sim 0.105$	12	12	12
$L = 8 \sim 16$，$S = 0.105 \sim 0.125$	18	18	18
$L = 16 \sim 24$，$S = 0.125 \sim 0.16$	25	25	25
$L = 24 \sim 28$，$S = 0.16 \sim 0.225$	40	40	35
$L = 28 \sim 32$，$S = 0.225 \sim 0.25$	50	50	50
$L = 32 \sim 40$，$S = 0.25 \sim 0.30$	70	70	70

注：①钢筋混凝土方桩，桩长 8～28m，选用 12～40kN 的桩锤；
　　②钢管桩，当直径在 406.40～914.40mm，桩长在 30～70m，选用 25～70kN 的桩锤。

2. 按锤重与桩重的比值选择（表 12-16）

锤重与桩重比值表　　　　　　　　　　表 12-16

桩 的 类 别	锤 的 类 别			
	单动汽锤	双动汽锤	柴油机锤	吊　锤
钢筋混凝土桩	0.4～1.4	0.6～1.8	1.0～1.5	0.35～1.5
木　桩	2.0～3.0	1.5～2.5	2.5～3.5	2.0～4.0
钢板桩	0.7～2.0	1.5～2.5	2.0～2.5	1.0～2.0

注：①锤重指锤体总重，桩重包括桩帽、桩垫、送桩等重量；
　　②本表仅适用于桩长不超过 20m，超过 20m 长的桩可配合射水沉桩；
　　③桩基土质松软时采用低限值，紧硬时采用高限值。

3. 按桩周与桩尖的阻力选择

按桩的垂直允许承载力计算，公式为

$$P = \Sigma F_i \times f_i + A \times R \qquad (12\text{-}8)$$

式中　P——单桩允许承载力；

　　　F_i——各层土的桩周面积；

　　　f_i——相应该土层与桩周的阻力系数；

　　　A——桩尖断面积；

　　　R——桩尖阻力系数。

当锤的冲击力大于单桩允许承载力时，桩便下沉，一般适用于桩长大于 70m 的钢管桩所选择的桩锤公式。

桩锤选择时宜采用重锤轻击，但桩锤过重，则各种机具、动力设备都需加大，不经济；不宜采用轻锤重击，若遇硬土则桩打不下或易打碎桩顶。

（三）桩架

桩架的作用是装吊桩锤、插桩、打桩，控制桩锤的上下方向。它包括导杆（又称龙门，控制锤和桩在打桩时的上下及打入方向），起吊设备（滑轮、绞车、动力设备）等，撑架（支撑导杆）及底盘（承托以上设备）等组成。

桩架在结构上必须有足够的强度、刚度和稳定性，保证在打桩过程的动力作用下桩架不会发生移动和变位。

桩架常用的有木桩架和钢桩架，图 12-33 所示的木桩架，它适用于吊锤或小型单动汽锤。柴油锤本身带有定型的钢制桩架，由型钢组成，桩架移动时可采用自身的动力装置来牵引移动。

钢制万能打桩架的底盘带有转台和车轮（下面铺设钢轨），撑架可以调整导向杆的斜度，不仅能打垂直桩还能打斜桩，能沿轨道移动，在水平面作 360°旋转，施工很方便，但桩架本身笨重，拆装运输较困难。

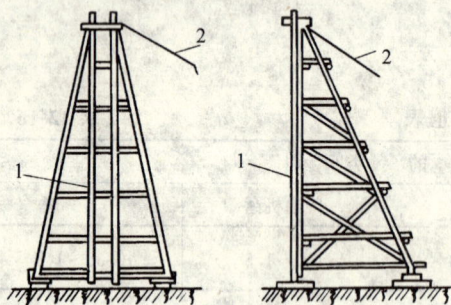

图 12-33　桩架
1—导杆；2—风缆

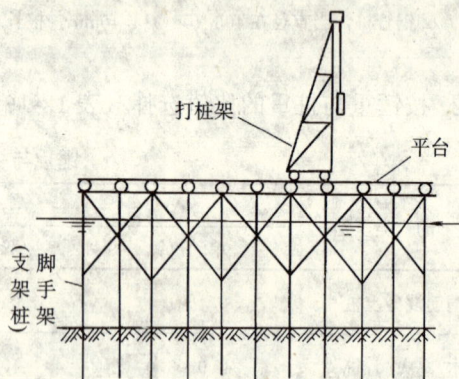

图 12-34　脚手架平台上安设桩架

在水中的墩台桩应先打好水中脚手桩（支架桩）。上面搭设打桩工作平台（图 12-34 示）；当水中墩台较多或河水较深时，也可采用将打桩架放在船上施工，但必须用 30%的船载压仓。

（四）桩帽

桩帽主要用于承受冲击，保护桩顶，在打桩时能保证锤击力作用于桩的中轴而不偏心。要求构造坚固，垫木易于拆除或整修。桩帽尺寸要求与锤底、桩顶及导向杆吻合，并设置有挂千斤绳的耳环，以便起吊。桩帽顶与锤底间应填以如橡木树脂、硬桦木、合成橡胶等硬质材料；桩帽底与桩顶间应垫以麻布、草垫、草纸、废轮胎等软质材料。桩垫的厚度直接影响工作效率，打钢管桩的桩帽硬垫层厚度为 15～20cm；钢筋混凝土管桩和方桩的桩帽硬垫层厚度为 20～25cm。

（五）送桩

当桩顶高程在地面以下或水面以下时，无法直接用锤击，可用送桩将桩顶高程送到必要的设计高程。

送桩的结构强度不应小于桩的强度，长度应为桩锤可能降到的最低高程与桩顶的设计高程之差，并加以适当的富余量。

若桩顶高程很低，可用长短两种送桩。当桩打到桩锤不能再打时，接上短送桩继续打，短送桩打到桩锤不能再打时，拔出短送桩，换上长送桩继续打，直至高程位置。

三、打桩注意事项

1. 为了避免或减轻打桩时由于土体的挤压，使后打桩打入困难或先打入的桩被推挤而发生移动，打桩顺序由基础的一端向另一端进行；当桩基础平面尺寸较大时，也可由中间向两端进行；如河、岸均有桩时，应先打岸上桩，再打河中桩。

2. 在打桩前，应检查锤的上下活动中心线与桩的中心线是否一致，桩位是否正确，桩的垂直度或倾斜度是否符合设计要求，打桩架是否安置牢固平稳，桩顶应采用桩帽、桩垫保护，以免打裂。

3. 桩锤击初期应轻击慢打，锤击中期应重击快打，锤击后期应重击慢打；每次锤击能不宜过大，一般坠锤落距不得大于 2.0m，单动汽锤落距不宜大于 1.0m，随着桩的打入，可以增大锤击的冲击能量。

4. 在打桩过程中，随着桩的入土深度增加，其贯入度将随之减小，它反映了桩的承载能力，应记录好桩的贯入度；当桩尖已下沉到设计高程，但最后贯入度（最后十击的平均贯入度）仍未达到设计要求，应接桩继续打，直至达到要求的贯入度为止；如 26m 的二节桩（摩擦桩），用 25kN 的柴油锤其最后贯入度为 1.5～3.0cm；若用 40kN 的柴油锤其最后贯入度为 2.4～4.8cm，对于特大桥梁和地质复杂的大、中桥，打桩工程开始前应进行试桩和静载试验，以确定基桩的入土深度，保证基桩具有设计的承载能力。

5. 承受轴向荷载的摩擦桩，其控制入土深度应以高程为主，而以贯入度作参考；端承桩的入土深度控制应以贯入度为主，而以高程为参考。

6. 打桩过程中应随时注意观测打入情况，防止基桩的偏移，并填写好打桩记录；打桩时，如遇桩身突然倾斜、锤击时锤严重回弹、桩的贯入度突然变化、桩头破损、桩不下沉或急剧下沉，桩身产生裂缝等情况，应暂停打桩并查明原因，采取措施（如：射水沉桩法配合锤击；换桩锤；改变打桩设备；加固桩身等）后方可继续施工。

四、打入桩的质量检验与质量标准

（一）质量检验

打桩完毕后应按规定检查，方可浇筑基础或承台。

桩打入后，桩身不得有劈裂；接桩必须牢固、顺直。钢管桩现场接桩焊接的电焊质量应通过探伤检验，并符合设计要求。板桩接缝必须整齐，不得脱榫，排列直顺。

（二）打入桩的允许偏差见表 12-17。

序号	项目			允许偏差(mm)	检验频率 范围	检验频率 点数	检验方法
1	桥梁混凝土桩位	基础桩	中间桩	$d/2$	每根桩	1	用尺量
			外缘桩	$d/4$		1	
		排架桩	顺桥纵轴线方向 支架上	40		1	
			顺桥纵轴线方向 船上	50		1	
			垂直桥纵轴线方向 支架上	50		1	
			垂直桥纵轴线方向 船上	100		1	
2	驳岸混凝土桩位	基础桩	桩间距	＜200	每根桩	1	观察
			桩与基础边线或中线间距	＜50		1	观察
		板桩	桩间距	不脱榫		1	观察
			桩与基础边线或中线间距	＜30			用尺量
3	三角形桩尖高程			不高于设计	每根桩	1	用水准仪测量
4	贯入度			小于设计		1	查沉桩记录
5	斜桩倾斜度			15% tgθ		1	用垂线测量、计算
6	垂直桩倾斜率			1%		2	用垂线测量、计算、垂直二方向各计1点

（三）打入钢管桩的允许偏差见表12-18。

序号	项目		允许偏差(mm)	检验频率 范围	检验频率 点数	检验方法
1	停打标准		按设计规定			查沉桩记录
2	桩位	顺桥纵轴线方向	$d/10$	每根桩	1	用经纬仪测量
		垂直桥纵轴线方向	$d/5$		1	
		垂直度	$L/100$		1	用垂线测量计算
		斜桩倾斜度	±50		1	
		切割时桩顶高程			1	用水准仪测量
		桩顶端面平整度	≤10		1	用水平尺测量

序号	项　目		允许偏差（mm）	检验频率		检 验 方 法
				范围	点数	
3	焊接	接　头　间　隙	2		2	用卷尺量，纵横间各1点
		接头上下管错口　$d<700mm$	2	每根桩	1	用　尺　量
		接头上下管错口　$d\geqslant700mm$	3		2	
		咬　肉　深　度	0.5		2	
		加强层高度	2			
		加强层宽度	盖过焊口每边≥3		2	

表 12-17、12-18 中，d 为桩径或短边；L 为桩长；θ 为斜桩纵轴线与垂线间的夹角。

第四节　沉　井　施　工

沉井是修筑地下工程和深基础时而采用的一种基础施工方法。桥梁工程所采用的沉井基础与排水工程的泵站及隧道工程所采用的沉井工作坑不同。泵站作为一个结构工程，而桥梁工程中的沉井既作为一种基础的形式又是一种施工方法。

南京长江大桥的主跨基础曾采用沉井。根据现有的施工资料，在陆上制作与下沉的沉井，直径已达 68m，平均面积约 3600m²；方形沉井为 40m×40m，采用触变泥浆润滑套助

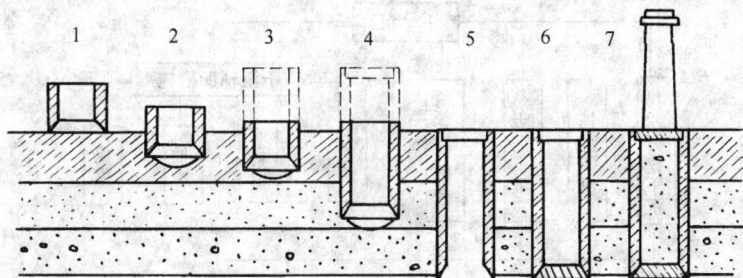

图 12-35　沉井施工程序示意图
1—沉井制作；2—挖土下沉；3—沉井接高；4—继续挖土下沉和接高；
5—清基；6—封底；7—填充和浇筑顶板混凝土

沉，其下沉深度可达 200m。沉井施工程序示意图见图 12-35；沉井施工工艺流程见图 12-36。

一般沉井的自重很大，不便运输，所以在岸滩或浅水中修建沉井时，多采用筑岛法，即先在基础的设计位置上筑岛、再在岛上制作沉井并就地下沉。

一、沉井制作

（一）平整场地筑岛

如果在岸上下沉沉井，在制作底节沉井之前应先平整场地，使其具有一定的承载能力。

```
                              ┌─────────────┐
                              │  沉井施工   │
                              └──────┬──────┘
            ┌────────────────────────┴─────────────────┐
   ┌────────┴─────────┐                          ┌──────┴──────┐
   │    浮式沉井       │                          │  筑岛沉井   │
   │（带气筒的浮式钢沉井）│                          └──────┬──────┘
   └────────┬─────────┘                     ┌───────────┴────────────┐
            │                          ┌────┴─────┐            ┌──────┴──────┐
            │                          │ 木模沉井 │            │   土模沉井  │
            │                          └────┬─────┘            └──────┬──────┘
   ┌────────┴──────────┬──────────┐        │              ┌──────────┴──────────┐
┌──┴────────────┐ ┌────┴──────────┐   ┌────┴────┐    ┌─────┴─────┐      ┌────────┴──┐
│锚碇导向及起吊设备│ │钢刃脚、钢壳及气筒制造│   │  筑岛   │    │填土内模   │      │  挖土内模 │
└──┬────────────┘ └────┬──────────┘   └────┬────┘    └─────┬─────┘      └────┬──────┘
   └────────┬──────────┘              ┌────┴────┐          └─────────┬────────┘
      ┌─────┴─────┐                   │  辅垫   │              ┌──────┴──────┐
      │ 钢刃脚拼装 │                   └────┬────┘              │  立井孔模板  │
      └─────┬─────┘                  ┌──────┴──────┐           └──────┬──────┘
      ┌─────┴─────┐                  │ 拼装钢刃脚  │            ┌──────┴──────┐
      │ 浮运就位  │                   └──────┬──────┘            │  安装钢筋   │
      └─────┬─────┘              ┌───────────┴────────┐        └──────┬──────┘
      ┌─────┴─────┐              │ 安装支撑排架及底模 │           ┌──────┴──────┐
      │  下水     │              └───────────┬────────┘           │   立外模    │
      └─────┬─────┘                   ┌──────┴──────┐            └──────┬──────┘
   ┌────────┴────────┐                │  立内模     │       ┌──────────┴──────────┐
┌──┴─────┐    ┌──────┴──┐             └──────┬──────┘       │ 灌注底节混凝土及养生 │
│起吊下水│    │ 沉船下水 │             ┌──────┴──────┐       └──────────┬──────────┘
└──┬─────┘    └──────┬──┘             │  安扎钢筋   │           ┌──────┴──────┐
   └────────┬────────┘                └──────┬──────┘           │  开挖土模   │
  ┌─────────┴──────────┐              ┌──────┴──────┐           └──────┬──────┘
  │ 悬浮状态下接高及下沉 │              │  立外模     │                  │
  └─────────┬──────────┘              └──────┬──────┘                  │
      ┌─────┴─────┐         ┌────────────────┴──────┐                  │
      │ 精确定位  │         │ 灌注底节混凝土及养生   │                  │
      └─────┬─────┘         └────────────────┬──────┘                  │
      ┌─────┴─────┐                   ┌──────┴──────┐                  │
      │ 放气落底  │                   │   抽垫      │                  │
      └─────┬─────┘                   └──────┬──────┘                  │
            └──────────────────────────────┬─┴──────────────────────┘
                                    ┌───────┴───────┐
                                    │    下  沉     │
                                    └───────┬───────┘
```

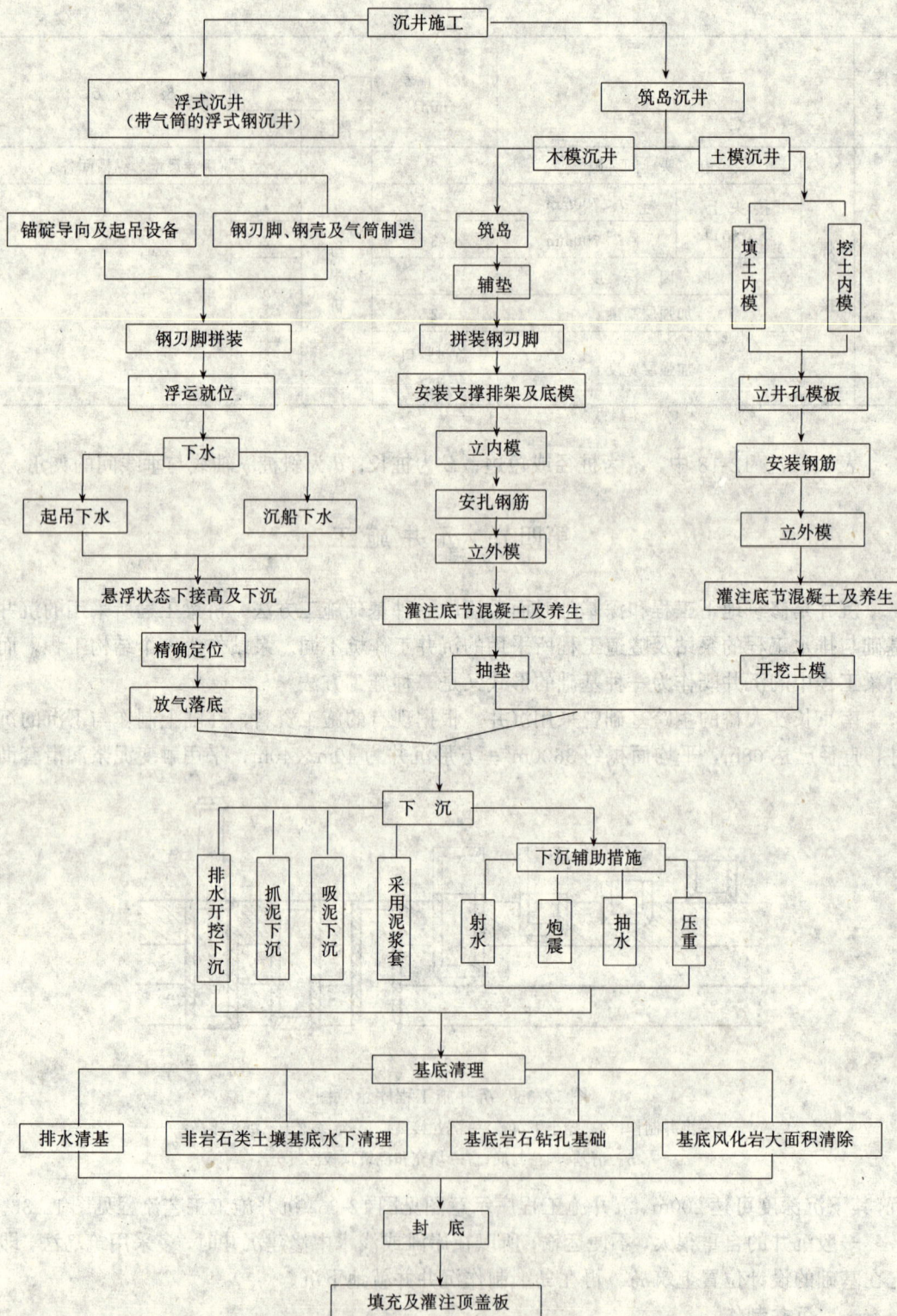

图12-36　沉井施工工艺流程

若地面土质松软，应铺设一层不小于 0.5m 厚的粗砂或砂夹卵石，并夯实，避免沉井在浇筑混凝土之初，由于地面下沉不均匀而产生裂缝。若沉井下沉位置在水中，就需先在水中筑岛，再在岛上制作沉井。

水中筑岛的要求可看本章第二节有关内容，还应符合以下要求：

1. 筑岛尺寸应满足沉井制作及抽垫等施工要求，无围堰筑岛（图 12-37），一般须在沉井周围设置不小于 2m 宽的护道；有围堰筑岛其护道宽可按式（12-8）计算：

$$b \geqslant H \mathrm{tg}\left(45° - \frac{\varphi}{2}\right) \qquad (12-9)$$

式中　H——筑岛高度；

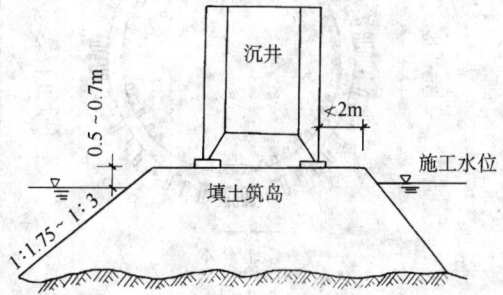

图 12-37　土岛

　　φ——筑岛土饱和水时的内摩擦角。

护道宽度在任何情况下不应小于 1.5m；如实际采用护道宽度 b 小于式（12-9）计算值，则应考虑沉井重力等对围堰所产生的侧压力影响。

2. 筑岛材料应用透水性好、易于压实的砂土或碎石土等，且不应含有影响岛体受力及抽垫下沉的块体；岛面及地基承载力应满足设计要求；无围堰筑岛临水面坡度，一般可采用 1：1.75 至 1：3；

3. 在施工期内，水流受压缩后，应保证岛体稳定，坡面、坡脚不被冲刷，必要时应采取防护措施；

4. 在斜坡上筑岛时，应有防滑措施；在淤泥等软土上筑岛时，应将软土挖除换填或采取防护措施。

筑岛填土时，水面以上部分应分层夯实，每层厚度不应大于 0.3m。

（二）沉井制作

沉井一般采用混凝土或钢筋混凝土制作，其强度一般不应低于 15 号。

1. 沉井分节

沉井分节制作高度，应能保证其稳定性，又有适当重力便于顺利下沉。底节沉井的最小高度，应能抵抗拆除垫木或挖除土模时的竖向挠曲强度，当上述条件许可时，应尽可能高些，一般每节高度不宜小于 3m。

2. 铺设承垫木

铺设承垫木时，应用水平尺进行找平，要使刃脚在同一水平面上，承垫木下应用 0.3～0.5m 厚的砂垫层填实，高差不应大于 3cm；相邻两块承垫木高差不应大于 0.5cm。

承垫木顶面应与刃脚底面紧贴，使沉井重力均匀分布于各垫木上；承垫木可单根或几根编成一组铺设，但组与组之间最少需留有 0.2～0.3m 的空隙，以便能顺利地将承垫木抽出。

为便于抽除刃脚的承垫木，尚需设置一定数量的定位垫木，使沉井最后有对称的着力点，如图 12-38 所示。确定定位垫木的位置时，以沉井井壁在抽除承垫木时，所产生的跨中与支点的正负弯矩的绝对值相接近为原则。对于圆形沉井的定位垫木，一般对称设置在互成 90°的四个支点上（图 12-38a）；方形沉井的定位垫木在 4 个角上；矩形沉井的定位垫木，

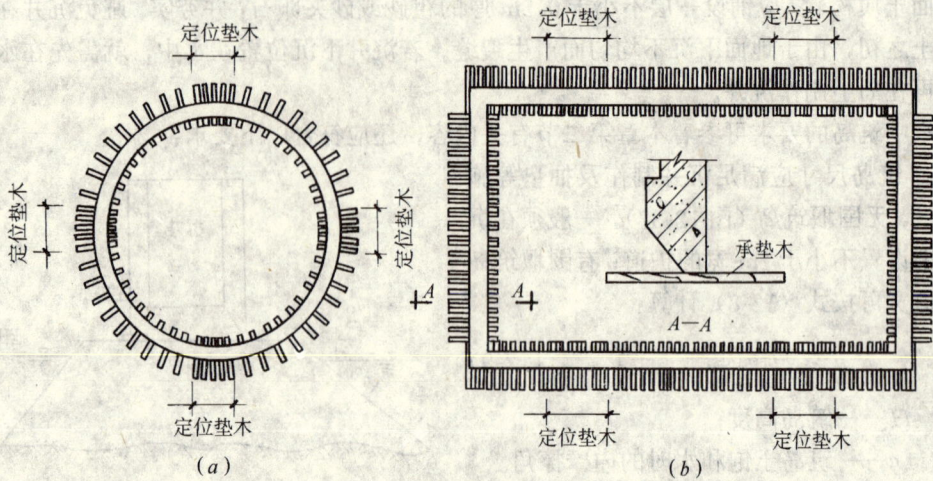

图 12-38　承垫木的平面位置

一般设置在两长边，每边设 2 个（图 12-38b），当沉井长边 l 与短边 b 之比为 $2 > l/b \geqslant 1.5$ 时，两个定位支点间的距离为 $0.7l$；当 $l/b \geqslant 2$ 时，则为 $0.6l$。

3. 模板及其拆除

为了加快施工进度，目前现场已采用整体拼装式井孔模板。采用钢制模板，具有强度大，周转次数多等优点。

沉井的非承重的侧模在混凝土强度达到设计强度的 50% 便可拆除；刃脚下的侧模，在混凝土强度达到设计强度的 75% 方可拆除。当混凝土强度达设计强度的 100% 时，沉井方可下沉。

4. 施工缝处理

沉井井壁的水平施工缝应留在底板、凹槽、凸榫或沟、洞底面以下，如图 12-39 所示，高度应不小于 0.2~0.3m。

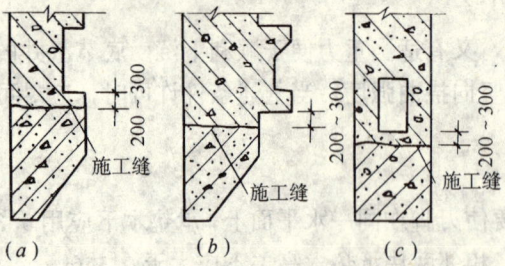

图 12-39　施工缝的位置
单位：mm

施工缝有平缝（图 12-40a）、凸或凹式施工缝（图 12-40b）和钢板止水施工缝（图 12-40c）。沉井井壁任一部位均不宜设置竖向施工缝。

（三）沉井制作的质量要求

沉井制作完成后，其实际尺寸与设计尺寸的允许偏差应符合表 12-19 中的要求。

二、沉井下沉

沉井下沉主要是通过从井孔除土，清除刃脚上正面阻力及沉井的内壁阻力，依靠沉井的自重下沉。

在稳定土层中，渗水量不大时（每平方米沉井面积渗水量不大于 $1m^3/h$ 时），可采用排水开挖法下沉；不排水开挖下沉一般使用抓土斗、空气吸泥机和水力吸泥等工具，并配以射水松土，亦应配备潜水工班。

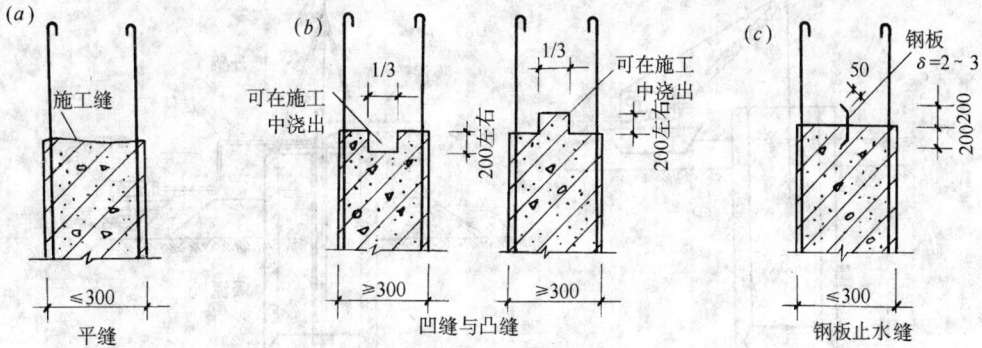

图 12-40　施工缝类型（单位：mm）

沉井制作尺寸的允许偏差　　　　　　　　　　　　表 12-19

项　次	偏　差　名　称	允　许　偏　差
1	横断面尺寸 （1）长、宽 （2）曲线部分的半径 （3）两对角线的差异	$\pm 0.5\%$，当长、宽大于 24m 时，± 12cm $\pm 0.5\%$，当半径大于 12m 时，± 6cm $\pm 1\%$，最大 ± 18cm
2	井壁厚度： （1）混凝土、片石混凝土 （2）钢筋混凝土	$\begin{cases}+40mm\\-30mm\end{cases}$ ± 15mm

（一）抽除垫木

抽除垫木是沉井下沉过程极其重要的一环。抽除垫木应分区、依次、对称、同步地进行。垫木抽出几组后，应及时回垫砂或砂夹碎（卵）石，并分层洒水夯实。抽垫过程密切注意沉井偏斜，在沉井顶面、左右设置若干测点，支撑拆除前后观测一次；刃脚支撑拆除前后观测一次；每抽出一组垫木前后各观测一次。

（二）排水开挖下沉

当土质松软时，可在沉井中部逐渐向四周均匀扩挖；土质较坚实时，在沉井中部挖深 0.4～0.5m 后继续向四周扩挖；对坚硬土层，可将刃脚下掏空并回填砂土（定位垫木处最后掏空，再分层分次挖回填砂土；对岩层（风化或软质岩层）可用风镐或风铲挖除，亦可打眼爆破。

排水开挖时，应选择适当位置布设集水井排水或采用井点系统降水。

排水下沉速度不宜过快，应根据沉井大小、入土深度、地质情况而定，一般每天下沉 0.5～1m。

（三）不排水开挖下沉

常用的挖土机械是抓斗（图 12-41a）。抓斗遇到细砂和粉砂时，土粒很易从抓斗中流失，效率不高。

吸泥机种类很多，常用的是空气吸泥机，将水和泥砂一起排出井外（图 12-41b），为防止水位下降，产生流砂现象，应向井内灌水，以保持井内水位高于井外水位 1.0～3.0m。

沉井在下沉过程中，应经常进行观测，若发现有倾斜或偏移及时纠正。

269

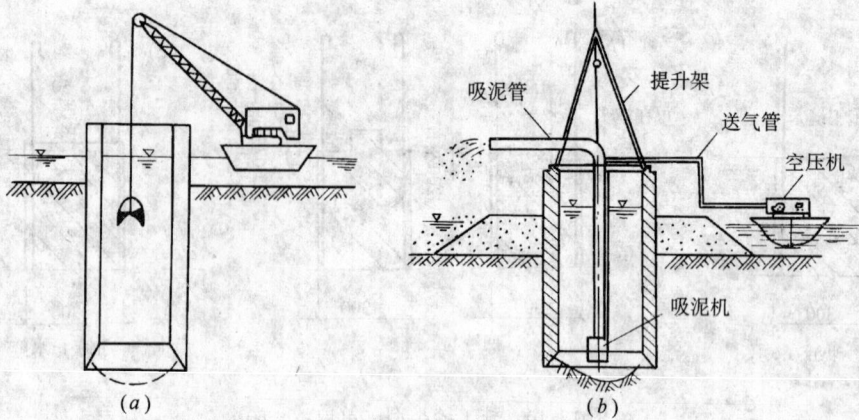

图 12-41 不排水开挖下沉示意

（四）沉井接高

当底节沉井顶面下沉至离土面较近时，其上可接筑第二节沉井。接筑时应尽量使底节保持竖直，否则两节沉井的中心轴不在一条直线上，下沉时易倾斜。第二节沉井接高后，挖土下沉与底节相同，当前一节沉井顶面下沉呈土面较近时，都可在其上再接筑次一节沉井，直至下沉到设计高程。

三、沉井封底

当沉井刃脚下沉至设计高程后，应对基底按设计要求清理并进行封底。

（一）沉井基底清理

排水下沉时，工作人员可以下到沉井内进行清理和检查。不排水下沉时，须潜水员下到井底或用钻机取样检查。地基鉴定的目的是检验地基土质是否与设计相符。

（二）沉井封底

当井内无水时，可浇筑混凝土进行封底；当沉井内水无法抽干，只能用浇筑水下混凝土的方法封底，但沉井底面积较大，需用多根导管同时依次浇筑，一根导管的作用半径为 2.5～4.0m。

（三）井孔填充与浇筑顶盖板

当封底混凝土达设计强度后，才允许抽干井内的水，进行井孔填充。填充前应清除封底混凝土面上的浮浆，若用砂夹卵石填充时，应分层夯实。

填充后的沉井，不需设置顶盖板，可直接在填充后的井顶浇承台；对于不填充的沉井，需设置钢筋混凝土顶盖板或模板，以作为浇筑承台的底模板。

四、下沉时常见的问题及处理

沉井开始下沉阶段，由于土体对沉井的约束作用力不大，而沉井自重又大，易产生偏移和倾斜，无论下沉初始、下沉中间阶段、下沉最后阶段均可能出现倾斜事故；而下沉至最后阶段，主要问题是下沉困难，因土体对沉井的约束力增大，偏斜的可能性较小。下面介绍几种处理措施。

（一）高压射水

当土层较坚硬，抓（吸）土难以形成深坑，可采用高压射水，将沉井周边土体冲塌后，再从井底将泥土抓（吸）出。

270

（二）抽水下沉

不排水下沉的沉井，在刃脚下已掏空仍不下沉时，可在沉井内抽水以减少浮力，使沉井下沉。对于易引起翻砂涌水的流砂层，则不宜采用排水下沉。当采用空气吸泥机除土时，可利用吸泥机抽水。

（三）压重下沉

由于沉井下沉时，井侧混凝土与土的摩阻力增大，使沉井难以下沉，应根据不同情况，下沉高度多少，施工设备，施工方法采用压钢轨型钢、钢锭等压重，迫使沉井下沉重量增加而下沉。

由于沉井本身自重较重，而采用压重及撤除的工作量较大，花工费时，故应结合具体情况，考虑实际效果后采用。

（四）炮震下沉

在沉井下沉的最后阶段，一般下沉很困难，可在已掏空的刃脚前提下，在井孔中央放置 $0.1\sim0.2$kg 炸药起爆，使刃脚上已悬空的沉井受震下沉。药包宜用草袋等物覆盖。为不致炸伤沉井和毁损刃脚，用药量不宜超过 0.2kg，同一沉井只能起爆一处，在同一地层中，炮震次数不宜多于 4 次。

（五）空气幕下沉

将沉井通过预埋在井壁管路上的小孔，向外喷射压缩空气，以减少井壁下沉时的阻力，与普通沉井相比，可节省混凝土材料 30%～50%，提高下沉速度 20%～60%；在水中施工不受限制，下沉完毕后，井壁阻力可以恢复，但沉井制作时较为复杂，需要预留许多管道，对混凝土浇筑带来一些影响。目前在桥梁工程中已较少采用。

习　题

一、名词解释

明挖法、围堰、明沟排水、人工降水、钻孔灌注桩、正循环钻孔工艺、反循环钻孔工艺、打入桩。

二、思考题

1. 基坑放样怎样进行；

2. 围堰施工的优点；

3. 围堰的要求；

4. 各种围堰的适用范围；

5. 表面排水与人工降水适用范围；

6. 渗水量计算有哪些方法及适用范围；

7. 不加固坑壁的适用条件；

8. 加固基坑坑壁有哪些方法及适用范围；

9. 基坑回填要求；

10. 基底验收内容及验收处理方法；

11. 钻孔灌注桩施工过程；

12. 护筒的作用和泥浆的作用；

13. 护筒的种类与埋设方法；

14. 坍孔表征如何；

15. 清孔和水下混凝土灌注方法；

16. 水下混凝土浇筑时对材料的要求；

17. 导管进水原因;

18. 打入桩施工过程;

19. 钢筋混凝土桩的施工工序;

20. 桩锤的种类和柴油锤的工作原理;

21. 桩架的作用和锤击时的要求;

22. 沉井施工顺序;

23. 沉井对岛面高程、护道和填土的要求;

24. 沉井拆除模板对混凝土强度的要求;

25. 抽垫木的要求及最后支承垫木的固定位置;

26. 垫木布置要求;

27. 沉井下沉措施;

28. 桥梁基础所用的沉井与泵站沉井、顶管沉井、隧道工作坑沉井有什么不同;

29. 沉井混凝土浇筑过程中,施工缝如何处理。

三、计算题

1. 基础平面尺寸为 $20 \times 5m$,基底高程为 $-2.00m$,地面平均高程 $+3.00m$,边坡率 $n=1.5$,求基坑顶面尺寸。(基坑底与基础边留通道宽 1m)

2. 求图 12-42 的土围堰断面面积。

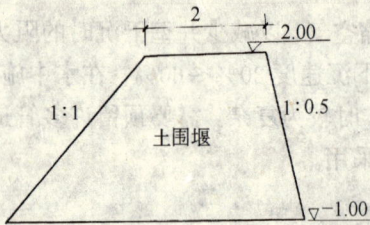

图 12-42 计算题 2 图
(单位:m)

3. 有一基坑如图 12-8 示,基坑周长 30m,其中 $k_1=0.2m/h$,$k_2=1.5m/h$,$k_3=12m/h$,$k_4=30m/h$,$h_1=3m$,$h_2=4m$,$h_3=3.5m$,$h_4=8.5m$,H(水位差)$=5m$,$t=5m$,板桩至不透水层的距离为 9m,求总渗水量。

4. 已知桩断面为 $0.3 \times 0.35m$,桩为二节 $11+13=24m$,试查表选择桩锤。

5. 如例 12-2,钻孔直径为 2m,导管直径 0.3m,其余条件不变,求首批混凝土的最小储量。

第十三章　墩　台　施　工

桥梁墩台按使用材料的不同，可分为石砌、混凝土和钢筋混凝土三种。本章主要介绍石砌墩台的施工方法，混凝土和钢筋混凝土墩台施工的有关内容，则放在第十四章内介绍。

第一节　石砌墩台施工

一、墩台砌筑的定位放样

墩台砌筑前，首先要放样，才能使砌石工作的进行有所依据。放样是根据施工测量定出的墩台中心线，放出砌筑墩台的轮廓线，并根据墩台的轮廓线进行砌筑。砌筑过程石料的定位可采用下列二种方法进行。

（一）垂线法

当墩台身和基础较低时，可依平面轮廓线砌筑圬工。对于直坡墩台可用吊垂砣的方法来控制定位石的位置，为了吊砣方便，吊砣点与轮廓线间留 1～2cm 的距离，如图 13-1（a）所示，对于斜坡墩台可用规板控制定位石的位置，如图 13-1（b）所示。规板构造见图 13-2，使用时以斜边靠近墩台面，悬垂线若与所划墨线重合，则表示所砌墩台斜度符合要求。

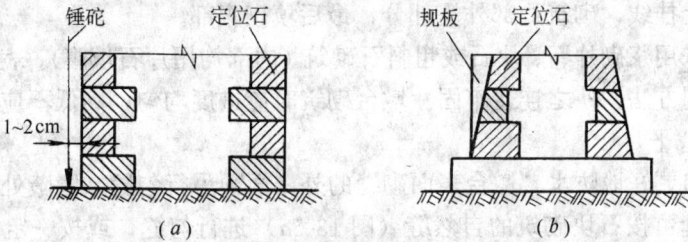

图 13-1　垂线定位法

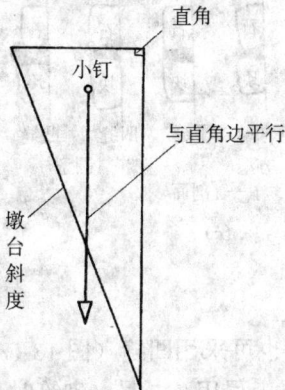

图 13-2　规板

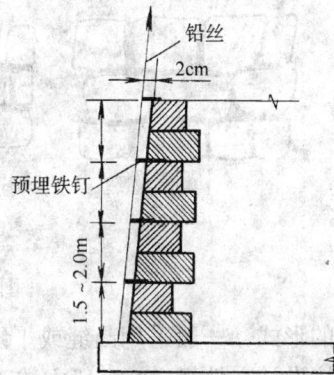

图 13-3　瞄准定位法

(二) 瞄准法

当墩台身较高时，可采用瞄准法控制定位石的位置，见图13-3。当墩台身每升高1.5～2m时，沿墩台平面棱角埋设铁钉，使上下铁钉位于1个垂直平面上，并挂以铅丝。砌筑时，拉直铅丝，使与下段铅丝瞄成一直线，即可依此安砌定位石于正确位置。采用这种方法定位时，每砌高2～3m，应用仪器测量中线，进行各部尺寸校核，以确保各部尺寸的正确。

二、墩台砌筑

(一) 墩台砌筑程序和砌筑方法

1. 基础砌筑

当基础开挖完毕并进行处理后，即可砌筑基础。砌筑时，应自最外缘开始（定位行列），砌好外圈后填砌腹部（图13-4）。

基础一般采用片石砌筑。当基底为土质时，基础底层石块可不铺座灰，石块直接干铺于基土上；当基底为岩石时，则应铺座灰再砌石块。第一层砌筑的石块应尽可能挑选大块的，平放铺砌，且轮流丁放或顺放，并用小石块将空隙填塞，灌以砂浆，然后开始一层层平砌。每砌2～3层就要大致找平后再砌。

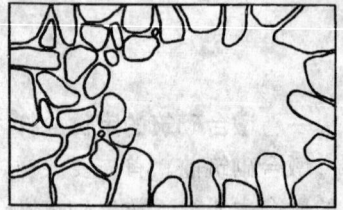

图13-4　片石砌体定位行列和填腹

2. 墩台身砌筑

当基础砌筑完毕，并检查平面位置和高程均符合设计要求后，即可砌筑墩台身。砌筑前应将基础顶洗刷干净。砌筑时，桥墩先砌上下游圆头石或分水尖，桥台先砌四角转角石，后在已砌石料上挂线，砌筑边部外露部分，最后填砌腹部。

墩台身可采用浆砌片石、块石或粗料石砌筑（内部均用片石填腹）。表面石料一般采用一丁一顺的排列方法，使之连接牢固。墩台砌筑时应进度均匀，高低不应相差过大，每砌2～3层应大致找平。

为了美观和更好地防水，墩台表面砌缝的外露面须另行勾缝，隐蔽处只须将砂浆刮平即可。所勾的缝可按石块砌筑的自然缝（图13-5a）进行勾缝，或按一定尺寸勾成方格缝（图13-5b）。

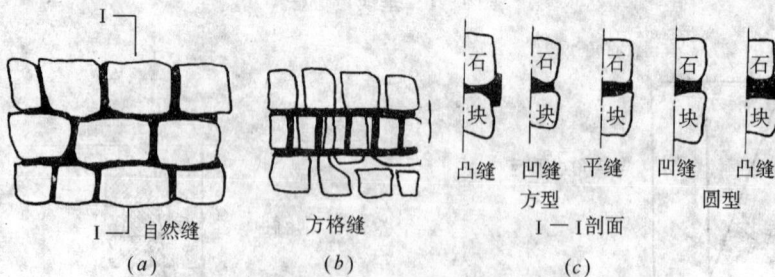

图13-5　勾缝的形式

勾缝的形式，一般采用凸缝或平缝，浆砌规则块材也可采用凹缝（图13-5c）。勾缝砂浆标号应按设计文件规定，一般主体工程用10号，附属工程用7.5号。砌筑时，外层砂浆留出距石面1～2cm的空隙，以备勾缝。勾缝最好在整个墩台砌好后，自上而下进行，以保证勾缝整齐干净。

（二）墩台砌筑工艺

1. 浆砌片石

（1）灌浆法　砌筑时片石应水平分层铺放，每层高度15～20cm，空隙应以碎石填塞，灌以流动性较大的砂浆，边灌边撬。对于基础工程，可用平板振捣器振捣，振捣时平板振捣器应放置在石块上面的砂浆层上振动，直到砂浆不再渗入砌体后，方可结束。

（2）铺浆法　先铺一层座灰，把片石铺上，每层高度一般不应超过40cm，并选择厚度合适的石块，用作砌平整理，空隙处先填满较稠的砂浆，再用适当的小石块卡紧填实。然后再铺上座灰，用同样的方法继续铺砌上层石块。

（3）挤浆法　先铺一层座灰，再将片石铺上，经左右轻轻柔动几下，再用手锤轻击石块，将灰缝砂浆挤压密实。在已砌好片石侧面继续安砌时，应在相邻侧面先抹砂浆，再砌片石，并向下面和抹浆的侧面用手挤压，用锤轻击，使下面和侧面的砂浆挤实。分层高度宜在70～120cm之间，分层与分层间的砌缝应大致砌成水平。

2. 浆砌块石

一般多采用铺浆法和挤浆法。砌体应分层平砌，石块丁顺相间，上下层竖缝应尽量错开，分层厚度一般不小于20cm。对于厚大砌体，如不易按石料厚度砌成水平层时，可设法搭配，使每隔70～120cm能够砌成一个比较平整的水平层，如图13-6所示。

3. 浆砌粗料石

砌筑前应按石料及灰缝厚度，预先计算层数，使其符合砌体竖向尺寸。石块上下和两侧修凿面都应和石料表面垂直，同一层石块和灰缝宽度应取一致。

砌筑时宜先将已修凿的石块试摆，为求水平缝一致，可先平放于木条和铁棍上，然后将石块沿边棱（图13-7）A-A翻开，在石块砌筑地点的砌石上及侧缝处抹砂浆一层并将其摊平，再将石块翻回原位，以木槌轻击，使石块结合紧密，垂直缝中砂浆若有不满，应补填插捣至溢出为止。石块下垫放的木条或铁棍，在砂浆捣实后即行取出，空隙处再以砂浆填补压实。

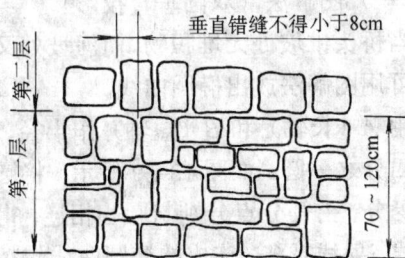

图 13-6　厚大块石砌体

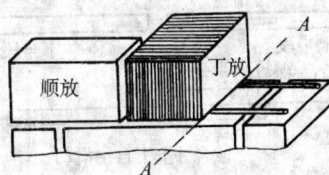

图 13-7　粗料石砌筑

（三）砌筑注意事项

为了使各个石块结合而成的砌体，结合紧密，能抵抗作用在其上的外力，砌筑时必须做到下列几点：

1. 石料在砌筑前应清除污泥、灰尘及其它杂质，以利石块与砂浆的粘合。在砌筑前应将石块充分润湿。

2. 浆砌片石的砌缝宽度一般不应大于 4cm；浆砌块石不得大于 3cm；浆砌料石不应大于 2cm。上下层砌石应相互重叠，竖缝应尽量错开（图 13-8），浆砌块石，竖缝错开距离不小于 8cm（图 13-6）；浆砌粗料石不应小于 10cm。

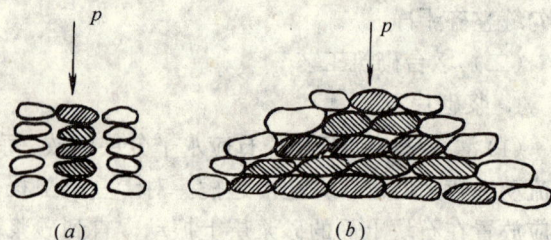

图 13-8　砌体上集中力的传布

3. 应将石块大面向下，使其有稳定的位置，不得在石块下面用高于砂浆层厚度的石块支垫。

4. 浆砌砌体中石块都应以砂浆隔开，砌体中的空隙应用石块和砂浆填满。

5. 在砂浆尚未凝固的砌层上，应避免受外力碰撞。砌筑中断后应洒水润湿，进行养护。重新开始砌筑时，应将原砌筑表面清扫干净，洒水润湿，再铺浆砌筑。

第二节　锥坡施工

锥坡施工，一般在桥台完工后进行。先将坡脚椭圆曲线放出，然后在锥坡顶的交点处，钉 1 根木桩，系上 1 根可伸缩的长木条或铁丝，使其与椭圆曲线上各点相联，长木条或铁丝沿椭圆曲线运动的轨迹，就是浆砌或干砌石料时的曲面。砌筑时，随时转动长木条或铁丝来校核曲面（图 13-9 所示）。

一、锥坡施工放样

先根据锥体的高度 H、桥头道路边坡率 M 和桥台河坡边坡率 N，计算出锥坡底面椭圆的长轴 A 和短轴 B，以此作为锥坡底椭圆曲线的平面坐标轴。

（一）图解法（双圆垂直投影）

当桥头锥坡处无堆积物，而河坡处又较干燥，可用图解法放出椭圆曲线。

用 A（长轴）和 B（短轴）作半径，画出同心四分之一圆，如图 13-10 所示。将圆分成若干等分，由等分点分别与圆心相连，得若干条射线（射线越多，连成的椭圆曲线越精确）；与大圆曲线得交点 1、2、3、4、…；与小圆曲

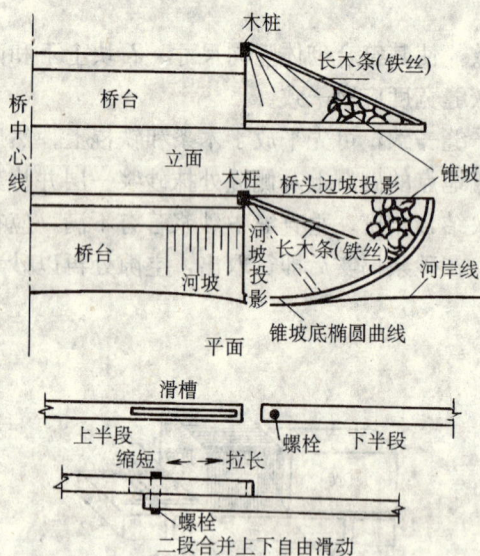

图 13-9　锥坡与可伸缩的长木条

线得交点 $1'$、$2'$、$3'$、$4'$、…。过大圆各交点与过小圆各交点互作垂线而相交得 Ⅰ、Ⅱ、Ⅲ、…等各点，连接起来成椭圆曲线。

（二）对角线曲线坐标法

当桥头锥坡处有堆积物时、河坡处有水而无法作 1/4 同心圆，可采用对角线坐标法作出锥坡底的椭圆曲线（图 13-11）。

将长半轴分为 10 等分，则椭圆曲线纵坐标的 y 值可根据表 13-1 求得。以 EF 连线为基

线，分EF为10等分，在此线上由E点量nc距离，在平行于OE轴方向量y_n值得P_n点。

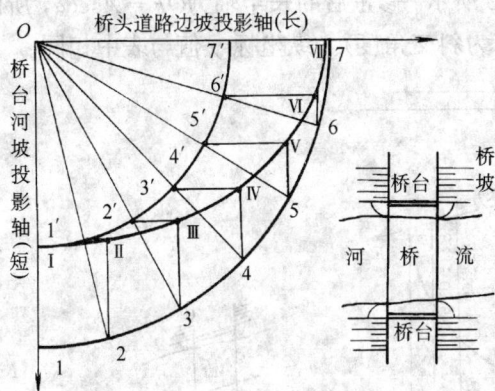

图 13-10　图解法示意（桥的右上角锥坡）

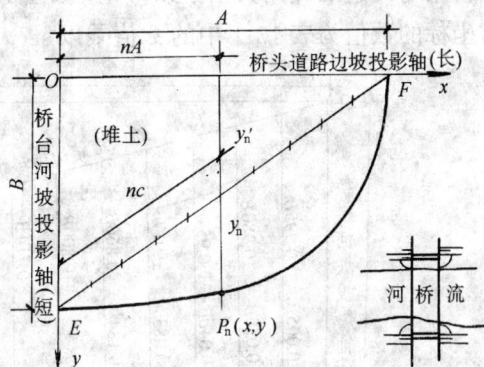

图 13-11　对角线曲线坐标法（桥的右上角锥坡）

椭 圆 曲 线 纵 坐 标 值　　　　　　表 13-1

等分 n 值	$\frac{1}{10}$	$\frac{2}{10}$	$\frac{3}{10}$	$\frac{4}{10}$	$\frac{5}{10}$	$\frac{6}{10}$
横坐标 x 值	$0.1A$	$0.2A$	$0.3A$	$0.4A$	$0.5A$	$0.6A$
纵坐标 y 值	$0.995B$	$0.980B$	$0.954B$	$0.917B$	$0.866B$	$0.800B$
y'_n	$0.900B$	$0.800B$	$0.700B$	$0.600B$	$0.500B$	$0.400B$
$y_n = y - y'_n$	$0.095B$	$0.180B$	$0.254B$	$0.317B$	$0.366B$	$0.400B$
等分 n 值	$\frac{7}{10}$	$\frac{8}{10}$	$\frac{9}{10}$	$\frac{9.5}{10}$	$\frac{10}{10}$	
横坐标 x 值	$0.7A$	$0.8A$	$0.9A$	$0.95A$	A	
纵坐标 y 值	$0.714B$	$0.600B$	$0.436B$	$0.312B$	0	
y'_n	$0.300B$	$0.200B$	$0.100B$	$0.050B$	0	
$y_n = y - y'_n$	$0.414B$	$0.400B$	$0.336B$	$0.262B$	0	

$$y_n = y - y'_n \tag{13-1}$$

式中　y——椭圆曲线纵坐标值（表 13-1）。

$$y'_n = B(1-n) \tag{13-2}$$

n——等分数值（如 10 等分，n 为 0.1、0.2、0.3、0.4…1）。

用同样的方法定出各点，连成曲线见图 13-11。E 为桥台河坡坡脚，F 为桥头道路边坡坡脚，由于 E 和 F 为固定两点，故方向准确，易于放样。

（三）斜桥锥坡放样

遇到斜桥，锥坡椭圆曲线仍可采用坐标值量距放样，但须将表 13-1 所列的横坐标值，根据桥梁与河道的交角大小予以修正，如图 13-12 所示。修正后的长半轴为 $OF = A\sec\alpha$，所以横坐标的数值为表 13-1 中的 x 值乘以 $\sec\alpha$（α 为斜交角度）。纵坐标 y 值与表中相同。

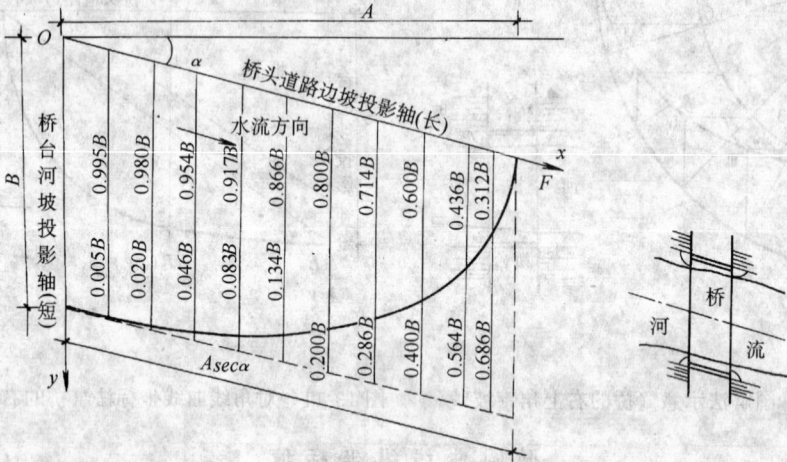

图 13-12　斜桥锥坡底曲线（桥的右上角锥坡）

二、锥坡施工

锥坡施工主要包括填土和坡脚与坡面的石块砌筑。此项工作要在桥台竣工及台后填土完成后方可进行。

先测放出锥坡底脚椭圆曲线，再根据坡脚的设计高度与宽度，用片石或块石砌筑锥坡坡脚，坡脚底层应用碎石或卵砾石作反滤层，防止锥坡内土方被水冲流失。石块缝隙须用砂浆填满，可不必勾缝。

坡脚砌筑完毕后，在锥坡内进行填土并分层夯实使之达到最佳密实度，并用坡面长尺预留出坡面石块的砌筑厚度；填土高度应按设计高程和坡度一次填足，若砌筑石块厚度不够，可将土挖去一部分，不允许在填土不足时，用临时填土或砌石补边等法处理。

锥坡坡面一般用块石或片石砌筑，石料底部须用粒径不大于 5cm，含泥量不超过 5%；和含砂量不超过 40% 的砂砾做垫层；砌筑时，应经常用坡面长尺或铁丝纠正坡面石块的平整度与坡度，根据土质情况，应在坡面设置泄水孔，坡面石块缝隙须用砂浆嵌实并应勾以自然状、方形、凸缝。方格缝适用于挡土墙的勾缝。

三、墩台砌体位置及外形尺寸允许偏差（见表 13-2）

砌体表面平整度，垂直度，砂浆缝厚度，应符合要求；砂浆缝应平整，色泽一致，缝宽均匀，横、竖缝交接处应平整；勾缝不得空鼓、脱落；分层砌筑，咬扣紧密，必须错缝；预埋件、泄水孔、滤层、防水设施等必须符合要求；干砌石不得有松动，叠砌和浮塞；砌体的允许偏差见表 13-2。

项　次	检查项目	砌　体　类　别	允许偏差 (mm)
1	跨径 L_0	$L_0 \leqslant 60\text{m}$	±20
		$L_0 > 60\text{m}$	$\pm L_0/3000$
2	墩台宽度及长度	片石镶面砌体	+40，−10
		块石镶面砌体	+30，−10
		粗料石镶面砌体	+20，−10
3	大面平整度 (2m 直尺检查)	片石镶面	50
		块石镶面	20
		粗料石镶面	10
4	竖直度或坡度	片石镶面	0.5%H
		块石、粗料石镶面	0.3%H
5	墩　台　顶　面　标　高		±10
6	轴　线　偏　位		10

注：(1) 跨径 L_0，对于拱式桥涵、箱涵、圆管涵为净跨径；对于梁式桥涵为两桥涵墩中线间或桥涵墩中线与台背前缘间距离；

　　(2) H 为墩台高度；

　　(3) 混凝土预制块砌体和砖砌体允许偏差参照粗料石镶面标准；

　　(4) 砂浆抗压强度合格条件如下：

　　1) 同标号试块的平均强度不低于设计标号；

　　2) 任意一组试块最低值不低于设计标号的 75%。

习　　题

一、名词解释

灌浆法、挤浆法、铺浆法。

二、思考题

1. 用图解法绘制椭圆曲线并叙述绘制过程；

2. 勾缝的形式；

3. 锥坡施工过程；

4. 圬工砌体的砌筑方法。

三、计算题

1. 如图 13-11 示，用对角线坐标法画出左下角锥坡底椭圆曲线，长半轴为 10 个长度单位；($M > N$)

2. 如图 13-10 所示，用双圆心法画出右下角锥坡底椭圆曲线，长半轴为 10 个长度单位；($M > N$)

3. 如图 13-12 所示，用坐标法画出左上角锥坡底椭圆曲线，α 为 10°，长半轴为 10 个长度单位。($M > N$)

第十四章　钢筋混凝土梁桥施工

钢筋混凝土梁桥在桥梁建设中已获得了广泛的采用。近年来，又在施工方式上发生很大的变化，原先的现场浇筑大部分由预制安装所取代。本章主要介绍钢筋混凝梁桥施工的基本工序——制造（包括模板、钢筋和混凝土）、运输和安装。

第一节　模　板

模板是浇筑混凝土施工中的临时结构物，对构件的制作十分重要，不仅控制构件尺寸的精度，还直接影响施工进度和混凝土的浇筑质量。

一、模板的种类

模板按使用材料不同可分为下列几种：

（一）木模

在桥梁建设中使用最为广泛。它的优点是制作容易，但木材耗损大，成本较高。其一般构造由模板、肋木、立柱或由模板、直枋、横枋组成（图14-1）。模板厚度通常为3～5cm，板宽为15～20cm，不得过宽以免翘曲。模板表面常贴以3～5mm的薄钢皮，可保证混凝土表面平整及脱模方便。木模的各部尺寸应根据计算确定。

（二）钢模

钢模造价虽高，但由于周转次数多，实际成本低。且结实耐用，接缝严密，能经受强烈振捣，浇筑的构件表面光滑，所以目前钢模的采用日益增多。

钢模是以钢板代替模板，用角钢代替肋木和立柱。钢板厚度一般为4mm。角钢尺寸应根据计算确定。

（三）钢木结合模

肋木、立柱采用角钢、将木模板用平头开槽螺栓连接于角钢上，表面钉以黑铁皮。这种模板节约木材，成本较低，同时具有较大的刚度和稳定性。

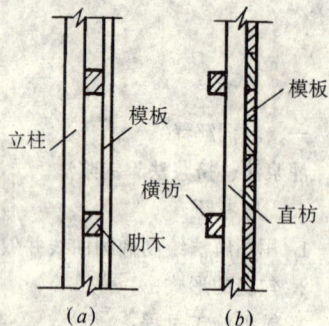

图14-1　木模一般构造

（四）土模

土模的优点是节约木材和铁件。缺点是用工较多，制作要求严格，预埋件固定较困难，雨季施工不便，目前已很少采用。

二、常用模板的构造

（一）上部构造模板

1. 实心板模板

图14-2为装配式钢筋混凝土预制实心模板构造。模板为单元可拆式的。设置模板的地基应整平夯实，图中小木桩只在地基较软的情况下才采用。

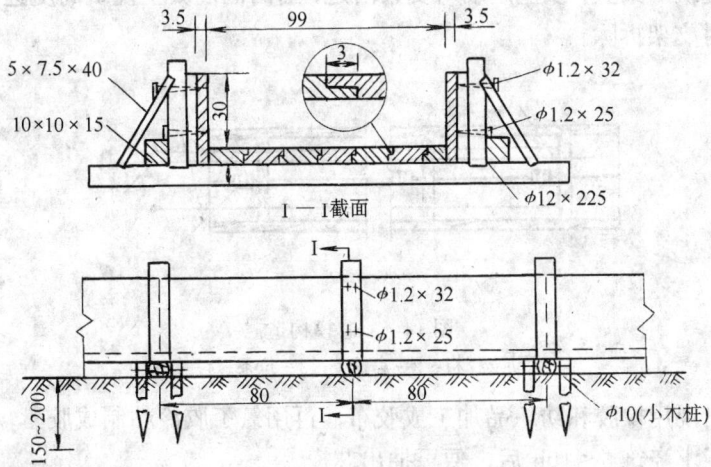

图 14-2　实心板模板图

尺寸单位：cm

2．空心板模板

图 14-3 为装配式钢筋混凝土预制空心板模板的横截面构造；图 14-4 为芯模构造。它采用四合式活动模板，为了便于搬运装拆，按板长分为两节，每节由四块单元体组成。芯模

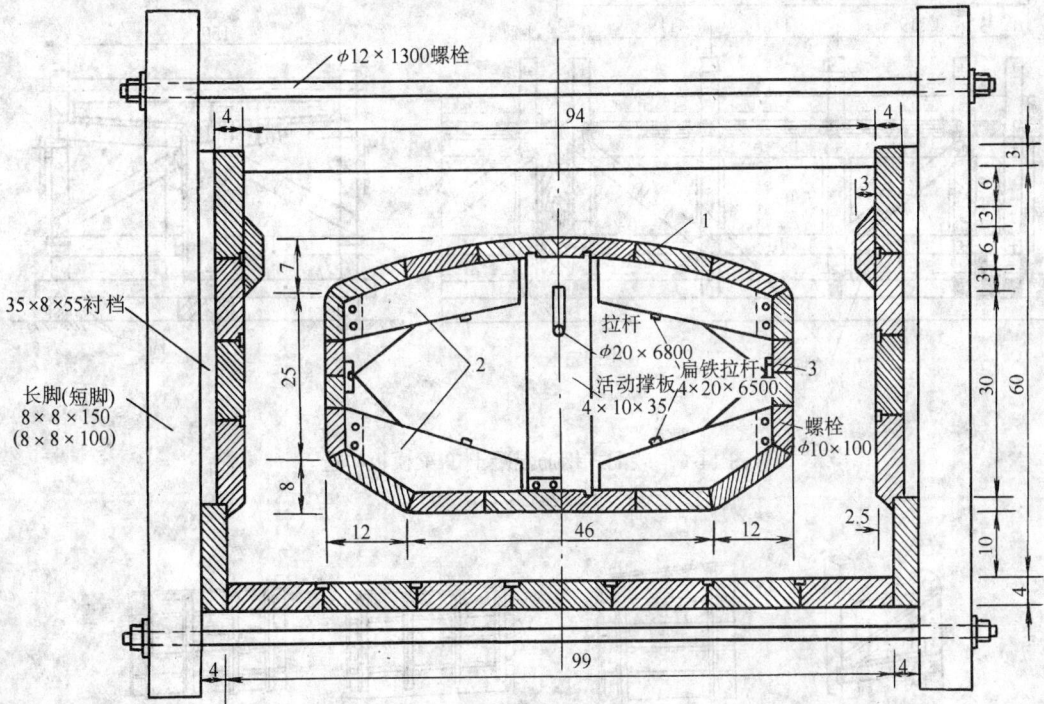

图 14-3　空心板横截面构造

尺寸单位：铁件为 mm；其它为 cm

1—芯模板；2—骨架；3—铁铰链

在底板混凝土浇筑后架立,顶上用临时支架固定,当两侧混凝土浇筑高度达芯模的 2/3 时,可将顶上的临时支架拆除。

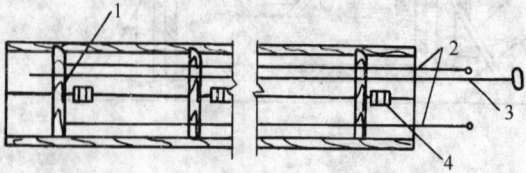

图 14-4 芯模构造

1—活动支撑板;2—扁铁条;3—拉条;4—铁铰

目前各地出现用橡胶和纺织品加工成胶布,再用氯丁胶冷粘制成胶囊,充气后作为芯模使用,当混凝土浇筑 6～10h 后,便可抽出芯模。

3. T 梁模板

图 14-5 为装配式钢筋混凝土 T 梁模板构造。图 14-6 为装配式钢筋混凝土 T 梁模板组合构件示意图。施工时先将组合构件拼装成箱框,然后再拼装成整片 T 梁模板,拆模时只须将每个箱框下落外移即可。枕木下的地基必须夯实整平。以免在施工中发生不均匀沉陷,必要时可打小木桩。

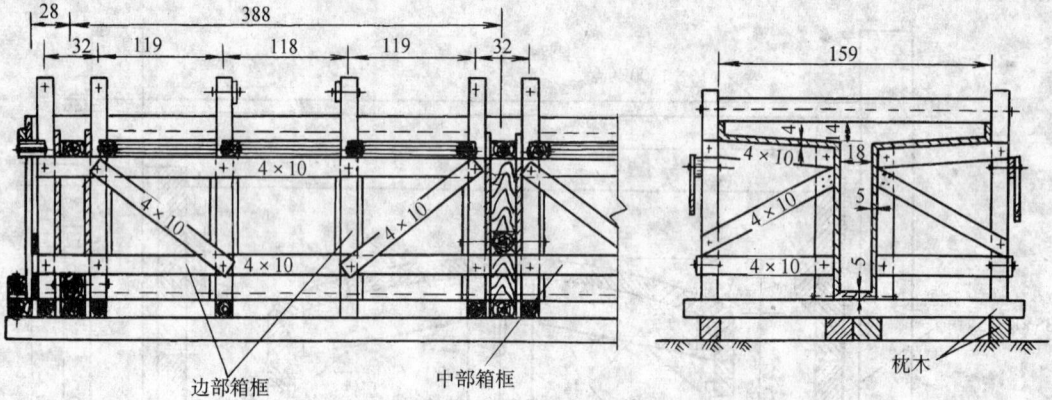

图 14-5 装配式钢筋混凝土 T 梁模板构造

尺寸单位:cm

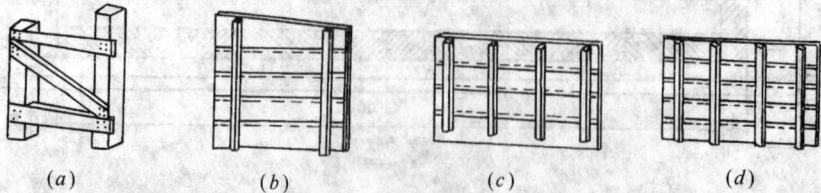

图 14-6 装配式钢筋混凝土 T 梁模板组合构件

(a) 框架;(b) 横隔梁侧板;(c) 翼板;(d) 主梁侧板

（二）下部构造模板

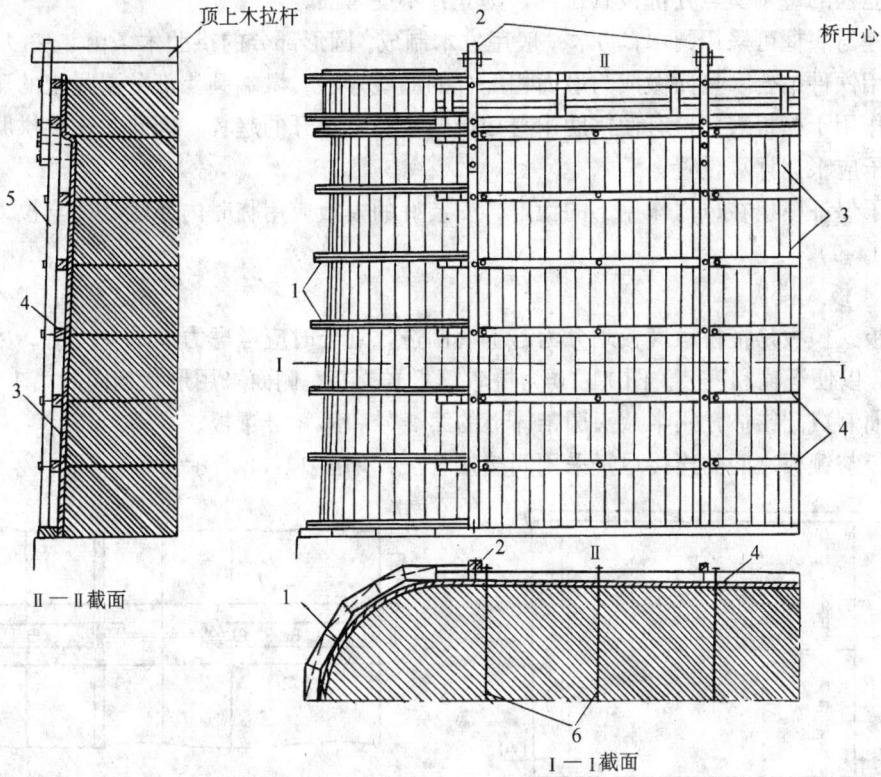

图 14-7　圆端形桥墩模板
1—拱肋木；2—安装柱；3—壳板；4—水平肋木；5—立柱；6—拉杆

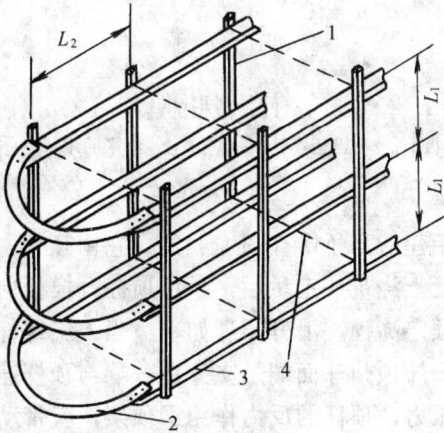

图 14-8　桥墩模板骨架
1—立柱；2—拱肋木；3—肋木；4—拉杆

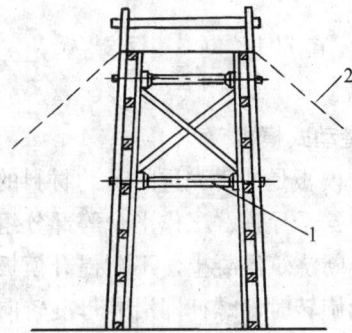

图 14-9　桥墩模板的稳定措施
1—临时撑木；2—拉索

图 14-7 为圆端桥墩模板构造。图 14-8 为桥墩模板骨架。这种模板的位置是固定的，整个桥墩模板由壳板、肋木、立柱、撑木、拉条、枕梁和铁件组成。肋木间距 L_1 取决于板壳

厚度及混凝土侧压力的大小，肋木跨径 L_2 等于立柱间的距离，可根据计算决定。如果水平肋木与立柱的每个交点处都设置拉杆，则立柱不受弯曲。

立柱与底框可采用圆木，肋木一般用方木制成。圆形部分的拱肋木条由 $2\sim3$ 层木板交错重叠用铁件结合，里面做成与墩面相配合的曲线形状。墩端圆头部分混凝土的压力，假定垂直作用于模板表面，有使拱肋木与相接的直肋木拉开的趋势。因此，连接拱肋木的螺栓或钉子应根据计算设置。

为了保证模板在风力作用下的稳定，安装好的模板应用临时内部联结杆与拉索固定起来（图 14-9）。

1. 镶板式模板

镶板式模板是把桥墩模板划分为若干块制造，划分时应考虑力求减少规格，尽量用同一类型，以便运输和安装。图 14-10 为桥墩镶板式模板，侧面采用形状相同的第 1 号镶板；墩头曲面制成圆锥体，用半截头圆锥体形的第 2 号和第 3 号镶板。

镶板与镶板之间的连接尽量采用间接接合法，如图 14-11 所示。

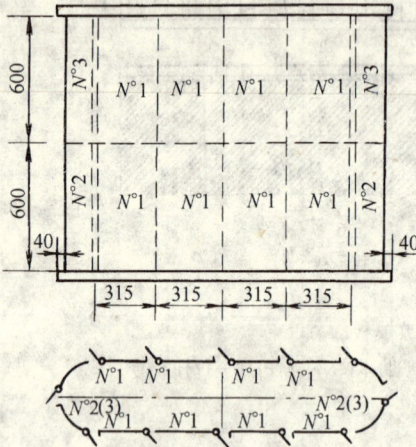

图 14-10　桥墩镶板式模板

尺寸单位：cm

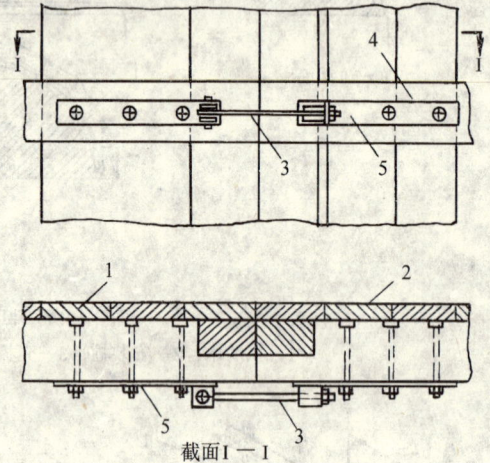

图 14-11　镶板的连接

1—镶板Ⅰ；2—镶板Ⅱ；3—螺栓；4—水平肋木；5—夹板

2. 滑动式模板

滑升模板是一种先进的节约材料的模板，适用建造高桥墩（图 14-12）。它由顶架、模板、围圈、千斤顶、工作平台等部分组成。当混凝土浇筑一定量后，千斤顶提升模板向上滑动，不断浇筑混凝土，不断提升模板，直至到预定高程。滑升原理如下：当人工螺杆千斤顶手柄旋转时，螺杆即沿螺母旋转向下，由于千斤顶凸球面端是支撑在一端与顶杆连接的带凹球面的支撑座上。当千斤顶向支撑座施加压力，顶杆的反力作用于顶架，就带动整个模板作了提升滑动。

三、模板设计原理

（一）作用于模板上的荷载

1. 垂直荷载

（1）模板重力：松树木材取 $6kN/m^3$；橡木、落叶松取 $7.5kN/m^3$；阔叶树木取 $8kN/m^3$；

284

杉木、枞木取 5kN/m³；组合钢模及连接件取 0.5kN/m²；组合钢模连接件及钢楞取 0.7kN/m²。

(2) 新浇混凝土和钢筋混凝土的容重：混凝土或片石混凝土容重取 24kN/m³；钢筋混凝土容重取 25~26kN/m³（体积含筋率≤2% 时取 25kN/m³；>2% 时取 26kN/m³）。

(3) 人与运输工具沿模板上的重力：计算模板及直接承受模板的肋木时，取 2.5kPa；计算肋木下的梁时，取 1.5kPa；计算支架立柱时，取 1.0kPa；另外以集中荷载 2.5kN 进行验算。

(4) 振捣混凝土时产生的荷载：对水平面模板为 2.0kPa；垂直面模板为 4.0kPa。

2. 水平荷载

(1) 采用内部振捣器，当混凝土的浇筑速度在 6m/h 以下时，新浇筑的普通混凝土作用于模板的最大侧压力为

$$q_{max} = k\gamma h \tag{14-1}$$

当 $V/T \leqslant 0.035$ 时，$h = 0.22 + 24.9V/T$

当 $V/T > 0.035$ 时，$h = 1.35 + 3.8V/T$

图 14-12 滑升模板构造

1—人工螺杆千斤顶；2—顶架；3—围圈；4—套筒；5—模板；6—顶杆；7—外下吊架；8—脚手架；9—支撑座

式中　q_{max}——新浇筑混凝土对模板的最大侧压力（kPa）；

h——为有效压头高度（m）；

V——混凝土的浇筑速度（m/h）；

T——混凝土入模时的温度（℃）；

γ——混凝土容重（kN/m³）；

k——外加剂影响修正系数，不掺外加剂时取 1.0，掺缓凝作用的外加剂时取 1.2。

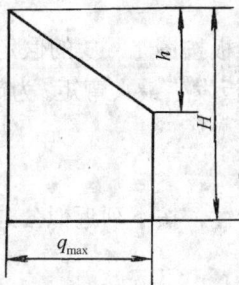

(2) 采用泵送混凝土灌筑施工时，混凝土入模温度在 10℃ 以上时，模板的侧压力公式为：

$$q_m = 4.6V^{\frac{1}{4}} \tag{14-2}$$

(3) 采用外部振捣时，模板侧压力采用下式计算

当 $V < 4.5$，$H \leqslant 2R$ 时

$$q_m = \gamma H \tag{14-3}$$

当 $V \geqslant 4.5$，$H \leqslant 2R$ 时

$$q_m = \gamma (0.27V + 0.78) k_1 k_2 \tag{14-4}$$

图 14-13 混凝土侧压力计算分布图

H—混凝土浇筑层（在水泥初凝时间内）的高度（m）

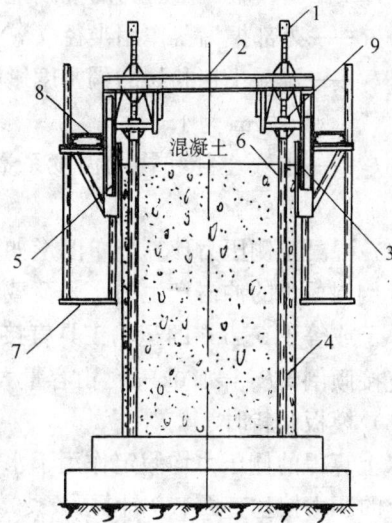

式中　H——对模板产生压力的混凝土灌筑层高度（m）；

　　　　R——外部振捣器作用半径（m），$R=1$；

　　　　k_1——混凝土拌和物的稠密度影响系数，坍落度 0～2cm 为 0.8，4～6cm 为 1.0；5～7cm 为 1.2；

　　　　k_2——混凝土拌和物的温度系数，5～7℃为 1.15；12～17℃为 1.0；28～32℃为 0.85。

（4）混凝土侧压力计算分布图形如图 14-13 所示。

倾倒混凝土的冲击产生的水平荷载：混凝土由滑槽、串筒或导管流出，$P_冲=2.0$kPa；由容量小于或等于 0.2m³ 的运输工具直接倾倒，$P_冲=2.0$kPa；由容量为 0.2～0.8m³ 的运输工具直接倾倒，$P_冲=4.0$kPa；由容量大于 0.8m³ 的运输工具直接倾倒，$P_冲=6.0$kPa。

（5）模板倾斜时

以上算得的侧压力均假定作用于水平方向。如模板向外倾斜（图 14-14a）时，$\alpha\geqslant55°$，斜面上的压力按垂直面 AB 计算；$\alpha<55°$，可将体积 ABC 的重力作垂直荷载计算。如模板向内倾斜（图 14-14b）时，$\alpha=30°\sim40°$，H 采用 3h 的浇筑高度；$\alpha=20°\sim30°$，H 采用 2h 的浇筑高度；$\alpha<20°$，模板不计侧压力。

3. 其他可能产生的荷载：如风载、雪载、冬季保温设施荷载等，按实际情况考虑。

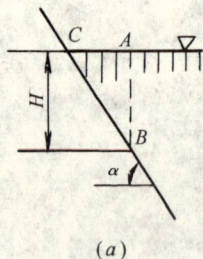

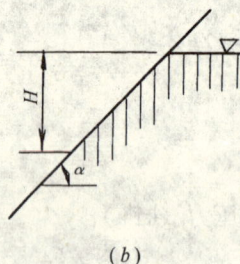

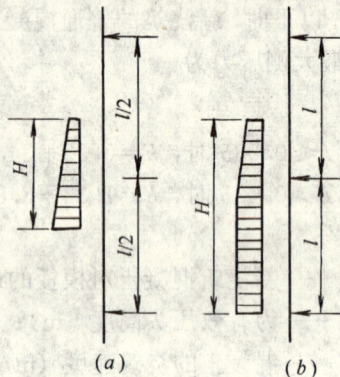

图 14-14　倾斜模板的侧压力计算　　图 14-15　混凝土侧压力作用在竖直模板上的假定图式

（a）$H<l$（跨径）时；（b）$H>l$（跨径）时

（二）模板构件设计

1. 侧压力在模板上的分布

水平板按最大压力强度均匀分布于板的长度上。竖直板按图 14-15 的假定图式作用于板的高度上。压力图在竖直模板跨中的位置应布置得使模板发生最大弯矩。为简化计算，也可假定压力均匀分布在 H 高度内。

2. 模板的构件计算

计算作用于构件上的弯矩和挠度，可考虑构件的连续性，按下列近似公式计算。

均布荷载

$$M\sim\frac{ql^2}{10};\quad f\sim\frac{ql^4}{128EI} \tag{14-5}$$

集中荷载

$$M \simeq \frac{pl}{6} ; \quad f = \frac{pl^3}{77EI} \tag{14-6}$$

构件在垂直压力和侧压力作用下（不计冲击力），其挠度应符合下列规定：结构的外表面（看得见的），挠度 $f \leqslant l/400$；结构的内表面（看不见的），挠度 $f \leqslant l/250$。

3. 拉杆计算

拉杆的最大拉力（图 14-16）为：

$$s = qc \tag{14-7}$$

连接桥墩圆头与直线部分的拉杆最大拉力（图 14-16）为：

$$S = q\frac{a+c}{2} \tag{14-8}$$

4. 连接铁钉计算

桥墩圆头部分模板与直线部分模板的连接处产生的拉力（图 14-16）为：

$$T = \frac{qa}{2} \tag{14-9}$$

四、模板制作与安装

木模板的制作要严格控制各部分尺寸和形状。常用的接缝形式有平缝、搭接缝和企口缝（图 14-17）等。对接平缝加工简单，只需将缝刨平即可，一般工程大多采用。特别是嵌入硬木楔，下垫水泥袋纸的平接缝，因拼缝严密，而费工料不多，常被广泛采用。企口缝结合严密，但制作较困难，且耗用木料较多，故只有在要求模板精度较高的情况下才采用。搭接缝具有平缝和企口缝的优点，也是模板常用的接缝型式之一。

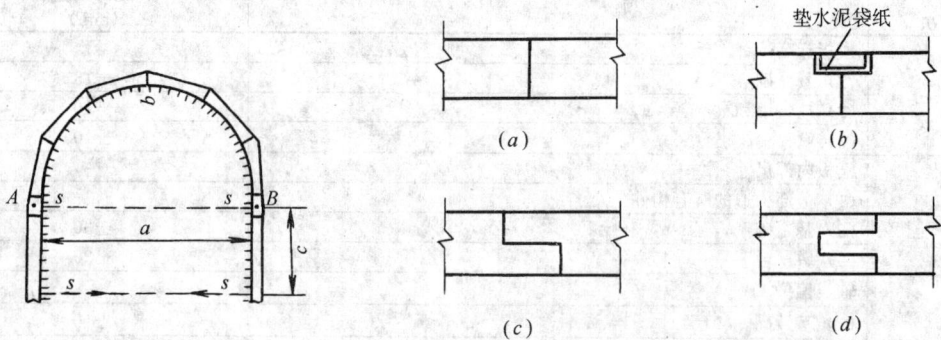

图 14-16 拉杆和铁钉计算图

图 14-17 木模板的接缝形式

(a) 对接平缝；(b) 嵌入硬木块的对接平缝；

(c) 搭接缝；(d) 企口缝

模板在安装前，要根据钢筋的安装和混凝土的浇筑确定拼装顺序，模板安装后，混凝土浇筑前，应检查模板有无变形，裂缝，并在模板表面涂以肥皂液或废机油等隔离剂，安装后的裂缝可用油灰填塞。

模板、拱架及支架制作时的允许偏差见表 14-1。

模板、拱架及支架安装的允许偏差见表 14-2。

模板、拱架及支架制作时的允许偏差　　　　　　　　　表 14-1

项次	项　目		允许偏差 (mm)
木模板制作	(1) 模板的长度和宽度		±5
	(2) 不刨光模板相邻两板表面高低差		3
	(3) 刨光模板相邻两板表面高低差		1
	(4) 平板模板表面最大的局部不平（用 2m 直尺检查）		
	刨光模板		3
	不刨光模板		5
	(5) 拼合板中木板间的缝隙宽度		2
	(6) 拱架、支架尺寸		±5
	(7) 榫槽嵌接紧密度		2
钢模板制作	(1) 外形尺寸		
	长和宽		0，−1
	肋　高		±5
	(2) 面板端偏斜		≤0.5
	(3) 连接配件（螺栓、卡子等）的孔眼位置		
	孔中心与板面的间距		±0.3
	板端孔中心与板端的间距		0，−0.5
	沿板长、宽方向的孔		±0.6
	(4) 板面局部不平（用 300mm 长平尺检查）		1.0
	(5) 板面和板侧挠度		±1.0

注：木模板中第 (5) 项已考虑木板干燥后在拼合板中发生缝隙的可能；2mm 以下的缝隙，可在浇筑前浇湿模板，使其密合。

模板、拱架及支架安装的允许偏差　　　　　　　　　表 14-2

项次	项　目	允许偏差 (mm)
一	模板标高	
	(1) 基　础	±15
	(2) 柱、墙和梁	±10
	(3) 墩　台	±10
二	模板内部尺寸	
	(1) 上部构造的所有构件	+5，−0
	(2) 基　础	±30
	(3) 墩　台	±20
三	轴线偏位	
	(1) 基　础	±15
	(2) 柱或墙	±8
	(3) 梁	±10
	(4) 墩　台	±10
四	装配式构件支承面的标高	+2，−5
五	模板相邻两板表面高低差	2
	模板表面平整（用 2m 直尺检查）	5
六	预埋件中心线位置	3
	预留孔洞中心线位置	10
	预留孔洞截面内部尺寸	+10，−0
七	拱架和支架	
	(1) 纵轴的平面位置	跨度的 1/1000 或 30
	(2) 曲线形拱架的标高（包括建筑拱度在内）	+20，−10

第二节 钢 筋

钢筋工艺的特点是使用的材料规格多，加工工序也多，成品的形状、尺寸各不相同，所以钢筋的制作是钢筋混凝土施工中重要的一环。随着建筑施工预制装配化和生产化的日益发展，钢筋加工一般都集中在钢筋加工场，采用流水作业法进行。

一、钢筋加工前的准备工作

（一）钢筋的检查与保存

钢筋进场后，应检查出厂试验证明书。若无证明文件或对钢筋质量有疑问时应作拉力试验和冷弯试验。如需焊接时，需作可焊性试验，试验应符合下列规定：

1. 钢筋试验应分批进行，每批重量不超过 200kN，不能采用已经整直后的钢筋；

2. 每批钢筋中取试件 9 根，3 根作冷弯试验，3 根作拉力试验，3 根作电弧焊接的工艺试验，作试件的钢筋，不论是冷弯、冷拉或工艺试验，若试件的断口为塑断（即有颈缩状态），则认为该试件合格，脆断则认为该试件不合格；

3. 作拉力试验时应同时测定抗拉强度、屈服点和伸长率 3 个指标，在第一次拉力试验时，如有 1 个指标不符规定，即作为拉力试验项目不合格，应再取双倍试件作拉力试验，重新测定三个指标，第二次试验中，如仍有 1 个指标不合格，不论这个指标在第一次试验中是否合格，拉力试验项目即为不合格；

4. 作冷弯试验时，应要求将试件绕一定直径的芯棒弯曲至规定角度，其弯心的外侧不发生裂纹、鳞落、断裂等现象为合格。

钢筋进场后，应注意妥善保管，堆放场地宜选择在地势较高处，有顶无墙的料棚内，钢筋下面要放垫块，离地不少于 0.2m；应按不同等级、牌号、直径等分别堆放，并标明数量；不要和酸、盐、油一类物品一起存放，以免污染。

（二）钢筋的整直

直径 10mm 以下 I 级钢筋常卷成盘形，粗钢筋常弯成"发卡"形或出厂时断成 8～10m长，便于运输和储存。因此，运到工地的钢筋应先予整直，然后再加工弯制。

钢筋整直的方法共有 4 种。

1. 用绞车或卷扬机整直钢筋

将盘形钢筋先放开，把它截成 30～40m 的长度，一端固定，另一端用绞车或卷扬机拉直。拉直时要控制伸长率不宜大于 2%，用这种方法拉直钢筋，设备简单，易控制伸长率，但拉直的钢筋屈服极限上升很少，在施工现场，一般使用这种方法。

2. 冷拉整直钢筋

用冷拉来整直钢筋，一般在混凝土预制厂才采用。用这种方法拉伸的钢筋，其屈服极限有所上升，提高了屈服点；并拉长了钢筋（达 4%～8%），也可达到节省钢材的目的；还可检验钢筋焊接时的接头质量，避免钢筋在张拉工艺中接头突然断裂；并对钢筋作了除锈工作，简化了以后的加工工序。图 14-18 所示的冷拉钢筋场地，能冷拉 16～30mm 的（Ⅱ～Ⅳ）螺纹钢筋。

3. 冷拔整直钢筋

以强力拉拔的方法，使直径为 6～10mm 的 I 级光圆钢筋，在冷态下通过比其直径小

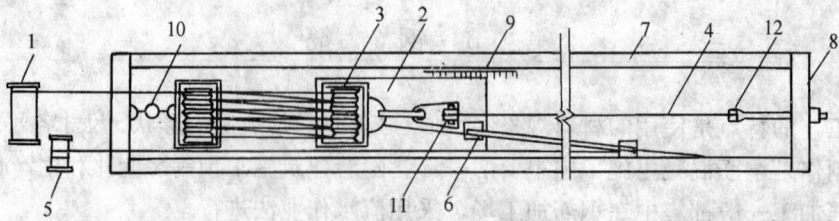

图 14-18 冷拉钢筋场地布置图

1—卷扬机；2—张拉小车；3—冷拉用滑车组；4—钢筋；5—小车回程用卷扬机；6—小车回程用滑车组；
7—钢筋混凝土压杆；8—横梁；9—标尺；10—电子传感器；11—张拉端夹具；12—锚固端夹具

0.5～1mm 的锥形孔（拔丝模），而拔成比原钢筋直径小的钢丝（也叫冷拔低碳钢丝）。钢筋整直后，呈现硬化性质，脆性增加而塑性降低，无明显的屈服阶段，但强度增高，弹性模量变化不大，钢材可节省30％左右。整直时，一般与切断装置连在一起，边冷拔边切断，图 14-19 为钢筋冷拔机和拔丝模。

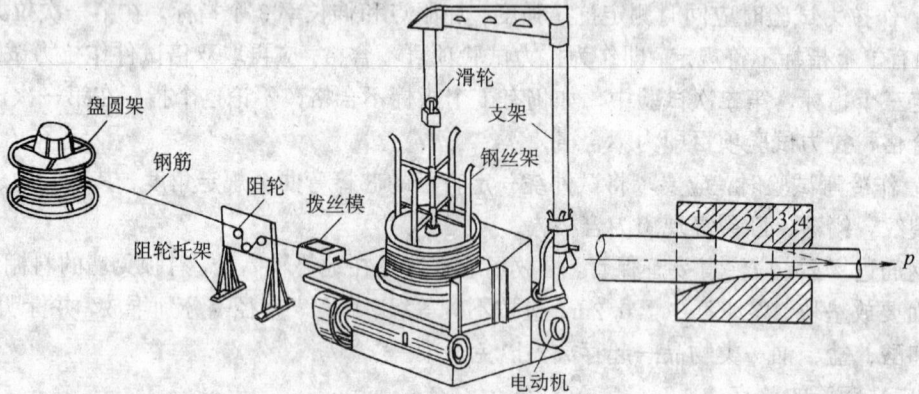

图 14-19 钢筋冷拔装置（拔丝模）

运至工地的 Ⅱ 级螺纹钢筋，若直顺良好，可直接用于下料、加工成型。

整直的钢筋应挺直，无曲折，钢筋中心线的偏差不得超过其全长的1％。

（三）钢筋下料长度计算

整直后的钢筋，应根据设计要求进行配料，配料工作应以施工图纸和库存材料规格为依据，并填写钢筋配料单（表 14-3），交钢筋工进行配料。

钢 筋 配 料 单　　　　　　　　　　表 14-3

工程名称：				钢 筋 配 料 单					
构件号	图号	钢号	钢筋编号	直径	形状	下料长度	根数	总重	备注

1. 弯钩增加长度计算

钢筋的弯制和末端的弯钩应符合设计要求，如设计无规定时，应符合表 14-4 规定。

弯曲部位	弯曲角度	形状图	钢筋种类	弯曲直径 D	平直部分长度	备注
末端弯钩	180°		I	$\geq 2.5d$ $\geq 5d$（$\phi 20\sim 28$）	$\geq 3d$	d 为钢筋直径
	135°		II	$\geq 4d$	按设计要求（一般 $\geq 5d$）	
			III IV	$\geq 5d$		
	90°		II	$\geq 4d$	按设计要求（一般 $\geq 10d$）	
			III IV	$\geq 5d$		
中间弯制	90°以下		各一类	$\geq 15d$		

如 $\phi 20$ 以下 I 级钢筋末端弯钩形状为 180°、135°、90°时，其弯钩增加长度为 6.25d、4.9d、3.5d（d 为钢筋直径）。

用 I 级钢筋制作的箍筋，其末端应做弯钩，弯钩的弯曲直径应大于受力主钢筋直径，且不小于箍筋直径的 2.5 倍。弯钩平直部分长度，一般结构不宜小于箍筋直径 5 倍，有抗震要求的结构，不应小于箍筋直径的 10 倍。

箍筋弯钩的形式，如设计无要求时，可按图 14-20a、b 加工，有抗震要求的结构，应按图 14-20c 加工。

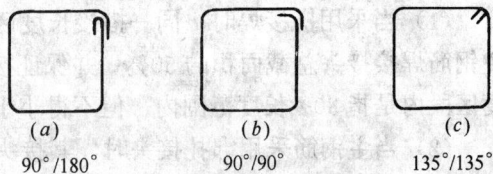

(a) 90°/180° (b) 90°/90° (c) 135°/135°

图 14-20 箍筋弯钩形式图

2. 弯曲伸长计算

钢筋弯曲后有所伸长，通常有 30°、45°、60°、90°、135° 和 180° 等几种，在钢筋剪断时应将延伸部分扣除，一般可作若干次试验，以求得实际的切断长度。不同弯起角的钢筋弯曲伸长值可参照表 14-5 计算。

不同弯起角的钢筋弯曲伸长值计算 表 14-5

弯起角度	30°	45°	60°	90°	135°	180°
弯曲伸长值	0.35d	0.5d	0.85d	1.0d	1.25d	1.5d

3. 下料长度计算

（1）当不用搭接时

下料长度＝钢筋原长＋弯钩增长量－弯曲伸长；

（2）当需要搭接时（搭接焊或绑扎接头）

下料长度＝钢筋原长＋弯钩增长量－弯曲伸长＋搭接长度。

较短形状钢筋可以先接长后下料加工；而对较长形状钢筋须先下料加工后再接长。

【例 14-2】 直径 ϕ10mm 的光圆钢筋，弯曲形状如图 14-21 所示，试计算钢筋下料长度。

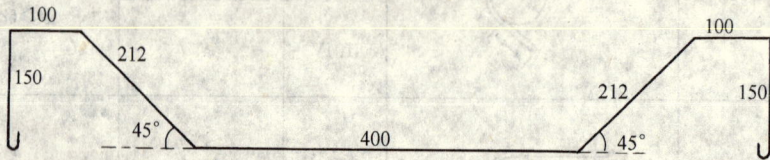

图 14-21　钢筋弯曲示意　　（单位：cm）

【解】：钢筋原长＝$150\times2+100\times2+212\times2+400=1324$cm

2 个半圆弯钩增长量＝$6.25\times2\times1=12.5$cm

2 个 180°弯曲伸长量＝$1.5\times2\times1=3$cm

2 个 90°弯曲伸长量＝$1.0\times2\times1=2$cm

4 个 45°弯曲伸长量＝$0.5\times4\times1=2$cm

若无搭接则钢筋下料长度为：

$$L=1324+12.5-3-2-2=1329.5\text{cm}$$

（四）钢筋配料注意事项

1. 对于有接头的钢筋，配料时应注意使接头位置尽量错开，并符合下列规定。

（1）当采用搭接焊时，同一搭接长度区段内的受拉钢筋焊接接头的截面积，不得超过主钢筋焊接接头总截面积的 50%，并保证接头处的钢筋有足够间隙以注入混凝土。搭接长度区段内是指 30d 长度范围内，但不得小于 50cm。

（2）当主钢筋采用绑扎接头时，其接头截面积在受拉区的同一截面内不得超过主钢筋接头总截面积的 25%，受压区为 50%。同一截面指搭接绑扎长度范围内。

（3）所有接头与钢筋弯曲处应不小于 10d，也不宜位于构件的最大弯矩处。

绑扎接头的最少搭接长度见表 14-6。

钢　筋　搭　接　长　度　表　　　　　　　　　　　　表 14-6

混凝土标号		15 号		≥20 号	
钢筋种类	受力情况	受　拉	受　压	受　拉	受　压
Ⅰ级、5 号钢筋		35d	25d	30d	20d
Ⅱ　级　钢　筋		40d	30d	35d	25d
Ⅲ　级　钢　筋		45d	35d	40d	30d

注：①位于受拉区的搭接长度不应小于 250mm，位于受压区的搭接长度不应小于 200mm；

　　②d 为钢筋直径。

292

2. 当施工图中采用的钢筋品种或规格与库存材料不一致时，可参考下列原则进行钢筋代换。

(1) 等强度代换 结构构件系强度控制时，钢筋按强度相等原则进行代换，等强度代换后的钢筋强度应不小于原有钢筋强度；

(2) 等面积代换 结构构件系最小含筋率控制时，钢筋则按面积相等原则进行代换；

(3) 结构构件系受裂缝宽度或抗裂性要求时，钢筋代换时需进行裂缝和抗裂性验算。

应当注意，钢筋代换只能按上下一个档次内代换；代换后，若多出的钢筋仍应放在结构内；代换后的钢筋直径、根数还须进一步考虑构造要求（如钢筋间距、根数、锚固长度、混凝土材料等）。

(五) 钢筋的切断

10mm 以下的光圆钢筋可采用剪筋刀剪断；单根钢筋可采用钢锯锯断；粗钢筋可采用气焊割断；目前常用电动切割机割直径 40mm 以下的钢筋，较细的钢筋可一次割断数根。

二、钢筋加工

(一) 钢筋接长

钢筋配料中，当长度不能满足需要时，就需将钢筋接长。接长方法有闪光接触对焊、竖向钢筋电渣压力焊接、电弧焊（搭接焊、绑条焊）、螺套及套筒挤压连接和绑扎 5 种。一般均应使用焊接接头；当结构钢筋特别长，无法运输，可将钢筋用螺套及套筒挤压连接；当焊接有困难时，才可用绑扎接头。

1. 闪光接融对焊（图 14-22）

用闪光接融对焊接长的钢筋，其优点是钢筋传力性能好、省钢料，能适应直径大于 10mm 的各种钢筋，避免钢筋间距变小，便于混凝土浇筑，故钢筋接长首选方案为对焊。其原理是在进行对焊过程中，钢筋的两端面轻微接触，使变压器的次级产生短路，同时获得强大的电流，使接融点钢筋熔化，同时在钢筋两端进行加压，松开电源，钢筋便对焊成功。

钢筋对焊完毕，除外观检查外，还应按规定切取部分接头进行机械试验；对预应力混凝土使用的钢筋（对焊接头），必须对钢筋进行试拉，以防止对焊接头不牢。

对焊以后的钢筋，其外观接头具有适当的墩粗和均匀的金属毛刺；表面没有裂纹和明显的烧伤；接头无弯折、轴线无偏移。

抗拉试验时，断裂部位不能出现在接头处，最小极限强度不能小于该种钢筋抗拉极限强度；绕一定直径的心棒作 90°冷弯试验时，不得出现裂纹，亦不得沿焊接部位破坏。

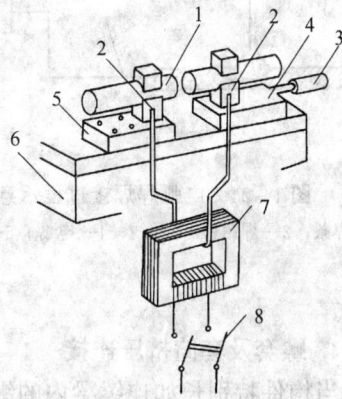

图 14-22 接触对焊示意图
1—钢筋；2—电极；3—压力构件；4—活动平板；5—固定平板；6—机身；7—变压器；8—闸刀

2. 竖向钢筋电渣压力焊接

当桥墩墩身的预埋钢筋较长而无法固定时，先预埋短钢筋，再用竖向钢筋电渣压力焊接机进行现场竖向对焊接长（如图 14-23 所示）。其原理同闪光接融对焊，可适用 14～36mm

的Ⅱ级螺纹钢筋，常用GB5293—85标准焊剂作为焊接的辅助材料。其操作过程如下：

安装上下夹具并夹牢钢筋使其接触；以400V的初始电压通电20s进行预热，当接头处与焊剂开始发红时；继续加大电压至600V并用手柄逐渐加压30s；接头焊接完毕，冷却后拆除焊接机并观察焊接点是否有墩粗。

用此法焊接的优点是：避免了竖向钢筋过长需要固定，可随焊随接长，墩身混凝土浇一段，钢筋可向上接一段，亦可同时采用几个焊接机一起焊接钢筋，既加快焊接速度又降低劳动强度；缺点是：较难采取试件，对施工人员要有一定的技术要求。

3. 电弧焊

图14-24是电弧焊焊接过程示意图，一根导线接在被焊钢筋上，另一根导线接在夹有焊条的焊钳上。合上开关，将焊条轻融钢筋，产生电弧，此时立即将焊条提起2～3mm进行焊接。由于电弧最高可达4000℃，能熔化焊条和钢筋，移动焊条并汇合成一条焊缝，至此焊接过程结束。

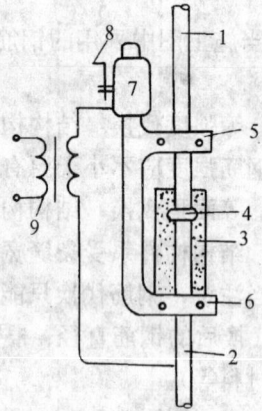

图14-23　竖向钢筋电渣压力焊接示意

1—上根钢筋；2—下根钢筋；3—焊剂筒；4—墩粗；5—上夹具；6—下夹具；7—加压齿轮；8—加压手柄；9—变压器

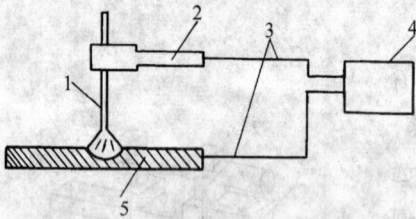

图14-24　电弧焊焊接过程示意图

1—焊条；2—焊钳；3—导线；4—电源；5—被焊金属

电弧焊焊接接头应对外观进行检查，要求焊缝表面平整、没有缺口、凹陷、气孔和较大的金属焊瘤、两钢筋轴线应重合，焊接部分接头应进行机械性试验，张拉用的Ⅳ级钢筋不采用电弧焊。

在绑条焊和搭接焊中，预制钢筋骨架中多采用双面焊缝，其焊缝长度不得小于$5d$；而在模板内焊合的钢筋，多采用单面焊缝，其焊缝长度不得小于$10d$。钢筋电焊时焊条应根据设计规定采用。

4. 螺套及套筒挤压连接

当构件特别长如连续梁内的纵向构造钢筋，很难做到先焊接后放入模板内。可先将钢筋两端用钢筋套丝机床绞一段锥形螺纹，再用特制的螺套连接器将钢筋连接起来（如同自来水管接长一样）；也可不绞螺纹，在两根待接钢筋的端头处先后插入一个优质钢套筒，用压接器在侧向将钢筋接头处的钢套筒压紧，当套筒塑性变形后，即与变形钢筋紧密咬合，达到连接效果。螺套及套筒挤压连接用于20～40mm的Ⅱ级螺纹钢筋，优点是使用方便，缩短工期，适用范围大；缺点是需要大量钢材，成本较高。

5. 铁丝绑扎搭接

当无条件焊接时，可用22号～18号铁丝绑扎搭接。绑扎前，先将铁丝在火中烧红后放入冷水中，可提高绑扎铁丝的硬度。

对轴心受拉构件的接头，均应采用焊接，不得采用绑扎接头；冷拔钢丝的接头，只能采用绑扎，不得采用焊接接头；绑扎后的铁丝头要向里弯，不得伸向保护层内。

（二）钢筋骨架的焊接

钢筋骨架的焊接一般应采用电弧焊，先焊成单片平面骨架，然后再将平面骨架组焊成立体骨架，使骨架有足够刚性和不变形性，以便吊运。

钢筋在焊接过程中由于温度的变化，骨架将会发生翘曲变形，使骨架的形状与尺寸不能符合设计要求，同时会在焊缝内产生收缩应力而使焊缝开裂。

为了便于焊接，常使用工作台（图14-25）。台高一般为30～40cm，钢筋按照骨架的外框尺寸用角钢固定在台面上，每根斜筋的两侧也用角钢固定。

在拼装T梁骨架时，还应考虑焊接变形和梁的预拱度对骨架尺寸的影响而预留拱度，其值可参考表14-7。

焊接骨架预留拱度值　　　　　　　　　　表 14-7

T梁跨径（m）	<10	10	16	20
工作台上预拱度（cm）	3	3～5	4～5	5～7

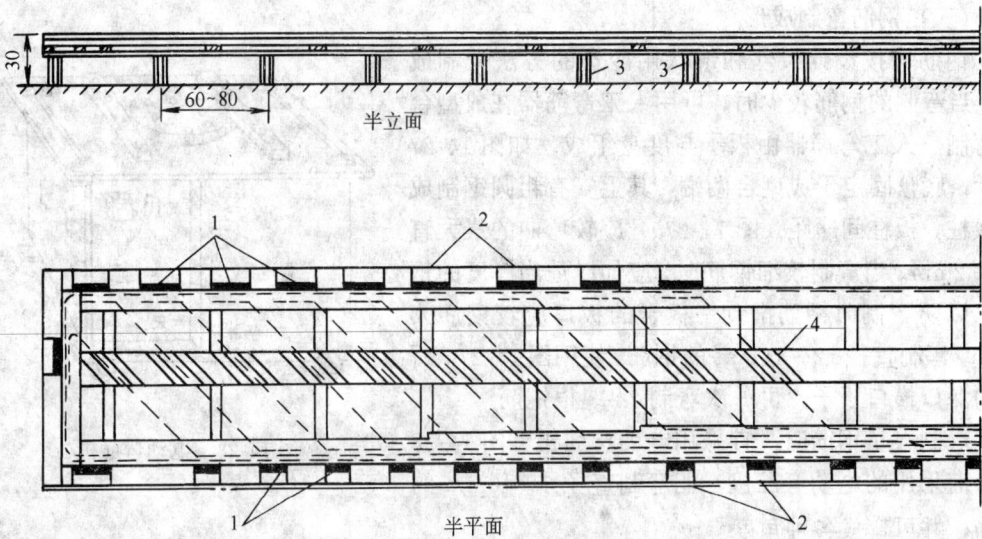

图14-25　T形梁钢筋单片骨架拼焊台
1—焊缝长度（用红漆标出）；2—焊缝编号；3—小木桩；4—木条

为了防止焊接骨架过程中骨架的变形，一般采用错开焊接的方法，如图14-26a示。另外，采用双面焊缝使骨架的变形尽可能均匀对称。

钢筋骨架的施焊顺序宜由中到边对称地向两端进行，先焊骨架下部，再焊骨架上部，每一条焊缝应一次焊成。相邻的焊缝采用分区对称

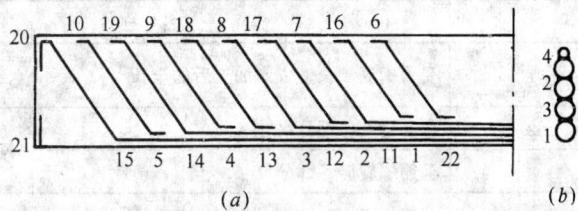

图14-26　钢筋骨架焊接顺序

跳焊，不得顺一个方向一次焊成，骨架焊成后应全部敲掉药皮。当多层钢筋直径不同时，可先焊两直径相同的再焊直径不同的，如图14-26b。若相同直径钢筋在同一焊位有好几根，则分层跳焊。

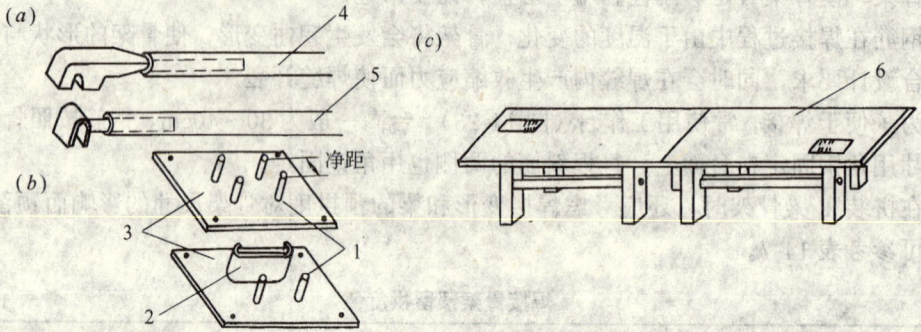

图 14-27 人工弯筋设备及成型台
1—板柱；2—钢套；3—底盘；4—横口板子；5—深口横口板子；6—成型台

（三）钢筋弯制成形

钢筋应按设计尺寸和形状用冷弯的方法弯制成型。当弯制的钢筋较少时，可用人工弯筋器在成型台上弯制。人工弯筋器由板子与度盘组成，如图14-27所示。底盘固定于成型台两端，其上安有粗圆钢制成的板柱，板柱间净距（图14-27b）应较弯曲的最大直径大2mm。当弯制较细钢筋时，应加以适当厚度的钢套，以防弯制时钢筋滑动。板子的板口应较钢筋大2mm。弯制直径12～16mm的钢筋，使用图14-27a所示的深口横口板子，可一次弯制2～3根钢筋。

弯制大量钢筋时，宜采用电动弯筋机，图14-28为目前采用的电动弯筋机，能弯制直径6～40mm的钢筋，并可弯成各种角度。

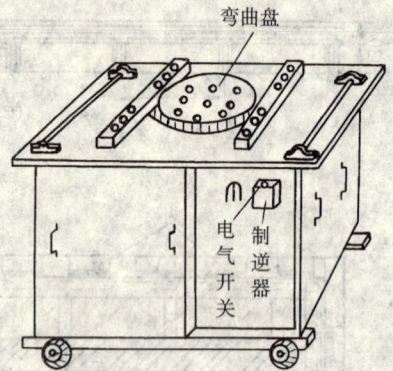

图 14-28 电动弯筋机

弯制各种钢筋的第一根时，应反复修正，使其与设计尺寸和形状相符，并以此样件作标准，用以检查以后弯起的钢筋。对成型后的钢筋，其偏差不大于表14-8的规定。

加工钢筋的允许偏差（mm）   表 14-8

项　次	偏　差　名　称	允许偏差
1	受力钢筋顺长度方向加工后的全长	+5 −10
2	弯起钢筋各部分尺寸	±20
3	箍筋螺旋筋各部分尺寸	±5

三、钢筋的安装

在模板内安装钢筋之前，必须详细检查模板各部分的尺寸，检查模板有无歪斜、裂缝

296

及变形，各板之间的拼接是否牢靠等。所有变形、尺寸不符之处和各板之间的松动都应在安装钢筋前予以处理好。

安装钢筋时应使其位置正确，并在钢筋下面垫以 2～3cm 厚的砂浆垫块，以确保底模与钢筋间具有一定厚度的保护层；配置在同一截面内的垫块应错开，以免把混凝土构件的受拉区截断，垫块间的距离一般为 0.7～1m。

为了保证钢筋具有一定厚度的保护层，可以在钢筋与侧模板间或钢筋与钢筋间垫置砂浆隔块，或垫置与主筋相同的短钢筋，并以铁丝绑扎固定。

钢筋安装的顺序可根据钢筋混凝土构件的形状、钢筋配置情况，混凝土浇筑的先后而定，一般可依下列次序进行。

（一）基础钢筋的安装

在安装钢筋之前，先在模板侧板上以粉笔标明主筋位置，然后将主筋置于基坑底上，其次把分布钢筋每隔 3～4 根安装 1 根，并用铁丝把分布钢筋与主筋紧密绑扎以固定主筋位置，再安装其余的分布钢筋，最后进行全部绑扎工作，如有伸入构件的竖直预留钢筋应绑扎固定。

（二）墩台钢筋安装

桥墩、桥台的钢筋，应事先根据施工图纸在平地预制成钢筋骨架，然后整个安装；有些水下混凝土工程所需安装的钢筋，一般在陆地整体安装后，用起重机械将钢筋骨架整体起吊至模板内；若无起重机械，可将配制好的钢筋在模板内现场绑扎；对于大型桥墩、桥台有时采用边安装钢筋边浇筑混凝的方法。

（三）上部构造钢筋的安装

上部构造的钢筋一般采用主梁、横梁、副纵梁和桥面板这样的顺序来安装。对有些上部构造可采用预制构件的方法，逐步拼装。梁的上部钢筋和侧壁的钢筋可按图14-29所示的方法固定。

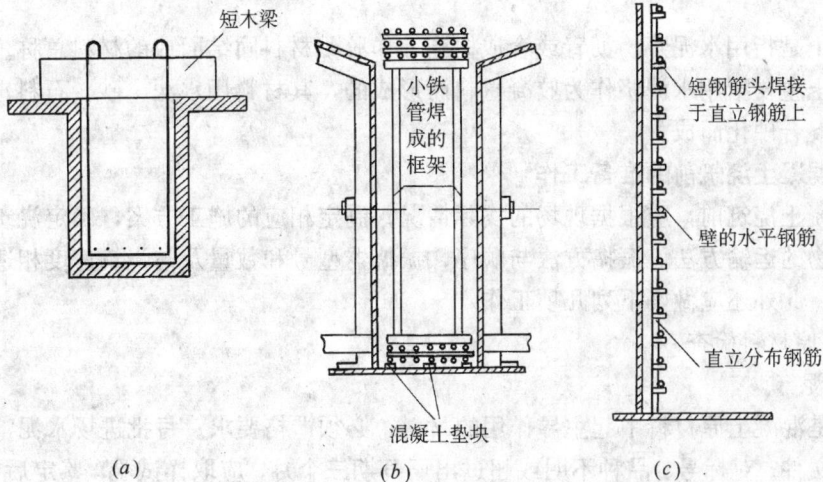

图 14-29　钢筋安置法

(a) 把钢筋吊在短木梁上；(b) 用框梁安置上部钢筋；(c) 在分布钢筋上附加短钢筋头安置肋壁水平钢筋

桥面板钢筋的安装，其步骤与基础钢筋安装相同。

（四）其它混凝土构件的钢筋安装

对于桩、立柱和装配式钢筋混凝土构件，通常是预先做好钢筋骨架，然后安装于模板内。

为了加速钢筋安装工作和保证安装质量，可根据结构形状、起重和运输条件，尽可能预先制成立体骨架式平面网，再放入模板内进行绑扎或焊接。制成的骨架应注意有足够的刚性和不变形性，以便运输和吊装，在钢筋的交叉点最好采用焊接。

安装钢筋时，其位置偏差不应大于表14-9的规定。

钢 筋 位 置 允 许 偏 差　　　　　表 14-9

项次	项　　　目		允许偏差（mm）
1	两排以上受力钢筋的钢筋排距		±5
2	同一排受力钢筋的钢筋间距	梁、板、拱肋	±10
		基础、墩、台、柱	±20
3	钢筋弯起点位置		±20
4	箍筋、横向钢筋间距		±20
5	焊接预埋件	中心线位置	5
		水平高差	+3
6	保护层厚度	墩、台、基础	±10
		柱、梁、拱肋	±5
		板	±3

第三节　混　凝　土

混凝土是指用水泥浆、沥青或合成树脂等作胶凝材料固结而成的材料总称。而平常所说的混凝土主要指用水泥浆作为胶凝材料而形成的，其材料用水泥、砂、石料、水和外加剂经合理混合硬化而成。

一、混凝土浇筑前的准备工作

在混凝土浇筑前，应根据现场的实际情况，制定相应的施工方案，确定浇筑顺序与速度，拌和物的运输方法，振捣方法与顺序，振捣器型号和数量及与浇筑速度相适应的劳动力组织等。此外还应做好下列几项工作。

（一）原材料检查

1. 水泥

水泥是混凝土原材料中起主导作用的材料，必须严格要求。每批进场水泥，必须附有质量证明文件。对标号、品种不明或超过出厂日期三个月，应取样试验，鉴定后方可使用。对受潮水泥和过期水泥不能用于高标号混凝土和主要工程部位。

2. 砂

混凝土采用的砂，应为中砂（细度模数在2.2～3.2之间），采用级配合理、质地坚硬、颗粒洁净的天然砂（一般以江砂或山砂为好）。

3. 石料

以碎石为好，不宜采用卵石，要求质地坚硬，有足够的强度、表面洁净。配制高标号混凝土不能采用卵石，为保证混凝土浇筑密实，石子的最大粒径不得大于结构截面尺寸的1/4；同时不得大于钢筋间最小净距的3/4；也不宜大于主筋直径的1倍。

4. 水

凡能饮用的自来水及洁净的天然水均可作为混凝土的搅拌用水，影响混凝土硬化的有害物质如油脂、糖类、污水、工业废水、pH值小于4的酸性水和含量超过1%的硫酸盐水，均不得用于混凝土中；海水不得用于钢筋混凝土和预应力混凝土结构中。

5. 外加剂

混凝土、砂浆和水泥净浆在搅拌时，容许掺入不大于水泥用量5%的外加剂，以改变混凝土、砂浆和水泥净浆的性能，常用的外加剂有以下4种。

（1）减水剂　在不影响和易性的条件下，能使给定的混凝土或砂浆用水量减少或在用水量不变的条件下增加流动性。

减水剂使用最普遍，其优点为：在混凝土配合比和水灰比不变的情况下，可提高流动性，并不降低混凝土的强度；在水泥用量不变的情况下，减少用水量，既能保证流动性，又能提高混凝土的强度和耐久性；在保证流动性和水灰比不变的情况下，同时减少用水量和水泥用量，节省水泥，降低造价。

（2）早强剂　提高混凝土或砂浆的早期强度。七天的强度可达90%，但28天的强度并不能提高。

（3）促凝剂　减少混凝土或砂浆由塑态变为固态所需时间，减少混凝土或砂浆由初凝至终凝的时间，从而保证混凝土的水化反应正常，防止由于低温产生的混凝土冻害。

（4）缓凝剂　增加混凝土或砂浆由塑态变为固态所需的时间。减少混凝土在凝结过程中产生的水化热，防止由于大体积混凝土内外温差过大而产生的表面开裂，并能保证混凝土经长距离运输后仍能保持一定的和易性。

外加剂的种类有百余种，但能掺入混凝土中使用的仅占10%，使用不普遍。主要原因是外加剂的价格过高，有些外加剂掺入后有不良后果，再就是使用不当以致于无效甚至有害。

（二）检查混凝土配合比

根据计算的理论配合比，称取10L混凝土的组成材料进行试拌，以验证和易性、容重、强度是否符合要求，必要时进行调整，以选定正式施工配合比。

以上所述的配合比均为理论配合比，其中砂、石均为干料，但在施工现场所用的材料均包含一定量的水。因此，在混凝土浇筑前，均要测定砂、石的含水率，调正配合比。

（三）混凝土搅拌

在施工现场除少量的混凝土用人工搅拌和因无堆料场地用商品混凝土外，均采用搅拌机。其优点是：混凝土质地均匀，强度高并能节约劳力，加快施工进度。

施工现场常采用自落式和强制式两种搅拌机，一般都有固定搅拌台，图14-30为自落式混凝土搅拌台示意。

搅拌台的高度与混凝土的运输方式有关，以搅拌机的出料槽略高于混凝土运输工具；装料平台的高度可与搅拌机的料斗同高或略低，便于倒料，上装料平台的坡度不宜超过3%～5%。

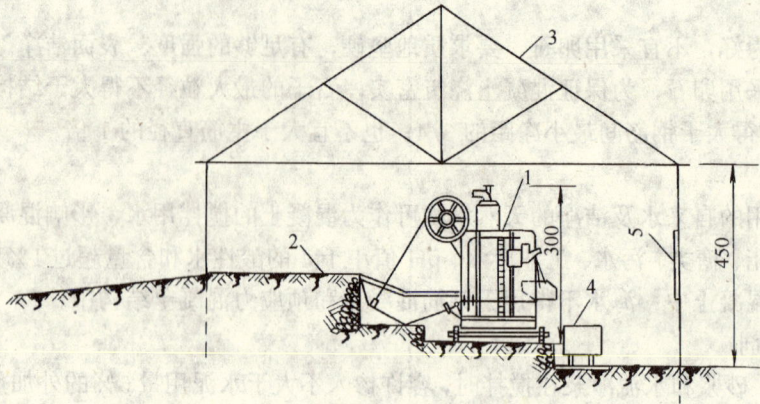

图 14-30　自落式混凝土搅拌台示意（cm）

1—搅拌机；2—装料平台；3—棚；4—运混凝土斗车；5—混凝土配合比揭示牌

混凝土混合料，水泥以包为单位，砂石料必须过磅，其偏差按重量计时为1％～3％，上料顺序为石子→水泥→砂。搅拌前应检查搅拌机运转情况。

混凝土搅拌时，应先向滚筒内注入用水量的2/3，然后把全部混合料投入滚筒，随着将余下的1/3水量倒入。搅拌时间应根据混凝土的和易性和搅拌机的容量而定，不要任意缩短搅拌时间或加快搅拌筒的转动速度。自全部混合料装入搅拌筒并加水起，到混凝土由筒中开始卸出止，其延续搅拌的最短时间一般应符合表14-10的规定。并以石子表面包满砂浆，拌和颜色均匀为标准。搅拌均匀是十分重要的，否则配合比就失去意义，不能保证混凝土的强度与和易性，对混凝土危害极大。

混凝土最短搅拌时间（min）　　　　　　　　　　　　　表 14-10

项次	搅拌机类别	搅拌机容量（1）	混凝土坍落度（cm）		
			0～2	3～7	＞7
1	自落式	≤400	2.0	1.5	1.0
		≤800	2.5	2.0	1.5
		≤1200	—	2.5	1.5
2	强制式	≤400	1.5	1.0	1.0
		≤1500	2.5	1.5	1.5

注：①搅拌细砂混凝土或掺有外加剂的混凝土时，搅拌时间应适当延长1～2min；

②外加剂应先调成适当浓度的溶液再掺入；

③搅拌机装料数量（装入粗骨料、细骨料、水泥等松体积的总数）不应大于搅拌机标定容量110％；

④搅拌时间也不宜过长；

⑤表列时间为从搅拌加水算起。

在整个混凝土施工过程中，应注意搅拌机的搅拌速度与混凝土浇筑速度的密切配合；注意随时检查与校正混凝土的坍落度，严格控制水灰比，不任意变更配合比。

（四）混凝土运输

混凝土的运输工具常用手推车、汽车及混凝土泵车输送。运输过程中应满足如下要求。

1. 从搅拌机出料处至浇筑地点的距离应力求缩短；

2. 运输工具应保证混凝土运输过程中不发生离析或水泥浆流失现象，坍落度前后相差不得超过30%，若发现离析现象，应对混凝土进行二次搅拌；运输路线应平坦，以保证车辆平稳行驶；施工高峰时，应有专人管理，以免车辆拥挤阻塞；

3. 当采用无搅拌器的运输工具运输时，运输的延续时间，不宜超过表14-11中的规定；

已搅拌的混凝土运输允许保持时间　　　　　　　　　表 14-11

混凝土从搅拌机倾出时的温度（℃）	混凝土允许运输时间（min）
20～30	30
10～19	45
5～9	60

4. 运输盛器应严密坚实，要求不漏浆、不吸水，并便于装卸搅料。

二、混凝土浇筑

因浇筑地点及构件形状的不同，混凝土浇筑方法有许多，均应保证混凝土在浇筑过程中不产生离析、中断，并保证混凝土搅拌料在短时间内有足够的数量供浇筑，使混凝土能充分振捣。

混凝土浇筑前应对模板、钢筋作一次全面检查，对重点工程的关键部位应作隐蔽工程验收。

（一）允许间隙时间

混凝土应依照次序逐层连续浇完，不得任意中断，并应在前层混凝土开始凝结前即将次层混凝土搅拌物浇捣完毕，其允许间隙时间以混凝土还未初凝或振捣器尚能顺利插入为准，表14-12所列的混凝土浇筑的允许间隙时间供参考。

浇筑混凝土允许间隙时间　　　　　　　　　　表 14-12

混凝土入模温度 ℃	允许间歇时间（min）	
	普 通 水 泥	矿渣、水泥、火山灰质水泥、粉煤灰水泥
30～20	90	120
19～10	120	150
9～5	150	180

（二）工作缝处理

当浇筑时，混凝土搅拌物间隙时间超过表14-12的数值时（包括旧混凝土），应按工作缝予以处理，其方法如下：

1. 下一层已浇好的混凝土强度，在尚未达到1.2MPa（结构为钢筋混凝土时，不得低于2.5MPa）前，不允许进行上一层混凝土的浇筑工作。

2. 在旧混凝土上施工时，其表面的水泥薄膜（乳皮）及松软的混凝土层应加以凿除，使坚实混凝土层外露并凿成毛面。

3. 旧混凝土面经清理干净后，用水冲洗并排除积水，铺一层水泥砂浆，厚1.5cm左右，便可立即浇筑新混凝土；对于竖向结合面，可只涂薄水泥浆层。

4. 对施工接缝处的混凝土，应仔细地加以振捣，使新旧混凝土紧密结合；也可将旧混凝土用冲击钻打孔，插入钢筋后再浇筑新混凝土。

（三）混凝土浇筑时的分层厚度

混凝土浇筑时应分层，每层混凝土的浇筑厚度应根据搅拌机的搅拌能力、运输距离、浇筑速度、气温及振捣器工作能力来决定，一般不宜超过表 14-13 的规定。

混 凝 土 分 层 浇 筑 厚 度   表 14-13

项 次	捣 实 方 法		浇筑层厚度 (cm)
1	用插入式振动器		30
2	用附着式振动器		30
3	用表面振动器	无筋或配筋稀疏时	25
		配筋较密时	15
4	人工捣实	无筋或配筋稀疏时	20
		配筋较密时	15

注：表列规定可根据结构物和振动器型号等情况适宜调整。

（四）混凝土的自由倾落高度

为保证混凝土在垂直浇筑过程中不发生离析现象，应遵守下列规定：

1. 浇筑无筋或少筋混凝土时，混凝土搅拌物的自由降落高度超过 2m 时，要用滑槽或串筒输送；超过 10m 时，串筒内应附设减速设备（图 14-31）。

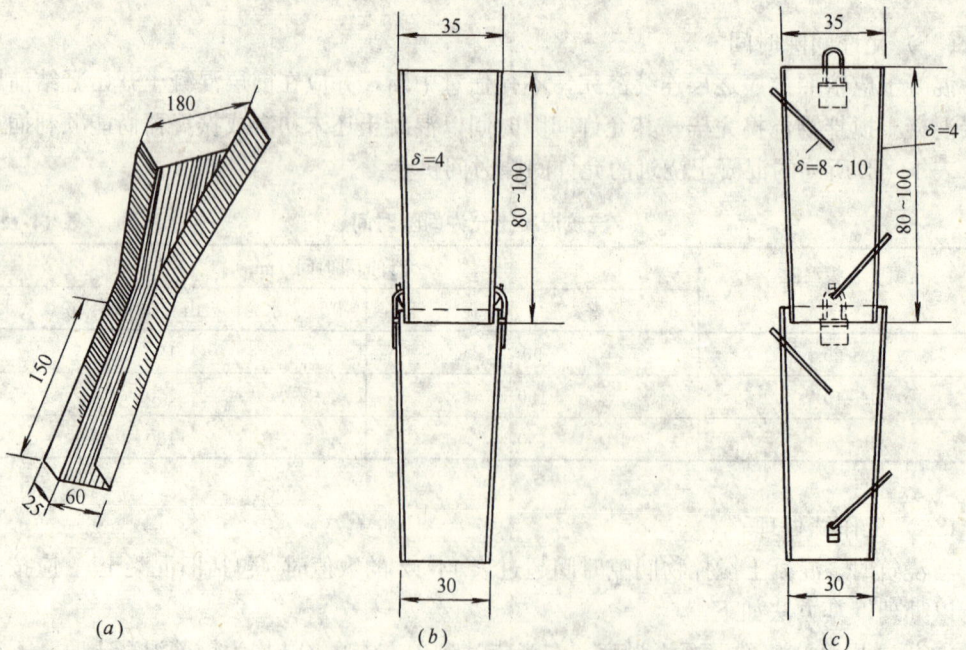

图 14-31 垂直输送混凝土设备

尺寸单位：cm；厚度单位：mm

（a）滑槽；（b）串筒；（c）有减速设备的串筒

2. 浇筑钢筋配筋较密或不便浇筑的结构混凝土时，尤其要缩小混凝土搅拌物自由降落高度最好不超过 0.3m。以免因钢筋碰撞而导致石子与砂浆分离。

（五）混凝土的振捣

混凝土振捣常采用机械振捣，是利用各种振动器将混凝土内部的空气和游离水分排挤出来，同时使砂浆充满石子间空隙，以达到内部密实，表面平整，符合设计要求。只有在缺乏或不能采用振动器时，方可采用人工捣固。

混凝土的质量与浇筑厚度、浇筑程序和良好的振捣有关，采用振捣器捣实混凝土可获得最大密实度。桥梁工地常采用的振捣器有以下几种。

1. 平板式振捣

系用平板式振捣器放在浇筑层的表面，混凝土分层厚度不宜大于 20cm，适用于大面积混凝土的表面振捣。如桥面、矩形板、空心板的底板和顶面等。操作时，振捣器顺序逐排振捣前进，并按振动轴转动的方向拖行，每次振捣有效面积应与已振捣部分重叠。

2. 附着式振捣

系用附着式振捣器安装在模板的外部振动，适用于薄壁构件。如箱梁的内模、外模，T梁的腹板等。安装时，振捣器振动轴的旋转面不能与水平面平行。其垂直方向的布置与构件厚度有关，构件厚度小于 0.15m 时，可两面交错排列；大于 0.15m 时，应两面相对排列，布置间距不应大于它的作用半径。这种方法以振动模板来捣实混凝土，故对模板的要求很高，一般当钢筋过密无法采用插入式振捣器时方可采用。

3. 插入式振捣

系用插入式振捣器插入混凝土内部进行振捣，振捣效果较好。混凝土的分层厚度不应大于振捣棒头的 0.8 倍。操作时，振捣棒要垂直，不可触及模板与钢筋，插点要均匀，可按行列式或交错式进行，两点间距离以 1.5 倍作用半径为宜，插入振捣上一层混凝土时，应将振捣棒略为插入下层以消除两层之间的接触面。

4. 振捣台

将 1 台或数台振捣器放在平台下面组成振捣台，将浇筑构件放在振捣台上振捣，一般在混凝土制品厂使用。

若对某些即将开始初凝（还未初凝）的混凝土再次进行振捣称为二次振捣，可提高水平钢筋的握裹力、竖向钢筋的抗拔力，增大水密性和提高抗压强度，28 天后的龄期强度可增加 10%～20%。因二次振捣是一项新技术，在使用前必须经过试验，慎重对待。

混凝土振捣时间各有不同，一般凭肉眼观察，以混凝土不再下沉，气泡不再发生，水泥砂浆开始上浮，表面平整为止。平板式振捣器约为 20～40s；插入式振捣器约为 15～30s；附着式振捣器约为 20～40s。

延长振捣时间，并不能提高混凝土的质量；相反，过久地振捣，可使混凝土产生离析，发生蜂窝麻面，过多地振捣所造成的危害比振捣不足更大，尤其对塑性的、稠度较稀的混凝土更为显著。

三、混凝土的养护及模板拆除

混凝土浇筑后，若天气干燥，混凝土表面水分蒸发过快，会产生网状的收缩裂缝，破坏混凝土的耐久性，所以对混凝土初期阶段的养护是非常重要的。

在自然温度条件下（高于+5℃）用湿草袋将混凝土覆盖，并经常浇水养护；温度低于

+5℃，须加盖草袋，不得浇水。塑性混凝土在浇筑后（过了初凝）12h内，加以覆盖和浇水；干硬性混凝土应在浇筑完毕后，立即覆盖草袋并加强浇水。

混凝土浇水养护日期，随环境温度而异，在常温下，用普通水泥拌制时，不得少于7d；用矾土水泥拌制时，不得少于3d；用矿碴水泥、火山灰质水泥或在施工中掺用减水剂、加气剂时，不得少于14d；对有抗渗要求的混凝土也不得少于14d。干燥炎热天气应适当延长。

混凝土浇筑后，经过一段时间养护，其强度达到一定的要求后，便可拆除模板与支架。现浇钢筋混凝土桥的落架工作，应从挠度最大处的支架上的落架设备开始，然后分别向两支点，逐次使邻接的支架上的落架设备加入工作，务使整个承重结构逐渐受力，以免突然受力而遭受损害。

模板及其支架的拆除期限与混凝土硬化的速度，气温及结构性质等有关。拆除模板及其支架的最短期限可参照表14-14。

拆除模板及其支架的最短期限（昼夜）　　　　　　　表14-14

混凝土强度达到设计强度的百分数	拆模项目	昼夜平均温度（℃）			
		30～20	20～15	15～10	10～5
20%	横梁及柱的侧面模板，以及不承受混凝土重量的模板	2	3	4	5
50%	跨径小于3m的板的底面模板，墩台直立模板，主梁侧面模板	6	7	8	10
70%	跨径大于3m的板的底面模板，跨径小于12m的主梁的底面模板及其支架	12	14	18	24
100%	跨径≥12m的主梁底面模板及其支架，拱桥模板，拱架及其支架	21	25	28	35

模板拆除时，应尽量避免对混凝土的震动，已拆除模板的结构，应在混凝土达到设计强度的100%，才容许承受全部设计荷载。

四、混凝土的季节性施工

混凝土的季节性施工包括夏季施工、雨季施工和冬季施工。

（一）夏季混凝土施工

夏季天气炎热，混凝土浇筑完毕后应注意保水。

高温对混凝土的影响

（1）搅拌混凝土要达到设计稠度，用水量增加；凝结硬化加快，操作时间缩短，振捣困难；泌水减少，表面干燥快，整修困难，易产生裂缝（塑性）；早期强度高，后期强度比低温浇筑时低；水化发热在初期速度大，散热少，温度上升快，易因温差产生裂缝。

（2）白天高温时浇筑，黑夜周围温度下降，由环境温差产生裂缝。为保证夏季高温天气下生产出耐热混凝土，必须在用水量、水泥热量、搅拌工艺、浇筑、振捣和湿润养护等方面严加控制。

（二）夏季施工注意事项

1. 控制水温

水的比热要比水泥和粗细骨料高出4～5倍，试验证明，在标准配合比的混凝土中，若

水温降低 2℃，则能使混凝土降低 0.5℃，可采用地下水作拌制混凝土用水

2. 外加剂的控制

使用缓凝剂可降低混凝土凝固时产生的水化热，但需增加用水量，从而使水泥用量增多，增加造价。通常采用添加减水剂的方法，减水剂的用量为水泥用量的 3%，既可使混凝土浇筑时具有适当的流动性，又可消除混凝土因受高温影响而使某些性能下降。

3. 操作时间控制

施工宜在凌晨或夜间进行，拌和时间应缩短，运输距离力求最短，到达浇筑现场后，必须注意混凝土的流动性。

4. 注意养护

混凝土浇筑完毕后，及时进行表面泌水，并加盖草包，防阳光直晒，并及时浇水养护，并在一周内不间断浇水保持湿润，防止混凝土表面出现收缩裂缝。

（三）混凝土的雨季施工

雨季水量较多，混凝土浇筑后应注意防水。

1. 施工工期若遇雨季，应及时与气象台联系，掌握天气状态，避免下雨天浇筑混凝土；

2. 减少混凝土的用水量；

3. 在浇筑地点加盖雨棚，既可防水，又可便于混凝土养护，但须注意将雨水引至浇筑地点以外；

4. 混凝土浇筑完毕后，及时加覆盖物或采用真空吸水工艺，排除混凝土因雨水带来的多余水分。

（四）混凝土的冬季施工

由于工程进度要求，跨年度施工都有可能遇到冬季的混凝土施工，冬季施工时，对混凝土浇筑应注意防冻。

在冬季条件下进行混凝土施工，则要求混凝土至少在达到允许受冻的临界强度以前，不致受到外界低温的影响。混凝土受冻后，它的硬化作用即行停止，虽然在温度回升后，仍能重新进行硬化，但最终强度却被削弱了。

经验证明，当混凝土强度达到设计强度的 70% 时，再受冻就没有影响，如表 14-15 所示。当天气转暖后，能达到正常的强度。当室外气温降到等于或低于 -3℃；室外昼夜平均气温低于 +5℃；混凝土浇筑后，养护前气温低于 +5℃ 时，均应按冬季施工条件进行混凝土浇筑。

在负温度下混凝土强度的增长与温度及冻结时速度之间的关系　　　　　　表 14-15

冻结前混凝土具有的强度 R_{28} 的 %	在不同温度下放置 28d 后混凝土强度的增长（%）				
	0	-2	-5	-10	-20
0	50~60	20~30	5~10	1~3	1
5~10	40~60	30~40	15	3~5	2~4
15~20	50~70	45~50	20	15	10
30~50	—	—	15	10	8

混凝土冬季施工措施。

1. 采用高标号水泥

拌和用的水泥标号提高后，可增大水化反应热，一般选用活性大、发热量较高、快硬型的高标号水泥。

2. 采用小水灰比

参加水化反应的水，有相当一部分并未与水泥产生水化反应而蒸发掉。为防止水冻结，可在保证混凝土必要的和易性同时降低水灰比，混凝土冬季施工水灰比不宜大于 0.55。实际上，作为梁体混凝土，水灰比一般都小于 0.5。接近 0.4，甚至 0.4 以下。

3. 增加搅拌时间

为了使水泥的水化反应加快，使水泥的发热量增加以加快混凝土的凝固，其搅拌时间比正常的搅拌时间增加 50%～100%。

4. 封堵灌水

对已浇筑的混凝土基础，可在混凝土浇筑后（达终凝），对基础四周进行封堵灌水，水面高出基础顶面 0.2m 以上，当水面结冰时，水下混凝土并不一定受冻害，这是一种简便可行的对新浇混凝土基础的防冻方法。

5. 渗入外加剂

早强剂：提高混凝土的早期强度；加气剂：在混凝土内部形成大量均匀分布的极小的密闭气泡，使混凝土内产生的内应力减少，不致造成破坏应力，能提高混凝土的抗冻性和耐久性；渗加盐水：可增加混凝土中水的冰点，防止混凝土早期冻结，但不适用于钢筋混凝土。

对无筋或少筋的混凝土结构可加入 2% 的氯化钙，对钢筋混凝土结构可加入三乙醇胺、氯化钙和亚硝酸钠复合剂（掺入量：三乙醇胺 0.03%～0.05%，氯化钙 0%～1.0%，亚硝酸钠 0%～1.0%）。

6. 将水、砂、石料加热

首先考虑水加热，如水加热至规定最高温度，还不能使搅拌的混凝土达到规定温度时，再考虑砂石集料的加热。但是，在任何情况下严禁将水泥加热。水及骨料的加热最高温度及搅拌完毕混凝土出料的最高温度应符合表 14-16 规定。

混凝土及其组成材料的最高允许温度

表 14-16

混 凝 土 种 类	出料最高温度（℃）	材料最高加热温度（℃）	
		水（℃）	砂、石
225 号或 325 号硅酸盐水泥及矿碴硅酸盐水泥制成的混凝土	45	80	60
425 号硅酸盐水泥或 325 号火山灰硅酸盐水泥制成的混凝土	40	70	50
525 号硅酸盐水泥制成的混凝土	35	60	40
矾土水泥制成的混凝土	25	40	30

加热方法：水，可用大锅烧或通入蒸气；砂石料，可在火上翻炒，也可在砂石料下设暖气管片。

为减少混凝土在运输过程中的热量损失，搅拌机应尽量靠近浇筑地点，缩短运距。

7. 提高混凝土养护温度

冬季混凝土浇筑完毕后，要注意对混凝土的养护方法。一般采用蓄热法（保温法）、暖棚法、蒸气养护法（目前使用较普遍）、电加热、红外线加热和太阳能养护等。这些方法均能保证混凝土的表面温度在0℃以上，从而避免新浇混凝土受冻。

五、混凝土的质量控制与检查

混凝土浇筑自始至终都要严格控制与检查其质量。

（一）材料现状的检查

1. 砂石料有显著变化时，应进行级配调整；

2. 每日开工前，应检查1次砂石含水率，如因雨天或天气干燥等情况则应随时检查并根据砂石实际含水率调整搅拌用水；

3. 检查所用水泥质量是否合乎要求。

（二）混凝土质量控制

混凝土强度的大小直接反映构件的质量，供测强度用的试块，应根据工程量大小，按下列要求留置：

1. 不同标号及不同配合比的混凝土应分别制取试件，试件宜在浇筑地点或搅拌点随机制取；

2. 浇筑一般体积的结构物（如基础、墩台等）时，每一单元结构物应制取2组；

3. 连续浇筑大体积结构物混凝土时，每80～200m³或每一工作班应制取2组；

4. 每片梁长16m以下应制取1组，16～30m制2组，31～50m制取3组，50m以上者不少于5组；

5. 就地浇筑的混凝土小桥涵，每一座或每一工作班制取不少于2组；当原材料和配合比相同、并由同一拌和站拌制时，可几座合并制取2组。

特别注意：对桥梁工程的一些主要分项的混凝土质量，如承台（基础）、立柱（墩台身）、墩（台）盖梁、墩（台）帽等的混凝土试块需2组；上部构造的混凝土试块，应多留几组与构件相同养护条件的试块，作为拆模、出槽、吊装、张拉、开割、加载等施工阶段强度控制依据，并为考核设计龄期构件的实际强度之用。每组的三个试块应在同样混凝土中取样制作。试块强度代表值的确定，应符合下列规定：

1. 取3个试块强度算术平均值作为每组试块的强度代表值；

2. 当一组试块中强度的最大值或最小值与中间值之差超过中间值的15%时，取中间值作为该组试块的强度代表值；

3. 当一组试块中强度的最大值和最小值与中间值之差均超过中间值的15%时，该组试块强度不应作为评定的依据。

（三）混凝土和钢筋混凝土结构物的位置及外形尺寸允许偏差

1. 混凝土、钢筋混凝土基础及墩台允许偏差见表14-17。

混凝土、钢筋混凝土基础及墩台允许偏差（mm）　　表14-17

项次	项　目	基　础	承　台	墩台身	柱式墩台	墩台帽
1	断面尺寸	±50	±30	±20		±20
2	垂直或斜坡			0.2%H	0.3%H ≤20	

项次	项 目		基 础	承 台	墩台身	柱式墩台	墩台帽
3	底面高程		±50				
4	顶面高程		±30	±20	±10	±10	
5	轴线偏位		25	15	10	10	10
6	预埋件位置				10		
7	相邻间距					±15	
8	平整度						
9	跨径	$L_0 \leqslant 60m$			±20		
		$L_0 > 60m$			$±L_0/3000$		
10	支座处顶面高程	简支梁					±10
		连续梁					±5
		双支座梁					±2

注：①表中的 H 为结构高度；

②L_0 为标准跨径。

2. 混凝土、钢筋混凝土桥梁上部结构允许偏差见表14-18。

混凝土、钢筋混凝土桥梁上部结构允许偏差（mm）　　　　表14-18

项次	项 目		预 制 梁及板	预 制 拱 肋	小型预 制构件	就地浇筑 梁及板
1	断面尺寸		+10 −5		±10	+8 −5
2	宽度	干 接 缝	±10			
		湿 接 缝	±20			
3	高 度		±5	+5 −10		
4	长 度		+5 −10	+0 −10	+5 −10	+0 −10
5	梁肋（腹板）厚度		+10 −0			
6	跨度（支座中心至中心）		±20			
7	轴线偏位			5		10
8	预埋件位置		5	5		
9	平整度（2m 直尺检测）		5			8
10	支座表面平整度（检查四角）		1			2

第四节　构件的起吊、运输与安装

一、构件的起吊

构件的起吊，是指把构件从预制的底座上移出来。当混凝土强度达到设计强度的70%

时，即可进行这项工作。

（一）吊点位置控制

钢筋混凝土构件制作时，一般都在设计图上标明吊点位置，预留吊孔或预埋吊环。当设计无规定时，应根据构件配筋情况、外形特征等慎重确定

1. 细长构件

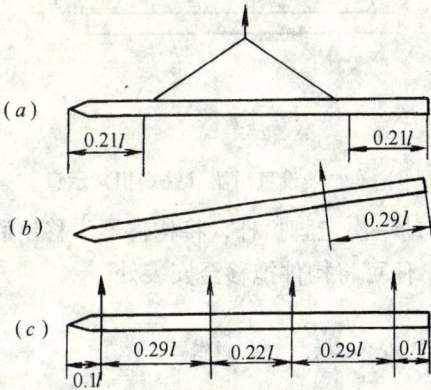

图 14-32　细长构件的吊点位置

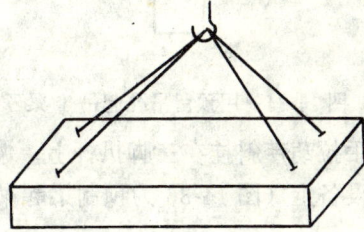

图 14-33　厚大构件的吊点位置

细长构件中所放的钢筋，往往是按照受力情况配置的，而吊点位置又是根据细长构件内正弯矩与负弯矩相等条件确定的。因此，吊点选择不当会使构件产生裂缝以至断裂。根据桩长的不同，一般有三种情况。（l 为桩长）

（1）桩长在 10m 以下时用单点吊（图 14-32b）。

（2）桩长在 11～16m 时用单点吊或双点吊（图 14-32a、b）。

（3）桩长在 17m 以上时用双点吊或四点吊（图 14-32a、c）。

2. 一般构件

若以下部受拉为主的构件，如梁、板等。由于钢筋配置上下不对称，吊点均在距支点不远处，以减少起吊时吊点处的负弯矩

3. 厚大构件

为防止吊运过程中构件翻身，一般多采用 4 点吊（图 14-33）。

（二）构件绑扎

为了节省钢材及起吊方便，吊点有时用预留吊孔来代替吊环（图 14-34）。构件起吊时，须用千斤绳来绑扎，此时应注意。

1. 绑扎方式应符合迅速、安全、脱钩方便的要求；

2. 绑扎处必须位于构件重心之上，防止头重脚轻；

3. 千斤绳与构件棱角接触处，须用橡胶、麻袋或木块隔开，以防止构件棱角损坏以减少千斤绳的磨损；

4. 起吊用千斤绳与水平夹角 α 小于 30°时，应设置吊梁（铁扁担），如图 14-35 所示，使各吊点垂直受力。

（三）起吊方法

1. 三角扒杆偏吊法

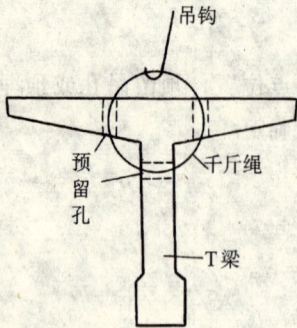

图 14-34　用预留吊孔起吊 T 梁　　　　图 14-35　设置吊梁（铁扁担）示意

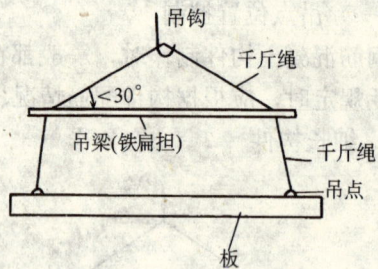

将手拉葫芦斜挂在三脚扒杆上，偏吊一次，移动一次三脚扒杆，将构件逐步移出后搁在滚移设备上（图 14-36 为预制梁起吊横移情形），便可将构件拖移至安装处。

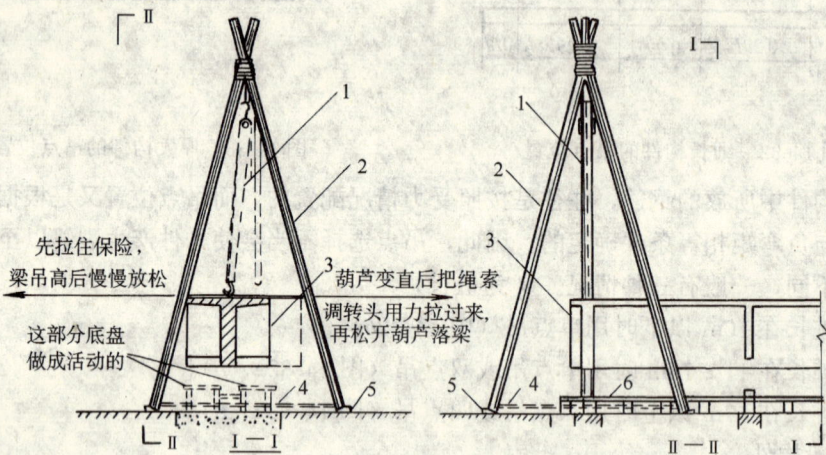

图 14-36　三脚扒杆偏吊示意

1—手拉葫芦；2—三脚扒杆；3—预制梁；4—绊脚绳；5—木楔；6—底座

2. 千斤顶起吊法

取一只长短脚马凳，将吊点搁在马凳中间，一端将千斤顶顶起，则构件就离开地面。图 14-37 为预制板起吊情形。

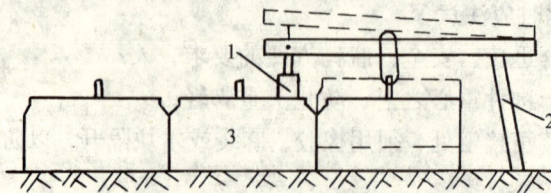

图 14-37　千斤顶起吊示意

1—千斤顶；2—长短脚马凳；3—预制板

当梁底有空隙时，可用特制的凹形托架（图 14-38）配千斤顶把构件从底座上顶起（图 14-39）。

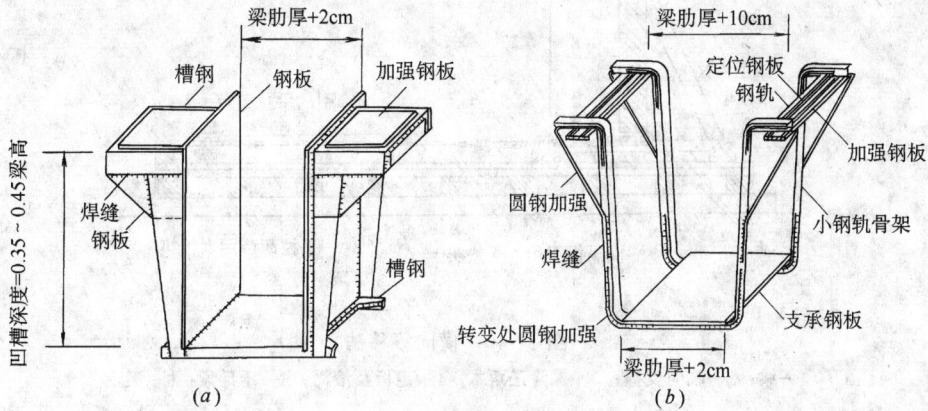

图 14-38　凹形托梁
(a) 槽钢和钢板组合；(b) 小钢轨弯制组合

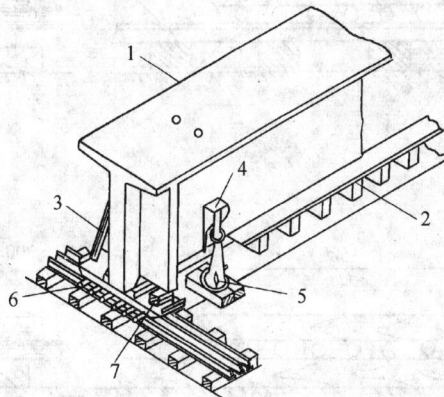

图 14-39　千斤顶顶梁
1—梁；2—梁的底座；3—斜支撑；4—凹形托梁；5—千斤顶；6—滚移设备；7—端横隔梁下面用木楔塞紧

3. 横向滚移法

把构件从底模上抬高后，在构件底面两端装置横向滚移设备，用手拉葫芦或绞车将构件移出底座，如图 14-40 示。

滚移设备包括走板、滚筒和滚道三部分（图 14-41）。走板托在构件底面与构件一起行走。滚筒放在走板与滚道之间，由于它的滚动而使构件行走。滚筒用硬木或无缝钢管制成。其长度比走板宽度每边长出 15～20cm，以便操作。滚道是滚筒的走道，有木滚道和钢轨滚道两种。

4. 龙门吊机法

用专设的龙门吊机把构件从底座上吊起，横移至运输轨道，安放在运构件的平车上。龙门吊机有三个方向可运动：荷重上下升降、行车横向运动和机架纵向运动。图 14-42 所示为钢木结合龙门吊机。在构件预制厂也可用型钢组装装龙门吊机起吊大型构件。

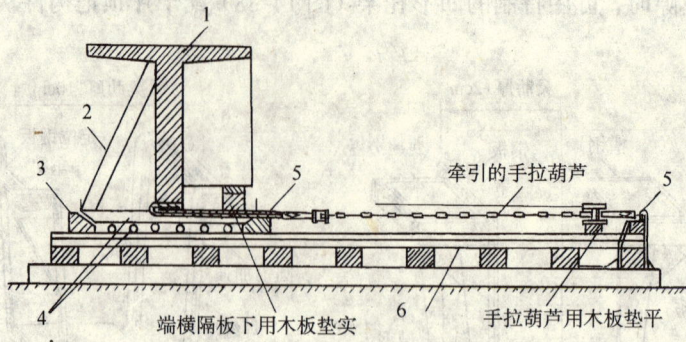

图 14-40　横向滚移法

1—梁；2—临时支撑；3—保险三角木；4—走板及滚筒；5—千斤索；6—滚道

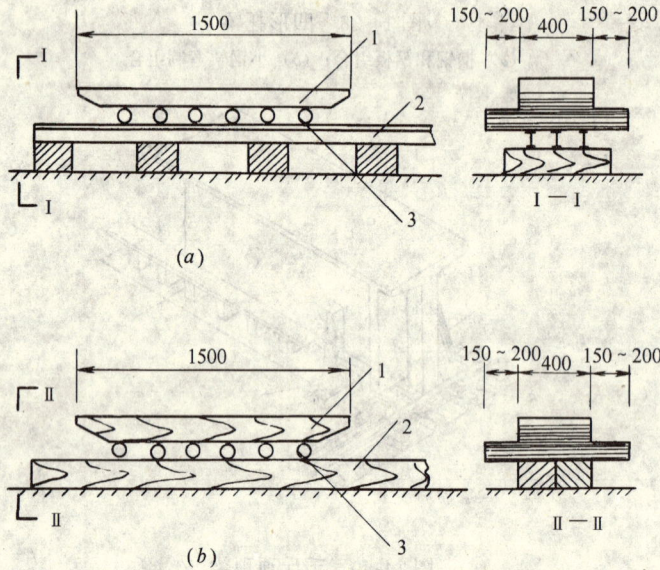

图 14-41　滚移设备组合示意图

(a) 钢轨滚道组合；(b) 木滚道组合

1—走板；2—滚道；3—滚筒；

尺寸单位：mm

二、构件的运输

构件运输方式的选择，与运输长短、构件轻重、道路好坏等情况有关。除在水运方便地区可采用船舶运输外，一般采用下列方法。

（一）纵向滚移法

用滚移设备，以电动绞车（卷扬机）牵引，把构件从预制场运往桥位，其运梁滚移布道如图 14-43 所示。若将前后走板换成平车，将方木滚道换成轨道，可将梁搁在平车上，沿轨道运至桥位。

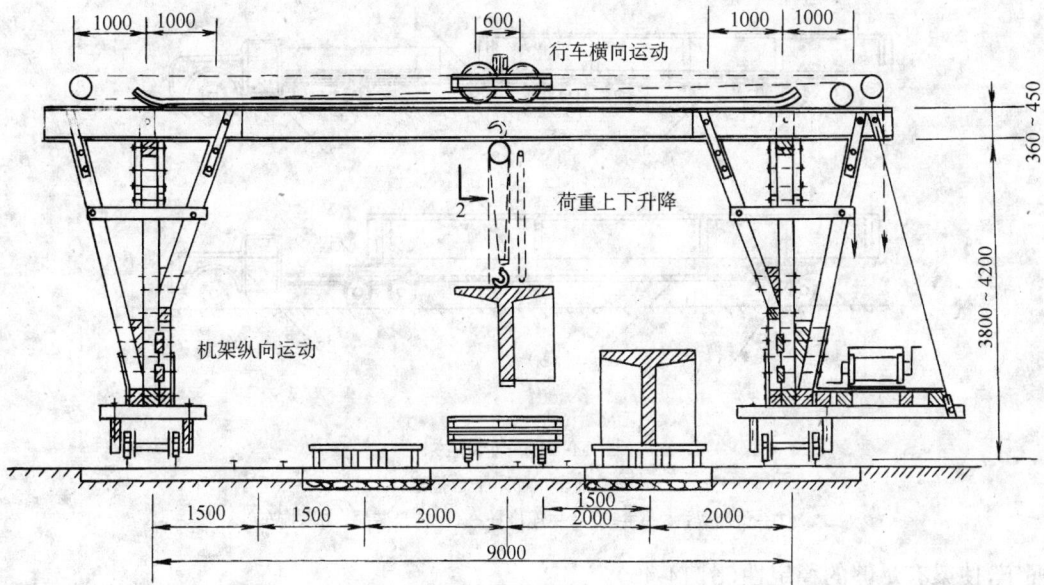

图 14-42　钢木组合龙门吊机起吊示意
尺寸单位：mm

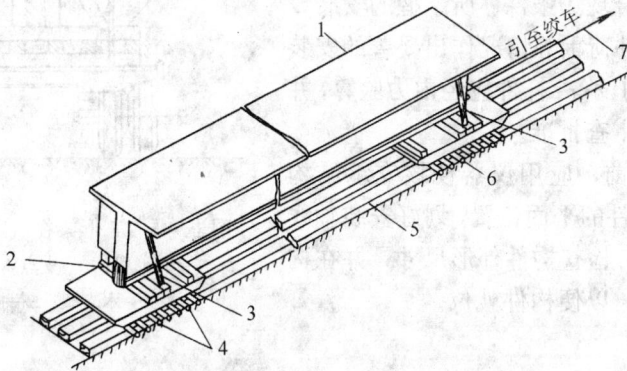

图 14-43　纵向滚移法运梁布置
1—预制梁；2—保护混凝土的垫木；3—临时支撑；4—后走板及滚筒；
5—方木滚道；6—前走板及滚筒；7—牵引钢丝绳

（二）纵向滑移法

在构件底部前后搁一些聚四氟乙烯板；用钢轨代替滑道，用电动绞车作牵引便可将构件拖至桥位。此法适用于空心板的纵向移动。

（三）汽车运输

若构件预制场离桥位较远，可采用汽车运输。把构件吊装在拖车或平台拖车上，由汽车牵引运往桥位。拖车仅能运 10m 以下的预制梁；平台拖车可运 20m 的 T 形梁（图 14-44）。当车短而构件长时，外悬部分可能超过允许的外悬长度，应在预制前核算其负弯矩值，必要时用钢筋加强，以防运输时顶面开裂。运输预制板时一般宜采用平台拖车，板的支点均应搁在主车与拖车上。当运预制 T 形梁时，还应设置整体式斜撑，并用绳索将梁、斜撑和车架三者

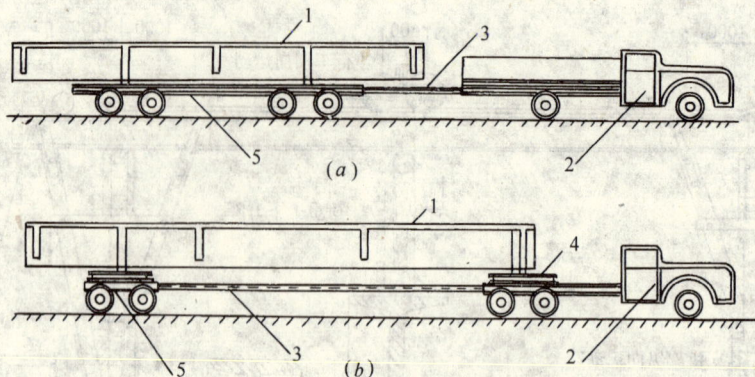

图 14-44 汽车运梁
(a) 拖车；(b) 平台拖车
1—预制梁；2—主车；3—连接杆；4—转盘装置；5—拖车

捆牢,使梁有足够的稳定性(图 14-45)。

三、构件的安装

桥梁的预制构件安装是一项复杂的工作,方法很多;简支梁桥施工中,预制板、梁的安装是关键性工序。应结合现场条件、所掌握的安装设备、桥梁跨径、构件荷重等情况作出妥善的安装方案,各受力部件的设备、杆件应经内力验算,并报请上级主管部门审查批准。

板、梁在安装前,应用仪器校核支承结构(墩台盖梁)和预埋件的平面位置,划好安装轴线与端线、支座位置,检查构件外形尺寸,并在构件上画好安装轴线,以便构件就位。

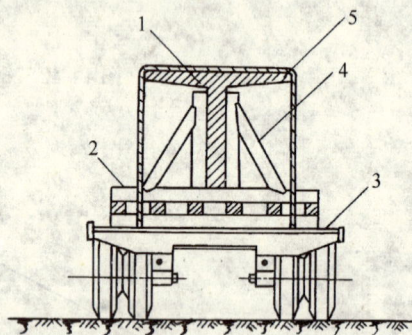

图 14-45 T 形梁在汽车上的稳定措施
1—T 形梁；2—支点木垛；3—汽车；
4—木支架；5—捆绑绳索

(一) 旱地架梁

1. 自行式吊车架梁

临岸或陆上桥墩的简支梁,场内又可设置行车通道的情况下,用自行式吊车(汽车吊车或履带吊车)架设十分方便 (图 14-46a)。此法视吊装重量不同,可采用一台吊车"单吊"(起吊能力为荷载重的 2~3 倍)或两台吊车"双吊"(每台吊车的起吊能力为荷载重的 0.85~1.5 倍),其特点是机动性好,架梁速度快。一般吊装能力为 50kN~3500kN。

2. 门式吊车架梁

在水深不超过 5m,水流平稳,不通航的中小河流上,也可以搭设便桥用门式吊车架梁 (图 4-46b)。

3. 摆动排架架梁

用木排架或钢排架作为承力的摆动支点,由牵引绞车和制动绞车控制摆动速度。当预制梁就位后,再用千斤顶落梁就位。此法适用于小跨径桥梁 (图 4-46c)。

4. 移动支架架梁

对于高度不大的中小跨径桥梁，当桥下地基良好能设置简易轨道时，可采用木制或钢制的移动支架来架梁（图4-46d）。

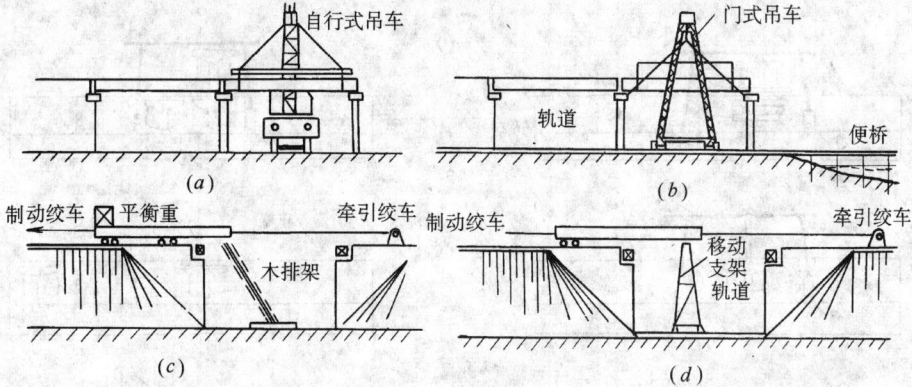

图14-46　旱地架梁法

（二）水中架梁

由于水流较急、河较深或通航等原因不能采用上述方法时，还可采用下述一些方法架梁。

1. 吊鱼法

适用于重量小于50kN，小跨径的钢筋混凝土桥（图14-47所示）。

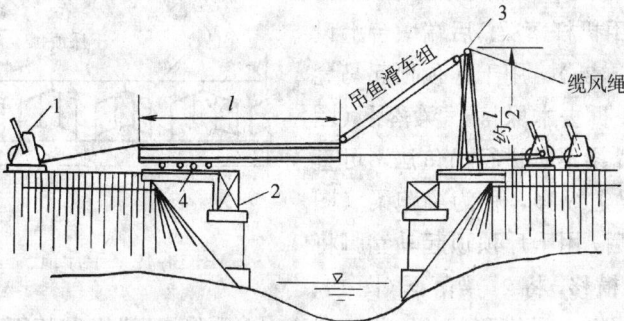

图14-47　吊鱼法

1—制动绞车；2—临时木垛；3—扒杆；4—滚筒

（1）吊鱼法施工过程：

1）准备工作　在前方墩台上竖一副人字扒杆，扒杆高约为梁长之半，在扒杆顶部设一吊鱼滑车组。

在梁的前端和后方安置牵引、起吊和制动装置（须设绞车三部）。

在桥头路基上和梁底装设滑动或滚动装置。

在两端墩台上搭设枕木垛，后方枕木垛的高度与桥台的前墙齐平，前方的枕木垛可矮一些，但两墩台间枕木顶面的坡度应不大于3%，否则后端用千斤顶落梁时，千斤顶容易倾倒。

2）拖拉工作　先绞紧前面的牵引绞车，同时放松后面的制动绞车，使梁等速前进。当梁的前端悬空后，就逐渐绞紧扒杆上的吊鱼滑车组，将梁端提起。当梁的前端伸出后，后端上翘，前端低头，这时可绞紧吊鱼滑车组，将低头梁端逐渐提起，然后放松制动绞车，梁即前进一步。梁前进后，前端又要低头。再重复上述方法将梁吊至前方墩台为止。

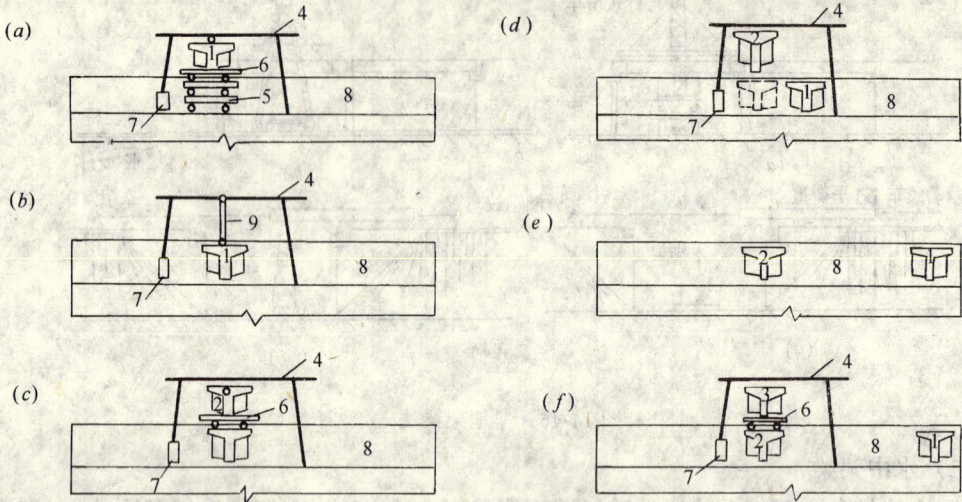

图14-48　马凳千斤顶落梁就位

1—1#梁；2—2#梁；3—3#梁；4—高低马凳；5—木板；6—托板滚筒；7—千斤顶；8—墩台；9—手拉葫芦

3）落梁就位（图14-48所示，以1#梁为例）　1#梁的前端用扒杆落梁。后端墩台上设置高低马凳（图14-48a），用千斤顶顶起马凳脚，1#梁随即吊起，拆去木垛将1#梁落下（图14-48b）。以后的2#梁不必进行吊鱼法，可直接从已落下的1#梁上纵移，称为梁跑梁（图14-48c），移到位置后，用千斤顶顶起马凳脚将2#梁顶起，把1#梁横移，将2#梁落下（图14-48d）。抬走马凳，把1#梁横移就位（图14-48e）。再将3#梁纵向移至2#梁上面（图14-48f），再安置马凳重复图14-48c的过程，逐步循环，将全部梁安放到位，最后用千斤顶、马凳将梁顶起，放上支座，将梁落在设计位置上（如图14-49所示）。

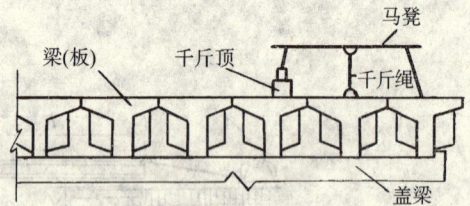

图14-49　千斤顶、马凳落梁示意

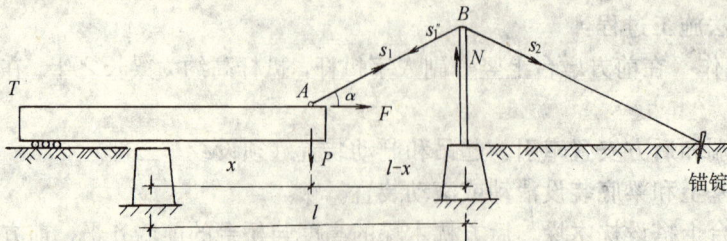

图14-50　吊鱼法受力简图

（2）吊鱼法受力分析（图14-50所示）　图中 P 为荷载（预制梁重之半）×冲击系数

＋吊具重，T 为拖拉时的制动力，F 为拖拉力，s_1 为吊鱼滑车组拉力，s_2 为缆风绳拉力，N 为扒杆内力，α 为吊鱼滑车组与水平面夹角。

由 A 点受力情况示（图14-51a），当拖拉力 F 将梁拖出后，便由 s_1 代替拖拉力来拖梁，可将 F 省略。由图14-51b 得：

初始，$x=0$ 时，起吊力 s'_1 最大，制动力 T' 最大；

终末，$x=l$ 时，起吊力 s'_1 为梁重之半＋吊具重，制动力 T 为 0。

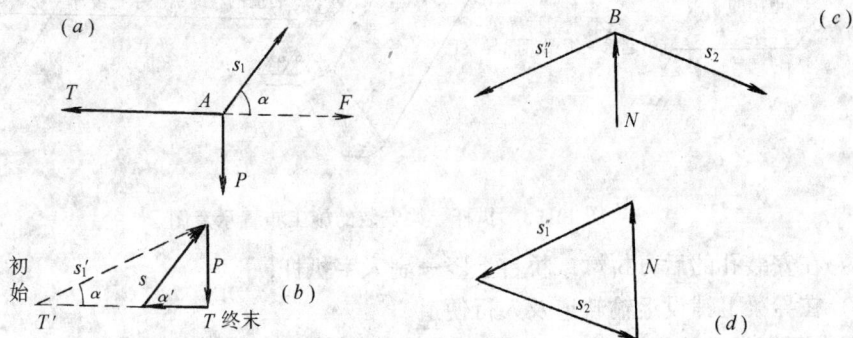

图 14-51　节关受力示意

P 为已知，可由力三角形闭合的原理求得初始 s'_1 和 T'_1；由图14-51c、d，可求得 $s'_1=s''_1$、s_2、N，并根据施工机械教材有关内容验算扒杆、吊鱼滑车组、制动力、绞车、锚锭、缆风绳和其它附属设备的强度和稳定，以保证安全。

为了减少吊鱼法施工初时 s'_1 内力过大，可在初始位置时增设一副人字扒杆（称为双吊鱼法）和在河中布设半跨的脚手支架如图14-52所示。

2. 扒杆导梁法

扒杆导梁是以扒杆、导梁为主体，配合运梁平车和横移设备使预制梁从导梁上通过桥孔，由扒杆起吊就位。起重量一般为50kN～150kN，其施工布置示意图由14-53所示。

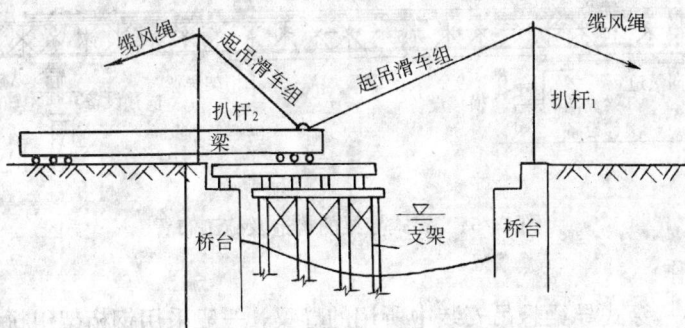

图 14-52　减轻起吊初时内力过大示意

（1）准备工作

1）在安装孔的桥墩或桥台上竖一副人字扒杆；

2）用吊鱼法把组拼好的导梁架设于安装孔上；

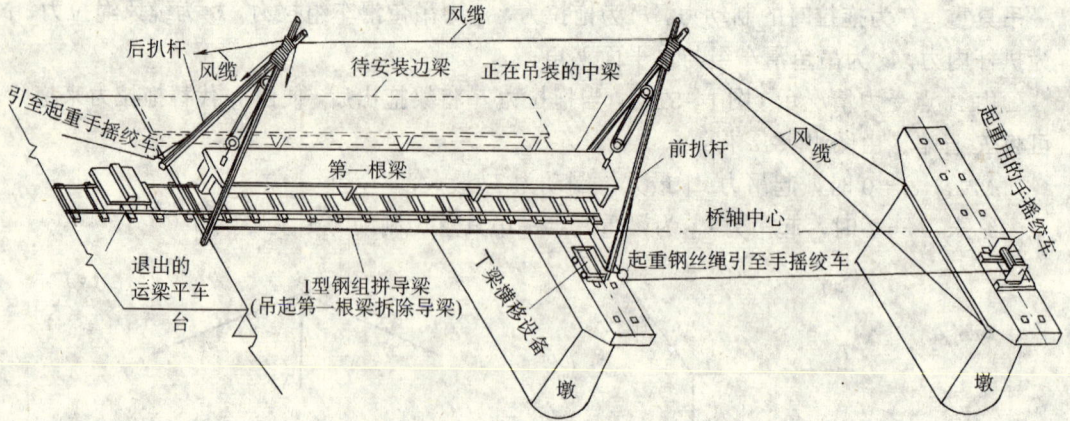

图 14-53　扒杆导梁安装的施工布置示意图

3）在安装孔的后方桥墩或桥台上竖一副人字扒杆；

4）在导梁上铺设运输轨道及人行便道。

其中所用的导梁，其组拼材料及构件形式应根据跨径大小而定。对于跨径在 10m 以内的导梁，可采用 2 根 0.4×0.4m 截面的方木；跨径在 10～20m 的导梁，一般采用工字钢；跨径大于 20m 的导梁，则应采用钢桁架或贝雷架组拼。

（2）落梁就位　用运梁设备把预制梁从人字扒杆中间穿过，在导梁上运过桥孔，吊起梁后，即可拆去导梁，将梁放下，以后的梁可参照吊鱼法施工的梁纵移与横移方法，最后用人字扒杆进行安放支座。

3. 穿式导梁悬吊安装

穿式导梁悬吊安装，就是在左右两组导梁上安置起重行车，用卷扬机将梁悬吊穿过桥孔，再行落梁、横移、就位。起重量一般为 600kN 左右，施工布置如图 14-54 所示。

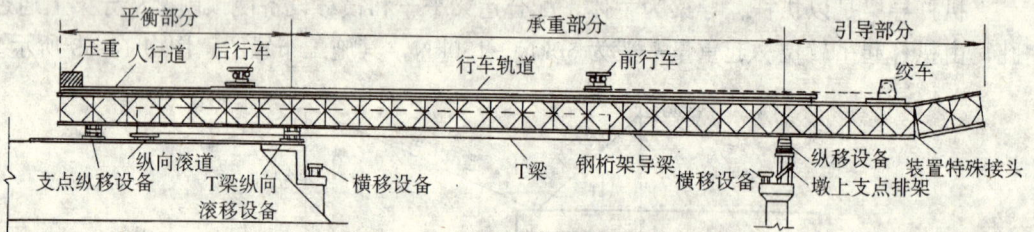

图 14-54　穿式导梁的构造及施工布置

（1）准备工作

1）架设导梁　穿式导梁悬吊安装中所用的导梁，一般采用钢桁架组拼，横向用框架连接。导梁架设采用在陆上拼装后拖过桥孔，组拼长度约为安装孔梁长的 2.5 倍，在平衡部分的尾部适当加压，，则组拼长度稍可缩减。

2）在导梁的承重部分铺设轨道，在其平衡、引导两部分铺设人行便道。

3）安装起重行车　起重行车安装在导梁上；它在绞车牵引下，沿轨道纵向运行。

（2）安装工作：

1）用纵向滚移法把预制梁运来，穿过导梁的平衡部分，使梁前端进入前行车的吊点下。

2）用前行车上的卷扬机把梁的前端吊浮。

3）由绞车牵引前行车前进至梁的后端进入后行车的吊点下，再用后行车上的卷扬机把梁后端亦吊离滚移设备，继续牵引梁前进。

4）梁前进至规定位置后，即开动前、后行车的起吊卷扬机，将梁落在横向滚移设备上。

（3）落梁就位：将梁横移至设计位置后，可用千斤顶、马凳或扒杆将梁搁在支座上。

穿式导梁悬吊安装，不受河水影响，操作也较方便，一孔架设完毕后，可将穿式导梁拖至下一桥孔架梁。但需大量钢桁架，只宜在有条件的大桥工程中采用。

4. 跨墩龙门吊机安装

跨墩龙门吊机配合轻便铁轨及运梁平车安装桥跨结构是常用的方法，当桥墩很多，如跨大河桥的引桥，其特点是龙门吊机的柱脚跨越桥面。如图14-55所示。

（1）准备工作：

1）在顺桥方向的墩台两侧修筑便道，当有浅水时，应修建栈桥，并于其上铺设轨道；

2）拼装前、后两副龙门架并竖立好；

（2）安装工作：构件用轻轨运至龙门架下、桥孔的侧面，即可起吊、横移、下落就位。具体操作此处不再重复。

跨墩龙门吊机安装，具有安全、方便、生产效率高等优点。但由于龙门架的支承点遇河水是不行的，因此其应用受到季节性限制，只有在旱桥、干涸或浅水河道上才是可行的；若龙门吊机要通过河床断面时，还需考虑是否要封航这一问题；当桥墩很高时，龙门架的柱脚也相应增高，既不稳定，又不经济，显然不适宜。

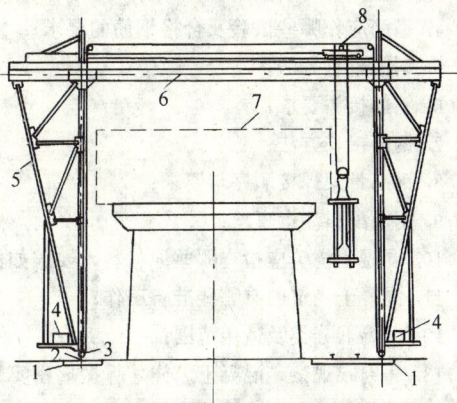

图14-55 用龙门吊机安装

1—枕木；2—钢轨；3—跑轮；4—卷扬机；5—立柱；6—横梁；7—结构轮廓；8—起重吊车

（三）桥梁架设的质量标准

1. 一般梁、板安装时应符合下列要求：

（1）安装平面位置：

顺桥中心线方向的允许偏差10mm；

垂直桥中心线方向的允许偏差5mm；

（2）相邻两构件顶面高差10mm；

（3）支座位置接触严密不得有空隙；

（4）20cm以内的掉角不得超过2处。

2. T梁安装时一般应符合下列要求：

（1）T梁支座钢板，必须接触严密，没有空隙或摆动，支座必须放正，不得歪斜；

（2）安装时平面位置：

顺桥中心线方向的允许偏差10mm；

垂直桥中心线方向的允许偏差10mm；

（3）相邻两构件顶面高差10mm。

习 题

一、名词解释

钢筋等面积代换、钢筋等强度代换、减水剂、早强剂、促凝剂、缓凝剂、混凝土浇筑允许间隙时间。

二、思考题

1. 模板的要求与分类；

2. 模板的基本构造并作图示意；

3. 模板拆除有哪些要求；

4. 钢筋应作哪些试验及合格钢筋的要求；

5. 钢筋整直方法；

6. 钢筋接头要求；

7. 钢筋接长方法；

8. 钢筋骨架焊接顺序与要求；

9. 钢筋配料注意事项；

10. 混凝土浇筑应检查哪些原材料，要求如何；

11. 混凝土浇筑前有哪些准备工作；

12. 振捣器分类及适用范围；

13. 凭肉眼观察，混凝土怎样才算振捣密实；

14. 混凝土养护方法及洒水时间；

15. 桥梁中混凝土试件应分别取几组；

16. 季节性混凝土施工的特点；

17. 混凝土冬季施工的条件；

18. 混凝土冬季施工的技术措施；

19. 构件运输方法；

20. 旱地架梁方法；

21. 吊鱼法架梁施工中吊点的受力分析；

22. 扒杆导梁准备工作如何；

23. 叙述吊鱼法架梁的落梁就位工作。

三、计算题

1. 钢筋尺寸如图 14-56 所示，求下料长。

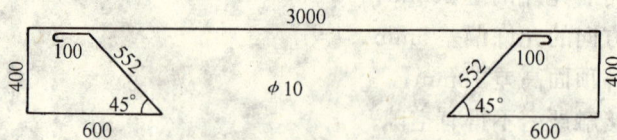

图 14-56 计算题 1 图

单位：mm

2. 已知混凝土理论配合比为 $0.44:1:1.8:3.7$，砂含水率为 2%，石料含水率为 1%，求 2 包水泥（每包 50kg）时混凝土的施工配合比。

第十五章 预应力混凝土桥梁施工

第一节 预加应力方法

预应力混凝土是在结构中设法克服混凝土裂缝的基础上发展出来的新型材料。即预先在钢筋混凝土构件中施加预压力，让其工作时抵消受荷载作用产生的拉应力，并用以限制混凝土裂缝。它的预压力是靠张拉（或其他形式）钢筋混凝土中的高强钢筋，钢丝束或钢绞线来实现的。

预应力混凝土材料比普通钢筋混凝土要求高，要求混凝土拌和料强度高，收缩率低，若用高强钢筋作预应力筋时，其强度等级不宜低于 30 号；用碳素钢丝，钢绞线作预应力筋时，其强度等级不宜低于 40 号。

混凝土预加应力的方法很多，主要有先张法和后张法。

一、先张法

先张法是先将预应力筋在台座上按构件设计要求张拉，然后浇筑混凝土，待混凝土达到一定强度后，放松预应力筋。

先张法的优点：是张拉预应力筋时，只需夹具（夹具设在台座两端，构件制成后能回收重复使用），它的锚固是依靠预应力筋与混凝土的粘结力，自锚于混凝土之中。

先张法的缺点：需要专门的张拉台座，基建投资大；构件中预应力筋一般只能采用直线配备，施加的张拉力较小，适用于长度 25m 以内的预制构件。

二、后张法

后张法是先制作钢筋混凝土构件，在浇筑混凝土之前，按预应力筋的设计位置预留孔道（直线形或曲线形），待混凝土达到设计强度后，将预应力筋穿入孔道，并利用构件本身张拉预应力筋，张拉后用锚具牢固地锚着在构件上，然后进行孔道灌浆，使混凝土得到预加应力。

后张法优点：预应力筋可直接在构件上张拉，不需要专门台座；预应力筋可按设计要求配合弯矩和剪力变化布置；施加的张拉力较大，适合于预制或现浇的大型构件。

后张法的缺点：每一束或每一根预应力筋两头都需要加设锚具；而锚具在施工中还增加留孔、穿筋、灌浆和封锚等工序，使施工工艺复杂化。

由于预应力混凝土结构具有很多优点，因此，在桥梁建设中，已逐步成为一个十分重要的施工工艺，并得到广泛的应用。如梁、板、墩、柱等及桁架拱、刚架拱、斜拉桥等及在基础工程中的沉井、沉箱等。随着预应力施工工艺的不断发展和完善，它在桥梁工程中将发挥更重要的作用。

第二节　夹具与锚具

夹具与锚具的种类很多，有圆锥形夹具，锥形锚具、环销锚具、螺丝端杆锚、JM-12型锚具、帮条锚具（不介绍）和星形锚具。

一、夹具

夹具根据用途分为张拉夹具与锚固夹具。张拉时，把预应力筋夹住并与测力器相连的夹具称为张拉夹具；张拉完毕后，将预应力筋临时锚固在台座横梁上的夹具称为锚固夹具。

（一）钢丝用的圆锥形夹具

它由锚环和销子两部分组成（图15-1a）。销子上刻有细齿，可固定三根或三根以下直径3～5mm的碳素钢丝或冷拉钢丝，锚环和销子均用45号钢制造。张拉完毕后，将销子击入锚环内，借锥体挤压所产生的摩阻力锚固钢丝。销子的型式有板式（图15-1b）和槽式（图15-1c）两种。

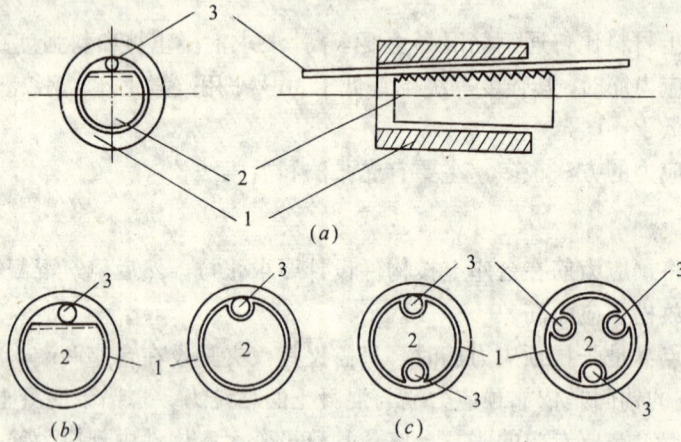

图 15-1　圆锥形夹具与型式

（a）、（b）齿板式；（c）槽式

1—锚环；2—锥形销子；3—钢丝

（二）钢筋（钢绞线）用穿心式夹具

它由锚环和夹片两部分组成（图15-2）。锚环内壁呈圆锥形，与夹片锥度相吻合。夹片有3片式（互成120°）和2片式（2个半圆片），圆片的圆心部分开成凹槽，并刻有细齿。锚环采用45号钢制造并经热处理，夹片采用15号铬钢或45钢制造并经热处理。可锚固直径为12～16mm的冷拉Ⅱ、Ⅲ、Ⅳ级钢筋和一股7支直径为4mm的钢绞线。

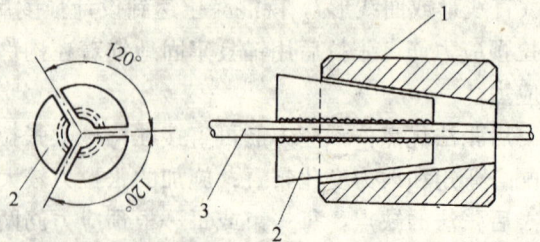

图 15-2　穿心式夹具

1—锚环；2—夹片；3—钢筋（钢绞线）

二、锚具

锚具与夹具不同，留在构件两端不再取下来，一般称为工作锚；而用以夹住预应力筋进行张拉的锚具称为工具锚，它所起的作用与夹具相同，可取下重复使用。

（一）锥形锚具（弗氏锚）

它由锚环和锚塞两部分组成（图15-3）。锚环内壁与锚塞锥度要相吻合，且锚塞上刻有细齿槽。锚环和锚塞均用45号钢制造后经热处理。适用于锚固钢丝束由18~24根直径为5mm的碳素钢丝。

（二）环销锚具

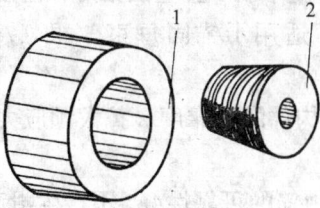

图 15-3 锥形锚具

1—锚环；2—锚塞

它由锚套、环销和锥销三部分组成（图15-4）。锚套、环销和锥销均用细石子混凝土配以螺旋筋制成。适用于锚固钢丝束由37~45根直径为5mm的碳素钢丝。

（三）螺丝端杆锚具

它由螺丝端杆和螺帽组成（图15-5）。这种锚具和预应力钢筋焊接成一个整体（在预应力钢筋冷拉以前进行）。螺丝端杆可用冷拉的同级钢筋（但直径应大于预应力钢筋）或热处理45号钢制作；螺帽可用45号钢制作。适用于锚固直径为12~40mm的冷拉Ⅳ级钢筋。

（四）JM-12型锚具

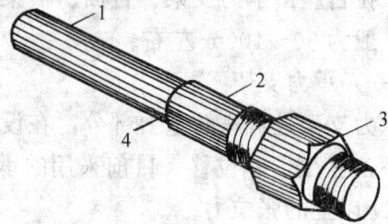

图 15-5 螺丝端杆锚具

1—钢筋；2—螺丝端杆；
3—螺帽；4—焊接接头

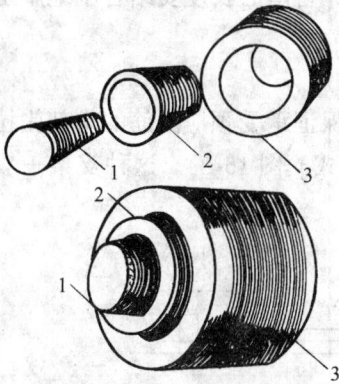

图 15-4 环销锚具

1—锥销；2—环销；3—锚套

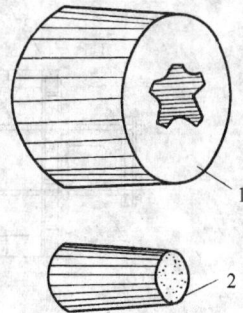

图 15-7 星形锚具

1—锚圈；2—锚塞

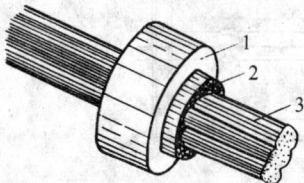

图 15-6 JM-12型锚具

1—锚环；2—夹片；3—钢筋束

它由锚环和夹片组成（图15-6）。锚环和夹片的锥度要相配合。用45号钢制造，并经热处理。适用于锚固6根直径为12mm的冷拉Ⅳ级钢筋组成的钢筋束，或锚固5根（7支

4mm）所组成的钢绞线束。

（五）星形锚具

它由星形锚圈和锚塞两部分组成（图15-7）。锚圈中间呈星形孔，且呈圆锥形，星内壁有嵌线槽。锚圈用45号铸钢制成，锚塞用45号钢制成。适用于锚固每束5根（7支4mm）所组成的钢绞线束。

选择合适的锚具、夹具对节约材料，提高生产率，保证构件的可靠度，扩大预应力混凝土的应用范围有重大意义。锚具与夹具应符合如下要求：

1. 材料性能符合规定的技术指标，加工尺寸精确，锚固力筋的可靠性好，不产生滑动；

2. 使用时可靠，装卸容易；

3. 构造简单，制作容易，节约材料，经济效益高；

4. 能与张拉机具配套使用。

第三节　先张法施工工艺

先张法制作预应力混凝土构件，多在预制场的台座上进行（图15-8为槽式台座示意图）。

一、张拉台座

张拉台座由承力支架、台面、横梁和定位板组成。台座的长度要结合工地施工情况决定，一般为50～100m左右。

（一）承力支架

承力支架是台座的重要部分，在设计和建造时应保证承受预应力筋的全部张拉力，而本身不产生变形和位移。目前采用的承力支架多用槽式（图15-8）。这种支架一般能承受1000kN以上的张拉力。

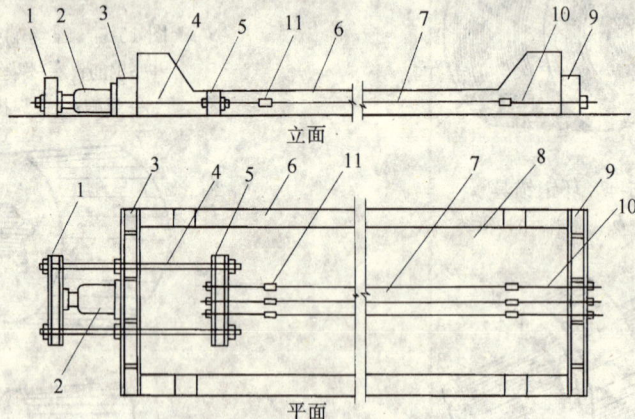

图15-8　槽式台座示意图

1—活动前横梁；2—千斤顶；3—固定前横梁；4—大螺丝杆；5—活动后横梁；6—传力柱；
7—预应力筋；8—台面；9—固定后横梁；10—工具式螺丝杆；11—夹具

（二）台面

台面是制作构件的底模，要求平整、光滑。一般可在夯实平整的基土上浇铺一层素混凝土，并按规定留出施工缝。

324

（三）横梁

横梁是将预应力筋的张拉力传给承力支架的构件，可用型钢或钢筋混凝土制作，并根据横梁的跨度、张拉力大小通过计算确定其断面尺寸，以保证其刚度和稳定性，避免受力后产生变形和翘曲。

（四）定位板

定位板是固定预应力筋位置的，一般都用钢板制作。其厚度必须保证承受张拉力后，具有足够的刚度。孔的位置按照梁体预应力筋的设计位置。孔径的大小应略比预应力筋大2～5mm，以便穿筋。

二、预应力钢筋的制作

先张法施工中，热处理钢筋及冷拉Ⅳ级钢筋、高强钢丝和钢绞线都可用作预应力筋。本处仅介绍预应力钢筋的制作。

（一）下料

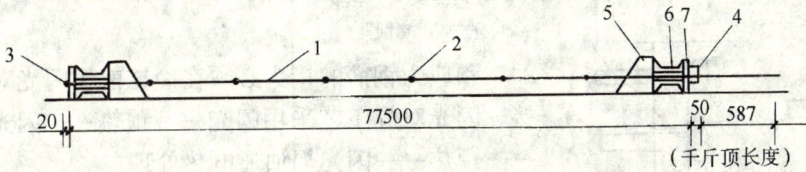

图 15-9　长线台座预应力钢筋下料长度示意图

尺寸单位：（mm）

1—预应力钢筋；2—对焊接头；3—墩粗；4—圆锥形夹具；5—台座承力支架；6—横梁；7—定位板

预应力钢筋的下料长度，应通过计算。计算时应考虑构件或台座长度、锚夹具长度、千斤顶长度、焊接接头或墩头预留量、冷拉伸长值、弹性回缩值、张拉伸长值和外露长度等因素。如图 15-9 所示，其计算公式（按一端张拉）为：

$$L = \frac{L_0}{1 + \delta_1 - \delta_2} + n_1 l_1 + l_2$$

$$= \frac{7813.7}{1 + 0.03 - 0.003} + 8 \times 1.5 + 2 = 7622.3 \text{cm} \tag{15-1}$$

式中　L——下料长度；

　　δ_1——钢筋冷拉时的冷拉率（对 L 而言），$\delta_1 = 3\%$；

　　δ_2——钢筋弹性回缩率（对 L 而言），$\delta_2 = 0.30\%$；

　　n_1——对焊接头的数量（本题钢筋出厂时为 9m/根），$n_1 = 8$；

　　l_1——每个对焊接头的预留量，$l_1 = 1.5 \text{cm}$；

　　l_2——墩粗头的预留量，$l_2 = 2 \text{cm}$；

　　L_0——钢筋的要求长度；

$$L_0 = l + l_3 + l_4 = 7750 + 5 + 58.7 = 7813.7 \text{cm}$$

其中　l——长线台座的长度（包括横梁、定位板在内），$l = 7750 \text{cm}$；

　　l_3——夹具长度，$l_3 = 5 \text{cm}$；

　　l_4——张拉机具所需的长度（按具体情况决定），$l_4 = 58.7 \text{cm}$。

实际下料长为 8 根 9m 钢筋和 1 根 4.223m 钢筋。

冷 拉 钢 筋 力 学 性 能　　　　　　　　表 15-1

项次	钢筋种类	直径 (mm)	屈服点 (MPa)	抗拉强度 (MPa)	伸长率 δ_{10}（%）	冷　弯 (d=弯心直径 a=钢筋直径)	
			不　小　于			弯心直径	弯曲角度
1	冷拉Ⅱ级钢筋	8～25 28～40	450	520 500	10	$d=3a$	90°
2	冷拉Ⅲ级钢筋	8～40	530	580	8	$d=3a$	90°
3	冷拉Ⅳ级钢筋	10～28	750	850	6	$d=5a$	90°

　　注：直径大于 25mm 的钢筋，弯心直径增加一个 a。

　　预应力钢筋的冷拉力学性能应符合表 15-1 中规定。

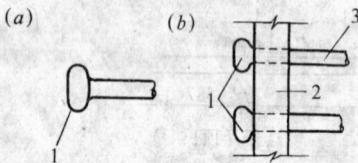

图 15-10　镦粗与垫板示意
1—镦粗；2—垫板；3—预应力筋

（二）对焊

预应力钢筋的接头必须在冷拉前用闪光对焊进行焊接。闪光对焊工艺采用闪光——预热——闪光、或闪光——预热——闪光焊加通电热处理。

（三）镦粗

制作预应力混凝土构件时，要用夹具和锚具，需耗费一定数量的优质钢材。因此，为了节省钢材，简化锚固方法，可将预应力钢筋端部做成镦粗（图 15-10a），加上开孔的垫板（图 15-10b）作为锚具。钢筋的镦粗头可采用镦粗机进行冷镦；也可采用电焊机进行热镦（钢丝的镦粗头只能采用冷镦）。

（四）冷拉

钢筋的冷拉就是对钢筋施加一个大于屈服极限而小于抗拉强度的拉力，使钢筋屈服并产生塑性变形，从而提高钢材的屈服强度。钢筋冷拉后，屈服强度虽然得到提高，但塑性减低，由于钢筋本身质量的不均匀性，每根钢筋的屈服点和冷拉率不很一致，因此，在冷拉时最好对钢筋的冷拉应力和冷拉率同时进行控制（双控），并以应力控制为主，冷拉率控制为辅。在没有测力设备的情况下，只能对钢筋的冷拉率进行控制（单控）。冷拉钢筋的控制应力和控制冷拉率可参照表 15-2 取用。

钢 筋 冷 拉 参 数　　　　　　　　表 15-2

项次	钢筋种类	双　控		单控
		控制应力 (MPa)	冷拉率 δ_{10}（%） 不 大 于	冷拉率 δ_{10}（%）
1	Ⅱ级钢筋	450	5.5	3.5～5.5
2	Ⅲ级钢筋	530	5.0	3.5～5.0
3	Ⅳ级钢筋	750	4.0	2.5～4.0

（五）时效

冷拉后的钢筋，在一定的温度下给予适当的时间"休息"，而不立即加载，由冷拉引起的钢筋晶格的歪曲可得到一定程度的恢复，从而使钢筋的屈服强度比冷拉完成后有所提高，钢材的这种性质称为冷拉时效。

钢筋冷拉后，在 25～30℃ 下放置 20～30d，称为自然时效；在 100℃ 的恒温下保持 2h，称为人工时效。

三、预应力筋的张拉

预应力筋的张拉工作，必须严格按照设计要求和张拉操作规程进行。

粗钢筋、钢丝和钢绞线均可在台座上进行张拉，主要利用各类液压拉伸机，它由千斤顶、油泵、连接油管组成。张拉可分单根张拉和多根整批张拉。

（一）张拉前准备工作

张拉前应先在端横梁上安装预应力筋的定位钢板，同时检查其孔位和孔径是否符合设计要求。安装定位板时要保证最下层和最外侧预应力筋与混凝土保护层尺寸。

在台座上安装预应力筋，将其穿过端横梁和定位钢板后用锚具固定在横梁上，穿筋时应注意不要碰掉台面上的隔离剂和沾污预应力筋。

当台座同时生产几根梁时，梁与梁间的钢筋可用连接器临时串联。

预应力筋的控制张拉力是张拉前需要确定的一个重要数据。它由预应力筋的张拉控制应力 σ_k（设计确定）与截面积 A_g 的乘积来确定。钢丝、钢绞线的最大控制应力不应超过 $0.75R_y^b$；对冷拉粗钢筋不应超过 $0.90R_y^b$，（此处 R_y^b 为预应力筋的标准强度）因此，对于冷拉粗钢筋的最大控制张拉力为：

$$N_k = \sigma_k \cdot A_g \leqslant 0.9R_y^b \cdot A_g \tag{15-2}$$

知道了张拉力值后，还要将其换算成液压拉伸机上的油压表读数，才能在张拉时操作控制。油压表上的读数表示千斤顶油缸内单位面积油压。在理论上将油压表读数 C 乘以千斤顶油缸内活塞面积 A，就得张拉力的大小（$N=CA$），但由于油缸与活塞之间存在摩阻损失，实际张拉力要小于理论计算值。另外，油压表本身也有误差。因此，事先就要用标准压力计（如压力环或传感器等）和标准油压表按 50kN 一级来测定所用千斤顶的校正系数 K_1 和油压表的校正系数 K_2。当油压表读数为 C 时，实际张拉力值为：

$$N' = \frac{CA}{K_1 K_2} \tag{15-3}$$

或者，当需要达到张拉力值为 N 时，实际油压表读数为：

$$C' = K_1 K_2 \frac{N}{A} \tag{15-4}$$

式中 K_1 取 1.02～1.05；K_2 取 1.002～1.005。

张拉设备的各个部件在张拉前均应仔细检查，只有在一切无误的情况下才能开始张拉。

（二）张拉程序

为了减少预应力筋的应力损失，通常采用超张拉的方法，按表 15-3 所示程序进行。

预应力筋的张拉方法和控制应力应符合设计要求。张拉时如须超张拉，在任何情况下其最大超张应力，当冷拉 Ⅱ～Ⅳ 级钢筋时，为其屈服点（标准强度 R_y^b）的 95%；当为矫直回火钢丝、热处理钢筋或钢绞线时，为其抗拉强度（标准强度 R_y^b）的 80%；当为冷拉钢丝或钢绞线时，为其抗拉强度的 75%。

预应力筋种类	张 拉 程 序
钢 筋	$0 \longrightarrow$ 初应力 $\longrightarrow 105\sigma_k\% \xrightarrow{\text{持荷 5min}} 90\sigma_k\% \longrightarrow \sigma_k$（锚固）
钢丝、钢绞线	$0 \longrightarrow$ 初应力 $\longrightarrow 105\sigma_k\% \xrightarrow{\text{持荷 5min}} 0 \longrightarrow \sigma_k$（锚固）

注：①表中 σ_k 为张拉时的控制应力值，包括预应力损失值；

②张拉钢筋时，为保证施工安全，应在超张拉放张至 $90\sigma_k\%$ 时装设模板、配筋、预埋件等；

③多根预应筋同时张拉时，其初应力应一致。

为了避免台座承受过大的偏心力，单根张拉时应先张拉台座截面重心附近的，且对称位置的预应力筋。

四、混凝土浇筑

预应力混凝土的浇筑，其基本操作与钢筋混凝土施工相仿，只是在台座内每条生产线上的构件，其混凝土应一次连续浇筑完毕；振捣时，应避免碰击预应力筋。

五、预应力筋的放松

当混凝土强度达到设计规定的放松强度后（一般应不小于设计强度的 $70\%\sim80\%$），可放松受拉的预应力筋，然后再切割每个构件端部的预应力筋。

预应力筋的放松速度不宜过快。当采用单根放松时，每根预应力筋严禁一次放完，以免最后放松的预应力筋自行崩断，常用的放松方法有下列两种。

（一）千斤顶放松

在台座固定端的承力支架与横梁之间，张拉前预先安放千斤顶（图 15-11 所示），待混凝土达到规定的放松强度后，两个千斤顶同时回油使预应力筋徐徐回缩，张拉力即被放松。

（二）砂箱放松

以砂箱（图 15-12 所示）代替图 15-11 中的千斤顶。使用时，将活塞抽出 1/3 的长度，从进砂口灌满烘干的砂，加上压力压紧，待混凝土达到规定的放松强度，打开出砂口，砂慢慢流出，活塞与横梁跟着移动，使预应力筋徐徐回缩，张紧力即被放松。

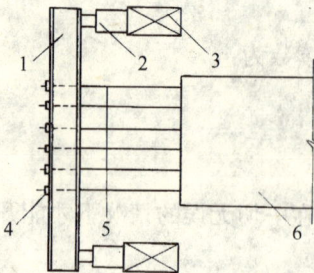

图 15-11 千斤顶放松张拉力的布置

1—横梁；2—千斤顶；3—承力支架；
4—夹具；5—钢筋；6—构件

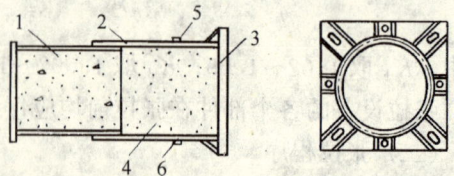

图 15-12 砂箱

1—活塞；2—套箱；3—套箱底板；
4—砂子；5—进砂口；6—出砂口

六、先张法制作预应力混凝土构件的基本工艺流程

见图 15-13。

```
                         ┌──────────────┐
                         │  建造张拉台座  │
                         └──────┬───────┘
                                │
  ┌──────────┐         ┌────────▼────────┐      ┌──────────────────┐
  │锚、夹具制作│────────▶│ 清理台面和刷隔离剂│◀─────│承力横梁及定位板制作│
  └──────────┘         └────────┬────────┘      └──────────────────┘
       ▲                        │
  ┌──────────┐         ┌────────▼────────┐      ┌──────────────┐
  │预应力筋制作│────────▶│  穿预应力筋及    │◀─────│  钢筋骨架制作  │
  └──────────┘         │  安放钢筋骨架    │      └──────────────┘
       ▲               └────────┬────────┘
       │                        │
       │               ┌────────▼────────┐
       │               │   调整初应力     │
       │               └────────┬────────┘
       │                        │
  ┌──────────┐         ┌────────▼────────┐
  │张拉机具检验│────────▶│   张拉预应力筋   │
  └──────────┘         └────────┬────────┘
       │                        │
  ┌──────────────┐     ┌────────▼────────┐      ┌──────────────┐
  │模板内侧刷隔离剂│────▶│   安 装 模 板    │◀─────│ 制作或整修模板 │
  └──────────────┘     └────────┬────────┘      └──────────────┘
       │                        │                       ▲
  ┌──────────────┐     ┌────────▼────────┐              │
  │选用混凝土配合比│────▶│ 检查以上各工序的质量│           │
  └──────────────┘     └────────┬────────┘              │
       │                        │                       │
  ┌──────────┐         ┌────────▼────────┐      ┌──────────────┐
  │搅拌混凝土  │────────▶│   浇捣混凝土     │─────▶│  制作试块     │
  └──────────┘         └────────┬────────┘      └──────────────┘
       │                        │
       │               ┌────────▼────────┐
       │               │   养 护 混 凝 土  │
       │               └────────┬────────┘
       │                        │
       │               ┌────────▼────────┐
       │               │   拆 除 模 板    │
       │               └────────┬────────┘
       │                        │
       │               ┌────────▼────────┐      ┌──────────────┐
       │               │   放松预应力筋    │◀─────│  压 试 块     │
       │               └────────┬────────┘      └──────────────┘
       │                        │
  ┌──────────┐         ┌────────▼────────┐
  │整修锚、夹具 │◀───────│   切断预应力筋    │
  └──────────┘         └────────┬────────┘
                                │
                       ┌────────▼────────┐
                       │  构件出槽及堆放   │
                       └────────┬────────┘
                                │
                       ┌────────▼────────┐      ┌──────────────┐
                       │  继续养护混凝土   │◀─────│  压 试 块     │
                       └─────────────────┘      └──────────────┘
```

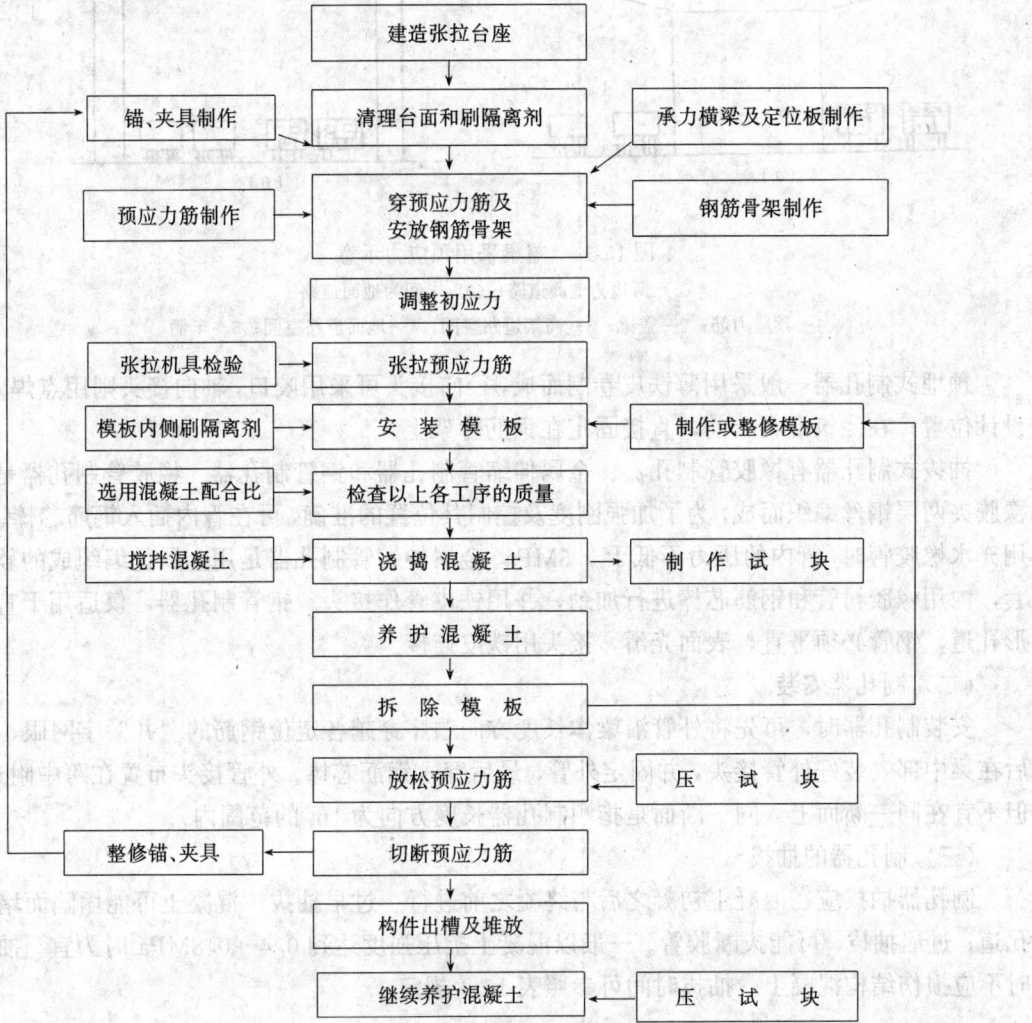

图 15-13 预应力混凝土先张法工艺流程

第四节 后张法施工工艺

后张法制作预应力混凝土构件，一般在施工现场进行，适用于大于 25m 的简支梁或现场浇筑的桥梁上部构造。目前，由于城市高架道路的大力发展，为满足高架道路净宽与地面道路净宽的需要，对桥墩盖梁常采用后张法施工工艺（图 15-14）。

一、预留孔道

（一）制孔器种类

为了在梁体混凝土内形成钢束的管道，应在浇筑混凝土前预先安放制孔器。按制孔的方式可分为预埋式制孔器和抽拔式制孔器两类。

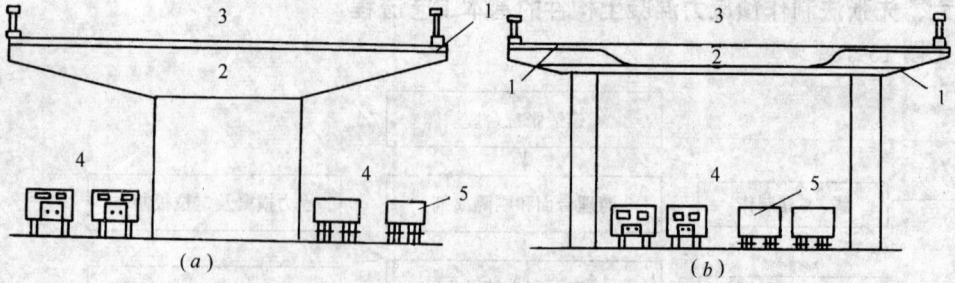

图 15-14　盖梁采用预应力示意

(a) 两边为地面道路；(b) 中间为地面道路

1—预应力筋；2—盖梁；3—高架道路空间；4—地面道路空间；5—车辆

预埋式制孔器一般采用薄铁皮卷制而成，径向接头可采用咬口，轴向接头则用点焊，按设计位置，在浇筑混凝土前，直接固定在钢筋骨架上。

抽拔式制孔器有橡胶管制孔器、金属伸缩管制孔器和钢管制孔器。橡胶管制孔器是用橡胶夹两层钢丝编织而成，为了加强刚度及控制其位置的准确，可在管内插入钢筋芯棒；当用充水橡胶管时，管内的压力不低于 0.5MPa。金属伸缩管制孔器是用金属丝编织成的软管套，内用橡胶衬管和钢筋芯棒进行加劲，并用铁皮管作接头。钢管制孔器，仅适用于直线形孔道，钢管必须平直，表面光滑，接头用铁皮连接。

（二）制孔器安装

安装制孔器时，可先将外管沿梁体长度方向顺序穿越各定位钢筋的"井"字网眼，然后在梁中部安装好外管接头，并固定外管，最后穿入钢筋芯棒。外管接头布置在跨中附近，但不宜在同一断面上（同一断面是指顺制孔器长度方向为1m 的范围内）。

（三）制孔器的抽拔

制孔器抽拔应在混凝土初凝之后与终凝之前进行。过早抽拔，混凝土可能塌陷而堵塞孔道；过迟抽拔，可能拔断胶管。一般以混凝土抗压强度达到 0.4～0.8MPa 时为宜。抽拔时不应损伤结构混凝土。抽拔时间可参照表 15-4 规定。

抽拔制孔器时间　　　　　　　　　　　　　　　表 15-4

环境温度（℃）	＞30	30～20	20～10	＜10
抽拔时间（h）	3	3～5	5～8	8～12

预留的孔道，应根据需要在适当位置布设压浆孔及排气孔和排水孔。

抽拔制孔器的顺序是先抽芯棒，后拔胶管，先拔下层胶管，后拔上层胶管；先拔早浇筑的半根芯管，后拔晚浇筑的半根芯管。

抽芯后，应用通孔器或压气、压水等法对孔道进行检查，如发现孔道堵塞或有残留物或与邻孔有串通，应及时处理。

二、预应力钢丝的制作

用于先张法施工的预应力筋一般亦适用于后张法施工。本处仅介绍预应力钢丝的制作。

（一）下料

钢丝下料时，应根据锚具类型、张拉设备条件确定下料长度。其计算公式为：

$$L = L_0 + n(l_1 + 0.15\text{m}) \tag{15-5}$$

式中　L——下料长度；

　　　L_0——梁的管道加两端锚具长度；

　　　l_1——千斤顶支承端到夹具外缘距离（包括缺口垫圈厚 0.053m）；

　　　n——张拉端数目（1 或 2 个）。

（二）编束

为使成束预应力钢丝在穿孔和张拉时不致紊乱，可将钢丝对齐后穿入特制的梳丝板（图 15-15），然后一边梳理钢丝一边每隔 1～1.5m 衬以弹簧垫圈，并在衬圈处用 22 号铁丝缠绕 20～30 道。图 15-16 所示用 24 根 φ5 钢丝配合锥形锚具编制的钢丝束断面。

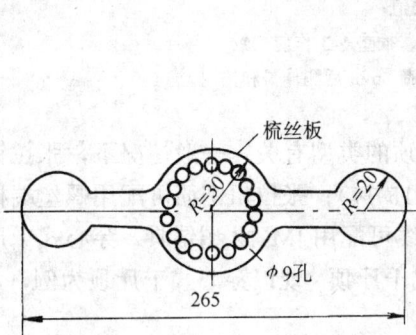

图 15-15　梳丝板

（单位：mm）

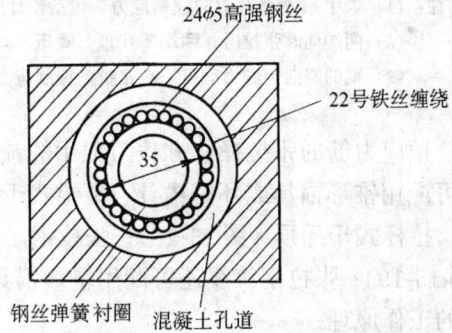

图 15-16　钢丝束断面

单位：mm

三、预应力筋的张拉

当构件的混凝土强度达到设计强度的 70% 时，便可对构件的预应力筋进行张拉。

（一）张拉原则

1. 对曲线预应力筋或长度大于 25m 的直线预应力筋，宜在两端张拉。如设备不足时，可先在一端张拉完毕后，再在另一端补足预应力值。

2. 张拉顺序应符合设计规定。无论在一端或两端同时张拉，均应避免张拉时构件截面呈过大的偏心受压状态。因此，应对称于构件截面进行张拉，或先张拉靠近截面重心处的预应力筋，后张拉距截面重心较远的预应力筋。

（二）张拉程序

后张法预应力筋的张拉程序与配用的锚具型式有关，可按表 15-5 的程序进行。

张拉时，应测量千斤顶活塞的伸长量，从而确定张拉力是否满足，张拉力的大小可通过油压表控制。对于一次不能张拉完的预应力筋，应进行第二次张拉，二次张拉的伸长量应符合设计要求。

后张法张拉预应力筋时，如须超张拉，在任何情况下其最大超张拉应力的范围与先张法须超张拉时情况相同。

预应力筋的锚固应在 σ_k 值处于稳定状态下进行，锚具外多余的力筋，应予以切割，切割时不应使锚具和锚固处的力筋过热而滑移。

（三）操作方法

后张法预应力筋张拉程序 表 15-5

项次	预应力筋种类		张 拉 程 序
1	钢筋 钢筋束 钢绞线束		$0 \longrightarrow 初应力 \longrightarrow 105\sigma_k\% \overset{持荷\ 5min}{\longrightarrow} \sigma_k$（锚固）
2	钢丝束	夹片式锚具 锥销式锚具	$0 \longrightarrow 初应力 \longrightarrow 105\sigma_k\% \overset{持荷\ 5min}{\longrightarrow} \sigma_k$（锚固）
		其他锚具	$0 \longrightarrow 初应力 \longrightarrow 105\sigma_k\% \overset{持荷\ 5min}{\longrightarrow} 0 \longrightarrow \sigma_k$（锚固）

注：（1）表中 σ_k 为张拉时的控制应力，包括预计的预应力损失值；

（2）两端同时张拉时，两端千斤顶升降压、划线、测伸长、插垫等工作应一致；

（3）梁的竖向预应力筋可一次张拉到控制应力，然后于持荷 5min 后测伸长和锚固。

预应力筋的张拉操作方法与配用的锚具及千斤顶的类型有关。一般情况下，张拉钢丝束可配用锥形锚具或环销锚具、锥锚式千斤顶（图 15-17）；张拉粗钢筋可配用螺丝端杆锚具、拉杆式千斤顶（图 15-18）；张拉钢筋束或钢绞线可配用 JM-12 型锚具、穿心式千斤顶（图 15-19）；张拉钢绞线还可配用星形锚具、穿心式千斤顶。现以穿心式千斤顶为例，介绍它的工作原理。

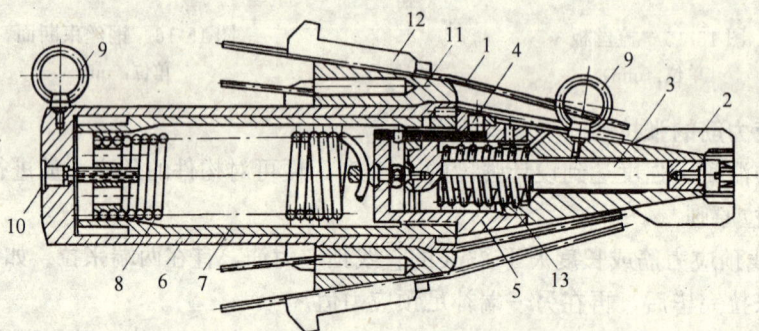

图 15-17 锥锚式千斤顶

1—钢丝；2—顶头；3—小缸活塞；4—小缸油嘴；5—小缸；6—大缸；7—大缸活塞；8—拉力弹簧；
9—吊环；10—大缸油嘴；11—锥形卡环；12—楔块；13—复位弹簧

YC-60 型千斤顶是穿心式千斤顶典型代表（图 15-19），它既可张拉，又可顶锚，故又叫双作用千斤顶，主要由油缸、活塞、弹簧、油嘴等部分组成，可用于张拉带有夹片式锚具和夹具的钢筋、钢丝、钢绞线。工作原理为：将已安装的力筋，穿过千斤顶中心孔道，于张拉油缸端面用工作锚固定，打开前油嘴，从后油嘴让高压油进入顶压油缸，张拉油缸向后退，张拉活塞顶住锚圈千斤顶尾部的工具锚将力筋张拉到施加应力的数据，关闭后油嘴的油阀，从前油嘴进油至顶压油室，使顶压活塞向前推进顶压住锚塞。

四、孔道压浆

孔道压浆是为了保护预应力筋不致锈蚀，并使预应力筋与混凝土构件粘结成整体，从而既能减轻锚具的受力，又能提高构件的承载能力、抗裂性能和耐久性。孔道压浆用专门的压浆泵进行，压浆时要求密实、饱满，并应在张拉完毕后尽早完成。

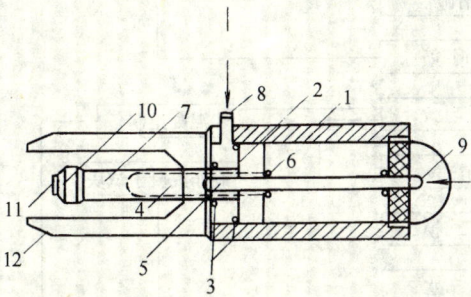

图 15-18　拉杆式千斤顶

1—大缸；2—大缸活塞；3—大缸油封圈；4—小缸；5—小缸活塞；6—小缸油封圈；7—活塞杆；8—前油嘴；9—后油嘴；10—套碗；11—拉头；12—顶脚

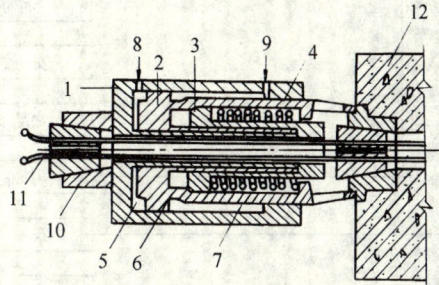

图 15-19　穿心式千斤顶

1—大缸；2—小缸；3—顶压活塞；4—弹簧；5—张拉工作油室；6—顶压工作油室；7—张拉回程油室；8—后油嘴；9—前油嘴；10—工具式锚具；11—钢丝；12—锚具

压浆所用水泥宜采用普通硅酸盐水泥，标号不宜低于 425 号。水灰比一般宜采用 0.40～0.45，掺入减水剂时，水灰比可减小到 0.35。水泥浆自调制至压入孔道的延续时间，一般不宜超过 30～45min，在使用前应始终使水泥浆处于搅动状态。

压浆应使用活塞式压浆泵，不得使用压缩空气，最大压力一般宜为 0.5～0.7MPa；当输浆管道较长时，应适当加大压力。

压浆顺序，应先压下孔道，后压上孔道，并应将集中一处的孔道一次压完，以免孔道串浆，将附近孔道堵塞，如集中孔道无法一次压完，应将相邻未压浆的孔道用压力水冲洗，使以后压浆时通畅。曲线孔道由侧向压浆时，应由最低点的压浆孔压入水泥浆，并由最高点的排气孔排除空气和溢出水泥浆。

五、封端

孔道压浆后应立即将锚固端水泥浆冲洗干净，端面混凝土凿毛，绑扎钢筋网和安装锚固端模板，并妥善固定，以免在浇筑混凝土时模板走样。封锚混凝土的标号应符合设计规定，一般不宜低于构件混凝土标号的 80%，亦不宜低于 30 号。封端混凝土必须严格控制梁体长度，浇筑完毕后，亦应按规定进行养护。

六、后张法制作预应力混凝土构件基本工艺流程图

图 15-20 所示为采用抽芯管法成孔的 T 梁的工艺流程图。显而易见，后张法工艺较先张法复杂，且构件上耗用的锚具和预埋件等增加了用钢量和制作成本。但不需张拉台座，不须大型车型运输。国内最大跨径的简支 T 梁已达 52m，梁高 2.8m，重约 350t；其他如墩台盖梁、整体现浇简支箱梁、连续梁、T 型刚架桥、斜拉桥等都采用了后张法施工工艺。目前已被广泛使用在桥梁建设中。

七、预应力构件制作的质量标准

（一）预应力筋张拉时，断丝、滑移限制。

```
                    ┌─────────────────┐
                    │ 场地整平夯实安装底模 │
                    └─────────────────┘
                             │
┌───────────────┐    ┌─────────────────┐
│ 模板准备及涂隔离剂 │───▶│ 立一侧及两端模板并校正 │
└───────────────┘    └─────────────────┘
                             │
┌───────────┐        ┌─────────────────┐    ┌─────────┐
│ 制孔器准备   │───────▶│ 安放钢筋骨架及制孔器 │◀───│非预应力钢筋│
└───────────┘        └─────────────────┘    │  准  备  │
                             │               └─────────┘
                    ┌─────────────────┐
                    │ 立另一侧模板并检   │
                    │ 查防止漏浆措施     │
                    └─────────────────┘
                             │
                    ┌─────────────────┐
                    │ 安 放 翼 缘 钢 筋  │
                    └─────────────────┘
                             │
                    ┌─────────────────┐    ┌─────────┐
                    │ 浇 筑 混 凝 土     │    │ 混凝土制备 │
                    └─────────────────┘    └─────────┘
                             │                   │
                    ┌─────────────────┐    ┌───────────┐
                    │ 拔制孔器并清孔     │    │ 制作混凝土试块 │
                    └─────────────────┘    └───────────┘
                             │
                    ┌─────────────────┐
                    │ 养  护  拆  模     │
                    └─────────────────┘
                             │
                    ┌─────────────────┐
                    │ 清  孔  排  水     │
                    └─────────────────┘
                             │
┌───────────────┐    ┌─────────────────┐
│ 预应力筋及锚具准备 │──▶│ 穿预应力筋及锚头制作安装 │
└───────────────┘    └─────────────────┘
                             │
┌───────────┐        ┌─────────────────┐    ┌─────────┐
│ 张拉机具准备 │──────▶│ 施  加  预  应  力 │    │ 强度检验 │
└───────────┘        └─────────────────┘    └─────────┘
                             │
┌───────────┐        ┌─────────────────┐
│ 水泥浆制备   │──────▶│ 管  道  压  浆     │
└───────────┘        └─────────────────┘
                             │
┌───────────┐        ┌─────────────────┐
│ 制作水泥浆试块 │◀────│ 浇  封  头  混  凝  土 │
└───────────┘        └─────────────────┘
      │                      │
┌─────────┐          ┌─────────────────┐    ┌─────────┐
│ 强度检验   │────────▶│ 起  吊  贮  存     │◀───│ 强度检验 │
└─────────┘          └─────────────────┘    └─────────┘
```

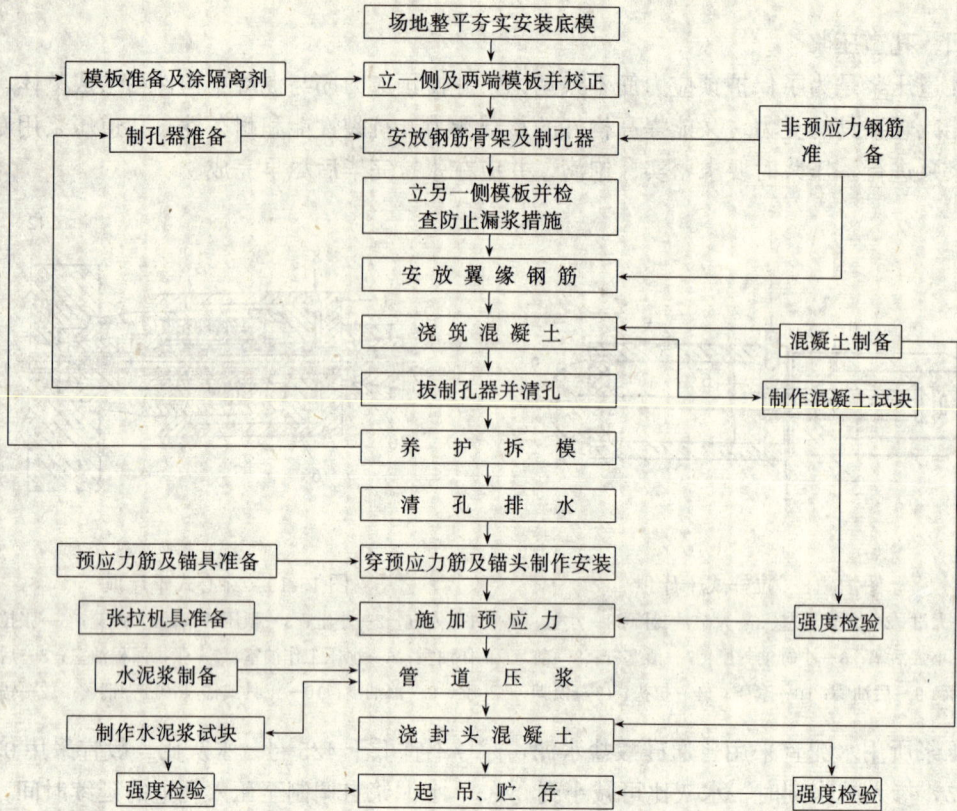

图 15-20 预应力混凝土后张法工艺流程

1. 先张法预应力筋断丝限制见表 15-6。

先张法预应力钢材断丝限制　　　　　　　　　　　　表 15-6

项次	类别	检查项目	控制数
1	钢丝 钢绞线	同一构件内断丝数不得超过钢丝总数的	1%
2	钢筋	断筋	不容许

2. 后张法预应力筋断丝、滑移限制见表 15-7。

后张预应力钢材断丝、滑移限制

（钢丝、钢绞线、钢筋）　　　　　　　　　　　　表 15-7

项次	检查项目		控制数
1	钢丝、钢绞线断丝量	每束钢丝或钢绞线断丝、滑丝	1 根
		每个断面断丝之和不超过该断面钢丝总数的	1%
2	单根钢筋	断筋或滑移	不允许

注：（1）钢绞线断丝是指钢绞线内钢丝的断丝；

（2）超过表列控制数时，原则上应更换，当不能更换时，在许可的条件下，可采取补救措施，如提高其它束预
应力值，但须满足设计上各阶段极限状态的要求。

（二）混凝土浇筑时坍落度要求见表15-8。

混凝土浇筑入模时坍落度　　　　　　　　　　　表15-8

项次	结　构　类　别	坍落度（振动器）（cm）
1	小型预制块及便于浇筑振动的结构	0～2
2	桥涵基础墩台等无筋或少筋的结构	1～3
3	普通配筋率的钢筋混凝土结构	3～5
4	配筋较密、断面较小的钢筋混凝土结构	5～7
5	配筋极密、断面高而狭的钢筋混凝土结构	7～9

注：人工捣实时，坍落度宜增加2～3cm。

（三）预应力混凝土预制梁允许偏差见表15-9。

预应力混凝土预制梁允许偏差　　　　　　　　　表15-9

项次	检查项目			允许偏差（mm）
1	长度	梁、板		+5，−10
2	宽度	梁、板	干接缝	±10
			湿接缝	±20
		箱梁顶面宽		±30
3	高度	梁、板		±5
		箱　梁		+5，−10
4	腹板厚度			+10，−0
5	跨度	支座中心至中心		±20
6	支座板平面高差			2

注：桥面板边缘位置偏差不得影响梁的组拼。

第五节　无支架施工工艺

桥梁架设方法的改进，特别是少用或不用支架的施工方法的出现，乃是大跨径预应力混凝土桥梁在最近30多年里能有很大发展的重要原因。本节简要介绍其中最常用的两种施工方法。

一、悬臂施工法

悬臂施工法是充分利用了预应力混凝土能抗拉和便于承受负弯矩的特性，将设计和施工的要求密切配合在一起而出现的新方法。即它把跨中的最大施工困难移至支点，又用支点的扩大截面来承受施工期间和通车后的最大弯矩，所以能用较低的造价来修建大跨度的桥梁。

（一）适用范围

悬臂施工法应用范围很广，能建造大跨度的挂孔悬臂梁、铰接悬臂梁、连续梁、刚架桥、斜拉桥等体系的桥梁。为了增加梁体的刚度，它们的横截面几乎都是箱形（单箱或多箱）。

（二）施工方法

1. 悬臂浇筑法

当桥墩浇筑到顶后（俗称 0# 块）安装托架支撑，以利浇筑墩顶两侧的①、①′，②、②′块，再穿束张拉，将①、①′，②、②′牢牢固定在墩的两侧，最后在墩顶安装挂篮（如图 15-21 示意）。

挂篮是实施悬臂浇筑的主要设备。它是一个能够沿轨道行走的活动脚手架，并悬挂在已经完成悬臂浇筑施工的悬臂梁段上，用以进行下一梁段施工，如此循环直至梁段浇筑完毕。由于梁段的模板架设、钢筋绑扎、管道安装、混凝土浇筑、预加应力及管道压浆等均在其上进行又系高空作业，所以挂篮设置除应保证强度安全可靠外，还应满足变形小，行走方便，锚固、装拆容易以及各项施工作业的操作要求，并须注意安全设施。挂篮的设计由桥梁设计单位提供或由施工单位自行设计。

挂篮由底模板、悬挂系统、桁架、行走系统、平衡重及锚固系统、工作平台等组成（图 15-22）。

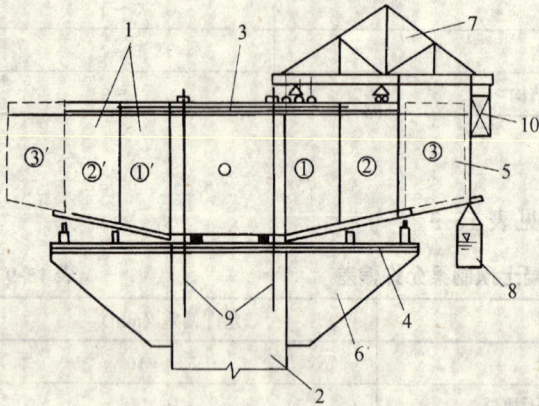

图 15-21　连续梁桥悬臂浇筑示意

1—利用托架浇筑并张拉完毕的梁段；2—墩柱；3—预应力张拉索；4—混凝土托架预应力索；5—待浇筑梁段；6—混凝土托架；7—挂篮；8—控制梁段高程的水箱；9—临时固结桥墩的竖向预应力筋；10—张拉工作平台

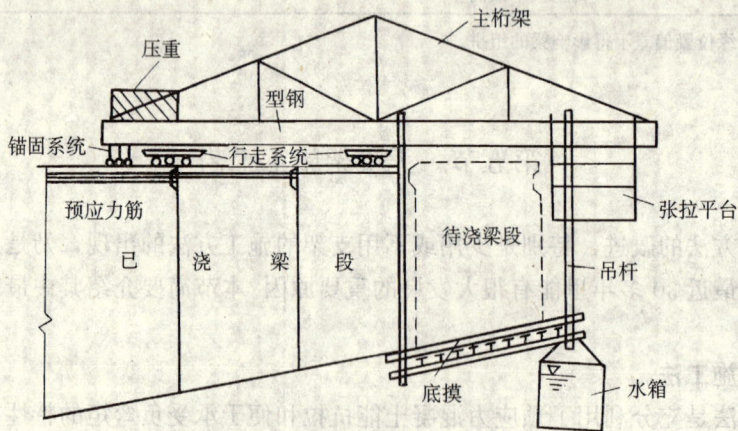

图 15-22　挂篮构造示意

每段的混凝土经养护达到设计强度的 70% 后，再经过孔道检查和修理孔口等工作，即可进行穿束、张拉、压浆和封锚。

2. 悬臂拼装法

在墩顶先利用墩身的预埋件而制作成的托架，拼装 1、1′ 和 2、2′ 块件，并进行预应力

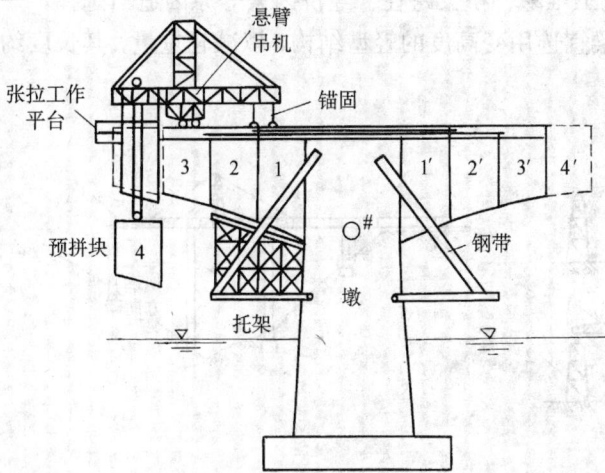

图 15-23 T 型刚构桥悬拼示意

张拉，然后在墩顶安装悬臂吊机，亦可将锚固在墩柱顶面的双悬臂吊机改装成两个独立的单悬臂吊机，预制拼块可用大型船只装运（图 15-23 为船上吊起 4 号块进行拼装）。

悬臂施工时，最主要是悬臂的平衡问题。保持悬臂在桥墩两侧绝对平衡是办不到的，即使在两侧进度一样，也难保证各工序两边也完全一致。因此，同一单元的两个悬臂段有错开安排的工序，但其两侧的差额应保持在一定的限度以内。这要求桥墩必须具备能平衡这一差值的能力，或者要桥墩能够承受产生的不平衡弯矩。

二、顶推法

顶推法是先在台后路堤上逐段浇筑箱形梁段（也可采用拼装的方法），待有 4~5 段后，即在梁端安装钢导梁和临时预应力索，并用千斤顶将箱梁从聚四氟乙烯滑板上顶出。

（一）适用范围

预应力混凝土桥的上部构造，跨径在 50~80m 时，常采用顶推法施工。一般可不设临时支架，故最为适宜。更大跨径如 130m，用顶推法施工也是可能的。考虑经济性能的上述范围，对架设地点的地形、桥长、工期等也有很大关系。一般来说，三跨以上较为经济，特别对桥下难以树立支撑的深涧峡谷的桥梁和桥下不准中断交通的跨越通航频繁河段、铁路或公路干线的桥梁，更显得有利。

由于顶推法施工的大力发展，使预应力混凝土连续梁得到广泛的应用。

（二）特点

顶推法发挥了后张法、悬浇法的优点，弥补了它们的缺点。它是有分块预制的好处而无块件与块件的接缝问题，还具有以下特点。

1. 节省劳力、减轻劳动强度和缩短工期；

2. 施工管理方便；

3. 造价低。

（三）顶推法施工方案

当顶推的大梁悬出桥台时，其跨中截面要承受负弯矩，所以要将大梁加固，除配置设计荷载所需的预应力筋外，还需设置临时的施工用预应力筋以承受顶推时引起的弯矩。

为减少顶推时产生的内力，有以下三种方法（图 15-24）。

1. 在跨径中间设临时墩；

2. 在梁前端安装导梁；

3. 梁上设吊索架。

以上三种方法要结合地理条件、施工难易、桥梁跨径、经济因素等原因适当选择，一般将1与2法、2与3法组合施工。导梁宜选用变高度的轻型结构，以减轻重量，其长度约为施工跨径的60%左右。

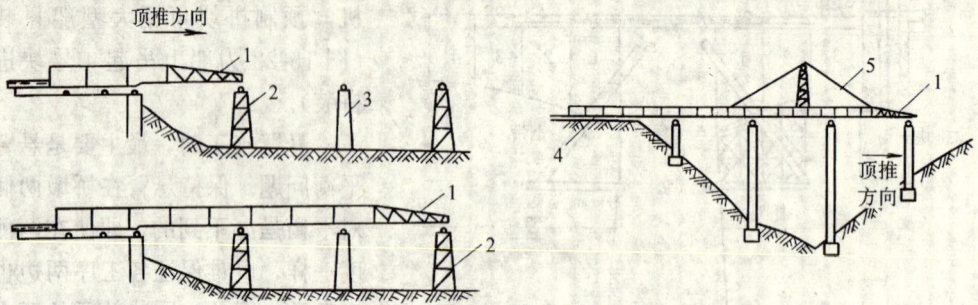

图 15-24 顶推时的加强措施
1—导梁；2—临时墩；3—桥墩；4—制作台；5—吊索

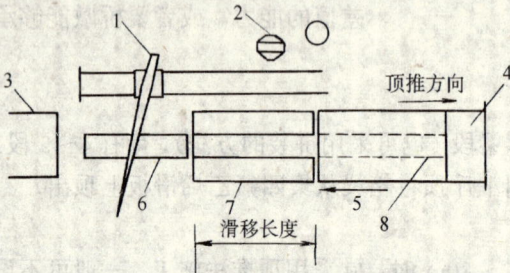

图 15-25 桥台后面场地布置示意
1—塔式吊机；2—混凝土拌和机；3—钢筋加工场，4—桥台；
5—移回内模车供下次用；6—底板模板；
7—固定外模；8—刚完成的块件

地应牢实可靠。

梁段的箱梁截面大多呈梯形，箱顶上两侧悬出相当宽的车道板，腹板有一定斜度，底板宽度则为减少墩宽而缩窄。

箱梁底板常在拼装场外浇好并与完成的箱节连在一起成为整体，当梁段滑移出1节，预制好的底板亦随着推移至梁两外侧腹板模板之间，在这个部位底板下设有中间支柱，以承受内模、腹板和顶板的重量（如图 15-26 所示）。

腹板外侧模板顶起就位并固定后，即可安装钢筋骨架，腹板内模就位于浇制好的底板上，再安装顶板钢筋和需要的预应力筋并浇筑混凝土。图 15-26 为一箱梁底板的横断面，它

（四）施工概要

1. 梁段预制

顶推法施工其梁段也可采用现场拼装，如某跨越铁路的三跨连续梁桥（40+40+40m）就采用预制构件拼装再顶推就位的方法。下面介绍现浇梁段的顶推法施工。

为使梁顺利地适应顶推时截面上应力的变化，主梁一般均作成等高度的箱形梁。混凝土的浇筑工作可在桥台后方固定场地上进行，其布置如图 15-25 所示，为避免承载后场地发生沉陷，场

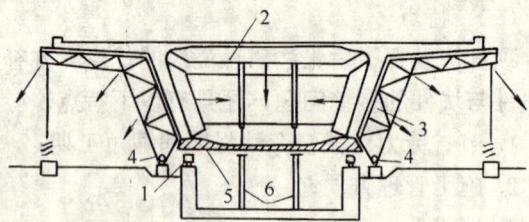

图 15-26 箱梁模板横断面
1—滑移支承；2—可动的内模；3—固定外模；4—铰；
5—在前一循环已浇好的底板；6—中间支柱

在构造上应满足下列要求。

（1）梁底板的底模上应装表面磨光的钢板，以减少移动梁底板的摩阻力。腹板下方的底板愈平愈好，它对保证顺利滑动是很重要的，因此底板边上0.5m宽应用平滑的钢板制成并放在一道磨光的钢托架上。在滑动前，先将中间的模板放低，使其与底板脱离，则底板直接支承在边部钢板上便于滑动。

（2）侧模为固定模板，其构造要能够旋转和高度可调整的。从图15-26可见，每侧的两片外模是各成一片的，用轻型钢桁加劲，并在根部铰接，当两边支柱松下，模壳很容易同混凝土脱离。

（3）内模可做成沿轴向移动的构造。从图15-26可见中间部分顶板内模先落下，然后将两边模板向内松移。模壳滑行操作简单，可在数分钟内用液压设备来完成。

2. 施工工序

箱梁采用分段浇筑顶推，每预制、顶推一个梁段为一个作业循环，其工艺流程见图15-27所示。

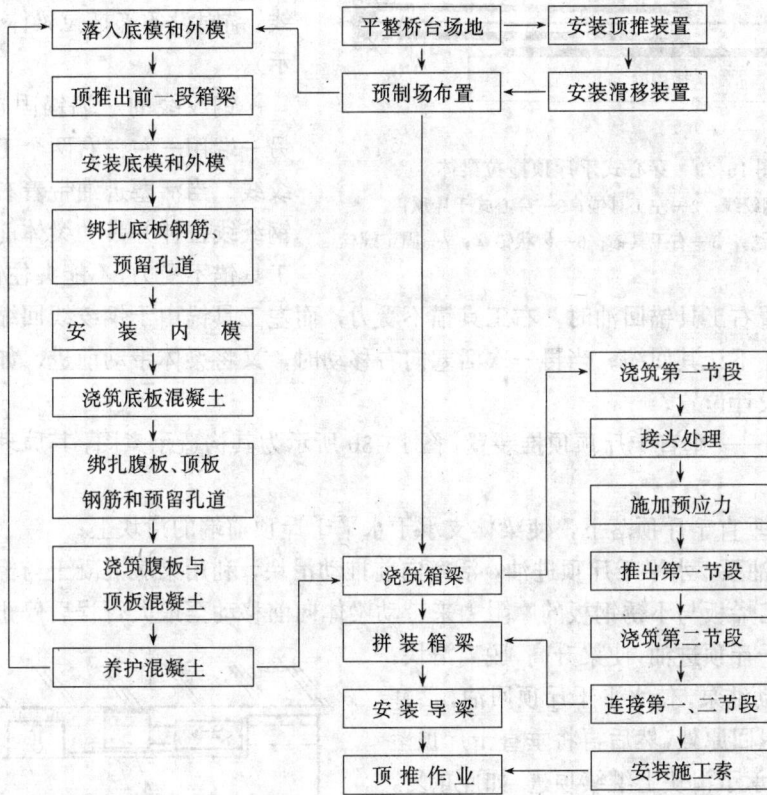

图15-27　顶推法工艺流程示意图

3. 顶推装置

（1）用拉杆顶推装置（图15-28a）在桥台前面安装一对千斤顶，使其底座靠在桥台上，拉杆一端与千斤顶连接，另一端是用1顶推靴固定在箱梁侧壁上。当施加推力时，装在顶推靴上的自动开放楔子便将装在梁身两侧的拉杆箍住，使梁体随着推力而滑移（图15-28b）。

(a)

(b)

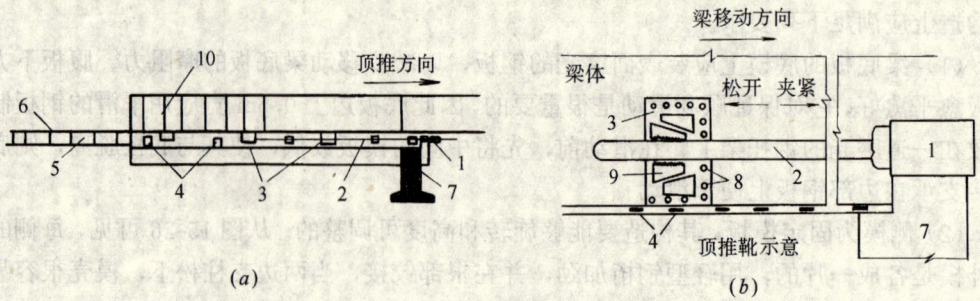

图 15-28　用拉杆的顶推装置

1—顶推的千斤顶；2—拉杆；3—拉杆顶推靴；4—滑动支座；5—中间支柱；
6—底板；7—桥台；8—螺栓；9—楔子；10—模板

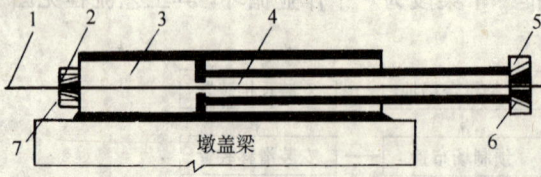

墩盖梁

图 15-29　穿心式千斤顶拖拉梁体

1—钢绞线；2—左工具锚；3—穿心式千斤顶；
4—千斤顶活塞；5—右工具锚；6—齿状锚塞；7—固定螺栓

（2）利用张拉钢绞线的顶推装置：采用穿心式千斤顶、张拉所用的钢绞线、锚固设备来拖拉梁体（图 15-29 所示）。

钢绞线的一端锚固在梁的两侧，另一端用一左一右两个工具锚夹住钢绞线。当活塞进油带着右工具锚夹住钢绞线拉伸并带动梁体前进，此时左工具锚不受力，不能夹住钢绞线；当千斤顶活塞带着右工具锚回油时，右工具锚不受力，而左工具锚由于钢绞线回缩力的作用而夹住钢绞线，不让其回缩。当再一次活塞向右移动时，又将梁体带动前进，如此重复进行将梁段拖至设计位置。

（3）水平——垂直千斤顶顶推装置：图 15-30 所示为其构造示意图，其原理与顶推步骤如下：

1）先将垂直千斤顶落下，使梁体支承于水平千斤顶前端的滑块上；

2）开动油泵，水平千斤顶进油，活塞向前推动滑块，利用梁底混凝土与橡胶的摩阻力大于聚四氟乙烯板与不锈钢板的摩阻力来带动梁体向前移动至最大行程后停止；

3）垂直千斤顶进油，使梁升高，脱离滑块；

4）再开动油泵，使水平千斤顶回油，活塞回缩把滑块退回原处，然后再将垂直千斤顶落下，使梁又支承于滑块上继续顶进。如此重复，直到整个梁就位。顶推时，墩、台两侧的千斤顶同时起步，一起顶推梁，避免受力不均导致梁体偏离滑道。

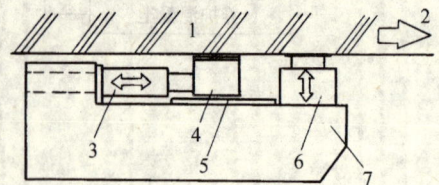

图 15-30 中滑块可用铸铁或钢板组成，顶面垫以橡胶与梁体接融，底面垫以聚四氟乙烯

图 15-30　用水平—垂直千斤顶的顶推装置示意图

1—梁段；2—推移方向；3—水平千斤顶；4—滑块；
5—聚四氟乙烯滑板；6—垂直千斤顶；7—滑台

板，该板直接置于抛光的不锈钢板形成的滑道上。其摩阻系数很小而不需添加润滑剂。随着梁体的外顶，荷载增加与速度减慢，摩阻系数反而减小，一般在 0.02～0.05 之间。

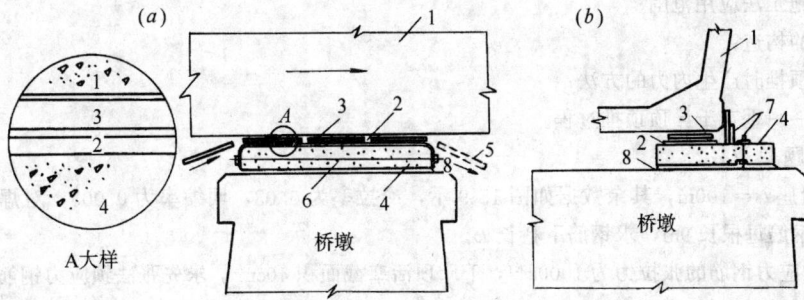

图 15-31 滑动支座构造

1—推移梁部；2—不锈钢板；3—聚四氟乙烯滑板；4—混凝土块；5—推移出的聚四氟乙烯滑板；
6—固定不锈钢板螺栓；7—垫有滑板的横向导具；8—砂浆层

4. 滑移装置

当顶推装置工作时，梁应支承在滑动支座上，以减少推进阻力，梁才得以向前，滑动支座构造如图 15-31 所示。它由混凝土块、抛光不锈钢板和在其上顺次滑移的聚四氟乙烯滑板所组成。由于梁底可能不平及聚四氟乙烯滑板厚薄不均，所以在推移中，滑板必须连续跟上，以免影响推进。在顶推时，应经常检查梁底边线位置，发现偏差，及时用木楔和氟板横向导向装置（图 15-31b）进行纠偏。

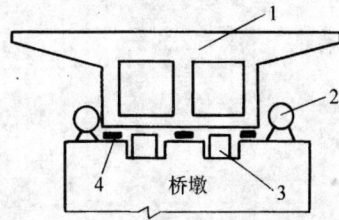

图 15-32 落梁示意

1—梁体；2—顶推千斤顶；
3—落梁千斤顶；4—盆式支座

5. 落梁就位

全梁顶推到达设计位置后，可用多台千斤顶同时将梁顶起（图 15-32 所示），拆除滑道，安上正式支座，进行落梁就位。必要时，还须根据设计要求，松弛施工预应力。落梁温度应符合设计要求，一般在 20℃ 左右。

习　题

一、名词解释

夹具、锚固夹具、锚具、先张法、后张法、冷拉、冷拉应力、冷拉伸长率、弹性回缩率、时效、自然时效、人工时效、单控、双控、悬臂施工法、挂篮、顶推法。

二、思考题

1. 先张法施工程序（简述）；

2. 张拉台座的构造及其作用；

3. 先张法预应力筋张拉程序；

4. 用作先张法的预应力筋的种类；

5. 预应力筋放松方法及其过程；

6. 后张法施工程序（简述）；

7. 后张法预留孔道方法及适用范围；

8. 后张法预应力筋的张拉程序；

9. 后张法中对断丝的要求；

10. 孔道压浆顺序；

11. 孔道压浆对水泥及水灰比的要求；

12. 悬臂施工法应用范围；

13. 挂篮的构造；

14. 减少顶推时产生内力的方法；

15. 水平——垂直千斤顶顶推过程。

三、计算题

1. 长线台座 $l_0=100m$，其余数据如图 15-9 示，冷拉率为 0.03，回缩率为 0.003，对焊接头预留量 1.5cm，出厂钢筋每根长 9m，求钢筋下料长 L。

2. 已知预应力钢筋的张拉力为 1000kN，千斤顶活塞截面积 40cm²，求先张法预应力钢筋张拉顺序的油压表读数（不考虑损失量）。

第十六章 拱 桥 施 工

拱桥在我国已有悠久的历史，一千多年前的赵州桥就是一例。解放后，拱桥在桥梁建设中得到广泛的应用。除了石拱桥外，各地还因地制宜创建了不少拱式体系桥型，如双曲拱桥、桁架拱、二铰平板拱、箱形拱和肋拱等。所有这些，使我国传统的建桥技巧得到继承和发展。本章着重叙述石拱桥施工，对其它类型拱桥施工仅作一般介绍。

第一节 石 拱 桥 施 工

石拱桥上部结构施工按其程序可分为拱圈放样、拱架设置、拱圈和拱上建筑砌筑、拱架卸落等。

一、拱圈放样和拱石编号

（一）拱圈放样

拱圈是拱桥的主要部分，它的各部尺寸必须和设计图纸严密吻合。为了做到这一点，最可靠的方法是按设计图先在地上放出 1∶1 的拱圈大样，然后按照大样制作拱架、制作拱块样板。因此，放样工作十分重要，应当做到精确细致。

1. 放样台制作

放样工作必须在平坦结实的样台上进行，由于样台应用时间较长，必须保证在施工期间不发生超过容许的变形。样台宜位于桥位附近的平地上，先用碎石或卵石夯实，再铺一层 2～3cm 厚的水泥砂浆，也可采用三合土地坪。对于左右对称的拱圈，为节约用地，一般只须放出半孔。

2. 放样方法

（1）圆弧拱放样：常用的放样方法有圆心推磨法和直角坐标法。下面仅介绍圆心推磨法（图 16-1）。

①在样台上用经纬仪放出 $x-x$、$y-y$ 坐标。

②用校正好的钢尺在 y 轴上方量出 f_0，在 y 轴下方量出 $(R-f_0)$ 得 O' 点。

③以 O' 点为圆心，R 为半径画弧交 $x-x$ 轴于 a、b 两点，则 $\overset{\frown}{ab}$ 即为圆弧拱之拱腹线，并用钢尺校核 $\overline{ab}$ 是否与 L_0 值相等。

④以 O' 点为圆心，$(R+d/2)$ 为半径画弧交 $O'a$、$O'b$ 延长线于 c、d 两点，则 cd 即为圆弧拱之拱背线。弧的圆心可在样台之外，但必须与样台在同一平面上。拉尺画弧时，应使尺身均匀移动，不能弯扭。

（2）悬链线拱圈放样：常用的放样方法有直角坐标法和多圆心法。下面仅介绍直角坐标法（图 16-2）。

①在样台上，以拱顶的坐标为原点，用经纬仪放出 $x-x$ 和 $y-y$ 两轴线，并以 $A-A$、

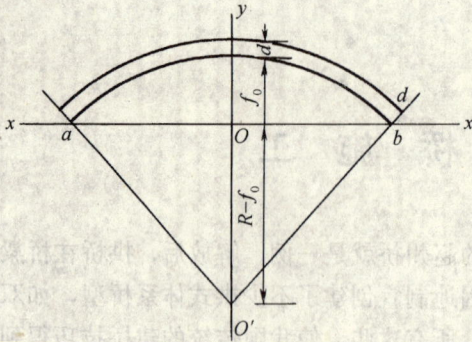

图 16-1　圆心推磨法

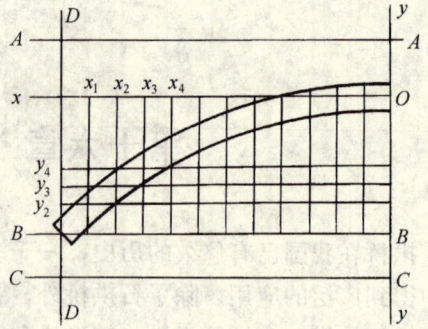

图 16-2　直角坐标法

$B-B$、$C-C$、$D-D$ 为辅助线，并核对四边形对角线是否相等。

②沿 x 轴方向将半跨进行几等分，画出 12 个大小一致的矩形。

③在矩形的 y 轴方向，量出拱腹、拱轴、拱背坐标，用铁钉或油漆标出。

④用 $\phi 6 \sim \phi 8$ 钢筋将拱腹、拱轴、拱背各点圆滑地连接成弧线。

（二）拱石放样与编号

石拱桥所用的石块可自采也可外购，但石料的强度必须符合设计要求。

1. 拱圈砌筑材料

（1）片石、块石和粗料石。

砌筑拱圈的石料应符合设计规定的类别和标号，石质应均匀、不易风化、无裂纹。

（2）混凝土预制块与粘土砖：混凝土预制块的规格应与粗料石相同，其强度应不低于设计规定，尺寸应根据砌体形状确定；粘土砖形状应方正、尺寸准确，边角整齐，规格和质量应符合国家现行《粘土砖》标准。

2. 拱石放样与编号

拱圈的弧线画好后，可划分拱石。划分拱石前，需首先决定拱石宽度及灰缝宽度。

拱石宽度通常以 30～40cm 为宜，尺寸过大给搬运带来不便；尺寸过小块数太多，开采及砌筑所需的劳动力以及砂浆用量均会增多。

灰缝宽度一般在 1～2cm 之间，灰缝过宽，将降低砌体强度，增加灰浆用量，灰缝过窄，灰浆不宜灌注饱满，影响砌体质量。

根据确定的拱石宽度和灰缝宽度，即可沿拱圈内弧用钢尺定出每一灰缝中点，再经此点顺相应的内弧半径方向划线，即可定出外弧线上的灰缝中点。连接内外弧灰缝中点，垂直此线向两边各量出缝宽一半画线，即得灰缝边线。然后根据要求的高度和错缝长度可划分

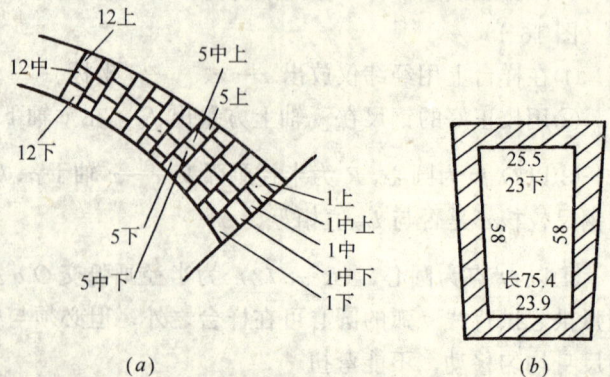

图 16-3　正拱石编号及样板

344

全部拱石。拱石划分后，应立即编号。如图 16-3*a* 所示。

拱石编号后，还要依样台上的拱石尺寸，作成样板（图 16-3*b*），写明各边尺寸、号码、长度、块数。样板可用木板和镀锌铁皮制成。

当用片石、块石砌筑时，石料的加工程序大为简化，无须制作样板和按样板加工，只需对开采的石料进行挑选，将较好的留作砌筑拱圈，并在安砌时稍加修凿。

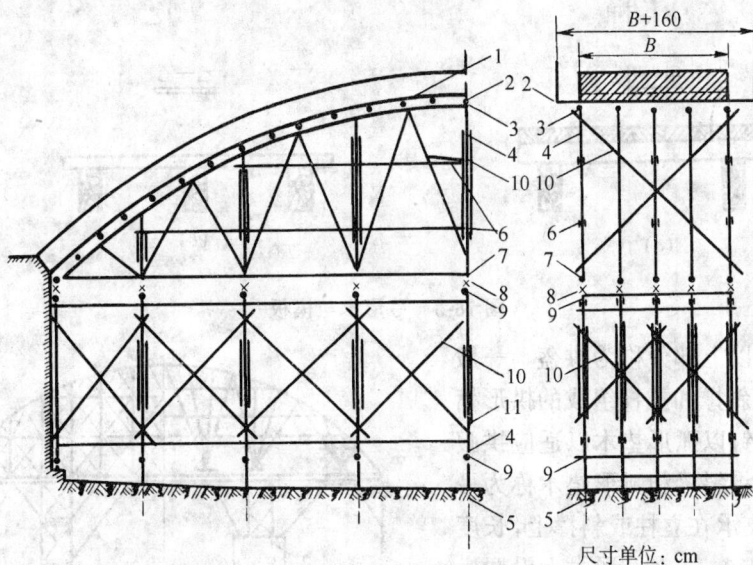

尺寸单位：cm

图 16-4　排架式满布拱架

1—模板；2—横梁；3—弓形木；4—立柱；5—桩；6—水平夹木；
7—拉梁；8—拆架设备；9—帽木；10—斜向夹木；11—纵向夹木

二、拱架

拱架是拱桥在施工期间用来支承拱圈、保证拱圈能符合设计形状的临时构造物。因此，拱架应满足足够的稳定性、不变形、刚度和强度，并符合构造简单、便于制作、拼装、架设和省工省料等要求。

（一）拱架型式和构造

拱架的种类很多，按使用材料分为木拱架、钢拱架、竹拱架、竹木拱架及"土牛拱胎"等型式。木拱架制作简单，架设方便，但耗用木材较多。钢拱架大多做成常备式构件，一次投资大，用钢量大，但能多次反复使用，利用率高。

在南方产竹地区，可建竹拱架及竹木混合拱架。另外，也可就地取材，先在桥下用土或砂、卵石填筑一个"土胎"（俗称"土牛"），然后在上面砌筑拱圈，砌成之后再将填土清除。

在修筑圬工拱桥时，可根据各地的条件和施工能力，因地制宜地选择经济合理的拱架型式。木拱架是最常用的，下面扼要加以介绍。

木拱架按其构造形式可分为满布式拱架、拱式拱架及混合式拱架等几种。

1. 满布式拱架（满堂式拱架）

满布式拱架通常由拱架上部（拱盔）（若无拱盔称为支架，常用于现浇整体式桥梁上部构造施工），卸架设备，拱架下部三部分组成（如图 16-4 所示）。

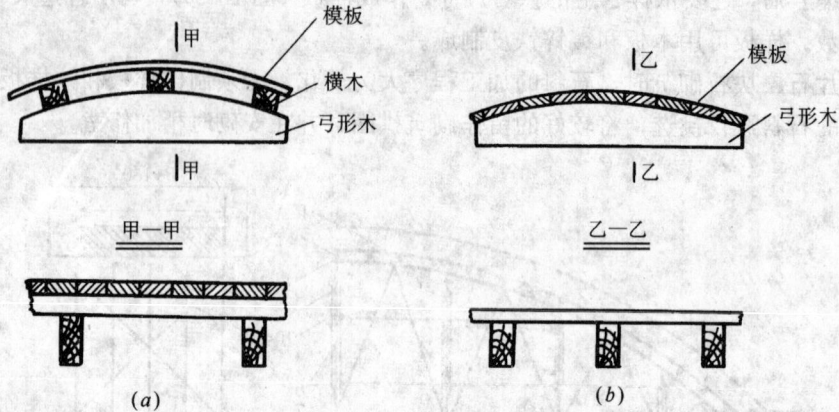

图 16-5 弓形木与模板

卸架设备以上部分称为拱盔，一般由斜梁、立柱、斜撑和拉杆组成的拱形桁架。在斜梁上钉以弧形垫木以适应拱腹曲线形状，故将斜梁和弧形垫木称为弓形木。弓形木支承在立柱或斜撑上，长度一般为 1.5～2.0m。在弓形木上设置横梁，其间距一般为 0.6～0.8m；上面再纵向铺设 2.5～4cm 厚的模板（图 16-5a），就可在上面砌筑拱石。当拱架横向间距较密时，可不设横梁，而直接在弓形木上面横向铺设 6～8cm 厚的模板（图 16-5b）。

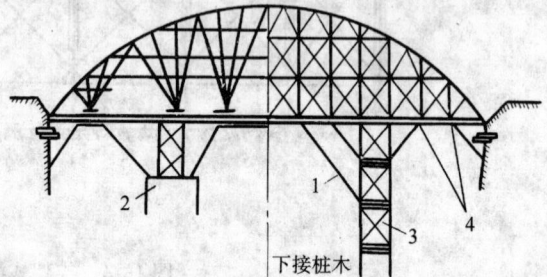

图 16-6 斜撑式满布拱架
1—斜撑；2—临时墩；3—框式支架；4—卸架设备

卸架设备在拱盔与支架之间，卸架设备以下部分为支架（拱架下部）。

立柱式支架是由立柱及横向联系（斜夹木和水平夹木）组成（图 16-4）。立柱间距按桥梁跨径及承受拱圈重量的不同，一般在 1.5～5m 之间，拱架在横向的间距一般为 1.0～1.7m，为了增强横向稳定性，拱架之间应设置横向联系（水平及斜向夹木）。立柱式拱架的构造和制作都很简单。但立柱数目很多，只适合于跨度和高度都不大的拱桥。

撑架式拱桥是用少数框架式支架加斜撑来代替数目众多的立柱（图 16-6）。木材用量较立柱式拱架少，构造上也不复杂，且能在桥孔下留出适当的空间，减少洪水及漂流物的威胁，并在一定程度上满足通航要求。

无论是立柱式还是撑架式，构造都应力求简单，避免采用复杂的节点和接头型式，以便使拱架受力明确，连接处紧密，保证拱架在荷载作用下变形最小，常用的节点构造如图16-7 所示。

2. 拱式拱架

与满布式拱架相比较，拱式拱架不受洪水，漂流物的影响，在施工期间能维持通航，适用于墩高、水深、流急或要求通航的河流。图 16-8 为夹合木拱架，其跨径在 30m 以内采用

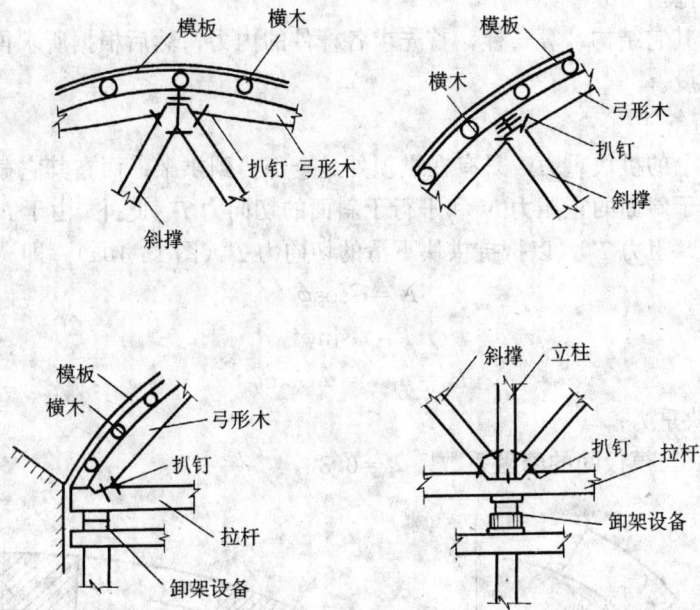

图 16-7 拱架节点构造

图 16-8 夹合木拱架

1—三角垫木；2—卸架设备；3—模板；4—模板；5—螺栓；6—角铁

矩形截面；30～40m 时采用工字形截面。

3. 三铰桁式拱架（图 16-9）

该拱架是拱式木拱架中常用的一种形式，其材料消耗率低，但要求有较高的制作水平和架设能力。三铰木桁拱架的纵、横向稳定应特别注意。除在结构上须加强纵横联系外，还需设抗风缆索，以加强拱架的整体稳定。在施工中还应注意对称地均衡地砌筑，并加强施工观测。桁架的结构型式按腹杆的布置有 N 式和 V 式。

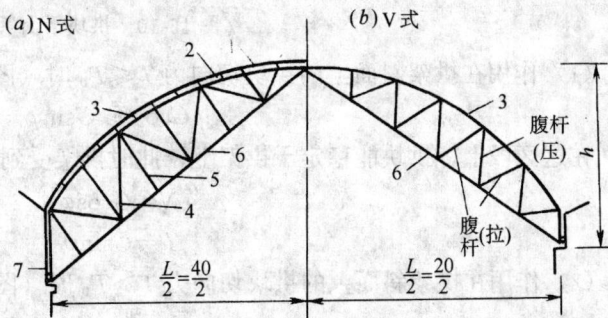

图 16-9 三铰桁式拱架

（二）拱架计算

拱架计算与其它结构计算一样，首先求各杆件的内力，然后根据所求得的内力选择截面和验算截面强度。

1. 拱块平衡条件

作用在拱架上的拱块重力，只有在拱顶处是全部传到拱架；而在其它截面处，拱块重力将分解为垂直于斜面的正压力 N 和平行于斜面的切向力 T。此外，由于 N 的作用，使拱块与模板间产生摩阻力 T_0，以抵抗拱块下滑的切向力 T（图 16-10a）。即

$$N = G\cos\varphi \tag{16-1}$$

$$T = G\sin\varphi \tag{16-2}$$

$$T_0 = \mu_1 N = \mu_1 G\sin\varphi \tag{16-3}$$

式中　G——拱块重力；

　　　μ_1——拱块与模板间的摩阻系数，$\mu_1 = 0.36$。

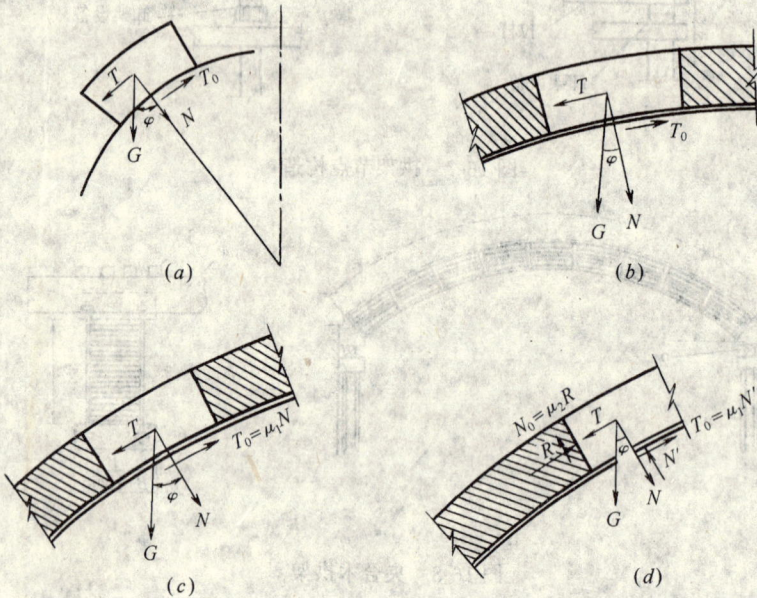

图 16-10　拱块平衡

（1）作用在拱架斜面上的拱块切向力 $T \leqslant T_0$ 时（图 16-11b），则

$$\mu_1 G\cos\varphi \geqslant G\sin\varphi$$

在这区段上，拱块能稳定于拱架上，此时拱架受到的正压力 N 和切向力 T 为

$$N = G\cos\varphi \tag{16-4}$$

$$T = G\sin\varphi \tag{16-5}$$

（2）作用在拱架斜面上的拱块切向力 $T > T_0$ 时（图 16-11c），则

$$\mu_1 G\cos\varphi < G\sin\varphi$$

在这区段上，摩阻力不足以阻止拱块下滑，因此拱块切向分力 T 有一部分（等于摩阻力）作用于拱架上，其余部分（$G\sin\varphi - \mu_1 G\cos\varphi$）则借下排拱块传递至拱座或支撑板。此时拱架受到的正压力 N 和切向力 T 为：

$$N = G\cos\varphi \tag{16-6}$$

$$T = T_0 = \mu_1 G\cos\varphi \tag{16-7}$$

（3）如拱块系自拱脚向拱顶逐块紧靠砌筑时，除计入拱块与模板的摩阻力外，尚需考虑拱块与拱块间的摩阻力 N_0 的影响（图 16-11d），则

$$N_0 = \mu_2 R = \mu_2 (T - T_0)$$

式中　μ_2——拱块间摩阻系数，$\mu_2 = 0.5 \sim 0.6$；

　　　　R——拱块间的正压力。

此时，根据平衡条件列出以下两个方程式，即

$$G\sin\varphi = R + \mu_1 N'$$

$$G\cos\varphi = \mu_2 R + N'$$

联解后可得拱架所受到的正压力和切向力为：

$$N' = \frac{\cos\varphi - \mu_2\sin\varphi}{1 - \mu_1\mu_2} G \tag{16-8}$$

$$T = T_0 = \mu_1 N' \tag{16-9}$$

2. 满布式拱架杆件的内力计算

拱架各杆件的受力计算系假定顶部的弓形木承受拱块通过横梁传下的正压力和切向力；立柱及斜撑承受节点的轴向压力。弓形木，立柱和斜撑一般均不考虑承受拉力。底部的大梁承受斜撑的水平分力（压力或拉力）。

拱架各杆件的内力，可用节点法逐步求得。为避免计算繁琐，也可用图解法。图 16-11 为拱架顶部四种不同情况的节点受力分析图式。在图中，$N_n/2$、$N_{n+1}/2$ 为节间 n 和 $n+1$ 拱块的正压力之半；T_n、T_{n+1} 为节间 n 和 $n+1$ 拱块的切向力；S_n 为上一节点的合力 R 在杆件 n 内的分力；R 为 $N_n/2$、$N_{n+1}/2$、T_n、S_n 的合力（由于节点不承受拉力，所以 T_{n+1} 直接传至下一节点）。

图 16-11 (a) 中，节点合力 R 在 $n+1$ 和 k 杆件之间，它在杆件 $n+1$ 内的分力为 S_{n+1}，在杆件 k 内的分力为 S_k。因此，杆件 n 的内力为 T_n 和 S_n；杆件 k 的内力为 S_k；杆件 $n+1$ 传至下一节点的力为 T_{n+1} 和 S_{n+1}。

图 16-11 (b) 中，节点合力 R 在 k 和 n 杆件之间，它在杆件 k 内的分力为 S_k，在杆件 n 内的分力与 S_n、T_n 相反。因此，杆件 n 的内力为 T_n、S_n 及合力 R 在 n 内的分力；杆件 k 的内力为 S_k；杆件 $n+1$ 传至下一节点的力为 T_{n+1}。

图 16-11 (c) 中，节点合力 R 在 $k+1$ 和 k 杆件之间，它在杆件 $k+1$ 内的分力为 S_{k+1}，在杆件 k 内的分力为 S_k。因此，杆件 n 的内力为 T_n 和 S_n；杆件 k 的内力为 S_k；杆件 $k+1$ 的内力 S_{k+1}；杆件 $n+1$ 传至下一节点的力为 T_{n+1}。

图 16-11 (d) 中，节点合力 R 在 $n+1$ 和 $k+1$ 杆件之间，它在杆件 $n+1$ 内的分力为 S_{n+1}，在杆件 $k+1$ 内的分力为 S_{k+1}。因此，杆件 n 的内力为 T_n 和 S_n；杆件 k 的内力为 O；杆件 $k+1$ 的内力为 S_{k+1}；杆件 $n+1$ 传至下一节点的力为 T_{n+1} 和 S_{n+1}。

用节点逐次分析内力时，应以拱顶节点开始，此时 T_n 和 S_n 均为零，节点只有正压力，由立柱或斜撑承受。从邻近拱顶的第二个节点开始，S_n 为零，T_n 不大。从第三个节点开始，T_n 和 S_n 均具有一定数值。

求得拱架各杆件的内力后，即可验算杆件截面强度。在满布式拱架和三铰桁式拱架中，

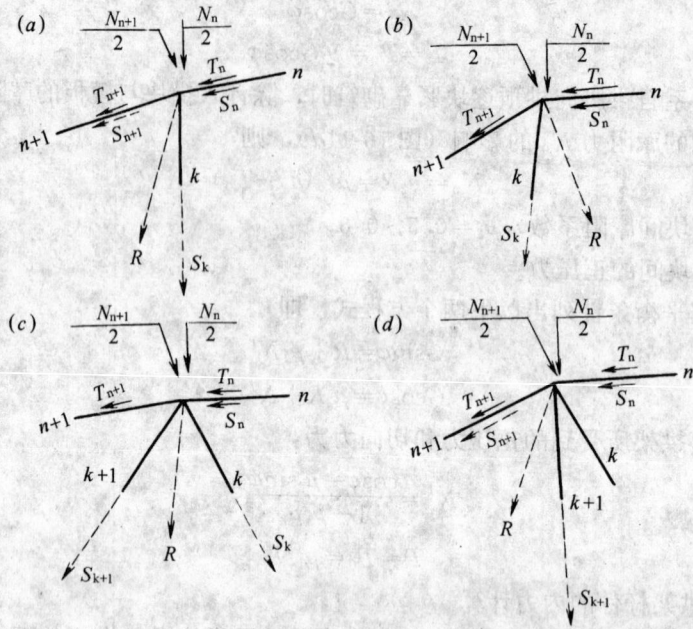

图 16-11　拱架顶部节点受力图式

模板和横梁按受弯构件计算；弓形木（或上弦杆）按受弯或压弯构件计算；其他杆件一般均按轴向受力构件计算（计算公式与过程在材料力学中已详细叙述过）。

（三）满布式拱架预加拱度计算

拱架承受荷载后，即产生弹性变形和塑性变形，因而拱架顶面有所沉落；拱圈卸架以后，由于重力作用、温度下降和墩台变位等因素影响，拱圈将产生弹性和非弹性下沉，使拱轴线发生变化。为了使拱圈在修建完成后拱轴线符合设计要求，施工时必须在拱架上预加拱度（现场浇筑桥梁上部构造的支架预拱度也可采用以下相关内容）。

1. 拱圈重力引起的拱顶弹性下沉量（图 16-12）。

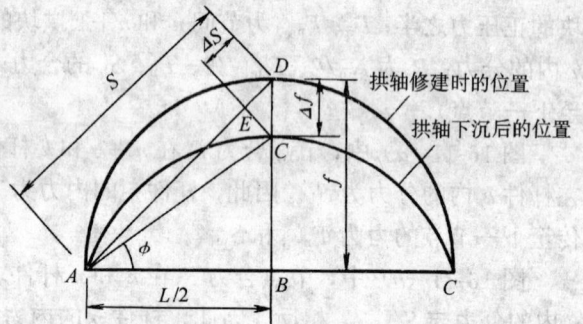

图 16-12　拱圈重力引起的弹性下沉量

由图 16-12 知△ABD∽△CDE 得：

$$\frac{\Delta f}{s} = \frac{\Delta s}{f}; \quad \Delta f = \frac{\Delta s \cdot s}{f}$$

又：$\Delta s = \frac{s\sigma}{E}$

故：

$$\delta_1 = \Delta f = \frac{s^2 \sigma}{fE} = \frac{(L/2)^2 + f^2}{f} \cdot \frac{\sigma}{E} \tag{16-10}$$

式中　L——拱圈计算跨径；

　　　E——拱圈材料弹性模量；

f——拱圈矢高；

σ——拱圈因恒载产生的平均压应力，可取 $\sigma = \dfrac{H_g}{A \cdot \cos\phi}$，其中 H_g 为恒载水平推力；

ϕ 为半跨径弦与水平线交角；A 为拱圈的截面积（对变截面拱，可取平均截面积）。

2. 拱圈温度变化产生的拱顶弹性下沉

$$\delta_2 = \frac{(L/2)^2 + f^2}{f} \cdot [\alpha\,(t_2 - t_1)] \tag{16-11}$$

式中　α——拱圈材料线膨胀系数；

t_1——年平均温度；

t_2——封拱时温度（当 $t_2 - t_1$ 为负值时表示封拱温度低，温度须上升）。

3. 墩台水平位移产生的拱顶非弹性下沉

$$\delta_3 = \frac{L}{4f} \cdot \Delta L \tag{16-12}$$

式中　ΔL——拱脚相对水平位移。

4. 拱架、支架在承重后的弹性与非弹性变形

$$\delta_4 = \delta_{4a} + \delta_{4b} + \delta_{4c} \tag{16-13}$$

（1）弹性变形

$$\delta_{4a} = \delta'_{4a} + \delta''_{4a}$$

式中　顺纹承压 $\delta'_{4a} = \dfrac{\sigma h}{E}$；

横纹承压 $\delta''_{4a} = $ 拱架中横纹承压的杆件接缝数 $\times \Delta$

其中：σ——立柱或垂直支撑内的压应力；

h——立柱或垂直支撑高度；

E——立柱或垂直支撑的弹性模量；

Δ——1.5cm。

（2）非弹性变形 δ_{4b}

此种变形由接头、接榫等的局部压陷产生的。每条接缝的变形估算值为：顺纹相接取 2mm；横纹相接为 3mm；木料与金属或木料与圬工相接为 2mm。由此得式：

$$\delta_{4b} = 2k_1 + 3k_2 + 2k_3 \tag{16-14}$$

式中　k_1、k_2、k_3——分别为拱架或支架的顺纹接头数目、横纹接头数目、木料与金属或木料与圬工接头数目。

（3）卸架设备的非弹性压缩量 δ_{4c}

采用砂筒时下沉量：压力为 200kN 时，$\delta_{4c} = 4$mm；压力为 400kN 时，$\delta_{4c} = 6$mm；砂子未预先压实时，$\delta_{4c} = 10$mm。

5. 支架基础在承载后的非弹性变形 δ_5

枕梁置于砂土上时，$\delta_5 = 5\sim10$mm；枕梁置于粘土上时，$\delta_5 = 10\sim20$mm。桩打入砂土时，$\delta_5 = 5$mm；桩打入粘土时，$\delta_5 = 10$mm。

6. 拱顶预加拱度值为

$$\delta = \delta_1 + \delta_2 + \delta_3 + \delta_4 + \delta_5 \tag{16-15}$$

求得拱顶预拱度值后，应根据实践经验，进行适当调整。

石拱桥拱顶预拱度值可参考下式估算

$$\delta = \frac{L}{400} \sim \frac{L}{800} \tag{16-16}$$

7. 其它各点预加拱度值

其它各点预加拱度值按二次抛物线变化计算（图16-13）。

$$\delta_i = \frac{4\delta}{L_0^2} x (L_0 - x) \tag{16-17}$$

式中　x——以拱脚为原点的横坐标；

　　　L_0——净跨径；

　　　δ——拱顶总预加拱度。

【例 16-1】　满布式拱架计算示例。

1. 设计资料

拱圈设计资料：净跨径 $L_0 = 30\text{m}$；净矢高 $f_0 = 6\text{m}$；拱圈厚 $d = 0.8\text{m}$；拱宽 9.0m；拱轴系数 $m = 3.5$。

拱架设计荷载：拱圈采用分两环砌筑，拱块重力按 70% 拱厚计算；机具和施工人员重力按 2kN/m^2 计算；拱架重力不计。

2. 拱架尺寸拟定

拱圈纵向节间划分以水平线等分，全跨 21 个节点，20 个节间，节点间距为 1.5m；横向用七片拱架，每片之间的距离为 1.3m（图 16-14）。

3. 拱架几何要素计算

（1）拱架节点顶面坐标计算（表 16-1）

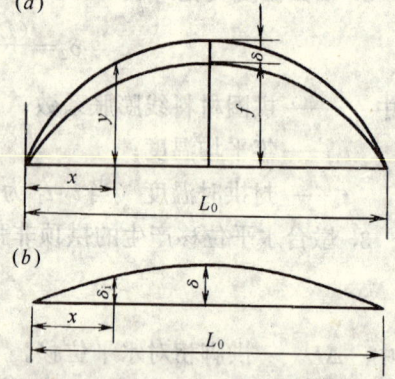

图 16-13　拱架预加拱度计算

弓形木与水平轴夹角计算　　　　　　　　表 16-1

节点编号	0	1	2	3	4	5	6	7	8	9	10
横坐标 x	0	1.5	3	4.5	6	7.5	9	10.5	12	13.5	15
$\xi = x/L_1 = x/15$	0	0.1	0.2	0.3	0.4	0.5	0.6	0.7	0.8	0.9	1
$k\xi = 1.92485\xi$	0	0.19249	0.38497	0.57746	0.76994	0.96243	1.15491	1.34740	1.53988	1.73237	1.92485
sh $k\xi$	0	0.19368	0.39455	0.61009	0.84830	1.11804	1.42933	1.79375	2.22481	2.73859	3.35411
ch $k\xi$	1	1.01858	1.07502	1.17142	1.31134	1.50001	1.74441	2.05366	2.43922	2.91545	3.50001
$y = 2.4$ (ch $k\xi - 1$)	0	0.04459	0.18005	0.41141	0.74722	1.20000	1.78658	2.52878	3.45413	4.59708	6.000000
$\text{tg}\varphi = 2fksh k\xi /L\ (m-1)$	0	0.05965	0.12151	0.18789	0.26126	0.34433	0.44020	0.55243	0.68519	0.84342	1.03299
φ	0°	3°24′49″	6°55′41″	10°38′28″	14°38′30″	19°00′00″	23°45′32″	28°55′02″	34°25′07″	40°08′42″	45°55′47″
$\cos\varphi$	1	0.99823	0.99270	0.98280	0.96753	0.94552	0.91525	0.87532	0.82493	0.76442	0.69554
$h/\cos\varphi = 0.29/\cos\varphi$	0.29	0.29051	0.29213	0.29508	0.29973	0.30671	0.31685	0.33131	0.35154	0.37937	0.41694
$y_1 = y + h/\cos\varphi$	0.29	0.33510	0.47218	0.70649	1.04695	1.50671	2.10343	2.86009	3.80567	4.97645	6.41696
Δy	0.04510	0.13708	0.23431	0.34046	0.45976	0.59672	0.75666	0.94558	1.17078	1.44051	
$\text{tg}\alpha = \Delta y/\Delta x = \Delta y/1.5$	0.03007	0.09139	0.15621	0.22697	0.30651	0.39781	0.50444	0.63039	0.78052	0.96034	
α	1.72237°	5.22176°	8.87842°	12.78777°	17.04083°	21.69316°	26.76820°	32.22692°	37.97275°	43.84100°	
	1°43′21″	5°13′18″	8°52′42″	12°47′16″	17°02′27″	21°41′35″	26°46′06″	32°13′37″	37°58′22″	43°50′28″	

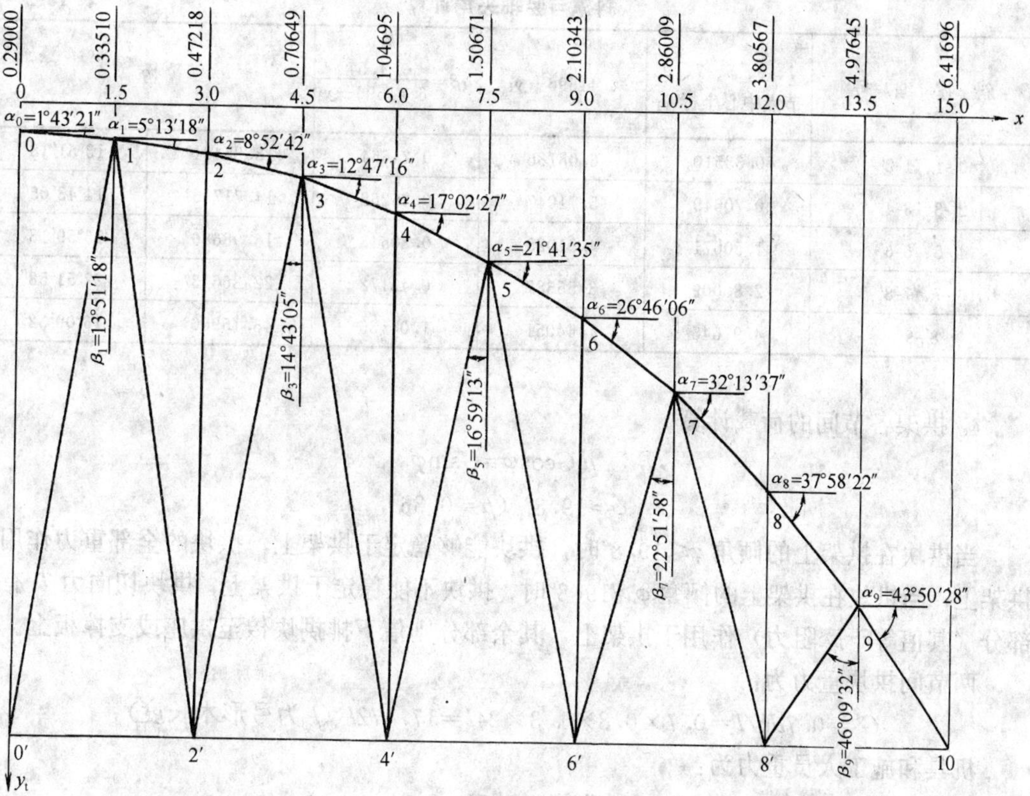

图 16-14 拱架尺寸和几何要素

尺寸单位：m

$$m = 3.5; \quad f = f_0 = 6\text{m}$$

$$k = \ln(m + \sqrt{m^2 - 1}) = \ln(3.5 + \sqrt{3.5^2 - 1}) = 1.92485;$$

$$y = \frac{f}{m-1}(\text{ch}k\zeta - 1) = \frac{6}{3.5 - 1}(\text{ch}1.92485\zeta - 1)$$

$$= 2.4(\text{ch}1.92485\zeta - 1)$$

（2）弓形木节点中心坐标计算（表 16-1）

$$y_1 = y + \frac{h}{\cos\varphi}$$

$$h = 模板厚 + 横梁高 + \frac{1}{2}弓形木高$$

$$= 3 + 15 + \frac{22}{2} = 29\text{cm}$$

（3）弓形木与水平轴夹角计算（表 16-1）

$$\text{tg}\alpha = \frac{\Delta y}{\Delta x} = \frac{\Delta y}{1.5} \quad (\Delta y \text{ 为两节点间高差})$$

（4）斜撑与竖轴夹角计算（表 16-2）

斜 撑 编 号	1、3、5、7、9 节点中心坐标 y_1	$6.41696-y_1$	$tg\beta=\dfrac{1.5}{6.41696-y_1}$	β	
0′-1、1-2′	0.33510	6.08186	0.24664	13.85491°	13°51′18″
2′-3、3-4′	0.70649	5.71047	0.26268	14.71795°	14°43′05″
4′-5、5-6′	1.50671	4.91025	0.30548	16.98686°	16°59′13″
6′-7、7-8′	2.86009	3.55687	0.42172	22.86613°	22°51′58″
8′-9	4.97645	1.44051	1.04130	46.15900°	46°09′32″

4. 拱架各节间的荷载计算

$$\mu_1 G\cos\varphi=G\sin\varphi$$

$$\varphi=19.8°\ (\mu=0.36)$$

当拱块在拱架上的倾角 $\varphi\leqslant19.8°$ 时，拱块能够稳定于拱架上，拱块的全部重力作用于拱架上；当拱块在拱架上的倾角 $\varphi>19.8°$ 时，拱块不能稳定于拱架上，拱块切向力 T 有一部分（其值等于摩阻力）作用于拱架上，其余部分则借下排拱块传至拱座或支撑板上。

两节间拱块重力为：

$$G'=0.7db\gamma l=0.7\times0.8\times1.3\times24l=17.472l\ (l\ 为弓形木长度)$$

机具和施工人员重力为：

$$G''=2\times1.3l=2.6l$$

两节点间拱块重力和机具、施工人员重力为：

$$G=G'+G''=17.472l+2.6l=20.072l$$

5. 作用在拱架上的正压力和切向力计算

(1) 弓形木的倾角 $\alpha\leqslant\varphi=19.8°$ 时

$$N=G\cos\alpha=20.072l\cos\alpha=20.072\Delta x$$

$$T=G\sin\alpha$$

$$T_0=\mu_1 N=0.36\times20.072\Delta x=7.2259\Delta x$$

(2) 弓形木的倾角 $\alpha>\varphi=19.8°$ 时

$$N'=\frac{\cos\varphi-\mu_2\sin\varphi}{1-\mu_1\mu_2}G\ (\mu_2=0.5)$$

$$T=T_0=\mu_1 N'=0.36N'\ (\mu_1=0.36)$$

各节间荷载 G 产生的正压力 N、切向力 T 和摩阻力 T_0 的计算见表 16-3。

6. 杆件内力计算和验算杆件强度、刚度时内力值的取用

计算杆件内力时，假定杆件节点均为铰结，只承受压力，而不承受拉力（大梁可承受拉力）。内力计算顺序：计算弓形木、立柱、斜撑内力，从拱顶节点开始，逐点向拱脚进行；计算大梁内力，从拱脚开始，逐点向跨中进行，计算结果见表 16-4（图 16-15）。

验算杆件强度和刚度时，模板和横梁均为受弯构件，可取拱顶模板和横梁进行验算；弓形木为压弯构件，取拱顶处的 0-1 杆件（弯矩最大）。拱脚处的 9-10 杆件（轴向力最大）和 4-5 杆件（轴向力和弯矩均比较大）进行验算；斜撑为轴心受压构件，取 1-0′杆件（杆件最

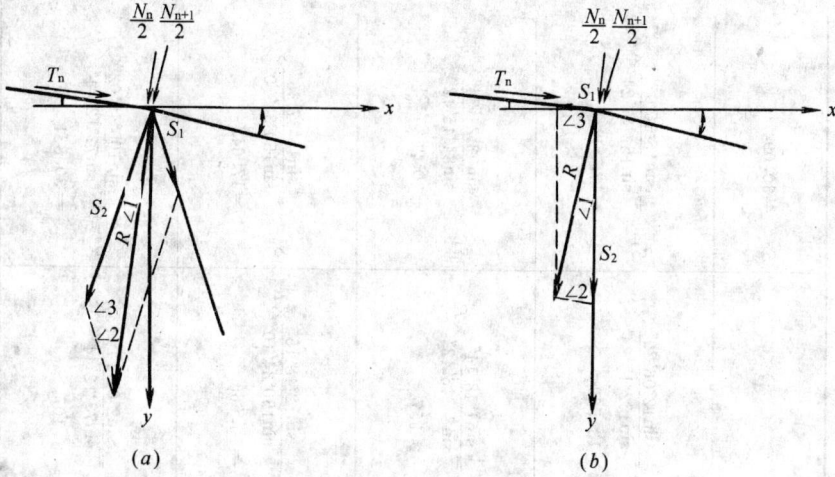

图 16-15　杆件内力计算图式

(a) 节点 1、3、5、7、9 受力图式；(b) 节点 2、4、6、8 受力图式

长）、7-6′杆件（轴向力最大）进行验算；立柱为轴心受压构件，取 0-0′杆件（杆件最长、轴向力较大）、4-4′杆件（轴向力最大）进行验算；大梁为轴心受力构件，取 0′-2′杆件（轴向压力最大）、8′-10 杆件（轴向拉力最大）进行验算。

G、N、T、T_0 计算　　　　　　　　　　　　　　表 16-3

弓形木编号	弓形木倾角 α	$\cos\alpha$	$\sin\alpha$	弓形木长度 $l=\dfrac{1.5}{\cos\alpha}$ (m)	$G=20.072l$ (kN)	$\alpha\leqslant19.8°$时 $N=20.072\Delta x$ $\alpha>19.8°$时 $N'=G\dfrac{\cos\alpha-\mu_2\sin\alpha}{1-\mu_1\mu_2}$ (kN)	$T=G\sin\alpha$ (kN)	$\alpha\leqslant19.8°$时 $T_0=7.2259\Delta x$ $\alpha>19.8°$时 $T_0=0.36N'$ (kN)
0-1	1°43′21″	0.99955	0.03006	1.50068	30.1216	30.108	0.9055	10.8389
1-2	5°13′18″	0.99585	0.09101	1.50625	30.2335	30.108	2.7516	10.8389
2-3	8°52′42″	0.98802	0.15434	1.51819	30.4731	30.108	4.7032	10.8389
3-4	12°47′16″	0.97520	0.22134	1.53825	30.8737	30.108	6.8336	10.8389
4-5	17°02′27″	0.95610	0.29305	1.56887	31.4904	30.108	9.2283	10.8389
5-6	21°41′35″	0.92918	0.36964	1.61433	32.4028	29.4138	11.9774	10.5890
6-7	26°46′06″	0.89284	0.45038	1.68003	33.7216	27.4564	15.1875	9.8843
7-8	32°13′37″	0.84594	0.53327	1.77318	35.5913	25.1442	18.9798	9.0520
8-9	37°58′22″	0.78830	0.61529	1.90283	38.1936	22.3877	23.5001	8.0596
9-10	43°50′28″	0.72126	0.69266	2.07969	41.7435	19.0865	28.9141	6.8711

7. 满布式拱架设计注意事项

（1）设计满布式拱架时，除保证各杆件的强度和稳定性之外，应特别注意拱架的整体稳定性。一般可在拱架下部的桩木间设置纵向夹木和横向夹木，在拱架上部的立柱间设置横向夹木和纵向水平夹木，在大梁间设置水平风撑。除此之外，在风力较大的地区，拱架应设置风缆。

表 16-4

杆件内力计算

节点	弓形末夹角和斜杆夹角	力在水平方向和竖直方向的投影 (kN)	$R=\sqrt{(\Sigma x)^2+(\Sigma y)^2}$ (kN)	$\mathrm{tg}\gamma=\dfrac{\Sigma x}{\Sigma y}$	R 与竖轴 y 间夹角 γ	$S_1=\dfrac{\sin\angle 1}{\sin\angle 3}R$ (kN)	$S_2=\dfrac{\sin\angle 2}{\sin\angle 3}R$ (kN)
0	$\alpha_0=1°43'21''$	$\Sigma x=15.054\sin\alpha_0-15.054\sin\alpha_0=0$ $\Sigma y=2\times15.054\cos\alpha_0=30.094$	30.094	0	0		$S_{0-0'}=30.094$
1	$\alpha_1=5°13'18''$	$\Sigma x=-15.054\sin\alpha_0-15.054\sin\alpha_1$ $\quad +0.906\cos\alpha_0$ $\quad =-0.917$ $\Sigma y=15.054\cos\alpha_0+15.054\cos\alpha_1$ $\quad +0.906\sin\alpha_0=30.066$	30.08	-0.03050	$-1°44'49''$	$S_{1-2'}=\dfrac{\sin12°06'29''}{\sin152°17'24''}\times R$ $\quad =13.569$	$S_{1-0'}=\dfrac{\sin15°36'07''}{\sin152°17'24''}\times R$ $\quad =17.398$
2	$\alpha_2=8°52'42''$	$\Sigma x=-15.054\,(\sin\alpha_1+\sin\alpha_2)$ $\quad +2.752\cos\alpha_1=-0.953$ $\Sigma y=15.054\,(\cos\alpha_1+\cos\alpha_2)$ $\quad +2.752\sin\alpha_1=30.116$	30.131	-0.03164	$-1°48'44''$	$S_{1-2'}=\dfrac{\sin1°48'44''}{\sin84°46'42''}\times R$ $\quad =0.957$	$S_{1-2'}=\dfrac{\sin93°24'34''}{\sin84°46'42''}\times R$ $\quad =30.203$
3	$\alpha_3=12°47'16''$	$\Sigma x=-15.054\,(\sin\alpha_2+\sin\alpha_3)$ $\quad +4.703\cos\alpha_2=-1.009$ $\Sigma y=15.054\,(\cos\alpha_2+\cos\alpha_3)$ $\quad +4.703\sin\alpha_2=30.28$	30.297	-0.03332	$-1°54'30''$	$S_{3-4'}=\dfrac{\sin12°48'15''}{\sin150°34'10''}\times R$ $\quad =13.665$	$S_{3-2'}=\dfrac{\sin16°37'35''}{\sin150°34'10''}\times R$ $\quad =17.642$
4	$\alpha_4=17°02'27''$	$\Sigma x=-15.054\,(\sin\alpha_3+\sin\alpha_4)$ $\quad +6.834\cos\alpha_3=-1.079$ $\Sigma y=15.054\,(\cos\alpha_3+\cos\alpha_4)$ $\quad +6.834\sin\alpha_3=30.586$	30.605	-0.03528	$-2°01'14''$	$S_{3-4'}=\dfrac{\sin2°01'14''}{\sin77°12'44''}\times R$ $\quad =1.107$	$S_{4-4'}=\dfrac{\sin100°46'02''}{\sin77°12'44''}\times R$ $\quad =30.831$

节点	弓形木夹角和斜杆夹角	力在水平方向和竖直方向的投影 (kN)	$R=\sqrt{(\Sigma x)^2+(\Sigma y)^2}$ (kN)	$tg\gamma=\dfrac{\Sigma x}{\Sigma y}$	R与竖轴y间夹角γ	$S_1=\dfrac{\sin\angle 1}{\sin\angle 3}R$ (kN)	$S_2=\dfrac{\sin\angle 2}{\sin\angle 3}R$ (kN)
5	$\alpha_5=21°41'35''$	$\Sigma x=-15.054\sin\alpha_4-14.707\sin\alpha_5$ $+9.228\cos\alpha_4=-1.025$ $\Sigma y=15.054\cos\alpha_4+14.707\cos\alpha_5$ $+9.228\sin\alpha_4=30.763$	30.78	-0.03332	$-1°54'30''$	$S_{5-6'}=\dfrac{\sin15°04'43''}{\sin146°01'34''}\times R$ $=14.329$	$S_{5-4'}=\dfrac{\sin18°53'43''}{\sin146°01'34''}\times R$ $=17.837$
6	$\alpha_6=26°46'06''$	$\Sigma x=-14.707\sin\alpha_5-13.728\sin\alpha_6$ $+10.589\cos\alpha_5=-1.78$ $\Sigma y=14.707\cos\alpha_5+13.728\cos\alpha_6$ $+10.589\sin\alpha_5=29.836$	29.889	-0.05966	$-3°24'51''$	$S_{5-6}=\dfrac{\sin3°24'51''}{\sin68°18'25''}\times R$ $=1.916$	$S_{6-6'}=\dfrac{\sin108°16'44''}{\sin68°18'25''}\times R$ $=30.544$
7	$\alpha_7=32°13'37''$	$\Sigma x=-13.728\sin\alpha_6-12.572\sin\alpha_7$ $+9.884\cos\alpha_6=-4.068$ $\Sigma y=13.728\cos\alpha_6+12.572\cos\alpha_7$ $+9.884\sin\alpha_6=27.344$	27.645	-0.14877	$-8°27'43''$	$S_{7-8'}=\dfrac{\sin14°24'15''}{\sin134°16'04''}\times R$ $=9.604$	$S_{7-6'}=\dfrac{\sin31°9'41''}{\sin134°16'04''}\times R$ $=20.073$
8	$\alpha_8=37°58'22''$	$\Sigma x=-12.572\sin\alpha_7-11.194\sin\alpha_8$ $+9.052\cos\alpha_7=-5.934$ $\Sigma y=12.572\cos\alpha_7+11.194\cos\alpha_8$ $+9.052\sin\alpha_7=24.287$	25.001	-0.24433	$-13°43'48''$	$S_{7-8}=\dfrac{\sin13°43'48''}{\sin57°46'23''}\times R$ $=7.015$	$S_{8-8'}=\dfrac{\sin108°29'49''}{\sin57°46'23''}\times R$ $=28.027$
9	$\alpha_9=43°50'28''$	$\Sigma x=-11.194\sin\alpha_8-9.543\sin\alpha_9$ $+8.06\cos\alpha_8=-7.144$ $\Sigma y=11.194\cos\alpha_8+9.543\cos\alpha_9$ $+8.06\sin\alpha_8=20.666$	21.866	-0.34569	$-19°04'11''$	$S_{9-10}=\dfrac{\sin27°05'21''}{\sin87°40'56''}\times R$ $=9.965$	$S_{9-8'}=\dfrac{\sin65°13'43''}{\sin87°40'56''}\times R$ $=19.870$

节点	弓形木夹角和斜杆夹角	力在水平方向和竖直方向的投影 (kN)	$R=\sqrt{(\Sigma x)^2+(\Sigma y)^2}$ (kN)	$tg\gamma=\dfrac{\Sigma x}{\Sigma y}$	R 与竖轴 y 同夹角 γ	$S_1=\dfrac{\sin\angle 1}{\sin\angle 3}R$ (kN)	$S_2=\dfrac{\sin\angle 2}{\sin\angle 3}R$ (kN)
10		$\Sigma x = -9.543\sin\alpha_9 + (9.965 + 6.871)\cos\alpha_9 = 5.533$ $\Sigma y = 9.543\cos\alpha_9 + (9.965 + 6.871)\sin\alpha_9 = 18.545$					$S_{10-8'}=5.533$ (拉)
8'	$\beta_9 = 46°09'32''$	$\Sigma x = 5.533 - 19.87\sin\alpha_9 + 9.604\sin\beta_7 = -5.067$ $\Sigma y = 28.027 + 19.87\cos\beta_9 + 9.604\cos\beta_7 = 50.639$					$S_{8'-6'}=-5.067$ (压)
6'	$\beta_7 = 22°51'58''$	$\Sigma x = -5.067 - 20.073\sin\beta_5 + 14.329\sin\beta_7 = -8.681$ $\Sigma y = 30.544 + 20.073\cos\beta_7 + 14.329\cos\beta_5 = 62.743$					$S_{6'-4'}=-8.681$ (压)
4'	$\beta_5 = 16°59'13''$	$\Sigma x = -8.681 - 17.837\sin\beta_5 + 13.665\sin\beta_3 = -10.420$ $\Sigma y = 30.831 + 17.837\cos\beta_5 + 13.665\cos\beta_3 = +61.106$					$S_{4'-2'}=-10.420$ (压)
2'	$\beta_3 = 14°43'05''$	$\Sigma x = -10.420 - 17.642\sin\beta_3 + 13.569\sin\beta_1 = -11.653$ $\Sigma y = 30.203 + 17.642\cos\beta_3 + 13.569\cos\beta_1 = 60.440$					$S_{2'-0'}=-11.653$ (压)
0'	$\beta_1 = 13°51'18''$	$\Sigma y = 30.094 + 2\times17.398\cos\beta_1 = 63.878$					

（2）支架的支承部分必须安装在坚实的地基上，用桩作基础的，应验算桩的承载能力，用枕木作基础的，应验算土基承载能力。同时，应保证支架不发生不允许的下沉。在湿陷性黄土地基上安装的支架，必须有防水措施。

（3）拱架的节点构造应力求简单，制作时应采用最简单的榫接，对于受力较大的节点，可用硬木夹板或铁夹板穿以螺栓连接；对于受力较小的节点也可用扒钉连接，但对重要的节点必须用硬木夹板连接（当各杆件采用ϕ5cm的钢管时，各节点须用夹紧螺栓）。

（4）拱架节点构造及其计算方法可参考钢、木结构设计的有关内容。

三、拱圈砌筑

（一）准备工作

砌筑拱圈前必须对拱架进行全面检查，注意支撑是否稳固，杆件接头是否紧密，并校核模板顶面高程，同时检查防洪措施与安全设备。

模板高程经检查合格后，即用经纬仪测出桥梁中线，在模板上画出墨线，并由中线放出拱圈边线，再用钢尺校核腹线长度。如系料石拱圈，则需放出每排拱石灰缝的墨线。

拱圈砌筑要求尽快合拢成拱，以免拱架承载过久，增大拱架持续变形。因此在砌筑拱圈前需做好一切准备，一旦开始砌筑，就要一气呵成，不可中途停顿。

（二）拱圈砌筑程序

跨径10m以下的拱圈，当用满布式拱架砌筑时，可从两端拱脚同时对称、均衡地向拱顶方向砌筑，最后砌拱顶石；当用拱式拱架砌筑时，宜分段、对称地先砌拱脚段和拱顶段，最后砌1/4跨径段。

跨径13～20m的拱圈，不论用何种拱架，每半跨均应分成三段砌筑（如图16-16），先砌拱脚段1和拱顶段2、后砌1/4跨径段3，两半跨应同时对称地进行。

跨径大于25m拱圈砌筑，程序应符合设计规定，一般采用分段砌筑或分环分段相结合的方法砌筑，必要时应对拱架预加一定的压力。分环砌筑时，应待下环砌筑合拢后、砌缝砂浆强度达到设计标号70%以上后，再砌筑上环。

多孔连续拱桥拱圈的砌筑，应考虑连拱的影响，制定相应的砌筑程序。

（三）拱圈砌筑工艺

1. 块石、料石（混凝土块和粘土砖）拱圈砌筑

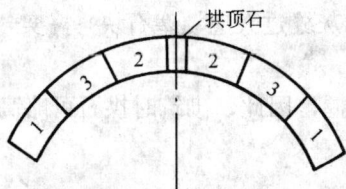

图16-16　拱圈分元段砌筑示意　　　　　图16-17　座浆法砌筑拱石

（1）座浆法　适用于拱脚至拱跨1/4点附近段，或其余各段的上下环的砌缝上。砌筑时，先在下层拱石上铺一层厚薄均匀的砂浆，然后将上层拱石压上（图16-17），借石料的重力将其压紧，并在灰缝上加以必要的插捣和用木锤敲击拱石，使其完全稳定在砂浆层上，

直至灰缝表面出现水膜为止。

（2）抹浆法　适用于拱跨1/4点附近，因拱架模板坡度已渐缓和，座浆法不便使用，而改为抹浆法。先用抹灰板在下层拱石面上，用力涂上1层砂浆，然后将上层拱石放下，用撬棍扒紧，并加以插捣和用木锤敲击使浆挤出。

（3）灌浆法　适用于拱跨1/4点至拱顶一段，因拱石受力面已近垂直，不便采用座浆法和抹浆法，而改为灌浆法。先安砌拱石，然后在灰缝中灌以砂浆，并加以插捣，使之密实。

2. 片石拱圈砌筑

（1）立砌面轴　砌筑时石块最好竖直，称为立砌；石块大面朝向拱轴方向称为面轴。

（2）错缝咬马　当拱石高度不够时，将不同形状的石块经过适当的选配结合，彼此以最小空隙和间距相互衔接嵌挤成一整体，称为咬马（图16-18）。咬马同时，相邻石块间灰缝应互相交错，避免出现单纯的灰缝。

图16-18　咬马

（3）嵌缺平脚　将大石块之间的空隙，以适当大小的石块及砂浆填塞，称为嵌缺；在立砌时，拱石下端凸角可略加锤敲打平，并以砂浆及石块填满缺口，称为平脚（图16-19）。

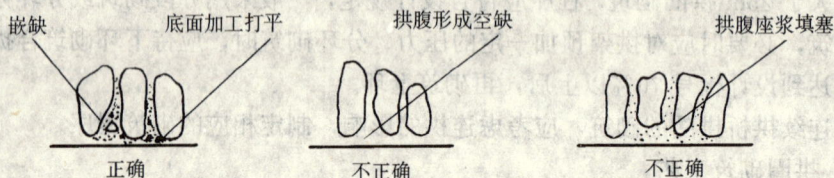

图16-19　嵌缺平脚

（4）座浆挤实　先铺砂浆，然后安放石块，称为座浆。在垂直灰缝处抹砂浆至石块厚的1/3～1/4处，然后靠紧石块，并在缝中灌砂浆（如灰缝过大应填塞石块）捣实，称为挤实。

（5）宁高勿低　用片石砌拱圈，拱圈厚度不易掌握，因此，砌筑时拱石可略高于拱背线，以保证拱圈的有效截面。

3. 干砌石拱圈砌筑

干砌石拱圈是靠石块间的摩阻力和挤压力的作用而成拱的。砌筑时，应注意以下几点。

（1）石块大面必须顺幅射面；

（2）石块接融面应尽可能多，空隙必须用小石块嵌填紧密；

（3）必须采用刹尖合拢和刹尖卸拱的办法进行施工。

（四）拱圈合拢

砌筑拱圈时，在拱顶留一缺口，待拱圈的所有缺口和空缝全部填封后，再封闭拱顶缺口，称为合拢。

合拢时的温度，应按设计要求。当设计无规定时，应尽量接近当地的平均气温。

合拢的方法有尖拱法与千斤顶法。

1. 尖拱法一般只适用于中、小跨径拱桥，对一些较大跨径的石拱桥也有采用此种方法。尖拱的作用有三个：

（1）在拱架卸落前，可通过尖拱判断拱的作用是否正常，并使拱圈稍微脱离拱架，以便拆架；

（2）可以稍微调整拱圈截面内力；

（3）防止拱圈开裂。

拱圈砌缝都为辐射形，故拱顶缺口处形成上大下小的缺口如图 16-20 所示。

为消除尖拱时的震动影响，在拱顶 1/5 的拱圈长度宜先开砌，待尖拱后再灌填砂浆；不然，应在砂浆强度达到 70% 以上后再尖拱。尖拱用硬木楔进行，可以作成一种尺寸二次打入而得预定的拱圈抬高度及缺口张开度；也可以作成几套不同尺寸的硬木楔，从小到大的次序，逐次打入；还可以做成复合木楔，两块紧贴拱圈石而中间木楔从缝中打入。为减少木楔夯下时的摩阻力，在缺口两侧垫上木板与青竹皮。合拢用的打

图 16-20　尖拱示意图

入木楔个数应根据拱顶推力估算。木楔用木夯或石夯夯下，夯打时最好同时进行。尖拱完毕后，根据缺口尺寸修打刹尖石，刹尖石的尺寸不要作得太小，需要锤打下嵌紧为度。

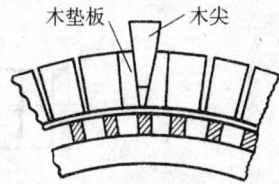

2. 千斤顶法是将按事先计算好的拱顶缺口位置中装置千斤顶，图 16-21 所示的千斤顶的间距一般为 1～1.5m，并根据拱圈厚度采用一排或二排。按计算的推力对拱圈加压，此时拱顶缺口因受千斤顶推力而张大，拱圈向上拱起而脱离拱架。待千斤顶的推力达到计算值时，在千斤顶之间的缺口内安放拱顶石，并用快凝水泥砂浆填封砌筑。待砂浆达到一定强度后，将千斤顶取出，用同样的方法砌筑取走千斤顶后出现的缺口。这种方法比较完善，适用于大跨径拱桥的拱圈合拢。

四、拱上建筑的砌筑

拱上建筑的施工，应在拱顶石砌完，合拢砂浆达到设计强度 30% 后进行，一般不小于合拢后 3d；当拱桥跨径较大时，最好在合拢后 10d 进行。

拱上建筑施工，应避免使主拱圈产生不均匀变形。实腹式拱上建筑，应由拱脚向拱顶对称地砌筑。当侧墙砌筑好以后，再填筑拱腹填料。

空腹式拱桥，一般是在腹拱墩砌完后就卸落拱架，然后再对称均衡地砌筑腹拱圈，以免由于主拱圈不均匀下沉而使腹拱圈开裂。

在连续多孔拱桥中，当桥墩不是按单向受力墩设计时，仍应注意相邻跨间的对称均衡施工，避免桥墩承受过大的单向推力。

五、拱架卸落

拱圈砌筑完毕，待达到一定强度后即可拆除拱架。如果施工情况正常，在拱圈合拢后，拱架应保留的最短时间：跨径在 20m 以内时，为 20d；跨径超过 20m 时，为 30d。应施工要求必须提早拆除拱架时，应适当提高砂浆标号或采取其它措施。

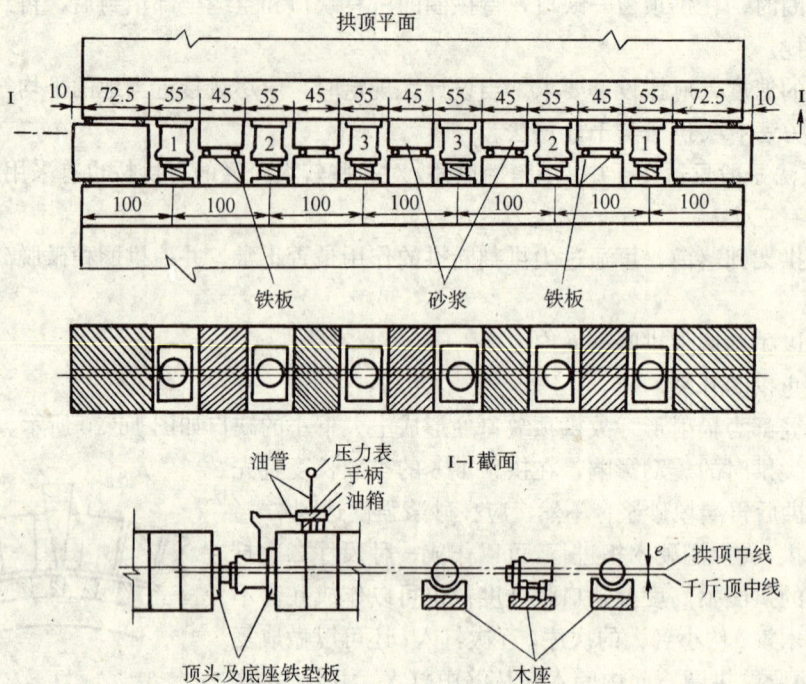

图 16-21　千斤顶布置图

单位：cm

（一）卸架设备

为保证拱架能按设计要求均匀下落，必须设置专门的卸架设备。卸架用的设备在拱架安装时已预先就位。满布式拱架卸落设备则放在拱脚铰的位置上。

卸架设备常用木楔、木凳（木马）、砂筒（砂箱）等几种型式（图 16-22）。通常在中、小跨径中多用木楔和木凳，大跨径或拱式拱架多用砂筒或其它专门设备（如千斤顶等）。

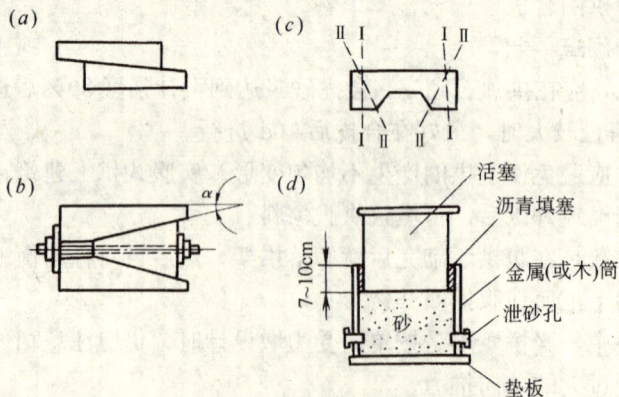

图 16-22　常用的卸架设备

木楔又可分为简单木楔和组合木楔。简单木楔由两块 1：6～1：10 斜面的硬木楔形状组成（图 16-22a）。落架时，用锤轻轻敲击木楔小头，将木楔取出，拱架即可下落。它的构造最简单，但缺点是敲击时震动大，易造成下落不均匀。一般可用于中、小跨径拱桥。组合木楔由三块楔形木和拉紧螺栓组成（图 16-22b）。卸架时，只需扭松螺栓，则楔木徐徐下降。它的下落较均匀，可用于 40m 以下的满布式拱架或 20m 以下的拱式拱架。

木凳（木马）是另一种型式简单的卸架设备。卸架时，只要沿 I-I 与 II-II 方向锯去木凳的两个边角（图 16-22c），在拱架自重作用下，木凳被压陷，于是拱架也随之下落。一般适用于跨径在 15m 以内的拱桥。

跨径大于 30m 的拱桥，宜用砂筒作卸架设备。砂筒是由内装砂的金属（或木料）筒及活塞（又名顶心木，为木制或混凝土制）组成（图 16-22d）。卸落是靠砂从筒的下部预留泄砂孔流出。因此，要求砂干燥、均匀、清洁、砂筒与活塞间用沥青填塞，以免砂受潮。由砂泄出量可控制拱架卸落高度，这样就能由泄砂孔的开与关，分数次进行落架，能使拱架均匀下降而不受震动。

（二）卸架程序

拱顶处卸落设备所需卸落的最小高度应为：

$$h = \delta_1 + \delta_{4a} + c \tag{16-18}$$

式中　δ_1、δ_{4a}——分别为拱圈自重作用下的挠度及拱架承载后的弹性变形；

c——拆除拱架的应有净空值，一般可取为 $10\sim30$mm；大跨径拱圈可取为 $100\sim150$mm。

拱架其余各节点处卸落高度，则按直角三角形直线比例关系求出。

为保证拱圈（或拱上建筑已完成的整个上部结构）逐渐均匀地降落，以便使拱架所支承的桥跨结构重量逐渐转移给拱圈自重来承担，因此拱架不能突然卸落，而应按卸架程序进行。

对于满布式拱架的中、小跨径拱桥，可以将各节点处的卸落量分几次，从拱顶向拱脚上对称卸落。靠近拱顶处的一般可分 3～4 次卸落，靠近拱脚处的可减少卸落次数。图 16-23 表示满布式拱架的卸落步骤示意图，图中 δ_0、δ_1、δ_2、δ_3、δ_4 表示各节点处卸落量。

对于大跨径的悬链线拱圈，为了避免拱圈发生"M"形变形，也有从两边 $L/4$ 处逐次对称地向拱脚和拱顶均衡地卸落。卸架的时间宜在白天气温较高时进行。

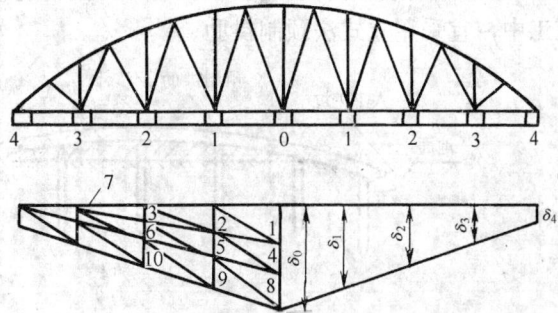

图 16-23　满布式拱架的卸落步骤示意图

多孔拱桥施工时，还应考虑相邻孔间的影响。若桥墩设计容许承受单向施工荷载，就可单孔卸架。否则应多孔同时卸落拱架，以避免桥墩不能承受单向推力而产生过大位移、甚至破坏的严重事故出现。

第二节　其它拱桥施工

除石拱桥外，拱桥的类型有很多，本节仅对双曲拱桥、钢筋混凝土桁架拱桥、二铰平板拱桥和钢筋混凝土箱型拱桥作简单介绍。

一、双曲拱桥

双曲拱桥 60 年代诞生在江苏无锡，它比一般的梁桥可节省钢材 60％左右，由于采用无支架施工（或少支架施工）可节省木料，加快施工进度，节约劳力，降低造价，还能在不便于搭设拱架的深谷急流上施工，在通航河道上也不致断航影响交通；但无支架施工需较多的机具设备，多用钢材，施工工艺也较复杂。

双曲拱桥施工包括构件预制和安装，拱上建筑施工等工作。

（一）拱肋预制

预制拱肋首先要按设计要求在样台上用直角坐标法放出拱肋大样，然后制作样板。放样时，应将横隔板的预埋筋、预留孔及吊环、扣环等构件的位置同时放出，以保证相互尺寸准确。

拱肋的预制，除模板的制作安装、钢筋绑孔、混凝土拌和浇捣、养护等与一般钢筋混凝土构件制作相同外，由于拱肋一般都较长，需分段预制，以便吊装合拢，要求接头的尺寸符合设计要求，并力求准确，以减少安装困难，拱肋可以采用立式及卧式两种方式进行预制。立式预制（图 16-24a）便于拱肋的起吊及移运，并能采用"土牛拱胎"（土模，如图 16-25 示）与木模板相结合的形式预制，节省木材。立式预制占地面积较大，当预制场地受到限制时，可改为卧式预制（图 16-24b）。因卧式预制可以将拱肋多层重叠地进行预制，但一般不宜超过 5 层。卧式拱肋预制在吊装拱肋时需将拱肋翻转 90°，当拱肋较长，重量较大时，要翻转卧式预制的拱肋是很困难的，而且容易使拱肋出现裂缝。因此，在一般双曲拱桥施工中，宜采用立式法预制拱肋。

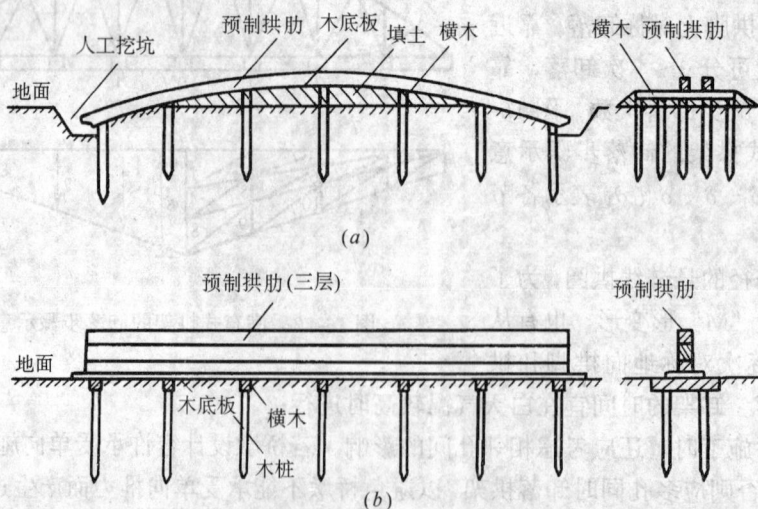

图 16-24　拱肋预制的二种方式

图 16-25　土牛拱胎（土模）

（二）拱波预制

因双曲拱桥其拱肋为曲线，拱波亦为曲线，所以，混凝土拱波一般可采用土模浇筑、立模浇筑和振动快速脱模等方法预制。

用土模浇筑混凝预制拱波，可以节省木材，但预制场地较大，而且拱波质量不易控制，因此只在一般中、小桥梁中使用。在多数情况下，为了保证拱波尺寸准确，可用木材（钢材）做成定型模（图 16-26）来预制拱波。定型模两侧为弧形模板，模板高度与拱波设计宽度相同。内侧要求光滑，有时可钉上薄铁皮，既有利于脱模，又能使波腹面平整美观。通常在浇筑混凝土后不能立即拆模，为此必须多做几套模板以利周转。因此使用木材较多。

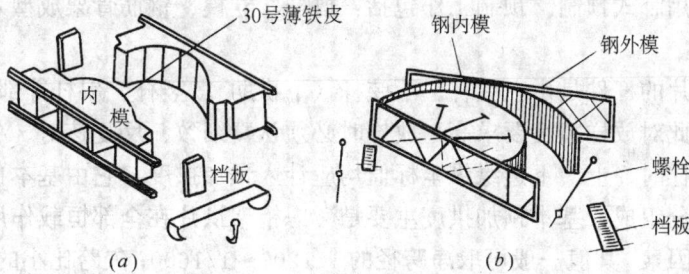

图 16-26　木模和钢模
（a）木模；（b）钢模

为了加快模板的周转，做到现浇现拆模，可以采用快速脱模法。施工方法是将钢模（或木模）放在震动台上，一边浇筑干硬性混凝土（水灰比在 0.37 以下），一边进行振捣，这样就能做到混凝土浇筑完毕后立即进行拆模。但在预制场上要移动拱波位置时，必须待混凝土强度达设计强度的 25% 才能进行，否则易使拱波折断损坏。同时用快速脱模法预制的拱波宽度不宜大于 40cm，以免在立即脱模后，拱波产生过大的变形而开裂。

（三）拱波和拱板施工

中、小跨径的双曲拱桥全部拱肋合拢后，安砌拱波和浇筑拱板的顺序一般可按下列要求进行。

1. 跨径≤20m 和跨径 20～35m，其拱轴系数 m≤2.24 的双曲拱，宜自拱脚开始向拱顶方向对称地安砌拱波。当拱波合拢后，安砌拱波的砂浆强度达到 2.5MPa 时，从拱脚向拱顶方向对称地浇筑拱板混凝土。

2. 跨径为 20～35m 的双曲拱，其拱轴系数 m>2.24 时，可采用图 16-27 所示的程序安

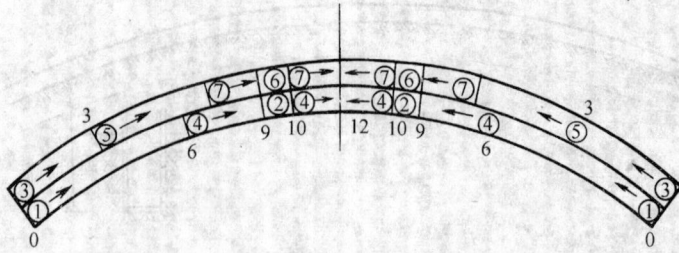

图 16-27　$m > 2.24$ 时，拱波、拱板施工程序图

砌拱波、浇筑拱板。

3. 跨径大于 35m 的双曲拱桥，安砌拱波、浇筑拱板时，必须使验算截面（拱顶、拱脚、1/8、1/4 及 3/8 各跨点）在分段荷载作用下产生的内力在容许范围内。

施工时必须按验算确定的程序进行，并加强施工观测，控制主拱圈变形。

二、钢筋混凝土桁架拱桥

桁架拱桥上部构造施工的主要内容为预制和安装桁架拱片、横向联结系、桥面微弯板以及浇筑桥面混凝土填平层。

（一）桁架拱片预制

桁架拱片采用卧式预制。预制工作包括：放样、立模、钢筋骨架成型入模及混凝土浇筑等工序。

由于桁架拱片的杆件是由上弦杆、下弦杆（下拱肋）、竖杆、斜杆等部分组成整体的，预埋件很多，因此对放样精度要求高，放样时必须认真细致、反复核对。

桁架拱片放样时，上、下边缘纵坐标值均应计入预加拱度，它由基本预加拱度和附加预加拱度两个部分组成。基本预加拱度主要是考虑桁架拱片在全部恒载作用下下沉和混凝土收缩徐变两个因素，其值一般可取净跨径的 1/1200～1/1600；矢跨比小的，用较大值。附加预加拱度与墩台位移、施工季节和安装方法等因素有关，其值按具体情况确定。求得跨中预加拱度后，其余各点预加拱度按直线变化计算。

预制桁架拱片的模板有砖模、木模和砖木结合模三种。

砖模就是按放样定出的轮廓线，用粘土泥浆砌砖作底模和侧模，并用纸筋石灰抹面。为抵抗混凝土浇筑时的侧压力，侧模外还需培土夯实。木模一般用砂浆地坪作底模，地坪上嵌入地枕木，以固定侧模。砖木混合模，就是在桁架拱片的上、下边缘用木模，其余用砖模。

由于桁架拱片的钢筋骨架很大，而且节点处钢筋多层交错，给成型与入模带来较大困难，故一般采用分部成型整体入模的方法，即先将桁架拱片各部分的骨架分别扎好，在模板顶上每隔 1.5～2m 放 1 根小方木条，把扎好的上、下弦杆及实腹板段的钢筋骨架搁上，然后将腹杆的钢筋骨架拼上，并布置好节点构造钢筋。这样，桁架拱片的整个骨架就基本成型。入模前，先将钢筋骨架逐段抬起，抽掉小方木条，再将骨架放入模内。入模后，还需校正骨架位置，调整保护层，最后将节点的钢筋绑扎好，或点焊好。

拱片混凝土浇筑应一次完成，不留施工缝。

（二）桁架拱片的分段与接头

桁架拱片的分段数量和接头位置，应根据吊装设备的起吊能力决定。分段接头位置可参照下述方法确定（图 16-28）。

分两段施工时，沿跨中截面 $a\sim a$ 分段；分三段施工时，一般沿桁架部分与实腹段交界处的截面 $b\sim b$ 分段。如需要再在桁架部分分段，可沿桁架节间内的截面 $c\sim c$ 或竖杆中线 $d\sim d$ 分段；有时因桁架部分高度过大，吊装不便，也可沿 $e\sim e$ 方向将腹杆切断；将桁架部分边段再分成上下两半。

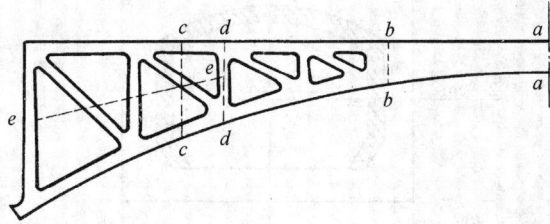

图 16-28　桁架拱片分段示意

桁架拱片的接头基本上可分为湿接头和干接头两类。湿接头，就是现浇接头，适用于有支架安装；干接头，就是钢板电焊接头和法兰螺栓接，适用于无支架施工。

（三）桁架拱片的运输

桁架拱片混凝土强度达到设计强度的 70% 时，即可出坑运输。由于桁架拱片平面尺寸大，侧向刚度小，在出坑和运输过程中，应特别注意防止混凝土的扭裂和损伤。吊点和支点数量及位置应通过计算确定，以使桁架拱片受力均匀，避免出现过大应力。

（四）桥面施工

桥面施工主要是安装预制微弯板和现浇混凝土填平层。由于桁架拱片竖向刚度大，桥面施工在同跨内的加载顺序，并不严格要求均衡对称，可由两端向跨中或由跨中向两端进行；也可由一端向另一端进行，因此施工比较方便。

三、二铰平板拱桥

二铰平板拱桥施工方法可分为预制安装和就地浇筑两种。在这里仅介绍现场浇筑的施工方法。

（一）空心模制作

浇筑空心截面的二铰平板拱时，需要内模（即空心模）。空心模一般用混凝土浇筑而成。为保证混凝土心模与现浇混凝土结合良好，心模外表面应力求粗糙，并在混凝土初凝前拉毛。空心模与现浇混凝土结成整体而共同受力，并为结构设计尺寸的一部分。

空心模在纵向桥孔半跨长度内（扣除拱桥和拱顶横隔板厚度）分成数节（节长一般按等重划分）。节数不宜过多，且每节也不宜过重，以便抬运。空心模的壁厚一般为 2~3cm，其形状为倒 U 形，如图 16·29 示。

混凝土空心模制作时必须保证其尺寸准确，碎石粒径不应大于 1cm，并要求有良好的和易性，否则容易卡壁形成空洞。

（二）桥面混凝土浇筑

现场浇筑混凝土时，应从拱脚两端同时向拱顶进行。此外应注意以下几个问题。

1. 尽量减少混凝土收缩，因而在满足混凝土强度和施工的条件下，水灰比要用得小一些，水泥用量不要太多。同时，在拱脚两端处要留出空缝（图 16-30），待 5~7d 后，再根据设计要求的合拢温度用膨胀混凝土填缝，这样做既可减少混凝土的收缩应力，也便于控制合拢温度。

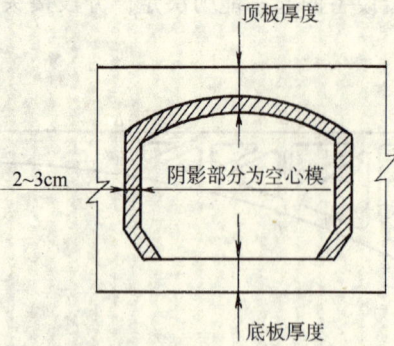

图 16-29　混凝土空心模　　　　　　　　　图 16-30　拱脚接头大样

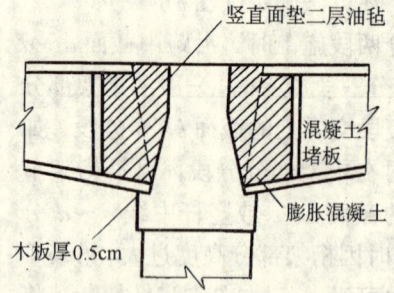

2. 要注意各部尺寸和钢筋位置的准确，尤其是空心截面顶板、底板、肋都很薄，不允许有较大的误差。

3. 当空心桥面底层的钢筋安好后，即可浇筑底板，浇好一段，随即将空心模安好，继续浇筑，使空心模与底板有较好的结合。

4. 平铰斜面上不垫任何东西，是否涂油或涂蜡，取决于所采用的铰面摩擦系数。不涂油时，铰面混凝土的摩擦系数较大，桥面下滑的可能性小，因而增加降温温度应力，但桥面较平整，对行车有利；如设计时要求有轻微下滑，为减小摩擦系数，需要涂油。油要涂匀涂薄，使铰面混凝土有一紧密接触，不致影响平板拱的受力，桥面也不致有较大的下滑。

（三）桥台施工

平板拱桥的矢跨比小，恒载、活载、升温产生的水平推力很大，这些水平推力绝大部分是由桥台承受，因此桥台的施工质量应予以重视。

基坑开挖须尽量不扰动原状土，开挖完毕后立即浇筑或砌筑台基，不使基坑泡水或暴露在空气中太久。砌筑时，灰浆要饱满。

台背填土是保证桥台能否承受较大水平力的关键，必须保证质量。回填土要选好的，必要时采用灰土（掺石灰 5%～10%），于最佳含水量时夯实，密实度要求在 90% 以上。夯填长度不应小于 2 倍台高。

四、钢筋混凝土箱型拱桥

钢筋混凝土箱型拱桥，一般跨径较大，其施工多采用预制安装。

箱肋截面可根据工地具体条件及起吊设备能力预制成开口箱或闭口箱。开口箱就是将拱箱预制成 U 型截面，待吊装成拱后再立模板浇筑顶板；闭口箱就是顶板、侧板、底板和横隔板分别预制，最后组装而成。闭口箱较开口箱工序少，受力条件好，但起吊重量大。

箱型拱桥的施工内容较多，下面仅叙述端头定位座设置和箱肋组装工艺流程。

（一）端头定位座设置

为使拱箱分节预制件的尺寸准确，在每节拱胎两端设立端头定位座（图 16-31），共同组成拱箱组装台座。

端头定位座由座身、基础和端头接触面 3 部分组成。座身一般用 15 号混凝土浇筑，并预埋型钢以利固定拱肋接头部件。端头接触面可用木板、钢板、角钢作成，且必须保证拱肋接头表面平整和便于脱模，地基须坚实，以保证在施工过程中不发生沉陷。

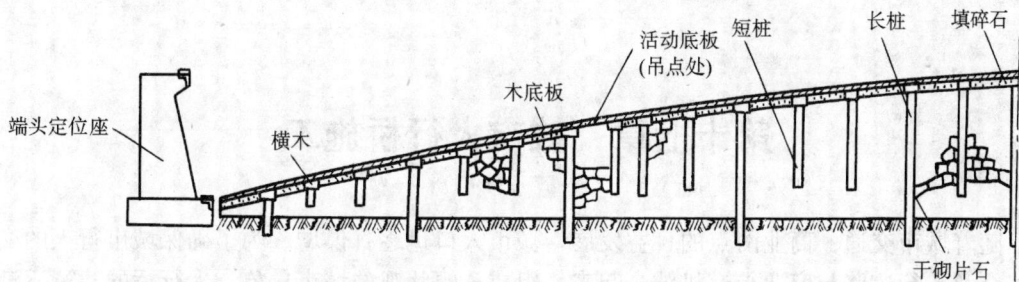

图 16-31 端头固定组装台座

由于这种台座周转次数多、使用时间长，承受重量大，避免不了产生这样或那样的变形，故在每次使用前，都应对拱胎坐标和端头定位座各部尺寸进行检查。

（二）箱肋组装的工艺流程

在底模板上涂油一道→将拱箱的拱脚角钢用螺栓上紧在端头定位台座上、下角钢上→拱箱底板主筋就位后，与焊在接头角钢上的钢筋搭焊→侧板、隔板安装就位时，要用砂浆垫块垫至要求高度，并用木卡和斜撑临时固定→搭焊侧板、隔板接头钢筋→穿好底板模筋，并绑扎底板钢筋→安装底板侧模→浇筑底板混凝土→安装侧板、横隔板接缝模板→浇筑接缝混凝土→安装顶板模板（顶板侧模先安装一边，待顶板钢筋安装后，再安另一边）→安装、焊接顶板钢筋→浇筑顶板混凝土→养护。

当顶板混凝土达到设计强度的 70% 后，构件起吊存放。

习　题

一、名词解释

片石、块石、粗料石、立砌面轴、错缝咬马、嵌缺平脚、座浆挤实、合拢、闭口箱。

二、思考题

1. 满布式拱架的构造；

2. 圆弧拱放样方法；

3. 拱圈砌筑材料的要求；

4. 简述拱圈砌筑程序；

5. 块石拱圈砌筑方法与适用范围；

6. 片石拱圈砌筑方法；

7. 干砌石拱圈注意事项；

8. 石拱桥拱架卸落的最短时间；

9. 桁架拱桥桥面如何施工；

10. 二铰平板拱桥台后填土要求；

11. 钢筋混凝土箱拱的端头定位座的组成及其要求。

第十七章 城市人行桥施工

随着城市交通、商业网点的日益发展，城市人口也逐日俱增。为了确保城市行人的交通安全及人行道路与商业街有机结合起来，组成一幅壮观的城市景象，人行桥的建造逐渐增多。我国近年来随着"四化"建设的迅猛发展，人行桥如雨后春笋般地出现在城市中，仅从 1980~1984 年在全国北京、上海、广州、武汉四大城市统计有 28 座之多。仅上海至 1986 年底就有 18 座人行桥，其平面形状就有 11 种之多。人行桥不仅有疏导交通，保证行人安全的功能，而且因为它一般位于闹市、人口稠密地，具有观赏作用。

一、工厂预制

目前，人行桥由于受到工期、施工场地、地理环境、交通量、净空等限制。一般采用钢梁作为人行桥上部构造的主梁（如主梁为钢筋混凝土结构或预应力混凝土结构，其施工方法参照本书第十四、十五章相关内容）。而主梁由于制作场地的限制，常由造船厂或钢厂就地进行制作。其过程为：根据设计图纸进行主梁各部件的下料及制作——在造船厂或钢厂的场地上进行主梁大样放设——将已制作好的型钢进行现场焊接——根据设计要求将整体钢梁进行预拼——按操作规范进行质量检验与验收——将整桥上部主梁进行分段编号等待装运。

（一）人行桥施工特征

由于人行桥的钢梁制作与普通城市桥梁、公路桥梁相比均有所不同，其特征如下。

1. 使用的材料及部件种类多、数量少，故材料的有效利用率低，较难做到标准化、定型化。

2. 钢材大多采用小型薄板，单位重量的焊接长度较长，一般易产生焊接变形。

3. 人行桥施工要进行大样图尺寸检查、材料检验、试组装检验、竣工验收等工序。

4. 施工人员在开工前，要进行测量调查地下埋设物和地面上的障碍物。

5. 上部构造的安装顺序一定要按照设计要求进行，以免变形过大给安装带来困难。

（二）人行桥施工特点

1. 人行桥均在繁忙的交叉路口施工，人流多，交通繁忙，噪音厉害，不能封锁交通，影响居民的生活与工作。

2. 施工场地小，主梁不能在现场制作，钢梁的制作单位应对钢材品种规格的可供性、可施工性、可焊性、可检查性、构件的可运输性提出意见。

3. 施工难度大，地理环境与地下管线复杂，地面上各种架线名目繁多。

4. 工期紧、质量要求高，白天影响市容，需进行晚间施工，增加照明设备与安全措施。

5. 主梁超长，运输困难，需进行施工方案优化设计。

（三）构件制作要求

1. 必须经由国家认可的一级钢结构加工企业承接加工任务，必须根据批准的设计图和施工图制作；

2. 作为主要纵向受力构件的盖板、腹板及纵肋，在桥轴方向上均应为连续构件，构件制作的钢材应附有质量证明书，并符合设计文件的要求；

3. 主梁的上下翼缘板、腹板及加劲肋材料宜采用 16Mn 钢，其余构件采用 3 号钢；

4. 主梁需进行现场手工焊接并须进行预拼，并按设计要求进行分段编号，以利运输与安装；

5. 焊接用的焊条必须考虑焊接金属的耐久性，机械性能，容易操作，外观良好等；使用含氢量低的 LBM-52 焊条，焊条尽量采用启封时间最短的，一般使用新的；严禁使用药皮脱落或焊芯生锈的焊条；焊条在 300～350℃ 温度，30～60min 干燥；

6. 对厚度在 25～38mm 的钢材，焊接时，需进行 40℃～60℃ 范围的预热，对雨天或可能下雨时，刚下雨不久，有强风时、气温在 5℃ 以下时，不宜进行焊接。

二、细部构造的施工

人行桥细部构造，必须注意下列事项：

1. 采用桥面薄板焊接时容易变形，应采用断续焊接，一般均采用手工焊接；半自动焊接由于在角隅处保护气体的飞散与大气中不纯物混合使焊性恶化，容易产生缺陷。有些构

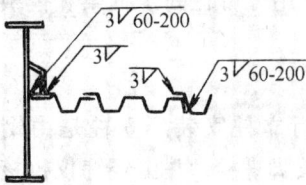

图 17-1　角缝焊接示意
单位：mm

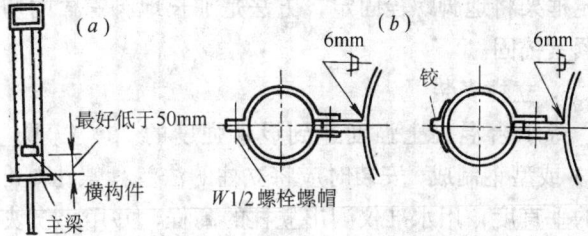

图 17-2　栏杆、排水设备与主梁焊接示意

件施焊前需进行预热过程，以防焊接变形，尤其是垂直于桥轴方向；桥面板的焊缝应用错接，错缝缝不应大于 3mm，以免桥面雨水从错缝处下落。如图 17-1 示，上部进行连续角缝焊接，能确保密贴而不透水。

2. 雨水垃圾的堆积会产生酸性物质，是引起钢梁生锈的主要原因。施工时应注意桥面的纵横坡，以免桥面积水，并使用一定厚度的钢板以防锈蚀。

3. 栏杆如与主梁直接焊接，易使主梁产生焊接变形，如图 17-2(a) 在装饰板下设置横构件，只在主梁上安装栏杆柱，焊接变形在最小范围内。

4. 排水设备应使用垃圾不易积聚的构造，尤其是主梁下部有横梁、联结系、支座等，为便于在狭小的空间安装金属管，必须充分研究它的细部，采用图 17-2(b) 形状的排水管安装配件，受力处用 6mm 角钢加强施工比较方便。

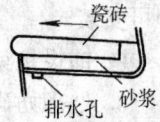

图 17-3　排水孔设置

5. 如果扶梯表面砌瓷砖，在瓷砖与砂浆、踏步板之间有浸水和积水，则会引起瓷砖与砂浆剥落，因此要用环氧树脂砂浆防水或制成泄水坡，亦可做成图 17-3 那样的排水孔。

三、下部构造施工

人行桥大多建于城市内，其下部构造与一般桥梁比要轻便简单的多，因为上部荷载小（仅自重与人群荷载），受土压力影响不大（一般仅以垂直荷载为主），施工应满足下列要求：

1. 测量工作

根据平面图纸的要求，精确测放出每个墩的中心位置，并按设计要求测放出每个墩的基础桩位置，经复核无误后，方可开始基础桩的施工。

2. 开挖样洞

在正式进行桩基础施工前，需对墩中心位置开挖一个 $2\times2\times2m$ 的样洞，一方面可挖除地下较大的障碍物；又可探明地下公用管线的确切位置，以免损坏引起不必要的麻烦；也会给打桩或钻桩带来一些方便。

3. 基础施工

若采用钻孔桩须注意泥浆的排放场地；采用打入桩时，最好选择振动桩锤施工，以免造成噪声污染，要充分考虑与选择施工方法与机具种类，以免影响附近居民的生活与工作。

4. 承台制作

桩基础工艺结束后，应根据设计要求制作承台，承台除钢筋、混凝土浇筑应符合设计规定外，其与立柱对接的地脚螺栓一定要正确，为防止预埋地脚螺栓浮起和移动，在浇筑承台混凝土前，再一次核对设计图纸，将立柱的对接预留螺栓校对正确，最好使用角钢等固定框架将地脚螺栓固定，方法是加长地脚螺栓的切削螺纹，用螺母在固定框架和模板上下紧紧锚固。

5. 立柱安装

待承台混凝土强度达到设计强度的 70% 以上，便可进行立柱安装。立柱是由钢管（筒）或型钢制成，安装时应将立柱的法兰盘螺孔对准承台的长脚螺栓，并由经纬仪校核立柱的垂直度；用水准仪测出立柱的高程，并用小楔块将立柱垫实整平并拧紧螺栓。立柱安装完毕后，即可在柱顶精确测放出墩柱中心位置，并用钢尺精确丈量柱间跨径，安装并焊接柱靴，以便安装上部钢梁。

四、钢梁的运输与架设

当下部构造施工完毕后，根据施工进度要求进行上部构造架设，首先是将钢梁从预制场运至施工现场。

（一）准备工作

1. 架设钢梁之前，应对墩柱的顶面高程、中线及每孔跨径进行复测，不超过允许偏差即可安装。

2. 铺设钢梁段接头点的支架，以便钢梁段与段的焊接。

3. 处理妨碍起吊钢梁的各种线路，如电车架空线、电力线和其它障碍物。

4. 安装前应编制施工组织设计，其中应包括施工辅助结构在内的施工结构设计和安全操作要求，经批准后组织实施。

5. 钢梁安装程序必须保证结构的稳定性，并能保持或及时校正结构的预拱度和平面位置。

（二）钢梁运输

施工期间与封锁交通时间的长短，往往是建造人行桥的一个重要因素。运输前，要与所辖交通管理部门及有关单位就运输方法、运输路线、时间流程、吊装方法、运输设置等作周密协商，并有可能通过广播、电台、报纸通告公民什么时间内封锁交通、进行钢梁架设，并请相关单位作好准备。不妨碍正常交通或少妨碍正常交通情况下架设钢梁的计划是十分重要的。等一切准备工作就绪，就可通知钢梁预制所在地，按钢梁预拼后的先后编号，逐段运出。

（三）架设工作

架设人行桥的钢梁一般在封锁交通的情况下进行，架设主梁时需临时封锁交通，所以争取在最短时间内完成。一般安排在夜间进行，也可安排几个晚上进行。

1. 构件架设方法

人行桥的钢梁一般采用汽车起重机或履带式起重机安装。当分段的钢梁运至现场后，首先丈量钢梁的长度、钢梁段的编号是否符合设计要求，再用吊车将钢梁吊至预先铺设的支架上，用千斤顶调整钢梁段接头的高低，当再次检查与设计无误后，便可进行钢梁焊接，恢复电车架线开放交通。

2. 人行桥上部结构施工顺序

为防止起吊荷载过大，由钢梁加工厂运至工地的钢梁仅为钢骨架，当整体钢骨架拼装焊接后，便可进行主梁的加劲梁焊接、横间钢板焊接、扶梯安装与焊接、栏杆安装与焊接、装饰板安装、扶手安装与焊接、照明设备的布置、油漆施工。

3. 钢梁安装要求

（1）由于钢梁是一个柔性构件，易变形。在起吊时，尽量采用二台吊机同时起吊，每台吊机的起重量为构件重的 1.5 倍。

（2）若采用一台吊车起吊钢梁，起吊臂与起吊千斤绳应尽量长一些，避免千斤绳过短引起钢梁的轴心压缩。

（3）先安装的构件不得妨碍后安装构件的安装和起重吊车的移动。

（4）架设主梁骨架时，在墩柱上端的侧向盖梁用临时支撑加固，保证吊装时的移定与安全。

（5）晚间钢梁安装时，要有充分的安全防护措施与足够的照明设备。

（6）钢梁连接的高强度螺栓孔的直径应比螺杆公称直径大 1.5～3.0mm，并符合表 17-1 的规定。

（7）人行桥构件安装质量要求

1）焊缝检查

①外观检查：所有的焊缝必须进行外观检查，不得有裂纹、未溶合、夹渣、未填满弧坑和超出表 17-2 规定的缺陷。

高强度螺栓孔允许偏差　　　　　　　　　　　　　表 17-1

序号	名　称		公称直径及允许偏差（mm）						
1	螺栓	公称直径	12	16	20	22	24	27	30
		允许偏差	±0.43		±0.52			±0.84	
	螺栓孔	公称直径	13.5	17.5	22	24	26	30	33
		允许偏差	+0.43　0		+0.52　0			+0.84　0	
2	不圆度（最大和最小直径之差）		1.00			1.50			
3	中心线倾斜度		不应大于板厚的 3%，且单层板不得大于 2mm，多层板迭合不得大于 3mm						

②零、部（杆）件的焊缝应在焊接 24h 后进行无损检验，检验方法有超声波探伤与射线探伤两种；其探伤范围与质量要求详见《公路桥涵施工技术规范》JTJ041—89 中规定。

焊缝外观检查允许缺陷（mm）

表 17-2

序号	项目	质 量 要 求		
1	气孔	横向对接焊缝	不 容 许	
		纵向对接焊缝、主要角焊缝	直径小于 1	每米不多于 3 个 间距不小于 20
		其他焊缝	直径小于 1.5	
2	咬边	受拉部件横向对接焊缝	不允许	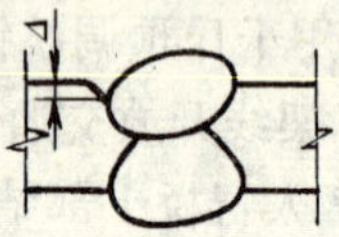
		竖加劲肋角焊缝腹板侧受拉区		
		受压部件横向对接焊缝	≤0.3	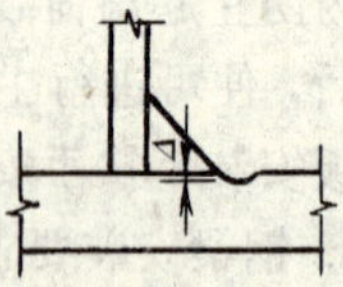
		纵向对接及主要角焊缝	≤0.5	
		其他焊缝	≤1	
3	焊脚尺寸	埋弧焊 K_0^{+2} 手弧焊 K_{-1}^{+2} 手弧焊全长 10% 范围内允许 K_{-1}^{+3} 		
4	焊波	$h<2$ （任意 25mm 范围内）		
5	余高（对接接头）	$b<15$ 时 $h\leqslant3$ ，$15<b\leqslant25$ 时 $h\leqslant4$ $b>25$ 时 $h\leqslant4b/25$ 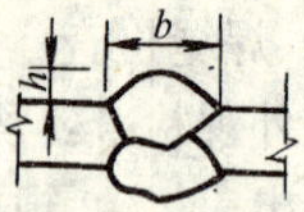		
6	余高铲磨（对接接头）	$\Delta_1+0.5$ 表面粗糙度 $\sqrt{50}$ $\Delta_2-0.3$		
7	平均未熔透	（箱形杆件）$\Delta\leqslant\sqrt{2T}+2$ 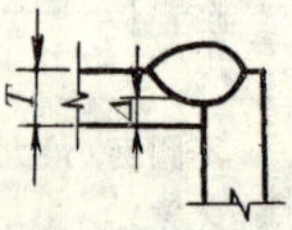		

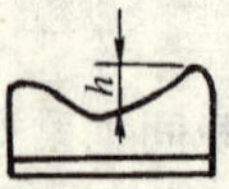

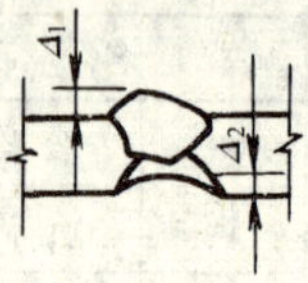

374

2) 支承面、支座和地脚螺栓允许偏差见表17-3。

支承面、支座和地脚螺栓允许偏差　　　　表 17-3

序　号	项　目		允许偏差	检验频率		检验方法
				范　围	点　数	
1	支承面	高　程	±2.0mm		2	用水准仪测量
		不水平度	1/1000			
2	支座表面	高　程	±1.5mm	每	2	
		不水平度	1/1500			
3	地脚螺栓位置	在支座范围内	±5.0mm	件	2	
		在支座范围外	±10.0mm			用尺量
4	地脚螺栓伸出支承面长度		±20.0mm		1	
5	地脚螺栓的螺纹长度		只许加长		1	

3) 钢柱安装允许偏差见表17-4。

钢柱安装允许偏差　　　　表 17-4

序号	项　目		示意图	允许偏差 (mm)	检验频率		检验方法
					范围	点数	
1	轴线对行、列位定轴线 (q)			≤5.0		2	用经纬仪测量,纵、横向各计1点
2	柱基高程	有行车梁的柱		+3.0 −5.0	每	4	用水准仪测量,四周各计1点
		无行车梁的柱		+5.0 −8.0			
3	挠曲矢高			$H/1000$,但不大于15.0	件	4	拉小线和尺量,每侧面各计1点
4	钢柱轴线的不垂直度 (q)	$H≤10m$		≤10.0		2	用经纬仪或垂线测量,纵、横向各计1点
		$H>10m$		≤$H/100$,但不大于25.0			

375

4）钢梁安装后的允许偏差见表17-5。

钢梁安装后的允许偏差　　　　　　　　表 17-5

序号	项　　目	允许偏差（mm）
一	钢梁与设计中线和高程关系	
1	墩台处钢梁中线对设计中线偏差	±10
2	简支梁与连续梁间、两联（孔）间相邻横梁中线相对偏差	±5
3	墩台处钢梁底部与设计高程偏差	±10
4	两联（孔）相邻横梁相对高差偏差	5
二	支座与设计中线关系	
1	支座纵横线扭转偏差	±1
2	固定支座纵横线中点与设计位置顺桥向偏差：连续梁或60m以上简支梁 60m以下简支梁	±20 ±10
3	辊轴或活动橡胶支座位置偏移按设计气温安装，灌注定位前	±3
4	支座底板四角相对高差	2

五、桥上构筑物施工

（一）桥面铺装

人行桥的桥面，要求耐磨性好、方便行人、便于施工、美观。适合于桥面的材料有混凝土、彩色混凝土、沥青预制砌块、沥青桥面、聚胺脂砂浆、塑胶等。

钢板不能直接用作桥面，因为噪声大、易滑，钢板上焊钢筋网，然后铺设混凝土或沥青桥面，可保证桥会不会翘曲脱皮。

桥面板上铺砌预制块，无论是钢板或波形钢板，均需在钢板上先铺砂浆，然后再铺砌预制块，砌块的排列要注意排水坡度。

（二）扶梯的铺装

扶梯接融面要用不易打滑、耐磨耗、吸音性能好的混凝土、沥青混凝土、聚胺脂、防滑瓷砖（砌块）等材料。铺砌瓷砖的施工顺序为先湿润瓷砖反面和踏步上面，铺上砂浆，再铺一层很薄的水泥浆，然后铺砌瓷砖，使砂浆与瓷砖完全密封，不能产生间隙。瓷砖要平坦，接缝要均匀。

（二）侧板的安装

主梁和扶梯栏杆的腰部，有时也设置遮掩行人裙子的侧板。侧板要经受风吹雨淋，要注意选择耐久性好、强度高，美观的优质材料。有些人行桥，选用铝合金板或不锈钢作侧板，效果良好。

（四）油漆施工

1. 钢梁和其杆件在表面涂漆作业前，应进行除锈，打毛和喷涂防锈层，表面清净度符合表17-6要求后，方可进行涂漆作业。

2. 油漆的施工方法、顺序、材料的使用规格与公路桥大致相同，运输与架设过程中发生的油漆损伤亦可在施工现场补漆。另外，主梁与扶梯的连接等在现场不能涂饰的部分可在加工厂内预先油漆。

3．扶梯的踏步表面、侧板下部等易脏，易锈蚀的地方，宜采用环氧树脂系防锈涂料。

4．在施工现场油漆，为防止危险物下落，宜选在交通量小的夜间进行。

5．油漆的颜色应将栏杆及装饰板漆成浅色，梁身漆成深色，由于色觉差异，栏杆在远视时几乎在空间消失，因而使梁的细长度增加，显得十分轻盈美观。

6．钢桥涂装层数和涂膜总厚度，应按设计文件办理，设计无规定时，可参照表17-7施工。

钢件除锈清净度　　　　　　　　　　　表 17-6

清净度	适　用　条　件	质　量　要　求	适用范围
一级	1. 大气含盐雾的沿海地区 2. 大气含 SO_2 大于 $250\mu g/m^3$ 的工业地区 3. 杆件浸水部分 4. 使用无机富锌涂料聚氨脂涂料、喷锌或喷铝层 5. 防腐要求高的钢梁及构件	所有氧化铁皮、铁锈和外附物（包括油垢及其他污物）均需清除干净，清理后钢件表面要有均匀的金属光泽，仅允许有个别的微小斑点	喷铝或涂富锌漆的表面
二级	年平均相对湿度在 50% 以上及有一般大气污染的工业地区	使钢表面完全没有油垢和其他杂质，仅允许有少许不明显的斑点或条痕形的氧化铁皮及铁锈，但不得超过面积的 5%，在任何 $25mm \times 25mm$ 的面积，应有 90% 以上裸露钢的金属光泽	主体结构
三级	除一、二级适用条件以外的其他地区	氧化铁皮、铁锈和一切外附物应基本清除干净，钢件表面应有 80% 以上和任何 $25mm \times 25mm$ 的面积应有 65% 以上裸露的金属光泽	附属结构

钢桥涂装的层数和涂膜厚度　　　　　　表 17-7

部　　位	最小干膜总厚度（μm）	涂　装　层　数	
		底　漆	面　漆
板梁、箱梁上盖板和桁梁桥面系上盖板	240	3	4
其他部位	180	2	3

注：底面漆每层厚度为 30～40μm。

（五）附属设备施工

附属设备有照明、居明住宅的窗外防护栏栅、挡板、用于防止积雪的防雪栅、高压线下的静电保护栅、桥面加热化雪器。尤其是确保行人安全、夜间放心行走的照明设备。为保护沿桥居民利益，在扶梯和通道靠近居民住宅一侧，应根据具体情况设置防护栏栅或挡板。

为了行人（或残疾人）上下人行桥的方便、养护的要求、考虑城市的美观，一些大、中城市将人行桥用不锈钢材料修建后，并装上自动扶梯，桥四周采用彩色灯光照明。每当星夜当空，彩灯闪亮，给城市的夜景带来一幅美妙的图画。

1. 人行桥主梁施工过程；
2. 钢梁焊接所采用焊条的要求；
3. 人行桥基础施工为何要开挖样洞；
4. 钢梁架设方法；
5. 钢梁安装时，用 1 台或 2 台吊车的要求；
6. 为何钢板不能直接用作桥面；
7. 铺砌瓷砖的顺序；
8. 为何要将栏杆漆成浅色。

第十八章　桥梁施工质量检测与评定

桥梁在施工过程与施工完毕后均要进行质量评定。首先是施工过程中对分项工程、分部工程的质量评定；其次是施工完毕后进行单位工程质量评定。

一、单位、分部、分项工程划分

根据建设任务、施工管理和质量评定需要，桥梁建设项目应按下列原则和表18-1划分单位工程、分部工程和分项工程。

单位、分部及分项工程的划分   表 18-1

单位工程	分部工程		分项工程
桥梁工程（大、中桥）（每座为单元）	小桥★（每座为单元）		基础及下部构造★，上部构造预制、安装或浇筑★，桥面★，栏杆，人行道等
	基础及下部构造★	以每墩、台为单元（每座桥汇总）	明挖基础，桩基★，管柱★，承台，沉井★，桩的制作★，钢筋加工安装，柱及双壁墩，墩台身，墩台安装，墩台帽★，组合桥台★，锥坡等
	上部构造（每座桥汇总）	预制，安装★	主要构件预制★，其他构件预制，钢筋加工及安装，预应力筋的加工和张拉，斜拉索的制作与防护★，梁、板安装，悬臂拼装★，顶推施工梁★，拱圈安装，转体施工★，钢管拱的制作与安装★，半刚性骨架拱肋的制作与安装★，吊杆的制作与安装★，钢梁安装及防护★等
		现场浇筑★	钢筋加工及安装，预应力筋的加工和张拉★，主要构件浇筑★，其他构件浇筑，悬臂浇筑★，钢管拱浇筑★，半刚性骨架混凝土拱浇筑★，索塔★等
		总体及桥面	桥梁总体★，桥面铺装★，栏杆，护栏安装，人行道铺设，灯柱安装等
	防护工程		护坡，护岸★，导流工程★，石笼防护，砌石工程等
互通立交工程（每座为单元）	桥梁工程★（每座为单元）		基础及下部构造★，上部构造预制，安装或浇筑★，桥面★，栏杆或护栏，人行道等

注：（1）表内标注★号者为主要工程，评分时给以2的权值。

（2）特大桥可每座作为一个建设项目。

（一）单位工程

在桥梁建设项目中，根据业主下达的任务和签订的合同，具有独立施工条件，可以单独作为成本计算对象的工程。

（二）分部工程

在单位工程中，应按结构部位、施工特点或施工任务划分若干个分部工程。

（三）分项工程

在分部工程中，应按不同的施工方法、材料、工序等划分为若干分项工程。

施工单位应按此种工程划分进行质量自检和资料汇总，质量监督部门按照此种工程划分逐级进行工程质量等级评定。

二、工程质量检测内容

（一）水泥混凝土强度合格标准

1. 桥梁工程所检验的混凝土抗压试块，当试块≥10组时，应以数理统计方法按下述条件评定：

$$\overline{R}_n - K_1 S_n \geqslant 0.9R \tag{18-1}$$

$$R_{\min} \geqslant K_2 R \tag{18-2}$$

式中　n——同批混凝土试块组数；

$\overline{R}_n$——同批 n 组试块强度的标准差（MPa），当 $S_n < 0.06R$ 时，取 $S_n = 0.06R$；

R——混凝土设计强度（MPa）；

$R_{\min}$——n 组试块中强度最低一组的值（MPa）；

K_1、K_2——合格判定系数，见表18-2。

n	10~14	15~24	≥25
K_1	1.70	1.65	1.60
K_2	0.90	0.85	

K_1、K_2 的值　　　　　表 18-2

2. 当试块少于10组时，可用非统计方法按下述条件进行评定：

$$\overline{R}_n \geqslant 1.15R \tag{18-3}$$

$$R_{\min} \geqslant 0.95R \tag{18-4}$$

3. 实测项目中，水泥混凝土抗压强度评为合格时得满分，不合格时得零分。

（二）桥梁工程中各工序的质量检验标准可参考本教材各章、节的有关内容，各实测项目的规定分值参照《公路工程质量检验评定标准》JTJ071—94中有关内容。

（三）施工单位应提交的质量保证资料

施工单位应有完整的施工原始记录、试验数据、分项工程自查数据等质量保证资料，并进行整理分析，负责提交齐全、真实和系统的施工资料和图表。应由监理工程师认可的资料，需经监理工程师鉴认。质量保证资料应包括以下6个方面：

1. 所用材料、半成品和成品质量检验结果。

2. 材料配合比、搅拌加工控制检验和试验数据。

3. 地基处理和隐蔽工程施工记录。

4. 各项质量控制指标的试验记录和质量检验汇总图表。

5. 施工过程中遇到的非正式情况记录及其对工程质量影响分析。

6. 施工中如发生质量事故，经处理补救后，达到设计要求的认可证明文件等。

三、工程质量评分方法

施工单位在各分项工程完工后，应按《公路工程质量检验评定标准》JTJ071—94桥梁工程中所列基本要求，实测项目和外观鉴定进行自查。实行监理制度的应由监理工程师确认，质量监督部门根据抽查资料和确认的施工自查资料评分。

检验评分以分项工程为评定单元，采用100分制评分方法。在分项工程评分基础上，逐级计算各相应分部工程、单位工程评分值和建设项目中单位工程优良率。

（一）分项工程评分方法

分项工程评分＝实测项目中各检查项目得分之和－外观缺陷扣分－资料不全扣分。

扣分需注意：

1. 外观缺陷扣分　每一分项工程最多扣5分；较严重的外观缺陷，应进行整修处理，外观质量好不加分。

2. 资料不全扣分　按质量保证资料逐款检查，视资料不全情况，每款扣1～3分。

$$检查项目合格率＝\frac{检查合格的点（组数）}{该检查项目的全部检查点（组数）}×100\%$$

检查项目评定分数＝检查项目规定分数×合格率

（二）分部工程和单位工程评分方法

根据表18-1所列分项工程和分部工程区分为一般工程和主要（主体）工程，分别给以1和2的数值。进行分部工程和单位工程评分时，采用加权平均值计算法确定相应的评分值。

$$分部（单位）工程评分＝\frac{\Sigma〔分项（分部）工程评分×相应权值〕}{\Sigma 分项（分部）工程权值}$$

（三）桥梁建设项目中单位工程优良率计算方法

$$单位工程优良率＝\frac{被评为优良的单位工程数量}{桥梁建设项目中单位工程总数}×100\%$$

四、工程质量等级评定方法

工程质量评定分为优良、合格和不合格三个等级，应按分项、分部、单位工程和建设项目逐级评定。

（一）分项工程质量等级评定

分项工程评分在85分及以上者为优良；70分及以上、85分以下者为合格；70分以下者为不合格。

经检查评为不合格的分项工程，允许进行加固、补强、返工或进行整修，当满足设计要求和评定标准后，可以重新评定其质量等级（即：可复评为合格或优良）。但加固、补强改变了结构外形、造成历史缺陷者，不得评为优良。

（二）分部工程质量等级评定

所属各分项工程全部合格，其加权平均分达85分及以上，且所含主要分项工程全部评为优良时，则该分部工程评为优良；如分项工程全部合格，但加权平均分为85分以下；或加权平均分虽在85分及以上，但主要分项工程未全部达到优良标准时，则该分部工程评为合格；如分项工程未全部达到合格标准时，则该分部工程为不合格。

（三）单位工程质量等级评定

所属各分部工程全部合格，其加权平均分达85分及以上，且所含主要分部工程全部评为优良时，则该单位工程评为优良；如分部工程全部合格，但加权平均分为85分以下，或加权平均分虽在85分及以上，但主要分部工程未全部达到优良标准时，则该单位工程评为合格；若单位工程中的主要分部工程中的某主要分项评为合格，则该单位工程不能评为优良；若单位工程中的次要分部工程中的某主要分项工程评为合格，则该单位工程可能评为优良；如分部工程未全部达到合格标准时，则该单位工程为不合格。

（四）桥梁建设项目质量等级评定

所属单位工程全部合格且优良率在80％及以上时，则该桥梁建设项目评为优良；如单位工程全部合格，但优良率在80％以下时，则该桥梁建设项目评为合格；如单位工程未全部合格，则该桥梁建设项目为不合格。

习　题

一、名词解释

单位工程、分部工程、分项工程

二、思考题

1. 质量保证资料包括哪些方面；

2. 分项工程评定过程；

3. 分部工程评分方法；

4. 在桥梁工程评分方法中，哪些分部工程权值为2；

5. 在简支梁预制分部工程中，哪些分项工程权值为2；

6. 当桥面铺装评为合格时，试问该单位工程能否评为优良，为什么；

7. 分项工程质量等级评定要求；

8. 桥梁建设项目质量等级评定要求。

第十九章 桥梁养护与抗震

桥梁是一种造价较高的人工构造物，在整条路线的投资中占很大比重。桥梁损坏后修复起来也比较困难，可能中断行车，所以必须保持桥梁的良好状态，对交通运输具有一定的重要意义。

第一节 桥 梁 养 护

养护工作的方针是通过加强养护管理工作做到及时消除缺陷，恢复被车辆磨损与自然界影响所侵蚀或损毁的部分，经常保持构造物完好，不断提高桥梁使用质量，延长寿命，提高运营能力，确保安全畅通，充分发挥效能，使运输效率与经济效率不断提高，来适应"四化"建设的需要。本节主要介绍钢筋混凝土梁桥的养护、维修、加固与防护，对斜拉桥与吊桥作一般介绍，其它类型桥梁不作介绍。

桥梁养护工作的目的和基本任务可分为三个层次：

1. 经常保持桥梁的完好状态，及时修复损坏部分，保证行车安全、舒适、畅通以提高运输经济效益；

2. 采用正确的技术措施，提高桥梁的质量，延长桥梁的使用年限，以节省资金；

3. 对原有技术标准过低的桥梁进行分期改善和提高，逐步提高桥梁的使用质量和服务水平。

桥梁养护的技术政策是"以预防为主，防治结合"。根据积累的技术资料科学分析，预作防范，消除导致桥梁损毁的因素。增强设施的耐久性，提高抗灾害的能力。桥梁养护按其工程性质，规模大小，技术性繁简划分为小修保养、中修、大修和改善四类。

1. 小修保养工程　是进行预防保养和修补其轻微损坏部分，使之经常保持完好状态。

2. 中修工程　是对局部损坏进行定期局部的修理加固，以恢复原状的小型工程项目。

3. 大修工程　对桥梁的较大损坏进行周期性的综合修理，以全面恢复到原设计标准，或在原技术等级范围内进行局部改善的工程项目。

4. 改善工程（改建、扩建、重建）对桥梁不适应交通量和载重需要而分期逐段提高技术等级的较大工程项目。

除上述分类外，对于当年发生的较大水毁等自然灾害的抢修和修复工程，可列为专项办理。

一、桥梁裂缝

（一）钢筋混凝土梁和拱的裂缝

1. 简支梁

（1）网状裂缝　如图19-1（a）所示，多为混凝土收缩引起的表面龟裂。裂缝细小，宽度约为 0.03～0.05mm，用手触及有凸起感觉，并无固定规律。

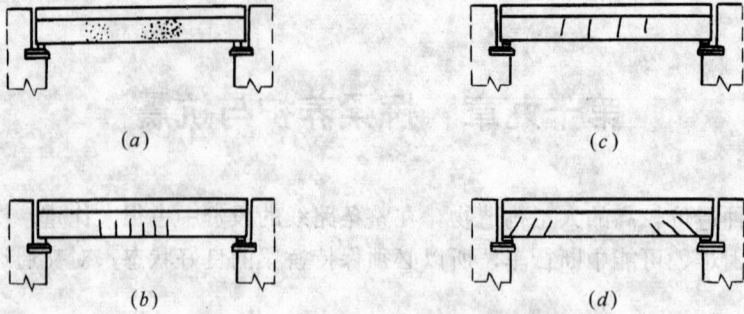

图 19-1　钢筋混凝土简支梁裂缝

（2）下缘受拉区的裂缝　如图 19-1（b）所示，为混凝土收缩和梁受弯曲而产生。此种裂缝多发生于梁跨中部，跨度越大裂缝越多，自下缘向上发展，至翼缘与梁肋相接处停止，裂缝间距约 10～20cm，宽度约为 0.03～0.1mm。

（3）梁肋上的竖向裂缝　如图 19-1（c）所示，当梁跨径较大、梁身较高、梁肋较薄且分布钢筋较稀时，易产生此种裂缝于薄腹部分，在梁的半高线附近裂缝宽度较大，一般在 0.15～0.3mm 左右。

（4）梁肋上的斜裂缝　如图 19-1（d）所示，系主拉应力超过混凝土抗拉极限而产生。此种裂缝多靠近梁的两端，离跨中愈远倾斜角愈大，反之愈小，其值约为 15°～45°之间，宽度一般在 0.3mm 以下。

2. 连续梁

连续梁除会产生与简支梁所述的某些裂缝外，当墩台产生不均匀沉陷时，因实际受力情况和设计不符，梁将发生不同的裂缝。如两端桥台下沉较大时，因中间墩上梁所受负弯矩增大，顶部将发生至上而下的裂缝（图 19-2）。

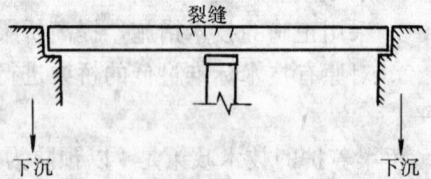

图 19-2　连续梁两桥台沉陷引起在
中间墩上梁身的裂缝

3. 拱

（1）空腹式钢筋混凝土拱在拱脚、立柱、立柱与拱圈相接的地方可能出现裂缝（图 19-3）。

（2）双曲拱桥除会产生上述某些裂缝之外，还因其结构上的原因而在拱肋与拱波结合处产生裂缝。

4. 裂缝对梁拱的影响

混凝土收缩过程可延长好几个月，钢筋混凝土梁和拱在加载之前，由于混凝土要收缩而钢筋阻止其收缩，因此在混凝土中产生拉应力（即所谓的制约收缩拉应力），由于混凝土本身抗拉强度很小，这种初拉应力可能引起混凝土细小裂缝，不过肉眼较难发现，当运营初期梁承受活载，裂缝便有所发展。

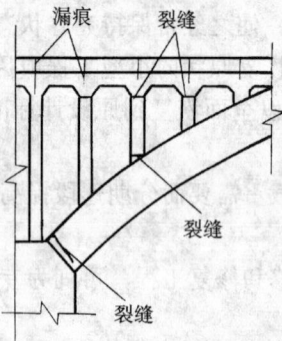

图 19-3　空腹式拱的裂缝

钢筋混凝土结构中，受拉钢筋的应变总是大大超过混凝土的极限拉伸应变，所以裂缝的发生也是不可避免的。

在初拉应力和弯曲应力作用下，混凝土的裂缝一般是较细较短的，这样的裂缝对梁的强度影响不大。按耐久性要求，若裂缝细小（<0.2mm），尽管梁暴露在大气中，钢筋也不致锈蚀，即使裂缝达到或略超过容许值（0.2mm），只要已趋稳定，不继续发展，对梁的强度也不会有明显的影响，对行车也不必采取特殊的限制。

当裂缝较多且宽度较大时，梁的刚度要相应降低，同时钢筋受有害介质的侵蚀，结构物的寿命就要缩短。

总的来说，钢筋混凝土梁中已稳定的裂缝，一般对梁的刚度和耐久性虽有所降低，但影响不大。对于那些不断发展的裂缝，必须给予足够重视，加强观察。连续梁、拱等超静定结构必须注意因基础不均匀下沉所造成的裂缝发展，如下沉不停止，则可能导致结构物的破坏。

（二）圬工墩台的裂缝

1. 混凝土墩（台）身的网状裂缝，如图 19-4 所示。主要由于混凝土存在内外温差产生温度拉应力和混凝土收缩所致。这种裂缝多发生在常水位以上墩身的向阳部分，裂缝宽度 0.1～1mm，深 1～1.5cm，长度不等。

2. 从基础向上发展至墩（台）身的裂缝，如图 19-5 所示。原因是基础松软或沉陷不均匀，裂缝呈下宽上窄。

3. 混凝土墩（台）身水平裂缝，如图 19-6 所示。多为混凝土浇筑接缝不良所引起的。

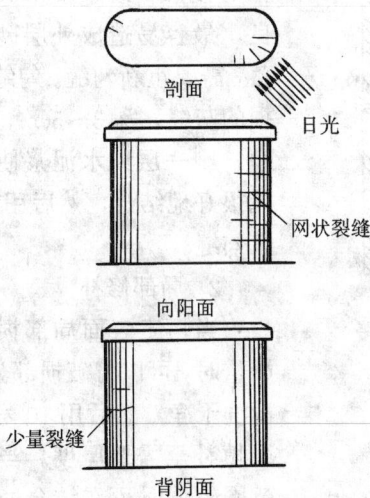

图 19-4　墩身网状裂缝

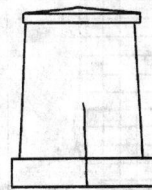

图 19-5　墩（台）身竖向裂缝

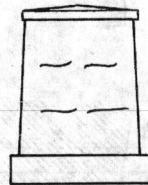

图 19-6　墩（台）身水平裂缝

4. 翼墙和前墙断裂的裂缝，如图 19-7 所示。往往是由于墙间填土不良、冻胀和基底承载力不足，引起下沉或外倾而开裂。

墩台裂缝如经长期观测已趋稳定的可不进行处理，对于那些继续发展的裂缝应特别予以重视。

二、桥梁维修与加固

（一）桥面维修

1. 清洁工作

经常清扫桥面垃圾及疏通排水管道,防止积水;冬季要及时清除积雪,防止结冰。

2. 桥面整理

桥面铺装层在行车长期作用、大气影响下会起皮、破碎、脱落,形成凹凸不平的坑洼,必须及时进行修补,以保证桥面的平整。

3. 伸缩缝维修

伸缩缝最容易损坏,应经常检查其状态是否正常,如沥青嵌缝料脱落要予以填补,镀锌铁皮断裂要及时整修以防止桥面水流进支座及墩台;由于墩台位移、倾斜造成墩台上梁端顶住时,应视情况采取措施,使其保持一定缝隙。

图 19-7 翼墙和前墙连接处的裂缝

(二) 支座维修

支座应经常保持其良好的状态,弧形滑动面、辊轴和滚动面要及时清除垃圾与污泥,并涂以薄层润滑油或涂擦石蜡。

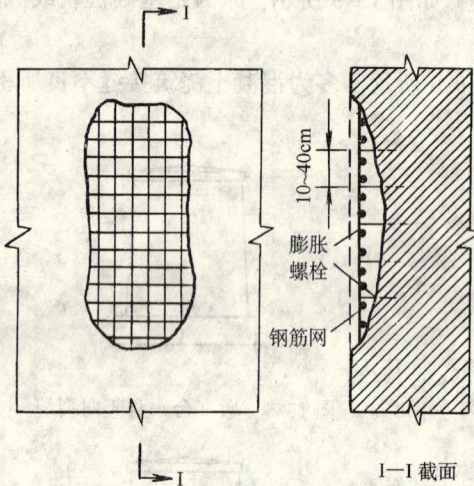

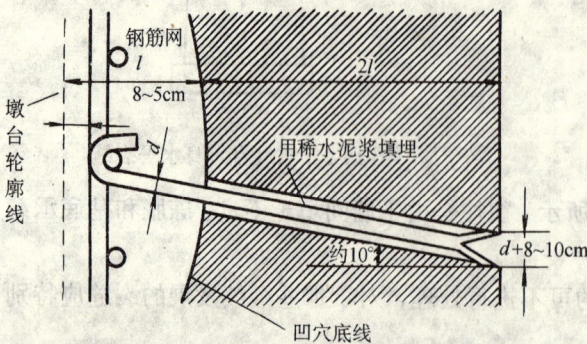

图 19-8 墩台表面局部修补

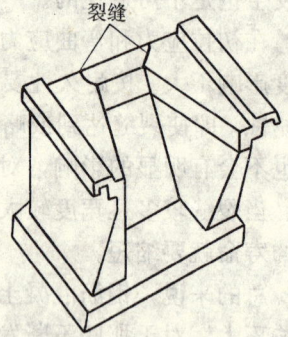

(三) 墩台维修与加固

1. 勾缝

圬工砌体由于气候的影响,雨水的侵蚀,砂浆质量欠佳或施工不良,最容易造成外层砂浆的松散脱落,需要重新勾缝。勾缝时要凿去破损的灰缝,深 $3\sim5$cm,用水冲洗干净、刷一层纯水泥浆使砂浆与砌石能很好地结合,然后用 10 号水泥砂浆勾缝。

2. 局部修补

当圬工表面局部损伤,脱落不严重时,可以将破损部分清除,凿毛清洗干净,然后用 10 号水泥砂浆分层填补至需要厚度。当损坏深度和范围较大时可在结合处设置膨胀螺栓,必要时挂钢筋网,立好模板浇筑混凝土(图 19-8)。

3. 表面风化的修理

圬工表面风化、剥落、蜂窝麻面可加 1 层 10 号水泥砂浆防护。抹浆方法可用手工抹砂浆和压力喷浆。

4. 裂缝、内部空隙的修补

对裂缝多而深入圬工内部,或

内部有空隙，用压注环氧树脂或水泥浆进行处理；墩台因压注数量大，可用水泥砂浆。压注前先在圬工结构物表面钻好孔眼，再行压浆，以增强圬工强度和延长其使用寿命。

5. 桥墩有贯穿裂缝时的修补

对贯通裂缝，仅用压浆方法不易达到效果，可设钢筋混凝土箍（图19-9）加固。

6. 墩台水下部分的修理

常根据水深、流速、河床地质等的不同，设置

图 19-9　钢筋混凝土箍加固桥墩

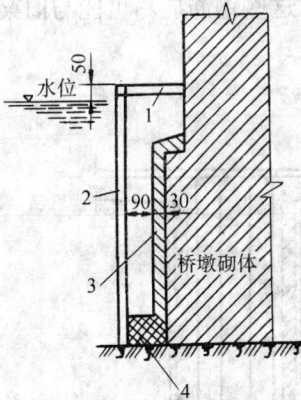

草袋围堰或板桩围堰。施工时一般先进行抽水；当水难以抽干时，则可浇筑水下混凝土封底后再抽，抽水后在损坏部分加做钢筋混凝土护套（图19-10）。也有不抽水而把钢筋混凝土薄壁套箱围堰下到损坏处附近河底，在套箱与桥墩间浇筑水下混凝土以包裹损坏处（图19-11）。

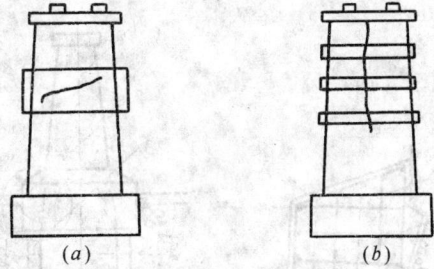

图 19-10　抽水后修理桥墩（单位：cm）

1—支撑；2—板桩围堰；3—钢筋
混凝土护套；4—水下混凝土封底

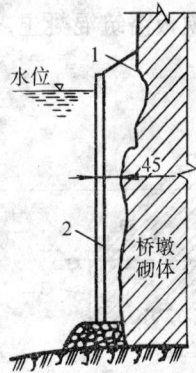

图 19-11　不抽水修理桥墩水下部分（单位：cm）

1—用水下混凝土填充；
2—钢筋混凝土护套

7. 桥墩基础加固

当基础承载力不够，可采用在原基础周围加打基桩浇筑钢筋混凝土承台，并与原基础混凝土相联结（凿槽埋入带刺的牵钉），以扩大基底承载面积（图19-12）。

8. 桥台加固

当桥台因尺寸不足，难以承受台背土压力时，可采用削减路基一侧土压力的方法，即将桥台填土换以分层干砌片石或再增设1个新的桥跨。对于往桥孔方向倾斜或移动的埋置式桥台，除结合上述处理外，也可以另建撑壁加固（图19-13）。

（四）梁严重损坏的加固

钢筋混凝土梁损坏严重，已不能满足强度要求时，应尽快进行加固，必要时亦可予以更换。

常用的加固方法是在梁肋下套上一个钢筋混凝土的外壳，如图19-14所示。先把要加固的梁肋混凝土凿毛，在下部扎上新添的水平受力钢筋，在侧面放置向上弯起的斜筋。此外，

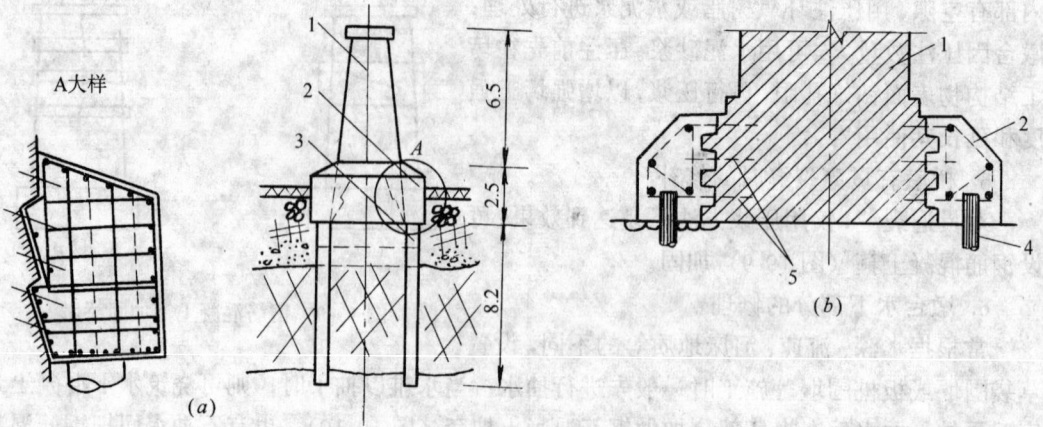

图 19-12 桥墩基础加固示例 尺寸单位：（m）
1—原有墩身；2—新浇承台；3—钻孔桩；4—基桩；5—牵钉

并沿梁的侧面高度加设纵向水平辅助钢筋的箍筋。所有这些钢筋应尽可能与旧梁的钢筋相焊接，然后立模板浇筑混凝土。

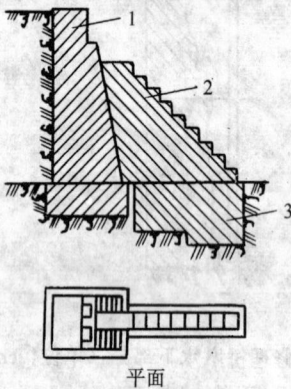

图 19-13 撑壁加固埋式桥台
1—台身；2—撑壁；3—撑壁基础

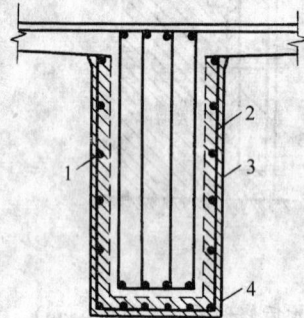

图 19-14 用套箍加固钢筋混凝土梁
1—纵向分布钢筋；2—箍筋；3—钢筋混凝土外壳；4—纵向受力钢筋

三、桥梁防护

（一）预防冲刷

为防止山区或山前区小桥上下游附近河床被冲刷，保持小桥墩台基础有足够的埋置深度，应根据当地条件进行防护。

1. 增设消能设备

坡陡，冲刷较严重的小桥可在其上游设置缓流井或者带阶梯的跌水槽等消能设备以减弱下游的河床冲刷。

对于流速较大的中、小桥，当下游河床采用延长片石铺砌加固仍不能满足抗冲刷要求时，可采用在下游台口以外设挑坎的方法。

2. 下游筑拦砂坝

桥位在水库下游或桥下游有采矿场时，河床将逐年下降，这对桥梁基础特别是对浅基础非常不利。当河不宽时，为了稳定河床，可在桥梁下游适当位置修筑拦砂坝拦截泥砂，坝顶高程可根据各桥具体情况确定，但须注意坝下及两端冲刷，以免危及坝身安全（图19-15）。

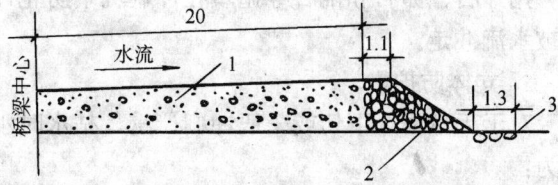

图 19-15　拦砂坝　单位（m）
1—淤积砂石；2—拦石坝；3—铺砌

3. 浆砌片石护底

浆砌片石护底是桥梁整孔防护最常用的一种，这一类防护适用于山区及山前区漂石、卵石及砂质河床，枯水期水不深便于施工，对冲刷较小的河床也可用干砌片石作整孔防护。

（二）局部防护

局部防护是指桥梁墩台周围为防止水流局部冲刷设置的防护措施，一般用于大跨径的桥梁。局部防护的顶面高程最好设置在一般冲刷线以下，才能收到预期效果，如设置在一般冲刷线以上时，特别是刚性局部防护（如浆砌片石）常因防护基底被掏空而遭冲毁；对于柔性局部防护（如铅丝石笼），除非流速很大石笼可能被水冲卷而破坏外，通常设置在一般冲刷线以上，是不致被破坏的。

1. 平面护基

（1）浆砌片石（或混凝土）护基　适用于一般冲刷较小的平原砂质河床或山前区砂卵石河床。其护基顶面要设置在一般冲刷线以下，铺砌末端的截水墙应有足够的埋置深度以防掏刷。图19-16为混凝土护基示意。

（2）其他防护方法　如采用铁丝石笼、柴排、干砌片石和抛填片石、块石（图19-17所示）护基。

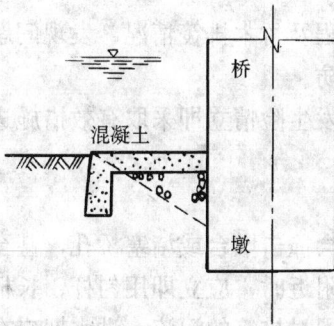

图 19-16　混凝土护基

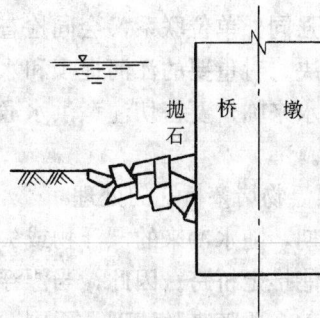

图 19-17　抛石护基

一般情况，在常水位较深，河床及流向稳定，流速较小的砂质河段上，可采用铁丝石笼护基；当地有料源时，也可采用柳条柴排防护，此种防护顶面高程应尽可能接近一般冲刷线。

干砌片石护基整体性较差，因此其抗冲流速不大，特别是设置在河床面的干砌片石护基，当平均流速为2～3m/s时及可能被冲毁。所以此类防护仅适用于河床宽浅，坡小流缓的砂质河床上。在山区或山前区坡度较陡，流速较大的卵石河床上是不适用的。

用片石、卵石和乱石等抛填在冲刷坑中防止冲刷的抛石工程，其石料尽可能重些，以免被水流冲走。

2. 立体防护

对于天然河床下切或一般冲刷严重，枯水时水较深的河流应优先考虑立体防护，其方法为：

（1）钻孔桩加承台　这是比较彻底的加固处理，见图19-12。

（2）桩围堰内填片石　可采用木板桩、木排桩围堰，在围堰内填片石。

（三）冰冻防护

在严寒冰冻地区，在春融期间，水位上涨，有时和大量流冰同时发生，可能会撞坏墩台，严重时会堵塞桥孔，甚至堆积成冰坝和冰桥以至推走整个桥梁；冰层在骤冷情况下会开裂，如遇大风，冰层移动，也会挤歪桥墩；由于水流的影响或涨潮落潮等其它原因，冰层会发生爬动；水位涨落时冰面也能升降；这些对墩台等都会产生破坏作用，所以在这些河流中，常采用的预防措施就是破冰。

（四）洪水期抢险

在雨季来临前检查桥梁本身及现有导流构造物和防护设备的完好状态，根据以往资料和实地检查结果，编制洪水通过危险地点一览表，以便有计划地掌握和预先作出妥善处理。除与洪水有关的一切工程应在汛期前完成外，要做好抢险料具的储备和人员组织工作，并与有关单位建立密切联系。

防洪材料（如片石、木料、草袋、水泥等）和工具（如勾杆、长柄斧头、小船、照明设备等），应根据以往水害情况采取集中储备和在危险地点分散储备的方法，使一旦发生险情，能立即抢救。

人员组织除妥善安排外要进行防洪训练，雨季要加强检查和监视，实行雨前、雨中、雨后三检制，对易受水害的桥梁要随时作好抢险准备。

要加强同外单位联系，会同检查上游有关水利工程及竹木排筏情况，发现问题催促有关单位解决，对重要的江河堤坝和水库在汛期实行联防。

当洪水来临，要密切注意洪水通过桥梁的情况，发生险情立即采取有效措施进行抢险确保安全。

1. 漂浮物堵塞桥孔的处理

洪水期，随水冲来的漂浮物或失去控制的竹排筏会撞击墩台或堵塞桥孔，甚至当水位高时，可能推走桥跨。因此，当漂浮物到达桥梁上游附近时，应立即用勾杆、长柄斧头等疏导、砍散，要随来随清理，否则，多了不易清除。通过排筏的河流，洪水期应在上游适当地点设船监视，对不能控制的排筏应视情况组织人力和船只将排筏拖引过桥或砍散使之流走。

2. 墩台基础受严重冲刷的抢救措施

如果探明墩台基础受到严重冲刷或发现墩台有摇晃现象应迅速采取有效措施。一般常用以下方法：

（1）抛投片石及石笼　在流速较小，河水深度不大的地方，可以只抛片石。抛片石应尽量向上游抛，借水力冲回落于适当位置，流速大，冲刷深的地方应抛投大石块或石笼，石笼间孔隙仍用片石填塞。但不宜投得过多过高，以免影响排洪断面和造成其他桥墩的冲刷。

（2）麻袋装干灰砂加固冲空基础　当发现基础底下被冲空时，可以在冲空的部位填以装有土灰砂的小麻袋，小麻袋由潜水工塞入基底空隙中，并在小麻袋间打入扒钉相互联结，当灰砂遇水结硬后就成为一坚硬的整体，而扒钉就起钢筋的作用。但小麻袋仅用来填塞基底空隙，因此基础周围还应投片石或石笼防护。

3. 护坡、导流堤及桥头路堤边坡被冲坏时的防护

常用的方法是将片石或不碴装袋，投入作基础，再向上码砌装砂土的草袋作为临时防护；当流速较大时，则应抛大片石并滚铺石笼作基础，然后再码砌装土草袋。

四、斜拉桥与吊桥的养护

斜拉桥在我国有三十多年的发展历史。它是由梁、塔墩、索组成的组合结构，尤其是预应力混凝土斜拉桥的受力状况十分复杂。由于收缩徐变影响，主梁线型，桥塔塔顶位移，斜拉索索力等若干年中一直在变化。所以在运营初期的几年内要加强观察和测量，随时进行分析，必要时予以调整。吊桥和斜拉桥都有高塔和缆索，养护工作有相同之处。

（一）定期观察测量

定期观察测量的目的是为了掌握成桥初期到收缩徐变终了期内桥梁线型与索力变化情况，检测结构内力的变化是否符合设计理论计算，以便当线型，索力产生过大变化时，适当调整索力。使结构保持合理的内力状态。

定期观察测量内容：

1. 主梁线型

包括竖向变位、轴向变位及横向变位。（轴向变位对悬浮体系重要）

2. 塔顶位移

主要测量塔顶中线与铅垂线的偏离值。

3. 基础沉降。

4. 斜索索力

索力的测定是一项难度较大的工作。测定时，应排除动载和桥面上多余恒载的干扰。索力测定可用索力测定仪，使用前要先标定斜拉索张拉力和一阶固有频率之间的关系曲线。

5. 斜拉索振动

斜拉索振动可以分为低风速下的涡流激振、高风速下的自激振动和车辆引起的强制振动。前两项振动的测定，是在斜拉索振动时，记下产生振动的索号以及测定当时的风向、风速，及振幅的大小，同时注意阻尼装置的效应，车辆引起的强制振动测定可以和桥梁检测结合进行。

观察测量的期限同设计单位和养管单位商定，一般第一年的测量次数多一些，以后逐渐减少。

主梁线型，塔顶位移的测量一般在清晨进行，但必须与施工时测量时间一致，以保持资料连续。斜拉索索力的测定，一般在夜间交通流量最少时进行，以减少车辆荷载的干扰。

（二）日常养护管理

1. 斜缆索的防护是一个重要问题。我国已建成的斜拉桥的斜缆索的防护措施一般是：在拉索外面用沥青或树脂材料涂抹，随用玻璃丝布和树脂缠涂三层，在外面套上聚氯乙烯套管，并在管内压入水泥浆或树脂。外套管也有采用金属套管的。近年来，采用热挤 PE 套管，防护层只有 5mm，重量轻外径小。热挤 PE 套管的使用时间尚短，效果还需时间检

验。而前者，都已有不同程度的损坏。要经常检查，对损坏的地方做出标记，做好记录，并与原设计、施工单位研究处理。如果仅仅是防护套管开裂破损，可及时用 PE 焊条焊补。

多年后需要更换者，应报请主管部门批准。按设计单位给定的工作顺序进行更换工作。

定期对斜缆索的阻尼装置进行检查有否松动现象，并及时采取补救措施，必要时可更换。

定期检查索座处索套管内有无积水，有积水应及时排除。检查防水钟罩的效果，并予以检修。

为了美观和吸热，在斜缆索外套管外用涂料涂刷或用专用的外缠包带缠包。因此，一定要检查外缠包是否完好。若有老化剥落，则需重包，涂料脱落需补涂。

2. 避雷装置系统等，由于塔身高，避雷装置系统必须保持完善。每年春季雷鸣前，要对防雷性能进行检测，有故障必须及时排除。索塔上的航空标灯和桥上的照明应每季度检查 1 次。

3. 防摇止推装置和支座，在悬浮体系斜拉桥中设梁体防摇止推装置。它的钢部件要每两年检查 1 次，并涂油防锈，锚箱锚头及拉索出口的密封处，要每年检查 1 次，5～6 年涂防锈漆一次。

为减少跨中挠度及调整边跨内力，一般有设置拉力墩（辅助墩），当施工阶段和活载作用时，都可能出现负反力（即拉力）。对这类支座，要经常涂油养护。为防止基础不均匀沉降对结构物产生的附加内力，要按设计部门提出的时间、年限进行检测调整。调整支座的时间应在设计合拢温度或夜间进行，以消除温差影响。

（三）吊桥养护要点

吊桥的养护和斜拉桥的养护有相同处，重点是索。

为保护吊桥钢索不致锈蚀，对主吊索要经常涂刷黄油或玛蹄脂，并用帆布，尼龙布或其它防护材料包扎。悬索吊桥的索洞门要经常拉开通风和做好排水。

吊桥各主索要力求受力均衡，对主索的检查，主要由其摆动幅度的频率的变异来判定其长度和受力的变化。发现某索的长度及受力有变，要把两端锚定拉杆螺帽拧紧，使其恢复原状，若锚定拉杆处距离够，可在套筒与拉杆螺帽之间加铁垫圈，只有在万不得已的情况下，才允许截短钢索。

如果发现吊杆有个别震动特别明显，一般是由于索夹的位置下移，或套筒螺帽松动所致，则应调整索夹，并拧紧套筒螺帽。

斜拉桥及吊桥的其它部位的养护和一般桥梁的养护工作相同。

第二节 桥 梁 抗 震

一、桥梁的地震灾害

地震给地形地貌造成破坏，对建造在地上和地下的建筑物造成破坏，除直接由地震造成的灾害外，还有因地震而造成水灾、火灾等灾害。地震直接产生的灾害有以下几种。

（一）场地破坏而引起的灾害

强烈地震时，往往产生地形地貌的变化（如地裂，上下和水平向的错动，滑坡等）和地基液化，从而使建造在其上面的建筑物受到破坏。如1975年海城地震时，位于该地区的某大桥，由于地基液化，河岸滑移，桥墩普遍向何心位移，向河岸倾斜甚至折断，梁与墩之间也发生了严重的相对位移，最大达到1m以上，全桥落梁4孔。

（二）建筑物直接受震破坏

地震时，由于地面运动而使建筑物承受地震荷载，在地震荷载作用下，建筑物某一部分产生的内力或变形超过建筑物结构所能承受的限度时，就出现了轻重不同的损坏和破坏（如局部压碎、挠曲、裂缝、错位及扭转）直至倒塌。例如，1976年唐山大地震，地震中心区70％的桥均受破坏，某大桥摆柱支座大部倾倒，全桥35孔，落梁23孔。在国内外的历次强烈地震中，柱式墩和桩式墩的柱（桩）与盖梁、承台联结处等截面变化部位，开裂、混凝土剥落，钢筋压坏以及柱（桩）折断等破坏现象十分普遍。

根据桥梁震害调查，桥梁破坏情况有以下几种。

1．地基土液化，使墩台基础产生下沉，滑移、倾斜、断裂，河岸滑移，墩台向河心位移，向河岸倾斜甚至折断；由于不均匀沉降，上部结构局部挤坏；拱圈变形，开裂，折断坍塌，拱圈下滑。

2．拱脚与墩台脱开甚至导致拱脚下滑和落拱。

3．固定支座销钉被剪断，摆柱支座歪斜，倾倒；支座受竖向地震力作用而跳离原位；梁的纵、横向窜动，撞坏桥台胸墙（后靠背），甚至落梁。

4．桥梁上、下部构造之间的连接部位，双曲拱桥拱肋与拱波之间的连接部位，墩（台）身与承台；基桩与承台、墩柱与盖梁之间的联接部位，八字翼墙与桥台台身之间的连接部位，由于强度和刚度不足，地震灾害大量发生。

二、桥梁抗震加固

根据四川、云南、辽宁等地的部分震害调查资料，在位于地震烈度七度区（地震震级与地震烈度对比表见表19-1所示）的480km路段中，修建于工程地质条件良好的270km路基本完好或仅有轻微损坏。又据云南、四川、山东、广东、江苏、辽宁等地的部分震害调查资料，位于地震烈度七度区的十余座桥梁多数基本完好或仅有轻微损坏。以上资料说明，在一般条件下，市政工程能够经受住地震烈度为七度的地震（相当于5级地震）。资料表明位于地震烈度八度及九度区内一般地段（系相对于危险地段、软弱粘性土层和可液化土层而言）的多数桥梁仅有轻微损坏。而发生桥梁断裂、支座位移等破坏的几座梁式大桥，主要由于桥墩截面不够，支座与墩台的连接薄弱等原因造成的。如果适当加大桥墩截面，加强支座与墩台的连接，这几座桥梁的破坏是可以避免或减轻的。与其在震后紧急抢修，不如在震前就预作考虑。在地震烈度为八度及八度以上的地震区的桥梁，均应局部加强其抗震薄弱的部位。

（地震震级（里氏）与地震烈度对比表）　　　　　　　　　　表19-1

震　级	烈　度	震　级	烈　度	震　级	烈　度
0	一	3	五	7	九
1	二	4	六	8	十
2	三	5	七	8.5	十一
2.5	四	6	八	8.9	十二

一般的加固措施有：

1. 为避免或减轻地基液化影响，宜增加穿过可液化层且有足够长度深入到稳定土层的深基础，以减轻基础的下沉。有关资料表明，地基上液化深度一般在 20 米以内；

2. 为避免或减轻河岸滑移等侧压力的影响，可加打斜桩；

3. 小桥的桥台之间设置支撑梁，或铺设浆砌片石海漫（海漫：护坦桥梁下游防止河床被冲刷的设施。由于水流在海漫上扩散及摩擦作用，有继续消能功效。可用柔性材料及抛石等筑成，但接近护坦处宜用较坚固的护面，如干砌块石及混凝土板，其下游可用石笼、梢捆、抛石等)，能减轻地基变形、地基失效及河岸滑移对桥梁的影响；

4. 用化学产品硅化地基、防止地基液化；

5. 原来单排桩，增打成双排或三排桩，提高桥墩的纵向刚度，从而增加桥墩抗震能力；

6. 设置横系梁，可加强桩式墩的整体性。有条件的，可在高桩承台外加打纵、横向斜桩，以提高其抵抗水平地震荷载的能力；

7. 加强桩式墩和柱式墩桩（柱）与盖梁、承台连接处等截面变化部位。增加钢筋，同时将突变截面改做成喇叭形渐变截面；

8. 增设挡块，改造加强胸墙，防止落梁；

9. 增设抗震墩、台；

10. 加长拱座斜面和增设防落牛腿，防止拱脚下滑；

11. 加强拱脚与墩、台帽之间的连接；

12. 把梁固定在墩、台上；

13. 加强双曲拱等装配组合式拱圈的横向联系和各构件之间的连接。双曲拱桥拱肋之间的横向联系换成横隔板。

下面介绍一些具体的做法。

（一）防止落梁的加固

1. 改造加强胸墙（后靠背），把原桥台胸墙拆掉，重做钢筋混凝土胸墙，在梁端和胸墙间应填充缓冲材料（如沥青油毡或橡胶垫），并在台帽（台盖梁）外缘加做挡块卡住横隔板（见图 19-18)。

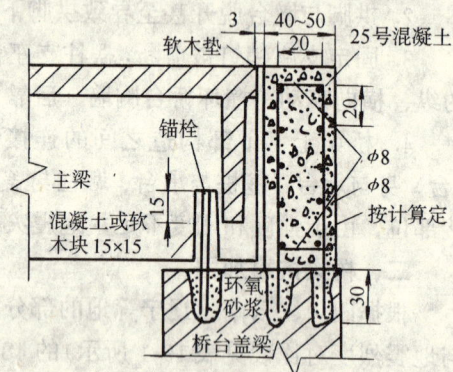

图 19-18　增设挡块和加强胸墙
（尺寸单位：cm　铁件：mm）

2. 在桥墩墩帽（墩盖梁）上设置挡块，见图 19-19，挡块的尺寸应进行计算，挡块锚栓的截面积可按下式进行计算：

$$A=\frac{2KW}{\sigma_g} \tag{19-1}$$

式中　A——锚栓截面积（cm²）；

K——水平地震系数，由表 19-2 内取；

W——一片梁或板，或一孔的静载，(kN)；

σ_g——锚栓钢筋容许剪应力（kPa)，可按基本容许应力提高 50%。

3. 连接方法，如果设挡块在墩、台帽上钻孔有困难时，可在两片梁的接缝间钻孔，两侧板面剔槽，用槽钢及螺栓做成 H 型卡架，把梁或板联结在桥墩上，见图 19-20。上述方法

394

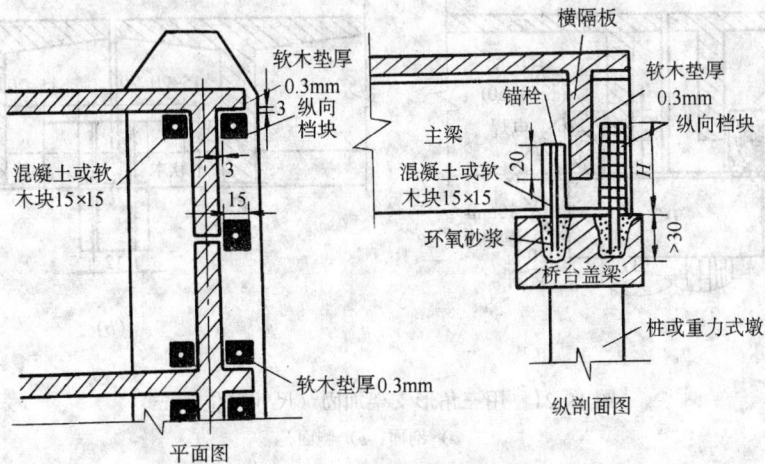

图 19-19　桥墩加固挡块（尺寸单位：cm）

要注意设置橡胶、油毡等软垫或填塞弹性材料以保证梁，板在温度变化时，能自由伸缩。

水平地震系数　　　　　　　　　　　　　　表 19-2

震　级	烈　度	K
5	七	0.1
6	八	0.2
7	九	0.4

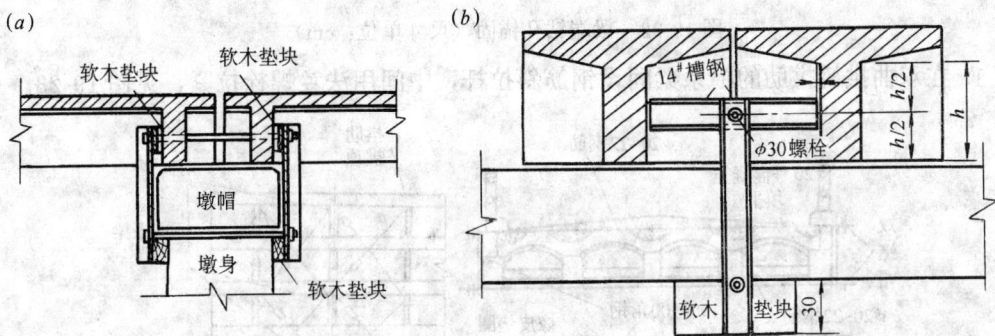

图 19-20　用 H 型卡架加固（尺寸单位：cm）

(a) 剖面；(b) 侧面

　　4. 铁三角形支架固定，当桥墩为柱式墩或梁跨度较大，而端横梁底面与盖梁顶面有缝隙可以穿过铁板的梁桥，可不用穿孔，先穿一钢板，在钢板上下，盖梁两侧，垂直桥轴焊上四块钢板。在四块钢板后，焊支撑钢板以加强，见图 19-21 所示。

　　5. 固定法加固板梁，把板梁固定在墩、（台）盖梁（帽）上以防落梁。板梁采用油毡支座的，可把每片板梁钻眼深入盖梁内，插入经计算的螺栓，填以环氧砂浆，上紧螺帽。活动端应扩孔并填以弹性材料，以利温差伸缩，见图 19-22。

　　（二）拱桥的抗震加固

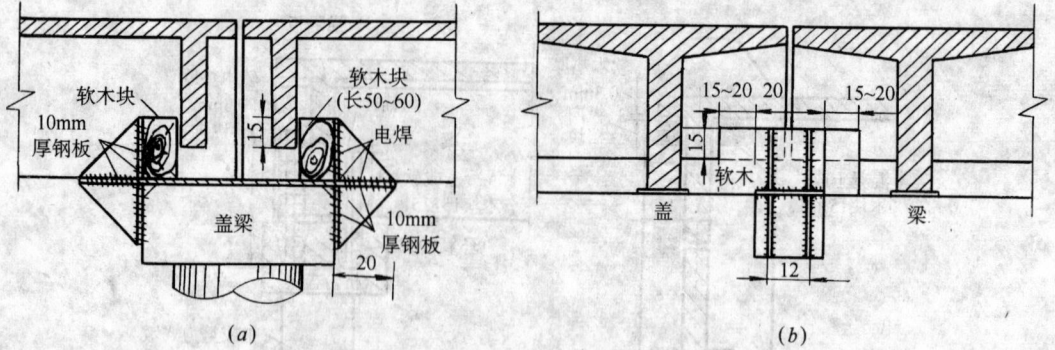

图 19-21　用三角形支架加固（尺寸单位：cm）

a）剖面；*b*）侧面

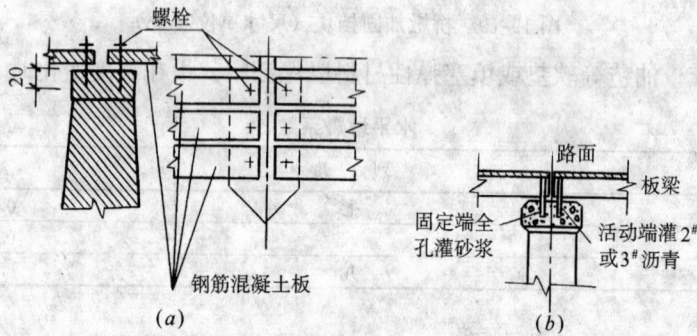

图 19-22　梁端钻孔锚固（尺寸单位：cm）

1. 在双曲拱桥拱肋的横系梁间设钢筋斜拉杆，中间用法兰螺栓拉紧，见图 19-23。

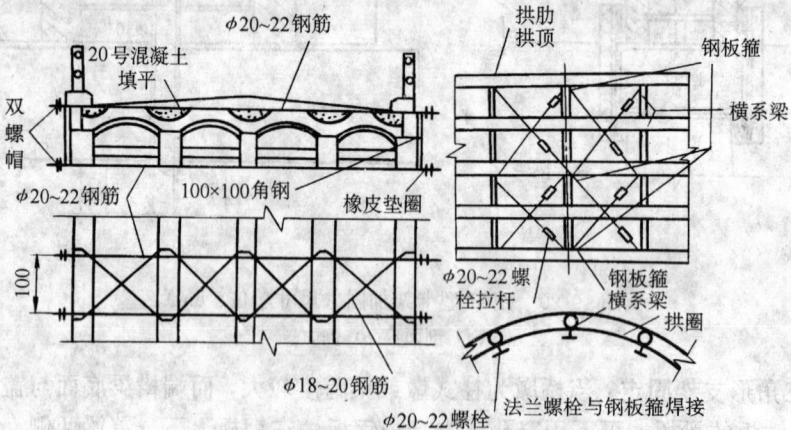

图 19-23　双曲拱整体加固

（尺寸单位：cm　铁件：mm）

2. 为防止拱圈落拱，加长墩台帽和拱底斜面长度，并设置防落牛腿，见图 19-24。

3. 石拱桥可在拱圈的跨中和 $L/4$ 处加设三通钢板箍，用锚固螺栓在拱腹及拱侧钻孔锚固。

应注意：拱侧锚固点设在拱圈厚度的1/3处（见图19-25），锚固孔用膨胀水泥砂浆填塞。

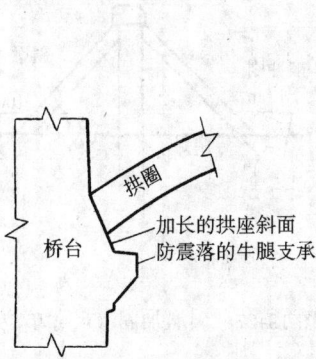

图 19-24　加长拱座斜面和设置防落牛腿示意图

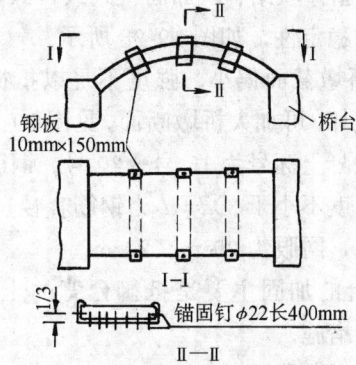

图 19-25　石拱圈加固

（三）墩、台的加固

1. 加大基础面积或在冲刷线以下1m处设围裙加固（见图19-26），围裙可用15号混凝土或水泥砂浆砌片石筑成。

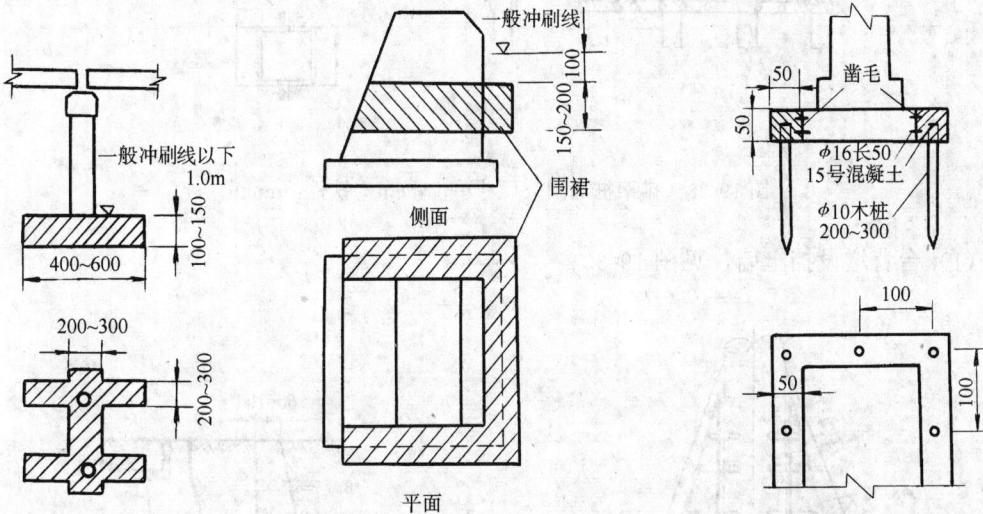

图 19-26　围裙加固（尺寸单位：cm）

2. 多孔长桥，可增设抗震墩。即在桥墩两边加设钢筋混凝土斜撑（见图19-27），斜撑尺寸视原墩高度和跨径而定，一般参照表19-3选择，当需要验算斜撑截面承载力时，可参照基桩承台斜桩的计算方法。

斜撑尺寸参考表　　　　　　　　　　　表19-3

斜 撑 长 度（m）	斜 撑 截 面 cm²	混 凝 土 标 号	备　注
小于5m	20×20	20	钢筋布置可参照铁道部大桥局编《桥梁设计手册》基础部分
5～8m	25×25	20	
8～12m	30×30	25	
12～16m	35×35	25	
16～25m	40×40	30	

3. 桩式或柱式桥墩，在桩或柱间用槽钢或角钢作横、斜撑联结、以加固桩式或柱式墩，增强整体性的稳定性，如图 19-28 所示。

4. 当桥墩截面偏小，强度不足以抵御地震对桥墩的破坏，可加大桥墩断面，见图 19-29。新增的钢筋混凝土标号为 15 号～20 号。钢筋插入原桥墩的长度不小于 $30d$（d 为钢筋直径）；外层加设钢筋网，网眼为 $20cm \times 20cm$。

5. 桥台的加固主要是抵御台背的土压力，可采取以下措施。

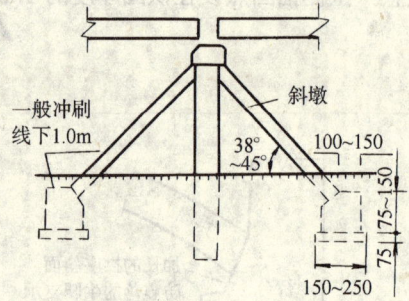

图 19-27 斜墩加固（尺寸单位：cm）

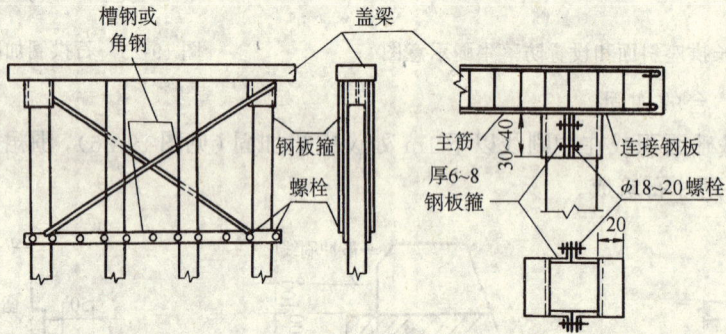

图 19-28 排架桩加固（尺寸单位：cm 铁件：mm）

（1）台背增设挡土墙，见图 19-30；

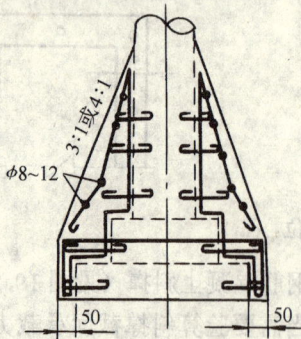

图 19-29 加大桥墩断面（尺寸单位：cm）　　图 19-30 桥台用挡墙加固（尺寸单位：cm）

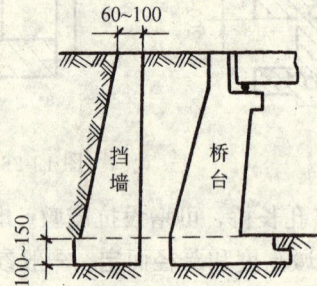

（2）台前建扶壁，见图 19-31；

（3）台后增设一小跨径桥梁，见图 19-32；

（4）将埋置式或一字式桥台改为 U 型桥台，见图 19-33。

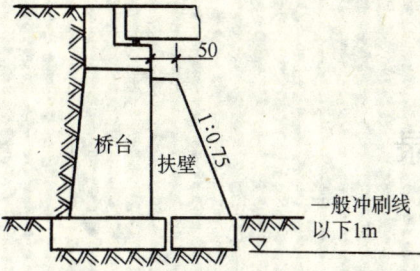

图 19-31　台前建扶壁（尺寸单位：cm）

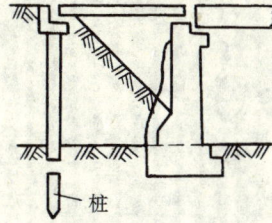

图 19-32　台后增设桥孔

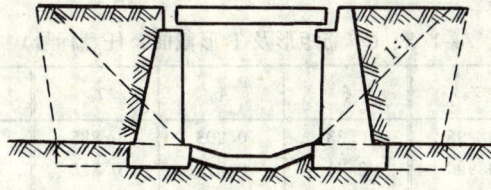

图 19-33　改建为 U 形桥台

习　题

思考题

1. 桥梁养护分哪四类；
2. 钢筋混凝土梁桥裂缝有哪些（包括墩、台）；
3. 桥梁防护包括哪些内容；
4. 斜拉桥定期观察测量哪些内容；
5. 为防地震落梁，板梁如何固定在墩（台）盖梁上。

附 录

附 录 Ⅰ

钢筋混凝土受弯构件正截面强度计算用表

A_0-γ_0 表（单筋矩形及 T 形截面，任意标号）

ξ	A_0	γ_0	ξ	A_0	γ_0	ξ	A_0	γ_0
0.01	0.010	0.995	0.23	0.203	0.885	0.45	0.349	0.775
0.02	0.020	0.990	0.24	0.211	0.880	0.46	0.354	0.770
0.03	0.030	0.985	0.25	0.219	0.875	0.47	0.359	0.765
0.04	0.039	0.980	0.26	0.226	0.870	0.48	0.365	0.760
0.05	0.048	0.975	0.27	0.234	0.865	0.49	0.370	0.755
0.06	0.058	0.970	0.28	0.241	0.860	0.50	0.375	0.750
0.07	0.067	0.965	0.29	0.248	0.855	0.51	0.380	0.745
0.08	0.077	0.960	0.30	0.255	0.850	0.52	0.385	0.740
0.09	0.085	0.955	0.31	0.262	0.845	0.53	0.390	0.730
0.10	0.095	0.950	0.32	0.269	0.840	0.54	0.394	0.730
0.11	0.104	0.945	0.33	0.275	0.835	0.55	0.400	0.725
0.12	0.113	0.940	0.34	0.282	0.830	0.56	0.403	0.720
0.13	0.121	0.935	0.35	0.289	0.825	0.57	0.408	0.715
0.14	0.130	0.930	0.36	0.295	0.820	0.58	0.412	0.710
0.15	0.139	0.925	0.37	0.301	0.815	0.59	0.416	0.705
0.16	0.147	0.920	0.38	0.309	0.810	0.60	0.420	0.700
0.17	0.155	0.915	0.39	0.314	0.805	0.61	0.424	0.695
0.18	0.164	0.910	0.40	0.320	0.800	0.62	0.428	0.690
0.19	0.172	0.905	0.41	0.326	0.795	0.63	0.432	0.685
0.20	0.180	0.900	0.42	0.332	0.790	0.64	0.435	0.680
0.21	0.188	0.895	0.43	0.337	0.785	0.65	0.439	0.675
0.22	0.196	0.890	0.44	0.343	0.780			

注：（1）$A_0=\dfrac{\gamma_c M_j}{R_a \cdot b \cdot h_0^2}$；$A_g=\dfrac{\gamma_s M_j}{R_g \cdot \gamma_0 \cdot h_0}$；

（2）单位：M—kN·m；b、h_0—cm；A_g—cm²，R_g·R_a—MPa；

（3）粗线以下的数值不适用于采用冷拔低碳钢丝的截面。

附 录 Ⅱ

铰接板（梁）桥荷载横向分布影响线表

说明：

1. 依板块个数及所计算板号按 γ 值查取各块板轴线处的影响线坐标。表头"梁×-×"的前一个数字表示板块总个数，后一个数字表示所计算的板号；如"梁8-2"表示共8块板，第二块板的影响线坐标表。

2. 表列出由 4～22 块板所有各块影响线坐标值。

3. 表列各值除 1000 后影响线坐标值。

4. 表值范围已满足由单车道到四车道并配以宽度为 3.5m 的人行道的要求，若超出范围，可采用分组近似求解。

5. 对于 4～8 块板（梁）表中还同时列出斜交时的弯矩折减系数 k_a。

梁 9-1 附Ⅱ-1a

γ	η_{11}	η_{12}	η_{13}	η_{14}	η_{15}	η_{16}	η_{17}	η_{18}	η_{19}
0.00	111	111	111	111	111	111	111	111	111
0.01	185	162	136	115	98	86	77	72	69
0.02	236	194	147	113	88	70	57	49	46
0.03	275	216	153	109	78	58	44	36	32
0.04	306	232	155	104	70	48	35	26	23
0.06	355	254	154	94	57	35	23	15	12
0.08	392	268	150	84	47	27	15	10	7
0.10	423	277	144	75	39	20	11	6	4
0.14	470	288	131	60	27	12	6	3	2
0.18	507	294	119	48	19	8	3	1	1

梁 9-2 附Ⅱ-1b

γ	η_{21}	η_{22}	η_{23}	η_{24}	η_{25}	η_{26}	η_{27}	η_{28}	η_{29}
0.00	111	111	111	111	111	111	111	111	111
0.01	162	158	141	119	102	90	81	75	72
0.02	194	189	160	122	95	75	62	53	49
0.03	216	212	172	122	88	65	49	40	36
0.04	232	229	181	121	82	57	40	31	26
0.06	254	255	194	118	72	44	28	19	15
0.08	268	274	202	113	63	36	21	13	10
0.10	277	290	208	108	56	29	16	9	6
0.14	288	313	217	99	45	21	10	5	3
0.18	294	332	223	90	36	15	6	3	1

梁 9-3 附Ⅱ-1c

γ	η_{31}	η_{32}	η_{33}	η_{34}	η_{35}	η_{36}	η_{37}	η_{38}	η_{39}
0.00	111	111	111	111	111	111	111	111	111
0.01	136	141	142	129	111	97	87	81	77
0.02	147	160	164	141	110	87	72	62	57
0.03	153	172	181	151	109	80	61	49	44
0.04	155	181	195	159	108	74	53	40	35
0.06	154	194	219	172	105	65	41	28	23
0.08	150	202	237	182	102	58	33	21	15
0.10	144	208	254	190	99	52	28	16	11
0.14	131	217	281	202	92	42	19	10	6
0.18	119	223	303	211	85	35	14	6	3

梁 9-4 附II-1d

γ	η_{41}	η_{42}	η_{43}	η_{44}	η_{45}	η_{46}	η_{47}	η_{48}	η_{49}
0.00	111	111	111	111	111	111	111	111	111
0.01	115	119	129	133	123	108	97	90	86
0.02	113	122	141	152	134	106	87	75	70
0.03	109	122	151	168	143	105	80	65	58
0.04	104	121	159	182	151	104	74	57	48
0.06	94	118	172	206	165	102	65	44	35
0.08	84	113	182	226	176	99	58	36	27
0.10	75	108	190	244	185	97	52	29	20
0.14	60	99	202	274	199	91	42	21	12
0.18	48	90	211	299	210	85	35	15	8

梁 9-5 附II-1e

γ	η_{51}	η_{52}	η_{53}	η_{54}	η_{55}	η_{56}	η_{57}	η_{58}	η_{59}
0.00	111	111	111	111	111	111	111	111	111
0.01	98	102	111	123	131	123	111	102	98
0.02	88	95	110	134	148	134	110	95	88
0.03	78	88	109	143	164	143	109	88	78
0.04	70	82	108	151	178	151	108	82	70
0.06	57	72	105	165	203	165	105	72	57
0.08	47	63	102	176	224	176	102	63	47
0.10	39	56	99	185	242	185	99	56	39
0.14	27	45	92	199	273	199	92	45	27
0.18	19	36	85	210	298	210	85	36	19

梁 10-1 附表II-2a

γ	η_1	η_2	η_3	η_4	η_5	η_6	η_7	η_8	η_9	η_{10}
0.00	100	100	100	100	100	100	100	100	100	100
0.01	181	158	131	110	93	80	70	63	58	56
0.02	234	192	146	111	85	66	52	43	37	34
0.03	274	215	152	108	77	55	41	31	25	22
0.04	306	232	155	103	69	47	32	23	18	15
0.06	355	254	154	94	57	35	21	14	9	7
0.08	392	288	150	84	47	26	15	9	5	4
0.10	423	277	144	75	39	20	11	6	3	2
0.14	470	288	131	60	27	12	6	3	1	1
0.18	507	294	119	48	19	8	3	1	1	0

梁 10-2 附II-2b

γ	η_{21}	η_{22}	η_{23}	η_{24}	η_{25}	η_{26}	η_{27}	η_{28}	η_{29}	$\eta_{2.10}$
0.00	100	100	100	100	100	100	100	100	100	100
0.01	158	154	137	114	97	83	73	65	60	58
0.02	192	188	157	120	92	71	56	46	40	37
0.03	215	211	171	121	86	62	46	35	28	25
0.04	232	229	181	121	81	55	38	27	20	18
0.06	254	255	193	117	71	44	27	17	12	9
0.08	268	274	202	113	63	35	20	12	7	5
0.10	277	290	208	108	56	29	15	8	5	3
0.14	288	313	217	99	45	21	9	4	2	1
0.18	294	332	223	90	36	15	6	2	1	1

γ	η_{31}	η_{32}	η_{33}	η_{34}	η_{35}	η_{36}	η_{37}	η_{38}	η_{39}	$\eta_{3.10}$
0.00	100	100	100	100	100	100	100	100	100	100
0.01	131	137	137	123	104	90	78	70	65	63
0.02	146	157	162	138	106	82	65	54	46	43
0.03	152	171	180	149	106	77	56	43	35	31
0.04	155	181	195	158	106	72	49	35	27	23
0.06	154	193	218	171	104	64	39	25	17	14
0.08	150	202	237	181	101	57	32	19	12	9
0.10	144	208	254	189	98	51	27	14	8	6
0.14	131	217	281	202	92	42	19	9	4	3
0.18	119	223	303	211	85	35	14	6	2	1

γ	η_{41}	η_{42}	η_{43}	η_{44}	η_{45}	η_{46}	η_{47}	η_{48}	η_{49}	$\eta_{4.10}$
0.00	100	100	100	100	100	100	100	100	100	100
0.01	110	114	123	127	116	100	87	78	73	70
0.02	111	120	138	148	129	100	80	65	56	52
0.03	108	121	149	165	140	101	74	56	46	41
0.04	103	121	158	180	149	101	69	49	38	32
0.06	94	117	171	205	163	100	62	39	27	21
0.08	84	113	181	226	175	98	56	32	20	15
0.10	75	108	189	244	185	96	50	27	15	11
0.14	60	99	202	274	199	91	41	19	9	6
0.18	48	90	211	299	210	85	34	14	6	3

γ	η_{51}	η_{52}	η_{53}	η_{54}	η_{55}	η_{56}	η_{57}	η_{58}	η_{59}	$\eta_{5.10}$
0.00	100	100	100	100	100	100	100	100	100	100
0.01	93	97	104	116	123	114	100	90	83	80
0.02	85	92	106	129	142	126	100	82	71	66
0.03	77	86	106	140	159	137	101	77	62	55
0.04	69	81	106	149	175	146	101	72	55	47
0.06	57	71	104	163	201	162	100	64	44	35
0.08	47	63	101	175	223	174	98	57	35	26
0.10	39	56	98	185	241	184	96	51	29	20
0.14	27	45	92	199	273	198	91	42	21	12
0.18	19	36	85	21	298	209	85	35	15	8

附 录 Ⅲ

三角形影响线等代荷载（kN） 附Ⅲ-1

跨径或荷载长度 （m）	汽车—15级					挂车—80				
	支点	$L/8$	$L/4$	$3L/8$	跨中	支点	$L/8$	$L/4$	$3L/8$	跨中
8	41.3	40.0	38.3	36.0	32.5	120.0	108.6	96.7	90.0	85.0
9	37.5	36.5	35.2	33.4	30.6	114.6	105.5	93.5	89.3	82.0
10	34.4	33.6	32.5	31.0	28.8	108.8	101.5	91.7	88.3	78.4
11	31.9	31.1	30.2	29.0	27.9	103.1	97.1	89.0	86.2	76.7

跨径或荷载长度 (m)	汽车—15 级					挂车—80				
	支点	$L/8$	$L/4$	$3L/8$	跨中	支点	$L/8$	$L/4$	$3L/8$	跨中
12	30.7	28.9	28.1	27.1	26.9	97.8	92.7	85.9	83.6	75.6
13	29.5	27.5	26.4	25.5	25.9	92.8	88.5	82.7	80.7	73.8
14	28.3	26.6	24.8	24.3	24.9	88.2	84.4	79.5	77.7	71.8
15	27.1	25.7	23.7	23.7	23.9	83.9	80.7	76.3	74.8	69.7
16	26.0	24.7	23.0	23.5	23.0	80.0	77.1	73.3	72.0	67.5
17	25.5	23.9	22.8	23.3	22.1	76.4	73.9	70.5	69.3	65.3
18	24.9	23.0	22.5	22.9	21.2	73.1	70.8	67.8	66.8	63.2
19	24.3	22.5	22.1	22.5	21.0	70.0	68.0	65.3	64.4	61.2
20	23.7	22.0	21.7	22.1	20.7	67.2	65.4	62.9	62.1	59.2
22	22.4	21.1	20.9	21.1	20.0	62.2	60.6	58.6	57.9	55.5
24	21.3	20.2	20.0	20.2	19.2	57.8	56.5	54.8	54.2	52.2
26	20.2	19.3	19.1	19.3	18.5	54.0	52.9	51.4	50.9	49.2
28	19.2	18.4	18.2	18.4	17.7	50.6	49.7	48.4	48.0	46.5
30	18.7	17.6	17.4	17.6	17.0	47.6	46.8	45.7	45.4	44.1

附Ⅲ-2

跨径或荷载长度 (m)	汽车—20 级					挂车—100				
	支点	$\frac{1}{8}$ 处	$\frac{1}{4}$ 处	$\frac{3}{8}$ 处	跨中	支点	$\frac{1}{8}$ 处	$\frac{1}{4}$ 处	$\frac{3}{8}$ 处	跨中
3	122.667	117.333	110.222	100.267	86.667	266.667	257.143	244.445	226.667	200.000
4	99.000	96.000	92.000	86.000	78.000	212.500	207.143	200.000	190.000	175.000
5	82.698	80.534	78.081	74.446	69.121	176.000	172.571	168.000	161.600	152.000
6	72.742	69.335	67.556	65.067	61.334	161.231	148.416	144.446	140.001	133.333
7	65.698	62.695	59.429	57.574	54.857	155.136	139.479	127.213	123.211	118.368
8	59.680	57.429	54.500	51.600	49.500	150.063	135.716	120.834	112.500	106.250
9	54.566	52.741	50.469	47.226	46.519	143.281	131.783	116.873	111.540	102.470
10	50.200	48.755	46.880	44.256	43.680	136.073	126.859	114.668	110.400	98.00
11	46.448	45.224	43.703	41.531	41.058	128.995	121.276	111.295	107.725	95.868
12	43.197	42.191	40.889	39.067	38.667	122.288	115.874	107.408	104.445	94.445
13	40.358	39.480	38.391	36.836	36.497	116.036	110.500	103.354	100.798	92.308
14	37.860	37.120	36.163	34.825	34.531	110.260	105.540	99.320	97.143	89.796
15	35.648	34.987	34.169	33.001	32.747	104.940	100.775	95.408	93.488	97.111
16	33.675	33.107	32.375	31.350	31.125	100.048	96.429	91.666	90.000	84.375
17	31.906	31.391	30.754	29.845	29.647	95.545	92.299	88.120	86.625	81.661
18	30.575	29.863	29.284	28.474	28.296	91.398	88.536	84.774	83.458	79.013
19	29.880	28.454	27.945	27.217	27.058	87.571	84.970	81.625	80.429	76.454
20	29.167	27.189	26.720	26.064	25.920	84.034	81.715	78.666	77.600	74.000
22	27.750	25.963	25.135	24.605	23.901	77.745	75.750	73.279	72.375	69.421
24	26.374	24.889	24.593	23.111	22.556	72.274	70.635	68.519	67.778	65.278
26	25.078	23.796	23.913	22.650	21.408	67.500	66.070	64.300	63.653	61.539
28	23.869	22.716	23.170	22.082	20.347	63.305	62.100	60.544	60.000	58.164
30	22.835	21.784	22.406	21.457	19.947	59.590	58.515	57.185	56.699	55.111
32	22.024	20.875	21.646	20.813	19.484	56.281	55.358	54.166	53.750	52.344
35	20.953	19.899	20.538	19.846	18.736	51.945	51.163	50.178	49.824	48.653
37	20.620	19.266	19.839	19.220	18.226	49.404	48.703	47.821	47.505	46.458

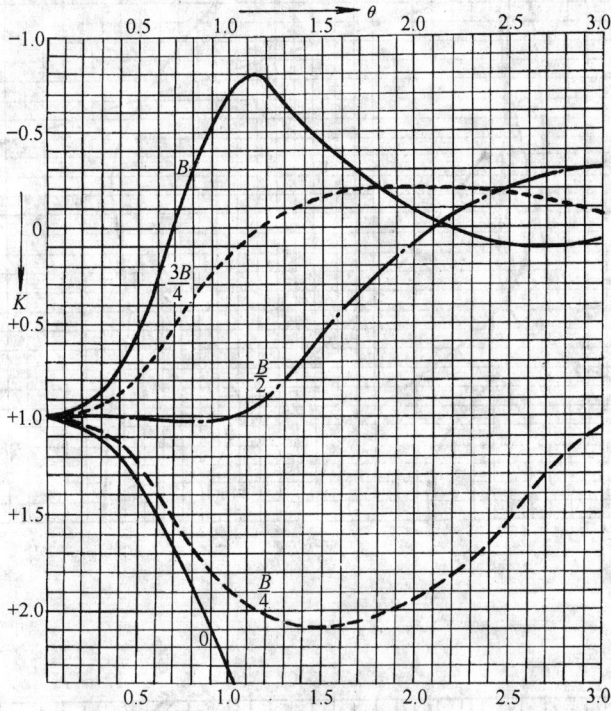

附图 Ⅳ-1   梁位 $f=0$ 处的荷载横向影响系数 K_0。

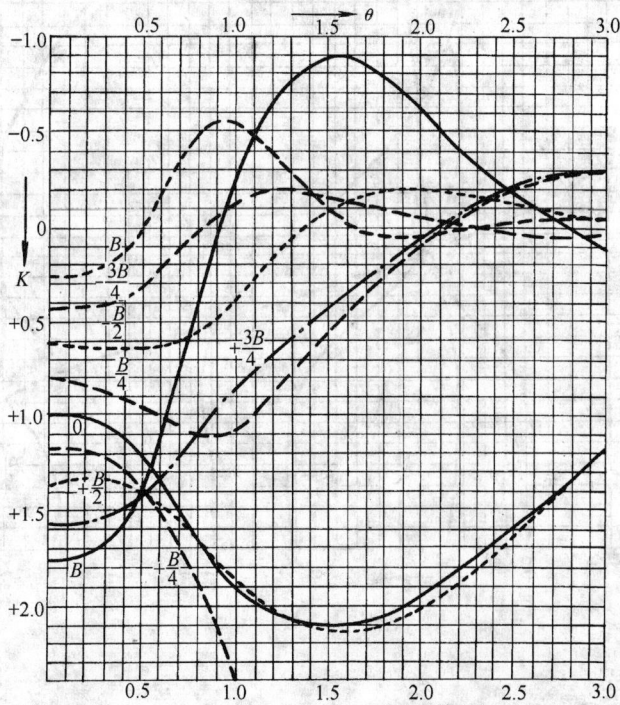

附图 Ⅳ-2   梁位 $f=B/4$ 处的荷载横向影响系数 K_0。

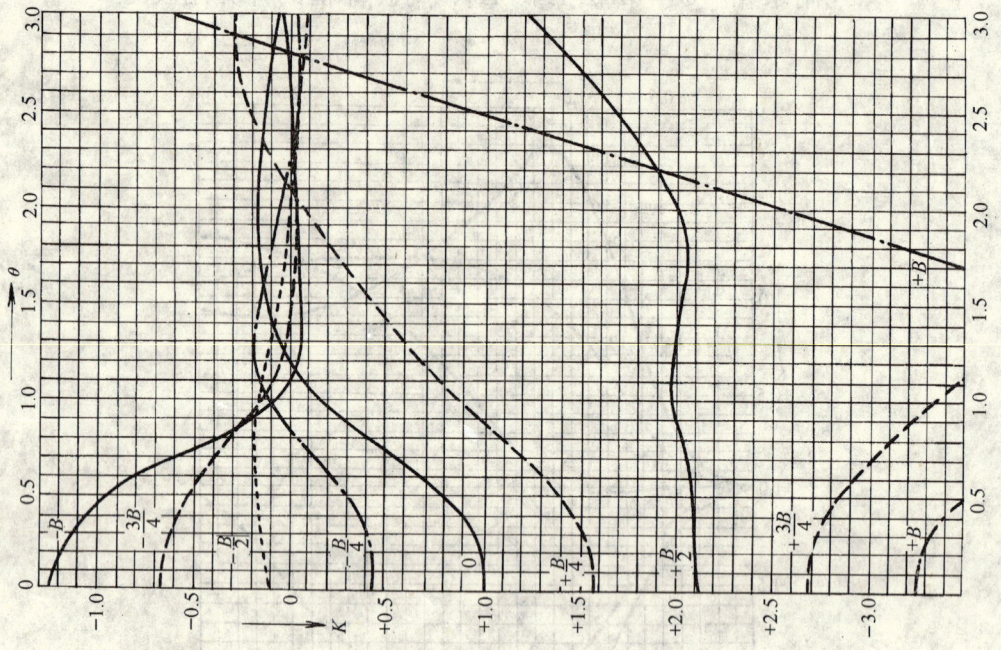

附图 IV-4　梁位 $f = 3B/4$ 处的荷载横向影响系数 K_0

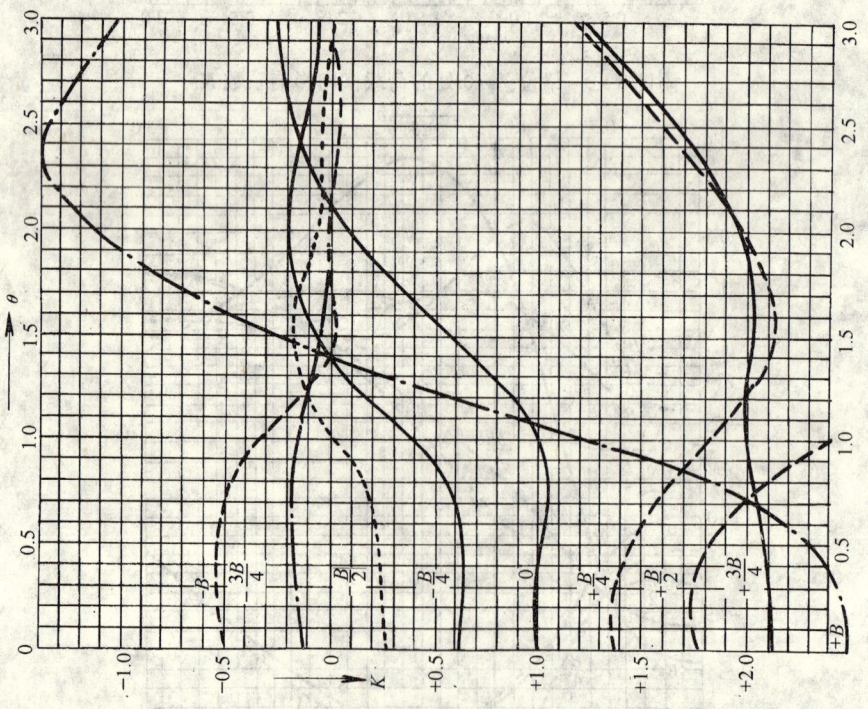

附图 IV-3　梁位 $f = B/2$ 处的荷载横向影响系数 K_0

附图 Ⅳ-6 不同梁位处的荷载横向影响系数 K_0（数值较大时）

0 (0,0)
1. $(\frac{B}{4}, \frac{B}{4})$
2. $(\frac{B}{2}, \frac{B}{2})$
3. $(\frac{3B}{4}, \frac{3B}{4})$
4. $(B, \frac{3B}{4}), (\frac{3B}{4}, B)$
5. (B, B)

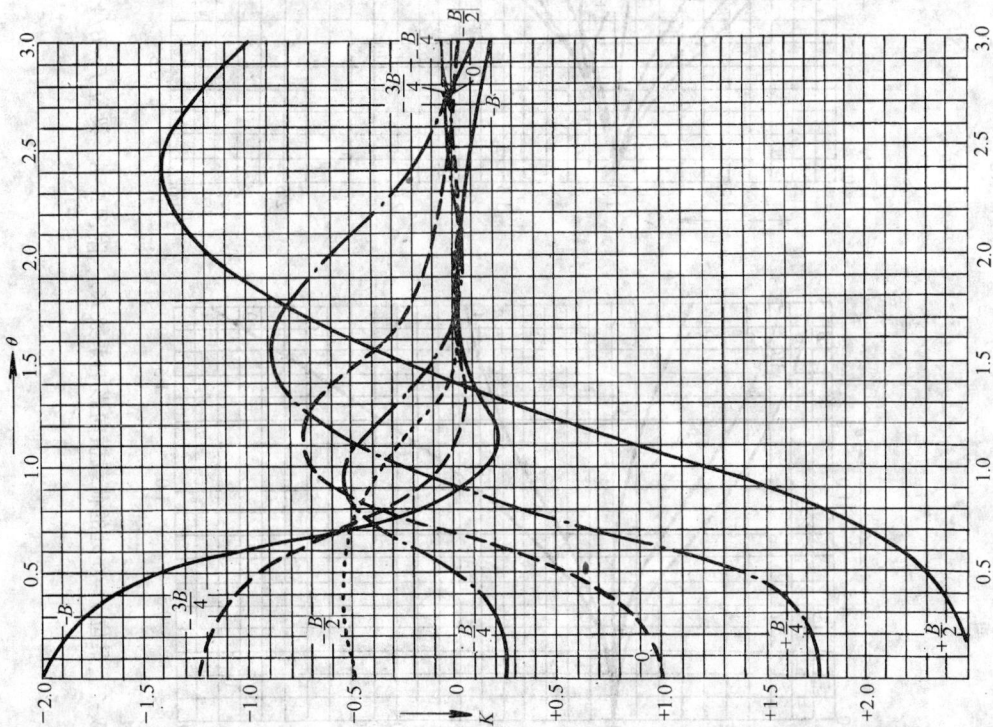

附图 Ⅳ-5 梁位 $f = B$ 处的荷载横向影响系数 K_0

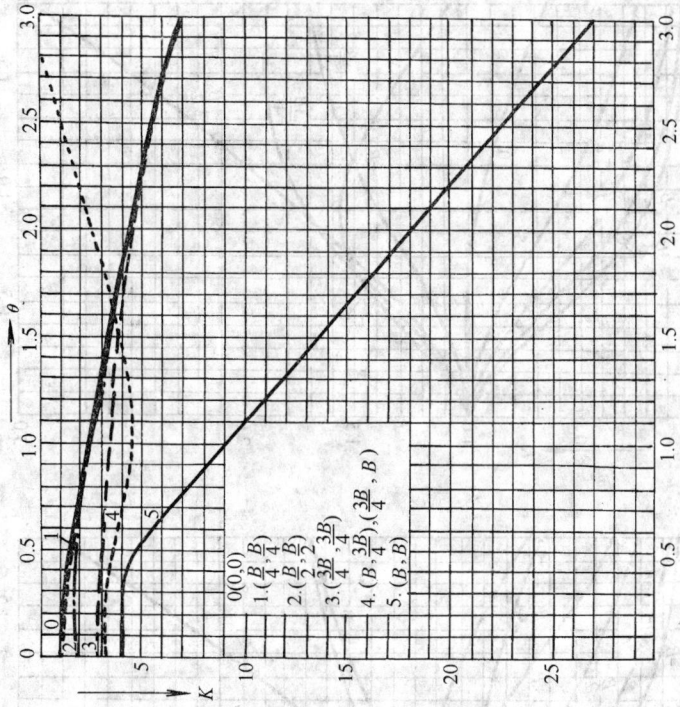

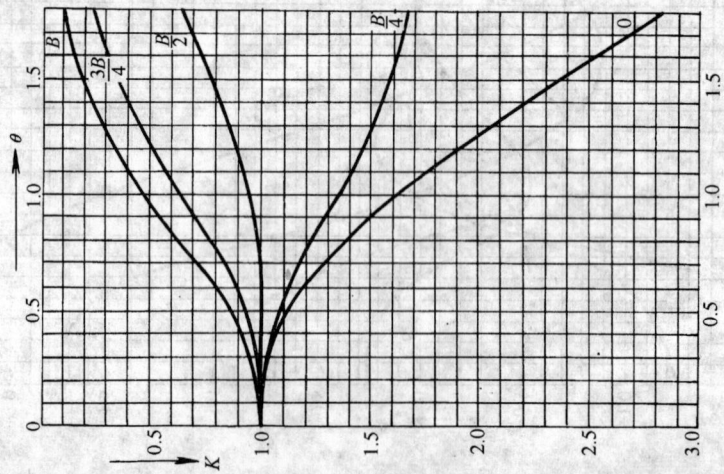

附图 Ⅳ-7　梁位 $f=0$ 处的荷载横向横向影响系数 K_2　　附图 Ⅳ-8　梁位 $f=B/4$ 处的荷载横向影响系数 K_1　　附图 Ⅳ-9　梁位 $f=B/2$ 处的荷载横向影响系数 K_1

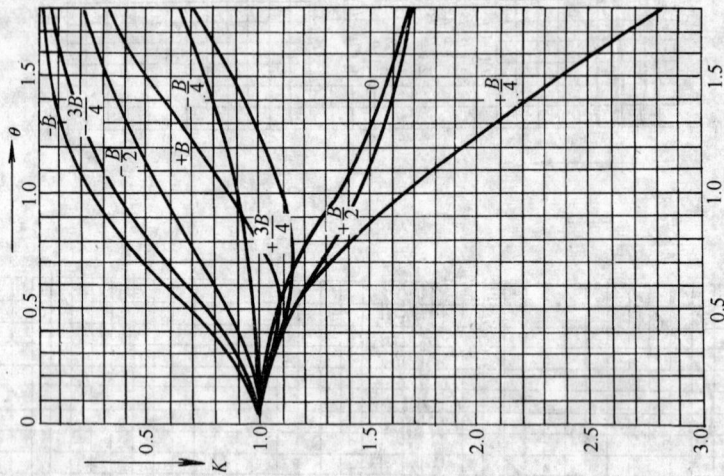

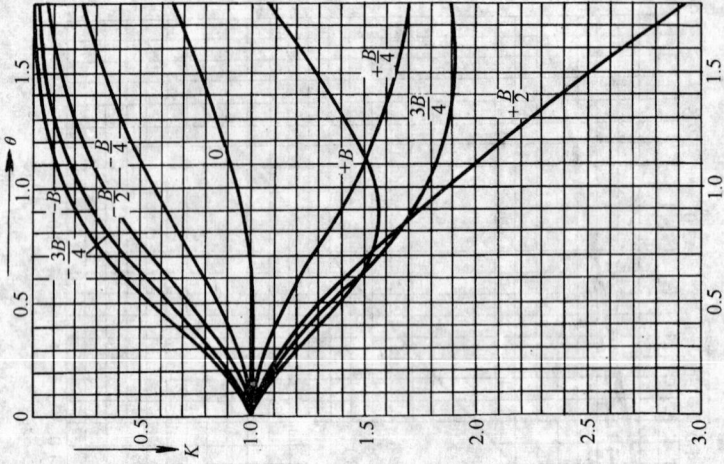

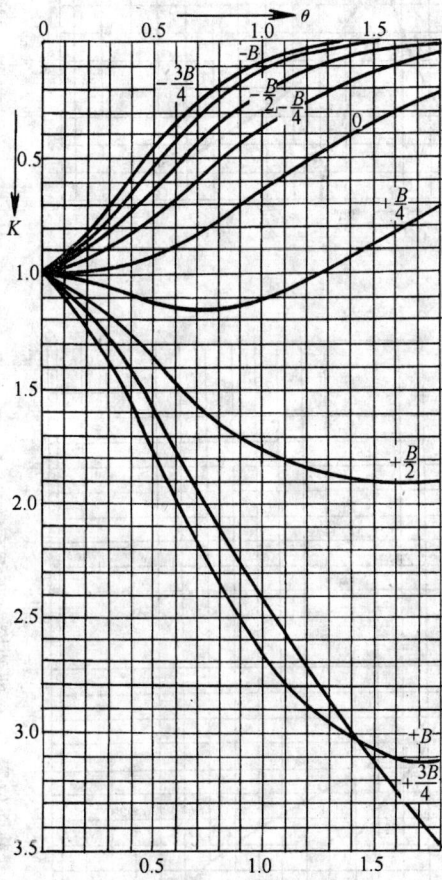

附图Ⅳ-10　梁位 $f=3B/4$ 处的荷载
横向影响系数 K_1

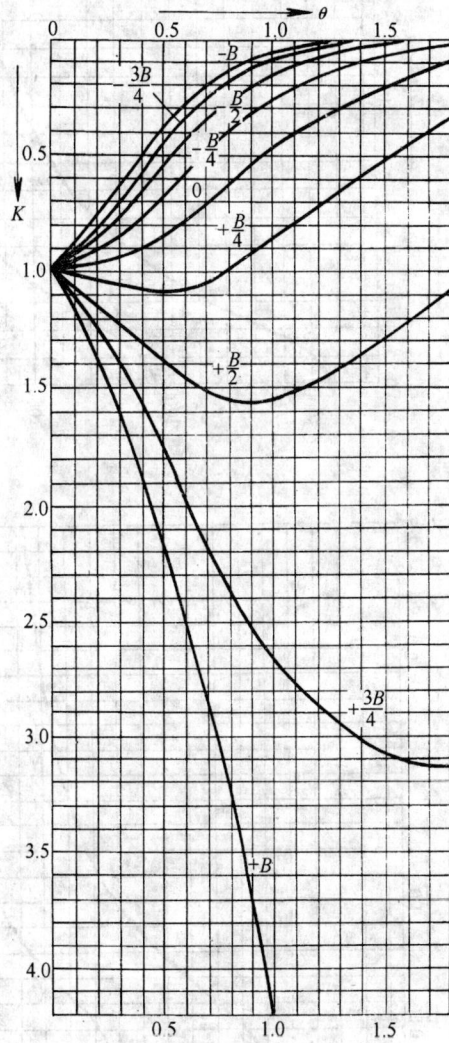

附图Ⅳ-11　梁位 $f=B$ 处的荷载
横向影响系数 K_1

附图 IV -13　截面位置 $f=0$ 处的横向弯矩系数 μ_1 （$v=0.15$）

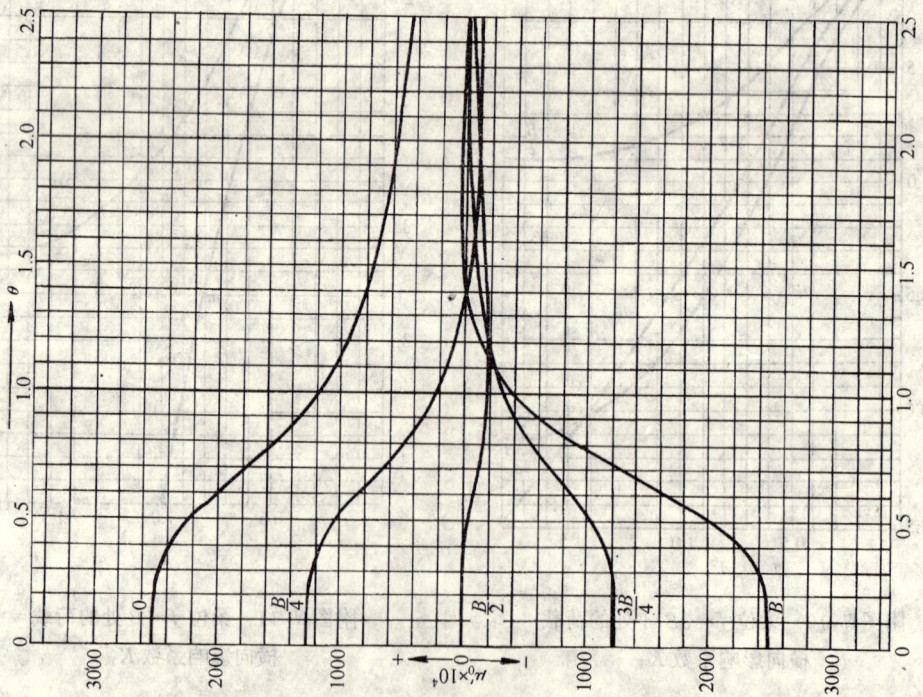

附图 IV -12　截面位置 $f=0$ 处的横向弯矩系数 μ_0 （$v=0.15$）

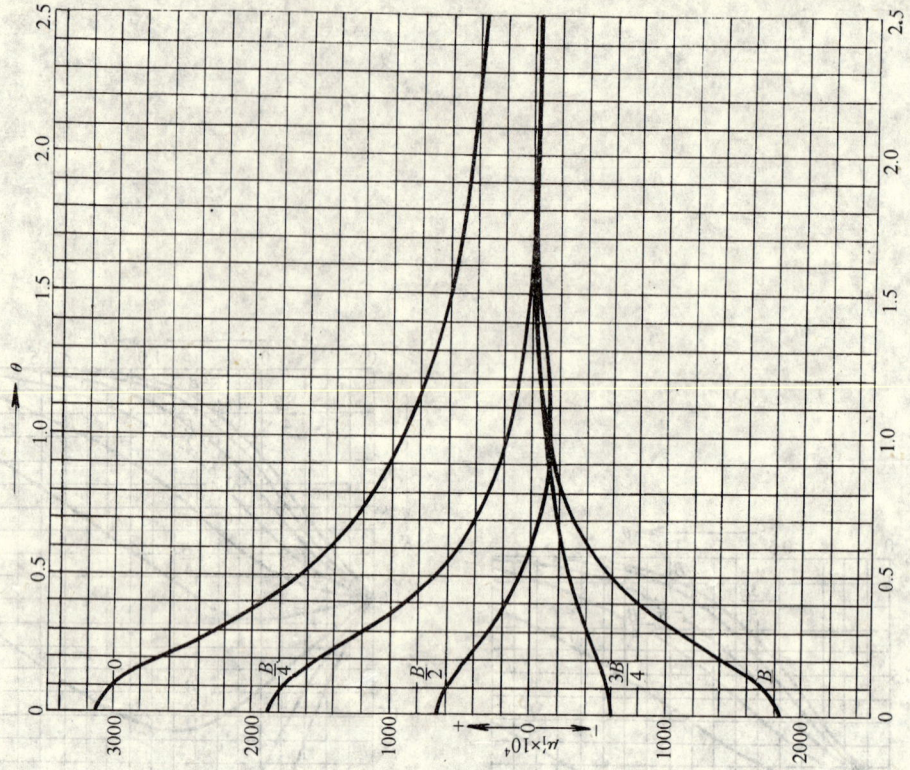

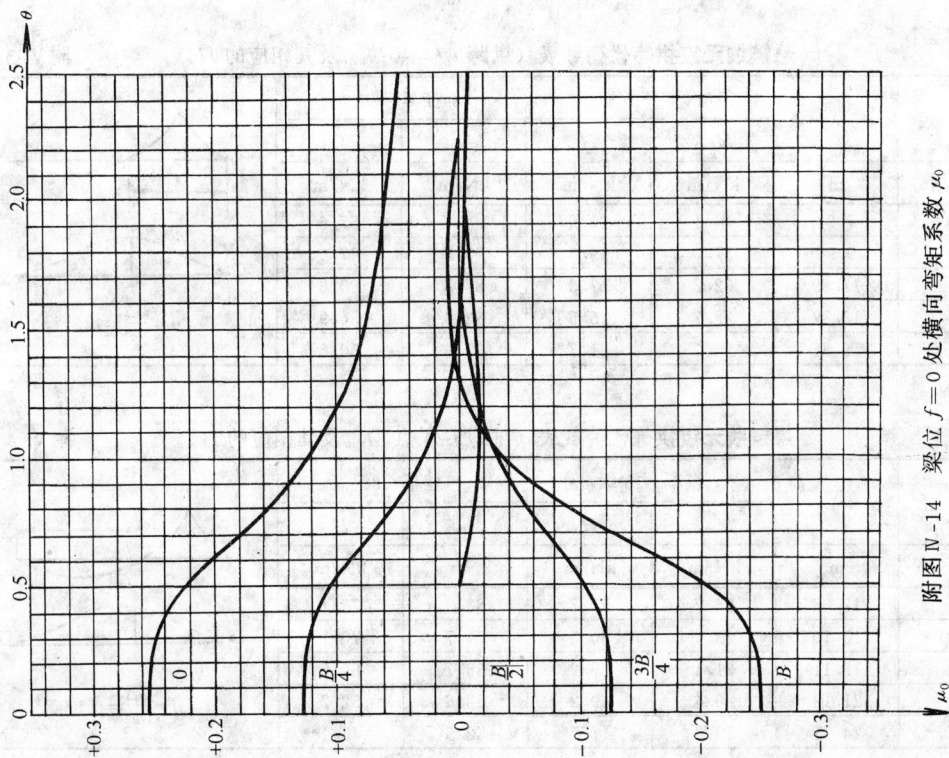

附图 IV-15 梁位 $f=0$ 处横向弯矩系数 μ_1

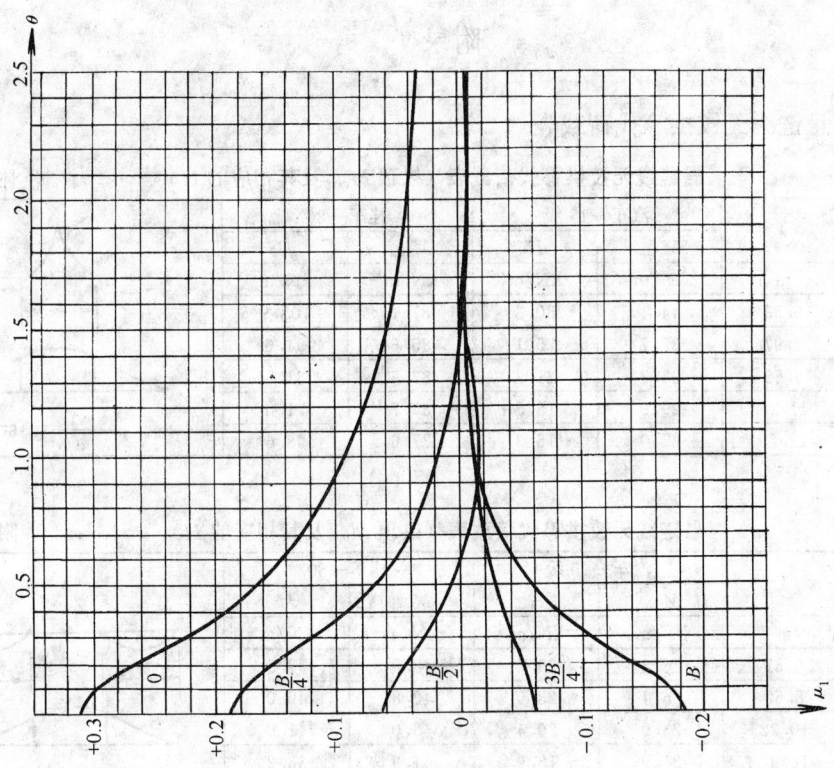

附图 IV-14 梁位 $f=0$ 处横向弯矩系数 μ_0

411

附录 V

等截面悬链线无铰拱等代荷载表

悬链线无铰拱等代荷载表（拱顶 M_{max} 及其相应的 H）   附 V-1

跨 径	λ	汽车—15 级		挂车—80	
		M_{max}	H	M_{max}	H
m	m	kN/m	kN/m	kN/m	kN/m
20	6.38	44.1	30.3	87.1	108.9
25	7.97	37.7	25.1	85.6	94.6
30	9.56	33.2	21.3	83.5	81.5
35	11.16	29.9	18.5	80.7	71.6
40	12.75	27.0	16.3	77.6	63.6

$$\mu=\frac{\omega\Delta}{\omega}=1.16$$

悬链线无铰拱等代荷载表（拱顶 M_{min} 及其相应的 H）   附 V-2

跨 径	λ	汽车—15 级		挂车—80	
		M_{min}	H	M_{min}	H
m	m	kN/m	kN/m	kN/m	kN/m
20	6.81	26.8	29.6	48.9	38.3
25	8.52	26.1	23.0	42.8	40.0
30	10.22	23.9	20.4	43.0	41.9
35	11.92	21.9	18.9	41.9	38.2
40	13.62	20.0	19.3	39.7	34.9

$$\mu=\frac{\omega\Delta}{\omega}=0.87$$

悬链线无铰拱等代荷载表（拱跨 $L/4$ 点 M_{max} 及其相应的 H）   附 V-3

跨 径	λ	汽车—15 级		挂车—80	
		M_{max}	H	M_{max}	H
m	m	kN/m	kN/m	kN/m	kN/m
20	7.92	44.1	23.0	105.0	57.6
25	9.90	37.0	19.7	93.2	67.9
30	11.89	32.2	17.3	87.8	60.6
35	13.87	28.7	15.5	82.6	54.9
40	15.85	26.7	21.3	77.6	50.5

$$\mu=\frac{\omega\Delta}{\omega}=1.32$$

悬链线无铰拱等代荷载表（拱跨 $L/4$ 点 M_{min} 及其相应的 H）   附 V-4

跨 径	λ	汽车—15 级		挂车—80	
		M_{min}	H	M_{min}	H
m	m	kN/m	kN/m	kN/m	kN/m
20	12.08	24.7	22.7	83.0	78.1
25	15.10	22.4	20.3	74.7	70.1
30	18.11	21.1	20.2	66.1	60.0
35	21.13	20.4	19.2	58.6	52.2
40	24.15	19.3	17.7	52.5	46.1

$$\mu=\frac{\omega\Delta}{\omega}=0.86$$

412

悬链线无铰拱等代荷载表（拱脚 M_{max} 及其相应的 H 和 V）　　　　附Ⅴ-5

跨径	λ	汽车—15 级			挂车—80		
		M_{max}	H	V	M_{max}	H	V
m	m	kN/m	kN/m	kN/m	kN/m	kN/m	kN/m
20	12.50	24.1	22.0	6.9	81.2	75.8	24.2
25	15.63	21.7	19.3	5.9	72.7	63.7	19.3
30	18.75	20.7	20.0	6.6	64.2	54.4	15.9
35	21.88	19.9	18.3	5.7	56.9	46.1	13.6
40	25.00	18.8	16.8	5.1	50.9	41.8	11.8

$$\mu=\frac{\omega\Delta}{\omega}=0.85$$

悬链线无铰拱等代荷载表（拱脚 M_{min} 及其相应的 H 和 V）　　　　附Ⅴ-6

跨径	λ	汽车—15 级			挂车—80		
		M_{min}	H	V	M_{min}	H	V
m	m	kN/m	kN/m	kN/m	kN/m	kN/m	kN/m
20	7.50	32.0	24.1	17.9	84.1	123.0	67.7
25	9.38	28.2	17.3	15.0	90.6	84.9	56.4
30	11.25	24.8	14.2	12.1	84.6	63.5	48.1
35	13.13	21.9	10.6	10.6	78.4	49.8	41.8
40	15.00	21.6	22.0	15.5	72.1	43.5	36.6

$$\mu=\frac{\omega\Delta}{\omega}=0.79$$

悬链线无铰拱等代荷载表（拱顶 M_{max} 及其相应的 M 和 V）　　　　附Ⅴ-7

跨径	λ	汽车—15 级			挂车—80		
		H_{max}	M	V	H_{max}	M	V
m	m	kN/m	kN/m	kN/m	kN/m	kN/m	kN/m
20	20	20.2	24.8	16.4	63.9	181.0	40.0
25	25	19.1	36.3	14.5	53.7	167.2	32.0
30	30	17.5	42.4	11.9	46.0	149.9	26.6
35	35	15.8	43.4	10.1	40.0	133.7	22.9
40	40	14.3	41.9	8.8	35.3	120.4	20.0

$$\mu=\frac{\omega\Delta}{\omega}=0.91$$

注：①表列等代荷载数值是根据拱轴系数 $m=2.814$，矢跨比 $f/L=1/6$ 的等截面悬链线无铰拱影响线编制的。基本上可用于常用的无铰拱，如遇情况相差很大时，可另用直接布载法计算。

②计算支点反力时，可以表列相当于弯矩影响线荷载长度的等代荷载值乘以 $L/2$。

③拱脚 M_{min} 的汽车车队等代荷载值是按负影响线面积的一边布载带加重车行列，另一边不布加重车行列各自达到最大而推算的，适用于两边都布载的情况。

④对于相应于最大推力时的弯矩，在使用等代荷载时应乘以跨径长度内正负弯矩影响线面积之和。

⑤表列汽车等代荷载值为一行汽车车队的等代荷载值，使用时应考虑关于多车道的折减规定。

等截面悬链线拱顶影响线面积

m	f/L	正 弯 矩			负 弯 矩		
		L_2	M_{min}	H	L_2	M_{min}	H
	1/5	0.31521	0.00725	0.06913	0.34239	−0.00456	0.05903
2.814	1/6	0.31336	0.00714	0.06910	0.34332	−0.00451	0.05922
	1/8	0.31122	0.00702	0.06907	0.34439	−0.00444	0.05943
	1/5	0.32118	0.00748	0.07036	0.33941	−0.00443	0.05817
3.142	1/6	0.31930	0.00737	0.07034	0.34035	−0.00437	0.05836
	1/8	0.31711	0.00724	0.07033	0.34144	−0.00431	0.05858
	1/5	0.32712	0.00772	0.07156	0.33644	−0.00430	0.05732
3.500	1/6	0.32520	0.00760	0.07157	0.33740	−0.00424	0.05752
	1/8	0.32297	0.00747	0.07158	0.33852	−0.00419	0.05774

等截面悬链线拱跨 $L/4$ 点影响线面积

m	f/L	正 弯 矩			负 弯 矩		
		L_1	M_{max}	H	L_2	M_{min}	H
	1/5	0.39539	0.00882	0.04035	0.60461	−0.01047	0.08781
2.814	1/6	0.39407	0.00872	0.04002	0.60593	−0.01039	0.08830
	1/8	0.39257	0.00859	0.03964	0.60743	−0.01028	0.08886
	1/5	0.39448	0.00878	0.04032	0.60552	−0.01063	0.08821
3.142	1/6	0.39311	0.00867	0.03998	0.60689	−0.01054	0.08872
	1/8	0.39154	0.00853	0.03959	0.60846	−0.01043	0.08933
	1/5	0.39359	0.00873	0.04028	0.60641	−0.01079	0.08860
3.500	1/6	0.39217	0.00862	0.03994	0.60783	−0.01070	0.08914
	1/8	0.39053	0.00848	0.03954	0.60947	−0.01058	0.08979

等截面悬链线拱脚影响线面积

m	f/L	正 弯 矩				负 弯 矩			
		L_1	M_{max}	H	V	L_2	M_{min}	H	V
	1/5	0.37356	0.01994	0.09242	0.17067	0.62644	−0.01409	0.03575	0.32933
2.814	1/6	0.37394	0.02030	0.09256	0.16999	0.62606	−0.01435	0.03576	0.33001
	1/8	0.37432	0.02073	0.09274	0.16922	0.62568	−0.01466	0.03576	0.33078
	1/5	0.37044	0.02039	0.09327	0.17288	0.62956	−0.01380	0.03526	0.32712
3.142	1/6	0.37084	0.02080	0.09343	0.17217	0.62916	−0.01407	0.03528	0.32783
	1/8	0.37123	0.02123	0.09363	0.17137	0.62877	−0.01439	0.03528	0.32863
	1/5	0.36732	0.02084	0.09411	0.17509	0.63268	−0.01354	0.03477	0.32491
3.500	1/6	0.36774	0.02124	0.09429	0.17436	0.63226	−0.01380	0.03479	0.32564
	1/8	0.36815	0.02173	0.09452	0.17353	0.63185	−0.01413	0.03480	0.32647

m	f/L	正 弯 矩				负 弯 矩			
		L_1	M_{max}	H	V	L_2	M_{min}	H	V

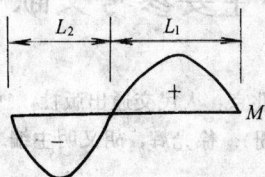

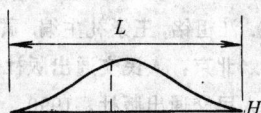

注：$L_1 = 〔表值〕\times L$；$L_2 = 〔表值〕\times L$；$M = 〔表值〕\times L^2$；$H = 〔表值〕\times L^2/f$；$V = 〔表值〕\times L$。

主要参考文献

1. 公路桥涵设计规范（合订本）. 北京：人民交通出版社，1995
2. 公路桥涵设计手册《梁桥》（上册）. 徐光辉，胡义明主编. 姚玲森主审. 北京：人民交通出版社，1996
3. 公路桥涵设计手册《墩台与基础》. 江祖铭，王崇礼主编. 黄文松主审. 北京：人民交通出版社，1996
4. 桥梁工程. 李永珠编，章余恩审. 北京：人民交通出版社，1988
5. 桥梁工程. 姚玲森主编. 北京：人民交通出版社，1990
6. 城市桥梁设计规范. 北京：中国建筑工业出版社，1995
7. 城市桥梁施工. 刘万桢编. 北京：中国建筑工业出版社，1992
8. 公路工程质量检验评定标准. 北京：人民交通出版社，1994
9. 公路桥涵施工技术规范. 北京：人民交通出版社，1991